# MOTIVATION AND PERSONALITY

## 马斯洛需求层次理论

# 动机与人格

[美]亚伯拉罕·马斯洛 著

ABRAHAM H.MASLOW

中国青年出版社

CHINA YOUTH PRESS

**图书在版编目（CIP）数据**

马斯洛需求层次理论.动机与人格 /（美）亚伯拉罕·马斯洛著；吴张彰，李昀烨译.
—北京：中国青年出版社，2022.8
ISBN 978-7-5153-6664-7

Ⅰ.①马… Ⅱ.①亚… ②吴… ③李… Ⅲ.①马斯洛（Maslow, Abraham Harold 1908-1970）—人本心理学—研究 Ⅳ.①B84-067

中国版本图书馆CIP数据核字（2022）第104300号

## 马斯洛需求层次理论. 动机与人格

| | |
|---|---|
| 作　　者： | ［美］亚伯拉罕·马斯洛 |
| 译　　者： | 吴张彰　李昀烨 |
| 策划编辑： | 刘　吉 |
| 责任编辑： | 肖　佳 |
| 文字编辑： | 张祎琳 |
| 美术编辑： | 杜雨萃 |
| 出　　版： | 中国青年出版社 |
| 发　　行： | 北京中青文文化传媒有限公司 |
| 电　　话： | 010-65511272 / 65516873 |
| 公司网址： | www.cyb.com.cn |
| 购书网址： | zqwts.tmall.com |
| 印　　刷： | 大厂回族自治县益利印刷有限公司 |
| 版　　次： | 2022年8月第1版 |
| 印　　次： | 2024年8月第4次印刷 |
| 开　　本： | 787mm×1092mm　1/16 |
| 字　　数： | 250千字 |
| 印　　张： | 23 |
| 书　　号： | ISBN 978-7-5153-6664-7 |
| 定　　价： | 169.00元（全三册） |

# 目 录
# CONTENTS

# PREFACE

前 言

在本修订版中，我试图把过去16年的主要课程都纳入进来。这些课程数量颇丰。我认为，这是一次真正扩展性的修订（尽管在改写部分，我所做的十分有限），因为本书的主旨在很多方面都已经被修改了，我将在下文中进行详述。

本书在1954年出版时，它本质上旨在，于现有的古典心理学的基础上建立一些内容，而非否定它们或建立另一种与之对立的心理学。本书试图通过讨论人类本性的"更高"层次，从而扩大我们对人性概念的理解（我最初计划使用的书名是"人类本性的更高层次"）。倘若我必须把这本书的论点浓缩为一句话，我会说，除了当代心理学所讨论的人性之外，人还有更高的本性，那是一种似本能的（instinctoid），人之本性的一部分。倘若我还能加一句，我会强调人性深层次的整体性（holistic），而这与行为主义，以及弗洛伊德精神分析的那种"分析—解离—原子主义的牛顿主义取向"完全相对。

换言之，我当然接受实验心理学带来的可靠材料，也接受精神分析，并且我的心理学也建立在它们之上。我也接受前者的实证和实验精神，以及后者深入探索、揭露真相的精神，但同时，我拒绝这两者所创造出来的人之形象。也就是说，本书代表了一种不同的人性哲学，一种新的人之形象。

然而，我当时所认为的心理学家们内部的争论，在我看来，已经成了新时代精神的一种体现，一种更全面的新生活哲学。这种新的"人本主义"世界观似乎成了一种新颖的、更具希望的、更鼓舞人心的思考方式，我们可以用以去思考人类知识的各个领域：经济学、社会学、生物学；去思考各行各业：法律、政治、医疗；去思考各种社会组织：家庭组织、教育组织、精神组织；等等。我根据自己的个人信念，修订了本书，写出了这里所提出的心理学。我相信，这种心理学只是一种更为广阔的世界观，一种更为全面的生活哲学的一部分。我们对此的工作已经部分完成了，至少已经具备一些合理性，因此我们必须严肃对待。

我必须对一个令人振奋的事实说两句，即这场真正的革命（新的人之形象、新的社会之形象、新的自然之形象、新的科学之形象、新的终极价值形象、新的哲学之形象等）仍然几乎完全被知识界所忽视，尤其是控制着与受过教育的公众和年轻人的沟通渠道的那部分知识界。（因此，我把它称为"不为人知的革命"。）

这种知识界中的许多人提出了一种观点，这种观点令人深深的绝望，又带有愤世嫉俗的特点，这种观点有时会堕为一种腐败的恶行和残暴。实际上，他们否认改善人性和社会的可能性，否认发现人类内在价值的可能性，否认总体上热爱生命的可能性。

他们怀疑诚实、善良、慷慨、热情的真实性，当他们面对那些被嘲笑为傻瓜、"童子军"、活雷锋、天真鬼、老好人、傻乐呵的人时，他们抛掉了合理的怀疑，克制的批判，而抱以一种刻意的敌意。这种刻意揭穿、憎恨、破坏已经不仅仅是一种蔑视；有时似乎这种态度成了一种愤怒的反击，以报复他们所视为的一种冒犯，他们觉得受到了这类人的愚弄、受到了欺骗、被拖了后腿。我觉得，精神分析学家们可能会在其中看到，一种对于过往的失望和幻灭的愤怒和报复性动力。

在这种绝望的亚文化、这种"比谁更堕落"的态度、这种反道德中，掠夺和绝望才是真实的，善意则不是，这种态度与人本主义心理学截然相反，与本书以及参考文献中列出的许多著作中所带来的基本事实也截然相反。虽然在肯定人性中"善"的前提条件（见第7、9、11、16章）时，我们必须非常谨慎，但是，我们完全可以坚定地拒绝那种令人绝望的信念，即人性从根本上而言是堕落和邪恶的。这类信念已经不仅仅是品味问题了。现在，一种无可救药的盲目和无知，一种对事实的拒认，支撑着这类信念。因此，它只能被视为一种个人的投射，而非一种合理的哲学或科学立场。

前两章和附录二中提到的人本主义、整体性的科学观，在过去10年的许多发展中都得到了有力的证实，尤其是得到了迈克尔·波兰尼（Michael Polanyi）的伟大著作《个人认识》（*Personal Knowledge*）的支持。我的拙作《科学心理学》也提出了非常相似的观点。这些书与依旧太过盛行的经典、传统的科学哲学截然相反，对于研究人的科学著作，这些书成了后者的一种极好替代。

本书从头到尾都持一种整体性视角，但附录二包含了一种更为深入，或许更为困难的论述。整体论显然就是真理——毕竟，宇宙就是一个相互关联的整体；任何社会也是一个相互关联的整体；任何人也都是一个相互关联的整体，等等。然而，作为一种看待世界的方式，整体观很难得到实施和应用。最近，我越来越倾向于认为，这种原子论式的思维方式是一种轻度精神病，或者至少是不成熟认知的一种体现。对于更为健康、自我实现的人而言，整体性思考和观察的方式是相当自然和自发的，而对于发展程度较低、较为不成熟、健康程度较低的人来说，这种方式似乎格外困难。当然，到目前为止，这只是一种印象，我不想说得太过广泛。然而，我觉得可以合理地将之呈现为一种留待检验的假设，这还是相对容易做到的。

在第3章至第7章中，甚至某种程度上纵贯全书的动机理论，有着一段有趣的历史。动机理论于1942年首次出现在一个精神分析的学会中，当时，这种理论是一种努力，努力将我在弗洛伊德、阿德勒、荣格、D. M. 利维、弗洛姆、霍妮、戈德斯坦那里看到的部分真理，整合到一个单一的理论结构中。我根据自己零散的治疗经验认识到，在不同的时期，针对不同的人，这些作者的理解都是正确的。我的问题本质上是一个临床问题：哪些早期的剥夺会导致神经症？哪些心理医学可以治愈神经症？哪些措施可以预防神经症？心理医学的需要次序如何？哪些是最有效的？哪些是最基本的？

我们完全有理由说，动机理论在临床上、社会上、人性上的效用非常成功，但是在实验或实证上则没有用处。这种理论非常符合大多数人的个人经验，而且常常能给他们提供一个构造良好的理论，以帮助他们更好地感受自己的内在世界。对于大多数人而言，这种理论似乎可以提供一种直接的、个人的、主体性的经验。但是，这一理论还是缺乏实验的确证和支持。目前，我还没有想好如何用实验室的检测来证明它。

这一难题部分由道格拉斯·麦格雷戈（Douglas McGregor）解答了，他将这种动机理论应用于生产场景。他不仅发现这一理论对于整理材料和观察结果很有用，而且这些材料反过来又可以成为验证理论的来源。正是在这一领域中，而非在实验室中，我们取得了实证的支持（参考文献中包含了一份这类报告）。

从这一理论，以及生活的其他领域得到的相继确证中，我认识到：当我们谈起人类的需要时，我们谈到的其实是其生命的本质。我们**怎么可能**将这种本质带入到某种动物实验室或者某些测试中呢？显然，这种理论需要的是一种整个人类在其社会环境中的生活场景。这才是这项理论的证实或证伪的来源。

第4章的内容来源于临床治疗，其重点在于强调神经症的病因，而非动机，而后者对于心理治疗师而言已经不是问题。这类动机包括：慵懒、懒惰、感官欢愉、对感官刺激和活动的需要、对生活的赤诚或者这种赤诚的缺乏、产生希望或失望的倾向以及在恐惧、焦虑、贫乏下或多或少退行的倾向等。更不用提那些最崇高的人类价值，这些价值也是一些动机：美、真理、卓越、完善、公正、秩序、协调、和谐等。

对于第3、4章的必要补充，在拙作《存在心理学探索》（*Toward a Psychology of Being*）一书的第3、4、5章中，拙作《优心态管理》（*Eupsychian Management*）

有关低级牢骚、高级牢骚、超级牢骚的章节中，以及在我的文章《元动机理论：生活价值的生物学根基》（*A Theory of Metamotivation: the Biological Rooting of the Value-Life*）中都有所论及。

若非考虑到人类的最高渴望，我们便永远无法理解人生。成长、自我实现、保持健康、对身份和自主的追寻、渴望卓越（以及努力"向上"的其他种种说法）现在都必须毫无疑问地得到接受，如此种种都必须被视为一种广泛甚至可能普遍的人类趋势。

然而，其他退行的、恐惧的、自我贬低的趋势也是存在的。当我们（尤其是涉世未深的年轻人）沉醉于这种"个人成长"，便很容易遗忘这些。我认为，对于这种错觉的一种必要预防措施，在于全面地了解心理病理学和深度心理学。我们必须意识到，很多人宁愿选择变坏，而非选择变好，成长常常是一个痛苦的过程。因此似乎是可以逃避的，我们会恐惧我们最好的可能性，也会热爱这种可能性；对于真理、美、美德，我们都怀有一种深深的矛盾心理，我们既爱它们，又畏惧它们。在人本主义心理学家看来，弗洛伊德仍然是值得一读的（读他写到的事实，而非他的形而上学）。我还想推荐霍加特（Hoggart）的一部极其敏锐的著作，此书无疑能帮助满怀同情地理解，他笔下的那些受教育程度低的人，身上所具有的粗俗、琐碎、廉价、虚伪。

第4章，以及第6章"基本需要的似本能性质"，在我看来，都构成了一个人类内在价值、人类善行的体系基础，这些价值和善确证了其自身，它们本质上就是良善的、受人欢迎的，而无须进一步的证明。它们不仅仅为全人类所追求和渴望，而且在避免疾病和心理疾患的意义上，它们也是必要的。换言之，这些基本需要和元需要都是一些内在强化，是一种无条件的刺激，其可以作为一种基础，各种工具性的学习和调节都建立在此之上。也就是说，为了获得这种内在的良善，人类和动物都要实际地去学习一切能让他们实现这种终极良善的东西。

尽管篇幅所限，我无法展开来谈这一观点，但我必定要提到，我们可以合情合理地认为，这些似本能的基本需要和元需要，既是一种权利，也是一种需要。于是我们立马可以得出这样的观点，即人类有权利成为人，同样猫也有权利成为猫。为了成为一个完整的人类，这些需要和元需要便必须得到满足，并因此要被视为一种本性权利。

这类分层级的需要和元需要体系，对我而言有另一个方面的助益。我发现，这一体系就像是一盘大杂烩，人们可以根据自己的口味和喜好从中各取所需。也就是说，在判断一个人行为的动机时，也需要将判断者自身的个性纳入到考虑范围。判断者会选择某些动机，并将行为归因于这些动机，比方说，他会依照自己总体上的乐观主义或者悲观主义来选择。我发现，如今人们更常选择后一类态度，这种选择如此平常，以至于我觉得可以将这种现象称作"对动机的贬低"。简而言之，这是一种以解释为目的，更愿意选择低级需要，而非中级需要，更愿意选择中级需要，而非更高级需要的倾向。一种纯粹的物质性动机，比一种社会性或元动机的动机或者三者混合的动机更受人欢迎。这是一种类似于猜忌的偏执，是一种对人性的贬低，这种现象我时常见到，但据我所知，它一直未受到充分的描述。我认为，任何完善的动机理论都应该包含这一额外的变量。

当然，我确信，思想史学家们能轻易在不同的文化、不同的时代中找到诸多这类范例，这些范例既包含着一种抬高人类动机的普遍趋势，也包含着贬低的趋势。在当前，我们文化中的倾向明显是一种广泛的贬低。出于解释的目的，低级需要被严重滥用了，而更高级的元需要则鲜为人知。我认为，这种倾向完全就是一种先入之见，而非实证上的事实。我发现，更高级的需要和元需要，远比我所描述的要更为关键，其作用也比当代知识分子敢于承认的要大得多。显然，这是一个实证和科学的问题。同样很显然，这一问题如此重要，因此不是某些小团体或圈子内部能解决的。

在有关满足理论的第5章中，我增添了一个有关满足病理学的小节。当然，在15年或20年前，我们不会准备这些内容，在人们得到他一直试图获得的东西之后，病理性的结果来了，但原本他们期待的是带来幸福。我们可以从奥斯卡·王尔德（Oscar Wilde）身上认识到的是，我们必须警惕我们的愿望，因为当愿望得到满足时，随之而来的可能是悲剧。这种情况可能发生在任何一个动机层次上，不论是物质性动机，还是人际动机，抑或元动机。

从这种出乎意料的发现中，我们能认识到，基本需要的满足，并不能自动带来一个人们可以相信、可以为之奉献的价值系统。相反，我们已经认识到，基本需要的满足所带来的结果，可能是厌倦、迷失、困惑，等等。显然，只有在追寻我们所缺失的东西时，在我们渴望我们所没有的东西时，在我们竭尽全力为了满足某个愿望而奋斗时，我们的机能才能达到最佳。而结果是，这种满足的状态，并不一定能带来预期中的幸福和欢乐。这是一种悬而未决的状态，它解决问题的同时也带来了问题。

这一发现暗示着，对于很多人而言，他们所认为的有意义生活的唯一定义就是，"缺乏某种必备的东西，并努力获得"。但是，我们知道，自我实现的人们认为，即便一切基本需要都已经得到满足，生活只会变得更为丰富和有意义，因为他们活在存在的领域中。因此，那些广为流传的有意义生活哲学观不说全然错误，但至少并不完善。

在我看来，同样重要的一点是，人们对我所谓的牢骚理论（Grumble Theory）的认识日渐增长。简而言之，我所观察到的是，需要的满足只会导致短暂的幸福，这种幸福最终会被另一种（很可能是）更高的失望所取代。人类所期望的永恒幸福，似乎永远不可能实现。当然，幸福的确会来临，它确实能得到，也真实不虚。但是，我们似乎必须接受，它本质上是短暂的，尤其是当我们关注到它那更为强烈的形式时。高峰体验（Peak experience）不会持久，也不可能持久。强烈的幸福只是片段，而不持续。

但是，这意味着，3000年来我们以为准则的幸福理论有了一种修正，那种理论带给了我们天堂、伊甸园、美好生活、美好社会、美好个人的概念。我们传统的爱情故事总是以"他们从此幸福地生活下去"为结尾。而且我们有关改善社会和社会革命的理论也是如此。比方说，声称我们社会的改善尽管有限，但确有其实，这类言论我们已经听够了，甚至因此而有了幻灭感。工人联盟、妇女选举、参议员直选、累计所得税所带来的种种利益，以及我们（比如）写进宪法的社会改良所带来的种种收益，凡此种种，我们都已经听够了。这些改善都允诺着某种黄金时代、永恒幸福、一切问题的最终解决。但是结果只是事后的一种幻灭感。但是，幻灭意味着之前有过一种幻想。这一点似乎非常清楚，我们完全有理由期待这些改善的发生。但是，我们不再有理由期待完美的出现，或永恒幸福的实现。

我必须强调一个长久以来几乎被普遍忽视的事实，尽管这一事实如今已经十分明显，即我们获得的福祉，会被视为理所当然、会被遗忘、会被抛出意识之外，甚至最终变得毫无价值——直到它们最终离开我们。比如说，我在1970年1月写完这篇序言时，此时美国文化的特点就是，人们150年努力奋斗所取得的那些毋庸置疑的成就和改善，都被一些粗鄙浅薄之徒弃之如敝屣，被视为全然的谎言、毫无价值的垃圾、毫不值得争取和守护的东西，这种态度，仅仅是因为这个社会依然不完美。

如今争取女性"解放"的斗争就是一个范例（我可以举出十多个这类例子），可以说明这一复杂而重要的现象，也可以展现出无数人都倾向于一种二元对立的分裂性思维，而非一种层级式的整体思维。总而言之，我们可以说，在我们今天的文化中，年轻女孩的梦想常常就是，有一个爱上她、给她一个家、给她一个孩子的男人，除此之外，她什么也看不到。于是，在她的幻想中，她便能从此永远幸福地生活下去。然而，事实上，不论一个人多么渴望一个家庭、一个孩子、一个爱人，她迟早都会对这些福祉感到厌倦，将之视为理所当然，并开始感到不满和愤恨，感觉总是缺了点什么，仿佛还可以得到更多的东西。于是，这种常见的错误便会转向这个家庭、这个孩子、这个丈夫，他们都成了一种谎言，甚至是一种陷阱或是奴役。接着她开始以某种非此即彼的方式，渴望更高的需要和更高的满足，比方说渴望职业工作、渴望自由地旅游、渴望个人独立性等。牢骚理论和层级—整合式需要理论的主要观点就在于，认为这些需要是相互排斥的、彼此相异的，这是幼稚且不明智的想法。我们最好这样来理解这类永不满意的女性，她们就像公会一样，守着已经得到的不放，还要求着更多！也就是说，她基本上想保住得到的一切福祉，又还想额外再要一点。但是，即便在这一点上，我们仍然没有吸取这个永恒的教训，不论她渴求什么，不论是职业还是别的什么，当她得到之后，整个过程就会再次重复。短暂的幸福、兴奋、满足之后，一切必定被视为理所当然，愤恨和不满再次出现，从而要求"更多"！

我要提出一种实际的可能性，倘若我们完全意识到这些人类特征，倘若我们能放弃那种永恒不断的幸福之梦，倘若我们能接受一个事实，即我们只有短暂的欢愉，接着必然感到不满、必然发牢骚，想要更多，那么我们便可能教会大众，自我实现的人自然会做些什么，比如珍惜他们的福祉、为之满怀感恩、避免一种非此即彼的陷阱。一位女性可能拥有一切女性特有的满足（被爱、成家、生子），接着她不必放弃已然获得的满足，而是继续超越这种女性特征，走向和男性共有的完整人性，比如她的智识、她所拥有的才能、她个性中特有的天赋、她自身个体实现的全面发展。

第6章"基本需要的似本能性质"的主干改变颇多。最近10年里，遗传科学的巨大发展，迫使我们比15年前越发承认基因的作用。我认为，对于心理学家而言，这些发现中最为重要的是，X染色体和Y染色体上发生的事情：双倍化、三倍化、缺失等。

第9章"毁灭性是似本能的吗"也由于这些新发现，有了相当大的修改。

或许，遗传学的这些发展，能有助于进一步澄清并表明我的立场，而在之前这显然是不够清晰的。如今，对于遗传和环境所起作用的争论，几乎还是像近15年来的一种简化论。这种争论摇摆于，一方面是一种简化的本能论，即在动物那里发现的各种本能；另一方面则全然否定整个本能论观点，而支持一种整体环境论。这两种立场都很容易驳斥，在我看来，它们都太过站不住脚，甚至可以说是愚蠢的。与这种两极立场相反，第6章，以及全书的余下章节所阐述的理论，提出了第三个立场，即人类身上，只有**非常微弱**的本能残余了下来，可以在动物意义上称为完全本能的事物根本不存在。这本能残余和似本能倾向如此微弱，以至于文化和教育可以轻易压制它们，因此我们必须要看到，后者的力量要远超前者。事实上，精神分析和其他揭示性治疗（更不用说"追求同一性"）的技术，都可以被视为一种十分困难而精细的任务，即通过教化、习性、文化的层层叠加，探索我们的本能残余和似本能倾向，搞清楚我们那些微微显现出的本性到底是什么。总而言之，人类具有一种生物学的根基，但这种根基的影响力十分微弱而微妙，我们需要一些特殊的追踪技术才能发现它；我们只有在个体上、主观上才能发现我们的动物性、物种性。

这便能得出如此结论：文化和环境尽管无法创造或增添遗传潜能，但它们可以轻易地消灭或减弱这种潜能，在这个意义上，人类的本性是极有可塑性的。从社会的角度而言，这便成了一个极为有力的论据，证明了：每一位出生在这个世界的婴儿都是绝对平等的。这尤其也是一个倡导良善社会的有力论据，因为人类的潜能很容易丧失，或被糟糕的环境毁灭。另一个已经被提出的论点与此相去甚远，这一论点认为，作为人类物种的成员，我们由于这一不可撼动的事实，因而有权利成为完整的人，即实现人类所有的潜在可能性。在与生俱来就是人类这一意义上，**"作为人类"**应该被定义为**"成为人类"**。在这个意义上，婴儿只是一个潜在的人，它必须在社会、文化、家庭中成长为人类。

最终，这一观点将迫使我们，比现在更为严肃地看待个体差异，以及同类成员。我们必须学会以这种新的方式来理解他们，即认为：（1）他们极具弹性、浮于表面、极易改变、极易毁灭，但因此也会产生各类微妙的病理现象。这就需要一种精细的工作。（2）努力揭露出每一个个体的性情、品质、潜在的个性倾向，从而让他以独有的风格，不受阻碍地成长。这种态度需要心理学家们付出远超当下的关注，去在意那些，在否认个人潜在个性时所付出的心理上、生理上的代价，以及遭受的痛苦，这些痛苦并不一定会进入意识中，或者轻易被外界看到。反过来，这也意味着，我们要更为细致地去关注，各个年龄阶段的"健康成长"的实用意义。

最后，我必须指出，我们必须在原则上准备好应对，放弃社会不公所带来的震撼性结果。我们越是不断减少社会不公，越是会发现"生物不公"取而代之，因为出生在这个世界的婴儿的遗传潜能都各不相同。倘若我们能够给予每一位婴儿的优势潜能以全部的机会，那么这意味着对于那些劣势潜能也是如此。当一个婴儿生来就有心脏问题、肾脏问题或者神经系统缺陷，那么我们又能怪谁呢？倘若我们只能责怪自然，那么受到自然本身"不公正"对待的个体，对于他的自尊，这又意味着什么呢？

在本章，以及在其他文章中，我已经引入了一个概念，即"主观生物学"。我发现，这是一个填补主观和客观之间、现象和行为之间沟壑的有效工具。我希望，这一发现，即我们可以，也必须从内省和主观的角度研究自身的生物性，会对他人，尤其是生物学家们有所助益。

论述毁灭性的第9章得到了广泛的修订。我将之归为一种更广义的邪恶心理学范畴，我希望，通过对邪恶某一方面的详细论述，能够展示出，这整个问题在实证和科学上是可以解决的。将之放入到实证科学的管辖之内，对我而言意味着，我们便有信心预期，对此的理解会逐渐增长，这种理解也就意味着，我们能够对邪恶采取某些措施。

我们已经认识到，攻击性既是遗传的，也是文化决定的。而且我认为，对健康和不健康的攻击性加以区分，这是极为重要的。

攻击性不能完全归因于社会或是内在人类本性，同样很显然，普遍上的邪恶既非仅仅是一种社会产物，也非仅仅是一种心理产物。这一点似乎太过显然，不值一提，但是如今，很多人不但相信这些站不住脚的理论，而且还据此而行动。

在第10章"行为的表达性成分"中，我引入了"协调化控制"这一概念，即一种不会危害满足，反而会强化满足的理想控制。我认为，这一概念既对纯粹的心理学理论，也对应用心理学有着深刻的重要性。这一概念能让我对（病态）冲动性和（健康）自主性做出区分，这一区分在如今尤为必要，尤其是对于年轻人，对于那些倾向于将任何控制都视为必要的压抑和邪恶的人们而言。我希望，这种洞见对其他人，如同对我一样都颇有裨益。

我之前没有花时间，把这一概念性工具用于解决诸如自由、伦理、政治、幸福之类的老问题，但是我认为，对于任何对这些领域有严肃思考的人而言，这一概念的相关性和力量都是很明显的。心理学家们会注意到，这些问题的解决在某种程度上，与弗洛伊德对于快乐原则和现实原则的整合有所重合。我认为，对两者的相似和差异的思考，对心理动力学家们而言，是一种颇有助益的做法。

在有关自我实现的第11章中，我已经将这一概念尤其限定为年长者，从而消除了困惑的一个来源。通过我用的这一标准，自我实现并不会发生在年轻人身上。至少在我们的文化中，年轻人还不能实现同一性或自主性，他们也没有足够多的时间去体验一种持续的、忠诚的、超越浪漫的爱情关系，他们一般还不能找到自身内心的召唤，那个奉献自身的祭坛。他们也不能建立自己的价值体系；他们没有足够的经验（对他人的责任感、悲剧、失败、成就、成功）来遮掩那些完美的幻觉，从而变得现实；他们一般也无法平静地对待死亡；他们没有学会如何保持耐心；他们对自身和他人的邪恶没有足够的认识，以至于无法心生怜悯；他们还太年轻，没有到超越对父母和长者的矛盾情感的年纪；他们一般没有足够的智识，没有受到足够的教育，难以放开心胸而变得智慧；他们一般也没有足够的勇气，敢于特立独行，敢于公然承认坚守美德；等等。

在任何情况下，把成熟、完满、自我实现之人这一概念（人类潜能在这些人中得到实现），与存在于任何年龄阶段的健康概念区分出来，这都是一个更好的心理学策略。我认为，这一概念可以被理解为"朝向自我实现而良好成长"，这是一个十分有意义且值得研究的概念。我已经对大学年龄的年轻人做了足够多的研究，并且很自信地说，区分"健康"和"不健康"完全是有可能的。在我的印象中，健康的年轻男人和女人都倾向于成长、受人喜欢、受人爱戴、毫无恶意，心底怀有善意和利他之心（但羞于承认），他们心底对那些值得爱戴的长者充满深情。年轻人对自己缺乏确信，他们还未长成，对成为同龄人中的少数派感到不自在（他们心底的想法和品味，都比平常人更为直接、直率，更倾向于元动机，即美德）。他们内心深处对于残酷、卑鄙，尤其在年轻人身上发现的暴民精神等感到不自在。

当然，我不确定，这种综合征是否必然会成长为我在年长者身上描述的自我实现。只有纵向研究能确定这一点。

我曾经把自我实现者描述为对民族主义的超越。我可以加一点，即他们也超越了阶级和等级。即便我已经预料到一个前提，即社会地位和财富会让自我实现更有可能，但是在我的经验中，这一点还是对的。

在我的第一份报告中，我没有意料到的另一个问题是：难道这类人只能和"良善"之人生活在一起，只能生活在一个良善的世界吗？我回想起来的印象（当然还未经确证）是，自我实现的人必定是灵活的，能够实际地适应任何人、任何环境。我认为，他们能作为好人跟好人打交道，同时也能作为坏人跟坏人打交道。

对于自我实现之人的另一个描述，源自我对"牢骚"，以及一种广泛倾向的研究，这种倾向在于贬低已经实现的需要满足，甚至认为这些满足毫无价值，将之弃置一旁。相较而言，自我实现的人能够脱离人类不幸的这一深刻根源。简而言之，他们能够"感恩"。福祉带给他们的幸福感，一直都在意识中。即便奇迹不断出现，他们亦不会失去新鲜感。对那些出乎意料的幸运、那些天赐好运的觉察，让他们相信，生活值得珍惜，绝不是枯燥无味的。

我对于自我实现之人的研究取得了极大的成功，我必须承认，这让我松了一口气。毕竟，这可是一场豪赌，我在拼命追逐一种直觉式的信念，在这个过程中，我放弃了某些科学方法和哲学批判的基本规则。毕竟，这都是一些我自己所信任和接受的准则，而且我很清晰地意识到，自己如履薄冰。而相应地，我自己也是在对抗焦虑、冲突、自我怀疑的背景下探索前进的。

近年来，我们已经积累了足够的证据和支持（见参考文献），因此这种基本的警示不再必要。而且，我已经清楚地意识到，我们仍旧面对着这些基本方法和基本理论的问题。我们取得的成功只是一个开始。我们现在已经准备好，利用更为客观、更为公认、不含个人因素的团队方式，来挑选自我实现的个体（健康的、完满的、自主的人）进行研究。跨文化研究显然也是必要的。从出生到死亡的追踪研究，可以带来真正令人满意的确证，至少在我看来是如此。除了像我一样，挑选出一些类似于奥运会金牌选手的最顶尖个体之外，对整个人群进行样本研究明显也是必要的。我们能找到的最优秀的人类身上也有着"无可救药"的罪恶和缺陷，除非我们能够，相比我目前，更加完整地探索这些罪恶，否则我们不可能理解人类身上那种无法根除的邪恶。

我确信，这类研究会改变我们的科学、伦理、价值、工作、管理、人际关系、社会，以及其他种种的根本观念。此外，我认为，倘若，比方说我们能教育年轻人放弃他们那不现实的完美主义，他们那对完美之人、完美社会、完美老师、完美父母、完美政客、完美婚姻、完美朋友、完美组织等的要求（这类完美并不存在，而且也无法存在，除非在片刻的高峰体验、完美融合等中），那么伟大的社会和教育变革也会随即发生。尽管我们所知有限，但我们也知道，这类期待都是幻觉，因此它们必定会产生残酷的幻灭，随之而来的便是厌恶、愤恨、抑郁、报复。我发现，对"立即涅槃"的要求本身就是邪恶的一大来源。倘若你想要一个完美的领导或完美的社会，那么你就要放弃在更好和更差之间做出选择。倘若不完美被定义为邪恶，那么一切会成为邪恶，因为一切都不完美。

在积极的那一面，我也相信，这种前沿的伟大研究，就是我们有关人类本性价值的认识最为可能的来源。一切人类所需要、所渴求的价值体系、信仰替代者、理想的满足者、标准的人生哲学都源于此，没有这些，人类只会变得丑恶、卑下、粗俗、琐碎。

心理健康并不仅仅是在主观上感觉良好，也是一种正确、真实、现实。在这个意义上，它"好于"病态，超越了病态。它不仅是正确而真实的，也是视角更广的，能够让我们看到更多、更高的真理。也就是说，缺乏健康不仅让我们感觉很糟，也是一种形式的盲目、一种认知上的病态，也是道德和情感上的损失。此外，病态也是某种形式的残疾、能力的丧失、去行动和成功能力的减弱。

健康及其价值，包括真、善、美等，都被证明是可能的，因此，它从原则上来看是一种可获得的现实。对于那些渴望明晰而非盲目、渴望感觉良好而非感觉糟糕、渴望完整而非残缺的人们而言，追求心理健康是十分明智的。我们记得有一个小女孩，当她被问起为什么良善优于邪恶时，她回答道："因为，它更好。"我觉得我们可以有更好的回答：同样的思路展示出，生活在"良善的社会"（博爱、团结、信任、Y理论社会）比生活在丛林社会（X理论、极权、仇视、霍布斯式社会）"更好"，这既是出于生物学、医学、达尔文的存在价值，也是出于主观和客观的成长价值。好的婚姻、好的友谊、好的父母也是如此。这些不仅仅是渴望的（被倾向于去选择的），它们在某种意义上也是"理想的"。

我发现，这一点给专业哲学家们带来了不少困难，但我相信他们能够处理。

优秀之人即便紧缺，且有着一些缺陷，但他们的确存在，也可以存在，这一事实足够给我们勇气、希望、力量去继续奋斗，相信我们自己，相信我们有成长的可能。而且，对人类本性的希望，尽管多少有些冷淡，但也能驱使我们，朝向博爱和怜悯前行。

我决定删掉本书第一版中的最后一章"朝向积极心理学"；在1954年有98%正确的内容，如今只有三分之二正确了。至少在如今，一种积极心理学还没有得到非常广泛的认可。人本主义心理学、新的超越心理学、存在心理学、罗杰斯心理学、实验心理学、整体心理学、价值寻求心理学都在蓬勃发展，逐渐受到认可，至少在美国是如此，尽管不幸的是，这些心理学大多还没有出现在心理学系中。因此，对此感兴趣的学生只能特意去寻找，或者碰碰运气能遇到它们。对于那些想了解这些心理学的读者，我认为他们都是人群中一类很好的范例，他们可以在穆斯塔卡斯（Moustakas）、塞弗恩（Severin）、布根塔尔（Bugental）、苏蒂奇（Sutich）、维奇（Vich）的诸多著作中相当轻松地找到相关的思想和材料。

对于那些进取的研究生学生，我仍旧要推荐本书第一版（在大多数大学图书馆应该都能找到这一版）的最后一章。出于同一原因，我还推荐拙作《科学心理学》。对于那些有意愿严肃对待这些问题，并因此努力探索的人们来说，波兰尼的《个人认识》也是值得推荐的一部大作。

对于传统的非价值科学，或者说想要得到一种非价值科学的徒劳努力，本修订版都是一个持坚定拒绝态度的范例。本修订版比原先更为坦诚地坚守这一原则，更为自信地确信，科学是由一帮寻求价值的科学家进行的，以价值作为激励的研究，我认为，这些科学家应该能够在人类本性的结构中揭露出一种内在、终极、普世的价值。

对于某些人而言，这似乎是对他们所热爱和崇敬的科学的一种袭击，当然我也如此热爱和崇敬科学。我承认，他们的恐惧有时候是非常合理的。有很多人（尤其在社会科学中）看到，非价值科学只有一个对立面，就是完全相信某种政治信念（缺乏完整信息时的定义），两者互相排斥。支持其中一方，必定就要排斥另一方。

一个简单的事实便可以证明，这种两分法是极为浅薄的，即便你在和敌方战斗，即便你是个公开承认的政客，你也最好能够获得正确的信息。

但是，当超越了这种自欺欺人的愚蠢，当我们站到所能够企及的最高层次去解决这个非常严肃的问题时，我相信，有一点便会展现出来，即那些受规范的狂热（行善、为人类求福祉、创造更好的世界）与科学的客观性是完全相容的，甚至前者能促进一种更为完善、更为强大的科学成为可能，这种科学有着比如今试图价值中立（使得价值成了一些不以事实为依据的非科学家们所武断确认的东西）的科学更为宽广的领域。要实现这种科学，我们只需要扩充我们对于客观性的认识，这种认识不仅仅包括"旁观者知识"（放任、不卷入的知识，有关外界、来自外界的知识），也包括经验性的知识，以及我所谓的爱之知识（love-knowledge）或道家知识（Taoistic knowledge）。

道家客观性的简要模型来自对他人存在（Being of the other）怀有无私之爱和欣赏的现象学。比如说，对自己的孩子、朋友、职业，甚至对自己的"问题"、科学领域的爱，都可以如此完整，接受力如此之强，以至于这种爱不会具有干涉性、妨碍性，即爱它本身的样子，而没有任何冲动要去改变或改善它。我们需要一种伟大的爱，才能不去干涉事物，让事物保持自身，随缘而动。我们可以爱自己的孩子，纯粹让他成为他内在要成为的样子。然而，这也是我要争论的一点，我们也可以同样如此去爱真理。当我们足够爱真理，就能相信它的发展。甚至在婴儿出生之前，我们就可以爱他，我们会屏住呼吸，怀着极大的幸福感来看看他会成长为一个什么样的人，在当下爱着那个未来的人。

给孩子设定一个预先的计划、蓝图、预定的角色，甚至是期望他会变成这样或那样，这些都不是道家思想。这些代表着对孩子的一些要求，孩子成了父母已经决定他应该要成为的样子。这样的婴儿生来穿着一件看不见的紧身衣。

同样，我们也可以爱着还未出现的真理，去相信它，当它揭露自身的本质时，我们为它而高兴，为它而惊喜。我们可以相信，相比那种我们强行为了验证预先的期待、希望、计划、当下的政治需要而得出的真理，那种不受妨碍、不受操控、不受逼迫、不受要求的真理，会是更为美妙、更为纯粹、更为本真的真理。真理也可以生来就穿着一件"看不见的紧身衣"。

受规范的狂热可能被误解，可能扭曲那种带有预先要求、还未到来的真理，我很担心，某些科学家专攻这些，而其实放弃了政治所需要的科学。但是，对于那些更有道家倾向的科学家而言，这并不是一种必然，这些科学家足够热爱那些还未出现的真理。因此，可以假设，它一定会达到最佳状态，于是我们可以任其自然，这完全是出于科学家受规范的狂热。

我也相信，真理越纯粹，越少受到有先入为主思想的教条主义者的浸染，它对人类的未来越有裨益。我相信，这个世界受到未来真理的裨益，胜过当下我所持有的政治信念的裨益。我信任未来的认识，胜过我信任当下的知识。

这是一种"并非我的意愿，事情自然而成"的人文科学版本。我对人类的恐惧和希望、我对善的渴求、我对和平和博爱的欲望、我那受规范的狂热，我所感受到的这一切都会颇有裨益。只要我对真理虚怀若谷，只要在拒绝一切先入为主的真理，拒绝操作真理的道家意义上，我保持客观、不抱私心，只要我一直都相信，我知晓得越多，我带来的帮助越大。

在本书、之后的许多发表的文献中，我都假设，一个人真正潜能的实现，前提条件在于能满足基本需要的父母和他人，基于一切所谓"生态学"的因素，基于文化的"健康"与否，基于整个世界情景等。一种"好的先决条件"的复杂层级系统，能使得朝向自我实现和完满人性的成长成为可能。这些对于个体极为重要的物理、化学、生物、人际、文化条件，最终可以达到这样一个程度，它们给人提供了一种基本的必需物和"权利"。只有拥有必需物和"权利"，一个人才能变得足够强大，足够成为一个人，来把握自身的命运。

只要我们开始研究这些先决条件，我们必定会感到失落，因为人类的潜能太容易被毁灭或被压抑，以至于完满人性的人似乎像是个奇迹。这类人的出现太难得，以至于似乎令人叹为观止。同时，我们也必定感到振奋，因为自我实现的人的确存在，他们是有可能存在的。危险的考验是可以度过的，终点线也是可以跨越的。

在这里，研究者必定会受到人际之间，以及自己内心责难的猛烈攻击，这些责难要么是"乐观"，要么是"悲观"，取决于他当下的关注点。而且，他一方面会受到遗传论的责难，另一方面又受到环境论的责难。政治群体基于当下的时政，必定也会给他贴上各种标签。

科学家当然会抗拒这些非此即彼的两分法、贴标签式的倾向，他会在各个层次上继续思考，并且整体性地关注许多在同时起作用的因素。他会竭尽全力接受各种信息，并根据自己的愿望、希望、恐惧对此加以明确的区分。如今很清楚的一点是，这些问题（什么是良善之人，什么是良好的社会）已经进入实证科学的领域，而我们可以满怀信心地希望，这些领域中的认识定会有所进展。

相较第二个问题，即什么样的社会让这类人成为可能，本书更多地关注第一个有关完满人性之人的问题。自本书于1954年初版以来，我就已经在这一主题上颇费笔墨，但我并不愿将这些发现放入到本修订版中。反而，我向读者推荐我有关此主题的一些论著，同时我想竭力强调，我们很有必要熟悉规范的社会心理学（又名为组织发展、组织理论、管理理论等）的大量研究文献。这些理论、个案报告、研究的意涵在我看来极为深刻，它们也成了一种真正的选项，与各种版本的马克思主义理论、民主理论、极权理论，或其他社会哲学一起，供人们选择。我一再感到惊讶的是，只有如此少数心理学家注意到了这些研究，比如阿吉里斯（Argyris）、本尼斯（Bennis）、利克特（Likert）、麦格雷戈的研究工作，而这几位也只是这一领域中少数著名的研究者。不论如何，任何想要严肃看待自我实现理论的人，都必须严肃地对待这类新型社会心理学。倘若我要选择一份期刊，推荐给那些想要了解此领域当下进展的人们，那么一定是《应用行为科学学报》（*Journal of Applied Behavioral Sciences*），尽管它的名字有些令人误解。

最后，我想对关于本书作为向人本主义心理学，或者所谓的"第三势力"的一个过渡说点什么。尽管从科学角度而言，本书依旧不甚成熟，但人本主义心理学已经打开了一扇门，让我们进一步研究那些所谓超越或超个人的心理现象，这些材料原则上被封锁在了行为主义和弗洛伊德主义思想的内在哲学观当中。在这类现象中，我所说的不仅仅包括一种更高级、更积极的意识状态和人格状态，即对物质性、身体自我、原子—分裂—分割—敌对态度等的超越，也包括一种价值体系（永恒真理），这种体系则是自我极大扩充后的一部分。已经出版的一份新的期刊《超个人心理学学报》（*Journal of Transpersonal Psychology*）正是有关这些主题的。

对超越人类的思索如今已经成为可能了，这便是一种超越了人类种族本身的心理学和哲学。让我们拭目以待。

劳福林慈善基金会

亚伯拉罕·马斯洛

# ACKNOWLEDGMENTS

致 谢

首先，我要向比尔·劳福林（Bill Laughlin）以及劳福林慈善基金会表示衷心的感谢。因为正是他们给了我一笔居民奖金，让我有时间和自由做此修订。这类理论工作（深入地思考问题）乃是全职的。若没有这笔奖金，我不可能完成这项工作。我也要感谢福特基金会的教育进步基金于1967—1968年给我赞助的奖金。我用了今年一整年来完成人本主义教育的理论工作。

凯·庞修斯夫人（Kay Pontius）不仅完成了本书所需要的全部秘书工作，还在参考文献、编辑、校对等许多其他工作上提供了帮助。所有这些工作都高效、巧妙、愉快地完成了。我要感谢她的辛勤工作，向她表示致谢。我还要感谢我在布兰迪斯大学（Brandeis University）的前任秘书希尔达·史密斯夫人（Hilda Smith），她在我离开大学之前帮助我开始这项工作。玛丽莲·莫雷尔夫人（Marylyn Morrell）在参考文献方面也给予了慷慨的帮助。哈珀与罗出版公司（Harper & Row）的乔治·米登多夫（George Middendorf）建议我做此修订，现在我很感谢他当初的建议。

我要承认，我许多其他的著作以及本书参考文献中的著作，都在智识上给了我很大的帮助，在此我便不重复这些作品的名字了。我要感谢许多朋友（多到不胜枚举），通过他们的倾听、交谈、辩论，我获益颇丰。跟朋友们谈论这些理论，对理论思考有极大的帮助。我的妻子贝莎（Bertha）每天都要接受共振板治疗，但她总是保持耐心，给我提供帮助。我在此想感谢她的耐心，对她的耐心表示由衷赞叹。

# 第1章

## 对科学的心理学理解

对科学的心理学解释起源于一种敏锐的认识，即科学是一种人类创造，而非一种具有自身内在准则的、自动的、非人类的、自发出现的"事物"。科学的起源在于人类的动机，它的目的也就是人类的目的，科学是由人类所建立、更新、维持的。它的准则、组织、表述不仅仅依赖于它所发现的现实自然，也依赖于做此发现的人类本性。心理学家们，尤其是有着临床经验的心理学家们，通过研究人，而非研究他们创造的抽象概念，以一种个人的方式自然而然地接触到这些主题，科学家对于科学也是如此。

而一种误导性的倾向则让人们相信，事实并非如此，这种倾向坚持将科学完全自主化、自调化，并且将之视为一种毫无主观意图的游戏，认为科学有着内在的、类似象棋般不变的规则。心理学家必须将这种倾向视为不现实的、错误的，甚至反实证的。

在本章中，我首先想要给出上述论点所基于的一些更为重要的真理。这一论点的意涵和影响则会在之后呈现。

## 一、科学家的心理

### 1. 科学家的动机

像人类的其他成员一样，科学家也有一些普遍的需要，比如需要食物、安全、保护、照顾，需要群居、情感关系；也需要尊严、地位、名誉、自尊；还需要自我实现或自我满足，即在个体身上实现个人和种族共有的潜能。这些需要都已经为心理学家们所完全熟知，因为它们的挫折将导致心理病态。

得到较少研究，但仍可以通过共同的观察所知晓的，则是对于纯粹知识（好奇心）、对于理解（哲学、神学、建立价值体系解释的需要）的认知需要。

最后，最鲜为人知的冲动，是对美、对称、简洁、完整、秩序的需要，我们可以将这些称为审美需要，还有与这些审美需要相关的，对于表达、行动、追求完善的需要。

至此，好似其他各种需要、欲望、驱力要么可以归类于以上列出的基本需要，要么可以归类于神经症式需要，要么则是某种特定学习过程的产物。

显然，认知需要是科学哲学家们最为关注的一点。正是人类永恒的好奇心，成了科学的自然发展史上最为重要的动力，而正是人类对于理解、解释、系统化同样永恒的欲望，创造了在更为理论化、更为抽象层面的科学。然而，后一种理论化冲动对科学而言是尤为必要的，因为纯粹的好奇心在动物身上也能经常见到。

然而，在科学的各个阶段，也都涉及一些其他的动机。时常被忽视的一点是，最初的科学理论家常常将科学视为主要服务于人类的一些手段。比方说，培根（Bacon）就非常期待科学能够治愈疾病和贫穷。事实表明，甚至在柏拉图式的纯粹非体力沉思是一种牢靠传统的古希腊科学中，实践和人文倾向也是相当强烈的。同普罗大众共处的认同感和归属感，甚至对人类本身更为强烈的热爱感，常常都是许多科学家的主要动机。有些人投身到科学中，就像他们也可能投身到社会工作或医学中一样，都是为了帮助他人。

最后，我们必须认识到，任何人类的其他动机，都可以成为投身科学、从事科学、做科学研究的最初动机。科学可以是一种谋生手段、一种威望来源、一种自我表达的方式、一种满足某些神经症需要的方式。

在大多数人身上，一种单一的原初重要动机较为罕见，更常见的是各种动机结合在一起，同时起作用。因此，我们可以这样假设，在某一位科学家身上，他工作的动机不仅在于爱，也在于简单的好奇心，不仅在于想获得威望，也需要挣钱，等等。

### 2. 理性和冲动的协同性本质

总而言之，如今很清楚的一点是，把理性和动物性做两分式的对立，已然是过时的做法了，因为理性就像动物进食，其本身就是一种人类的动物性。冲动和理智判断并不相悖，因为理智本身就是一种冲动。总之，越来越清晰的一点是，在健康的人类个体身上，理性和冲动是协同的，而且二者基本上倾向于殊途同归，而非相互背离。非理性并不一定就是不理性或反理性的，而更常见的是一种亲理性的。意动和认知之间长期存在的差异和对立，本身就是一种社会和个体病理情况的产物。

人们对于爱或尊重的需要，如同人们对真理的需要一样"神圣"。"纯"科学并不比"人文"科学有更为本真的价值，当然前者的价值也不比后者低。科学很容易给我们带来愉悦，同时也能带来裨益。古希腊人尊重理性，这并没有错，只是太过专注于此。亚里士多德并没有看到，如同理性一样，爱也是极为人性的。

认知需要的满足和情绪需要的满足，两者间存在暂时的冲突，这一偶然情况驱使我们提出整合、协调、同行的问题，而非冲突和对立的问题。有可能发生的一点是，纯科学家的那种纯粹、客观、不卷入的非人性好奇心，可能会对其他同样重要的人类需要造成威胁，比如说对安全的需要。我在此并不是刻意指原子弹的例子，而是要提到一种更为广泛的事实，即科学本身也蕴含着一种价值体系。毕竟，"纯"科学家所达到境界的极限，并非爱因斯坦或牛顿，而是集中营实验中的那些纳粹"科学家"，或是好莱坞电影中的"疯狂"科学家。一种对于真理和科学，更为完整、更为人性、更为超越的定义是可能的。为了科学而科学，如同为了艺术而艺术一样是病态的。

人们在科学工作中寻求各种不同的满足，就如同人们在社会生活、在工作、在婚姻中所做的那样。不论是老人还是年轻人，是勇敢者还是羞怯者，是恪尽职守者还是嬉戏娱乐者，所有人都能在科学中找到各自的喜好。有些人只是在科学中寻求一种人性的归宿；有些人只是欣赏科学那铁面无私、非情感性的性质。有些人寻求那最根本的法则；有些人重视内容，想了解更多"重要"的事情，即便这种了解不甚精准和完善。有些人喜欢在科学中开创和进取；有些人更愿意稳扎稳打，在已经征服的领域中做组织、整理、管控的工作。有些人在科学中寻求安全感；有些人喜欢冒险和刺激。我们无法描述完美的妻子是什么样子，同样也无法描述完美的科学或科学家、完美的研究活动、完美的问题、完美的方法。也正如我们支持一般的婚姻，并且让个体根据自己的喜好进行选择，因此我们在科学中也是多样化的。

我们分辨出科学的如下几种功能：

科学在寻求问题、解决问题、鼓励预感、做出假设上的功能。

科学在测试、检验、确证、证伪、结论上的功能。它可以尝试并检验假设；它可以重复并检验某些实验；它可以积累事实，使得事实更为可靠。

科学的组织化、理论化、结构化功能，科学研究是为了更大的概括化。

科学的收集历史、储存知识功能。

科学的技术功能，包括科学的工具、方法、技术。

科学的行政、执行、组织功能。

科学的宣传、教育功能。

科学的实用、应用功能。

科学在欣赏、享受、赞叹、荣耀上的功能，即审美功能。

功能的多样性意味着一种必要的劳动分工，只有少数人可以将以上所有这些能力集中在自己身上。劳动分工则需要各类人群、各类兴趣、各类能力和技术。

兴趣反映并体现出个性和人格。品味在科学领域上有所区分，比如选择物理学或人类学，同样在科学领域内部也有各种兴趣区分，比如选择鸟类学或遗传学。而且，这种兴趣还在某个领域中具体问题的选择上有所区别，比如研究倒摄抑制或顿悟，尽管这种兴趣差别出现的程度较低。同样，兴趣还包括在方法、材料、精确程度、应用或使用程度、与人类当下问题的关联程度上有所差异。

在科学中，我们都需要彼此协作，互相补充。倘若所有人都偏爱物理学，而非生物学，那么科学的进展将是不可能的。我们有幸在科学追求上有着不同的兴趣，就如同我们有幸在气候和乐器上有不同偏好。因为某些人喜欢小提琴，而某些人喜欢单簧管或鼓，于是我们才会有交响乐。只有兴趣上的不同，广义上的科学才成为可能。科学需要各类人群（我不是说，"科学可以容忍各类人群"），就像艺术、哲学、政治也需要各类人群一样，因为每个人都可以提出独有的问题，对世界都有独有的理解。即便是精神分裂症患者也有特殊的用途，因为他们的疾病使得他们在某些方面尤为敏感。

一元论的压力对于科学是种真正的危害，因为"对人类的认识"常常只是意味着"对我们自己的认识"。我们倾向于将我们的兴趣、偏见、希望投射到所有人身上。比如说，物理学家、生物学家、社会学家已经表明，由于他们各自的选择，因此他们所关注、重视的方面有着根本性的差别。我完全可以预想到，由于兴趣上的根本差异，他们会在科学、方法、目标、科学价值上有着不同的定义。很明显，我们要对每一个个体，对科学家彼此之间的差异表示容忍和接受，就如同我们在人类其他领域所做的一样。

## 二、对科学的心理学理解的某些意涵

### 1. 对科学家的研究

对科学家的研究，完全是科学研究的一个基本甚至必要的方面。因为科学作为一种制度，部分是人性的某些方面的扩大投射，因此对这些方面的认识的增长，必定会在科学的认识上扩大很多倍。比方说，任何科学门类当中的任何科学或理论，都会受到这样一些认识增长的影响：（1）对客观和偏见本质的认识；（2）对抽象过程本质的认识；（3）对创造性本质的认识；（4）对文化适应性本质，以及科学家对文化适应性的抗拒本质的认识；（5）对愿望、希望、焦虑、期待产生的感知干扰的认识；（6）对于科学家的角色和地位本质的认识；（7）对我们文化中反智主义的认识；（8）对信心、信念、信仰、确定性本质的认识；等等。当然，更为重要的认识在于我们已经提到的那些问题，尤其是关于科学家的动机和目的的问题。

### 2. 科学和人类价值

科学基于人类价值，它本身也是一种价值体系。人类的情绪、认知、表达、审美需要，正是科学的来源和目标。对于这类需要的满足，就是一种"价值"。对安全感的爱、对真理的爱、对确定性的爱都是如此。对于简洁、精练、优雅、简单、精准、匀称的审美性满足，对于工匠、艺术家、哲学家十分有价值，同样，它们对于数学家和科学家也是如此。

这些价值还不涉及一个事实，即我们共享着我们文化中的一些基本价值，并且我们常常不得不至少在某种程度上遵循这样一些价值：诚实、人性、尊重个体、为社会服务、民主地尊重个体自由选择的权利（即便这种选择是错的）、保持生命与健康、减少痛苦、需要的时候承担信用、分享信用、团队精神、"公正"，等等。

显然，"客观"和"不卷入式的观察"是需要重新定义的。"排除价值"根本上意味着，排除给事实带来偏见的神学和其他权威教条。这种排除在文艺复兴时期是十分必要的，如今也是如此，因为我们依然希望我们的事实尽可能不受干扰。即便如今我们国家里的特殊组织对科学的威胁已经非常微弱了，我们仍然要对抗强大的政治和经济教条。

### 3. 理解价值

然而，为了防止我们对自然、对社会、对人类价值的认识受到干扰，唯一的方法就是一直清晰地意识到这些价值，去理解它们对我们认识的影响，并借助这类理解，来做出必要的修正（我所谓的干扰，既意味着精神干扰，也意味着现实干扰，我们要感知的正是后者）。对于价值、需要、愿望、偏见、恐惧、兴趣、神经症的研究，必须成为一切科学研究的一个基础方面。

这一论点也必须包括全人类更为广泛的一些倾向，即倾向于抽象、分类、看到异同、选择性地关注现实，以及按照人类的兴趣、需要、愿望、恐惧来反复改变现实。以如此方式来将我们的认识归到不同类别（"归类化"）在某些方面很有助益，但是在另一些方面则颇有危害，因为这种做法既鲜明地突出了现实的某些方面，同时也让另一些方面坠入到幽暗中。我们必须明白，尽管自然给予了我们区分的线索，有时候甚至还有"自然的"区分线，但是这些线索常常都是最低限度且模棱两可的。我们时常必须创造一种区分，或者将之强加到自然之上。我们这么做不仅仅依据的是自然的暗示，也是依据我们自身的人性，我们自身无意识的价值、偏见、兴趣。理想的科学就是要将人对理论的干扰降至最低，这种想法绝不可能靠否认人的影响，而只能靠认识人的影响来实现。

我们应该让那些不安的纯科学家感到安心，因为所有这些有关价值的令人不安的论点，都是为了更有效地实现科学的目的，即增进对自然的认识，通过研究认识者来减少我们现有认识中的干扰。

### 4. 人类和非人类的规律

人类心理和非人类自然中的规律，在某些方面是一致的，但是在另一方面则有着显著的差异。人类生活在自然世界中，这一事实并不意味着二者的规则和律法必定相同。生存在这个真实世界中的人类，当然不得不对自然做出一些让步，但是这本身不代表着要否认一个事实，即人类有着自身内在的规律，其不同于自然现实的规律。愿望、恐惧、梦想、希望，所有这些的运作规律都不同于石头、电缆、温度、原子。建构哲学不同于建设桥梁。研究一个家庭，也完全不同于研究一个晶体。我们对于动机和价值的一切论述，都不意味着想要把非人类的自然主观化或心理化，但是我们必定要把人性本身心理化。

这种非人类现实独立于人类的希望和需要，它既没有善意，也没有恶意，它没有目的、目标、意图、功能（只有生活期间的生灵有着目的），也没有意动，没有情感倾向。即便全人类都消失（并非没有可能），这种现实都会存续下去。

理解这种现实的本来面目，而非臆想我们觉得它应该是的样子，不论从"纯粹的"无卷入式的好奇心的角度来看，还是从为了人类直接的目标而预测和控制现实的角度来看，这都是最为理想的。我们不可能完全认识非人类的现实，但是我们可以尽可能地接近它，或多或少地真正了解它，康德的这种说法显然是正确的。

### 5. 科学的社会学

对科学和科学家的社会学研究，值得比如今得到更多的关注。倘若科学家部分是由文化因素所主导的，那么这些科学家所创造的成果也是如此。科学在什么程度上需要其他文化人士的帮助呢？科学家在什么程度上要摆脱其文化，从而获得更加确切的认识呢？科学家在多大程度上应该是国际主义的，而非某国的（比如美国），科学家的成果在多大程度上受到其阶级和阶层的主导呢？我们必须提出并回答这些问题，才能更完整地理解文化对认识自然的"干扰"影响。

## 6. 认识现实的各种方法

科学只是认识自然、社会、心理现实的一种方式。创造性艺术家、哲学家、文本主义作家，甚至挖沟的工人，都可以成为真理的发现者，都应该受到像科学家那般的鼓励[①]。这些角色不应该被视为彼此排斥，甚至彼此分离。科学家也可以是个诗人、哲学家，甚至是梦想家，比起那些狭隘的同事，这类科学家当然更为优秀。

倘若由于这种心理的多样性，我们把科学视为各种天赋、动机、兴趣合奏的交响曲，那么科学家和非科学家之间的界限就变得模糊了。专注于对科学概念进行批判和分析的科学哲学家，更为接近对纯理论感兴趣的科学家，相较而言，后者与纯技术性的科学家之间的差别则更大。提出一种人性的整合理论的剧作家或诗人，当然也更接近于心理学家，相较而言，后者与工程师的差别则更大。科学史学家要么是历史学家，要么是科学家，二者都可。对个案进行详细研究的临床心理学家或内科医生，相较于他那些忙于抽象和实验的同行，更容易从小说家那里获得精神养料。

---

① 或许如今理想的艺术家和理想的科学家有如下区别：其一，前者是某种独特（独一无二、唯一、个体性）发现或知识上的专家，而后者则是普遍（一般性的、抽象的）知识上的专家。其二，艺术家更接近一种探索问题、提出问题、做出假设的科学家，而非解决问题、验证问题、创造确定的科学家。后面这些功能一般是科学所独有的责任。在这方面，科学家更像个商人、运动员、外科医生，他们都很实际主义，总是在做验证、做检测。科学家做出的成果，都可以受到验证。倘若他被要求去做自行车，那么我们便可以测定这些自行车。然而，教师、艺术家、教授、治疗师、首相则可以犯下同一个错误，长达40年而一无所获，但同时还感到沾沾自喜，觉得非常有效。一个经典的范例就是，一生都在犯同一个错误的治疗师，之后居然也可以将自己的错误称为"丰富的临床经验"。

我发现，科学家和非科学家之间并没有清晰的界限。我们甚至无法把从事实验研究视为某种标准，因为许多以科学家为职业的人，从来没有，也绝不会去做一个真正的实验。在中学教化学的老师，即便他从没有在化学中有任何新发现，但是他只是读了几本化学周刊，依葫芦画瓢地重复了几个前人的实验，就认为自己是个化学家。相比他而言，在地下室里有了系统探索的兴趣的一个12岁的聪明学生，或者说对广告宣传产生疑心并对此验证的家庭主妇，可能更像是科学家。

一个研究机构里的主席在什么方面算是一个科学家？直到去世，他的时间可能全部用于行政和管理工作。然而，他也希望称自己为一名科学家。

倘若理想的科学家能够集创造性的假设者、严谨的检测实验者、哲学体系构造者、历史学者、技术家、组织家、教育宣传家、应用家、欣赏家于一体，那么我们很容易发现，这个理想的团队可能要由至少9名负责不同功能的个体专家构成，其中任何一人都无须是全能意义上的科学家！

但是，当我们指出，科学家—非科学家的二分法过于简单时，我们也要考虑一个普遍的发现，太过专业的人，从长期来看通常并不能做出多大的成就，因为他作为一个完整的人，是有所欠缺的。这种一般完整的、健康的人，比起一般残缺的人而言，能够更好地完成大多数事情。后者试图通过克制自己的冲动和情绪而成为一个纯粹的思想者，但是矛盾的是，他却成了一个病态者，只能以病态的方式进行思考，因此他并不是一个很好的思想者。简而言之，我们可以预期，有点艺术气息的科学家，比起没有一点艺术气息的同行而言，是更为优秀的。

倘若我们进行个案史研究，那么这一点就非常清晰了。我们那些伟大的科学人物，通常都有着广泛的兴趣，而绝不是狭隘的技术主义者。从亚里士多德到爱因斯坦，从列奥纳多·达·芬奇到弗洛伊德，伟大的发现者都是多才多艺的全才，他们有着人文的、哲学的、社会的、审美的兴趣。

我们必须这样下结论，科学中心理的多样化让我们认识到，通向认识真理的道路有许多条，创造性艺术家、哲学家、人本文学家，不论这些作为个人，还是个人的某些方面，都能成为真理的发现者。

## 7. 心理病理学和科学家

在其他条件相同的情况下，我们可以期待，那些更加快乐、安全、平静、健康的科学家（或艺术家、机械师、执行长官），比起那些不快乐、不安全、困惑、不健康的同行而言，会成为更好的科学家（或艺术家、机械师、执行长官）。神经症人群会扭曲现实，对现实有所需要，把一种不成熟的认识强加在它之上，这些人对于未知和新颖感到恐惧，他们太过于受制于一种内在的需要，即需要成为现实的反映者，因此他们很容易受到惊吓，太苛求他人的赞许等。

这一事实至少有三种意涵。第一，科学家（更准确地说，广义的真理寻求者）在心理上应该是健康的，而非不健康的，这样才能最好地完成工作。第二，我们可以预期，如果文化有所进步，那么所有人民的健康也会有所进步，对真理的追求也应该进步。第三，我们应该期待，心理治疗对个体科学家，在其个人功能方面会有所促进。

我们已经认识到一个事实，由于我们对于学术自由、终身教职、提高薪资等方面的争取[①]，更好的社会环境的确对真理求索者有所助益。

---

① 有些读者会觉得这是一个革命口号，他们觉得有必要继续读下去，对于这些读者，我急迫地推荐迈克尔·波兰尼的伟大著作《个人知识》。倘若你们还没有研究过此书，你们绝对算不上准备好面对下一个世纪。倘若你们没有时间，兴趣不大，没有能力读这本巨著，那么我推荐拙作《科学心理学：一次复兴》（*Psychology of Science: A Reconnaissance*），此书的优势在于短小易读，而且也有着类似的观点。本章，以及我提到的这两部书，以及在参考文献中的其他文献，都足够好地代表着新的人本主义时代精神，这种精神也反映在科学领域中。

# 第 **2** 章
## 科学中的问题中心和方法中心

近十几年来，越来越多的关注被投放到了"官方"科学的短板和罪过之上。然而，除了林德（Lynd）那精妙的分析之外，对于这种失败来源的讨论一直都被忽视了。本章试图展示，正统科学，尤其是心理学的诸多缺陷，其实是一种以方法或技术中心取向来定义科学的结果。

所谓的方法中心，我指的是，一种认为科学的本质在于其工具、技术、过程、设备、方法，而非其问题、难题、功能、目标的趋势。方法中心最为本质的形式，就是把科学家和工程师、医生、牙医、实验技术人员、玻璃工人、尿液分析员、技术工等混为一谈。方法中心在其最高级的智力层次上，常常将科学和科学方法混为一谈。

## 一、对于技术的过分强调

**对于优雅、精致、技术、设备的过分强调，常常带来的后果就是，贬低了一般意义重大、至关重要、影响深远的问题和创造性。**大多数攻读心理学博士的人都明白，这在实践中意味着什么。一个实验无论多么琐碎，只要在方法上令人满意，那便不会受到批判。而一个大胆、突破的问题，由于它可能是"失败的"，那么可能在还没开始之前就被批判致死了。的确，科学文献中的批判通常仅仅意味着对方法、技术、逻辑等的批判。在我熟悉的文献中，我不记得有任何一篇文章，会批判另一篇文章不重要、太琐碎、没多少意义[1]。

也就是说，一个越来越强烈的倾向就是，学位论文的问题本身不重要，只要论文完成得好即可。简而言之，论文无须对人类认识做出贡献。博士生们只需要知道自己领域内的技术，并且在其中积累足够的材料即可。好的研究概念也很重要，这一点很少被强调。结果便是，那些明显完全没有创造力的人，成了"科学家"。

在高中或大学的科学教学中，即较低的层次上，类似的结果也很常见。学生受到鼓励，把科学等同于直接操作那些设备，按照手册严格执行程序，总之就是跟随别人的领导，重复别人已经发现的成果。他们从来没有被教导过，科学家不同于技术工，也不同于科学书籍的读者。

这些论点很容易受人误解，我并不是在低估方法，我只是想指出，即便在科学中，技术也很容易跟目的混淆起来。只有科学的目的和目标，才能让其方法具有崇高而确证的价值。当然，职业科学家们必须关注其技术，但这仅仅是因为，技术可以帮助他们实现其目的，即回答那些重要的问题。一旦科学家忘记了这一点，他就会成为弗洛伊德所说的那种整天擦拭眼镜，但从来不戴眼镜、不用眼镜的人。

方法中心，倾向于把那些技术工、"设备操作员"，而非"问题提出者"、问题解决者推到科学统帅的地位。虽然我不想创造一种极端而不现实的二元分裂，但是我也可以指出，那些只知道怎么做的人，和知道做什么的人之间是有区别的。前者总是占大多数，他们必然成为科学中的一个"术士阶级"

---

[1] "但是，甚至是学者也喜欢在小问题上大做文章。他们称之为原创性研究。重要的是，他们所发现的事实，不为前人所知，而不是这些发现真的值得被认识。而这些事实迟早会被其他专家所用到。所有大学里的这些专家其实都是怀着蚂蚁筑巢式的耐心为彼此写作，期待着某些神秘的结果。"（范多伦，《三个世界》）

"或者，他们整天拿着钓竿坐在泥沼里，觉得自己很深刻，但是那里什么鱼都没有，我甚至不屑于称他们在做表面功夫。"（尼采，《查拉图斯特拉如是说》）

一个坐在那里看着运动员们的"运动家"。

（priests），成为方法、程序或者说仪轨、仪式方面的权威。而这类人在过去一直令人生厌，现在科学成了一个国家和国际政策的问题，这类人就变得尤为危险。这种趋势有着双倍的危险，因为初学者们理解操作工，比理解创造者和理论家，要容易得多。

方法中心倾向于不加区分地过分重视数量关系，将其视为最终目的。这一点是对的，因为方法中心科学更强调如何论证，而非论证了什么。优雅与精确于是和中肯与意涵丰富对立了起来。

方法中心科学家，常常不自觉地倾向于让他们的问题适应于其技术，而非相反。他们一开始的问题就是，我能用我拥有的技术和设备去攻克什么问题，而非应该经常提出的问题：什么是最为重要，最为关键，我可以花时间去解决的问题？若非如此，我们如何解释这样一些现象：大多数平庸的科学家都会竭尽一生待在一个狭小的领域，这些领域的边界不是由一个有关世界的基本问题定义的，而是由一些技术设备的限制来定义的①。在心理学中，只有少数人会发现"动物心理学家"或"统计心理学家"这类概念当中的可笑之处。这些心理学家只要能够相应地利用这些动物或材料，那么就不需要再操心任何问题了。最终，这让我们想起了那个著名的酒鬼故事，酒鬼在找他的钱包，他不是在丢的地方找，而是在路灯下面找，"因为那里光线比较好"。或者又让我们想起那个医生的故事，医生给所有病人开同样的药，因为他只知道治疗一种疾病。

方法中心有一种强烈的倾向，即创造一种等级的科学，在这种有害的等级中，物理学被视为比生物学更"科学"，生物学比心理学更"科学"，心理学比社会学更"科学"。这种等级设想，只能在技术的优雅性、成功性、准确性上才能成为可能。但从问题中心科学的角度来看，这种等级是绝不建议的。因为，谁会认为关于失业、种族偏见、爱的问题，在本质上比星体、钠、肾功能的问

---

① "我们倾向于去做我们知道如何做的事情，而非努力做我们应该做的事情。"［安申（Anshen），《科学与人》（*Science and Man*）］

题更不重要？

方法中心倾向于刻板地将科学划分成各个门类，在这些门类之间建起高墙，将其分为单独的区域。当雅克·洛布（Jacques Leob）被人问起他是一位神经学家、物理学家、生物学家还是哲学家时，他只是回答道，"我只解决问题"。当然，这就应该是一个更为常见的答案。而倘若有更多像洛布这样的人，那么这对科学是很有好处的。但是，这些良好的特质却受到了哲学的明确反对，以至于科学家成了技术工，成了专家，而非探索真理的冒险者，科学家更多地代表知道，而非困惑。

倘若科学家将自己视为问题的提出者和解决者，而非特殊的技术工，那么就会有一股潮流，让我们关注最前沿的科学动向，关注我们最少、最应该了解的一些心理和社会问题。为什么这些学科领域鲜有人往呢？为什么研究物理学或化学的科学家，比研究心理学问题的科学家多数十倍？让一千个聪慧头脑去制造更好的炸弹（或更好的青霉素），还是让他们去解决民族或心理治疗或剥削的问题，哪一种对人类更有益处呢？

**科学中的方法中心论，在科学家和其他真理寻求者之间，在其寻求和理解真理的多种方法上创造了巨大的鸿沟。**倘若我们将科学定义为一种对真理、洞见的寻求和理解，以及对重要问题的关注，那么我们必定很难在一方面是科学家，另一方面是诗人、艺术、哲学家之间做出区分[1]。二者可能关心的是同样的问题。当然，我们还是要做出一种语义上的真正区分，还有一点必须承认，即这种区分主要基于防止错误的方法和技术层面。然而，倘若科学家和诗人、哲人之间的沟壑不如如今这样难以逾越，那么这当然是更好的。方法中心只是将他们归为不同领域，但问题中心将他们视为彼此相助的合作者。大多数伟大科

---

[1] "你必须热爱问题本身。"——里尔克

　"我们已经认识到了所有的答案、所有的答案：我们不知道的正是问题。"——A. 麦克利什（A. MacLcish），《A. 麦克利什的哈姆雷特》（*The Hamlet of A. MacLeish*）

学家的自传都显示出，后者比前者更接近真理。那些最伟大的科学家中，许多人本身就是艺术家或哲学家，他们从哲学家那里收获良多，并不亚于他们从科学同行那里的收获。

## 二、方法中心和科学正统

方法中心必定带来一种科学正统，后者随后又创造出了一种异端。科学上的问题和疑难都很少被表述、分类、归入一种文档系统。过去的问题不再是问题，而是答案。未来的问题还没有形成。但是，表述和分类过去的方法技术则是可行的。于是，这些表述便成了"科学方法的法则"。它们被奉为圭臬，身上笼罩着传统、忠诚、历史，于是它们也成了对如今的束缚（而非仅仅具有建议性或帮助性）。在那些缺乏创造力、胆怯、保守的人手中，这些"法则"基本上成了一种要求，要求我们按照先辈解决问题的方式来解决当下的问题。

这种态度对于心理学和社会科学尤为危险。要成为真正的科学，这条律令通常意味着：使用物理学和生命科学的技术。因此，在心理学家和社会学家当中，我们倾向于模仿那些古老的技术，而非创造、创新出新的技术，发展的程度、科学家的问题、他们的材料必定不同于物理科学，因此这些新技术是必要的。科学中的传统可以是一种危险的"天赐"，忠诚是一种绝对的威胁。

**科学正统的一个主要危险就在于，它倾向于封锁新技术的发展**。倘若科学技术的法则已经得到了表述，那么剩下的就是应用它们。新方法、研究的新办法必然受到质疑，通常会面对敌意，比如精神分析、格式塔心理学、罗夏测验。遇到这种敌意，或许部分可以归因于一个事实，即新心理学和社会科学所需要的一种整体性、综合性的逻辑、统计、数学尚未被创造出来。

一般而言，科学的进步是合作的产物。否则，有限的个体怎么可能做出重要甚至重大的发现呢？倘若没有了合作，进步就会陷入停滞，直到某个不需要帮助的伟人出现。正统意味着，拒绝帮助异端。由于只有少数人是天才，因此这意味着连续的、顺利的进步只可能发生在正统科学上。我们可以期待，异端思想长期都受到令人厌倦的忽视和反对，直到某天突然冲破障碍（只要它们是正确的），然后转而成了正统。

方法中心所引起的正统论，其另一种可能更为重要的危害是，它倾向于越来越限制科学的权限。正统论不仅仅阻碍了新技术的发展，也倾向于阻碍与此相关的诸多问题。归根结底，读者完全可以认为，这类问题无法由当下可行的技术回答，例如一些有关主观性的问题、有关价值的问题、有关信仰的问题。这种愚蠢的归因，带来了一种毫无必要的投降、术语上的矛盾以及"非科学的问题"，好似这些问题我们不敢问也不敢回答。当然，任何读过也理解科学史的人，都不敢谈论那些不可能解决的问题；他只会谈论还未解决的问题。根据后一种说法，我们便有了行动的动机，进一步发挥我们的才智和创造性。根据当下科学正统的说法，即"我们能用科学方法做什么（根据我们的所知）"，我们应该走向反面，即自愿接受自我限制，退出人类感兴趣的广泛领域。这种趋势可以走向令人震惊的危险极端。在最近国会准备建立国家研究基金过程中，竟然发生了这样的事情，物理学家希望可以独得一些心理学和社会科学所无法享受的利益，原因是后者不够"科学"。这种论述能有什么依据呢？只可能依据于，技术精妙而成功，独受尊重，但科学提出问题之本质，以及这种本质根植于人类价值和动机之中的事实，则受到了全然忽视。作为一名心理学家，我要如何向我的物理学家朋友解释这类嘲讽呢？我也应该使用他们的技术吗？但是这些技术对于我的问题毫无用处。这些问题不应该得到解决吗？科学家应该从这片完整的领域中撤退，将之还给神学家吗？或者这或许是一种自嘲？这难道不意味着，心理学家很蠢，物理学家聪明？但是这种本身毫无理由的论点，有什么依据呢？依据于印象？那么我就要说我的印象了，在科学团体中，傻子的数量可不比其他群体少。那么哪种印象更有依据呢？

我担心，我只能找到一种可能的解释，这种解释暗自把技术放在了首要，甚至是唯一的地位上。

方法中心的正统论鼓励科学家保持"四平八稳",而非激进冒险。这使得科学家的正常工作,似乎是在铺好的道路上寸步而行,而非在未知领域开辟新道路。这导致了一种保守性,而非激进地探索未知。这使得科学家成了维稳者,而非先驱①。

而科学家真正的位置至少是在未知的、混沌的、朦胧的、未被阐明的、神秘的领域。一种问题导向的科学,会让科学家常常在必要时处在这种领域中。而科学中强调方法的取向,则不鼓励科学家进入这一领域。

对方法和技术的过分强调,使得科学家认为:(1)他们实际上的更为客观,更少主观;(2)他们自己不需要关心价值。方法在伦理上是中立的,问题和疑难则未必,因为它们迟早会陷入有关价值的难解争论。避免价值问题的一个方式就是强调科学的技术,而非科学的目的。的确,科学中方法中心取向的一个主要根基,就在于尽可能地竭力追求客观性(无价值)。

但是,我们在第1章中已经见到,科学曾经不是,现在不是,也不可能完全是客观的,或者说,独立于人类价值的。进一步而言,它是否应该努力争取变得客观(即一种完全的客观,而非人类尽可能达到的客观),这也是十分值得争论的。本章中提到的所有错误,都证明了忽略人性缺陷所带来的危险。神经症不仅因为他那徒劳的尝试而付出了主观上的代价,而且讽刺的是,他也逐渐成了一个越来越贫乏的思想者。

由于这种幻想独立于价值,价值的标准变得越来越模糊。倘若方法中心观走向了极端(很少如此),倘若这种观念能贯穿始终(他们并不敢如此,因为害怕某些明显愚蠢的结果),那么重要的实验和不重要的实验之间,就不可能

---

① "天才就是先头部队,他们闪击进无人地带,必然留下未受防护的侧翼。"[考斯特(Koestler),《瑜伽士和政委》(*The Yogi and the Commissar*)]

做出区分。而只存在技术上可行的实验，和技术上不可行的实验①。仅仅使用方法标准，大多数琐碎的研究就会要求受到跟最具成果的研究同样的重视。当然，这种极端情况不会实际发生，这只是因为我们除了方法上的标准之外，还要求其他的一些尺度和标准。然而，尽管这种错误很少以明显的形式出现，但它常常能以不那么明显的形式被看到。科学杂志上满是这种例子，这些例子展示出，不值得做的事情，也不值得做好。

倘若科学不过是一套规则和程序，那么科学和围棋、炼金术、"防护学"（umbrellaology）或牙医行业又有什么区别呢？

---

① "科学家被称为'伟大'并不是因为他解决了某个问题，而是因为他提出了某个问题，对这个问题的解决……带来了真正的进步。"［坎特里尔（Cantril），《对人之特性的一次质询》（*An inquiry concerning the characteristics of man*）］

"对一个问题的论述，比对它的解决更为重要，后者只是一个数学或实验技术上的问题。要提出新的问题、新的可能性，要从一个新视角来看到老问题，这都需要创造性的想象，都标志着科学上的真正进步。"［爱因斯坦，《物理学的进化》（*The Evolution of Physics*）］

第 **3** 章
# 动机理论的前言

　　本章呈现了16个有关动机的命题，这些命题应该被包含进任何一种动机理论。有些命题如此真实，乃至平常。我觉得，需要重新强调这些。而另一些则因有更多的争议而显得不那么能接受。

## 一、作为完整之人的个体

　　我们的第一个命题在于，个体应该是整合、组织起来的整体。心理学家们常常都能虔诚地接受这项理论主张，但他们又往往在实际的实验中安然忽略这一点。我们必须意识到，它既是理论性的现实，也是实验性的现实，合理的实验和动机理论才能成为可能。在动机理论中，这一命题意味着很多具体的内容。比如说，这意味着，动机作用于的是整个个体，而非它的一部分。在一种较好的理论中，并不存在一个作为整体的胃部或嘴部的需要或者生殖需要。唯一存在的，只有个体的需要。是"约翰·史密斯"需要食物，而非他的胃部。此外，满足也是针对于整个个体，而非他的一部分。食物满足约翰·史密斯的饥饿感，而非他胃部的饥饿感。

　　把约翰·史密斯的饥饿感仅仅视为其肠胃管道的功能，这使得实验者们忽视了一个事实，即当个体饥饿时，他改变的不仅仅是自己的肠胃功能，也改变了很多，甚至是大多数其他他能改变的功能。他的感知觉改变了（他会比平常更容易地感知到食物）。他的记忆改变了（他会比平常更容易回忆起一顿美餐）。他的情绪改变了（他比平常更加紧张和焦虑）。他思考的内容改变了（他更想获得食物，而非解决代数问题）。这种举例可以延伸到他的几乎每一种生理或精神的能力、机能、功能。换言之，当约翰·史密斯饥饿时，他是整体都饿了；他已经整个不同于他平常的时期了。

## 二、饥饿感作为一种范式

选择饥饿感作为一种动机状态的范式，这在理论上和实践中都是不明智、不合理的。我们通过更细致的分析会发现，饥饿驱力是一种更为特殊的动机，而非一般性动机。这一动机比其他动机更为孤立（格式塔和戈德斯坦学派心理学家的意义上使用这个词），它比其他动机更罕见。而且，它区别于其他动机的一点在于，它有着已知的躯体根基，这一点对于动机状态是很不平常的。那么，更为平常的即刻动机是哪些呢？在平常的一天通过内省，我们便能轻易发现这些动机。我们意识中一闪而过的，常常都是那些对于衣物、汽车、友谊、伙伴、赞扬、名誉等类似内容的欲望。实际上，这些欲望都体现为一种次级的、文化的驱力，而且被视为与那种真正"值得重视"的原始驱力，如生理需要，处在不同的领域。实际上，这些驱力对我们而言更重要，更常见。因此，选择这些欲望作为动机范式，似乎比选择饥饿驱力要更为明智。

一个通用的假设是，所有的驱力都遵循生理驱力设定的模式。但我们可以合理地预测，这绝不正确。许多驱力是无法被孤立出来的，它们也没有躯体定位，也不能被视为有机体内某个时刻发生的唯一事情。典型的驱力、需要、欲望不能，也决不能联系到某种孤立的、特定位置的躯体部位上。典型的欲望很明显是整个人的一种需要。选择这类驱力作为研究范式要好很多，即对金钱的欲望，而非饥饿驱力，或者某种部分目的驱力，或者选择一个更为基本的需要，比如对爱的欲望。根据我们已经掌握的证据，有一点可能的确如此，我们对饥饿驱力的了解再怎么多，也不可能完全理解对爱的需要。的确，一种更有力的说法是，通过完整地认识对爱的需要，而非对饥饿驱力进行透彻研究，我们便可以知晓一般的人类动机（包括饥饿驱力）。

这一点让我想起，格式塔心理学家对这种简化概念所做的批判性分析。比起对爱的驱力，饥饿驱力似乎更为简单，但长期来看，它其实并不简单。通过挑选一些相对独立于整个有机体的单独例子和活动，我们便可以呈现出这种简单性。一个重要的活动与个人身上几乎所有的其他事情都有动力关系。那么，为什么我们要选择在这个意义上并不普遍的活动呢？我们选择这种活动，并尤其关注它，仅仅是因为我们惯常的实验技术（不一定正确），即分离、还原、让其从其他活动中分离出来，更容易处理它？倘若我们必须面对这样的选择，要么处理在实验上很简单，但比较琐碎而没有意义的问题，要么处理在实验上很难解决，但是非常重要的问题。显然，我们必定毫不犹豫地选择后者。

## 三、手段和目的

倘若我们仔细检视日常生活中的平常欲望，那么我们会发现，这些欲望至少有一个重要特点，即它们通常是手段，而非目的。我们想要钱，是为了买辆车。反过来，我们想要辆车，是因为邻居们都有一辆，我们不想感觉低他们一等，如此我们可以维护自尊心，可以被他人爱戴和尊重。通常当一种意识欲望受到分析时，我们会发现自己可以深入到其背后，也就是说，可以深入到个体更为基本的目标。换言之，我们在此遇到的情况，很类似于心理治疗中症状的角色。症状很重要，它并非本身重要，而是它最终的意味很重要，也就是说，它最终的目标或者带来的影响。对症状本身的研究并不重要，但是对症状动力学意义的研究十分重要，因为这种研究颇为丰富，比如这是心理治疗的前提。每天在我们意识中闪过数十次的特殊欲望，其本身并不重要，重要的是它们所代表的意义，它们所导致的结果，它们在更深入分析之后所展现的意味。

这种更深入的分析的特征在于，它最终会总结出某种我们无法触及的目标或需要，即某种似乎已经到头，而无须进一步确证和论证的需要满足。这些需要在普通人身上有着特定的性质，通常无法直接看到这些性质，但常常是多种特定意识的欲望的一种概念衍生。换言之，对于动机的研究，部分就是对于人类的终极目的或欲望或需要的研究。

这些事实暗示着，合理的动机理论的另一个必要性。由于我们通常无法直接在意识上看到这些动机，因此我们只能将意识动机问题视为一个整体去研究。仅仅对意识动机进行仔细研究，常常会遗漏许多同我们在意识中看到的事物同样重要，甚至更为重要的内容。精神分析已经论证过，意识欲望和掩藏之下的最终无意识目的之间的关系，并不一定是直接的。诚然，这种关系可能实际上是相反的，即反向形成（reaction formations）。于是，我们可以断言，合理的动机理论绝不能忽视无意识生活。

## 四、欲望和文化

现在，充分的人类学证据表明，全人类最基本或最终极的欲望，并非像人类每天的意识欲望那样丰富繁多。其主要原因在于，两种不同的文化可以带来两种截然不同的特定欲望满足的方式，我们可以以自尊为例。在一个社会中，我们可以通过成为一个好猎手来获取自尊，在另一个社会中，则是要成为一个好医生或勇敢的武士，或者成为一个冷酷理智的人，等等。于是，事实可能是这样的，当我们从终极的角度考虑，那么一个个体想成为好猎手的欲望，和一个人想成为好医生的欲望，有着同样的动力、同样的基本目标。那么我们可以说，在心理学家看来，很有效的做法是，将这两种表面不同的意识欲望，组合到同一个范畴中，而非纯粹根据行为将其分入不同的范畴。显然，目的本身，比实现这些目的的方法要更为普世，因为这些方法在特定文化下有着各自的差异。人类比我们初看之下更为相似。

## 五、多种动机

我们已经从心理治疗的研究中认识到，一种有意识的欲望或一个有动机的行为还有另一个特性，这个特性和我们刚刚讨论的那一点相关，即这个欲望或动机可能成为一个渠道，另一些目的可以借此来得到表达。我们有多种方式可以展现出这一点。比如说，众所周知，性行为和有意识的性欲望中潜藏的无意识目的可能极为复杂。在某个人身上，性欲望可能实际意味着，确证自己的男性气概。而在另一个人身上，则基本上代表着一种吸引注意力的欲望，或是一种追求亲密感、友善感、安全感、爱情或以上综合的欲望。在意识层面，这些个体身上的性欲望可能有着同样的内容，而且他们可能误以为自己只是追求性欲的满足。但是我们已经认识到，这是不对的，并且，探索性欲望和行为从根本上代表着什么，而非个体在意识上认为它们代表着什么，这对于理解这些个体是很有用的（不论是对于预备性行为，还是完成性行为，这一点都适用）。

另一个可以支撑这一论点的证据是，我们发现，一个单一的心理病理症状可以同时代表着几种不同，甚至相对的欲望。手臂的癔症性瘫痪，可能同时代表着复仇、怜悯、爱、尊重的愿望。依据行为风格，是采取第一个例子中的意识欲望，还是采取第二个例子中的表面症状，意味着我们武断地抛弃了一种可能性，即完整地理解个体的行为和动机状态。一个行为或一个有意识的愿望，仅仅只出于一个动机，我们认为，这种情况是不常见、不普遍的。

## 六、动机状态

在某种意义上，几乎任何一个有机体的事件状态本身都是一种动机状态。倘若我们说，一个人感觉被拒绝了，那么我们的意思是什么？一种静态心理学可能会在这句话后面加个句号。但是一种动力心理学则暗含着，这句话背后意味着更多东西。比方说，这句话也意味着一种紧张、压力、不悦。此外，除了与有机体余下部分的一种当下关系，这种事件状态必定还会自然带来一些其他的状态，比如想要获得情感的冲动性欲望、各种类型的防御姿态、越来越强调敌意等。

于是，很明显，倘若我们要去解释，这句话中暗含的事件状态，即"这个人感觉被拒绝了"，那么我们必须加上许多句话，来解释他身上到底发生了什么，才导致感觉他被拒绝了。换言之，被拒绝的感觉本身就是一种动机状态。目前的动机这一概念通常，或者至少似乎来自一个假设，即一种动机状态是一种特殊的、特定的状态，其与有机体中其他事情是分开的。相反，合理的动机理论则应该假设，动机是持续的、不停的、波动的、复杂的。而且这几乎是任何一种有机体事件状态的一种普遍特征。

## 七、动机的关系

人是一种有所求的动物，除了短暂片刻，人很难达到一种完全满足的状态。当一个欲望得到了满足，另一个就会跳出来取而代之。当这个得到了满足，又会有一个进入前景，永无休止。人类的一个特点就是，终其一生其实都在追求某些东西。于是，我们便有必要去研究所有动机之间的关系，而且倘若我们要对我们追求的内容获得全面的理解，那么我们就必须放弃欲望孤立成单元的观点。驱力或欲望的出现，其带来的行动以及获得目标客体后的满足，这一切都给了我们仅仅是一种人为的、单一的、孤立的例子，这个例子则来自完整的复杂动机单元。这种动机的出现其实取决于，整个有机体的所有余下动机的满足或不满足状态，即其取决于，这些余下的优势欲望已经达到了一种相对满足的状态。渴求本身暗含着其他渴求已经得到满足的意味。倘若我们长时间饥肠辘辘，或者倘若我们一直口干舌燥，或者倘若我们不断受到一种急迫的灾难的威胁，或者倘若所有人都憎恶我们，那么我们不可能还会渴望着编一首音乐、创造一个数学体系、装潢我们的房间、精心打扮自己。

动机理论的构建者对于这些事实从未给予恰当的尊重：第一，人类只能以一种相对或逐步递进的方式；第二，需要似乎按照某种优势等级次序来排列。

## 八、驱力列表

我们必须彻底放弃把驱力或需要一一列出来的尝试。出于某些原因，这类列表在理论上是不合理的。第一，这些列表代表着所列出的各种驱力都是平等的，其出现的概率和强度是一致的。这并不正确，因为任何一种欲望进入到意识中的概率，都取决于其他优势欲望的满足或未满足。各种驱力出现的可能性有着显著差异。

第二，这类列表意味着，这些驱力彼此都是孤立的。当然，其实它们在任何方面都不是孤立的。

第三，由于这类驱力列表通常有着行为基础，因此它完全忽视了我们对驱力的动力本质所认识的一切。如驱力在意识和无意识层面可能是不同的；某种特定的欲望其实可能是其他多种欲望借以表达的载体；等等。

这类列表很荒谬，因为驱力并不是按照一种孤立而分散的数字运算之和的形式排列的。相反，它们是按照一种特定等级的方式排列的。这意味着，我们为了分析而选择要列出的驱力的数量，完全取决于特定性的程度。真正的形象并不是许多木棒一根根排列下来，而是一套盒子，其中1个包含着另外3个，这3个又各自包含着另外10个，这10个又包含着另外50个，以此类推。另一种类比描述是，对一块组织剖面进行不同等级的放大。因此，我们可以说，有一种要满足或平衡的需要；或者更特定地说，这是一种吃的需要；或者更为特定地说，这是一种填满胃部的需要；或者更为特定地说，这是一种追求蛋白质的欲望；或者更为准确地说，这是一种追求特定蛋白质的欲望，以此类推。我们现在已知的很多需要列表，都不加区分地把各种不同放大等级的需要放在了一起。由于这种混淆，所以我们不难理解，某些列表应该包含3种或4种需要，而另一些则包含数百种需要。只要我们想，我们可以创造一种包含从1到100万之间任意数量驱力的列表，这完全取决于分析的特定性。此外，我们应该认识到，倘若我们试图讨论最基本的欲望，那么它们完全应该被理解为一系列欲望，这些欲望属于一些基本的范畴或集合。换言之，这样一种基本目标的列举，应该是一种抽象的分类，而非目录式的列表。

此外，至今已经发表的所有驱力列表，似乎都意味着，各种驱力之间相互的排斥性。但是，这种相互排斥性并不存在。需要之间通常存在一种重叠，因此我们几乎不可能把各种驱力完全清晰地分割开来。我们还应该在对驱力理论的各种批判中指出，驱力这个概念本身可能来自对于生理需要的过分关注。对于这些驱力，我们很容易区分出诱因、动机行为、目标客体。但是，当我们谈及对爱的欲望时，要将驱力与其目标客体进行区分便不那么容易。在这里，欲望、目标、行动似乎都是一回事。

## 九、动机生活的分类

现有的证据已十分有分量，这些证据在我看来似乎表明，任何动机生活分类的构建所依据的合理而基本的基础，在于基本的目标或需要，而非它们基于某种一般意义上的诱因之驱力的列表（即"吸引性"因素，而非"推动性"因素）。动力学取向总是给心理学理论带来各种变化，但只有这种基本目标才能在这种变动中保持不变。无需更多证据，仅仅对我们已经谈到的内容进行思考，便可以支持这一论点。当然，动机性行为并非分类的好基础，因为我们已经发现，这种行为可以表达很多内容。出于同样的原因，特定的目标客体也不是分类的好基础。人类有获取食物的欲望，于是他以某种方式行动，以获得食物，然后咀嚼吞咽之，这其实是在寻求安全感而非食物。一个经历过整个性欲望、追求行为、释放性爱过程的个体，实际上是在寻求自尊，而非性满足。在意识中由于内省而出现的驱力、动机行为，甚至明确出现的目标客体或被寻求的目标，这些都不是对人类动机生活进行动态分类的坚实基础。倘若仅靠逻辑排除的过程，我们最后只会发现，只有主要是无意识的基础目标或需要，才能成为动机理论分类的合理基础[1]。

## 十、动机和动物材料

致力于动机领域的学院派心理学家们，在很大程度上依赖于动物实验。诚然，白鼠不是人类，但是不幸的是，我们必须反复重复这一点，因为，动物实验材料成了我们对人类本性[2]进行理论构建所依赖的基础，这一现象太过常见了。动物材料当然用处颇丰，但对它们的使用必须非常谨慎和明智。

我的论点是，动机理论必须是以人为中心，而非以动物为中心的，某些和这一论点匹配的进一步思考如下。首先，我们可以讨论一下本能这一概念，我们可以将之粗略地定义为一个动机单元，在其中，驱力、动机行为、目标客体、目标效果都是明显由遗传决定的。当我们从种系的角度逐层向上看时，如此定义的本能有着一种逐渐消失的趋势。比方说，对于白鼠，我们完全有理由说，根据我们的定义，它们身上存在饥饿本能、性本能、母性本能。在猴子身上，性本能必定就消失了，而饥饿本能在很多方面都会有明显的变化，只有母性本能无疑还是存在的。而在人类身上，根据我们的定义，这三种本能都会消失，取代它们位置的是遗传反射、遗传驱力、自发学习、动机行为和目标客体选择（参见第6章）中的文化学习。因此，倘若我们审视人类的性生活，我们会发现，纯粹的驱力是由遗传决定的，但是客体的选择以及行为的选择，必定是在生命历程中习得的或后天获得的。

只要我们从种系角度逐层向上看，那么口味变得越来越重要，而饥饿越来

---

[1] 对这些论点的更完整讨论，请参考默里（Murray）的《人格探索》和其他人的著作。
[2] 比方说，P. T. 杨武断地从动机理论中排除了目标或目的这类概念，因为我们没办法询问一只老鼠有什么目标。难道我们没有必要指出，我们可以询问一个人的目标？不是说由于我们无法向老鼠询问，所以要拒绝目标或目的这类概念，而是说由于我们无法向它询问，所以更合理的是拒绝老鼠实验。

越不重要。换言之，相较于猴子，小白鼠对食物的选择变化更少，而相较于人类，猴子的选择也更少。

最后，只要我们从种系角度逐层向上看，那么本能越来越不重要，而文化作为一种适应性工具，则越来越重要。倘若我们不得不利用动物材料，那么我们要认识到这些事实，比如说，对于动机实验，我们应该选择猴子而非白鼠，这仅仅是因为，我们人类更像猴子，而非像白鼠。正如哈洛（Harlow）和其他灵长类动物学家们所展示的那样。

## 十一、环境

至此，我只谈到了有机体本身的性质。现在，有必要来稍微谈一谈有机体所处的情境或环境。我们当然要立马承认，除非与环境和他人有关，否则人类的动机很难实现。任何动机理论当然都必须考虑这一事实，即环境以及有机体自身当中文化的决定性作用。

一旦我们考虑到这一点，那么剩下的就是要警示理论家，不要太过重视外部情况、文化、环境、情境。毕竟，我们研究的中心客体是有机体或性格结构。在情境理论中，很容易走向的一个极端就是，让有机体仅仅成为情境的一个附加物，而情境只是它的一种障碍或是想要获得的客体。我们必须记住，个体部分地创造了自己的障碍以及价值，这些障碍或价值部分地必然是由情境中特定的有机体定义的。我不曾知道任何方法，可以普遍地定义或描述出某个领域，而这种描述又可以独立于在其中起作用的特定有机体。当然，我们必须指出，当一个儿童试图获得某个对他有价值的客体，但又受到某种障碍的限制，那么他一方面设定了这个客体的价值，另一方面又赋予了障碍以功能。从心理学上说，障碍其实是不存在的，只有对于某个想要得到自己所想之物的人而言，障碍才是存在的。

在我的印象中，当一种极端的或排他的情境理论基于某些不合理的动机理论时，便能发挥到极致。比如说，纯粹的行为理论就需要依靠情境理论来获得合理性。基于现有驱力，而非基于目标或需要的动机理论，需要一种稳固而强大的情境理论。然而，如果一个理论强调基本需要是恒定的，那么这个理论会发现，这些需要只是相对恒定的，而且较为独立于有机体所处的情境。因为，需要不仅仅可以以最为有效可行的方式，带着极大的变动性，来组织起自身的行动，它也可以组织起，甚至创造外部现实。换言之，倘若我们接受考夫卡（Koffka）对于地理环境和心理环境的区分，那么要理解一种地理环境如何变成心理环境的最好方式，就是理解心理环境的组织原则，在于特定环境下的有机体当下的目标。

合理的动机理论必须考虑情境，但是也绝不能成为一种纯粹的情境理论。想要它成为如此，除非我们刻意放弃我们渴求的一种理解，即理解有机体持续的本性（这是为了理解他所生活的世界）。

为了避免不必要的争论，我们要强调，我们如今关注的并非行为理论，而是动机理论。行为是由多类因素所决定的，动机只是其中之一，环境力量也是其中之一。对于动机的研究，不能忽视或否认对环境因素的研究，而是要对其进行补充。二者在一个更大的结构中都有必要的位置。

## 十二、整合

任何动机理论都必须不仅仅考虑到这样一个事实，有机体通常作为一个整合的整体行动，还要考虑另一个事实，即有时候有机体并非如此。有一些孤立的条件和习惯值得考虑，即各种局部的反映，以及我们所了解的一种分裂和欠整合的现象。有机体甚至可以在日常生活中以一种非单一化的方式做出反应，比如我们可以同时做好几件事。

很显然，当有机体成功地面对某种巨大的欢愉或创造性时刻，或者面对重大的问题或紧急情况时，他的整合程度是最高的。但是，当威胁过于强大，或者当有机体过于虚弱或无助，而无法处理这种威胁时，他就会倾向于失去整合。这种明显的缺乏整合，有时候可能只是我们自身无知的反映，但是我们如今也很清楚，那些孤立、局部、缺乏整合的回应，在某些情况下完全是可能的。此外，越来越清楚的一点是，我们并不一定要把这种现象视为虚弱、糟糕、病态的。反而，我们通常应该将之视为有机体最重要的一种能力的体现，即以一种部分的、特定的、局部的方式处理一些不重要的或太熟悉的、太容易的问题。于是，有机体的主要能力，便可以留给那些他所面对的更为重要、更有挑战性的问题。

## 十三、非动机行为

尽管心理学家几乎普遍都反对，但是有一点我很清楚，即并非所有的行为或反应都由动机驱动，至少不是通常意义上寻求满足（即寻求所欠缺的、所渴求的）的需要。成熟、表达、成长、自我实现这些现象都是违背了普遍的动机法则，它们最好被视为一种表达，而非应对。我们会在后文，尤其是第10章和第14章对此进行详细讨论。

此外，诺曼·迈尔（Norman Maier）有效地将我们的关注点集中在一种区分上，弗洛伊德学派常常暗示了这一区分，但未能正确地澄清这一点。许多神经症症状或倾向，都是基本需要满足扭曲后的冲动，这些冲动或是受到阻挠，或是有着错误的指向，或是与其他需要产生了混淆，或是固着到错误的方式上。然而，还有一些症状不再是扭曲的满足，而仅仅是一种保护或防御。它们没有目的，而只是为了避免进一步的伤害、威胁、挫折。其中的差别就好像，一个斗士总是想赢，而一旦没有赢的希望，则试图尽可能输得不那么难看。

由于放弃和无望总是明显联系着治疗的预后、对学习的期待，甚至是长寿之道，因此，任何明确的动机理论都必须讨论迈尔的这种区分，以及科里（Klee）对此的解释。

## 十四、实现的可能

杜威（Dewey）和桑代克（Thorndike）非常强调动机的一个重要方面，而大多数心理学家都忽视了这个方面，即可能性。总体而言，我们意识上希望那些可以设想的目标可以实际实现。换言之，对于愿望，我们远比精神分析学家所假设的更现实，因为他们的注意力都放在无意识愿望上了。

随着一个人收入的增加，他开始觉得自己积极地渴望、渴求那些几年前他从未梦想过的东西。一般的美国人渴望汽车、冰箱、电视，因为这些都是有可能实现的目标；他们不会渴求游艇或飞机，因为这些其实并不在一般美国人能实现的目标范围内。很有可能他们并不渴望这些东西，而且在无意识上也没有这样的渴望。

关注实现的可能性这一因素，对于理解我们文化中不同等级、阶层之间动机的差异，以及我们和更贫穷的国家和文化之间动机的差异是至关重要的。

## 十五、现实的影响

与这个问题相关的是，现实对无意识冲动的影响。在弗洛伊德看来，本我中的某个冲动是一个单独的实体，它与这个世界其他的东西没有内在关联，甚至与本我中的其他冲动也没有关联。

我们可以形象地来近似描述本我，可以称之为一片混乱、一口充满了沸腾兴奋的锅……这些本能充满了能量，但是它们毫无组织、毫无整合的意向，只有一种让本能需要得到满足的冲动，其遵循着快乐原则。逻辑法则（矛盾律）在本我中并不起作用。相互矛盾的冲动同时存在，二者并未互相抵消，也没有分离。它们最多以妥协的方式联合起来，这还是迫于为了宣泄能量的强大经济原则的压力。在本我中，没有什么称得上否认的东西，而且我们惊奇地发现，本我有悖于哲学家的主张，即空间和时间乃是心灵活动的必要形式……

自然，本我无价值、无善无恶、无道德。与快乐原则紧密相连的经济学因素，或者你们所谓的量性因素，主导着本我的整个过程。在我看来，寻求能量卸载的本能宣泄，就是本我所包含的全部。（西格蒙德·弗洛伊德，《新精神分析引论》）

只要这些冲动由于现实条件而受到控制、修正、阻止，那么它们便会成为自我，而非本我的一部分。

把自我视为本我的一部分，这么认为并不会错，由于接近外部世界，并且受到后者的影响。本我的一部分受到修正，成为自我，自我旨在接受刺激，并且保护有机体不受刺激的影响，它就如同包括着微小生命物质的外皮层。自我的定义性特征就在于与外部世界的这种关系。自我的任务在于，在本我面前代表外部世界，并且保护本我；因为本我盲目地追求完全满足其本能，不顾任何外界的强大力量，必然会遭受毁灭。为了实现这一功能，自我必须观察外部世界，并且在知觉残留的记忆痕迹中保存一幅真实外部世界图像。而且它通过现实检验的方式，不得不在这幅外部世界图像中消除一些元素，即来源于内在兴奋的元素。对于本我的行为，自我控制了通向运动端（motility）的途径，并且在欲望和行动之间插入了思想这一延迟因素，于是在这种延迟中，自我可以利用储存在记忆中的经验残余。如此一来，自我便废除了在本我中起决定作用的快乐原则，并代之以现实原则，后者保证了更大的安全性，更大的成功概率。（同上）

然而，约翰·杜威的观点是，成人身上所有的冲动，至少是明显的冲动都会受现实的影响而整合在一起。总之，这等于是说，根本没有本我冲动这回事，或者言外之意就是，即便有这种冲动，它们本身也是病理的，而非健康的。

尽管没有实证上的解决方案，但是我仍然要提到这里的矛盾，因为这个矛盾至关重要，且彼此针锋相对。

很明显，问题不在于是否存在弗洛伊德所描述的那种本我冲动。精神分析学家都会证明，忽视现实、常识、逻辑甚至个人利益的幻想冲动的确存在。而问题在于，这种冲动是病态或退行的体现，还是健康人身上内在核心的展现？婴儿式的幻想是在生命历程中的哪一刻，开始受到现实感知的修正？这种修正是否对于所有人，包括神经症和健康人都是一样的？一个机能正常的人类，是否可以完全避免这种隐藏的核心冲动的影响？或者说，倘若这种完全源于内部的冲动被证明的确存在于我们所有人身上，那么我们必须要问，它们什么时候会出现，在什么条件下出现？它们必定是弗洛伊德所假设的那样，只会带来麻烦吗？它们必定与现实相悖吗？

## 十六、对健康动机的认识

我们对动机的大多数认识都并非来自心理学家，而是治疗病人的心理治疗师。这些病人就是误解的极大来源，当然也是有用材料的来源，因为很明显，他们只是人群中的一个少数样本。即便是在原则上，神经症患者的动机生活也不能作为健康动机的模板。健康并不仅仅是指没有疾病，或是与疾病相反。任何值得关注的动机理论都必须既处理健康、强大的人身上那些最高级的能力，也处理那些残缺心灵当中的防御手段。人类历史上那些最伟大、最杰出的人物最主要的关注点，也必须得到考虑和解释。

这种理解，我们绝不可能仅仅从病态人物身上获得。我们也必须把注意力转向健康人。动机理论家们在研究方向上必须更为积极。

# 第4章
## 人类动机理论

## 一、导言

本章试图阐述一种积极的动机理论，这一理论可以满足先前章节列出的理论要求，同时也符合一些已知临床观察的、实验的事实。我认为，这一理论遵循了詹姆斯和杜威的机能主义传统，也能与韦特海默（Wertheimer）、戈德斯坦（Goldstein）、格式塔心理学的整体论相容，还能与弗洛伊德、埃里希·弗洛姆（Erich Fromm）、霍妮（Horney）、赖希（Reich）、荣格（Jung）、阿德勒（Adler）的动力学派相容。这种整合统一的理论可以被称为一种整体—动力学理论。

## 二、基本需要

### 1. 生理需要

动机理论的出发点通常所涉及的需要，也就是所谓的生理驱力。最近的两项研究使我们有必要修正对于这些需要的习惯性理解：首先，是体内平衡这一概念的发展；其次，我们发现，口味（对食物的偏爱）是身体内的实际需要或欠缺的指示。

体内平衡指的是，身体会自动地维持血液流动的一种持续而正常的状态。坎农（Cannon）描述了这一过程，其包括：（1）血液中含有的水；（2）含有的盐分；（3）含有的糖成分；（4）含有的蛋白质成分；（5）含有的脂肪成分；（6）含有的钙成分；（7）含有的氧成分；（8）恒定的氢离子含量（酸碱平衡）；（9）血液的温度稳定。显然，这个列表还可以延伸到其他矿物质、激素、维生素等。

杨总结了口味与身体需要之间的关系。倘若身体缺乏某些化学元素，个体就会（以不完善的方式）倾向于发展出某种特定的口味，或者渴求缺失的食物元素的部分饥饿感。因此，我们似乎不可能，也没有必要列出所有的基本生理需要，因为这一列表中需要的数量可以无限大，其完全取决于描述的特殊程度：我们不能认为所有的生理需要都是体内平衡的。性欲望、睡眠欲望、纯粹的活动和锻炼、动物身上的母性行为是否为体内平衡的，这一点还未明确。此外，这一列表并不包括各种感官愉悦（味觉、嗅觉、挠痒、抚摸），这些可能也是生理的，也可以成为动机行为的目标。我们也不知道如何理解这一事实，有机体有着惰性、懒惰、少付出劳动的倾向，同时也有着活动、刺激、兴奋的需要。

前一章已经指出，我们应该将这些生理驱力或需要视为不寻常的，而非典型的，因为这些驱力是孤立的，它们在躯体上是可定位的。换言之，它们相对彼此独立，独立于其他动机，也独立于整个有机体。另外，在很多情况下，我们可以为这种驱力找到一个定位明确的、潜在的躯体基础。尽管这种定位确实不如我们所想的那么普遍（疲倦、困倦、母性反应都是例外），但是对于饥饿、性、渴这类经典例子而言的确如此。

我们还要指出，所有的生理需要及其相关的满足行为，都可以成为其他需要满足的渠道。换言之，感觉自己很饥饿的人可以实际在寻求舒适感、依赖感，而非寻求维生素或蛋白质。相反，其他行为比如喝水或抽烟，也可能是在部分地满足饥饿需要。换言之，这些生理需要只是相对孤立的，但是它们并非完全孤立的。

毫无疑问，这些生理需要在所有需要中是占优势的。这具体而言意味着，倘若一个人以极端的方式渴求着生活中的一切，那么很有可能他身上的主要动机是生理需要，而非其他需要。一个缺衣少食、缺爱而毫无尊严的人，很可能会强烈地渴望食物，而非其他东西。

倘若所有的需要都没有被满足，那么有机体就会被生理需要主导，其他的需要要么都不存在了，要么都沦为了背景。于是，我们可以合理地说，整个有机体此时的特点就是饥饿，因为意识已经被饥饿感占满了。所有的机能都被投入到了饥饿的满足中，而这些机能的组织基本上完全被满足饥饿感这一目的所主导。感受器、效应器、理智、记忆、习惯，一切都被纯粹定义为了满足饥饿的工具。而对于这一目的无用的机能则处在休眠的状态，或者沦为了背景。在极端情况下，写诗的迫切需要、获得一辆车的欲望、对美国历史的兴趣、对新鞋子的渴望都会被遗忘，或者变得次要。对于一个极度饥饿，甚至饿到有生命危险的人而言，除了食物之外，其余他都不感兴趣。他会梦到食物、回忆食物、想着食物、对食物产生情感，他知觉到的只有食物，他想要的也只有食物。在组织诸如进食、饮水、性行为之类活动的过程中，与这类生理驱力融合在一起的一些更为微妙的因素，可能会完全被压制住，以至于我们可以说，在此时（也只有在此时）纯粹的饥饿驱力和行为成了缓解痛苦的唯一绝对目标。

当人类有机体被某种特定需要主导时，他的另一个特点就是，他未来倾向的整个观念也会因此而改变。对于一个长期极度饥饿的人而言，他所定义的天堂可能仅仅就是一个满是食物的地方。只要在之后的人生中，他不再为食物所苦，他便倾向于认为，他将无比幸福，且不再有其他所求。其他一切都将变得不再重要。自由、爱、归属感、尊重、价值观，这些可能都被扫至一旁，成为无用的奢侈，因为这些东西不能填饱他的胃。这样一个人可以说，只是为了面包而活着。

有一点不可否认，这种情况的确属实，但是这种情况的普遍性，却可以被否认。这种明确的危机情况，在正常运作的和平社会中很少出现。而这一真相时常被忘记，主要是由于两个原因。首先，老鼠的大多数动机都是生理性的，而许多动机研究都基于这类动物，于是我们很容易把老鼠的情况带到人类身上。

其次，我们常常意识不到，文化本身就是一种适应性工具，其主要功能之一就是让这种生理性危急情况出现得越来越少。在已知的大多数社会中，长期而极端的饥饿危机是很罕见的，而非常见的。不论如何，在美国的确如此。当一般的美国公民说"我饿了"的时候，他感受到的是食欲，而非饥饿。在他的一生中，可能只有少数几次，能偶然感受到这种纯粹事关生死的饥饿感。

显然，要遮蔽更高级的动机，要对人的机能和本性做出片面见解，最好的方式就是让有机体陷入长期而极端的饥饿或口渴中。如果有人试图将这种危急情况视为典型，有人只考虑这种极端生理剥夺中人行为的目标和欲望，那么他们必然会对很多事情视而不见。一个人只为面包而活，这的确如此，但是只有在没有面包的情况下如此。但是，当面包充裕，一个人长期吃得很饱，那么他的欲望又如何呢？

**此时，更高级的需要便会出现**，这些非生理饥饿的需要主导着有机体。而当这些需要也得到了满足，那么更高一级的新需要又会出现，以此类推。这就是我们所说的，基本的人类需要被组织成一种相对优势的层级。

这句话的另一个含义是，在动机理论中，"满足"是一个和"剥夺"同样重要的概念，因为满足使得有机体能摆脱相对更为生理性的需要的掌控，因此让更为社会性的目标得以出现。当生理需要及其部分目标得到了长期的满足，那么它们便不再作为一种行为的决定因素或组织者而出现。此时，它们出现的方式仅为这样，只有在它们受到阻碍时，它们才会再次出现，主导有机体。但是，得到满足的需要不再是一种需要。只有未被满足的需要，才能主导有机体，组织其行为。倘若饥饿得到了满足，在当下个体的动力中便变得不再重要。

这一论点可以表述为一个假设，这一假设之后会得到更为完整的讨论，即正是那些某种功能需要总是得到满足的个体，最能忍受将来这种需要的剥夺。此外，那些过去一直被剥夺的个体，与那些从未被剥夺过的个体，对于当下的满足有着完全不同的反应。

## 2. 安全需要

倘若生理需要相对得到了满足，那么之后新的一类需要便会出现，我们可以粗略地将之归类为安全需要（安全，稳定，独立，保护，免于恐惧，免于焦虑和混乱，对结构、对秩序、对律法、对界限的需要，保护者的力量，等等）。我们对于生理需要所说到的一切，对于安全需要也同样适用，尽管这类欲望在程度上较弱。安全需要也可以成为行动的唯一组织者，可以调集有机体的全部机能为它所用，于是我们也可以合理地描述说，整个有机体成了一个寻求安全的机器。而且我们也可以说，接收器、效应器、理智、其他各种机能都成了寻求安全的工具。而且，正如饥饿的人，我们发现，其主要目标构成了一种强大的决定因素，这不仅影响到他当下的世界观和价值观，也影响到他对于未来的理解和判断。实际上，一切都远不如安全和保护重要（甚至有时候，正在得到满足的生理需要此时也变得不重要了）。倘若一个人长期地处在这种足够极端的状态中，那么他也就成了一个只为安全而活的人。

尽管在本章中，我们主要感兴趣的是成人的需要，但是我们也发现，可以通过对婴幼儿的观察，更有效地理解成人的安全需要，在婴幼儿身上，这类需要更为明显和简单。在婴儿身上，对于危险或威胁的反应更为明显，一个原因就在于，我们社会中的成人受到的教育是，不惜一切代价保持克制。因此，即便成人的确感到安全受到威胁，我们表面上也看不出来。倘若婴儿受到干扰，或者突然跌下去，或者受到噪声、闪电、其他不寻常的感觉刺激的惊吓，或者被粗暴对待，或者失去母亲臂弯的支撑，或者缺乏食物，那么他们就会全力进行反应，仿佛身陷危险之中。①

---

① 随着儿童的成长、知识的增多、熟悉感的增强、运动能力的发展，这些都会使得危险变得越来越不可怕，越来越容易处理。纵观一生，我们可以说，教育的一个重要功能就是，通过认识来消除一些表面上的危险，比如说，我并不怕打雷，因为我很了解打雷。

我们还可以看到，婴儿对身体疾病有种更为直接的反应。有时候，这些疾病似乎即刻就有威胁，会让儿童感到不安全。比如说，呕吐、腹泻、剧烈的疼痛会让儿童以完全不同的方式看待世界。在痛苦的那一刻，我们可以推测，在儿童看来，整个世界都从光明转入了黑暗，也就是说，世界变成了一个任何事情都有可能发生的地方，先前稳定的事物也突然变得不稳定。因此，一个因吃坏肚子而患病一两天的孩子，可能会产生恐惧、梦魇，而且还会产生一种在生病之前前所未见的需要，即对保护和抚慰的需要。最近对手术给儿童造成的影响的心理学研究充分说明了这一点。

儿童对安全的需要的另一个表现是，他偏爱某种不受打扰的生活或节奏。他似乎想要一个可预测的、有律法的、有秩序的世界。例如，父母身上的不公正、不公平、不协调都会让儿童感到焦虑和不安。这种态度并不是因为这种不公本身，或者其涉及的特定痛苦，而是因为这种不公会带来威胁，让这个世界看起来不可靠、不安全、不可预测。年幼的孩子似乎在一种至少框架严格的系统中能更好地成长，这种系统有计划、有规矩，这些不仅可以在当下把握，也可以在未来把握。儿童心理学家、教师、心理治疗师都发现，儿童更需要的是有限制的许可，而非不受限制的许可。或许，我们这样说更为精准：儿童需要一个有组织、有结构的世界，而非一个无组织、无结构的世界。

父母的核心地位，以及正常家庭的组织是不容置疑的。家庭中的争吵、身体冲突、分裂、离婚、死亡，可能尤其让人恐惧。而且父母对儿童的愤怒，对他们的惩罚威胁、直呼其名、急迫地叫他、粗暴地对待他或者实际的身体惩罚，有时候都会让孩子陷入恐慌，我们必须假设，这里面涉及的绝不仅仅是身体上的痛苦。同时还有一点的确如此，在某些儿童身上，这种恐慌也可能代表着对失去父母之爱的恐惧，对于那些完全被拒绝的儿童，还有一种情况是，他依赖于他所厌恶的父母，不是因为渴求爱，而是纯粹为了得到安全感和保护。

让一个普通孩子面对新颖的、陌生的、奇怪的、令人不安的刺激或情境，常常也会激起危险或恐慌反应，比如说，让他短暂地找不到父母，或者与父母分开，让他面对一些新面孔、新场景、新任务、奇怪而陌生的景象、不受控制的物体、疾病或死亡。尤其在这些时候，儿童会疯狂地依赖于父母，这有力地证明了，父母承担了保护者的角色（区别于他们提供食物和爱的角色）。①

对于这类观察，我们可以总结说，在我们的社会中，一般儿童以及一般的成人（更不明显）都倾向于一个安全、有序、可预测、有法则、有组织的世界，人们可以理解这样的世界。在这个世界中，无法预料、难以处理、混乱、危险的事情不会发生。在这个世界中，他总是会有强大的父母或保护者，保护他不受伤害。

这些极易在儿童身上观察到的反应，在某种角度上就是一种证明，即我们社会中的儿童感到太不安了（简而言之，被抚养得很糟糕）。在一个毫无威胁、充满爱意的家庭中成长的儿童，不会有我们描述的那种反应。在这类儿童身上，危险反应基本上都针对那些成人也觉得危险的客体或情境。

在我们的社会中，健康而幸运的成人在很大程度上可以满足自己的安全需要。和平而风调雨顺的好社会，通常可以让其成员感到足够安全，不会受到野兽、极端天气、犯罪、谋杀、混乱、暴政等的威胁。因此，在非常现实的意义上，他不再会感到饥饿，一个健康的人不再会感到危险。倘若我们想要直接看到这些需要，那么我们必然要转向神经症或类神经症个体，或者转向经济和社会上的穷苦之人，或者转向社会动乱、革命、权威崩溃的场景。在这些极端之间，我们会发现，安全需要只会在这样一些现象中出现，比如说，追求一个稳定有保障的工作、存钱的欲望、买各类保险（医疗保险、牙医保险、失业保险、残疾保险、老年保险）的欲望。

---

① 在一组安全测试中，我们可以让儿童面对这样的情况：小爆竹爆炸声、长满胡子的面孔、皮下注射、让母亲离开房间、把他放在高脚椅上、让老鼠往他那里爬，等等。当然，我并不真正建议这样的测试，因为这些测试可能会对受试儿童造成伤害。但是，这类情境时常发生在儿童的日常生活中，我们都可以观察到这些。

对世界中的安全和稳定的寻求，这些尝试的各个方面体现在一种非常普遍的倾向中，即倾向于熟悉的事物，而非陌生的事物，或者倾向于已知的事物，而非未知的事物。用某种信仰或世界哲学将整个宇宙和人组织进一个非常协调、有意义的整体当中，这种倾向部分上也是由安全需要所驱动的。这里，我们也可以认为，一般的科学和哲学部分上是受安全需要所驱动的（我们之后会看到，科学、哲学努力背后还有其他的动机）。

如若不然，那么只有在危急情况下，比如战争、灾难、自然灾害、犯罪浪潮、社会解体、神经症、脑损伤、权威崩溃、长期糟糕场景中，我们才能看到，这些安全需要成了一种主动而主导的动力因素，组织起有机体的各种资源。

在我们的社会中，某些神经症成人在追求安全感时，很多方面都像是不安的儿童，尽管前者身上，这种追求表现得更特殊。他们的反应常常针对世界中某种未知的心理危险，这种危险被他们感知为敌意、压迫、威胁。这类人的表现就好似巨大的灾难时刻会发生，即他通常的反应仿佛身处危急状况。他的安全需要常常有着特殊的表达方式，即寻求一位保护者，一位他可以依赖的陌生人，可能是一位"元首"。

我们可以极为有效地，将神经症个体描述为一个保留着对世界的童年态度的成年人。换言之，我们可以说，神经症成人的举止，好似他其实害怕的是打屁股、母亲的批评、被父母抛弃、失去自己的食物。仿佛他童年的恐惧态度，以及对危险世界的威胁反应都潜藏了起来，并不会受到成长和学习过程的影响，让儿童感到受威胁和危险的任何刺激都会立即唤起这些反应。[1]霍妮对此写了一些有关"基本焦虑"的文章。

对安全的寻求表现得最为明显的一种神经症形式，便是强迫性神经症。强迫性神经症疯狂地想要把整个世界秩序化、稳定化，以便任何不可处理、出乎

---

[1] 并非所有的神经症个体都会感到不安。神经症的核心就是，基本上感到安全的人身上的情感和自尊需要受到了阻碍。

意料、陌生的危险都不会出现。他们把自己限制在各种礼仪、准则、公式当中，以便一切偶然事件都能被预料到，而新的偶然事件不会出现。他们类似于戈德斯坦所描述的那些脑损伤病人，这类人避免一切陌生而奇特的事物，用一种精准、有准则、有秩序的方式来限制整个世界，从而努力维持住一种平衡，让这个世界中的一切都可以理解。他们努力整理这个世界，以便任何出乎意料（危险）的事物都不可能出现。倘若他们出了什么差错，某些出乎意料的事情发生了，他们就会陷入惊恐反应，仿佛这种出乎意料的事物带来严重的危险。我们在健康人身上只能看到一种不算太强的倾向，即倾向于熟悉的事物，而在异常人身上，这种倾向会变成一种生死攸关的必要存在。对于新颖和未知事物的健康品味，在一般神经症身上都是缺失的或极小的。

只要对法律、秩序、社会权威的威胁确实存在，那么安全需要在社会场景中就会变得非常急迫。多数人都可以预料到的混乱和虚无的威胁，会导致人们从更高级的需要，退行到更为急迫的安全需要。一种常见而几乎可以预料的反应，就是更为容易接受军阀或独裁统治。这种趋势对于所有人，包括健康人都是如此，因为人们倾向于用一种较为现实的退行来应对危险，即退行到安全需要水平，从而保护自己。但是，这最有可能发生在挣扎在安全线上的人身上。这类人总是受到一些对权威、法制、法律的威胁的困扰。

### 3. 归属和爱的需要

倘若生理需要和安全需要都相对得到了满足，那么接下来出现的就是对爱和归属感的需要，而一个不断重复的新循环又开始围绕这个新中心展开了。此时，这个人会前所未有地感到缺少朋友、爱人、妻子、孩子。他对与他人的情感关系如饥似渴，他希望能在群体或家庭中有位置，他竭尽全力实现这一目标。他渴望这种位置，胜过渴望世上的任何其他事物，甚至他会忘记，曾经饥饿的时候，他把爱视为一文不值的虚幻之物。如今，他强烈地感到孤独、被抛弃、被拒绝，他觉得自己没有朋友，居无定所。

　　尽管归属感的需要是小说、自传、诗篇、戏剧，或各种新兴社会文学的共同主题，但是我们对此的科学论述十分稀少。借助这些文艺作品，我们会大体上了解，反复移居、四处漂泊、工业化进程带来的过度流动性，家园的丧失，对家园、根基、族群的蔑视，或者离开家乡、朋友、邻居，总是成为过客、成为新来者而非本地人，这一切对于儿童造成的毁灭性影响。我们都低估了我们的邻里关系、土地、宗族、"类别"、阶级、帮派、家庭成员的重要性。我很乐意向读者推荐一部著作，此书深刻而尖锐地提到了以上种种，并且有助于我们理解我们深层的动物性倾向——从众、聚集、加入和归属。这就是阿德里（Ardrey）的《领地寸土必争》（*Territorial Imperative*），此书能帮助我们意识到以上种种。尽管此书的内容较为轻率，但我觉得很好，因为我随意提到的内容，在此书中成了关键重点，而且此书还迫使我严肃地思考这个问题。或许，此书对读者而言也有同样的功效。

　　我认为，T小组等其他个人成长小组、意向性社群的急剧增加，可能部分上是由于这种对于接触、亲密、归属的渴求还未被满足，也是由于人们有一种克服广泛的异类感、孤独感、奇特感、疏离感的需要。而人群的流动、传统族群的崩溃、家人的分散、代际间的隔阂、稳定的城市化、朝夕相对式乡村的消失、美国式的表面交情都加剧了这些感觉。我有一种强烈的印象，那些年轻的反叛群体（我不知道有多少，或在什么程度上）都是由一种深刻的需要所驱动，即需要群体、接触，需要在面对共同敌人时的一种真正的团结。不论敌人是什么，只要把它推到一个外部威胁的位置上，一个亲密的团体就可以形成。我们能在军队中观察到同样的现象，军人们很容易形成一种非同寻常的兄弟感情，因为他们面对着共同的外部危险，结果就是他们之间的情感可以持续终生。一个好的社会要健康地存在下去，那么就必须以某种方式满足这种需要。

　　在我们的社会中，适应不良或更为严重的病理情况的最普遍核心，就在于这类需要受到阻碍。爱和情感，以及它们在性欲中的表达，基本上都被视为暧昧而模糊的，而且通常受到了诸多限制和禁止。实际上，心理病理学理论家们都强调，适应不良的根本所在，就是对爱的需要受到了阻碍。许多临床研究都有关这种需要，除了生理需要之外，我们了解最多的就是这种需要了。苏蒂（Suttie）对于我们的"柔情禁忌"写过一篇极妙的分析文章。

在这一点上，值得强调的是，爱并不等同于性。性可以被当作一种纯粹的生理需要来研究。一般而言，性行为是由多重因素决定的，换言之，它不仅仅由性欲决定，也由其他各种需要决定，其中主要的就是对爱和情感的需要。而且我们也不能忽视一个事实，对爱的需要既包括给予爱，也包括接受爱。

### 4. 自尊的需要

我们社会中所有的人（除了少数病理人士）都会有对自己进行稳定、可靠、较高的评价的需要，也就是对于自尊、自重、他人的尊重的欲望。因此，这些需要可以被分为两个子类。首先，出现的是在面对世界时，对于力量、成就、权能、掌控、优势、信心、独立自主①的需要。其次，我们有一种所谓的对于威望或权势（即得到他人的尊重和重视）、地位、名誉、荣耀、支配、公认、关注、重要、尊贵、欣赏的欲望。相对而言，阿尔弗雷德·阿德勒及其后继者强调了这类需要，而弗洛伊德则忽视了它们。然而，这些需要的核心重要性，已经越来越受到精神分析学家和临床心理学家们的重视了。

自尊需要的满足，会带来一种自信感、价值感、力量感、能力感、权能感，让人觉得自己在世界上是有用的、必不可少的。但是，这种需要受到阻碍，则会带来一种自卑感、脆弱感、无助感。这类感觉反过来要么会导致一种根本的

---

① 这种欲望是否普遍，我们并不知道。关键（在如今尤为重要）的问题在于，那些被奴役和控制的人们必然会感到不满从而反抗吗？我们可以根据广为人知的临床材料来假设，一个认识到真正的独立自主（不是以失去安全为代价，而是建立在适当的安全感之上）的人，是不会轻易允许别人夺取他的自由。但是，我们也并不知道，这一点对于生来就受奴役的人是否也是如此。见弗洛姆对此问题的讨论。

挫折感，要么带来某种其他的补偿或神经症倾向。这种基本的自信是必需的，人们没有它会变得极为无助，我们可以从对严重创伤神经症的研究中，轻易获得对这两点的理解和认识。[①]

通过神学家对于骄傲和傲慢的讨论，也通过弗洛姆对于人们对本性的不真实自我认识的理论建构，也通过罗杰斯对于自我的理解，还通过艾·兰德（Ayn Rand）等随笔作者的作品，我们越来越清晰地认识到，基于他人评价，而非基于真实的能力、竞争力、对任务的胜任力所形成的自尊是多么危险。因此，最为稳定、最为健康的自尊建立在他人给予当之无愧的尊敬，而非外在的名声、名望、毫无根据的奉承。在此，做一种区分是很必要的，一方面是基于纯粹意志力、决心、责任的实际能力和成就，另一方面则是根据人的内在天性、人的素质、人的生物性命运而自然轻易获得的东西。按照霍妮所言，前者出自人的真实自我，后者出自理想化的假自我。

### 5. 自我实现的需要

即便这些需要都得到了满足，我们仍然可以发现（不经常是），一种新的不满和愤恨很快又出现了，除非个体此时正做着他适合做的事情。如果一个人要最终获得内心的平静，那么一位音乐家必须从事音乐，一位艺术家必须作画，一位诗人必须写诗。一个人能什么样，他就必须什么样。他必须忠于自身的本性。我们称这种需要为自我实现。第11章对此会有更为全面的讨论。

这个术语最初是由科特·戈德斯坦（Kurt Goldstein）创造的，但是在本书中，此术语有更为确切、更为有限的意义。它代表着，一个人对自我实现的欲望，也就是一种让他的潜力得以实现的倾向。这种倾向可以说成是，让人越来越成为他独特的那个存在，让他成为他可以成为的样子的一种欲望。

---

① 对于正常自尊的进一步讨论，以及各种研究者的报告，请参见参考文献部分。也可参见麦克雷兰德（McClelland）及其同事的研究。

当然，这种欲望的体现形式因人而异。在某个个体身上，它的形式是渴望成为一个理想的母亲，在另一个人身上，它可以表现在体育方面，再换一个人，它可能表现在绘画或创作方面[1]。在这个层面上，个体差异是巨大的。

这些需要有一个共通的基础，即先前的生理需要、安全需要、爱的需要、自尊需要都得到了满足。

### 6. 基本需要满足的前提条件

基本需要的满足有一些直接的先决条件。这些条件受到威胁时，人们的反应就仿佛是这些基本需要本身受到了威胁。这些条件包括，自由地言说，自由地去做一个人想做的事情（只要不会对他人造成伤害），自由地去表达自己，自由地研究和搜寻信息，自由地保护自己，以及集体当中的公正、诚实、秩序。这些都是基本需要得到满足的先决条件范例。当这些自由受到阻碍时，人们的反应就仿佛遇到了危机或威胁。这些条件本身并不是目的，但是它们也接近于目的，因为它们与基本需要的关系极为紧密，而后者本身才是目的。这些条件需要得到保护，因为没有它们，基本的满足基本上是不可能的，或者至少是会受到严重威胁的。

我还记得，认知能力（感知、智力、学习）是一系列调整性工具，这些工具的功能之一就在于满足我们的基本需要，于是很清楚的一点是，任何对这些能力的威胁，任何对其自由使用的剥夺或阻碍，都必定间接地威胁到基本需要本身。这一观点部分地解决了一些问题，这些问题有关好奇心，对知识、真理、智慧的渴求，以及对揭露宇宙秘密的永恒渴望。保密、审查、不诚实、阻碍交

---

① 显然，像绘画之类的创造性行为，与其他行为一样都有多重决定因素。这种行为可以在创造性人士身上看到，不论此人是否得到满足、是否幸福、是否饱腹。还有一点也很显然，创造性活动可以是补偿性的、增益性的甚至纯粹经济性的。在我的印象中（通过一些非正式的实验），我们可以区分出两种艺术，一种是那些基本得到满足的人们创造的艺术或智慧产物，另一种则是那些仅仅有灵感，但基本不满足的人们创造的产物。不论如何，我们在此都必须从动力的角度，将外在行为和其各种动机或目的区别开来。

流，这些都会威胁到所有这些基本需要。

因此，我们必须引入另一个假设，它与基本需要的关系极为密切，因为我们已经指出，意识上的欲望（部分目标）与基本需要的关系有多紧密，那么它们就有多重要。同样的观点也适用于各种行为活动。倘若一个活动直接有助于基本需要的满足，那么它在心理上就很重要。倘若它不那么直接有助于满足，或者说这种帮助很弱，那么从动力心理学的角度来看，这个活动就不那么重要。同样的观点还可以适用于各种防御或应对机制。有些此类机制直接有关于对基本需要的保护或获得，另一些机制与此的关联则比较弱、较间接。诚然，只要我们想，我们可以说出无数更基本或不那么基本的防御机制，并且宣称，更为基本的防御受到威胁，比不那么基本的防御受到威胁要更为严重（我们一定要记住，这是由防御与基本需要的关系决定的）。

### 7. 认知和理解的欲望

我们对于认知冲动及其动力和病理的了解甚少，主要原因在于，它们在临床上不那么重要，当然它们在医学治疗传统（去除疾病）的诊所里也不重要。经典神经症身上的那些纷繁复杂、令人兴奋、神秘莫测的症状，在认知需要这里也不存在。认知精神病理学是苍白无力的，很容易受到忽视，或者被定义为正常。这种病理并不渴求救助。结果就是，我们在心理治疗和心理动力学的那些伟大创造者们（弗洛伊德、阿德勒、荣格等人）的著作中，找不到有关认知的主题。

据我所知，在著作中从动力学角度看待好奇心和理解力的唯一一位主流精神分析家就是施尔德（Schilder）[1]。而在学院派心理学家们当中，墨菲（Murphy）、韦特海默、阿希（Asch）都研究了此问题。至此，我们只是附带地

---

[1] "然而，人类对这个世界、对行动、对实验有着本真的兴趣。当他们冒险进入世界时，他们会获得一种深刻的满足。他们不会把现实体验为一种对存在的威胁。有机体，尤其是人类有机体在这个世界中会感到一种本真的安全感。而威胁只是来源于特定的场景和剥夺。即便如此，不适和危险都被体验为过去的情感，它们最终会带来一种与世界接触时的新的安全感。"

提到了认知需要。获取知识、给整个世界建立一套体系，一直都在某种程度上被视为一些技术，其旨在在世界中获得基本的安全感，或者对于智者而言，其旨在表达一种自我实现。自由质询、自由表达也可以被视为基本需要满足的先决条件。这些论述尽管可能有用，但是它们并没有给一些问题以确切的答案，即好奇心、求知、求学、实验等到底扮演了怎样的动机角色。上述论点至多只是一部分的答案。

除了获取知识的负面决定因素（焦虑、恐惧）之外，我们可以合理地推测，还存在一些正面的冲动，即满足好奇心、求知、求解、求理解的冲动。

（1）我们可以在高级生物那里观察到类似于人类的好奇心。猴子会把东西撕碎、把手指伸进洞里、会去探索各种场景，即便这些场景跟饥饿、恐惧、性欲、舒适状态等没有关系。哈洛（Harlow）的实验以一种合理的实验方式展示出了这一点。

（2）人类历史给我们提供了许多令人满意的例子，在这些例子中，当人们面对巨大的危险，甚至生命危险时，仍然寻求对事实的理解和解释。无数无名的"伽利略"都是很好的范例。

（3）对于心理健康人群的研究指示出，他们的一个定义性特点就在于，会对神秘、未知、混乱、无组织、无解释的内容产生兴趣。这似乎是一种纯粹的兴趣，这些领域本身就非常有趣。相反，他们对那些众所周知的事情则感到索然无味。

（4）从心理病理学角度进行研究或许是可行的。强迫神经症（神经症总体）、戈德斯坦的脑损伤士兵、迈尔（Maier）的固着白鼠都体现出（在临床层面的观察）一种对于熟悉事物的强迫性、焦虑性的执着，对不熟悉、不规则、出乎意料、无秩序的事物的恐惧。另外，某些现象又会推翻这种可能性。这些现象包括，强迫性地违背常规、对任何权威的长期反抗、狂妄不羁、想要震惊世界的欲望，这一切都可以在某些神经症个体，以及反文化适应者身上发现。

第10章中描述一种与此相关的持续性现象，即在行为上总是对那些可怕的、无法理解的、神秘的事物感兴趣。

（5）当认知需要受挫时，一些真正的心理病理结果可能就会出现。下面的临床印象的确是存在的。

（6）我见过几个案例，我认为，这些案例清晰地展示出，一些做着愚蠢工作、过着愚蠢生活的聪慧的人身上出现的病理情况（厌倦、失去生活的激情、厌恶、躯体机能的抑制、理智生活和品位的持续退化等）[①]。我至少有一个案例，对此进行适当的认知治疗（恢复业余学习、获取一个更需要智力的职位、培养洞见）可以消除这些症状。

我见过许多聪慧、富裕而无所事事的女人，她们也有着与"智力营养不良"同样的症状。遵循我的推荐，沉浸在某些有价值的事物中的人们，会展现出一种改善和治愈，这种情况如此常见，以至于让我对认知需要有了深刻的印象。在某些国家，接受新闻、信息、事实的渠道被切断了，还有些国家里，官方理论完全有悖于明显事实，这些国家当中的人们总是采取玩世不恭的态度，他们对一切价值都不信任，对即便最明显的事情都抱以怀疑，他们日常的人际关系发生了深刻的断裂，他们感到无望，丧失了道德感，等等。另一些人的态度似乎更为消极，他们沉闷、服从、丧失了能力、离群索居、丧失了主动性。

（7）在婴儿后期和童年期，我们能见到这种对于认识、对于理解的需要，此时的需要甚至比成年期更为强烈。此外，这似乎是成熟，而非所谓的学习带来的自发性产物。儿童不需要被教会如何产生好奇心。但是他们可以被体制教导如何不产生好奇心，正如戈德法布（Goldfarb）所展示的。

（8）认知冲动的满足能够产生主观上的满足感，带来终极体验（end-experience）。尽管人们重视结果、收获等，而忽视了洞见和理解，但洞见这方面

---

① 这种综合征很类似于里波特（Ribot）和之后的米尔森（Myerson）所谓的"快感缺乏"，但是他们认为这种病有其他病因。

总是个人生活中闪耀、幸福、激情的时刻，甚至是一生中的高光点，这一点所言非虚。

克服阻碍、受到阻碍时产生的病理结果、广泛存在（跨种族、跨文化）、从不停息的压力（尽管微弱）、满足这种需要，是人类潜能完全实现的前提、个体早期的自发性产生，所有这些点都指向着一种基本的认知需要。

然而，这种推论还不够。即便在我们知道之后，我们还是受到鼓励要知道得更多，在世界哲学和神学等方面了解得越来越广泛。倘若我们获得的认识是孤立的、原子化的，那么这些认识必然会被理论化，或受到分析，或受到整理。这一过程可以表述为某种寻求意义的过程。于是我们可以推论出一种想要理解、想要系统化、想要组织、想要分析、想要探明关系和意义、想要建立价值系统的欲望。

一旦这些欲望得到了承认，那么我们会发现，这些欲望自身可以形成一个小层级体系，其中想要知道的欲望，是想要理解的欲望的前提。我们先前描述的这种优先级的层级体系的一切特征，都可以适用于这个小的层级体系。

我们必须提防一种倾向，即轻易地将这些欲望与我们上文描述的基本需要区别开来，在认知需要和意动需要之间划清界限。认识和理解的需要本身就是意动性的，它们也有争取的特点，跟我们谈论过的基本需要一样，也是一种人格需要。此外，正如我们所见，这两种层级体系是相互关联的，而非彼此分裂的。我们会在下文中见到，两者是彼此协同的，而非彼此对立的。

### 8. 审美需要

比起其他需要而言，我们对审美需要的了解最为稀少，但历史、人性、美学的证据不允许我们跳过这个（对科学家而言）令人不安的领域。我试图根据一些特定挑选的个体，从一种临床—人格学角度来研究这一现象，我至少相信，在某些个体身上，一种真正基本的审美需要是存在的。他们会因丑陋而

（以某种特定方式）患病，而因美丽的环境而受到治愈。他们有着积极的渴望，这种渴望只能由美来满足。在健康的儿童身上，这现象非常普遍。在每一种文化、每一个时代，甚至追溯到穴居人时代，我们都能发现这种冲动的证据。

与意动需要、认知需要之间的大量重合，使得我们不可能将这些都完全区分开来。对于秩序、对称、封闭、行动的完成、系统、结构的需要，可以不加区分地归因于认知、意动、审美甚至神经症式的需要。对我自己而言，我认为这一领域的研究，都基于格式塔心理学家和动力心理学家的贡献。比如说，当一个人强烈地意识到，必须把墙上挂的画作摆正时，这意味着什么？

## 三、基本需要的深层特点

### 1. 基本需要层级的固定程度

至此，我们所讨论的这种层级体系似乎是固定的，但是实际上，它并不如我们所暗示的那样固化。诚然，我们研究的大多数人似乎都有这种按次序排列的需要，这种次序正是我们一直提到的。然而，例外情况也不少。

（1）比如说，在有些人身上，自尊需要比爱的需要更重要。这种层级的颠倒，通常是由于一种观念的体现，即最能受到爱戴的人最为强大，受到爱戴才能得到尊敬和敬畏，才能获得自信，才能有所作为。因此，这类缺爱且渴求爱的人，似乎在竭力表现出一种进取、自信的行为。但是实际上，他们寻求的是高度自尊，他们的行为表达更多只是一种达到目的的手段，而非自尊本身。他们寻求自我表现，不是为了寻求自尊而是为了寻求爱。

（2）而在另一些明显有创造天赋的人身上，他们的创造性驱力，似乎比其他决定因素更为重要。他们的创造性体现为一种自我实现，但这种自我实现不是获得基本满足后的结果，而是即便基本满足有所缺乏仍然出现的。

（3）有一些人的期望可能一直处于较低或几乎没有的水平。换言之，需要层级中的劣势目标可能完全丧失了，甚至永远消失了，于是这类人体验到的生活质量可能非常低下（长期失业），他们终其一生只能靠吃饱肚子来满足。

（4）所谓的精神病人格是另一个有关爱的需要丧失的例子。根据可靠的材料支持，这些人在生命最早的几个月便一直缺乏爱，以至于之后永久地丧失了给予和接受情感的欲望和能力（如同动物在出生后没有经过练习，所以失去了吮吸和啄食的反射）。

（5）层级颠倒的另一个原因在于，当某种需要长期得到满足后，这种需要就可能被低估了。那些从未体验过长期饥饿的人们，很容易低估饥饿的影响，并将食物贬损成某种不重要的东西。倘若他们受更高级需要所主导，那么这种更高级的需要似乎就成了最为重要的。于是有可能的一点，也是确有其事的一点是，他们为了实现更高级的目标，而让自己处在更基本的需要受到剥夺的状态中。我们认为，当更基本的需要长期被剥夺之后，人们会产生一种重新评估一切需要的趋势，于是优势需要又成了个体意识中的主导，而个体之前并没有注意到它。因此，一个放弃工作而非放弃自尊的人，在饿了几个月之后，可能又想找回工作，即便代价是失去自尊。

（6）这种明显颠倒的另一部分解释在于一个事实，即我们一直在意识感觉上的需要或欲望层面，而非行为层面谈论这种优势层级。仅看行为会给我们错误的印象。我们主张，当一个人的两种需要被剥夺时，他只会**想要**满足其中更基本的那一个。这里并不一定意味着，他会按照自己的欲望行事。我们要再一次强调，除了需要和欲望之外，许多行为上的决定因素也很重要。

（7）在这些例外中，更为重要的一点涉及理想、高级社会准则、高级价值等。人们会因为这些价值而成为烈士；他们会放弃一切，而为了某种特定的理想和价值。我们可以至少在部分上，用一个基本的概念（或假设）来理解这类人，这个概念可以被称为"借由早期满足所致的挫折容忍度提高"。有些人在一生中，尤其是早年生活中基本需要都得到了满足，于是他们发展出了一种额外的能力，可以在这些需要受到阻碍的当下或未来坚持下去，这仅仅是因为他们有着强大而健康的人格结构，而这正是基本需要满足的结果。他们非常强大，因此可以轻易面对反对和对立的声音，他们可以逆大众观点之流而上，他们可以不顾个人得失而坚守真理。也只有那些爱过，也被爱过的人们，那些有着深刻友谊的人们，才可以抵御憎恶、孤立、迫害。

### 2. 相对满足的程度

至此，我们的理论探讨似乎留下了这样一个印象，即五类需要是以如此方式排列的：只要一种需要得到满足，另一种就会接着出现。这一观点似乎带来了一种错误的印象，好像只有一种需要得到百分之百的满足，下一种需要才会出现。实际上，我们社会中大多数正常人身上的所有基本需要只是部分得到了满足，同时也有部分没有得到满足。倘若我们要随着需要层级往上数，那么一种更为现实的描述是，层级满足的百分比依次递减。比如说，一般人的生理需要可能有85%得到了满足，安全需要有70%得到了满足，爱的需要有50%得到了满足，而自尊需要有40%得到了满足，自我实现需要只有10%得到了满足。

而对于在优势需要满足后，另一种新需要的出现，"出现"这一概念并不是一种突然、跳跃的现象，而是一种从无到有的逐渐递增的缓慢出现。比如说，倘若A优势需要只得到了10%的满足，那么B需要就完全不会出现。然而，如果A需要得到了25%的满足，那么B需要就会显现出5%；如果A需要得到了75%的满足，那么B需要就会显现50%，以此类推。

### 3. 需要的无意识特征

这些需要并不一定是意识的，也不一定是无意识的。然而，总体而言，在一般人身上，这些需要更多的是无意识的，而非意识的。在这一点上，我们没有必要用大量的证据去证明无意识动机的重要性。我们所谓的基本需要通常很大程度上都是无意识的，尽管这些动机在某些睿智的人身上，通过某些合适的方式可以成为意识。

### 4. 需要的文化特性和普遍性

对基本需要的分类，也囊括了某些欲望在不同文化之间表面差异性背后的相对统一性。当然，在某个特定文化中，一个个体的意识动机内容，可能完全不同于另一个文化中个体的意识动机内容。然而，人类学家们有一个共识，即即便在不同的社会文化中，人们之间的相似程度，比我们初次接触他们时的印象要大得多。而且我们越是了解他们，越是会发现这种共性。于是，我们会认识到，最令人惊讶的差异都不是基本的，而是表面的，比如说发型、衣着、饮食品味的差异等。我们对基本需要的分类，在部分上试图囊括这种文化间表面差异背后的统一性。然而，这并不意味着，这种分类放诸四海皆准。我们只是认为，这种分类比表面的意识欲望**更为普遍、更为终极、更为基本**，更为接近人类的本性。相比表面的欲望或行为，基本需要是更为普遍的人性。

### 5. 行为的多重动机

我们不能认为，这些需要对于某种特定行为是唯一而排他的决定因素。我们可以在任何似乎是生理驱动的行为中找到这样的范例，比如说进食、性行为等。临床心理学家们早就发现，任何行为都是多种冲动的一个释放渠道。换言之，大多数行为都有多重因素，是多重驱动的。在动机决定因素的领域中，任何行为都倾向于同时由几个或**全部**，而非单——个基本需要决定。相较而言，后者更像是一种特例。进食似乎部分上是为了果腹，部分上是为了安抚和满足其他需要。人们进行性行为不仅仅是为了纯粹的性欲释放，也是为了确信自己的男子气概，或者获得征服感，获得力量感，赢得某些基本情感。我想做出一个说明，我们是有可能（如若不是实际上，也至少是理论上）分析个体的单一行为的，并且从中看到生理需要、安全需要、爱的需要、自尊需要、自我实现需要的表达。这一点完全对立于特征心理学中较为幼稚的那一派观点，即一个特定行为只有一个特征或动机，比如攻击性行为，仅仅能追溯到攻击性这一种特征。

### 6. 行为的多重决定因素

并非所有行为都是由基本需要决定的。我们甚至可以说，并非所有的行为都有动机。除了动机之外，行为还有其他许多决定因素。比如说，一种重要的其他决定因素，就是所谓的外部环境。理论上而言，行为至少是有可能完全由外部环境决定的，甚至由特定的、单一的外界刺激决定，比如说观念联想，或者某些条件反射。倘若要我对刺激词"桌子"进行回应，我们会立马觉察到桌子这一记忆形象，或者想到椅子，这种反应显然与我的基本需要没有关系。

另外，我们要再次注意到基本需要关联程度或动机程度这一概念。有些行为具有高度的动机，而有些行为则只有微弱的动机。有些行为甚至没有动机（但所有的行为都是确定的）。

还有一个重要的点就是，表达性行为和处理性行为（功能性行事、有目的地寻求）之间有着根本的差异。表达性行为并不是努力在做些什么，它只是人格的一种反映。一个人表现得很蠢，这并非他希望或者努力这么做，或者有这么做的动机，而只是因为他就是这样的。同样，当我用男低音，而非男高音或女高音说话时，也是如此。健康儿童的一些随机举动、幸福之人甚至在独处时脸上浮现的微笑、他走路时的轻快脚步、昂首挺胸的身姿，都是表达性的非功能行为。而且，一个人有动机和无动机的行为都会带有一种**风格**，这种风格常常也是表达性的。

于是我们会问，难道所有的行为都是性格结构的表现或反映吗？答案是否定的。固化的、习惯的、自动化的、随波逐流的行为可能是表达性的。大多数刺激反射行为也是如此。

最后，我们必须强调，行为的表达与行为的目标导向并非相互排斥的范畴。一般的行为同时属于两者。对此，第10章会有更为详尽的讨论。

### 7. 动物中心和人类中心

本理论是以人类，而非任何低级或更简单的动物为基础。尽管很多从动物身上发现的研究成果都被证明是正确的，但这些成果并不适用于人类。对人类动机的研究，应该先从动物开始，这是毫无道理的。许多哲学家、逻辑学家、各个领域的科学家都大量揭露出了，这种貌似简单的普遍谬误背后的逻辑，或者错误的逻辑。研究人类之间，并没有必要研究动物，就好像研究地理学、心理学、生物学**之前**，并没有必要研究数学一样。

### 8. 动机与心理病理理论

如前文所述，日常生活的意识动机内容，根据其与基本目标的关系紧密程度不同，而有着不同程度的重要性。对一根冰激凌的欲望，可能其实是对爱的欲望的间接表达。倘若如此，那么对冰激凌的欲望就成了极度重要的动机。然而，倘若冰激凌只是满足口腹之欲，只是一种偶然的口味所需，那么这个欲望就相对不那么重要了。日常的意识欲望都可以被视为一些征象，**即更为基本的需要的指示器**。倘若我们只是看到这些欲望的表面价值，那么我们会完全进入一种不可能厘清的混乱状态中，因为我们在认真处理征象，而非征象背后隐藏的内容。

那些不重要的需要受到阻碍，并不会带来心理病理结果；而阻碍那些重要的基本需要则会带来病理结果。因此，任何心理病理学理论都必须基于一种合理的动机理论。冲突或挫折并不一定是病态的。只有当它们威胁到、阻碍到基本需要或与之紧密相关的部分需要时，才会成为病态的。

### 9. 满足需要的功用

我们已经在上文中多次指出，只有更为优势的需要得到了满足，之后的需要才会出现。因此，满足在动机理论中扮演着重要的角色。然而，除此之外，只要需要得到了满足，那么它们就不再会起到积极主导或组织的作用。

这意味着，一个基本得到满足的人不再会有对自尊、爱、安全等的需要。如果要说他还有这些需要，那也是在一个形而上的意义来说的，即一个吃饱的人仍然饥饿，一个填满的瓶子仍然空虚。倘若我们对实际驱动我们，而非那些可能将要驱动我们的事物感兴趣，那么一个得到了满足的需要便不再有驱动作用。从实际上来说，我们必须认为这种需要已经不存在了，已经消失了。这一点必须被重视，因为我所知的所有动机理论要么忽视了这一点，要么反对这一点。一个完全健康、正常、幸福的人不会有性需要、饥饿需要、安全需要、对爱的需要、对尊重的需要、对自尊的需要，除非他意外遇到了片刻的威胁。倘若我们非要说他有，那么我们只能承认，每个人都会有一些病理性的反射，比如巴宾斯基反射等，只要神经系统受到损伤，这些反射就会出现。

基于这些考量，我们可以提出一个大胆的推测，一个基本需要受到阻碍的人，完全可以被视为一个病人，或者至少是不完整的人。这相当于有时候，我们把一个缺乏维生素或矿物质的人视为病人。那么谁能说，一个缺爱的人不如缺维生素的人重要呢？由于我们知晓了缺乏爱所带来的病理影响，那么谁能说，我们提出这些有价值的问题的方式，不如医生诊断治疗皮肤病或坏血病的方式科学和明智呢？倘若我可以这么说，那么我应该只是说，一个健康的人主要受到的驱动力，就是他发展和实现自己全部潜力和能力的需要。倘若一个人还有着其他长期活跃的需要，那么他就是个不健康的人。他当然是生病了，就好似他突然特别缺盐或缺钙一样①。

倘若这个观点看起来有点奇怪或自相矛盾，那么读者可以相信，这只是众多矛盾当中的一个，只要我们改变看待人类深层动机的方式，这些矛盾必定出现。当我们探索一个人到底要从生活中得到什么时，我们就触及了他的本性。

## 10. 功能自主性

高尔顿·奥尔波特（Gordon Allport）总结并详述了一个原则，即通向终点的方式可能最终成为满足本身，其只是在历史上联系着这些方式的来源。这些方式本身就成了被渴望之物。动机生活中所习得并改变的那些内容，对此的回应都会施加到一切（在额外的复杂成分出现之前）已经消失的内容之上。这两个心理学原则并不矛盾，它们可以互补。根据我们目前使用的标准，获得的需要是否能被视为真正的基本需要，这个问题还需进一步研究。

不论如何，我们已经看到，更高级的基本需要在获得长期满足后，可能会既独立于那更为强力的先决条件，又独立于其自身的满足，比如一个在早年得到满意的爱的人，可能比一般人更不依赖于当下的安全感、归属感、爱的满足。我认为，心理学中性格结构是功能自主性最为重要的一个范例。强大、健康、自主的人，最能够忍受爱戴和拥护的丧失。但是，在我们的社会中，这种强大和健康，一般都是由早年长期对安全、爱、归属、自尊需要的满足带来的。换言之，人们身上的这些方面获得了功能自主性，即不依赖于创造这些自主性的满足。

---

① 倘若我可以如此使用"病"这个词，我们应该还要面对人与社会的关系问题。我们可以做出一个清晰的定义：（1）一个人的基本需要受到阻碍，便可以称得上病态。（2）这种基本阻碍最终只可能是由外界力量造成的。（3）一个人的病态最终必然来自社会的病态。对良好而健康的社会的定义就是，满足一个人全部的基本需要，从而使得一个人更高级的目标得以出现。

# 第 **5** 章

# 心理学理论中基本需要满足的功能

上一章所论述的人类动机理论，其许多理论成果将在本章得到探索，这些探索的功用也可以对当下挫折和病态的单一强调，进行积极而健康的平衡。

我们已经见到，人类动机生活的主要组织原则，就是基本需要按照优先性或潜能的高低，排列成一种层级结构。而这种组织运动的主要动力原则在于，在健康人身上较强的需要满足后，较弱的需要就会出现。生理需要未被满足，便会掌控有机体，组织并迫使有机体的全部机能为之服务，以便这些机能都能充分发挥满足之用。需要得到相对满足便会平息，而在层级上接下来更为高级的需要便会出现，并主导和组织起人格结构，于是此人不再感到饥饿，而是努力需要安全。对于层级中其他的需要，包括爱、自尊、自我实现，都是如此。

在低级需要及其满足自愿或被迫受到剥夺、放弃、压抑，而非得到满足时，高级需要偶尔出现，这也是很有可能的（如禁欲、升华、强力排斥、保持原则、受到迫害、受到孤立等）。我们对上述事件的本质以及出现频率都所知甚少，尽管这类现象在东方文化中常见。不论如何，这类现象并不违背本书的原则，因为我们并不认为，满足是力量或心理必需品的唯一来源。

显然，满足理论是一种特定的、受限的、部分的理论，它无法独立地存在，无法独自起效。只有当它至少与挫折理论、学习理论、神经症理论、心理健康理论、价值理论及约束、意志、责任理论等结合在一起时，满足理论才有效。本章试图从行为的心理决定因素、主体生活、性格结构构成的复杂巨网中，仅仅抽取出一条线索。同时，我们不是要勾画出一幅完整的图景，而是要指出，除了基本需要的满足之外，其他因素也很重要，而且基本需要的满足是必要的，但它并不是充分的，满足和剥夺都各自会带来有利和有弊的结果，而且基本需要的满足在一些重要方面，有别于神经症需要的满足。

## 一、满足一个需要带来的一般结果

任何需要的满足所带来的最为基本的一个结果就是，这种需要得到平复，而新的、更高级的需要开始出现[①]。其他的结果都是这一基本事实的附加现象。这些次级结果包括以下5个方面。

（1）与先前的满足物和目标客体相对独立且隔开，而重新依赖于之前被轻视、被蔑视、只是偶尔需要的满足物和目标客体。旧满足物向新满足物的转变涉及许多第三级结果。因此，此时兴趣就发生了变化。换言之，某些现象开始变得有趣，而先前的现象则变得无聊，甚至令人排斥。我们同样可以说，此时人类的价值观也发生了变化。总之，这种变化倾向于：（a）高估未被满足的需要最为强烈的满足物；（b）低估未被满足的需要较弱的满足物；（c）低估甚至贬损已经得到满足的需要（及其力量）的满足物。这种价值观的转变作为一种相关现象，在可预测的未来，能够重建对于未来、乌托邦、天堂地狱、幸福生活、个体的无意识愿望满足状态的理解。

简而言之，我们倾向于将已有的视为理所当然，尤其当我们不必争取而得之时。食物、安全、爱、敬仰、自由一直都在，绝不会缺损，也无须争取，它们不仅很容易被忽视，也很容易被蔑视、嘲讽甚至摧毁。当然，忽视我们的福祉这一现象并不是现实，因此可以被视为一种病态形式。在大多数情况下，这种病态很容易治愈，只要体验到适当的剥夺或缺乏即可，比如疼痛、饥饿、贫穷、孤独、拒绝、不公等。

---

① 这些观点只适用于基本需要。

这种满足后遗忘且低估的现象相对来说遭到了忽视，在我看来，这种现象有着巨大的潜在重要性和力量。在本章、在拙作《优心态管理：笔记》（*Elipsycitian Management: A Journal*）的"论低级牢骚、高级牢骚、超级牢骚"一章、在F. 赫茨伯格（F. Herzberg）的多篇文章、在科林·威尔森（Colin Wilson）有关"圣尼奥特·马尔金"的概念中都有进一步的论述。

我们没有其他方式来理解这种令人迷糊的方式，一些影响（经济上的、心理上的）通过这种方式**要么**促使人类本性成长到更高层级，**要么**导致各种形式的价值观病态，这种病态仅出现于最近几年的报纸头条。多年以前，阿德勒在许多著作中都谈到过这种"奢侈的生活风格"，我们或许可以用这一术语，把病理性满足与健康、必要的满足区分开来。

（2）随着价值观的转变，认知能力也会有所转变。关注点、感知、学习、记忆、遗忘、思维，一切都会在可粗略预计的方向上发生转变，因为有机体产生了新的兴趣和新的价值观。

（3）这些新的兴趣、满足物、需要并不只是新的，而是在某种意义上更为高级的（参见第7章）。当安全需要得到了满足，有机体就会去需要爱、独立、尊重、自尊等。要让有机体摆脱更为低级、更为物质性、更为自私的需要，最为简单的技术就是满足这些需要（当然，也还有一些其他技术）。

（4）任何需要的满足，只要是真正的满足，即对基本需要，而非神经症或伪需要的满足，都能帮助我们影响性格的形成（参见下文）。此外，任何真正需要的满足，都会带来个体的改善、强化、健康发展。换言之，倘若我们可以单独来看，任何基本需要的满足，都是朝向健康，远离神经症的一步。科特·戈德斯坦认为，**任何**特定的需要满足都是朝向自我实现的长途中的一步，这个观点在这一点上无疑是正确的。

（5）除了一般的结果之外，特定的需要满足还会添加一些特殊的结果。比如说，当其他因素相同时，安全需要的满足会特别带来一些主观感受，比如睡眠更安稳、危险感消失、更为大胆、更有勇气，等等。

## 二、学习与基本需要的满足

对需要满足的影响进行探讨，带来的第一个结果必定是，我们不再满足于人们对于纯粹联想学习的夸大其词。

总而言之，满足现象，比如满足后失去兴趣、安全需要满足后防御在数量和性质上的变化，都展现出：（1）练习（或重复、使用、实践）**不再增长**；（2）奖励（或满足、赞扬、强化）**不再增长**。此外，本章末尾列出的这些满足现象不仅反驳了联系律（尽管这些定律是适应中习得的变化），而且对此的检测还显示出，任意性联想只是居于次位。因此，倘若对学习的定义只是强调刺激和反应之间联结的变化，那么这种定义一定是不充分的。

需要的满足这一任务，几乎完全仅限于本质上适当的满足物。长期来看，任何偶然或任意的选择都是不行的，除非对于非基本的需要。对于爱的需要，只有一种真实的、长期的满足物，即真诚而令人满意的感情。对于有性需要、食物需要、水需要的人而言，只有性爱、食物、水才能最终满足他。这就是韦特海默、科勒（Kohler）和其他近代格式塔心理学家们［如阿希、艾恩海姆（Arnheim）、卡托那（Katona）等人］所强调的一种本真匹配性，这是心理学所有领域中的一个核心概念。偶然的、随机的、任意的组合在此都不能做到这种匹配。有关满足物的指示、警示、联想也都做不到这种匹配；只有满足物本身可以满足需要。我们说的必定是墨菲所谓的"穿通作用"（canalization）而非单纯的联想。

对联想主义、行为主义学习理论的批判，其本质在于，它们把有机体的目的（目标）视为理所当然。它们仅仅处理对实现未被表述的目标的**方法**。相反，在此提出的基本需要理论是一种有关有机体的目标和终极价值的理论。这些目标本身在本质上对有机体就是有价值的。因此，有机体为了实现这些目标，会做一切必要的活动，甚至去学习一些任意的、无关的、琐碎的、愚蠢的步骤，实验人员可以设定这些步骤，让它们仅仅成为实现目标的方式。当然，这些把戏是可以放弃的，当它们不再能带来本质满足（或本质强化）时，便会被舍弃掉（消失）。

于是，很显然的一点是，后文列出的行为上和主观上的变化，不可能完全由联想学习律来解释。的确，这些定律很可能只起到次要作用。倘若一位母亲时常亲吻她的孩子，那么驱力本身就消失了，孩子也不会学到索求亲吻。大多数对于人格、特质、态度、品味进行研究的当代作者都称这些为习惯积累，认为它们是通过联想学习律而获得的，但是现在，我们似乎应该对这种观点进行重新思考和修正了。

甚至在洞见和理解的习得（格式塔学习）这一更需要捍卫的意义上，性格特质也不能被视为完全习得的。格式塔学派对学习的理解更为宽广，可能由于这种理解并不在意精神分析的发现，却因为强调外在世界中蕴含的认知结构，而显得合理性有限。对于人类内在的意动过程和情感过程之间的关联，联想学习或格式塔学习所提出的关联太弱了，我们需要一种更强的关联［请参见库尔特·勒温（Kurt Lewin）的著作，这些文献无疑有助于我们解决这一问题］。

我们在此不打算进行详细探讨，我只是尝试着提出，所谓的性格学习或内在学习，都是以性格结构，而非行为的改变为中心。这种改变的主要成分包括：（a）独特（不重复的）而深刻的个人经验带来的教育性影响；（b）重复性经验带来的**情感**变化；（c）满足—挫折经验带来的意动变化；（d）某类早期经验带来的广泛的态度、期待、观念变化；（e）有机体对经验进行选择性同化时，各种同化变体带来的影响；等等。

这些思索都指向着，学习和性格形成这两个概念之间有着一种更为紧密的关系，我们认为，这些思考最终会带来丰厚的成果，有利于心理学家们将典型的学习范式，定义为**个人发展、性格结构中的变化**，即朝向并超越自我实现的运动。

## 三、需要满足和性格形成

先前的某些思考，将需要满足与某些甚至许多性格特质的发展紧密联系在一起。而挫折和病理之间已然建立了一种关系，于是上述观点不过是后者在逻辑上的对立面。

倘若我们能很容易接受，基本需要受挫是产生敌意的一个因素，那么我们也能轻易接受，基本需要的满足（与挫折相对）也是产生友善（与敌意相对）的一个因素。精神分析的发现也强烈地暗示着这两个观点。尽管我们仍旧缺乏清晰的理论阐述，然而精神分析的**实践**接受了我们的假设，因为它也强调潜在的保证、支持、允许、赞同、接纳，也就是对病人深层需要的最终满足，这些需要有关安全、爱、保护、尊重、价值等。对于儿童来说，尤其如此，那些渴望爱、独立、安全等的儿童常常只需要直接得到替代或满足治疗，无须更进一步的工作，便可得到治愈，即相应地给予他们爱、独立、安全（依恋治疗）。但也请参见附录一中有关这类治疗的局限。

遗憾的是，与此有关的实验材料非常稀少。然而，还是有些实验令人印象深刻，即列维（Levy）的实验。这些实验的基本范式就是选取一组刚出生的动物，比如小狗，要么满足它们的某种需要（比如说吮吸的需要），要么让这种需要部分受挫。

这类实验的目标包括小鸡的啄食需要、人类婴儿的吮吸需要、各种动物的活动性。所有的实验结果都显现出，一种被完全满足的需要会按照一个典型的过程发展，之后根据需要的性质不同，要么完全消失（比如吮吸），要么在余生中维持在一个较低的水平（如活动性）。而那些需要受挫的动物会产生一种半病理的现象。其中与我们的讨论最相关的现象是：其一，一般情况下应该消失的需要持续存在；其二，需要的活动性得到极大的增强。

列维所做的有关爱的实验，尤其最能说明童年满足与成人性格形成之间的关系。很明显的一点是，健康成人的许多性格特征，都是童年期对于爱的需要进行满足的积极结果，比如有能力不依赖于所爱之人、有能力忍受爱的缺乏、有能力去爱而不放弃自主等。

我想直截了当地澄清理论上的反对意见，也就是说，母亲对孩子的爱（通过奖励、强化、重复、练习等）会使得孩子往后对爱的需要强度**减弱**，例如亲吻较少，对母亲的依赖较少，等等。要让孩子学会从各个方向寻求情感，并且持续对此怀有渴望，最好的办法就是部分地**拒绝**给予他爱。这是机能自主原则（参见后文）的另一个范例，这也迫使奥尔波特对当代学习理论产生了质疑。

每一位心理学教师在讲到儿童基本需要的满足，或者自由选择实验时，都必定面对将性格特质视为习得产物的理论。"倘若当一个孩子从梦中醒来，你就立马抱起他，那么他不就学会了只要想得到拥抱就开始哭（因为你对他哭做出了奖励）？""倘若你让孩子想吃什么就吃什么，那么他不会被宠坏吗？""倘若你关注孩子的调皮捣蛋，那么他不就学会了顽皮来吸引你的注意？""倘若你这样对待孩子，他不就一直想要这样？"仅凭学习理论，**不足**以回答这些问题。我们必须**还要**加上满足理论和机能自主理论，才能补全整幅图景。想要获知更多材料，请参见动力儿童心理学和精神病学的相关文献，尤其是附录部分论及允许领域的文献。

从对满足的临床效果进行直接的观察中，我们能得到需要满足和性格形成的关系的另一类支撑证据。每一个直接与人打交道的人都能获得这类材料，而且我们可以自信地预测，几乎每一次治疗接触也都能获得这类材料。

要让我们确信这一点，最简单的办法就是检视基本需要满足即刻产生的直接影响，我们可以从最优势的需要开始。只要我们谈论到生理需要，在我们的文化中，我们就不必将食物或水的满足视为某些性格特质，尽管在某些文化中，我们可能要这么认为。然而，即便在生理层面，我们也要面对一些对我们的主题较为模糊的情况。当然，倘若我们谈论的是休息和睡眠的需要，我们便可以谈论这些需要受挫，以及挫折的影响（失眠、疲惫、缺乏精力、萎靡甚至是懒惰、嗜睡等），也可以谈论这些需要的满足及其影响（敏锐、有活力、有激情等）。即便这些简单需要的满足所带来的即刻影响不能被视为性格特质，那么至少研究人格的学者也会对其产生一定的兴趣。尽管我们不习惯这么思考，当同样的观点也适用于性需要，即性渴望的范畴与相对的性满足的范畴，对此我们还没有相应的辞藻进行描述。

无论如何，当我们谈及安全需要，我们的根据要坚实得多。担心、恐惧、害怕、焦虑、紧张、神经质、不安，这都是安全需要受挫的结果。同类的临床观察明确地显示出，安全需要得到满足带来的影响（对此我们常常也缺乏合适的描述辞藻），即不再焦虑、不再神经质、放松、对未来有信心、确信、安全感等。不论我们用什么辞藻，一个感到安全的人，和一个终日感觉自己是在敌境的间谍的人，有着截然不同的性格。

对于其他基本情感需要，如归属感需要、爱的需要、尊重需要、自尊需要，情况也是如此。对于这些需要的满足，会带来相应的性格特质，比如深情、自尊、自信、确信等。

需要满足对性格的即刻影响，再向前一步就变成了一些总体特质，比如良善、慷慨、无私、大气（与小气相对）、沉着、平静、幸福、满足等。这些特质是结果的结果，是总体需要满足的副产物，即心理生活条件的整体改善、获得盈余之后的产物。

显然，不论是在狭义还是广义上，学习都在这些或其他性格特征的起源上起到了重要作用。而学习是不是一种更为强大的决定因素，如今的可靠材料都不允许我们给出肯定的答案，这个问题当然也不是一个可以被弃置一旁、毫无意义的问题。然而，对于其中一方的偏重都会带来极为不同的结果，以至于我们至少必须注意到这个问题。性格教育是否能在课堂上进行，书本、讲解、问答、说教式的教育是不是最好的教育工具，讲道、周末学校是否能塑造善人，或者说幸福的生活是否能造就好人，爱、温暖、友谊、尊重、善待孩子是否会对他之后的性格产生更多影响？坚守两种不同的性格形成和教育理论，带来的就是对这些问题截然不同的答案。

## 四、健康满足的概念

我们可以说，A在危险的丛林中生活了几周，他挣扎求存，努力获得偶然的食物和饮水。B也如此生活，但是他还有一把枪、一个可以关闭入口的隐藏洞穴。C也有这些，此外还有两个人陪同一起。D有食物、有枪、有洞穴、有同伴，此外还有一个最好的朋友。最后，E也在这片丛林中，他也有以上所有这些，而且他还是团体中受人尊敬的领袖。简而言之，我们可以依次称这几个人为：仅仅求存者、安全者、有归属者、被爱者、受尊重者。

然而，这不仅仅是一系列基本需要满足的递增，**也是一系列心理健康程度的递增**[①]。很明显，在其他条件相同的情况下，一个感到安全、有所归属、被爱的人，比一个感到安全、有所归属，但被排斥、不受欢迎的人更为健康（根据合理的定义）。而且，一旦前者得到了尊重和敬爱，并因此发展出了自尊，那么他会**更加**健康，变成一个自我实现的、完整的人。

在我们看来，基本需要满足的程度，与心理健康程度呈正相关。我们能否更进一步，确定这种相关的限度？即基本需要的完全满足和理想的健康是否等同？满足理论至少**暗示**了这种可能性。当然，尽管对这个问题的回答有待以后的研究，但即便提出了这么一种假设的简单陈述，我们的目光也会因此转到那些被忽略的事实，并且重新关注那些古老而悬而未决的问题。

---

[①] 后文会指出，这个需要满足递增的连续谱，也可以作为人格分类的基础。我们可以把朝向自我实现的步骤或层级视为个体一生当中成熟和个人发展的过程，这提供了一个发展理论的图景，其大致可以类比于弗洛伊德和埃里克森的发展系统。

比如说，我们当然要承认，通向健康的道路还有其他多种。但是，当我们要为孩子选择人生道路时，我们有理由要问：放弃基本需要，转而通过苦行、约束、挫折、悲剧、不幸而获得健康，到底有多少可能性？也就是说，满足式健康和挫折式健康的相对比率是多少？

这种理论也向我们提出了有关自私的尖锐问题，也就是韦特海默及其学生们所提到的问题，他们倾向于认为所有的需要实际上都是自私的、是自我中心的。确实，戈德斯坦以及本书都在以高度个体主义的方式，来定义最终的需要——自我实现，但是对那些健康人士的实证研究显示，他们既是非常个体化的，有着健康的自私，同时也非常有同理心，极为合群。第11章中将对此有进一步探讨。

当我们设定了健康满足（或健康幸福）这一概念时，我们其实也就和戈德斯坦、荣格、阿德勒、安吉亚尔（Angyal）、霍妮、弗洛姆、罗洛·梅、布勒（Buhler）、罗杰斯等人站在同一阵营了。这些作者推测有机体当中有着积极的成长趋势，这种趋势驱使个体获得更为完整的发展。[1]

因为，倘若我们假设，典型的健康有机体已经获得了基本需要的满足，那么他必然会追求自我实现，于是我们也可以假设，这个有机体根据内在的成长趋势，在内部获得发展（即柏格森意义上的发展），而不是根据环境决定论意义上的行为，在外部得到发展。而神经症有机体缺乏基本需要的满足，因此他只能从他人身上获得满足。因此，他们更依赖于他人，他们的自主性和自我决断力更少，即他们更多地由环境本身所塑造，更少地由自身本性所塑造。而我们在健康人身上发现的对于环境的相对独立性，当然并不意味着完全与环境断绝来往；这种独立性只是意味着，在与环境的接触中，个人的**目标**以及个人的

---

[1] 当然，这里还有许许多多类似的作者和研究者。要完整地列出他们会需要一个很长的名单，我这里只提到几位老一辈的研究者。美国人本主义心理学学会的成员们则是更完整的名单。后文中一份贡献者的名单也包括其中。

本性才是首要决定因素，而环境主要是获得个人自我实现这一目标的手段。这才是真正心理上的自由。

## 五、其他一定程度上由需要满足所决定的现象

下文简要地列举了满足理论所蕴含的一些更为重要的假设。还有一些假设出现在下一节。

### 1. 心理治疗

我们或许可以认为，基本需要的满足在实际的治愈和改善动力中，起着主要的作用。当然，我们也要承认，需要的满足至少是其中一个因素，而且由于这一因素长期被忽视，因此它也是尤为重要的一个。第15章将会对这一主题进行更为完整的探讨。

### 2. 态度、兴趣、品味、价值

上面列举的许多例子都展示出，需要的满足和受挫也会影响兴趣。对此也可以参见迈尔的著作。我们还可以继续深入这个主题，最终必然要讨论到道德、价值、伦理，因为这些内容已经超越了礼节、礼貌、风俗等其他社会习俗。当下的思潮是认为态度、品味、兴趣、**各种**价值都仅仅是由当地文化的联想学习决定的，即它们全都是由任意的环境力量决定的。但是，我们已经发现，内在的需要和有机体需要满足也必然起到了作用。

### 3. 人格分类

倘若我们将基本情绪需要的满足层级视为一种线性的连续谱，那么我们便有了一个非常有效的（即便不完美）工具，用以对人格进行分类。倘若大多数人都有着类似的有机体需要，那么根据这些需要的满足程度，每个人都可以与

其他人进行比较。这是一种整体性或有机性原则，因为我们是根据一个单一的连续谱对整个人进行分类，而非根据多个互不关联的连续谱对人的某些方面和部分进行分类。

### 4. 厌倦和兴趣

总之，不同于过度满足的厌倦是什么呢？在此，我们又发现了许多悬而未决的问题。为什么与A画、A女人、A音乐反复接触会产生厌倦，而与B画、B女人、B音乐同样反复接触则会增强兴趣，提高愉悦程度呢？

### 5. 幸福、欢乐、满意、欢喜、狂喜

需要满足在积极情绪的产生中扮演着什么角色？情绪的研究者太过局限于研究挫折的情感影响了。

### 6. 社会影响

在下文中，我们会列举满足带来良好社会影响的诸多情况。而我们预备作为之后研究的主题是，满足人的基本需要（其他条件相同，抛开某些令人困惑的例外情况，暂时忽略剥夺和约束带来的良好影响）是否不仅仅能改善其性格结构，也能改善其作为国内和国际环境中的公民与他人之间的人际关系。这一点对于政治、经济、教育、历史、社会学理论的潜在影响是深远而明显的。

### 7. 挫折水平

在某种意义上，尽管看似有点矛盾，但需要满足也是需要受挫的决定因素。这一点的确是正确的，因为在更低级的优势需要得到满足之前，更高级的需要甚至不会在意识中出现。在这个意义上，在高级需要在意识中出现之前，他们不会产生受挫感。那些挣扎求生的人不会过多地操心生命中更为高级的事情，

他们不会操心去研究几何学、投票权、城市的名声、尊重，他们主要关心更为基本的东西。只有更为低级的需要得到一定程度的满足，他们提升到某个位置，他们开化到一定程度，才会开始在更大的人权、社会、理性问题上感到受挫。

结果就是，我们必须承认，大多数人注定想要他们没有的东西，但是人们**也不会**觉得为大众谋求更大的满足是没有意义的。因此，我们认识到，不要对单一的社会改革（例如女性选举权、免费教育、匿名投票、工会、良好的住房、直接选举）抱有奇迹般的期望，同时也不要忽视社会现实的缓慢进步。

倘若一个人必须要感到受挫和担忧，那么他最好是为了社会而担忧，即操心战争的结束，而非操心受冻挨饿。很明显，提升受挫水平（如果我们可以说更高级和更低级的挫折）不仅仅有个人影响，也有社会影响。对于罪恶和羞耻水平而言，事实基本上也是如此。

### 8. 娱乐、无目的的欢愉、随意和偶然行为

由于哲学家、艺术家、诗人的长期评论，这一整个行为领域一直都被科学心理学家们忽视了。忽视的原因可能是一个被广泛接受的教条，即一切行为都是有动机的。在此，我并不想讨论这个错误（我的观点），但是这样一个观察是无可置疑的，有机体在得到满足之后，立即会放下压力、紧张、紧迫、必要感，从而懒散、松懈、放松下来，并且变得被动，开始享受阳光，嬉戏打闹，装饰打扮那些瓶瓶罐罐，寻欢作乐，观察那些琐碎的事物，变得无所事事，无目的地随意学习。总而言之，他们变得（相对）没有动机。需要的满足使得无动机行为得以出现（第14章有更为完整的讨论）。

## 六、满足带来的病理

当然，近年来的生活已经让我们认识到了**物质**丰裕（低级需要）带来的病理现象，即厌倦、自私、优越感、"值得"高级感、固着在欠成熟水平、博爱的

崩塌。显然，物质生活或低级需要的生活本身，并不能永远都让人满足。

但是，现在我们要面对一种新的可能性，即心理丰裕带来的病理状态。这种痛苦来源于满足，这些满足包括，人们被爱、被一心一意地照顾、受人欢迎、受人敬爱、受人鼓舞、被称作有能力、处在舞台中央、有忠实的仆人、此刻任何愿望都得到满足，甚至变成他人自我牺牲和自我克制而支持的对象。

确实，我们对这些新的现象所知甚少，在科学发展的意义上更是如此。我们有的，只是强烈的怀疑、广泛的临床印象、儿童心理学家和教育家们越来越强硬的观点，即仅仅有基本需要的满足是不够的，儿童也需要一些对于坚守、强硬、挫折、约束、限制的经验。换言之，基本需要的满足必须得到更为谨慎的定义，因为这一概念很容易沦为一种毫无节制的宠溺、自我克制、全然准许、过度保护、阿谀奉承。对儿童的爱和尊重必须至少与父母对自己、对一般成人的爱和尊重整合在一起。儿童当然也是人，但是他们不是有经验的人。他们对于很多事物都没有明智的看法，甚至对某些事物的看法显得很幼稚。

满足带来的病理学转而又成了所谓的元病理学，即人生价值、意义、完整感缺失的病理学。许多人本主义、存在主义心理学家都认为（尽管还没有足够的材料），全部基本需要的满足，并不会**自动**解决身份认同、价值观系统、生命价值、生命意义等问题。至少对于有些人而言，尤其是年轻人，上述问题是除了满足基本需要之外额外而单独的生命任务。

最后，我要再次提到一些很少被理解的事实，即人类似乎永远不会持久地感到满足或满意，而与此紧密相连的一点是，我们倾向于习惯得到福祉，然后遗忘它们，将之视为理所当然，甚至不再重视它们。对于很多人而言（我不知道多到什么程度），甚至是最为高级的欢乐都会变得陈旧，并失去新鲜感，只有在某些剥夺、挫折、威胁、悲剧的场景下，我们才能再次重视起它们。对于这些人，尤其对于那些对体验不甚感兴趣，没有活力，也没有能力获得高峰体验，很难获得享受和欢乐的人，要让他们重新重视那些福祉，可能**必须**要让他们先体验福祉的丧失。

# 七、高级需要的机能自主性

尽管一般而言，在低级需要得到满足后，我们才能转向高级需要，但一个可观察到的现象显示出，一旦我们获得了更高级的需要及其相伴而来的价值和经验，这些需要就会具有自主性，不再依赖于低级需要的满足。这些人甚至会蔑视和摒弃低级需要的满足，但正是这种满足让他们过上了"高级生活"。正因如此，富三代往往不屑于富一代，或者受过良好教育的移民儿童不屑于他们粗鄙的父母。

## 一些在很大程度上由基本需要满足所决定的现象

### 1.意动—情感

（1）生理上充分满足和厌倦感，包括对食物、性、睡眠等，以及这种感受的副产物，包括幸福、健康、有精力、欢愉、生理满足感。

（2）安全感、平静感、安定感、受保护感、无危险感、无威胁感。

（3）归属感、属于群体感、对群体目标和胜利的认同感、被接纳感、有地位感、有家园感。

（4）爱和被爱感、值得被爱感、爱的认同感。

（5）自我依赖感、自我尊敬感、自尊感、信心、相信自己感；效能感、成就感、有能力感、成功感、自我强大感、值得尊重感、优越感、领导力、独立感。

（6）自我实现感、自我满足感、自我成就感，还有个人潜能和资源得到发展、有所成就的感受，以及成长、成熟、健康、自主的感受。

（7）好奇心得到满足感、学习和认识更多的感受。

（8）获得理解的感受、越来越聪慧的满足感，朝向更广阔、更包容的唯一哲学或信仰的感受，对关系和关联的认识越来越深的感受，惊叹感，价值信仰感。

（9）美的需要得到满足感、令人惊叹、感官冲击、欣慰、狂喜，对于对称、秩序、适当、完美的感受。

（10）更高级需要的出现。

（11）暂时或长期依赖于或独立于各种满足物。

（12）厌恶和爱好。

（13）厌倦和兴趣。

（14）价值观的改善，品味的改善，更好的选择。

（15）欢乐兴奋、幸福、欢心、欣慰、满意、沉着、冷静、得意的可能性增大，强度增高；情绪生活越来越丰富，越来越积极。

（16）狂喜、高峰体验、极度兴奋、意气风发、神秘体验出现的频率增高。

（17）希望水平的改变。

（18）挫折水平的改变。

（19）朝向元动机和存在性价值。


## 2. 认知

（1）各种认知都更为敏锐、高效、现实，更好的现实检验。

（2）直觉增强，预感更为成功。

（3）带有启发和洞见的神秘体验。

（4）更多地以现实—客体—问题为中心，更少地投射和自我中心，更多超越个人、超越人类的认知。

（5）世界观和价值观的改善（变得更为真实、更为现实，对自我和他人有更少毁灭性，更为全面、更为整合、更为整体）。

（6）更具创造性、更具艺术性、诗性、音乐、智慧、科学。

（7）更少的机器人式的刻板习惯，更少的刻板印象、更少的强迫性标签化（参见第13章），能更好地透过人为的范畴和标签而感知个体的独特性，更少的非黑即白。

（8）许多更为基本、更深入的态度（民主、对全人类的基本尊重、对他人的感情、对儿童的爱和尊重、对女性的尊重等）。

（9）对熟悉事物的偏好和需要更少，尤其是在重要的事情上，对新颖和陌生的事物恐惧更少。

（10）偶然和潜在学习的可能性更高。

（11）对简单的需要更少；对复杂的欢迎更多。

### 3. 性格特质

（1）更冷静、沉着、平静、内心安定（与紧张、焦虑、不悦、痛苦相对）。

（2）友善、善良、同情心、无私（与残酷相对）。

（3）健康的慷慨。

（4）大气（与小气、卑劣、渺小相对）。

（5）自我依赖、自我尊敬、自尊、信心、自信。

（6）安全感、平静感、没有危险感。

（7）友善（与基于性格的敌意相对）。

（8）更好的挫折忍受力。

（9）能忍受个体差异，对此感兴趣且对此赞许，因此没有偏见和广泛的敌意（但是并非没有判断）；对兄弟情、朋友情、手足情有更强的感觉，对他人有更多的感情和尊重。

（10）更有勇气、更少恐惧。

（11）心理健康及其所有的副产物，远离神经症、精神病型人格以及精神病。

（12）更加深刻的民主性（对值得尊敬者有着无畏和现实的尊重）。

（13）放松，不紧张。

（14）更诚实、真诚、直率，更少的假话、更少虚伪。

（15）更强的意志、更多对责任的享受。

### 4. 人际

（1）成为更好的公民、邻居、父母、朋友、爱人。

（2）政治上、经济上、教育上的成长和开明。

（3）对女性、儿童、员工等其他少数和弱势群体的尊重。

（4）更加民主、更少专制。

（5）更少没有缘故的敌意，更多的友善，对他人有更多兴趣，更容易认同他人。

（6）对朋友、爱人、领导等有更多的欣赏，对人有更好的判断；更好的选择。

（7）成为更好的人，更有吸引力，更漂亮。

（8）更好的心理治疗师。

### 5. 其他种种

（1）对天堂、地狱、乌托邦、美好生活、成功和失败等的看法有所改变。

（2）朝向更高的价值观，朝向更高的"精神生活"。

（3）一切外显行为的改变，包括微笑、大笑、表情、风度、步态、笔迹的改变；表达行为更多，功能行为更少。

（4）精力的改变，倦怠、睡眠、安静、休息、清醒。

（5）有希望，对未来有兴趣（与丧失道德感、同情心，变得冷漠相对）。

（6）梦境生活、幻想生活、早期记忆的改变。

（7）（基于性格的）道德感、伦理感、价值感的改变。

（8）远离患得患失、针锋相对、零和游戏的生活。

# 第 **6** 章
## 基本需要的似本能性质

## 一、重新检视本能理论

### 1. 重新检视本能理论的原因

即便仅仅是为了区分更基本和不那么基本、更健康和不那么健康、更自然和不那么自然的需要，前面章节中所描绘的基本需要理论，也要我们重新检视本能理论。此外，我们不应该回避的一点是，对这些基本需要理论所必然带来的相关问题进行考察，即是否要舍弃文化相对性，是否代表着一种构成性的既有价值观，是否合理地缩小了联想学习、意义学习的范畴等。

相当数量的其他理论的、临床的、实验的材料都指向同一个方向，即我们有必要重新评估本能理论，甚至复原某种形式的本能理论。这些都代表着一种怀疑，即怀疑当代心理学家、社会学家、人类学家都对人类的可塑性、灵活性、适应性，以及人类的学习能力有着太过分的强调。而人类远比当代心理学理论所估计的要更为自主、更为自控。

（1）坎农的"内稳态"概念，弗洛伊德的死本能等概念。

（2）品味、自由选择、自助选择实验。

（3）列维的本能满足实验，以及他对于母性过度保护和情感欠缺的研究。

（4）精神分析的诸多成果都发现，对儿童过度要求的如厕训练和过于急迫的断奶都会造成有害的影响。

（5）许多教育者、护士、学校工作者、儿童心理学家的观察，都倾向于在与儿童工作时，信赖儿童自己的选择。

（6）罗杰斯式治疗所暗含的概念系统。

（7）活力论者、突发进化论者、现代实验胚胎学者、像戈德斯坦之类的整体论者所报告的许多神经学和生物学材料，都支持有机体在受到伤害后具有一种自发的重新调节机制。

上述提到的这些研究都有力地显示出，有机体比我们通常所认为的更值得信任，更具自我保护性、自我导向性、自我掌控性。此外，我们还可以补充一点，近来诸多理论发展都显示出，我们有必要在理论上，假定有机体内存在某种积极成长或自我实现的倾向，这种倾向不同于有机体的保存、平衡、内稳态情绪，即不同于那种对外界冲动做出反应的倾向。各位不同的思想家和哲学家，比如亚里士多德、柏格森，都以某种形式推测出了这种成长或自我实现的倾向。而在精神病学家、精神分析学家、心理学家当中，戈德斯坦、布勒、荣格、霍妮、弗洛姆、罗杰斯等人也都发现了这种倾向的必要性。

然而，对重新检视本能理论表示支持的最为重要的因素，也包括了心理治疗师，尤其是精神分析家的经验。在这个领域中，尽管事实的逻辑不甚明了，但还是准确无误的；治疗师必然要区分更为基本的愿望与不那么基本的愿望（或需要、冲动）。事实很简单：某些需要受挫会产生病理结果，而某些不会；某些需要的满足会带来健康的结果，而某些也不会。前者更为顽固，明显更难以对付。它们抗拒着所有的诱惑、替代、贿赂、替换方案；它们除了对自身的内在满足之外别无他求。它们有意无意地总是在寻求着满足。它们就像是固执、顽固、终极、不可分析的事实，它们只能被视为既定的事实，以及问题开始的起点。这是一个极为重要的起点，几乎所有的精神病学、精神分析学、临床心理学、社会工作、儿童治疗流派都**必须**从此开始，推导出某些似本能需要的观点，不论在其他地方这些学派有多少分歧。

这些经验都必定让我们想起种群特质、素质、遗传性，而非表面上易于操作的习惯。不论在这种两难中我们作何选择，治疗师几乎总是要选择将本能，而非条件反射或是习惯，视为他们的理论依据。当然，这是很不幸的，因为我们会看到，我们现在或许可以从另一些中间状态、更为坚实的其他选项中作出更令人满意的选择，也就是说，两难之间还有更多其他选择。

但是，有一点似乎很明显，从基本动力理论的要求角度来看，本能理论，尤其是麦独孤（MacDougall）和弗洛伊德提出的本能理论，有某些当时未受到足够重视的优势，这种忽视或许是因为他们理论的错误太过明显。本能理论要接受一个事实，即人都是自我驱动者；他自身的本性以及所处的环境，都能决定他的行为；他自身的本性提供了一种既成的目标、目的、价值框架；在良好的条件下，一般而言人最想要的，也就是他需要用来避免病态的事物（对他而言有益的事物）；所有的人构成了一个单一的生物物种；而行为是无意义的，除非我们理解行为的动机和目标。总而言之，有机体依赖于自身的资源，通常显示出一种生物效率或是智慧，而这还有待解释。

### 2. 本能理论的错误

我们在此认为，本能论者的许多错误尽管非常深刻，也值得被抛弃，但是它们并非本质上的、不可避免的。此外，许多这些错误是本能论者及其批判者所共有的。

（1）语义和逻辑错误是最为臭名昭著的。本能论者们值得被批判的一点是，他们**专门**创造了一些自己都无法理解的本能去解释行为，他们也无法解释这些本能的来源。但是，我们当然也要警惕，**我们**不需要将本能具象化，将事实和标签混为一谈，或者提出一些无用的论断。

（2）我们现在对人种学、社会学、遗传学有了更多认识，因此我们可以避免一种简单的人种中心论、分类论或简单的社会达尔文主义，而早期的本能论者们就因此而犯下了错误。

我们也认识到，本能论者们在人种上的天真带来了多么极端的后果，扫除这种后果本身甚至也成了一种错误，即文化相对主义。在过去的20年里，这种教条影响如此巨大，接受程度如此之广，而如今则受到了极为广泛的批判。当然，如同本能论者们曾经的做法，我们如今也要再次着重去寻求跨文化、跨种族的特质。我们显然必须（也可以）避免人种中心论和过度强调的文化相对论。比如说，似乎很明显的一点是，比起基本需要（目的）而言，工具性行为（手段）更具有一种跟当地文化因素有关的相对性。

（3）20世纪二三十年代的大多数反本能论者，比如伯纳德（Bernard）、华生（Watson）、郭任远（Kuo）等人对本能理论的批判都基于这一点，即本能无法用特定的刺激—反应来描述。简而言之，这种指责就是，本能不符合简单的行为主义理论。这一点的确如此，本能理论并不符合。然而，如今的动力和人本主义心理学家们并不认同这种批判，因为他们都一致认为，任何重要的人类整体品质或整体行为，都不可能仅仅用刺激—反应的话术来定义。

上述尝试只能带来混乱。把典型的低级动物本能与反射混为一谈就是一个典型的例子。前者是一种纯粹的运动活动；而后者也是，当然还包含更多特点，如预定的冲动、表达行为、处理行为、目标客体、情感。

（4）甚至在逻辑基础上，我们也没有理由被迫在完全的本能（各部分合为整体）和非本能之间做出选择。为什么不能够有本能残留、冲动或行为似本能的方面、程度不同的部分本能呢？

太多作者都不加区分地将"本能"这个词用以涵盖需要、目标、能力、行为、感知、表达、价值、情绪共存体，要么单一描述其中一种，要么描述上述的组合。结果就是一个泛滥使用的大杂烩，其中几乎任何一种已知的人类反应都可以被某些作者描述为本能，正如马尔默（Marmor）、伯纳德所指出的。

我们的主要假设是，人类的**要求或基本需要**至少在某种程度上是与生俱来的。那些与此有关的行为或能力、认知或情感需要则不一定是与生俱来的，而是由学习、穿通作用带来的，是表达性的（根据我们的假设）。（当然，许多的人类**能力或机能**很大程度上由遗传决定，比如颜色视觉等，但是这些并不是我们此处的关注点。）换言之，基本需要的遗传成分可以简单地被视为一种意动的缺乏，它并不联系着本质上的目标实现行为，因此只是一种盲目而无方向的要求，如同弗洛伊德所谓的本我冲动。（我们在下文中将看到，这些基本需要的满足物在某种程度上也是本质上的。）需要习得是目标追踪（处理）行为。

本能论者及其反对者都犯下了一个严重的错误，即他们的思路是非黑即白的二分法，而非程度上的差异。我们怎么可能说，一组复杂的反应要么**完全是**由遗传决定，要么**完全不是**由遗传决定？暂且不论完整的反应，任何结构（不论多么简单）都不可能仅仅由基因决定。甚至是孟德尔所研究的甜豌豆都需要空气、水、营养。因此，即便基因本身都需要一个环境，即邻近的基因。

而在另一个极端上，很明显的一点是，没有任何事物可以完全摆脱遗传的影响，因为人类是一个生物种族。人类受遗传决定，这一事实是一切人类行为、能力、认知等的前提条件，即人类能做的一切，都依赖于这样一个事实，即一个人是人类物种的一员。这种所属性就是遗传。

这种不合理的二分法带来的一个令人困惑的影响就是，只要某种行为呈现出了**任何**学习的因素，我们便倾向于将其定义为非本能性的；反之，只要它呈现出了**任何**遗传的影响，我们便倾向于将其定义为本能性的。由于大多数，甚至所有的要求、能力、情绪都很容易显现出受了以上两种因素的影响，因此这类争论就永无休止。

本能论者和反本能论者总是非此即彼，我们当然不能这样。因为这是一个可以避免的错误。

（5）本能理论家的范式是动物本能。这也导致了诸多错误，比如他们没能看到人类独有的本能。然而，我们从低级动物身上学到的最误导人的一课成了一项公理，即本能是强大的、有力的、不可改变的、不可控的、不可压制的。

然而，这一点对于鲑鱼、青蛙、旅鼠而言的确如此，但对于人类而言则不是。

如我们所见，倘若基本需要都有重要的遗传基础，只有当我们用肉眼去探察本能，或者只有当本能完全独立于或更强于整个环境力量时，我们才认识到这种本能整体，那么我们就大错特错了。为什么不能够有一些尽管类似于本能，但是也可以轻易受到压抑、压制、控制，轻易受到掩盖、修正，甚至受到习性、暗示、文化压制、罪恶感等所限制的需要呢（比如，爱的需要就是如此）？换言之，为什么不能有一些**较弱的**本能？

而文化论者对本能理论的攻击背后，正是一种动机力量，这种动机可能很大程度上来源于一个错误，即把本能和强大的力量等同起来。人种学家的经验能反驳这一假设，因此这种攻击是站不住脚的。但是，倘若我们对文化和生物都保持适当的尊重，倘若我们进一步认为文化是一种比似本能需要更强的力量（正如我所想），那么这样一种主张（也是我的主张）便不是悖论，而是理所当然了，即倘若要让较弱、较微小、较柔和的似本能需要不被更强、更有力的文化所压制，那么我们应该守护前者，而非相反。尽管这些似本能需要在其他意义上也很强大（它们能长存、要求着满足，它们受挫会导致严重的病理后果等），但它们也可能被压制。

要澄清这一点，一个悖论可能带给我们帮助。我认为，从某种角度来看，揭露性的、富有洞见的、深度的治疗（实际上包括所有类型的治疗，催眠和行为治疗除外）必定要揭露、重现、加强我们那弱化且丧失的似本能倾向以及本能残余、我们那被遮蔽的动物自我、我们那主体性的生物属性。这一终极目标在所谓的个人成长工作坊中呈现得更为清晰。这些工作（不论是治疗还是工作坊）都是表达性的、痛苦的、需要长期努力的。甚至这些工作需要终生的奋斗、耐心、坚韧，即便它们还是有可能失败。但是，要多少只猫、狗、鸟才能帮助我们理解如何成为一只猫、狗、鸟？动物冲动的声音吵闹、清晰、明了，而我们的冲动则很微弱，很容易被混淆、被轻易地忽视，于是我们需要帮助，才能听到这些冲动之音。

这就能解释，为什么动物本性在自我实现者身上最为明显，而在神经症或"一般病态"者身上最不明显。我甚至可以说，病态者也**恰恰就是**失去了动物本性者。悖论的是，最明显的物种性、动物性体现在**最为**灵性、**最为**圣洁和智慧、**最为**（有机上来说）理性的人身上。

（6）一个甚至更为严重的错误在于，对动物本能的关注。出于某些只有理智的历史学家才能理解的奇怪原因，西方文明普遍相信，我们内在的动物性都是坏的，我们最主要的冲动都是邪恶的、贪婪的、自私的、敌意的。①

神学家们称之为原罪、恶魔。弗洛伊德派称之为本我。哲学家们、经济学家们、教育家们对此也各有称呼。达尔文也如此赞同这个观点，以至于他只看到了动物世界中的竞争，而忽视了如此常见的合作。克鲁泡特金（Kropotkin）却轻易认识到了后者。

这种世界观的一种表达就是将我们内在的动物性视为豺、狼、虎、豹，而非更好，至少是更温顺的动物，比如鹿、象、狗、猿。我们可以称之为对我们内在本性的坏动物诠释，也要指出，倘若我们的推理**必须**从动物到人，那么我们最好选择那些最接近我们的动物，即类人猿。因为它们总体上而言是一些可爱、温顺的动物，它们与我们之间有很多我们称之为"美德"的共同特质，比较心理学并不支持这种坏动物的形象比喻。

---

① 人类本性中原始和无意识的一面难道不能得到更有效的驯养，甚至完全转变吗？倘若不能，那么文明必然毁灭。在意识及其约束之下，在道德秩序及其好意之下，潜藏的是最为残酷的本能力量，如同一些藏在深处的野兽，它们贪婪无度、残暴无比、嗜杀无休。它们在很大程度上是不可见的，然而生命却依赖于它们的冲动和能量：没有它们，生命只会像石头一样毫无生机。但是，让它们毫无节制地活动，生命也会失去其意义，被再次还原为生和死，如同一滩原始沼泽中的生物世界。本能的力量导致了欧洲的巨变，在十几年中摧残了千百年的文明……只要信仰和社会能够包容，且一定程度上满足个体内在和外在的生命需要，这些个体构成了社群，那么本能力量就会潜伏起来，我们很大程度上也会忘了它们的存在。然而，只要它们从睡眠中苏醒，它们根本的斗争所带来的噪声和混乱，便会扰乱我们有秩序的生活，粗暴地打破我们的平静和舒适。然而，我们一厢情愿地相信，人类的理性心灵不仅可以征服周遭的自然世界，也可以征服生命内在的自然本能。［哈尔丁（Harding），《精神能量》（*Psychic Energy*），1974］

（7）还有一种可能是我们必须要记住的，即有关遗传特质的不可改变性和不可修改性的假设。这个可能就是，即便一个特质主要由遗传基因决定，那么它也是可以改变的，甚至只要我们有幸有所发现，那么这种特质是**很容易**修改或控制的。倘若我们假设，癌症当中有一种强烈的遗传因素，那么这并不会阻止我们想尽办法去掌控它。即便在一个预设的前提上，我们承认，智商很大程度是遗传的，但它同时也可以通过教育和心理治疗来提高。

（8）比起本能理论家们，我们必须让本能有更大的可变空间。认识和理解的需要**明显**只在理智个体身上才存在。而在那些愚笨者身上，它们基本上是不存在的，至少是非常初级的。列维已经展示出，母性冲动在不同女性身上有着很大程度的差异，以至于是无法测定的。某些种族天赋，比如音乐、数学、艺术天赋很可能是由基因决定的，因此它们在大多数人身上都不存在。

似本能冲动可以完全消失，但动物本能明显不可能。比如说，在精神病性人格上，被爱和爱的需要完全消失了，据我们如今所知，这种需要通常是一种永久的丧失，即精神病性人格通常不可能被任何已知的心理治疗技术治愈。从对一个奥地利村庄中失业情况的研究中，我们还可以得到一些更为古老的例子，它们显示出，长期的失业会极大地败坏道德，甚至摧毁某些需要。甚至当环境条件有所改善时，这些被摧毁的需要也不会再次出现。我们从纳粹集中营的情况中可以得到类似的材料。巴特森（Bateson）和米德（Mead）对巴厘岛人的观察也非常中肯。因为，对巴厘岛的动力研究显示，那些婴幼儿总是哭泣，痛苦地抱怨着情感的缺失，我们只能下结论说，这种情感冲动的缺失是一种习得性丧失。

（9）我们已经发现，在种族的尺度上，本能与对新颖事物的灵活的认知适应，是彼此互斥的。我们在一者上发现得越多，对另一者的期待就越少。因此，一个致命甚至悲剧性的错误（由于其历史影响）万古之前就出现了，这个错误是由于一种在人类身上区分出本能冲动和理性的二分法。我们很少会认为，这两者在人类身上都是似本能的。更重要的是，两者的结果或潜在目标是一致的、整合的，而非互相抗拒的。

在我们的认识中，认识和理解的冲动，如同归属和爱的需要一样，也完全是意动性的。

在通常的本能—理性二分法或二分对立中，本能和理性是彼此对立的，而对两者的定义都是很糟糕的。只要它们得到了符合现代认识的正确定义，它们就不再会被视为彼此对立或对抗的，甚至不是彼此有巨大差异的。我们如今可以定义健康的理性，于是健康的似本能冲动也可以走向同样的方向，两者在健康者身上不再彼此对立（尽管在不健康者身上**可能**还是彼此抗拒的）。如今所有可靠的科学材料都可以作为一个单独例子而展示出，在精神病学意义上，儿童希望得到保护、接纳、爱、尊重。这也正是儿童（本能上）所渴望的。而在这种清晰、科学可测量的意义上，我们认为，似本能需要和理性是统合的，而非彼此对抗的。它们表面上的对抗，只是因为我们只关注病态者所带来的副产物。倘若这一点的确如此，那么我们便可以解决一个古老的问题：本能和理性谁是主导？如今同样古老的一个问题是，在良好婚姻中谁是主宰，丈夫还是妻子？

（10）正如我们在本能理论的全盛时期对它的理解，这种理论带来了许多社会、经济、政治的影响，这些影响都有着极为保守甚至反民主的特征，帕斯托尔（Pastore）在对麦独孤和桑代克（我还要加上荣格和弗洛伊德）的分析中尤其展现了这一点。这些特征源自一个错误，即认为遗传就是命运，是不可改变、不可动摇、不可修正的。

我们认为，这个结论是完全错误的。**较弱**的似本能需要一种有助于其呈现、表达、满足的文化，这些本能可以轻易被糟糕的文化条件所破坏。比如说，在遗传因素较弱的需要可以得到满足之前，我们的社会必须有显著的进步。

不论如何，我们最近发现必须使用两个而非一个连续谱，这种必要性展示出帕斯托尔的观点并不是本质上的。

不论如何，认为本能与社会、个体兴趣与社会兴趣之间的对立是本质性的，这是一种只会带来问题的糟糕观点。或许支持这一观点的主要理由是，在病态社会和病态个体身上的确如此。但是，正如鲁思·本尼迪克特（Ruth Benedict）所证明的，这一观点**不一定**正确。在良好的社会，至少是她所描述的那种社会中，这一观点**不可能**正确。在健康的社会环境中，个体和社会的兴趣是统合的，而非对抗的。这一错误的二分法之所以存在，是因为在糟糕的个体和社会条件下，我们对个体和社会兴趣的定义是错误的。

（11）本能理论以及大多数其他动机理论的缺陷，正是没能注意到，在一个不同力量的层级系统中的各种冲动彼此有着动力的关联。倘若我们认为冲动都是彼此独立的，那么各种问题就必然得不到解决，而且许多伪问题又会出现。比如说，动机生活的整体性、统合性就会变得很模糊，而列出各类动机这一无法解决的问题又会出现。此外，价值或选择原则也缺失了，而正是这一原则让我们可以说，一种需要高于另一种，一种需要比另一种重要，甚至比另一种更基本。将本能生活原子化的最为重要的一个影响，便是使得本能必然朝向寂灭、死亡、平息、静态、自满、稳定。这是因为，分散的本能的**唯**一目标就是获得满足，也就是消失。

这一点忽视了一个明显的事实，任何需要的满足虽然会平息这一需要，但是也会让先前被弃之一旁的更弱需要登上舞台，要求着满足。需要从不会停息。一种需要的满足便会使另一种需要出现。

将本能比喻为坏动物，同时相伴而来的是一种期待，即本能在疯子、神经症、罪犯、弱智、绝望者身上体现得最为明显。紧随这一观点的自然就是一种教条，即良心、理性、伦理只能是后天习得的掩饰，其与被掩盖的内容截然不同，前者与后者的关系，如同手铐与囚徒。按照这种误解，我们便会将文明及其所有制度（学校、教会、法庭、法院）都视为对动物性之恶的限制力量。

这种错误如此关键，造成了种种悲剧，从历史的重要性上来看，这一错误就像是曾经的那些错误：相信君王的神权、排除其他一切信仰、否认进化论、相信地球是平的。这类信仰使人对自己、对周遭产生了不必要的误解，对人类的各种可能性持不切实际的悲观态度。而且这类错误还要部分地为过去的每一场战争、每一次种族对抗、每一次屠杀负责。

有趣的是，如今本能论者和反本能论者，都可能提出这类有关人类本性的错误理论。那些对人类未来有着美好愿景的人们，即那些乐观主义者、人本主义者、统一主义者、自由者、极端者、环境论者总体上都倾向于拒绝本能理论，因为他们对此感到恐惧，因为（如此受误解的）本能似乎会把全人类引向非理性、战争、分化、对抗，成为一个丛林法则的世界。

本能论者同样也误解了本能，他们不愿意在势不可当的命运中继续挣扎，他们只是耸了耸肩膀，便总体上放弃了乐观主义。当然，有些人甚至彻底抛弃了乐观。

我们在此联想到了酒精成瘾，有些人自己热衷于酒精，有些人则是不情不愿地沉迷于酒精。但最终的结果是类似的。这就能解释，为何弗洛伊德在许多问题上跟希特勒有着同样的立场，为何像桑代克和麦独孤这样的好人，也由于坏动物本能的逻辑，而不得不得出汉密尔顿主义（Hamiltonian）和反民主的结论。

只要认识到似本能需要并不是坏的，而是中性的或好的，那么无数的伪问题就不攻自破，不再存在。

举个例子，对儿童的训练是要有革命性，甚至要放弃使用那些不好的辞藻，比如"训练"。接受动物性需要的合理性，这会推动我们去满足这些需要，而非让其受挫。

在我们的文化中，一些受到一定程度剥夺的儿童，虽然没有完全去社会化，即并没有被全部剥夺掉其健康而有益的动物性，但他也会继续追求赞许、安全感、自主感、爱等，不论他创造出来的方式是多么幼稚。而那些精致的成人就会说："哦！他在人来疯。"或"他只是在吸引注意"。于是成人便把儿童给排除在外了。换言之，这种判断一般会被解读为一种律令，即**不要**给予儿童他所寻求的，**不要**注意他、**不要**赞许他、**不要**鼓舞他。

然而，倘若我们必须将这种对接纳、爱、赞许的渴求视为合理的需要或**权利**，对饥饿、口渴、寒冷、疼痛的抱怨也是如此，那么我们自然应当满足之而非挫折之。这种理解的一个结果就是，儿童和成人都需要更多欢乐，都应该更多地享受彼此，都要从彼此身上得到更多爱。

这一点不应该被误解为一种潜藏的、不加区分的全然准许。最低限度地教化，即训练、约束、在文化上所需习俗的要求、对未来的准备、对他人需要的意识，都是必要的，尽管在一种基本需要满足的氛围中，这种必需的训练不应该带来困难。此外，这种准许不能和神经症需要、额外需要、习俗需要、习惯化需要、固化、见诸行动、各种其他非本能性需要混为一谈。最终，我们要记得，挫折、悲剧、不幸有时也会有有益的结果。

## 二、基本需要的似本能性

所有前瞻性思考都促使我们去假设，在某种意义上，在某种可观的程度上，基本需要在其决定因素中都是先天素质性或遗传性的。如今，我们无法直接证实这一假设，因为我们直接所需的基因学或神经学技术还不存在。而其他类型的分析，比如行为分析、家庭分析、社会分析、人种分析一般都更多地反对，而非证实这一遗传假设，在一些明确的情况下除外。而我们的假设无疑是明确的。

在下文中，我们会提出一些可靠的材料和理论思考，将它们合在一起来支持这一似本能假设。

（1）支持新假设的主要论据，就是旧解释的失败。本能理论被许多环境主义和行为主义理论所推翻，而后者几乎完全基于联想学习，仿佛这就是一种基本上完全充分的解释工具。

总体上而言，我们完全可以说，这种心理学取向无法解决许多动力的问题，比如价值感、目标、基本需要及其满足和挫折、满足和挫折的后果（如健康、心理病理、心理治疗）等问题。

我们无须深入论证的细节，便可以提出这一结论。我们只需要记住，临床心理学家、精神病学家、精神分析家、社会工作者、其他临床工作者几乎完全不会使用行为主义理论。他们固执地以一种特别的方式，在一种不恰当的理论基础上，建立了一种广泛的实践结构。他们更倾向于是实践者，而非理论家。我们还需注意，临床医生**使用**的理论，其实是一种粗糙而无组织的动力学理论，在其中本能起着根本性作用，即修正后的弗洛伊德派理论。

一般的非临床心理学都仅仅只认为诸如饥饿、口渴等心理冲动是似本能的。出于这种偏见，以及条件学习过程的因素，人们都认为，更高的需要是后天获得或习得的。

换言之，我们学会如何爱父母，这可能是因为他们养育了我们，用某些方式奖励了我们。在这种理论中，爱只是一种满足性交易或交换的副产物。或者某些明智之人会说，爱等同于消费者的满足。

在我所知晓的曾经做过的实验中，没有任何一种能显示出，上述观点可以应用于对于爱、安全、归属、尊重、理解等的需要。这一观点只是一种不带任何顾虑的假设。这种假设之所以存在，可能只出于这样一个原因：事实上，人们从未对它进行仔细的审视。

当然，条件学习的材料也并不支持这一假设。相反，上述需要更像是一种非条件反应，而非次级的条件反应，反而条件反应根本上都基于前者。在给予条件因素（即完全基于"内在强化物"）时，这些似本能的需要是与生俱来的，**这一切**被称为学习理论。

事实上，即便是在通常的观察层面，这类理论也遇到了诸多困难。为何母亲热切地渴望给出奖励？**她的**奖励是什么？怀孕带来的不便、分娩产生的痛苦怎么可能是奖励？倘若母子关系根本上**等同于**一种交易，那么母亲为何要去做这种亏本买卖。此外，为何临床工作者们反复强调，一个婴儿需要的不仅是食物、温暖、抚摸等各种奖励，还需要爱，仿佛爱是某种超越前述奖励之上的东西？难道爱是一种多余吗？一个高效但无爱的母亲更可爱，还是一个低效（穷困）但有爱的母亲更可爱？

在此，我们还可以提出许多令人不安的问题。奖励，甚至于说生理奖励到底是什么？我们必须假设，它是一种生理上的快感，因为我们审视的这一理论倾向于认为，一切其他快感都来源于生理快感。但是，安全感的满足（即不被粗暴对待、不被突然扔下、不受惊吓等）也是生理性的吗？那么为何哄婴儿睡觉、朝他微笑、把他抱在怀里、关照他、亲吻他、拥抱他，这些行为都**似乎是**在取悦他？**给予**、奖励、养育孩子，为他牺牲，这些在什么意义上算是对给予者的一种奖励？

我们积累的证据表明，奖励的**方式**和奖励本身一样有效（一样算是奖励）。这对于奖励这一概念而言意味着什么？有规律、可靠的喂养能够奖励饥饿需要，或别的需要吗？哪种需要可以被"自由准许"所奖励？还是被尊重儿童的需要所奖励？抑或是被断奶或如厕训练（当儿童**想要**的时候）所奖励？为什么那些受到约束的儿童常常出现心理病理状况，尽管他们被照顾得相当好，即获得了生理奖励？倘若对爱的渴望最终只是对食物的要求，那么为何这种渴望却不能被食物所满足？

在这一点上，墨菲的穿通作用这一概念相当有用。他指出，在非条件刺激和其他刺激之间有一种任意的联想，因为后一种任意刺激只是一个信号，而非满足物本身。当我们面对生理需要时，**信号便不能满足，只有满足物能满足。只有**食物能减缓饥饿。在一个相当稳定的世界里，这类信号学习可以发生，也很有用，比如晚餐铃响。但是，更为重要的一类学习并**不仅仅**是联想性的，而本质上是一种穿通作用，即学习到哪些客体是满足物本身，哪些不是，哪些满足物**最**能够让人满足，或者因别的原因**最**吸引人。

与我们论点有关的是我的观察，即对爱的需要、尊重需要、理解需要等最为健康的满足，就是通过穿通作用完成的，即通过某种内在的满足，而非任意的联想完成的。而当后者起作用的时候，我们认为这是神经症或神经症式需要，比如恋物癖。

此处，我们要提到的是，哈洛及其同事在威斯康星灵长实验室（Wisconsin Primate Laboratories）完成的多项极为重要的实验。在其中一个著名实验中，婴儿猴子被剥夺了母亲，而代之以一个钢丝扭成的模型，婴儿猴可以从模型身上得到哺育，而另一个钢丝模型表面则覆盖了一层绒毛，但是它无法提供食物。这些婴儿猴选择毛茸茸的后者，而非前者"钢丝母亲"作为母亲的替代，因为他们可以黏着这位"母亲"，即便他们可以从"钢丝母亲"身上得到食物。这些猴子尽管得到了哺育，但是他们没有母亲，他们长大后都在很多方面有着极端的异常，包括完全丧失了他们自身的母性"本能"。显然，即便是对于猴子而言，食物和庇护也是远远不够的。

（2）关于本能的通常生物学标准，对我们无甚帮助，部分是因为我们缺少材料，部分是因为我们自己也必须对这些标准本身有所怀疑。［然而，请参见哈维尔（Howell）的反驳文章，文章指出了解决这一难题的一种新方式。］

正如我们在上文所见，早期本能理论的一个严重错误就在于太过于强调人类与动物之间的连续性，而没有同时强调人类和其他物种之间的深刻差异。如今，我们从这些学者的文章中看到了一种无可置疑的倾向，即他们要列出适合一切动物的本能，或者说试图涵盖所有动物身上的所有本能。因此，在人类身上发现，而**没有**在其他动物身上发现的任何冲动，常常都**在事实上**被视为非本能。当然，任何在人类身上发现，且在其他所有动物身上也发现的冲动或需要（比如进食、呼吸）都是本能，这一点无须任何进一步的证据都可以被证明是正确的。然而，这并不能否认一点，即某些似本能冲动只能在人类身上发现，或者比如说爱的冲动，只在动物世界中的猩猩身上有所发现。像信鸽、鲑鱼、猫等，每一个物种都有自己特殊的本能。为什么人类不能有自身特殊的特性呢？

一种被广为接受的理论是，物种等级越高，本能必然越是降格，而被一种适应所取代，这种适应基于一种广泛增强的能力，比如学习能力、思考能力、交流能力。倘若我们以低等动物为范式来定义本能，将之视为预先形成的内在渴望、感知的预先准备、工具性行为和技巧、目标客体（只要我们能有办法观察到，那么或许还有相伴而来的情感）构成的一个复合整体，那么这一理论似乎是正确的。通过这种定义，我们在白鼠身上找到了性本能、母性本能、进食本能等。在猴子身上，母性本能还在，但进食本能已经有了改变，而且是可以改变的，而性本能已经不存在了，取而代之的是一种似本能需要。猴子必须学会选择性伴侣，学会如何有效地进行性行为。人类没有以上这些本能（也没有其他本能）。性欲和进食冲动还在，母性冲动也还在，但已经非常微弱了，然而工具性行为、技巧、选择性感知、目标客体都必然是习得的（基本上在穿通作用的意义上）。人类没有本能，只有本能残余。

（3）本能的文化标准（"我们探究的反应是独立于文化的吗？"）非常关键，但不幸的是，我们的材料并不充足。我的观点是，随着材料的丰富，这些材料要么支持，要么符合我们所思考的理论。然而，我们必须承认，有些人运用同样的材料，可能得出完全相反的结论。

因为我的田野经验仅限于与一个印第安族群的短暂相处，又因为这个问题有待于人种学家而非心理学家未来的发现，因此我们在此不会进一步思考这一问题。

（4）我们之所以认为基本需要在本质上是似本能的，其中一个原因已经被提到过。所有的临床工作者都赞同，这些需要的受挫会导致心理病理情况。但对于神经症需要、对于习惯、对于额外需要、对于习惯化的偏爱、对于工具或方法性需要，这一观点并不正确，这一观点的正确性仅限于动作完成式需要、追求意义刺激的需要、天赋—能力—表达性需要。（这类需要至少在操作和范式层面是全然不同的，而且出于许多理论和实践的原因，我们也**应该**对此区别对待。）

倘若社会塑造并教化了所有的价值观，那么为何只有**某些**价值（而非其他）受到阻碍时会产生心理病理影响呢？我们学会了每日三餐，学会了说"谢谢"，学会了使用刀叉、桌椅。我们被迫穿上衣服和鞋子，晚上在床上睡觉，用语言进行交流。我们吃牛羊肉，而不吃猫狗肉。我们保持干净整洁，努力获得成绩，渴望金钱。然而这些强大的习俗受挫后，并不会产生伤害，甚至有时会带来积极的益处。在某种环境下，比如在漂流或野营当中，我们迫于外界自然条件，会欣然放弃这些习俗。但是，对爱、安全、尊重的需要则**绝不是**这样。

因此，基本需要显然具有一种特殊的心理学和生物学意义。这类需要是截然不同的。它们必须得到满足，否则我们就会生病。

（5）基本需要的满足带来的结果，可以称得上是有益的、好的、健康的、自我实现的。"有益"和"好"这两个词是生物学意义上，而非先验意义上的，而且它们也受操作定义的影响。健康的有机体本身就倾向于选择这些结果，并且在条件准许的情况下努力得到这些结果。

我们已经在有关基本需要的满足那一章描述过这类对心理和躯体的影响，在此无须对它们做出进一步的阐释，但我们要指出一点，这一标准并没有什么深奥或非科学的内涵。只要我们记住，这个问题跟为一辆车选择合适的燃油无甚区别，那么我们便可以从实验甚至工程材料中轻易得出这一结论。只要这辆车加了某种燃油便运转得更好，那么这种燃油就优于另一种。一个普遍的临床发现是，当有机体有了安全、爱、尊重后，他便能更好地运转，即更有效地感知、更完善地运用智慧、更常欣赏正确的结论、更有效地消化食物、更少地患病等。

（6）基本需要的满足物与其他需要的满足物，在必要性上有所区别。有机体自身由于其本性，总是追求着一类固有的满足物，这类满足物是不可替代的，但像在习性需要，甚至神经症需要中，满足物则可以被替代。这种必要性还归因于一个事实，即需要最终是通过穿通作用，而非任意联想，与其满足物联结在一起的。

（7）心理治疗的效果是我们很感兴趣的一个主题。在我看来，有一点对于所有主流的心理治疗都是正确的，即这些治疗（只要它们自认为成功）都培育、鼓励、强化了我们所谓的基本、似本能需要，同时它们也弱化、完全消除了所谓的神经症需要。

尤其是对于明显主张"让人成为自身本质上、内在上所**是**的人"的那些治疗，比如罗杰斯、荣格、霍妮等人的治疗，上述观点尤为正确，因为这一观点暗示着，人有其自身的内在本性，人不是被治疗师所**重新**塑造的，而是被治疗师所**解放**，让其按照自己的方式成长和发展的。倘若洞见和压抑的消除可以使得一些反应消失，那么这些反应完全可以被视为是异类的、非本真的。倘若洞见使得反应增强，那么我们则将之视为本真反应。而且，正如霍妮所言，倘若减缓焦虑会让病人感到温情更多、敌意更少，那么这不是意味着，温情是人类本性的基础，而敌意不是？

心理治疗对于动机理论、自我实现理论、价值理论、学习理论、一般认知理论、人际关系理论、教化和去文化理论等都是一座材料的金矿。不幸的是，心理治疗带来的改变所蕴含的材料，还没有被我们积累起来。

（8）对于自我实现者的理论和临床研究，在逐步深入的过程中已经明确显示出了基本需要的特殊地位。这些需要（而非其他需要）的满足是健康生活的前提条件（参见第11章）。此外，正如似本能假设所推论的，这些个体很容易被视为接纳冲动者，而非拒绝冲动者或压抑者。然而，总体而言，我们必须说，如同对治疗效果的研究一样，这类研究还远没有完成。

（9）在人类学中，对文化相对主义的不满最先来自田野工作者，他们认为文化相对主义意味着，民族之间存在比实际更为深刻、更不可调和的差异。我从田野研究中学到的第一课，也是最重要的一课是，印第安人首先是人、个体、人类，其次才是黑脚印第安人。相较于相似性，差异性固然存在，但也是表面的。在文献中，所有的民族都体现出，他们需要自豪感、需要被人喜欢、渴望尊重和地位、避免焦虑。此外，在我们文化中可以观察到的素质差异，在世界各地也都可以观察到，例如，智力上的差异、力量上的差异、活动或睡眠上的差异、平静或情绪上的差异等。

即便这些差异是可见的，但它们也具有一种普遍性，因为它们常常可以被理解为，**任何**人在类似情况下都会有的反应，例如应对挫折、焦虑、丧亲之痛、胜利、接近死亡时的反应。

诚然，这种普遍性的感觉是模糊的、无法量化的，而且很难说是科学的。然而，结合上文提到的其他假设，以及进一步的研究（如似本能需要十分微弱、自我实现者令人惊讶的超然和自主、他们对文化适应的抗拒、健康和适应两个概念的可分离性），重新考虑文化与人格的关系，从而更加重视"有机体内在力量"（至少在更加健康者身上）的影响，这似乎是十分有益的。

倘若健康者的成长没有受到这种结构的影响，那么当然他也就没有骨折（创伤），也没有明显或直接的病理结果。然而，我们可以完全接受，病理情况（要么明显要么微弱，要么早要么晚）**必会**出现。早期内在需要（尽管比较微弱）受挫会导致成年神经症，我们引述这一观点也并不为过。

那么，一个人为了维持自身的完整和本真的兴趣，从而对教化表示抗拒，这就应该是心理学和社会科学中一个值得尊敬的研究领域。一个人急切地屈服于其文化中的扭曲力量，也就是说一个良好适应的人，这类人的健康程度有时还不如一个罪犯、神经症。后者的反应可能表明，他还有足够的勇气来抵抗心理上的骨折。

此外，出于同样的考虑，一些看似混乱、颠倒是非的悖论也出现了。教育、文明、理性、法律、政府，都被大多数人理解为主要是对本能进行约束和压制的力量。但是，倘若我们的论点正确，即本能受文明的影响，甚于文明受本能的影响，那么上述观点或许应该反过来（倘若我们仍然希望培养出更好的人和更好的社会）：也许教育、法律等至少应该有一个功能，来保护、培养、鼓励似本能需要（对安全、爱、自尊、自我实现的需要）的满足。

（10）这种观点有助于解决和超越许多古老的哲学冲突，如生物与文化的冲突、先天与后天的冲突、主观与客观的冲突、特质与普遍的冲突等。这些冲突之所以能解决，是因为揭露性的、自我探索的心理治疗，以及个人成长、"灵魂探索"的技术都能够发现个人的客观性、生物本质、个人的动物性和种族性，即个人的存在。

不论哪个学派的大多数心理治疗师都认为，当他们在削弱神经症时，他们其实也在揭露或释放一种更基本、更真实、更本真的人格，即揭露出一个核心或内核，这个内核一直都在，只是被病态的表层所遮蔽、掩盖、抑制住了。霍妮非常清楚地表明了这一点，她提到了通过伪自我到真自我。自我实现这一术语也强调，（尽管是以潜在的形式）让人成为他真正所是的存在。对身份的追寻和"成为真正的自己"的意义是非常相同的。成为"全功能者"或"完人"或个性化者或本真者等，也是如此。

显然，自我实现的中心任务是意识到一个人作为一个特定的物种的一员，在生物学上、性情上、素质上是什么样的存在。这也就是各种精神分析学派所尝试要做的，即帮助一个人意识到自己的需要、冲动、情感、快乐、痛苦。但这是一种关于人的内在生物学、人的动物性和种族性的现象学，是一种通过**体验**而对生物性的发现。人们可以称之为主体生物学、反思生物学、体验生物学或类似的名称。

但这相当于从主观上发现了客观的、人类特有的物种特质。这相当于对普遍和特殊的个体性发现，对非人或超人的个人性发现。总之，我们可以通过主观**和**客观、"灵魂探索"**和**科学家通常更为外在的观察，来研究似本能需要。生物学不仅是一门客观的科学，也可以是一门主观的科学。

　　我想引述一下阿齐博尔德·麦克利什（Archibald MacLeish）的一句诗：

　　一个人别无他意；

　　一个人就是自身。

# 第 **7** 章

# 高级需要和低级需要

## 一、高级需要和低级需要的区别

本章将阐明，那些所谓的"高级"需要和所谓的"低级"需要之间，在心理上和实践中都存在的区别。我们的这种区分是想表明，机体本身决定了价值的层级，这一点是科学观察报告的结论，而非臆断的观点。因此，我们有必要对这一显而易见的事实进行证明，因为许多人依旧认为，价值观完全就是一种对材料的武断解读，即作者自己的品味、偏见、直觉或其他未经证实或无法证明的假设。在本章的后半部分，我们会提到此种观点的影响。

将价值观从心理学中逐出，这不仅弱化了心理学，阻碍了心理学的充分发展，而且将人类流放到了一种超自然主义、伦理相对主义、虚无主义的无价值领地。但倘若我们能证明有机体本身可以在更强和更弱、高级和低级之间做出选择，那么我们必定不会坚持认为，所有的事物都具有同样的价值，或人们不可能在两者间做出选择，或人们没有区分善与恶的自然标准。然而，我们已经在第4章中阐述过这类选择原则。基本需要依据相对优势性原则，以一种明确的层级形式排列。因此，安全需要比对爱的需要更强，因为当这两种需要都受挫时，以各种明显方式主导有机体的正是前者。从这个意义上说，生理需要（其中各种需要本身又形成次级层级）比安全需要更强，安全需要比对爱的需要更强，对爱的需要又比自尊需要更强，自尊需要又比我们所谓的自我实现需要更强。

这是一个选择或偏好的层级序列。而且，这也是一个在各种意义上从低到高排列的层级序列，我们将在本章中列出这种种意义。

（1）**高级需要是一种在物种或进化上较晚的发展**。我们与所有生物都共同拥有对食物的需要，我们与（也许）高等灵长类共同拥有对爱的需要，但只有我们人类有自我实现的需要。需要层级越高，就越是体现人类的特有性。

（2）**高级需要是较晚的个体发展**。任何个体在出生时都会表现出生理需要，而且也拥有极为早期形式的安全需要，例如，婴儿会受到惊吓，而只有周围的世界展现出一种规律性和秩序性，从而他可以掌控时，他才可以茁壮成长。在婴儿出生几个月后，他才会显示出在人际纽带和情感选择方面的最初迹象。再之后，我们可以明确地看到，婴儿对自主、独立、成就的渴望，以及对尊重和赞扬的渴望，这些渴望超越了对安全感和父母之爱的渴望。至于自我实现的需要，即使是莫扎特也要等到三四岁才会拥有。

（3）**需要越高，纯粹生存的需要越不迫切，满足可以延长的时间越长，需要就越容易永久消失**。高级需要没有很强的能力来主导、组织、推动有机体的自主反应和其他能力，即相较于自尊需要，人们更容易对安全需要有一种孤注一掷的痴狂渴望。剥夺高级需要不会像剥夺低级需要那样，产生绝望的防御性反应和危机反应。与食物或安全相比，自尊是可有可无的奢侈品。

（4）**处在较高的需要水平，意味着更高的生物效率、更长寿、更少的疾病、更好的睡眠、更好的食欲等**。身心研究者们一次又一次地证明，焦虑、恐惧、缺乏爱、掌控等往往会带来不良的身心影响。高级需要的满足具有生存价值和成长价值。

（5）**需要越高级，其紧迫性在主观上越低**。高级需要不容易被察觉到，更容易被误解，更容易与暗示、模仿、错误信念或习性所带来的其他需要混淆在一起。能够认识自己的需要，即认识自己真正想要什么，这是一种相当大的心理成就。这一点对于更高级的需要无疑是对的。

（6）**高级需要的满足会产生更多有益的主观影响，即内心获得更为深刻的幸福、平静、富足**。安全需要的满足最多只能产生一种解脱和放松的感觉。这种满足无论如何都不能带来这类结果：狂喜、高峰体验、爱情满足的喜悦，或者平静、理解、高尚等结果。

（7）**对高级需要的追求和满足代表了一种普遍的健康趋势，一种远离心理病理的趋势**。我们在第5章中提出了此论点的论据。

（8）**高级需要有更多先决条件**。这一点之所以如此，仅仅是因为只有在优势需要得到满足之后，高级需要才会出现。因此，与安全需要相比，只有获得了更多的满足，对爱的需要才会出现在意识中。在更一般的意义上，我们可以说，高级需要层面的生活更为复杂。相较于对爱的追寻，对于尊重和地位的渴求涉及更多人、更大场景、更长时间、更多手段、更多局部目标、更多次级的和初步的步骤。同样的说法也可以应用于对爱的需要，只是这是同对安全的追求相比较的。

（9）**高级需要需要更好的外部条件**。更好的环境条件（家庭、经济、政治、教育等）都是为了让人们彼此相爱，而不仅仅是为了防止人们互相残杀。自我实现则需要**非常好**的条件。

（10）**两种需要都得到满足的人们，往往把更高的价值放在高级需要，而非低级需要上**。这类人会为了更高的满足而牺牲更多，而且更容易承受低级需要被剥夺。例如，这类人更容易过苦行僧的生活，他们会为了原则而承受危险，为了自我实现而放弃金钱和声望。那些熟悉这二者的人普遍认为，相比于填饱肚子，自尊是一种更高、更有价值的主观体验。

（11）**需要等级越高，爱的认同范围越广，即认同爱的人数量越多，对爱的认同平均水平越高**。原则上而言，我们可以将爱的认同定义为，将两个或更多人的需要合并成一个单一的优势层级。两个相爱的人会不加区分地对彼此的需要做出反应。事实上，他者的需要就是他自己的需要。

（12）**追求和满足高级需要会产生有益的民生和社会影响**。在某种程度上，需要层次越高，这种需要必定越是不自私的。饥饿是高度以自我为中心的；满足它的唯一方法就是填饱自己的肚子。但是，对爱和尊重的追求必然涉及其他人。此外，它还涉及这些他人的满足。得到足够的基本满足，从而寻求爱和尊重（而不仅仅是食物和安全）的人往往会形成忠诚、友善、公民意识等品质，并能成为更好的父母、丈夫、教师、公务员等。

（13）**高级需要的满足比低级需要的满足，更接近自我实现。**倘若我们接受自我实现理论，那么这便是一个重要的区别。在其他方面，这意味着我们可以预估，我们可以在处在高级需要层面的人身上，发现更多、更高级的（在自我实现者身上出现）品质。

（14）**对高级需要的追求和满足会带来更大、更强、更真实的个体主义。**这一点似乎与之前的说法相矛盾，即处在更高需要水平的人们对爱有着更多认同，即更为社会化。然而，这一点听起来似乎合乎逻辑，但它并不是实证上的事实。事实上，处在更高需要水平的人们既是最爱人类的人，又是个性最发达的人。这一点完全符合弗洛姆的观点，即自爱（更准确地说，自尊）与爱他人是统合的，而非对立的。弗洛姆对个体化、自主性、机械化的讨论也与此相关。

（15）**需要层级越高，心理治疗就越容易和有效：在低级需要层次上，心理治疗几乎没有任何用处。**心理治疗无法减缓饥饿。

（16）**比起高级需要，低级需要更加具象化、更加明晰，并且更加受到限制。**比起爱，饥饿和口渴会更明显地体现在身体上，而爱又比尊重更明显。此外，低级需要的满足物比高级需要的满足物更明显、更直观。此外，前者受到的限制更大，因为低级需要的满足物数量更少。我们只能吃那么多食物，但是对爱、尊重、认知的满足几乎是无限的。

## 二、这种区分的影响

以下观点为：（1）高级需要和低级需要具有不同的性质；（2）这些高级需要和低级需要必须被涵盖在一种基本而既定的人性中（**不能**与此相悖）。这两个观点必然会对心理学和哲学理论产生许多革命性的影响。大多数文明，连同它们的政治、教育等，都是建立在对这一信念的驳斥之上。总体而言，这些思想将生物性的动物、人性的似本能方面假设为对食物、性等的生理需要。对于真、爱、美的更高的冲动则被假定为，在本质上与这些动物性需要不同。此外，这两种兴趣被假定为彼此对立、相互排斥的，并且彼此在争夺主导权的过程中存在永恒的冲突。所有的文化及其所有组织机构，都是从这样的角度来站在高级需要一边，并抗拒低级需要。因此，这类文化必然成了一种抑制者和挫败者，至多也是一种不幸的必需品。

认识到高级需要也是似本能的、生物性的（正如对食物的需要一样），会带来很多影响，我们在下文只能列举几个。

（1）或许最为重要的一个影响就是，人们会认识到，认识和意动的二分法是错误的，必须被消解。对知识的需要、对理解的需要、对人生观的需要、对理论参照框架的需要、对价值体系的需要，这些本身都是意动的，是我们的主要动物本性的一部分（我们是非常特殊的动物）。

由于我们也认识到，我们的需要不是完全盲目的，它们受到文化、现实、机遇的影响。因此，在这些需要的发展中，认知起着相当大的作用。约翰·杜威（John Dewey）声称，一种需要的存在和定义，取决于对现实、对满足的可能或不可能的认知。

倘若意动本质上也是认知，倘若认知本质上也是意动，那么两者之间的二分法也就无用了，除了作为病理指示之外，这种二分法必须被舍弃。

（2）许多古老的哲学问题必须用新的眼光来看待。其中一些甚至可能被认为是由于对人类动机生活的误解而产生的伪问题。这些问题包括：如自私和无私之间的鲜明区别。倘若我们的似本能冲动，如对爱的冲动，能让我们从看着我们的孩子吃好吃的东西而不是自己吃好吃的东西中获得更多个人"自私"的快乐，那么我们应该如何定义"自私"，如何将它与"无私"区分开来？倘若对真理的需要和对食物的需要一样，那么相较于为食物冒生命危险，为真理而冒生命危险的人是否更自私呢？

显然，倘若动物性快感、个人快乐等同于对食物、性、真理、美、爱、尊重的需要，那么享乐理论就必须得到重构。这意味着，高级需要的享乐主义会站起来，而低级需要的享乐主义会倒下。

浪漫—古典的对立、酒神—日神的对立，都必须被修改。至少在某些形式上，这种对立也基于一种二分法，即动物性的低级需要和非动物或反动物性的高级需要之间不合理的二分法。随之而来的是，我们必须对理性和非理性这两个概念、理性和冲动的对比以及与本能相对的理性这一概念进行相当大的修改。

（3）伦理学哲学家通过审视人类的动机生活，可以认识到很多。倘若我们最为高尚的冲动不是被视为对马的约束，而是马本身，倘若我们认为，动物性需要与我们的最高需要具有相同的性质，那么我们还能怎么坚持二者之间尖锐的二分对立呢？我们怎么可能继续相信，二者有着不同的来源呢？

此外，倘若我们明确且充分地认识到，这些高尚、良善的冲动的产生和出现，主要是由于更强烈的动物性需要先得到了满足，那么我们应当不仅限于谈论自制力、抑制力、纪律性等，而应该更多地谈论自发性、满足感、自我选择。严厉的责任之声和欢快的享乐之声之间的对立似乎比我们想象的要少。在最高级的生活或存在中，责任也**就是**享乐，我们爱着我们的"工作"，工作和放假是没有区别的。

（4）我们对文化，以及文化与人之间关系的理解也必定改变，朝着鲁思·本尼迪克特所谓的"统合"的方向改变。文化可以是基本需要的满足，而非需要的抑制。此外，文化并不仅仅是为了人类需要而被创造出来的，也是被需要所创造的。文化—个体二分法需要得到重新审视。我们应该更少地强调二者间的对抗，而更多地强调二者间可能的合作和统合。

（5）人类最好的冲动显然是与生俱来的，而非偶然的、相对的，这一认识必然对价值理论有着巨大的启示。这意味着，我们不再要么必须从逻辑上推导出这些价值，要么从权威和天启中解读出这些价值。显然，我们要做的只是观察和研究。人性本身就包含这些问题的答案：我如何才能善良；我如何才能快乐；我如何才能获得成就？有机体告诉了我们，它需要什么（以及什么是有价值的），因为倘若这些价值被剥夺，有机体就会生病，倘若没有被剥夺，它就会成长。

（6）对这些基本需要的研究表明，尽管它们的本质在很大程度上是似本能的，但在很多方面，它们并不像我们所熟知的低等动物身上的本能。最重要的一个差异体现在一个出乎意料的发现中，即与"我们的本能是强烈的、有害的、不可改变的"这一古老假设相反，我们的基本需要虽然似本能，却很脆弱。要意识到冲动，要认识到我们的确想要且需要爱、尊重、认识、哲学、自我实现等，这是一项困难的心理任务。不仅如此，需要层次越高，需要就越脆弱，越容易被改变、受到压制。最后，这些需要并不是坏的，而是中性的或好的。我们最终得出了一个悖论，即我们人类的本能及其余留是如此脆弱，以至于它们需要得到保护，避免受到文化、教育、学习的影响（简而言之，即不被环境所压制）。

（7）我们对心理治疗的目的（以及教育、育儿、养成良好品格）的理解必须得到极大转变。在很多人看来，心理治疗意味着对内在冲动进行一系列的抑制和控制。约束、控制、压制正是这一领域的誓词。

但是，如果治疗意味着打破控制和抑制，那么我们的新关键词必然是自主、释放、自然、自我接受、觉察冲动、满足感、自我选择。倘若我们将内在冲动理解为可喜的，而非可恶的，那么我们当然想要让它们得到充分的表达，而非将之约束在紧身衣里。

（8）倘若本能可以是微弱的，倘若高级需要被理解为本质上是似本能的，倘若我们认为文化比本能冲动更强大，倘若人的基本需要被证明是好的，而非坏的，那么我们就可以通过培养似本能倾向并促进社会进步，从而改善人的本性。事实上，改善文化可以被理解为，给人的内在生物倾向一个更好的机会来获得实现。

（9）处在更高的需要层级有时会让人可以相对不依赖低级需要的满足（甚至在危急情况中，也寻求高级需要的满足），我们可能会有一个解决神学家们的古老困境的办法。他们总是发现有必要协调肉体与灵魂、天使与魔鬼（人类有机体中的高级需要与低级需要）之间的关系，但从来没有人找到一个令人满意的解决方案。高级需要的机能自主性似乎是答案的一部分。高级需要只能在低级需要的基础上发展起来，但最后，当高级需要很好地建立起来，可能会相对独立于低级需要。

（10）除了达尔文式的生存价值之外，我们如今也可以推断出一种"成长价值"。这不仅有利于生存，也有利于个人（倾向性的、选择性的、有利于有机体）朝向完人、潜能的实现、更高的幸福、平静、高峰体验、超越、对现实更为丰富和准确的认识等的成长。我们不再将纯粹的生存或活着的需要视为唯一的终极证据，证明贫穷、战争、残暴等是不好的、糟糕的。我们认为这些事物是坏的，这是因为它们降低了我们的生活质量、人格质量、意识质量、智慧质量。

# 第**8**章
## 心理病理学和威胁理论

至此，我们所构想的动机包含了一些很重要的线索，可以帮助我们理解心理病理学，以及挫折、冲突、威胁的起源。

实际上，所有解释了心理治疗如何起源、如何维系自身的理论，都极为依靠两个概念，即挫折和冲突，而这也就是我们现在要探讨的问题。有些挫折会导致病理结果，有些则不会。同样有些冲突会导致病理结果，有些则不会。很显然，我们必须求助于基本需要理论，才能解答这些谜题。

## 一、剥夺、挫折、威胁

在对挫折的讨论中，我们很容易陷入一种错误，即把人分解开来看待；如今我们还是有一种倾向，总是说口腹之欲受挫，或某种需要受挫。但我们应该时常记得，人类只能整体受挫，而绝不可能某一个部分受挫。

记住这一点，我们显然就可以做出一种重要的区分，即区分剥夺和威胁对人格的影响。对"挫折"一词的通常定义仅仅是，无法得到个人所欲望之物、对某个愿望的干扰、对某种满足的干扰。这种定义并没有考虑到一个区分，即一种是对有机体不重要的剥夺（很容易被替代，后果不太严重）；另一种剥夺同时也是对人格、对个体生活目标、对防御系统、对自尊、对自我实现，即对基本需要的威胁。我们的论点在于，只有**威胁性**剥夺造成许多通常可以归因于挫折的影响。

一个目标客体可能对个体具有双重含义。首先，它有着本身的含义。其次，它还有一种次级的、象征性价值。因此，当某个孩子想要的冰激凌被剥夺之后，他失去的只是一个冰激凌。然而，当另一个孩子被剥夺了一个冰激凌之后，他失去的可能不仅仅是一种感官满足，他也可能感到母亲对自己的爱被剥夺了，因为母亲拒绝给他买冰激凌。对于第二个孩子而言，冰激凌不仅仅具有本身的价值，也承载着心理价值。被剥夺了一个冰激凌本身对于健康个体而言可能不意味着什么，而且当挫折包含了更多威胁性剥夺的含义时，甚至我们不知道是否还应该称之为"挫折"。只有当一个目标客体代表着爱、尊严、尊重或其他基本需要时，对这一客体的剥夺才会产生一些通常可以归因于挫折的糟糕影响。

我们可以很清楚地展示出，一个客体在某些动物群体或某些情景下的双重含义。比如说，我们看到，当两只猴子处在一种主从关系中时，一块食物是饥饿的安抚物，同时也是主导地位的象征。因此，倘若从属动物试图捡起这块食物，它立马会遭到主导动物的攻击。然而，倘若它能剥除这块食物之上的象征主导的意义，那么主导者就可以允许它吃这块食物。它可以摆出一种服从的姿态而轻易做到这一点，即接近食物时做出一些性展示，这就仿佛在说，"我想要这块食物，只是为了减缓饥饿，我并不想挑战你的主导地位。我完全接受你的主导"。同样，我们也可以以两种方式来对待朋友的批判。一般而言，一般人的回应是感觉受到攻击或受到威胁（这很合理，因为批判常常就是一种攻击）。因此，他在回应时会勃然大怒。但是，倘若他能确保，这种批判并不是对自己的一种攻击或一种拒绝，那么他不仅可以听取这种批判，而且甚至可能对此表示感激。因此，倘若他已经有了千万种证据表明，他的朋友爱他，也尊重他，那么批判就只代表批判，它并不代表一种攻击或威胁。

对这一区别的忽视，在精神病学界造成了大量不必要的混乱。一个反复出现的问题是：性剥夺必然会带来挫折造成的诸多影响，即攻击性、升华等吗？众所周知，许多案例表明，单身并不会产生心理病理影响。然而，也有许多案例表明，单身会造成糟糕的影响。那么是什么因素决定着哪种结果？与非神经症人群的临床工作给出了一个明确的答案，即只有当个人感觉到被异性排斥、自卑、缺乏价值、缺乏尊重、孤立或其他对基本需要的阻挠时，性剥夺才会在严重意义上成为致病因素。不受这种影响的个体可以相对轻松地承受性剥夺 [当然，他可能会有罗森茨威格（Rosenzweig）所说的需要—阻力反应，虽然这些反应令人愤怒，但不一定是病态的]。

童年期不可避免地剥夺通常也被认为是一种挫折。断奶、排泄控制、学会走路，实际上每一个新的适应水平，都是通过强行推动儿童来实现的。同样，我们在此要谨慎地区分纯粹的剥夺和威胁对人格的影响。有些儿童完全相信父母的爱和尊重，对这类儿童的观察已经表明，对剥夺、管教、惩罚的承受有时可以轻松到令人惊讶。倘若孩子认为这些剥夺不会威胁到他的基本人格、主要的生活目标、需要，那就不会有太多挫折感。

从这一点来看，我们得出的结论是，比起纯粹的剥夺，威胁性挫折现象更为紧密地联系着威胁情景。一些典型的挫折影响也常常成了另一些威胁的后果：创伤、冲突、脑损伤、严重疾病、当下的物理威胁、迫在眉睫的死亡、羞辱、极度的痛苦。

这便引导我们做出最终的假设，挫折作为一个单独的概念，它的用处要少于与之交互的两个概念：（1）对非基本需要的剥夺；（2）对人格，即对基本需要或与之相关的多种应对系统的威胁。与挫折这一概念所暗含的意义相比，剥夺这一概念并没有那么多意涵。剥夺并不是心理病理性的，但威胁是病理性的。

## 二、冲突与威胁

正如我们在挫折这一概念中所见，冲突这一概念也可以与威胁产生交互。冲突的类型可以按如下分类：

### 1. 纯粹的选择

这是最简单意义上的冲突。每个人的日常生活中都充满了无数这样的选择。我认为，这类选择和下文中要讨论的那类选择之间有差别。第一种类型涉及的是一种选择，即选择通向同一目标的两条道路，而这一目标对于有机体而言相对不重要。对这一选择情景的心理反应，其实并不是病理性的。事实上，大多数时候，这种选择当中根本没有主观的冲突感。

### 2. 通向同一（关键、基本）目标的两条道路之间的选择

在这一情景中，目标本身对于有机体很重要，但是我们有多种方式可以实现这一目标。目标本身并未受到威胁。当然，目标的重要或不重要取决于每个有机体的判断。对于一个人重要不一定对于另一个人也是如此。一个典型的例子是，一位女士要决定穿这双鞋还是那双、穿这件衣服还是那件，去参加对她而言很重要的一个聚会，而且她想在聚会中留下一个好印象。当她做出决定时，这种明显的冲突感也就消失了。然而，有一点无疑正确，当这个女人不是在选择装扮，而是在选择丈夫时，这种冲突可能会很强烈。在此，我们要再次提起罗森茨威格对需要—阻力效果与自我防御效果之间的区分。

### 3. 威胁性冲突

这类冲突从根本上就不同于以上两类冲突。这依旧是一个选择情景，但是我们是在两个都至关重要的不同目标之间进行选择。此类中的选择反应通常并不会平复冲突感，因为选择意味着放弃某个和被选内容同样要紧的事物。放弃一种必要的目标或需要满足，就是一种威胁，甚至在选择做出之后，这种威胁的影响依然存在。简而言之，这类选择最终只会导致某种基本需要的长期受挫。这是病理性的冲突。

### 4. 灾难性冲突

这类冲突最好被称为纯粹的威胁，它不带有任何选择的余地和可能性。所有选项带来的影响都是同等灾难性或威胁性的，或者说完全只有一种可能性，且它是一种灾难性威胁。这种情景之所以被称为冲突情景，完全是因为这个词的衍生意义。这一点很容易理解，只要我们举个例子即可，比如一个在几分钟内就要被处决的人，或者某个动物被迫做出一个它知道是惩罚的决定，在这个决定中，一切逃跑、攻击、替代行为的可能性都不存在，正如许多研究动物神经症的实验所展示的那样。

### 5. 冲突和威胁

从心理病理学的角度来说，我们也会得到从对挫折的分析中得到的同样结论。总体而言，有两类冲突情景或冲突反应存在，非威胁性的和威胁性的。非威胁性冲突较为不重要，因为它们通常不是病理性的；而威胁性冲突较为重要，因为它们常常是病理性的。[1]而且，当我们谈论一种冲突感时，我们谈论的应该是威胁或威胁性冲突，因为有些类型的冲突不会造成症状。有些冲突其实可以强化有机体。

于是，我们可以对心理病理学领域的一些概念进行重新分类。我们首先谈到了剥夺，然后是选择，并且认为这两者都是非病理性的，因此它们对于心理病理学的研究者而言都是不重要的概念。重要的概念既不是冲突，也不是挫折，而是两者最根本的病理特性，即对有机体的基本需要和自我实现的阻碍威胁或实际的阻碍。

---

[1] 威胁并不总是病理性的；处理威胁的健康方法是存在的，神经症或精神病性的处理方法也存在。一种明显的威胁情景并不一定会给每一个个体带来心理威胁感。一次爆炸或对生命的威胁，可能甚至不如一次嘲讽、一次讽刺、朋友的一次背叛、孩子的疾患或者针对几英里外的陌生人的不公正行为那样具有威胁性。此外，威胁也可以有强化的效果。

### 6. 威胁的本质

但是，我们有必要再次指出，威胁这一概念包括既不属于冲突也不属于挫折（根据这两个词的通常意义）的现象。某类严重的疾病可能会导致心理病理结果。有过严重心脏病发作的人经常表现出一种受到威胁的姿态。年幼儿童的疾病或住院经历往往是直接的威胁，而非由此造成的剥夺。

吉尔布（Gelb）、戈德斯坦、希尔（Scheer）等人研究的脑损伤病人也展现了威胁的影响。我们理解这些病人最终唯一的方式，就是假设他们感觉到了威胁。我们认为，可能**所有**类型的器质性精神病患者等于基本上都体验到了威胁。对于这些病人，我们只能从两个角度进行研究，才能理解这些症状：第一，任何机能损伤或机能丧失（丧失效应）对有机体的直接影响；第二，人格对这些威胁性丧失的动力学反应（威胁效应）。

从卡丁纳（Kardiner）关于创伤神经症的专著中我们发现，可以在我们的威胁影响列表（既非冲突，也非挫折）中，加入非常基本和严重创伤的影响。[①]根据卡丁纳的说法，这类创伤神经症是生命本身最基本的执行功能（行走、说话、进食等）受到基本威胁的产物。因此我们可以这样解释他的论点：

当一个人经历了非常严重的事故后，他可能会觉得，自己无法掌控自己的命运，死亡在敲门。在面对这种具有压倒性力量的威胁世界时，有些人似乎会丧失对自身能力（甚至最为简单的能力）的信任。另一些较为温和的创伤当然不那么具有威胁性。我还要加上一点，这类反应可能更容易出现在某类带有特定性格结构的人身上，这种结构成了他们受威胁的前提条件。

不论出于什么原因，死亡的临近也可能（但不是必然的）把我们置于威胁的状态，因为我们可能会在此失去基本的自信。当我们不能再处理这种情况，

---

① 我们必须再次指出，创伤情景并不等同于对创伤的感受，即创伤情景**可能是**心理威胁，但并不一定是。倘若这个情景可以得到良好的处理，它也可能有教育和强化的意义。

当世界对我们来说太强大，当我们不能主宰自己的命运，当我们不再能控制世界或不再能控制我们自己，我们当然就遇到了所谓的威胁。其他"我们无能为力"的情景有时也会被认为是威胁。或许这类情景中还应当加上极度痛苦。这当然是我们对此无能为力的事情。

我们或许扩展这一概念，让它涵盖通常属于另一范畴的一些现象。例如，我们可以说突如其来的强烈刺激、在没有预示的情况下被扔下、失去立足点、任何无法解释或不熟悉的事情、儿童的常规生活或节奏被打乱所带来的威胁（不仅是带来情绪）。

当然，我们还必须谈到威胁最为核心的一个方面，即对基本需要的直接剥夺、阻碍、危害：羞辱、拒绝、孤立、尊严的丧失、力量的丧失，这些都是直接的威胁。此外，对能力的滥用或不用都会直接威胁到自我实现。最后，对元需要或存在价值的危害，也会威胁到成熟度较高的人。

我们可以总结说，以下内容都会被我们感受为威胁：对基本需要和元需要（包括自我实现）或者它们所依据条件的可能的阻碍或实际的阻碍、对生命本身的威胁、对有机体总体整合的威胁、对有机体整合过程的威胁、对有机体对世界的基本掌控的威胁、对终极价值的威胁。

不论我们如何定义威胁，当然有一个方面是我们绝不能忽视的。一个最终的定义不论包含了哪些部分，它都必须联系到基本目标、价值、有机体的需要上。这意味着，任何心理病理学理论都必然直接建立在动机理论之上。

一般的动力理论，以及各种实证发现都指出，个体对于威胁的定义是很有必要的。换言之，我们最终对一个情景或威胁进行定义，不仅仅要考虑到种族间的基本需要，还要考虑到有机体所面对的特定问题。因此，我们常常仅仅根据外界情景，而非根据有机体的内在反应，或有机体对这些外在情景的感知，来定义挫折和冲突。在这方面，最为顽固的犯错者就是那些研究所谓的动物神经症的研究者们。

我们怎么知道，什么时候某个特定情景会被有机体感知为一种威胁呢？对人类来说，这一点可以轻易被某种技术来确定，这种技术适合来描述人格整体，比如精神分析技术。这类技术可以让我们知道这个人需要什么、缺少什么、什么会危害他。但对于动物来说，情况则要困难得多。在这里，我们会涉及循环定义。我们知道，当动物以威胁的征象作出反应时，此时的情景就是威胁性的。也就是说，情景是根据反应而被定义的，而反应又是根据情景而被定义的。循环定义通常不受好评，但我们必须认识到，随着一般动力心理学的出现，所谓的循环定义的可敬程度必然会提高。无论如何，对于实际的实验室工作而言，这肯定并非不可逾越的障碍。

动力理论必然引出的最后一点是，我们必须时常记得，威胁本身也是引起其他反应的一种动力刺激。除非我们认识到，这种威胁感会导致什么，它会引起个体的什么反应，有机体如何应对这种威胁，否则对威胁的描述就是不完善的。当然，在神经症理论中，我们必须理解威胁感的本质，以及有机体对这种感觉的反应。

### 7. 动物研究中的威胁概念

对动物[1]的行为扰乱的分析工作指出，行为通常被理解为外在的或情景的，而非动力性的。一个古老的错误理解是，只要外在实验设置或情景是稳定的，那么我们就能实现对心理情景的控制（参见25年前的情绪实验）。当然，最终只有外界情景是在**心理**上重要的，因为有机体对此有所感知、有所反应，或者有机体会以某种方式受其影响。这一事实，以及有机体各不相同这一事实，都不仅仅要从字面上去理解，而是要影响到我们的实验设置，以及从实验中得出的结论。比如说，巴甫洛夫（Pavlov）已经证明，动物的基本生理气质必须是

---

[1] 显然，本章中提出的许多概念是很常见的，以至于它们可以应用到**多种**实验工作中。当下对压抑、遗忘、持续地无法完成任务的研究，以及对冲突和挫折的直接研究，都可以增加我们所选的样本。

某种类型的，否则外部冲突情景就不会带来任何内在冲突。当然，我们感兴趣的并不是冲突情景，而是有机体的内在冲突感受。我们还必须认识到，动物个体的独特历史会导致对既定外界情景的个体反应有所不同，例如甘特（Gantt）和里德尔（Liddell）等人的研究所展示的情况。对白鼠的研究已经向我们表明，在某些情况下，在决定有机体对同一外界情景的应对是否能维持时，有机体的特性是十分重要的。在外部环境中，不同的物种有不同的资源，有机体利用这些资源来感知、反应、受到威胁或不受威胁。当然，在许多这类实验中，对冲突和挫折这两个概念的运用并不十分严谨。此外，由于人们忽视了有机体对于威胁特点的独特定义，不同动物对同一情景的不同反应似乎是无法解释的。

比起文献中对威胁的常用描述，一种更好的描述是希瑞尔（Scheerer）提出的，即"要求动物去做它无法完成的事情"。这是一个很好的概念，因为它涵盖了所有已知的动物工作，但是我们更明确地指出它的内涵。比如说，从动物身边拿走对它而言十分重要的东西，这可能会导致一些病理影响，这些影响类似于，让有机体去做它无法做到的事情所产生的影响。在人类身上，除了以上提到的因素之外，这个概念还必须涵盖一些因素，即某些疾病以及某些对有机体整合的危害所具备的威胁特性。此外，我们应当明确地认识到气质这一因素的影响，气质使得动物可以面对那种情景，即它被要求去做一些不可能的事情，当它可以以一种非病理的方式进行应对时，比如不在乎这个情景、平和地看待这个情景，甚至完全拒绝去感知这个情景。或许，我们可以在希瑞尔的描述中加上强烈动机这一点，从而使得威胁这一概念更加清晰，"只有当有机体面对某个不可能解决、不可能应对的任务或情景，**而且它又十分想解决、不得不解决时**，病理性的反应才会出现"。当然，即便这种描述还是太短了，因为它没能涵盖上述某些现象。然而，这一描述的优点在于，对于实验的目的而言，它是威胁理论相当实用的一种描述。

另一点在于，由于人们忽视了动物研究中对非威胁性选择情景和威胁性情景之间，以及非威胁性挫折和威胁性挫折之间的区分，因此动物的行为似乎就失去了一致性。倘若我们认为动物在迷宫的选择点上进入了一个冲突情景，为什么动物并不总是会崩溃呢？倘若我们认为，剥夺老鼠24小时的食物，对于它来说是一种挫折，那么为什么动物并没有崩溃呢？某些陈述或概念化中的改变明显是必要的。在区分上忽视的一个例子是，我们没有在动物必须放弃某些东西的选择，和动物不用放弃什么的选择之间进行区分，在后者中，目标是一致的、不受威胁的，但是动物有多种方式可以实现同样可以保证的目标。倘若一只动物又饿又渴，那么如果要让它在食物和水之间进行选择（选择其一，但不能二者都选），它更可能感受到威胁。

简而言之，我们不能仅凭情景或刺激本身来做出定义，而要将之纳入到主体、动物、人类身上进行定义，即在动力的层面，根据它对实验中特定主体的心理意义进行定义。

### 8. 生命历程中的威胁

比起一般的或神经症的成人而言，健康的成人更少受到一般外界情景的威胁。我们还必须记住，尽管这类健康成人是童年期缺乏威胁，或威胁被成功克服的产物，但随着年岁增长，他们会越来越不受威胁的影响，比如对于一个相当肯定自己的男人而言，对他男性气质的威胁几乎是不可能的。在生命中接受过美好爱意的人，那些感觉自己值得被爱、可爱的人，爱意的撤回并不会对他们产生威胁。我们要再次提到机能自主原则。

### 9. 阻碍自我实现的威胁

正如戈德斯坦的做法，我们可以将大多数威胁实例归入"阻碍或威胁朝向自我实现的发展"这一范畴。这种对未来以及当下伤害的强调，带来了许多严重的后果。比如说，我们可以引用弗洛姆的革命性概念，即"人本主义"良心，并将之视为一种对成长道路或自我实现的偏离的感知。弗洛姆的概念突出了文化相对主义，突出了弗洛伊德的超我这一构想的不当之处。

我们还应该注意到，将"威胁"与"阻碍成长"视为同义会带来这样一种可能，即某个情景此刻在主观上不具有威胁性，但在未来会具有威胁性或阻碍成长。孩子此刻可能希望得到能让他高兴、让他安静、让他心存感激等的满足，但这在将来会阻碍他的成长。父母对孩子的顺从就是一个例子，这种顺从可能会导致放纵型精神病。

### 10. 单一的疾病

将心理病原学与最终的发展缺陷联系起来，便产生了另一个问题，这个问题的根本在于其一元论特性。这里的意思是，所有的或大多数疾病都来自这一单一来源。也就是说，心理病原似乎是单一的，而非多重的。那么，疾病的不同症状从何而来呢？也许不仅仅心理病原学，就连心理病理学也可能是单一的。也许正如霍妮所声称的那样，我们如今在医学模型上所说的单一疾病，实际上是对更深层次的全身性疾病的一种表浅和特定的反应。我的安全—不安测试正是建立在如此基本假设之上，到目前为止，这项测试似乎很成功地挑出了患有一般心理疾病的人，而非特定的癔症、疑病症、焦虑神经症。

由于我此处的目的只是指出这种心理病原学理论所引发的重要问题和假设，因此我在此不会进一步探索这些假设。我们只需要强调这些假设的统一化、简化的各种可能性。

# 第**9**章
## 毁灭性是似本能的吗

从表面上看，基本需要（动机、冲动、驱力）并不是邪恶的、罪恶的。对食物、安全、归属、爱、社会赞许、自我赞许、自我实现的需要和追求并不一定是坏的。相反，大多数文化中的大多数人都认为这些需要（以某种当地的形式）是有益的、值得追求的愿望。从最为科学的角度来说，这些需要是中性的，而非邪恶的。对于我们所知的人类种族所独有的全部或大多数能力（抽象能力、说一门有语法的语言的能力、构造哲学思想的能力等），以及我们的体质差异（主动或被动、中胚层或外胚层、高能级或低能级）而言，这类需要的确如此。在我们的文化中，以及在大多数文化中，我们不可能把对卓越、真理、美、律法、简洁等的元需要称为本质上是坏的、邪恶的、罪恶的。

因此，人性和人类物种的原材料本身并不能解释在我们的世界中、在人类历史中、在我们自己的个性中显而易见的大量邪恶。诚然，我们已经获得了足够的认识，可以将许多所谓的邪恶归因于身体和人格的疾病，归因于无知和愚蠢，归因于不成熟，归因于不良的社会和体制形式。但我们不能说，我们知道得足够多，以至于可以判断这种归因的程度是**多少**。我们知道，我们可以通过健康和治疗、知识和智慧、长期的心理成熟、良好的政治与经济以及其他社会机构和制度来减少邪恶。但是这些措施需要多少呢？这些措施能将邪恶降到零吗？现在当然可以说，我们的认识足以反驳这种主张，即人类本性在本质上就是**原始的、生物的、基本上邪恶的**、罪恶的、恶意的、凶残的、残酷的、杀戮的。但我们不敢说，我们**没有一点**朝向坏行为的似本能倾向。很明显，我们的认识还不足以确证这一点，至少还有一些证据可以反驳这一观点。不论如何，同样明显的一点是，这样的认识是可以获得的，这些问题可以被纳入到适当扩展的人文科学的范畴内。

本章是一个实证研究的范本，旨在研究所谓的善恶这一领域中一个关键问题。尽管这一问题还没有明确的定义，但是它也提醒我们，对毁灭性的认识已经有所进步，尽管还没有进步到可以带来最终结论性答案的地步。

# 一、动物材料

首先，看似是原始攻击性的内容，可以在某些动物种族身上观察到，这一点的确如此。但这种攻击性并不出现在所有动物身上，甚至也不是多数动物身上，只是出现在一部分动物身上。有些动物明显会为了杀戮而杀戮，它们具有一种没有可观察的外部原因的攻击性。一只进入鸡舍的狐狸，可能杀死很多母鸡，但只吃一小部分。玩弄老鼠的猫，甚至都成了一句谚语。雄鹿以及有蹄类动物会斗殴，有时候甚至会抛弃伴侣去斗殴。在许多动物身上，即使是较高级的动物，由于明显的体质原因，衰老似乎会让它们变得更加恶毒，而以前温顺的动物会在没有挑衅的情况下进行攻击。在各种物种中，杀戮不仅仅是为了食物。

一个对老鼠的著名实验研究证明，我们可以培养起狂野、攻击性、凶猛，正如我们可以培养出其解剖学特征。至少在老鼠这个物种，或可能其他物种身上，凶猛的倾向主要是一种遗传决定的行为。一般的研究发现，狂野且凶猛的老鼠的肾上腺比温顺、驯服的老鼠的肾上腺大得多，这一发现使得上述遗传观点变得更有说服力。当然，其他物种也可以由遗传学家以相反的方式进行培育和繁殖，让它们朝着温顺、驯服、不凶猛的方向发展。正是这样的例子和观察使得我们得以进步，并接受一种在所有可能性中最为简单的解释，即我们讨论的行为来源于一种特殊的动机，且正是一种遗传驱力导致了这类特定行为。

然而，当我们进行更仔细的分析时，许多动物身上明显的原始凶猛性并不是表面上那样。如同在人类身上，动物身上的攻击性也会在某种情景下，以某些方式被唤醒。例如，动物身上有一个决定因素叫做领地权（territoriality），这一点体现在某些鸟类身上，它们会在地上筑巢。当它们选择繁殖地时，人们会发现，它们会在自己选地的领地半径内赶走任何其他的鸟。它们会攻击这些侵入者，但不会攻击其他鸟。它们不会进行普遍的攻击；它们只攻击侵入者。某些物种会攻击所有的其他动物，甚至是它们的同类，只要这些同类身上没有属于它们族群的气味或外表。例如，吼猴们会形成一个封闭的合作团体。任何其他试图加入这个团体的吼猴都会遭到吼叫攻击。然而，倘若另一种猴停留的时间足够长，它最终能成为这个团体的一分子，转过来又攻击任何出现的陌生猴。

当我们对高等动物进行研究时，我们发现攻击越来越多地联系着主导权。这些研究太过复杂，我们无法详细地引用，但我们可以说，这种主导权，以及从中发展出来的攻击性，对于动物有着某种机能价值或生存价值。动物在主导层级中的地位在一定程度上取决于它的攻击性，它在主导层级中的地位反过来又可以决定它能得到多少食物、是否能获得伴侣或其他生物性满足。实际上，这些动物所表现出的凶猛，只有在必须确认主导地位或在主导权上发起革命时才会出现。对于其他物种来说，这一点是否属实，我不确定。但我确实质疑，领地权现象、攻击陌生者、对雌性的嫉妒性保护、对弱病者的攻击、其他通常可以由本能攻击性或残暴性解释的现象，都常常被认为是由主导权所驱动的，而非是为了"攻击而攻击"这一特定动机所驱动的，即这种攻击可能只是一种手段行为，而非目的行为。

当我们研究人类以下的灵长类动物时，我们发现，攻击性变得越来越不原始，而越来越多地倾向为一种衍生产物，越来越具有反应性，越来越具有机能性，越来越倾向为一种合理的、可理解的反应，即对某种动机整体、社会力量、即刻的情景因素的反应。当人们接触黑猩猩（*所有物种中最接近人类的动物*）

时，我们无法发现任何可以被认为是"为了攻击而攻击"的行为。这些动物是如此可爱、合作、友善，尤其是在幼年时期，甚至在某些群体中，我们不会发现出于任何原因的残暴攻击性。大猩猩的情况也是类似的。

在这一点上，我可以说，从动物推及人，这一整个推论都值得怀疑。但是，倘若要接受这种推论，倘若我们是从最接近人类的动物出发进行推论，那么我们必然得出这样的结论：对猩猩的研究证明了与通常所认为的完全相反的情况。倘若人具有动物遗传，那么这在很大程度上是类人猿的遗传，而类人猿更多的是合作，而非攻击。

这个错误是一种普遍的伪科学思维，这种思维可以恰当地被称为"不合理的动物中心主义"。犯下这种错误的过程是这样的：第一，建立一个理论，或者形成一个偏见，并从整个进化域中选出最能说明这一点的一种动物。第二，我们故意对所有不符合该理论的动物的行为视而不见。倘若我们要证明本能的毁灭性，那么我们必定选择狼，而忽视兔子。第三，倘若非要按照种系进化从低到高进行整体研究，而非按照偏好选择某个物种，那么我们必须忽视一种明显的发展趋势。例如，随着种系进化越来越高级，口味变得越来越重要，而纯粹的饥饿感变得越来越不重要。此外，个体差异变得越来越大，受精到成年期之间的时间变得越来越长（除非一些例外情况）；也许最重要的是，反射、荷尔蒙、本能变得越来越不重要，它们越来越被智力、学习、社会因素所取代。

从动物身上获得的证据可以总结为：第一，从动物推及人，这种推论一直都是一项精密的任务，需要我们怀着最大的谨慎去执行。第二，我们可以在某些物种身上发现一种原始、遗传性的毁灭倾向或残暴的攻击性，尽管这种攻击性可能比大多数人所相信的要更少。在某些物种身上，这种攻击性完全不存在。第三，当我们进行仔细分析时，某些动物身上的攻击行为常常只是一种对各种决定因素的衍生反应，而不仅仅是"为了攻击而攻击"的一种本能表达。第四，随着种系进化等级的增高，物种越来越接近人类，我们会发现越是明确的证据，证明那种假设的原始攻击性本能越来越弱，直到在猩猩身上，这种本能几乎完全消失。第五，倘若我们仔细研究猩猩（人类最亲近的亲戚），我们几乎找不到原始恶意攻击性的证据，反而我们找到了有关友善、合作、利他本能的大量证据。第六，来自我们的一种倾向，即当我们认识的只有行为时，我们只能对动机进行假定。如今被动物研究者们广泛接受的一个观点是，肉食动物杀死猎物只是为了获得食物，而非施虐，这就类似于我们为了牛排、食物，而非为了杀戮的欲望而杀牛。以上几点意味着，人类的动物本性迫使人类具有一种纯粹的攻击性或毁灭性，这一进化论观点必须被质疑和抛弃。

## 二、儿童材料

对儿童的观察或实验研究成果有时候类似于一种投射测验，像是一个罗夏墨迹测验，成人的敌意可以投射在其之上。我们都听说过许多人谈到儿童身上固有的自私和毁灭性，讨论这些的文献也远多于讨论合作、友善、共情等的文献。此外，后一类研究尽管在数量上较少，但也常常被忽视。心理学家们和精神分析家们常常把婴儿看作小恶魔，生来就有原罪，心中怀着恨意。当然，这种带有偏见的理解是错误的。我必须承认，这一领域中的科学材料如此缺乏，这确实值得遗憾。我的判断不仅仅依靠少数卓越的研究［尤其是路易斯·墨菲（Louis Murphy）的研究］、对儿童的共情、我个人与儿童相处的经验，也依靠某些理论思考。然而，在我看来，即便是这少有的证据也足以让我怀疑这一结论，即儿童主要是一种毁灭性的、攻击性的、敌意的小家伙，他们只能由于惩罚和约束的作用而获得些许善意。

实验和观察到的事实表明，正常儿童在某些所谓的原初方面，其实常常是敌意的、毁灭性的、自私的。但是在另一些时候，他们也常常是慷慨的、合作的、无私的，这一方面同样也是原初的。决定这两类行为的相对频率的一个主要原则似乎是，那些不安的，发展基本受到阻碍的，对安全、爱、归属、自尊的需要受威胁的儿童，会展示出更多的自私、恨意、攻击性、毁灭性。而在那些基本上被父母爱和尊重的儿童身上，我们应该会发现更少的毁灭性表现。在我看来，证据表明，我们**确实会**在他们身上发现更少的毁灭性表现。这意味着，我们应当把敌意理解为一种反应性、工具性、防御性的行为，而非一种本能行为。

倘若我们看看那些健康的、得到了很好的爱和照顾的婴儿，我们会说，直到他们1岁或更大的年龄，我们都几乎不可能在他们身上看到某种可以称之为邪恶、原罪、施虐、恶意、伤害的快感、毁灭性、敌意、刻意的残酷的东西。相反，长期而仔细的观察会展示出相反的结果。实际上，在自我实现者身上发现的所有人格特征，所有可爱的、可喜的、可羡的特征，除了知识、经验、智慧之外，都会出现在婴儿身上。婴儿如此可爱且受欢迎的一个原因就在于，在他们一两岁时，身上没有任何可见的邪恶、恨意、恶意。

至于毁灭性，我很怀疑，它会以一种纯粹毁灭驱力的形式，直接出现在正常的儿童身上。只要我们更为仔细地审视，一个又一个明显的毁灭性例子都可以通过动力学分析而被消解。孩子拆开一座钟，在他眼里并不是毁灭这座钟；他是在检查这座钟。倘若我们在此必须要提到一种主要的驱力，那么比起毁灭性而言，好奇心可能是更合适的选择。心烦意乱的母亲眼中的其他毁灭性冲动，其实不仅仅是一种好奇心，也是一种活动、游戏、对成长能力和技巧的练习，甚至有时候是实际的创造，比如孩子把父亲精心准备的笔记剪成小纸条。我很怀疑，年幼的儿童会为了纯粹恶意毁灭的快感而刻意做出毁灭行为。一种可能的例外就是病理情况，比如说，癫痫和脑炎后遗症的情况，即便是在这些所谓的病理情况中，直至今天，我们也不知道，他们的毁灭性是否只是一种对某种威胁的反应。

同胞争宠是一种特殊情况，这种情况有时令人疑惑。一个2岁的儿童可能会对刚出生的弟弟具有危险的攻击性。有时候，这种敌意会以一种极为天真而直率的方式表达出来。一种合理的解释是，一个两岁的孩子只是无法想象，母亲可以同时爱两个孩子。他并不是为了伤害而伤害，只是为了守住母亲的爱。

另一个特殊情况是精神病人格，他们的攻击性时常是无动机的，即似乎是为了攻击而进行攻击。在此，我认为我们有必要提到一个原则，这个原则我最初是从鲁思·本尼迪克特那里听到的，她用来解释为何安全的社会也会走向战争。她的解释是，安全、健康的人不会对广义上自己的兄弟、那些他认同的人怀有敌意和攻击性。倘若某些人**不被视为**人类，那么即便是那些善良、怀有爱意的健康人也会轻易地杀死他们。正如后者对于杀死一些恼人的虫子，或为了食物而屠杀动物完全不会感到罪恶感。

我认为，对于理解精神病人格很有用的一点就是，假设他们对其他人类毫无认同，因此他们可以随意伤害或杀害其他人，不带有任何恨意、快感。这就好像他们杀死了一些成了害虫的动物一样。有些可能看似很残酷的儿童反应，可能也是源于这种认同的缺乏，即儿童还不够成熟，无法进入一种人际关系。

最后，我觉得，我们还要考虑到某些躯体因素产生的重要影响。简而言之，攻击性、敌意、毁灭性都是成人的话术。这些词只对成人有意义，而对儿童**没有**意义，因此，除非我们对此做出修正或重新定义，否则这些词是不能用的。

比如说，2岁的儿童可以独自玩耍，而不会与旁边的儿童产生真正的互动。当两个儿童之间出现某些自私或攻击性的互动时，这类互动并不是发生在10岁儿童之间的那种人际关系，因为2岁的儿童可能完全没有觉察到彼此。倘若一个儿童从另一个手里争夺一个玩具，这可能更像是从一个紧密的容器里扯出一个物体，而不像是成人式自私的攻击性。

同样的情况包括：一个活跃的婴儿发现嘴里的奶嘴被扯掉了，于是愤怒地大叫，或者3岁的孩子回击惩罚他的母亲，或者5岁的孩子愤怒地叫喊着："我希望你死"，或者2岁的孩子不断殴打他刚出生的弟弟。在以上例子中，我们都不能把孩子当作成人看待；我们也不应该按照理解成人反应的方式去解读他们的反应。

如果从儿童自身的角度和动力学上理解，那么大多数这类行为都可以得到接纳，被视为反应性的。换言之，这些行为可能都来源于失望、拒绝、孤独、害怕失去尊严、害怕失去保护，即他们的基本需要受到阻碍，或者有受阻碍的危险，它们并不是来源于一种遗传的恨或伤害的驱力。这种反应性解释是否可以涵盖**所有的**毁灭性行为（不仅仅是大多数行为），我们的认识（或我们认识的缺乏）都不允许我们做出结论。

## 三、人类学材料

借助于人种学，我们可以加大对对照材料的讨论。我可以马上说，即使对材料进行粗略的研究，我们也可以向任何感兴趣的读者证明，在现存的那些原始文化中，敌意、攻击性、毁灭性并非固定的，而是在几乎0到100这两个极端之间不等。诸如阿拉佩什（Arapesh）这样的民族是十分温和、友好、不具攻击性的，甚至他们不得不走向极端，去找一个足够自信的人来组织各种仪式。而在另一个极端，我们又能发现像楚科奇人（Chukchi）和多布人（Dobu）这样充满仇恨的民族，甚至我们都想知道，是什么让他们不会把彼此赶尽杀绝。当然，这些都是对从外部观察到的行为的描述。我们仍然会对这些行为背后的无意识冲动感到疑惑，这些冲动可能与我们所**看到的**有所不同。

我要从对一个印第安群体，即北方黑脚人的直接认识①开始谈，然而，不论这种认识多么不充分，但它足以让我直接相信一个基本事实，即毁灭性和攻击性在很大程度上是由文化决定的。北方黑脚人是一个固定人口约为800人的族群，我只记录到过去15年里此群体中的5起斗殴事件。我用尽全部人类学和精神病学的方法来捕捉其社会内部的敌意，但这种敌意与我们这一更大的社会

---

① 我想要感谢"社会科学研究理事会"，正是他们的一项资助才使得这次田野调查成为可能。

相比，却只是最为微弱的。①幽默是友好的，而不是恶意的，八卦替代了新闻，但并不是一种诽谤；魔法、巫术几乎都是为了整个族群的利益，或者是为了治疗疾病，但并非为了毁灭、攻击、复仇。在我与族群相处期间，我从未观察到一次针对我的，所谓的残忍或敌意的情况。孩子们很少受到肉体上的惩罚，甚至他们会鄙视白人对待孩子或同伴时的粗暴态度。即使是酒精所带来的攻击性也相对很小。在酒精的影响下，黑脚人长者更容易变得快乐、豪爽、普遍友好，而不是好斗。而例外情况也只是少有的。而且这些人无论如何都不算是弱者。北方黑脚印第安人是一个骄傲、坚强、正直、自尊的族群。他们只是认为攻击是不对的、可怜的、疯狂的。

显然，人们并不需要像美国社会（更不用说世界中的其他地方）中的一般人那样具有攻击性和毁灭性。人类学似乎有强大的证据可以让我们认为，人类的毁灭性、恶意、残酷极有可能是人类基本需要受阻或受妨碍之后的一种次级的、反应性的结果。

## 四、一些理论思考

如我们所见，一种广泛的观点是，毁灭性或伤害都是一种次级的、衍生的行为，而非一种主要动机。这意味着，我们可以认为，人类的敌意或毁灭性行为其实是某种可理解的原因的结果、是对某种事件的反应、是一种产物，而非源头。与这一观点相对的是，毁灭性在整体或部分上，是某种毁灭本能的直接和主要产物。

在这些讨论中，最为重要的一个区分就在于动机和行为之间。行为是由多种力量决定的，内在动机只是其中之一。我只能很简要地说，对行为决定因素的任何理论思考，都必须包含对以下几个因素的研究：（1）性格结构；（2）文

---

① 这个论点主要适用于一些先前的、教化较少的个体，即1939年观察到的一些个体。自那之后，美国文化有了巨大的变化。

化压力；（3）当下的情景或环境。换言之，在对行为的主要决定因素的研究所涉及的这三个领域中，对内在动机的研究只是其中之一。带着这些理论思考，我可以重新提出我的问题：第一，毁灭性行为是如何被决定的？第二，毁灭性行为的决定因素只有一种遗传的、预先决定的自身的动机吗？当然，只要有前述的基础，这些问题不答自明。除了某种特定的本能之外，所有动机汇聚在一起还是无法决定攻击性或毁灭性的出现。总体上的文化也必须牵涉进来，行为发生的当下情景或环境也需要得到考虑。

我们还有另一种方式来谈论这个问题。当然，我们知道，对于人类而言，毁灭性行为有着多种不同的来源，说其中某一种会带来毁灭性都是可笑的。我们可以用几个例子来阐明这一点。

当一个人要扫清实现目标道路上的一些障碍时，毁灭性就可能偶然出现。一个试图拿到远处玩具的儿童，可能并不会意识到，他正在践踏着路上的其他玩具。

毁灭性可能是作为对基本威胁的一种伴随反应而出现的。因此，对基本需要的任何阻碍和威胁、对防御或应对系统的任何威胁、对一般生活方式的任何威胁都会得到一种焦虑—敌意的反应，这意味着，敌意、攻击性、毁灭性行为常常可能在这类反应中出现。这其实是一种防御性反应、是一种反击，而非为了攻击而攻击。

有机体的任何损伤、任何对器官退化的感知，都会给不安者带来一种类似于威胁的感受，于是毁灭性行为的出现便是可能的了。正如在许多脑损伤的病例中，病人用各种绝望的方式，疯狂地支撑起他那摇摇欲坠的自尊。

人们常常忽视了攻击性行为的一个原因，即便没有忽视，对此的阐述也不准确。这个原因就是独裁式的人生观。倘若一个人**实际上**住在一片丛林中，其中别的动物分成了两类，一类可以吃了他，另一类他可以吃，那么攻击性就成了合理、合逻辑的一件事。所谓独裁式的人，常常无意识地倾向于将世界视作这样的一片丛林。原则上，最好的防御就是很好的进攻，这些人基于这个原则会无缘无故地进行攻击、打击、毁灭，他的整个反应都是毫无意义的，直到他意识到，这种反应只是因为他预期了他人的攻击。著名的"防御性敌意"的其他例子还有很多种。

我们已经很好地分析了施虐—受虐反应的动力学，我们普遍能理解，看似简单的攻击性背后有着复杂的动力。这些动力使得人们对敌意本能的假设显得过于简单。想要凌驾于他人之上的这种压迫权力驱力也是如此。霍妮等人的分析清楚地表明，在这一领域，我们没有必要求助于本能这一解释。第二次世界大战给我们上了一课，匪徒的攻击与正义者义勇的防卫在心理上是完全不同的。

我们可以轻易扩充这个攻击性列表。我举这几个例子来阐明我的观点，毁灭性行为往往是一种症状、一种可能由多种因素造成的行为。倘若一个人想要真正具有动力学思维，那么他必须要警惕这样一个事实，即这些行为尽管有着不同的来源，但它们可能看起来很相似。动力心理学家不是相机或机械记录仪。他感兴趣的不仅是发生了什么，还有为什么发生。

## 五、临床经验

心理治疗文献中报告的一些经验显示出，暴力、愤怒、仇恨、毁灭性愿望、复仇冲动等其实都大量地存在于每一个人身上，它们即便不明显，也潜藏在表面之下。当一个人说自己从来没有恨意时，任何一个有经验的治疗师都不会轻易相信这句话。治疗师只是认为，这个人在压抑或压制这种恨意。治疗师期望能从每个人身上找到这种恨。

然而，治疗中的一种普遍经验是，自由谈论我们的暴力冲动（而不是将之付诸行动）便可以消除这种冲动、减弱冲动出现的频率、消除冲动中神经症和不现实的成分。成功的治疗（成功的成长和成熟）的一般结果基本上等同于我们所见的自我实现者：（1）这类人比一般人更少地体验到敌意、恨意、暴力、恶意、毁灭性的攻击。（2）这类人并不会**丧失**愤怒或攻击性，但是其性质倾向于变成一种义勇、自我肯定，对剥削的反抗、对不公的愤怒，即从不健康的攻击性转变为健康的攻击性。（3）更健康者更不惧怕自己的愤怒和攻击性，因此当他们要表达时，他们的表达显得更由衷。暴力并不是只有一个对立面，而是有两个。暴力的一个对立面可以是更少的暴力或者对暴力的控制或者是非暴力。**然而**，健康的暴力和不健康的暴力之间也可以形成一种对立。

然而，这些"材料"并不能解决我们的问题，有一个认识极具启发性，即弗洛伊德及其忠实的追随者们都认为暴力是本能的，但弗洛姆、霍妮等新弗洛伊德派都认为，暴力完全不是本能的。

## 六、内分泌学、遗传学等的材料

只要我们想把所有有关暴力来源的内容汇聚在一起，那么我们必然要去挖掘内分泌学所收集的材料。同样，在低等动物那里的情况相对比较简单。毫无疑问，性激素、肾上腺素、垂体激素就是攻击性、主导性、被动性、野性的决定因素。但由于所有的内分泌腺都相互影响，因此其中一些材料非常复杂，需要专门的知识才能获得。对于人类来说尤为如此，因为人类的内分泌学材料更加复杂。然而，我们不敢绕过这些材料。同样，有证据表明，男性激素与自我肯定、战斗准备、战斗能力等有关。一些证据表明，不同的人会分泌不同比例的肾上腺素和去甲肾上腺素，这些化学物质与一个人"选择战斗而非逃跑"的倾向有关。新的跨学科科学，即精神内分泌学无疑对我们的问题会有很大帮助。

当然，来自遗传学、染色体、基因的材料本身也具有非常特殊的相关性。比如说，最近的研究发现，具有双男性染色体（双倍男性遗传）的男性拥有几乎不受控的暴力倾向，这使得纯粹的环境论成了妄念。即便在最和平的社会经济条件下，**有些**人必然变得暴力，因为他们成长的方式就是如此。当然，这一发现也提出了一个问题，这个问题被讨论已久但尚未得到最终的解决：男性，特别是青春期的男性，是否就是需要一些暴力、一些与之斗争的人或事、一些与之冲突的东西？有一些证据表明，这一点不仅对成年人如此，甚至对婴儿和猴子婴儿也是如此。这一点在多大程度上本就如此？我们只能留待以后的研究者去回答了。

我还可以提到历史、社会学、管理学、语义学、各种医学病理学、政治、神话学、精神药理学等其他来源的材料。但我们没有必要说更多了，因为我们已经可以指出，本章开始时提出的那些问题是**实证性的**，因此我们有信心期望，这些问题可以由进一步的研究来回答。当然，汇集多个领域的材料可以带来一种团队研究，甚至这是必要的。无论如何，随意收集的材料应该足以让我们认识到，我们应该拒绝这种极端的黑白两极分化，即**要么**全部归结为本能、遗传、生物命运，**要么**全部归结为环境、社会力量、学习。遗传论与环境论之间的古老争论还没有消亡，尽管它们本应消亡。显然，毁灭性的决定因素是多元的。即使是现在，我们也很清楚，我们必须将文化、学习、环境算到这些决定因素之内。而不太清楚的是，生物因素可能也在其中扮演着重要的角色，尽管我们不能完全确定它到底起到了什么作用。至少，我们必须接受，暴力必然是人类本质的一部分，至少是因为基本需要必然注定受挫，而且我们知道，人类物种是以这样一种方式构成的，即暴力、愤怒、报复就是这种挫折的通常结果。

最后，没有必要在全能本能和全能文化之间做出选择。本章提出的立场超越了这种二分法，并使其成为毫无必要之物。遗传或其他生物因素并非全或无，而只是程度的问题。大量的证据表明，人类身上**确实存在**生物和遗传决定因素，但在大多数个体中，这些决定因素相当微弱，很容易被后天习得的文化所压制。它们不仅微弱，而且是破碎的、碎片化的残余，而不是低等动物身上那种完整和全面的本能。人类没有本能，但人类**的确**有本能残余、似本能需要、内在能力和潜力。此外，临床和人格研究的经验总体上表明，这些微弱的似本能倾向是好的、有益的、健康的，而非恶毒的、邪恶的。我们花费巨大的努力避免它们消失，这既是可行的，也是值得的。事实上，这是任何一种所谓"良善"的文化的主要功能。

# 第10章
## 行为的表达性成分

如今，行为的表达（非工具性）和应对（工具性、适应性、机能性、目的性）成分之间的差异已经得到了很好的确立［尤其是在G. 奥尔波特、维尔纳（Werner）、艾恩海姆、W. 沃尔夫（W. Wolff）的著作中得到确立］。当时这种差异还并未恰当地成为价值心理学①的基础。

因为当代心理学过于实用主义，因此它放弃了某些本应得到高度关注的领域。由于心理学仅仅专注于实际效果、技术、手段，因此，对于美、艺术、乐趣、玩耍、惊奇、敬畏、喜悦、爱、幸福、其他"无用"的反应、终极体验，当代心理学几乎没有发言权。因此，这类心理学对艺术家、音乐家、诗人、小说家、人文主义者、鉴赏家、价值学家、神学家，或其他以目的或享受为导向的个人，几乎提供不了任何帮助。同样对心理学的一种指责在于，它对现代人几乎没有什么帮助，因为现代人最迫切的需要是一种自然主义或人文主义的目标或价值体系。

通过对表达和应对之间的区别（同时也是"无用"和"有用"行为的区别）进行探索和应用，我们便可以让心理学的研究范畴在一个有益的方向上有所扩展。本章也被认为是对一个重要任务的预备，这一任务在于挑战和质疑一个广为接纳的信念，即一切行为都有动机。我们将在第14章中尝试这种挑战。更具

---

① 我在这里必须谨慎地避免一种尖锐的二元对立。大多数行为既有表达性成分，又有应对成分，比如走路是一种目标，同时也是一种风格。然而，正如奥尔波特和维尔纳所做的一样，我们并不想排除一种实际上纯粹的表达行为在理论上的可能性，即散步而非走路、脸红、感恩、丑态、吹口哨儿、孩子欢快的笑声、非交流性的艺术行为、纯粹的自我实现等。

体地说，本章讨论了表达和应对之间的区别，并将之应用到一些心理病理学的问题上。

1. 根据定义，应对是目的性的、动机性的；表达常常是无动机的。

2. 应对更多地被外界环境和文化因素影响；表达在很大程度上受有机体的状态决定。我们可以推论，表达与潜在的性格结构有着更高的相关性。所谓的投射测验可能更准确地说是"表达测验"。

3. 应对常常是习得的；表达常常不是习得的，而是被解放、被释放出来的。

4. 应对更容易受到控制（压抑、压制、抑制、教化）；表达常常不受控制，有时候甚至无法控制。

5. 应对一般旨在造成环境的改变，且常常的确会造成改变；表达则不是为了带来任何改变。倘若表达造成了环境的改变，那也是无意的。

6. 应对是一种具有手段特性的行为，其目的是需要的满足或威胁的减少；表达常常本身就是其目的。

7. 一般而言，应对成分是意识的（尽管可能是无意识的）；表达通常是无意识的。

8. 应对是有作用的；表达通常是没有作用的。艺术表达当然是一种二者之间的特殊形式，因为人们可以在其中**认识到**自发性和表达性（只要是成功的）。人们可以在其中**试着**放松下来。

## 一、应对和表达

应对行为的决定因素包括了驱力、需要、目标、目的、机能。这种行为的存在是为了完成某些事情，比如说走到某个目的地、购买一些食物、发送一封邮件、搭建一个书架、去做可以得到报酬的工作。"应对"这个词本身就意味着一种解决问题，或至少处理问题的尝试。因此，这个词意味着某种超过它自身的东西，它并非一个自我包含的词。这个意味要么指向即刻的需要，要么指向基本需要，指向手段，也指向目的，指向导致挫折的行为，也指向实现目标的行为。

至此，心理学家们所谈论的表达行为基本上都是无动机的，尽管这种行为也有决定因素（换言之，尽管表达行为具有多种决定因素，但是需要满足并非这些因素的其中之一）。这种行为只是镜映、反射、指向、表达了有机体的某种状态。的确，这种行为常常只是这种状态的一部分，比如蠢蛋身上的愚蠢，健康者身上的微笑和活泼的步态，善良而深情者仁慈的风度，美女的美丽，抑郁者的颓废姿势、低沉音调、绝望表情，个人的笔迹、步态、手势、微笑、舞步等。这些行为都是无目的的。它们没有目标或目的。它们并非旨在满足需要。[①]它们只是一种附带现象。

虽然我们论述的这一切都是正确的，但一个特殊的问题出现了，这个问题的出现是因为一个乍一看似乎是悖论的概念，即"动机性自我表达"这一概念。世故的人可以**试着**变得诚恳、优雅、善良，甚至朴实无华。接受过精神分析的人，以及处于最高动机层次上的人很清楚，要如何做到这一点。

事实上，这就是最基本的一个问题。自我接纳和自发性在健康的儿童身上，是最容易取得的一种成就，而对于自我质疑、自我完善的成人，尤其是那些曾经是或现在是神经症的人，这又是最困难的一个成就。的确，对于某些人来说，这是一种不可能的成就，例如在某类神经症者身上，个体成了一个演员，他完全没有一般意义上的自我，而只是一堆可供选择的角色。

我们可以举两个有关肌肉紧绷或松弛的例子来说明，有动机、有目的的自发性这一概念当中出现的（明显的）矛盾。这两个例子都有关道家所谓的顺其

---

[①] 这个论点独立于任何动机理论的论述。比如说，这一论点可以应用到一种享乐主义上；因此，我们可以重述我们的论点：应对行为是为了赞扬或贬损，奖励或惩罚；而表达行为只要一直在表达，那么它就不是。

自然，一个例子比较简单，另一个例子比较复杂。最理想的舞蹈方式，至少对于业余爱好者来说，是自发地、流畅地、自然地对音乐节奏和舞伴的无意识愿望做出反应。一个好的舞蹈家可以顺其自然，让自己成为一种被动的乐器，让音乐在自己身上演奏。他不需要愿望、不需要判断、不需要方向、不需要意志。他会变得十分"被动"（在这个词最本真、最有用的意义上），即便他可以跳到筋疲力尽。这种被动的自发性或有意愿的放任，可以带来生活中最大的乐趣，比如在翻滚的浪花上冲浪，或者让自己接受照料，接受服务、按摩、理发等，又如享受性爱，或者像母亲一样，被动地让婴儿吮吸、啃咬，爬过她的身体。但是很少有人能像这样跳舞。大多数人都受到了指导，学会努力自我控制，学会进行有目的的动作，学会仔细聆听音乐的节奏，并通过艺术意识的选择，而融入到音乐中。无论是从旁观者还是主观者的角度来看，这类人都是糟糕的舞者。因为，除非他们最终能超越这种努力，成为顺其自然者，否则他们永远都无法享受舞蹈，无法将之视为一种忘却自我、放下自我控制的深刻体验。

许多人无须训练，就可以成为好舞者。然而，教育在此还是可以有所帮助。但这必然是另一种教育，一种对自发性和放任的教育，一种道家风格的自然、随意、不批判、保持被动、不强硬的教育。要实现这一目的，我们必须"学习"如何放下抑制、自我觉察、意志、控制、教化、尊严（"道常无为而无不为。侯王若能守之，万物将自化"——老子）。

对自我实现本质进行考察之后，更困难一些的问题出现了。对于处于这种动机发展层次的人，我们可以说，他们的行为和创造在很大程度上是自发的、诚实的、开放的、自我袒露的、未经修饰的，因此这些行为是表达性的（借用阿斯拉尼的话来说，就是"轻松状态"）。此外，这些人的动机在性质上，与对安全、爱、尊重的普通需要有着极大的不同，甚至我们不应该用同样的名字来进行称呼（我建议用"元需要"来描述自我实现者的动机）。

倘若对爱的渴望可以被称为需要，那么自我实现的趋势应该有其他的名称，而非"需要"，因为后者有如此多不同的特点。其中一个主要区别与我们目前的任务最为相关，这个区别就是，爱和尊重等可以被视为一些外在品质，这是有机体所缺乏并因此需要的。从这个意义上说，自我实现并不是一种缺乏或不足。它不是有机体为了健康所需要的外在事物，比如说一棵树需要水分。自我实现是有机体中已经存在的东西的内在成长，或更准确地说，它是有机体本身的成长。正如我们的树需要来自环境的养分、阳光、水一样，人也需要来自社会环境的安全、爱、尊重。但不论在前者中，还是在后者中，这些需要的满足都只是真正发展，即个性化的开始。所有树木都需要阳光，所有人类都需要爱。然而，一旦这些基本需要得到了满足，每棵树和每个人就开始以自己的方式独特地成长，并利用这些普遍的需要来实现自己个体的目标。简而言之，发展是在内部，而非在外部进行的。矛盾的是，最高动机就是没有动机，就是无须努力，即纯粹的表达行为。换言之，自我实现是成长动机，而非缺陷动机。它是一个"次级的天真"、一种智慧的单纯、一种"轻松状态"。

在解决了次要的、先决的动机问题之后，一个人就会尝试走向自我实现。也就是说，他会有意识、有目的地寻求自发性。因此，在人类发展的最高层次，应对和表达之间的区别，就像其他许多心理二分法一样，便得到了消解和超越。努力所通向的道路是不努力。

## 1. 内部和外部因素

比起表达行为，应对行为的特点是相对更容易受到外部因素的影响。有一些紧急情况、一些问题的解决之道或满足之道来源于物理或文化的世界，对此的反应常常是机能性的。正如我们所见，这其实是用外部满足物来填补内部的欠缺。

在更为独特的根本因素方面，表达行为与应对行为截然不同（参看下文）。我们要说，应对行为基本上是性格与非心理世界之间的互动，彼此产生相互的作用；表达则基本上是性格结构本身的一种附带现象或副产物。因此，在前者中，我们看到的是物理世界和内在性格的法则在运作；而在后者中，我们主要看到的是心理或人格法则的运作。再现型艺术和非再现型艺术之间的差异就是个很好的展示。

于是，我们可以做出如下推论：（1）倘若我们要了解性格结构，最好用来研究的行为是表达行为，而非应对行为，这一点是理所当然的。如今，投射（表达）测验带给我们的大量经验都支持这一点。（2）由于有关什么是心理学、研究心理学的最好取向有着长期的争论，因此很明显的一点是，调节性的、有目的的、有动机的应对行为并不是行为的唯一种类。（3）我们的这一区分也影响到了另一个问题，即心理学与其他学科之间的连续性和不连续性。总体上来说，对自然世界的研究能够帮助我们理解应对行为，但可能无法帮助我们理解表达行为。后者更倾向于纯心理性的，它可能有着自身的准则和法则，因此我们只能对此进行直接研究，而不能借助物理和自然科学来研究。

### 2. 与学习的关系

理想的应对行为基本上是习得的，而理想的表达行为基本上不是习得的。我们不必学习如何感到无助、如何看起来健康、如何看起来愚蠢、如何体现愤怒，但我们通常要学习如何打造一个书架、如何骑自行车、如何打扮自己。这种差异清晰地体现在一些反应因素中，一方面是对成就测试的反应，另一方面是对罗夏墨迹测试的反应。而且，当应对行为得不到奖励时便会趋向消亡；而表达行为无须奖励或强化常常也能持续。一者倾向于满足，另一者则不是。

### 3. 控制的可能性

内在因素和外在因素的不同影响，体现在对意识和无意识控制力（禁止、压抑、压制）的不同敏感性上。自发的表达很难用任何方式操作、改变、消除、控制、影响。的确，控制和表达在定义上就是相悖的。这一点对于上述有动机的自我表达也是如此，因为这种自我表达也是一系列（学会如何不去控制）努力的目标产物。

对于笔迹、舞蹈、歌唱、说话、情绪反应风格的控制最多也只能维持片刻。对一个人反应的监控或修正是不可持续的。由于疲劳、分心、再导向、注意力等原因，控制力迟早会消失，而更无意识的、更自动化的、更本性的因素则会取而代之。严格来说，表达并不是一种有意愿的行为。这种差别的另一方面在于，表达是不费力的，而应对基本上是费力的（再次谈到，艺术家是一个特例）。

我们在此要做出一些警示。人们在这里很容易犯下的一个错误就是，认为自发性和表达性总是好的，而任何类型的控制都是坏的、无益的。事实并非如此。当然，大多数时候，比起自我控制，表达会让人**感觉**更好、更愉快、更真诚、更不费力，因此，正如朱拉德（Jourard）所展示的，表达在这个意义上对个人及其人际关系都是有益的。然而，自我控制、抑制也有多种类型，即便除了那些应对外在世界必不可少的控制，仍然有一些控制是有益的、健康的。控制并不意味着放弃对基本需要的满足，或使之受挫。我所谓的"协调化控制"（Apollonizing controls）完全**不会**损害需要的满足。通过适度的延迟（比如在性爱中），通过优雅（比如舞蹈或游泳中），通过审美化（比如对于食物和饮料），通过风格化（比如写诗），通过纪念化、神圣化、崇高化，通过把事情做好而不仅仅做完，这种控制能让满足变得**更**令人享受，而非相反。

在此要反复重复的一点是，健康者并不仅仅是表达性的。当他想表达的时候，他能够表达。他必然可以让自己顺其自然。当他认为合适的时候，他必然可以丢下控制、抑制、防御。但是，他同样必然有能力控制自己，延迟自己的快乐，他可以保持礼貌、避免伤害别人、闭上自己的嘴、限制自己的冲动。他既可以是酒神，也可以是日神；既可以禁欲，也可以狂欢；既可以表达，也可以应对；既可以控制，也可以不控制；既可以自我袒露，也可以自我隐藏；既可以享乐，也可以放弃享乐；既可以思考未来，也可以思考当下。自我实现者或健康者基本上都是多面的；比起一般人，他们丧失的人类能力要少得多。他们的回应更加丰富，并且朝向完人这一极限而前进；也就是说，他们有着**全部的人类能力**。

### 4. 对环境的影响

应对行为的特点是来源于一种改变世界的尝试，而且这种尝试或多或少会成功。表达行为则对环境没有影响。倘若它造成了这类影响，那也不是预定的、故意的、有目的的，而是无意造成的。

我们可以用一个正在交谈的人举例。交谈是有目的的，比如他是一个销售，正在努力获得一个订单，那么交谈也就被有意识地、刻意地拉进了这个目的。但是，他的谈话方式可能在无意识中是有敌意的、势利的、傲慢的，而这可能导致他失去这个订单。因此，他行为的表达方面产生了对环境的影响，但是值得注意的是，说话者本身并不想要这种影响，他并不是故意要傲慢或有敌意，他甚至觉察不到自己留下了这样的印象。倘若表达对环境产生了某些影响，那么这些影响也是无动机的、无目的的，只是一种附带现象。

### 5. 手段和目的

一方面，应对行为通常是工具性的，是实现有动机目标的一种手段。相反，任何手段—目标行为（除了上述的一种例外情况，即可以放弃应对）必然是应对行为。

另一方面，各种形式的表达行为要么与目标或手段没有关系，比如笔迹风格；要么它们接近一种本身就是目标的行为，比如唱歌、散步、绘画、演奏钢琴等。①我们将在第14章对这一点进行更为详细的讨论。

### 6. 应对和意识

最纯粹的表达形式是无意识的，或者至少不是完全有意识的。我们通常觉察不到我们走路、站立、微笑、大笑的风格。诚然，通过动画、照片记录、漫画、模仿，我们能觉察到这些。但这些都是例外情况，至少是不典型的情况。有意识的表达行为，比如选衣服、选家具、选发型，都可以被视为特殊的、不寻常的、过渡性的情况。但是应对行为基本上都是完全意识化的。如果应对行为是无意识的，那也要被视为特殊或不寻常的情况。

## 二、释放和宣泄、未完成的行动和保守秘密

还有一种特殊的行为尽管基本上是表达性的，但这种行为对有机体是有作用的，甚至是一种刻意的作用，即列维所谓的释放行为。比起列维提到的那些更有技术性的行为而言，咒骂自己或类似的私自表达愤怒的行为是更好的范例。咒骂当然是一种表达，它反映了有机体的某种状态。在为了满足某种基本需要这一通常意义上，咒骂并不是一种应对行为，尽管它在另一个意义上还是带来了满足。咒骂作为一种副产物，似乎对有机体自身的状态造成了改变。

或许，所有这类行为都可以在总体上被定义为让有机体感觉更舒服，即降低紧张程度。这可以通过几种方式实现：（1）使未完成的行动得以完成；（2）通过一种消耗性的运动表达，从而释放积聚起来的敌意、焦虑、兴奋、欢愉、狂喜、爱意或其他产生紧张的情绪；（3）健康的有机体以放纵的方式进

---

① 在我们这个过于程序化的文化中，工具精神甚至压制了终极体验：爱（"只是必须要做的普通事情"）、运动（"可以促进消化"）、教育（"可以提高薪水"）、唱歌（"有利于胸腔"）、嗜好（"放松有助于睡眠"）、好天气（"……好做生意"）、阅读（"我得追热搜"）、柔情（"难道你想要孩子变成神经症吗"）、善良（"学雷锋做好事……"）、科学（"保卫国家"）、艺术（"……有助于改善美国的文化宣传"）、勇敢（"……你不勇敢，就会被欺负"）。

行一些简单的活动。自我袒露和保守秘密这两种行为也是如此。

宣泄（根据布罗伊尔和弗洛伊德最初的定义）很有可能本质上是一种更为复杂的释放行为。它也是一种对受阻的、未完成的行动的自由（在特定意义上也是"满足性的"）表达，所有受阻的行为都需要这种表达。纯粹的忏悔和袒露秘密似乎也是如此。或许，甚至是完整的精神分析式洞见（只要我们对此有足够的认识）也符合这种释放或补偿现象。

将这些持续的行为分为两类，一类是对威胁的应对反应，另一类仅仅是一种补全半完成行为或行为系列的无情绪倾向，这或许是很有裨益的。前者与威胁、需要（部分需要或神经症需要）的满足有关。因此，它们完全属于动机理论的范畴。后者则可能是观念运动现象，它紧密联系着神经或生理的变化，比如血糖水平、肾上腺素水平、自动唤醒、反射倾向等。因此，要理解一个小男孩蹦蹦跳跳来寻求刺激（快感），我们最好参考生理状态的运动表达这一原则，而非参考他的动机生活。当然，表演行为、伪装自己、隐藏自己的本性，都会带来仿佛间谍所忍受的那种紧张感。表露自己、顺其自然必然更让人舒心。诚实、放松、无罪恶感也是如此。

## 三、重复现象，顽强、不成功的应对，戒瘾

创伤神经症不断重复的梦魇、不安的儿童（或成人）的糟糕梦境、儿童长期沉迷于那些让他最为惊恐的事情、抽搐、仪式、其他象征行为、解离行为、神经症的"行动化"都是重复现象的例子，这些例子都需要特殊的解释。[①]弗洛伊德认为这种解释是极为必要的，因为这些现象有助于验证他最基本的一些理论。新近的一些学者，比如费尼谢尔（Fenichel）、库比（Kubie）、卡萨尼

---

① 我们在此仅限于谈论象征性行为，而不去谈论一般意义上的象征主义的问题，尽管这些问题如此迷人，且非常恰当。至于梦，除了这里提到的类型之外，很明显梦也分为主要是应对性的梦（例如，简单的愿望满足）和主要是表达性的梦（例如，不安的梦、投射性的梦）。从理论上讲，后一种梦应该可以作为一种投射或表达测验，来对性格结构进行诊断。

（Kasanin）都指出了对这一问题的可能回答。他们将这些行为视为一种重复的努力（这种努力有时会成功，但更多的时候不会），即努力解决某个近乎不可能解决的问题。这种行为类似于一个绝望而能力不足的拳击手，他一次又一次从地板上爬起来，一次又一次被击倒。简而言之，这种行为是有机体为了解决问题所作的一种顽强但几乎无望的努力。因此，在我们看来，这种行为也必须被视为应对行为，或者至少被视为一种应对的尝试。因此，它们并不是一种简单的补全、宣泄、释放，因为后者只是在完成先前未完成的行为，解决先前未解决的问题。

当一个孩子总是听到一些有关狼的故事时，他就会倾向于（比如说在游戏中、交谈中、提问中、讲故事中、绘画中）不断地回到"狼"这个问题上。可以说，这个孩子在戒除这个问题，在对它去敏感化的过程中。这个过程之所以能实现，是因为重复意味着熟悉、释放、宣泄、修通、停止作出紧急反应、逐渐建立起防御、尝试多种掌控的技术、执行其中成功的技术等。

我们可以认为，当带来重复的因素消失时，强迫性重复也就消失了。但是，对于那些不会消失的重复，我们作何解释呢？在这种情况下，掌控的努力似乎都失败了。

很明显，不安的人无法平静地接受失败。他会一次又一次地尝试，尽管这种尝试毫无用处。这里我们要提起奥维希亚齐纳（Ovsiankina）和蔡加尼克（Zeignarnik）有关补完未完成任务（换言之，未解决的问题）的实验。近来的研究证明，只有涉及对人格核心的威胁时，即失败意味着丧失安全感、自尊、尊严之类，这种倾向才会出现。根据这些实验，为我们的论点加上这一类似的限定，这似乎很合理。当人格的一种基本需要受到威胁，当有机体找不到成功解决问题的办法时，我们认为这种永恒的重复（即不成功的应对行为）就会出现。

相对表达性和相对应对性的补全行为之间的差别，不仅仅涉及单一的一类行为，而且也扩大了这两个次级范畴的范围。我们已经看到，"表达性补全"或"简单的行为补全"这一范畴，不仅涵盖了释放和宣泄行为，也很可能涵盖了不停息运动、兴奋表达（快乐或不快）、一般的观念运动倾向。同样有可能（甚至有益）的是，我们可以将未解决的侵犯感或羞辱感、无意识的羡慕或妒忌、对自卑感的持续补偿、由于潜在同性恋而强迫和持续性的乱交、其他类似为了消除威胁的徒劳努力等现象都归入到这种"重复性应对"的范畴中。我们甚至可以认为，只要在概念上进行适当修正，神经症本身也在这一范畴中。

当然，我们必须记得，区分性诊断仍然是个问题，即某个人身上的某个重复出现的梦境是表达性的还是应对性的？请参看默里在以下列出的例子。[1]

## 四、神经症的定义

众所公认，作为一个整体的经典神经症，以及单一的神经症症状，都是一些典型的应对机制。弗洛伊德最伟大的贡献之一显示出，这些症状都具有功能、目标、目的，因此它们能带来各种效果（初级获益）。

但同样正确的一点是，许多所谓的神经症症状并不是一种真正的应对、功能、目的行为，而是一种表达行为。仅仅将那些主要是功能性的、应对性的行为称为神经症，这种做法大有裨益，且能减少我们的困惑。主要是表达性的行为则不应该被称为神经症，而要称之以其他名字（参见下文）。

一个非常简单、至少在理论上足够简单的测试，便可以区分真正神经症的症状（即功能性的、有目的的、应对性的）与主要是表达性的症状。倘若神经症症状的确具有功能，的确能为人们实现一些事情，那么我们只能认为，一个人最好能有这种症状。倘若我们夺走病人的一个真正神经症症状，那么根据理

---

[1] 无意识需要通常的表达包括：梦、幻觉、情绪爆发、出乎意料的行为、口误和笔误、分心的动作、笑话、融合了可接受（意识）需要的各种伪装形式、强迫、合理化的情感、投射（错觉、谵妄、信念）、各种症状（尤其是癔症转换型症状）、儿童的各种游戏、退行、过家家、讲故事（故事补全测试）、指画、人物画、幻想。我们将来还可以在这个列表中加入仪式、仪轨、民俗寓言之类。

论的说法，他必定会受到某种伤害，比如陷入焦虑，或者某方面产生严重的紊乱。一个很好的比喻就是抽走房子所依靠的基石。倘若现实中房间都是建立在基石上，那么抽走基石便会带来危险，即便这个石头已经碎了、烂了，不如其他石头好。①

另外，倘若症状并不是真正功能性的，倘若它并没有起到关键的作用，那么抽走症状便不会带来伤害，而只会让病人获益。一种完全针对症状的治疗就建立在这一观点上，这种治疗观点认为，在旁人看来毫无作用的症状，其实在病人的精神经济学中起着某种重要作用，因此治疗师在确切地认识到这种作用之前，不应该直接去除这种症状。

这里暗含的意思是，尽管对于真正的神经症症状，对症状的治疗可能会带来危险，但对于那些仅仅是表达性的症状，这种治疗则完全没有危险。去除后者不会带来任何后果，只会让病人获益。这意味着，如今针对症状的治疗比精神分析扮演着更重要的角色。某些催眠治疗师和行为治疗师都强烈地认为，症状治疗的危害一直都被夸大了。

这一点也帮助我们认识到，我们不能太过简单地理解神经症。在神经症者身上，我们既可以发现表达性症状，又可以发现应对性症状。正如分清主次一样，重要的是，我们要分清这两种症状。因此，神经症者身上出现的无助感会带来各种反应，他们用这些反应努力克服这种无助感，或者至少努力与其共处。这些反应的确是功能性的。但是无助感本身则主要是表达性的，它不会给人带来任何好处。神经症者绝不希望有这种无助感。对于他来说，这只是一个既定的主导性事实，他对此无能为力，只能做出反应。

---

① 米克尔（Mekeel）给我们展示了一个很好的例子，一个女人患有癔症性瘫痪，并且人们告知了她情况。几天之后，她完全陷入了一种崩溃，但是瘫痪却消失了。她在医院里一直处在崩溃状态。瘫痪没有再复发，但是后来她又患上了癔症性失明（私人交流）。最近，"行为治疗师"成功地消除了她的症状，但没有导致进一步的影响。或许，症状的替代并不像精神分析学家们所认为的那样出现得如此频繁。

## 五、灾难性崩溃与无望感

有时候，有机体的所有防御措施都会失效。这要么是因为外界带来的危险太过强大，要么是因为有机体的防御资源太过弱小。

戈德斯坦对脑损伤病人的深入分析呈现了一种区分，即应对反应（不论多么微弱）与灾难性崩溃（应对失败或无效时的结果）之间的区分。

在那些深陷其害怕场景中的恐惧症病人身上，在对强烈创伤经验的反应中，我们都能看到随后出现的这种行为。或许，在那些所谓的神经症老鼠极为疯狂的无组织行为中，我们能更好地看到这类行为。当然，这些动物并不是严格意义上的神经症。神经症是一种有组织的反应，而这些动物的行为是无组织的。

此外，灾难性崩溃的另一个特点在于，这种崩溃是没有功能的、没有目标的；换言之，它是表达性，而非应对性行为。因此，崩溃不应被称为神经症行为，而最好得到一个特定的命名，比如灾难性崩溃、无组织行为、诱发性行为障碍等。然而，科里对此有另一种解释。

这类表达应当与神经症性应对行为相区别，展示前者的另一个范例就是人或者猴子身上时常出现的那种深度无望感和沮丧感。这是因为它们长时间处在一种失望、受挫、创伤的感受中。这类人可能会说，他们只是放弃了努力，主要是因为他们看不到努力的用处。倘若一个人没有任何希望，他便不会有任何努力。比如说，单纯型精神分裂病人身上的冷漠，就可以被理解为是一种无望感或沮丧感的表达，换言之，他们放弃了任何形式的应对。当然，冷漠作为一种症状，也要区别于紧张型精神分裂症的暴力行为或偏执型精神分裂症的谵妄。后两者可能是真正的应对反应，因此我们要指出，紧张型和偏执型精神分裂症仍然在努力，仍然怀有希望。在理论上，也是在事实上，我们可以预测，对这两者治疗的预后会更好。

在自杀者身上、在临终者身上、在病人对微弱疾病的反应中，我们也可以观察到类似的差异和类似的结果。同样，对应对性努力的放弃，会显著地影响治疗预后。

## 六、身心症状

在身心医学领域，我们的这种区分是尤其有用的。弗洛伊德那天真的决定论给这个领域带来了巨大的伤害。弗洛伊德的错误在于，他把"受影响"和"受无意识驱动"混为一谈，仿佛行为就没有其他影响因素了，即遗忘、口误、笔误都仅仅受无意识动机的影响。任何指出遗忘等行为有着其他影响因素的人，都被弗洛伊德轻视为不可知论者。直至今天，许多精神分析学家接受不了除了无意识动机之外的其他解释。这种立场在神经症领域不一定造成了危害，因为实际上几乎所有的神经症症状都有着无意识动机（当然也有其他因素）。

在身心医学领域，这种观点则带来了巨大的困扰，因为许多相对躯体的反应并没有目标或功能，它们并不受意识或无意识的动机驱动。像高血压、便秘、胃溃疡等症状都是一系列复杂身心过程的副产物或附带现象。至少在一开始，没有人希望自己患上胃溃疡、高血压、冠心病（暂且不论次级获益）。要获得一个人所渴望的东西（向周遭隐瞒消极情绪、压抑攻击情绪、实现某种自我理想），可能要付出某些身体上的代价，但是当然，这种代价常常并不是人们所预料的，也不是人们所希望的。换言之，不像一般的神经症症状，这类症状通常不能带来任何初级获益。

一个很好的例子就是邓巴尔（Dunbar）事故多发造成的骨折。他们那粗心大意、匆匆忙忙、马马虎虎、莽撞的性格当然更容易导致骨折，这种骨折成了他们的命运，但并不是他们的目标。骨折没有任何功能，也没有任何好处。

当然，我们上述的躯体症状有可能（尽管可能性不大）成为神经症的主要获益。在这种情况下，它们应该有另一个名字——转换型症状，或者更广泛地说，神经症症状。由于躯体症状只是一种不可预见的躯体代价，或者是神经症过程的附带现象，因此它们最好有另一个名称——躯体神经症，或者我们所建议的：表达性躯体症状。神经症过程的副产物不能与这一过程本身混为一谈。

在离开这个主题之前，我们要谈谈最明显为表达性的一类症状。这些症状是有机体当下的总体状态的一部分或一种表达，比如抑郁、健康、热情、冷漠等。倘若一个人很抑郁，那么他的一切都抑郁。这类人身上的便秘症状当然不是一种应对，而是一种表达（尽管在另一个人身上，便秘很明显是一种应对性症状，比如孩子憋住排便，其实是一种针对令人恼火的母亲的无意识敌意行为）。因此，食欲不振或言谈冷漠也是如此，健康者身上发达的肌肉也是如此，情绪不安者身上的神经质也是如此。

桑塔格（Sontag）的一篇论文展示了对身心障碍的各种其他可能的解释。这篇文章是一个个案报告：一位女士由于严重的面部痤疮而被毁容了。疾病的首次出现与之后的三次反复，都恰好与严重的情感压力和性问题上的冲突同步发生。皮肤病三次发作中的每一次，恰好阻碍了这位女士与他人发生性关系。或许，痤疮是无意识地为了避免性关系而被精心设计的，或许正如桑塔格所言，这是她对自己不当行为的一种自我惩罚。换言之，这可能是一个有目的的过程。但我们不可能皆有内部证据来确证这一点；桑塔格自己也承认，整件事可能就是一系列的巧合。

但这个症状也可能是一种总体躯体障碍的表达，这个障碍涉及恐惧、压力、焦虑，换言之，它可能是一种表达性的症状。桑塔格的这篇论文有一个不同寻常的地方。作者清楚地认识到这种情况带来了一种根本性的两难局面，即将痤疮解释为一种表达性症状或一种应对症状，这两种解释都是可行的。大多数学者的研究材料没有桑塔格那么充足，他们只能在一个方向上得出积极的结论，即在某些情况下确定这是一种神经症症状，而在另一些情况下确定这不是神经症症状。

下面要提到的一个个案，很不幸我找不到其来源了，但我也想不到还有更好的方式来展示，当我们要说某种可能是巧合的事情是刻意的时，我们所必需的谨慎。案主是一位接受了精神分析治疗的已婚男性，他因为与情妇发生秘密性关系而有极度内疚的反应。他报告说，恰恰在每次拜访情妇之后（而非其他时候），他都会出现严重的皮疹。正如如今身心医学界的看法，许多临床工作者会认为这是一种神经症反应，它是应对性的，因为这是一种自我惩罚。然而，详细的检视带来一个不怎么深奥的解释。原来病人情妇的床上生了臭虫！

## 七、作为表达的自由联想

同样的区分也适用于对自由联想过程的澄清。倘若我们清晰地认识到，自由联想是一种表达性现象，而非一种有目的的应对现象，那么我们就能更好地理解，为何自由联想能实现其目的。

倘若我们认识到，精神分析理论的庞大结构，以及从精神分析中衍生出来的各种理论和实践都几乎完全依赖于一种实践，即自由联想，那么这种实践受到的审视是如此之少，这一点令人难以置信。实际上，有关这个主题的研究文献几乎没有，对此的思考也非常少。倘若自由联想带来了宣泄和洞见，那么我们不得不说，我们如今还不知道这是为何。

我们先来探讨一下投射测验（比如罗夏墨迹），因为这是我们可以轻松检视的一个表达性行为的著名范例。病人所报告的感知主要是对他看待世界的方式的一种表达，而非有目的的、有功能的、为了解决问题的尝试。由于这种情景主要是无结构的，因此这些表达能让我们推断出许多潜在的（或被忽视的）性格结构。换言之，病人所报告的感知基本上完全是由性格结构所决定的，而完全不受具有特定目的的外界现实要求的影响。这些感知体现了一种表达性，而非应对性。

我的观点是，自由联想是有意义的、有效的；同理，罗夏墨迹测验也是有意义的、有效的。此外，正如罗夏墨迹测验一样，自由联想在一种无结构的情景中效果最好。倘若我们理解到，自由联想主要在于摆脱外界现实的目的性要求，这种现实要求有机体遵循情景的需要，遵循物理法则而非心理法则，那么我们就能明白，为何适应问题需要一种任务导向。最有利于完成任务的行为便来到了前台。任务的要求成了一个组织原则，有机体的各种能力都依照这种原则排列，这种排列次序对于解决外界设立的问题是最为有效的。

这就是我们所谓的有结构的情景，即在这种情景中，一切反应都是情景本身的逻辑所指示和要求的。而无结构情景则完全不同。人们刻意消除了外部世界的重要性，因而不像其他给出了明确要求的情景，这种情景并没有指出某种答案。因此，我们可以说，罗夏墨迹就是一种无结构情景，因为人们可以随意给出答案。当然，在这个意义上，这种情景与几何问题完全相反，在后者中，不论人们有何想法或期待，只有一种答案是可能的。

自由联想与罗夏墨迹测验的方式一样，甚至更为极端，因为自由联想中并没有墨迹，自由联想中也不设置任何任务，唯一的任务就是摆脱任务导向和应对导向。倘若病人最终很好地学会了自由联想，倘若他能遵循这个原则，不带任何审查或现实逻辑的判断，报告出一切在意识中出现的内容，那么这种自由联想最终就能表达出病人的性格结构。而且随着现实的影响力越来越低，对适应的要求越来越容易被忽视，那么性格的表达则会越来越明显。于是个人的回应就会变成类似于来自内在的辐射，并且他不再会回应外在刺激。

于是，在病人的自由联想中，构成性格结构的需要、挫折、态度完全决定了他所说的内容。这一点对于梦境也是如此，我们必然把梦也视为一种性格结构的表达，因为在梦境中，现实和结构甚至比在罗夏墨迹测验中更为不重要。抽搐、神经症性习惯、弗洛伊德式的口误、遗忘都更为功能性，但它们总体上并不是功能性的；它们都是表达性的。

这类表达的另一个效果就是，能让我们更为直白地看到性格结构。任务导向、问题解决、应对、有目标的寻求，都属于人格的适应性层面。性格结构离现实更遥远，它更受到自身的法则，而非物理和逻辑法则的影响。人格的表面，即弗洛伊德说的自我更为直接地应对现实问题，因此为了这种应对能成功，自我必须遵循现实的法则。

总体而言，要认识到性格结构，我们必须尽可能远离现实和逻辑的影响力。借由安静的房间、精神分析的躺椅、开放的氛围、精神分析学家和病人都放弃自己身上代表文化的责任，我们要实现的正是这种远离。当病人能学会表达，而非应对自己的话语时，自由联想就会带来有益的结果。

当然，我们在此要认识到一个特殊的理论问题，即刻意的表达行为可能会对性格结构产生一种反馈。比如说，我常常发现，对于一些经过合适挑选的人，让他们**假装**大胆、深情、愤怒，很容易导致他们**真的**变得大胆、深情、愤怒。而人们是为了治疗实验而选择了这些人，我们会发现，这些人身上的大胆、深情、愤怒只是受到了抑制。因此，刻意的表达能够改变一个人。

我们最后要说到的或许是，艺术是一种最高级的个性表达。所有的科学事实、所有的理论创造者都可以是任何人，所有的发明创造或机器也是如此。但是，只有塞尚能画出塞尚风格的画作。艺术家是不可取代的。在这个意义上，比起艺术的原创工作，所有的科学实验都更受环境世界的影响。

# 第 11 章

# 自我实现者：一项心理健康研究

## 一、自序

本章将呈现一项各方面都非同寻常的研究。这并非一项普通的研究，与其说它是一项社会事业，不如说那是一项个人的事业，我出于自身的好奇心将其提出，为了解决各种个人道德、伦理与科学问题。我做此研究不是为了向他人展示或证明什么，只为说服与教诲自己。

然而出人意料的是，事实证明这些研究对我产生了巨大的启发，也令我振奋不已，尽管不可否认，其存在遭受正统研究诟病的地方，但我不得不说这是情有可原的。

此外，我认为心理健康问题的解决已经迫在眉睫，任何看上去意义索然的建议和材料，都具有很大的启发价值。这类研究在原则层面确实困难重重，因为它主张一个人应该按照自己的标准来提升自己的能力。因此，如果我们要等待传统意义上的可靠材料出现，那我们的等待或将永无止境。真正的男子汉应该不畏犯错，勇于钻研，竭尽全力，并且期望从错误中吸取教训，下次争取改正。但目前而言，唯一的正确抉择似乎是放弃解决这一问题。因此，我首先要向那些坚持研究信度、效度和抽样调查等的传统学者深表歉意。

## 二、被试与方法

下述被试有的来自我个人的熟人和朋友，有的选自公众和历史人物。此外，在针对年轻群体的首次研究中，我经过在3000名大学生中的一番筛选，当时即可参与研究的被试仅有一人，未来可能成为被试（即具有潜力）的，也不过十几二十个人。

为此我必须下此定论，我在年长被试身上发现的自我实现特质，在我们这个社会的新生代中，在这个成长的群体里，似乎在逐渐绝迹。

因此，在E. 拉斯金（E. Raskin）和D. 弗里德曼（D. Freedman）的鼎力相助下，我们展开了一项研究，致力于寻找一个"相对"健康的大学生群体。我们自主决定选择出1%健康水平最高的大学生。在时间允许的前提下，该项研究进行了两年有余，最终在完成之前中断了，但即便如此，它在临床意义上仍然颇具指导意义。

我们原本预期小说家或戏剧家笔下的人物也可作为样本，但我们所处的文化和时代中，并没有发现什么有价值的对象（这个发现本身就很发人深省）。

我们以首要的临床定义作为甄选或拒绝被试的最终依据，定义中既有阳性标准，也有阴性标准。筛选对象的阴性标准是不得属于神经症、精神病态人格和精神病，也不能在上述方面产生强烈的倾向。此外，疑似的身心疾病需要更加仔细的检查和监控。对任何潜在的被试，我们都会呈现罗夏墨迹测验，但事实证明，罗夏墨迹测验甄别精神疾病的作用要比挑选健康人强得多。筛选的阳性标准则是有证据表明其积极的自我实现（SA），而这是一种难以准确描述的综合征。为了便于探讨，我们可以粗略地将其描述为人才、能力、潜能等的充分利用与开发，这样的人可被看作自我实现并竭尽全力的，他们令人想到尼采的一句箴言："做自己！"这些人已经达到，或正在发展成为力所能及的完满状态。这些潜力可能因个体而异，也可能是整个物种所共有的。

上述标准还意味着该个体在以往或当下，其安全、归属、爱、尊重与自尊的基本需要，以及对知识和理解的认知需要得到了满足，在某些较罕见的情况下，个体也可能克服这些需要。也就是说，研究中的所有被试都能感到安全、不易焦虑、得到接纳、爱与被爱，并且能做到尊重和被尊重，他们已经很明确自我的哲学或价值取向。上述基本的满足到底是自我实现的充分条件，抑或仅仅是前提条件，这仍然是个悬而未决的问题。

通常而言，研究使用的筛选技术，以前也在自尊和安全人格表征的研究中使用过，但是进行了一些迭代，如附录二所述。该技术主要囊括从个人或文化的自然信念状态入手，整理当下存在的各种表述和综合表征定义，然后根据实际的使用状况，更加详细地做出定义（可以称其为词典编纂阶段），同时，该过程消除了坊间的习惯性表述和实际情况的不一致之处。

在对坊间定义进行修正的基础上，我们选出了第一批被试，即质量较高与质量较低的对照组。

我们对这些人进行了极尽细致的临床研究，并在这一实证研究的基础上，根据现有材料的要求，对前述修正过的坊间定义进行了进一步的改进和修正。因此，我们得到了首个临床定义。在这个新定义的基础上，我们再次筛选了原本定下的那批被试，我们对原有被试进行了取舍，又增加了部分新的被试。接着，这组经过二次筛选的被试又依次接受了临床研究，有条件的还进行了实验和统计研究，我们又依据其结果改进、修正与丰富了最初定义的内涵，同时又选择出一组新的被试，以此类推。通过这种方式，原本模糊而不科学的坊间观念得以变得越来越准确，越来越具有可操作性，也因此越来越科学。

当然，一些来自外部的，基于理论或实际的考虑也可能会对这种螺旋式的自我纠正过程产生影响。比如在这项研究的早期，我们发现坊间表述中的要求严苛到不切实际，以至于没有一个世人可能符合这个定义。但我们绝不能再因缺陷、错误乃至愚蠢的依据而排除所有可能的被试。换言之，我们不能以十全十美作为选择的依据，因为根本不存在理论上的完人。

还有一个类似的问题，即我们无论如何都不可能像临床工作中一贯要求的那样，得到完美无缺、十全十美的信息。

当候选被试得知这项研究的目的时，他们可能感到十分难为情，可能目瞪口呆，可能对这一切一笑置之，也可能断然拒绝。因此，我们吸取了早期经验之后，对于所有年长被试都采取了间接研究的方式，甚至可以说是秘密进行的。只有较年轻的批次接受了直接研究。

由于尚且在世的研究被试不能透露姓名，原本科学研究的两个期望乃至要求都不可能实现：也就是说，调查的可重复性，以及结论材料的公开可得性。

我们在研究中引入了公众和历史人物，还对能够公开的年轻群体和儿童进行了补充研究，基于此，这些困难在一定程度上得到了克服。

我们的被试主要分为以下几类。

个案：7名确定被试以及2名具备高度可能性的被试（被访者），2位确定的历史人物（晚年林肯以及托马斯·杰斐逊），7位具备高度可能性的公众人物和历史人物（爱因斯坦、埃莉诺·罗斯福、简·亚当斯、威廉·詹姆斯、施韦泽、阿道司·赫胥黎和斯宾诺莎）。

部分符合条件的个案：5位具有明显缺陷的当代被试，但他们具有参加研究的潜力。

他人建议或研究过的个案：

G. W. 卡维、尤金·V. 德布斯、托马斯·艾金斯、弗里茨·克莱斯勒、歌德、巴勃罗·卡萨尔斯、马丁·布伯、丹尼洛·多尔西、亚瑟·E. 摩根、约翰·济慈、大卫·希尔伯特、亚瑟·瓦利、D. T. 铃木、阿德莱·史蒂文森、肖姆·阿莱亨、罗伯特·布朗宁、拉尔夫·沃尔多·爱默生、弗雷德里克·道格拉斯、约瑟夫·熊彼特、鲍勃·本奇利、艾达·塔贝尔、哈丽特·塔布曼、乔治·华盛顿、卡尔·门辛格、约瑟夫·海顿、卡米尔·皮萨罗、爱德华·比布林、乔治·威廉·拉塞尔（A. E.）、皮埃尔·雷诺阿、亨利·瓦德沃斯·朗费罗、彼得·克鲁泡特金、约翰·阿尔特吉尔德、托马斯·摩尔、爱德华·贝拉米、本杰明·富兰克林、约翰·缪尔、沃尔特·惠特曼。

## 三、材料的聚合与呈现

此处的材料，与其说是通常意义上收集的具体或概括性的素材，不如说是由我们缓慢构建的，对朋友和熟人全局性或整体性的印象。研究中鲜有可能对被试设置情境，提出某些尖锐的问题，或对年长的被试进行测试（尽管理论上这是可行的，也确实在研究中对年轻的被试使用了）。研究所需的人际接触是偶然发生的，属于普通社交类型。其资料获取方式是询问亲朋好友。正因如此，也因为被试数量很少，许多被试的材料尚且不完整，所以不可能呈现任何定量材料，也就是说无论这些素材有多大价值，都只能给出一个整体印象。在对这些总体印象进行整体分析后，我们得出了如下结果。这些整体特征对自我实现者最重要，也最有用，可供进一步临床和实验研究参考。

## 四、对现实更有效的感知以及与现实之间更舒服的关系

我们注意到，这种特征的首要形态在于，它是一种非同寻常的能力，能够使人发现人格中的欺瞒、虚假和不忠，并在总体上正确而有效地判断一个人。在对一组大学生进行的非正式实验中，研究发现了一个明显趋势，即更有安全感（越健康）的学生比安全感低的学生（即S–I测试中得分高的学生）对学校教授的判断更为准确。

随着研究的进展，趋势逐渐明晰，上述效应延伸到了生活的许多其他领域，可以说是研究观察到的所有领域。在艺术和音乐、智力、科学、政治和公共事务中，这样的人已组成了一个大类，他们能够比其他人更快、更准确地看清隐藏或模糊的现实。一项非正式调查表明，这类人会根据当下掌握的既定事实对未来展开预测，似乎要比其他人更具正确性，因为他们的依据往往较少地基于个人愿望、欲望、焦虑、恐惧，或者是由性格决定的某种乐观或悲观。

这种特征一开始被称为品位优良或判断精准，但其定义是相对的而非绝对

的。但日渐清晰的一点在于，基于各种原因（下面将详述其中一些），这种品质更适合被称作一种对绝对客观事物（现实而非一套观点）的感知（而非品位）。这个结论或者说假设，有望能在将来的某一天得到事实检验。

既然如此，其重要性怎么强调都不为过。英国精神分析学家马尼-基尔（Money-Kyrle）表示，他认为称一个神经质的人不只是相对低效，甚至可称得上是绝对低效的，这是因为他对现实世界的感知不像健康人那样准确而有效。神经症患者并没有情绪问题，而是在认知上出了问题，如果说健康状态和神经症分别对应基于现实的正确和不正确感知，那么事实命题和价值命题在这一领域便会互相融合，原则上，价值命题应该能够在经验层面得到证明，而不仅局限于某个品位或规劝的问题。对于那些在这个问题上进行了思想斗争的人而言，我们显然已经可能获得了一部分真正具有价值的科学根基，那么伦理、社会关系、政治等部分也就有了相应的基础。

认知失调乃至重度神经症的确有可能会扰乱感知，从而影响人们对光线、触觉或气味的敏锐度。不过，这种效应或许能在感知领域得到证明，而不仅仅是生理上的，例如某些定势实验的结论。最近许多实验中还得出了如此结论，愿望、欲望、偏见对感知的影响，相比于神经症患者而言，在健康人身上或许会小很多。这些假设受到了一些先验考虑的支持，即一般而言，高度理智的人群在对事实的知觉上，确实有可能出现优越性，通常而言，他们的优越性还体现在总结能力、逻辑推理能力以及有效的认知能力上。

这种对现实的相对优越性，有一个特别令人印象深刻并且具有启发性的层面，将在第15章中进一步讨论。研究发现，自我实现者相比大多数人更容易从普遍、抽象而平庸的一切中，区分出鲜活、具体而独特的部分。这样做结果致使这类人更易生活在真实的自然世界中，而非大多数人会混淆的概念、抽象、期望、信仰和刻板印象的人为部分。因此，这类人更容易感知自然世界，不再依据自己的愿望、希冀、恐惧、焦虑、个人理论和信仰，或者他们所处的文化群体来分辨。赫伯特·里德（Herbert Read）非常精辟地称之为"纯真无瑕的眼睛"。

人与未知事物的关系，似乎成了学术心理学和临床心理学之间的另一座桥梁，该领域有非同寻常的前景。拥有健康人格的被试一般不会倍感威胁，也不易被未知事物吓倒，他们在这一点上与普通人大不相同。他们接受并适应了未知事物，而且相比已知的事物，更容易被未知的一切所吸引。他们不仅能容忍模棱两可和杂乱无章的事物，甚至对其有所偏爱。爱因斯坦有一句话便极具特色："我们能体验到的最美的东西就是神秘，它是一切艺术和科学的源泉。"

诚然，这些人大多是知识分子、研究人员和科学家，所以该特征的主要决定因素或许是智力。但我们也知道，有多少智商超群的科学家，由于胆怯、传统、焦虑或其他性格缺陷，只能专注于已知的事物，在其中不断地打磨、整理、分类，或以其他方式与这些事物打交道，总之就是无法完成自己应尽的使命，即发现未知事物。

因为对于健康人格者而言，未知并不可怕，他们不需要浪费时间来安放魂魄，无须经过墓地时吹着口哨壮胆，或以其他方式保护自己免受臆想出来的危险。他们不会刻意忽视未知、否认未知、逃避未知，也不会自欺欺人地假装未知事物是已知的，也不会过早地对未知事物进行组织、二分或类型化。他们也不纠结于熟悉的事物，对真相的追求不是基于对确定、安全、清晰和秩序的极度渴望，就像我们在戈德斯坦的脑损伤或强迫神经症个案中看到的夸张形式那样。在客观情况产生全局性的需要时，他们也可以做到从容地应对无序、草率、无政府状态、混乱、模糊、可疑、不确定、不明晰、约莫一致、不精确或不精准的一切（在科学、艺术或日常生活中的某些时刻，这种状态是非常令人向往的）。

因此，怀疑、试探、不确定，以及随之而来的优柔寡断需要，对大多数人来说都是一种折磨，但对某些人来说，这或许是一种令人愉快的刺激挑战，是生活的高潮而非低谷。

## 五、接纳（自我、他人与自然）

有许多从表面可见的个人品质，乍一看似乎多种多样、互不关联，可以将它们理解为一种基本单一态度的外在表现或派生，这些态度即相对缺乏所引发的压倒一切的内疚、严重的羞耻，以及极端严重的焦虑。这与神经质人格形成了鲜明对比，神经质群体无论何时其病态症状都可归因于内疚和/或羞愧和/或焦虑。即使当今文化下的普通人，也会因为太多事而产生不必要的内疚或羞愧感，也会在太多不必要的情况下感到焦虑。健康人格者则有可能接受自我与自己的天性，不易懊恼或抱怨，甚至不会过多考虑此事。

他们有能力坚忍地接受自己的天性，接受其中的所有缺点，接受它与理想形象有差异，也不会因此真正感到担忧。人们可能对这类人留下一种自满的错误印象。但我们必须要说，他们还能够以接受自然的态度，同样坚定不移地看待人性的破碎和罪孽、弱点和邪恶。人们不会因为水太过潮湿而抱怨，不会因为岩石太过坚硬而抱怨，也不会因为树木太过碧绿而抱怨。当孩子用圆滚滚、不带挑剔、不带苛求的天真眼睛注视世界时，他们只是在简单地注意并观察事情的真相，他们不会争论或苛责事情不该如此，自我实现者往往也是如此看待自己和他人的人性。这当然不能等同于东方文化中的听天由命，但在我们的被试身上也可以观察到听天由命的迹象，尤其是在面对疾病和死亡的时候。

显而易见，这就相当于以另一种形式将我们已经描述过的东西表达一遍，即自我实现者能更清楚地看清现实：我们的被试看到了人性的本来面目，而非自己所希望的样子。他们的眼睛可以看到面前的真实事物，而不需要通过各式眼镜来对现实进行扭曲、塑造或着色。

第一个也是最明显的接纳层面是所谓的动物性层面。那些自我实现者往往是"优等动物"，他们食欲旺盛，乐此不疲，无怨无悔，无愧于心。他们似乎能对一切食物胃口大开，似乎睡得很香，似乎对性生活兴致盎然，不会产生不必要的抑制。诸如此类，他们相对于一切生理冲动都是如此。他们不仅能够在上述低层次欲望上接纳自己，也能够在所有层次上都做到自我悦纳，例如爱、安全、归属感、荣誉、自尊等层面。毫无疑问，上述一切都被认为颇有价值，只因这些人更愿意接受大自然的安排，而非因为造物主没有按照不同模式构建事物而争论不休。在相对匮乏的普通人中，特别是神经症患者的恶心和厌恶反应便表现了这样的争论，如进食障碍，对身体产物、体味和身体机能的厌恶。

自我接纳和对他人的接纳在两点上密切相关：（1）他们不会产生防御、因自保而伪装或故作姿态；（2）他们也不喜欢别人如此做作。企图以狡猾、奸诈、虚伪、应付、面具、演戏这样老套的方式给人留下深刻印象，这一切在他们身上都在某种程度上消失了。因为他们即使各有缺点也能过得很从容，所以这些所谓缺点并不会被他们看作缺点，特别是在往后的余生中，仅仅只是一些中性的个人特征。

他们并非绝对地不具备内疚、羞愧、悲伤、焦虑和防御性，他们只是不会产生不必要或神经质（因为不切实际）的内疚等感受。一些动物性过程，例如性、排尿、怀孕、月经、变老等，都是现实的一部分，所以我们必须接纳。

因此，健康的女性无须因为自己身为女性，或任何与女性相关的过程产生内疚或防御。会令健康人群感到内疚（或羞愧、焦虑、悲伤或后悔）的是：

（1）可改善的缺点，如懒惰、粗心大意、爱发脾气、伤害他人；（2）顽固的心理疾病残余，如偏见与羡妒；（3）习惯，虽然其相对独立于性格结构，但仍可能产生非常强烈的作用；（4）他们自身所认同的，有关物种、文化或群体的各种缺陷。通常而言，健康人格群体似乎仍可能会为当下和未来或理想之间的差距而感到心中难过。

## 六、自发性、简单性和自然性

自我实现者在行为上可以说相对具有自发性，这种自发性超越了内在生活、思想、冲动等，他们的行为特征简单而自然，其行为表现不会矫揉造作或一味讲求效果。但这并不意味着他们的行为将长期不合常规。要是我们对自我实现者的非常规行为进行实际计数，这个频次也并不会很高。他们的不合常理不拘泥于外在表现，而关乎本质或内在。他们的内在冲动、思想和意识往往不同寻常、自发产生且顺其自然。显然，自我实现者会认识到生活的世界不能理解或接受自己的不合常理，由于他不想伤害周围的人，也不愿为了各种琐事而与他们争执，因此会以一个友好的耸肩，或尽可能优雅的姿态，来体验传统的陈规陋习。因此，我们会看到自我实现者表面接受荣誉，内心却对此极尽嘲讽，他并不愿小题大做，去伤害那些自认为取悦他的人。

自我实现者很少会允许传统惯例妨碍他，或阻止他做自以为十分重要或原则性的事情。由这一事实可以看出，传统惯例只是他肩上一件轻飘飘的斗篷，很轻易就被他丢弃了。也正是这样的时刻，表现出了他本质上对传统的蔑视，他不像普通的波西米亚人或权威反叛者那样，会故意将琐碎的事情搞得声势浩大，还纠结和斗争一些无关紧要的规定，仿佛这些鸡毛蒜皮的事情关乎世界存亡。

当自我实现者沉浸于与他核心兴趣相关的事情时，上述的强烈内在态度也会体现出来。接下来，他会相当随性地放下原本需要恪守的各种行为规则；他似乎在要求自己有意识地努力遵循传统；他看上去就在自愿并有计划地恪守传统要求。

最终，当他们和不提倡这些行为（要求或期待人们例行公事）的人在一起时，这样的外在习惯便能被自若地放弃。人们会认为上述对行为的相对控制是一种负担，但我们的被试却偏爱这样的"桎梏"，这有助于他们更加自由、自然，并更具自发性，这有利于他们摆脱偶尔令自己感到费力的行为。

上述特征产生的结果在于，自我实现者的道德准则相对来说更具自主性和个性，这与传统有所差异。观察者们若是武断地下定论，则有时候可能认为这些人缺乏道德，因为只要情况需要，他们不仅可以打破惯例，甚至可以藐视法律。但事实恰恰相反。他们是最具道德的人，尽管他们眼中的道德不一定与周围的人相同。正是上述观察帮助我们非常肯定一点，我们能理解普通人的行为往往是常规行为，而非真正意义上的道德行为，例如，这些行为往往是基于公理要求的行为（人们认为这些原则是客观真实的）。

由于和普通习俗略有疏远，也不太适应社会生活中被普遍接受的伪善、谎言和矛盾，他们有时会感觉自己像来自异国他乡的间谍或外星人，有时他们的所作所为也有此迹象。

我并不应该让他人认为这类自我实现者正试图隐藏真实的自我。他们有时候会故意放任自我，这是出于对惯例的僵化和盲目感到的瞬时愤懑。比如，他们可能会尝试着训导他人，或是尝试着保护他人免于伤害，保护他人免受不公正待遇，有时候，他们还会在内心涌起愉悦乃至欣喜若狂的感觉，若是在此时有人压制他们，那就几乎是在亵渎神明。基于此，我观察到自我实现者在旁观者眼里往往既不焦虑、不内疚，也不容易感到羞耻。

他们表明自己通常会依据传统的方式行事，这是因为事情往往不涉及原则问题，或者因为他们知道，若是自己不依照传统行事，他人可能因此而受到伤害或感到尴尬。他们很容易与现实渗透，这样的接受性和自发性更接近于动物或是孩童，这意味着他们对自己的冲动、欲望、意见和总体上的主观反应具有更高程度的意识参与。毫无疑问，对上述能力的临床研究已被证实，例如弗洛姆对此的观点。适应水平在平均水平上的人往往根本不知道自己是谁、追求什么，以及自己的观点是什么。

正是上述发现最终导致了自我实现者与他人之间最深层次的差异，自我实现者的内在动机在数量和质量上都与普通人有所不同。自我实现者似乎必须会为自己构建一套不同于常人的内在动机，比如所谓的元动机或发展动机，而非匮乏动机。在此，也许可以将生存和为生存做准备区分开来。也许通常的激励观念只适用于非自我实现者。我们的被试已经不再进行一般意义上的奋斗，而是关注发展。他们尝试着发展到完美的地步，并采用自己的风格来逐渐充分发展。普通人的奋斗动机是为满足自己缺乏的基本需要。自我实现者实际上一点也不缺乏基本的满足感，但他们还是会产生冲动。他们会工作，会不断尝试，会雄心勃勃，但这一切的意义与常人或许不同。对他们来说，动力是自我性格的成长和表达，是自己的成熟和发展，一言以蔽之，也就是自我实现。那么，这些自我实现者是否更加人性化，更能揭示我们物种的本性，更接近分类学意义上的人类特质呢？对一个生物种群而言，到底是应该根据其残缺、扭曲、仅有部分发育到位的样本来划分，还是应该依据过度驯化、囚禁在笼子里并充分训练过的样本来划分呢？

## 七、问题聚焦

我们的被试通常会强烈地关注自身之外的问题。用目前已有的相关术语表述，这些人以问题为中心，而非以自我为中心，他们通常不会找自身的问题，也不会过度关注自我。在此，这与一些缺乏安全感群体的一般自省行为形成了对比。自我实现者的生活中通常有一些使命，有一些必须完成的任务，这些问题存在于他们自身之外，占据着他们的大部分精力。

这些任务不一定是他们自己喜欢或自主选择的；他们将其看作自己不可推卸的责任或义务。因此，我将这些事情命名为"他们必须完成的任务"，而非"他们想做的事"。一般来说，这些任务不关乎个人，也不是利己的，在整个人类、整个国家或被试的家庭中，其关注的是多数人的利益。

除了少数例外，我们可以说研究被试通常关注的问题，其领域在我们已熟悉的哲学或伦理学中，这些问题都是基本而永恒的。自我实现者的生活，通常处于一套十分广泛的参照系中。他们似乎从未靠近过树木，以至于无法看到森林。他们实现行为的价值框架十分广泛，绝不狭隘。这些价值观具有普世性，而非局限于本土；这些价值观纵览百年，而非禁锢于当下。一言以蔽之，无论这些人多么平凡，在某种意义上都可称得上哲学家。

当然，他们的态度在日常生活各个领域中，都会产生诸多影响。例如，研究最初处理过的一项（宏大的，无关乎任何细节、琐事和琐碎）主要症状就可以归入该普遍性维度。他们凌驾于微小事物的印象，打开更广阔的眼界、更宽广的视野，在最为广泛的参照系中生活，以及对物种永恒性的见解，都关乎最重要的社会和人际关系命题。这些人似乎对眼前的问题，带着某种宁静和无忧的态度，这使他们自己，也使所有与他们相关的人生活得更加从容。

## 八、疏离的品质与对私密的需要

对我的所有被试而言，他们是真的能够适应独处，不会伤害自己，也不会因此感到不适。此外，几乎所有被试都会积极地**享受**自己的独处和私密时光，他们在这一点上几乎无可辩驳，而且肯定要比普通人的水平更高。

他们往往很有可能永远保持战斗状态，保持波澜不惊，面对可能扰动他人的事情，他们却能保持镇定。他们很容易就能做到疏离和内敛，也很轻易就能做到镇定和平静，因此他们能够接受发生在自己身上的不幸，不会像普通人那样表现出过激的反应。即使在不那么体面的环境或情况下，他们似乎也能保持自己的尊严。在一定程度上，这也许是因为他们往往更愿意坚持自己对状况的解释，而非依赖于别人对事物的感受或想法。正因为他们有所保留，才可能让人感到他们拘谨而疏远。

这种疏离的品质也可能与其他品质有所联系。首先，我的被试相比于普通人，可以谈得上更加客观（该说法涵盖了这个词的所有内涵）。显而易见，他们更多以问题为中心，而非以自我为中心。即使事关他们自身、自己的愿望、动机、希望或抱负时，这一点也适用。因此，他们有能力将注意力高度集中，这是普通人所不能及的。高度集中注意力可能导致的现象诸如对其他事心不在焉，将外部事物和环境彻底抛到脑后。比如即使处于问题、担忧和责任之中，也能做到睡眠质量优良，食欲不受干扰，并且常常微笑与开怀。

在他们与大多数人的社会关系中，这种疏离可能带来一定的麻烦或问题。这样的疏离很容易被"正常"的人解读为冷漠。

相比之下，普通人的友谊中有更多牵绊，更多需要，人们会更渴望安慰、赞美、支持、温暖，情感往往具有排他性。诚然，自我实现者并不需要一般意义上的他人陪伴。但是，由于这样的友情通常让人满足被需要或被怀念的渴望，因此普通人不会轻易接受自我实现者的疏离。

自治的含义是自主和自我管理，意味着做一位积极、负责、自律、果断的人，而不做一枚棋子，任人操纵或是宰割，做到强大而非怯懦。我的被试们会自己拿主意、做决定，对事物主动出击，为自己以及自己的命运负责。这是一种微妙的品质，很难言明却极其重要。这类人让我们对从前视为理所当然的各式行为产生了改观，将其看作病态、反常而且懦弱的，也就是说太多人都没办法自己作出决定，其决定都是依赖推销员、广告商、自己的父母、宣传人员、电视和报纸等主体。

他们只是任人摆布的棋子，没能成为自行其是、自作主张的个体，那么他们容易感到无助、软弱，完全听天由命；他们是捕食者爪下的猎物，生性软弱，抱怨不断，难以自我决定与自我负责。这样的不负责任对于依据自我选择的政治和经济形势意味着什么呢？显然，它具有灾难性。一个民主的自我选择社会，必须要有自我行动者、自我决定者，能够自己做出决定的自我选择者，以及自由行为人和自由意志者。阿希和麦克利兰（McClelland）的大规模实验让我们能够做出如下猜测，即根据特定情况，自我决定者在人口中的比例可能会达到5%—30%。在我研究中的自我实现被试中，他们全都是根据自我意志行动的人。

## 九、自主、独立于文化和环境、意志和积极作用

自我实现者的特征之一在于他们相对独立于物质与社会环境，在一定程度上，这个特征贯穿了上述的大部分内容。由于他们由成长动机而非由匮乏动机所推进，所以自我实现者满足感的主要来源并不在于依靠现实世界、他人、文化或各种手段以达到目的，或者与大多数人一样依附于外部的满足。相反，这类人会依赖自身的潜力以及潜在资源来实现自身发展和持续进步。正如树木需要阳光、水和养分一样，大多数人需要爱和安全，但还有一些人则只需要外部环境带来的满足感。但是，一旦人们内在的不足被外在满足感填满以后，个人成长的真正核心问题就出现了，这就是自我实现。

这种相对于环境的独立性，意味着他们在面对沉重的打击、失败、匮乏和挫折等时，也能做到相对稳定。这类人即使在换做他人已经难以存活的情况下，仍然可以保持相对的宁静状态；人们往往将他们称为"自我满足者"。由匮乏动机推进的人，其身边必须要有他人存在，因为他们绝大部分主要需要的满足（爱、安全、尊重、威望、归属感），都只能来自他人。

而对追求成长的人来说，其他人可能会成为他们发展的阻碍。对他们来说，美好生活及其满意度的决定因素是属于个人内在的，而无关乎社会。这类人已经变得足够强大，足以独立于他人的评价存在，甚至可以不受他人的感情影响。他人所能给予的荣誉、地位、奖励、知名度、声望和爱的肯定，已经不如自我成长和内心成长那么重要。我们必须记住，关于如何才能从爱和尊重中获得相对独立，其最好的（哪怕不是唯一）方式，就是从小就收获充分的爱和尊重。

## 十、持续更新与欣赏

自我实现者拥有一种奇妙的能力，他们能一次又一次、充满新鲜感和天真地欣赏生活中的平凡事物，带着敬畏、愉悦、惊奇甚至狂喜来生活，尽管这些体验对他人来说可能已经十分陈旧，C. 威尔森（C. Wilson）称这种能力为"新奇力"。

因此，对于这样的人来说，每一次夕阳都可能像其所见的第一抹那样美丽，每一朵花都可能美得令人叹为观止，即使他早已见过100万朵花。他所见的第1000个婴儿，和所见的第1个婴儿一样令人惊叹。结婚30年后，他仍然对自己幸运的婚姻深信不疑，60岁的妻子与40岁一样，有着令他惊叹的美貌。对这样的人来说，即使是在平平无奇的工作日，生活的每时每刻都可能激动人心，令人兴奋，令他欣喜若狂。这些强烈的感觉并不是时刻都在出现，它们的出现往往令人摸不到规律，往往是在令人意想不到的时刻。

这位自我实现者可能会乘着渡轮渡河10次，在第10次驶离渡口时，他第1次乘坐渡轮时的那种情绪、美感和兴奋依然会强烈地重现在眼前。在美好事物的选择上，他们是各不相同的。有些被试主要研究自然，有些被试主要关注儿童，而少数被试主要关注伟大的音乐，但可以肯定的一点在于，他们会从基本的生活经验中获得大量狂喜、灵感与力量。例如，他们往往不会在夜总会享乐、赚得大量金钱或参加聚会时产生以上的类似反应。

还有类特殊的体验也值得一提。对于我的几个被试来说，性带来的愉悦，尤其是性高潮所提供的不是纯粹的愉悦，而是其他人要从音乐或大自然中才能获得的，基本层次上的精神提振与唤醒。我将在下文"神秘体验"一节的内容中详细说明上述体验。这种强烈而丰富的主观体验在某种程度上，很可能与上面讨论的具体、新鲜、永久存在的现实密切相关。

也许我们所谓的经验疲劳，其出现就是因为我们将丰富的感知归入一个个既定的标准，大量事实印证，这些事实不再对我们有利、有用或有威胁性，甚或以各种其他方式与自我相关。我逐渐相信习惯我们的祝福是人类在应对邪恶、悲剧和痛苦时，最重要的善意源泉之一。我们低估了原以为理所当然之事的价值，因此我们太容易为了蝇头小利而出卖与生俱来的宝贵权利，进而空留遗憾、悔恨，丧失自尊。我们的妻子、丈夫、孩子和朋友在死后往往比在世时更容易得到爱和欣赏，这便是十分不幸的。

同样的道理也适用于我们的身体健康和经济福祉等；只有失去它们之后，我们才真正理解到它们的价值。

赫茨伯格（Herzberg）对工业中"卫生"因素的研究，威尔逊对圣内特边缘地区的观察，我对"低低抱怨、高低抱怨和元抱怨"的研究都表明，如果我们能把自己当作自我实现者，并对上述福祉产生自我效能感，如果我们能像自我实现者一样，永远对这一切保持庆幸和感恩，生活定会得到极大的改善。

## 十一、神秘体验与高峰体验

威廉·詹姆斯（William James）对那些被称作"神秘体验"的主观表达进行了精准描述，尽管不是每个人都如此，但这是一种相当普遍的体验。上一节所描述的情绪有时可能会太过强烈、混乱且广泛扩散，以至于称得上一种神秘的经历。我对这一主题的兴趣，最初源于几位被试，他们采用一些模糊而熟悉的言辞描述了自己的性高潮。在我印象中，后来也有很多作家用类似的词汇来描述自己的所谓神秘经历。这种感觉就像是视野中出现无穷的地平线，自己似乎前所未有地强大，也前所未有地无助，心中涌动着欣喜若狂、惊奇与敬畏，仿佛时空错乱，最终，人们会坚信自己的经历极其重要、价值无穷。因此，这样的体验也会进入他们的日常生活中，并在其中扩展与强化。

将这样的体验和神学与超自然领域的参照系区分开来是非常重要的，纵使数千年来，这一切都紧密地联系在一起。由于这种体验是自然而然产生的，完全处于科学范畴内，所以我将其称为高峰体验。

从我们的被试身上可以看到，这样的经历也并不全都是极度强烈的。神学领域的文献通常会假定神秘体验是与众不同的，和其他体验之间存在质的区别。一旦让该体验脱离超自然参照系，把它作为自然现象来研究，这一神秘体验的程度或许就有了一个从强烈到平和的量化连续体。我们还发现，较为温和的神秘体验会发生在不少人，甚至可以说大多数人身上，不过在某些幸运的人身上，其发生频率可能多至天天如此。

很显然，突出的神秘主义或高峰体验便是极大强化了所有丧失自我或超越自我的体验。这些体验包括问题中心的处事方式，注意力的高度集中，以及本尼迪克特所谓的"无我"行为（muga behavior），强烈的感官体验，以对音乐或艺术产生忘我境界的强烈投入。

自1935年首次开始此项研究（目前仍在进行）以来的这些年里，我已经认识到自己相比于最初，对"高峰体验者"和"非高峰体验者"之间的差异更为关注了。这种差异可能关乎层次，也可能只在于数量，但其无论如何都非常重要。该差异产生的后果将在后文中得到详述。如果要我凝练地总结这一观点，我认为到目前为止，非高峰体验者似乎更容易在身处人世间时，担任中流砥柱，务实并高效地生活。与此同时，高峰体验者们似乎还生活在关乎存在的领域，生活在关乎诗歌、美学、象征、超脱、神秘、个人、超越制度性的"信仰"以及最终体验的领域。我推测且将有证据表明，上述差异是人们性格之间"等级差异"的关键所在，这一差异对于社会生活尤为重要，因为"仅是健康的"非高峰体验自我实现者，似乎更可能担当社会中的改革者、政治家、社会工作者等，但高峰体验者们则更容易醉心于诗歌、音乐和哲学。

## 十二、亲社会

这个词语出自阿尔弗雷德·阿德勒之口，只有它能够精准地描述自我实现的被试对人类情感的表达。这些人通常都对人类有一种深刻的认同、同情和亲切感，尽管如下所述，他们偶尔也会恼怒、厌烦和嫌弃。正因如此，他们真诚地乐于向全人类伸出援手，就仿佛全人类都是一家人。人们对自己的兄弟大体上总是深情的，即使这些兄弟表现得愚蠢、软弱，甚至有时令人厌恶。相比于陌生人，家人当然更值得宽恕。

如果一个人的视角不够宏大或是缺乏长时间的观念传递，可能就无法看到这种对人类的认同感。毕竟，自我实现者在思想、驱力、行为、情感上都与其他人有很大的不同。归根结底，在某种基本面上，这类人就像身处异国他乡的外星人。不管人们对这类人多么喜欢，都很少有人真正了解他。他常常为普通人的各种缺点感到悲哀、气愤，甚至出离愤怒，虽然这些短板对他来说，一般而言不过是个麻烦，但仍有一定概率会催生痛苦的悲剧。尽管自我实现者经常感觉与普通人相去甚远，但他仍会感觉自己与这些人有某种最基本的潜在亲缘关系。他起码知道一点，即使自己的地位不是居高临下，也至少可以比其他人做得更好，他能看到其他人看不到的方面，对他而言一目了然的事物，对其他人而言或许一叶障目。这就是阿德勒口中老一辈的兄弟做派。

## 十三、（自我实现者的）人际关系

自我实现者相比于其他的成年人，往往拥有更加深刻的人际关系（当然不一定比得上儿童之间的关系）。他们要比其他人想象中更加与人为善，更加心怀大爱，认同感更加完善，自我的界限更容易消弭。不过，他们的人际关系自有特点。首先据我观察，他们的人际关系对象往往要比平均水平更加健康，更加接近自我实现的状态。考虑到自我实现者在总人口中所占的比例很小，因此他们的人际关系对象必然也是精挑细选出来的。

诸如此类的现象会带来一个后果，能与自我实现者产生特别深刻联系的个人少之又少。他们的朋友圈相当有限。他们深爱的人自然凤毛麟角。这在一定程度上是因为要想与这种自我实现风格的人达到十分亲近的程度，似乎需要大量的时间，做到彼此奉献也不是一蹴而就的。

正如一位被试如此表达："我没有时间用在广交朋友上。或者说，广交真心朋友对所有人来说，时间都是局促的。"在我研究的团体中，唯一可能的例外就是一位看似特别擅长社交的女性。似乎她毕生的宿命，就是与她的每一位家庭成员及其各自的小家庭，以及每一位朋友及其各自的朋友圈都保持密切、温暖而美好的人际关系。这大概是因为这位女士没有受过什么教育，也没有正式的社会工作或事业。这种乐于奉献的品质具有排他性，但同时又存在一种十分具有弥散性的亲社会仁慈、友爱和友善（如上所述）意味。自我实现者往往几乎对每个人都十分友善，起码是充满耐心。他们对孩子的爱意尤其柔情，很容易被孩子打动。在一种非常真实甚至特别的意义上，他们热爱全人类，或者更确切地说，对全人类抱持着同情心。

但这种爱并不意味着不带一点轻视。事实上对于那些罪有应得的人，尤其是虚伪的、自命不凡、浮夸或自吹自擂的人，自我实现者也确实会直言不讳地鞭策之。但即使是和这类人朝夕相处，自我实现者也不总是直率地指摘和贬低。他们会如此解释声明："毕竟，大多数人都不会有过高的价值，但他们并未尽力而为。他们犯下各种愚蠢的错误，下场悲惨却不知道自己如何落得如此田地，而他们往往动机纯良。不够优秀的人往往因此而痛苦不已，因此我们要同情而非攻击他们。"

也许最凝练地说来，自我实现者对他人的敌意反应原因有二：（1）此人罪有应得；（2）受攻击者或其他人的利益使然。这正如弗洛姆所言，他们的敌意并非来自个性，而是被动或情境使然。

此外，我所掌握的材料显示，所有被试都有一个共同的特点，那就是他们至少在亲社会的品质上，吸引了一批仰慕者、亲朋甚至信徒或是朝圣者。自我实现者和他的崇拜者间的关系往往十分单薄。崇拜者们所求的，往往要比自我实现者愿意给予的更多。他们的奉献可能会让自我实现者感到相当尴尬、痛苦甚至反感。因为这些奉献常常超越正常的界限。我们的被试在最初勉强开始一段此类关系时，往往是抱有善意、内心愉悦的，但后续往往会优雅地避开这层关系。

## 十四、民主的性格结构

无一例外，我的所有被试都可以说是最深层意义上的民主人士。这种说法是基于之前的分析，此前对于集权主义和民主性格结构的分析太过精细，在这里无法逐一呈现；此处篇幅很短，只能阐释其中几个方面。自我实现者的民主性格都显而易见。只要是性格合适的人，他们都能与之友好相处，不分对方的阶级、教育程度、政治信仰、种族或者肤色。事实上，他们通常对这些差异甚至毫无意识，但对于普通人而言，这样的差异却显著且不容小觑。自我实现者的民主特质十分明显，民主情怀也同样深厚。例如，他们信奉"三人行，必有我师焉"，无论对方还有什么其他特点。在上述师从关系中，他们不会刻意保持一切的外在尊严，也不会刻意强调地位、年龄、声望或诸如此类的事物。甚至应该说，我的被试们都有某种类似的，可称作谦逊的品质。他们都很清楚，相比于一切可知的事物以及他人的知识，自己的所知是多么贫瘠。正因如此，他们才有可能在那些有知识或技能可以教授的人面前，诚实、尊重甚至谦卑地对待他们，丝毫不会矫揉造作。在这个层面上，无论是面对一个优秀的匠人，还是任何能够娴熟使用工具或手艺的人，他们都能表达出真诚的敬意。

不过，这样的民主感需要与缺乏品位辨别能力，或缺乏任何群体辨别能力的情况进行严格的区分。自我实现者本就是精英阶层，周遭的朋友圈也是如此，不过他们的过人之处是在性格、能力和才华上，而不在于出身、种族、血统、族姓、家庭、年纪、青春、名望或权力方面。

最深刻也是最难能可贵的品质在于，我的被试们能够仅凭对方是一个独立的个体，就给予对方应有的尊重，他们似乎不能接受对他人的过分贬低，即使是面对流氓无赖，也不愿极尽藐视，剥夺他人尊严。不过，这与他们本就强烈的是非、善恶意识是分不开的。面对邪恶的人及其恶行，他们要比普通人更有可能做出反击。与普通人相比，他们面对自己的愤怒时，不会感到那么矛盾、困惑或是意志薄弱。

## 十五、手段与目标间的差异，善与恶之间的辨析

我的被试们在实际生活中，一定不会处于长期的是非不分状态。即使他们无法用语言来形容这种状态，日常生活中的他们很少表现出混乱、困惑、自我矛盾或冲突，而这些在普通人的社交中是十分普遍的。下述几个词或许能够描述这种情况：这些被试的伦理道德感很强，他们的道德标准十分明确，他们做事妥帖，不易犯错。自不用说，他们对是非、善恶的理念往往也和传统不同。

我尝试着通过大卫·利维博士提出的一种表达，来对这类人进行阐释，他表示在几个世纪前，这些人都会被描述为走在神迹之上的人，或是虔诚之徒。还有人说这些人特别笃信。但此处的信仰是一个形而上学的概念，而不仅是个具体的形象。如果只用一个社会行为术语来定义信仰，那么这些人都是有信仰的，即使他们是无神论者。但是，如果我们更保守地使用"信仰"一词来强调超自然因素和制度传统（这当然是种更常见的用法），那么我们的答案就会大相径庭。

对自我实现者来说，他们做事时候的手段和目标必定是泾渭分明的。一般而言，他们会关注目标而非手段，手段一定是从属于这些目标的。不过，这种说法太过简化。我的被试们往往将自己的体验和活动看作自己的目的，从而让情形变得更为复杂，而对大多数人而言，这些体验仅仅是手段而已。从某种程度上而言，我们的被试更可能醉心于行为本身，而且欣赏的方式也十分纯粹；他们往往既能享受实现目标的乐趣，也能享受过程的乐趣。对他们而言，即使

是在最琐碎且例行公事的活动中，他们也能如游戏、舞蹈和玩乐一般纯粹地享乐其中。韦特海默表示，大多数孩子都很有创造力，他们对于陈词滥调的例行公事以及机械体验会进行一些改变，比如他做过这样一个实验，让孩子们把书从一排书架运到另一排书架上，此过程中依据一定的规律或节奏，这一切就成了一个有规则可言的趣味游戏。

## 十六、哲学而善意的幽默感

我很早就有了一个十分浅显的发现，因为这是我所有被试的共同点，也就是他们那与众不同的幽默感。他们的笑点和普通人不太一样。因此，他们不会因为带有敌意的幽默（通过伤害别人而让人发笑）、带有优越感的幽默（嘲笑别人的低人一等），或反抗权威和离经叛道的幽默（比如无聊低级、乱伦或淫秽的笑话）而发笑。具体而言，他们眼中的幽默与哲学密切相关，其密切程度甚于其他的事物。这可以算是真正的幽默，因为这种幽默在很大程度上涵盖了人们对他们愚蠢的取笑，或是忘记他们在宇宙中的地位，或是在他们尚且幼弱的时候夸大他们的存在意义。他们幽默的方式可能是取笑自己，但这样的方式又不带有任何受虐或是消极的意味。林肯的幽默便是一个很好的例子。林肯大抵从来没有讲过伤害他人的笑话；他的笑话往往有着言外之意，除了制造笑料之外，还有其他作用。它们往往富于一种更令人愉快的教育意义，类似于隐喻或是寓言。

如果基于简单的量化研究，可以说我们被试的幽默频率低于一般人的平均水平。在他们口中，双关语、开玩笑、机智论调、调侃同性恋或是落俗的插科打诨，比起经过一番深思熟虑的、富有哲学意味的幽默要少得多，这种幽默往往会引起人们会心一笑而非捧腹大笑，这样的笑料触及事物本质，是自发产生的，没有计划，也往往难以复制。尽管普通人习惯了笑话宝典和开怀大笑，但他们还是会认为我们的被试有着清醒和严肃的一面，这一点自然不足为奇。

这样的幽默其实无处不在；事实上人类的处境、人类的荣耀、严肃题材、匆匆忙忙、庸庸碌碌、野心勃勃、奋斗不息和井井有条都可被视为有趣、幽默，甚至是好笑。我曾经在一个充斥着"活动艺术"（kinetic art）的空间中理解上述态度，在我看来，这似乎是对人类生活的一种幽默戏仿，生活中的噪声、转移、动荡、匆忙和忙碌，这一切都被幽默地一网打尽。这种态度也会影响到专业领域，在某种意义上，事业其实也是一种玩乐，虽然是严肃的玩乐，但其乐趣不知何故也受到了轻视。

## 十七、自我实现者的创造力

所有人类特征的研究和观察得出了这样的结论，无一例外，即每一位自我实现者都通过不同的方式表现某种特殊的创造性、独创性或发明能力。根据本章下文的讨论，可以更充分地理解上述特殊特征。首先要说，这不同于莫扎特那样惊为天人的创造性。我们不妨正视一个事实，所谓的天才展现出的能力，是在我们认知以外的。我们只能说这些天才有着特殊的驱力和能力，它们或许与人格中的其他成分没什么关联，有充分证据表明这些天才生来如此。在此，我们不关注这类天才，因为其基础并非心理健康或是基本需要的满足。自我实现者的创造力类似于还未被宠坏的天真孩童。这种特征更像是人类共同天性的一个基本方面，是一切认为与生俱来的潜能。大多数人在社会文化的影响下失去了这种禀赋，还有一部分人，有的在看待生活时保留了这种新鲜、天真、直接的风格；有的原本与大多数人一样经历了这种风格的丧失，但是在往后的人生中又重新将其找回。桑塔亚纳称它为"人的二次童真"，这个称谓十分贴切。

这样的创造性在我们的被试身上，不是以写书、作曲或创作艺术作品等常见形式出现的，事实上可能要更加谦逊一些。仿佛这样的特殊创造力以健康人格的一种表现投射到这个世界，甚或与此人从事的一切活动都联系起来。这样一来，鞋匠、木匠或是职员都可能充满创造性。人在做任何事情的时候，都可以带着某种自己的态度或是精神，其来源就是他的行事风格。他们甚至可以像孩子一样创造性地看待一切。

为了便于讨论，这里将这种特性区分开来，就好像它是与它之前和之后的特性不同的东西一样，但事实并非如此。也许我们在这里谈论的创造性是从另一个角度展开的，我们从后果层面来阐释上述提到的创造性，也就是他们更强烈的新鲜感、洞察力和更高的效率。他们似乎更容易看到真实。正因如此，在其他较为局限的人看来，他们似乎更有创造力。

此外，正如我们已经知晓的，自我实现者不易受压抑，也不易受到限制和束缚。简而言之，他们受文化的影响更少些。用更积极的话来说，他们要更为自觉、自然，也更人性化。在其他人看来，这些特质催生了创造性。从儿童的相关研究中可以如此假设，所有人类在一开始都具备自发性，因而所有人的最深本质中仍有这种自发性，但是常人还具有一系列肤浅而强烈的压抑。因此，他们会遏制与生俱来的自发性，限制自发性的出现。若是没有这种强烈的遏制，我们可以认为每个人都会表现出上述的特别创造能力。

## 十八、对教化的抵抗；超越一切特定文明

自我实现者并没有完全被社会同化（对于文化产生粗浅的支持和认同感）。他们会以各种方式与文化相处，但可以说他们每个人在某种意义深远的程度上，对文化都有抵制，面对身处的文化环境，他们保持着内心的超脱感。由于在文化和个性文学中很少提及对文化塑造的抵抗问题，里斯曼（Riesman）也曾明确指出，文化保存对美国社会而言十分重要，即使我们手上的有价值材料少之又少。

总体而言，这些健康者与他们身处的"亚健康"的文化之间的关系十分复杂，从中至少可以梳理出以下几个方面的内容。

1. 在我们的文化中，所有被试们在衣着、语言、饮食和行事方式选择上，都完全符合显而易见的文化传统。然而，他们并非真正传统，当然也不太时髦、

不太精明或别致。

他们内心表达的态度通常是秉持某一种传统通常不会产生什么大的后果，比如不同的交通规则不分高下，虽然某一种或许会让生活变得更便捷，但实际上并不足以大惊小怪。我们在此再一次看到，自我实现者普遍倾向于接受那些自认为不重要、无力改变的事物，他们不会将这些事放在首位加以考虑。每位被试都不会特别关注鞋子的选择、发型的风格，或在聚会上的礼仪举止，所以他们对此的反应往往只是耸耸肩罢了。这些问题无关乎道德。但是，由于这种对次要风俗的宽容接受并不涉及认同感，他们对习俗的妥协往往相当随意而为，敷衍了事，他们直接且坦诚地为了节省精力而偷工减料。

但是在紧要关头，一旦妥协于习俗太让人厌烦或代价太高时，他们对风俗的权宜接受就会暴露出来，风俗就能像是一件斗篷般被轻易脱去。

2. 在这些被试中，任何一位都不能被称为青少年或比较激进的权威反叛者。

他们不会明显地表达不耐烦，也不会对文化产生或转瞬即逝，或极其冗长的不满，他们不会全神贯注地要求风俗迅速改变，尽管他们常因为不公正现象而表现得足够愤怒。其中一名被试在年轻时是一位十分激进的反叛者，他曾是位工会发起人，在当时，那是一份高度危险的职业，而现在，他已经在厌恶和绝望中放弃了事业。当他妥协于（文化和这个时代中）缓慢的社会变革时，他最终开始改行教育年轻人。其余的人都表现出对文化改进平静而长久的关注，在我看来，这似乎意味着对逐渐变化的接纳，他们已经对这种可取性和必要性十分笃信。

这绝非缺乏斗志。一旦快速变革成为可能，一旦变革急需决心和勇气，这些人就一定能够做到。虽然他们不是普世意义上的激进分子，但我认为他们很容易成为激进分子。首先，自我实现者主要是知识分子群体（别忘记是谁选中了他们），他们中的大多数人已经有了自己的使命，他们认为自己正在做一些真正重要的事情，来对世界进行改善。其次，他们也是一个现实的群体，似乎不愿意做出巨大却无谓的牺牲。在更极端的情况下，他们似乎很可能愿意放弃工作，转而采取激进的社会行动。我对他们的印象是并不反对抗争，仅仅是反对无效的抗争。

在讨论中，我们还经常提到另一个问题，就是享受生活以及美好时光的可取之处。这似乎与狂热而全身心投入的反叛不相容。此外，在一般人看来，享受生活仿佛牺牲太大，回报太过微薄而无法达到预期。大多数自我实现者在年轻时充分经历过激烈抗争与急不可耐，因此往往已经意识到，对于世事巨变的过度乐观是毫无根据的。他们作为一个群体，安定下来之后带着一种接纳、平静而充满趣味的态度，将促进文明看作日常事务来进行努力，他们通常是从内部来改善文化，而不是全盘否定，并进行徒有其表的抗争。

3. 发自内心的文化疏离感不一定进入意识，但几乎所有人都会将其表现出来，尤其是在探讨美国文化整体的时候，在将自己的文化与其他各种文化比较时，他们似乎常常能做到置身事外，仿佛自己并不完全归属于这种文化。他们在对待美国文化时，其态度中混合着不同比例的喜爱或赞许，以及敌意或批判，这表明他们会在文化中取其精华、去其糟粕。一言以蔽之，他们会对文明进行估量、检验、品评并最终自己做出决定。

当然，这与普通人被动屈服于文化塑造的表现截然不同，例如，在许多集权主义人格的研究中，被试的表现都以种族主义作为其中心。但这也不同于对某种文化的全盘否定，毕竟其身处的文化与其他现存文化相比已经尚好，一切文明都不是幻想中的完美天堂（自然也不像那些西装革履的政客所言，我们此刻正在涅槃）。

自我实现者对于文化的疏离，还表现在被试们与他人的疏离以及对自我隐私的保护，因此，综上所述，他们对社会惯例和风俗的需要要低于平均水平。

4. 基于诸多原因，这样的行为可被称作自治，即自我实现者有自我法则而非完全依附社会规制。从这个意义上说，他们不仅仅是美国人，更是广大人类的一员。

不过，要是我们将自我实现者与过度社会化、机械化或种族中心主义的人群进行比较，我们就不得不做出一个假设，即自我实现者并非一个简单的亚文化群体，他们实际上更为开放，且不至于过度社会化和模式化。这意味着自我实现者存在于一个连续体之上，其维度从对文化的相对接纳到相对疏离。

如果这个假设站得住脚，那我们起码还能由此推出另一个假设，即来自不同文化的文化超脱人群并不具备很强的民族性，彼此间应具有更强的相似性，这一点和其自己所处社会中那些发展程度较低的成员不同。

概括而言，不完美的文明有可能出现完人或健康的人吗？这是一个长期备受争议的问题。有观察显示，在美国文化中，相对健康的人群能够得到发展，这算是对上述问题的回答。自我实现者想方设法通过自我内部与环境接纳的复杂组合来适应社会，这固然可能实现，只要文化环境对他们那不完全认同文化的疏离态度保持容忍。

当然，这并非理想的健康状态。不完美的社会文化显然对我们的被试施加了抑制和约束。他们必须在一定程度上保守自己的小秘密，自发性也因此受到削弱，某些潜力也难以在此实现。由于在我们所处文化（或者在任何文化）中，只有极少数人能达到健康状态，因此这些人在自己的同类中显得有几分孤独，也因此似乎不够自觉，不足以称为自我实现者。[①]

## 十九、自我实现者的不完美之处

小说家、诗人和散文家在描述善良人时常犯一个错误，就是把他塑造成一个滑稽人物，这样一来，人人都不愿意跟他一样了。个体对完美的渴望，以及对缺点的内疚和羞耻，都会投射到各种其他人身上，而普通人对他人的要求远

---

① 在此问题上，我与塔玛拉博士（Dr. Tamara）展开了争论。

远超过自己的付出。因此，人们有时会认为教师和牧师是相当不快乐的，他们既没有世俗的欲望，也缺乏任何弱点。我相信，大多数试图描写好（健康的）人的小说家都做过同样的事情，把好人写成填充布偶或提线木偶，或者是缥缈理想的虚幻投射，这就偏离了人物真正塑造出的健壮坚韧、精力充沛、慷慨激昂的形象。我们的被试也会显示出不少人皆有之的小毛病。他们也会出现愚蠢、浪费或粗心大意的习惯。他们也可能令人厌烦、陷入偏执、激怒他人。他们也无法摆脱某些浅薄的虚荣心、自豪感，可能表现为对自己的作品、家人、朋友和孩子的私心。他们发脾气也不在少数。

我们的被试甚至偶尔会出人意料地表现得冷酷无情。但我们别忘了，他们是非常坚强的。因此，在有必要的时候，他们可能会表现出动手术般的冰冷，这远超出了普通人的能力。有的男人发现"长久信任的熟人背叛了自己"，便会突然中断这段友情，不带任何明显的痛苦情绪。还有的女人嫁给自己不爱的人，她一旦决定离婚就会果断地执行，看上去十分漠然。还有的人亲人过世之后能够立刻恢复，似乎冷酷无情。这些人不仅坚韧，也不易受他人意见的影响。还有一位女士，对聚会上互相引荐的陈旧风俗十分恼火，因此她用言语和行为震惊了四座。有人可能会说，她被激怒时的应对方式便是如此。但这些行为的后果便是在座的人不仅对这位女士怀有深深敌意，举办此次聚会的男女主人也会心生敌意。虽然我们的被试一心想疏远各色人等，但男女主人并不想。

在此，我们可以再举一个例子，这个例子的产生是关于我们的被试对于客观世界的全神贯注。当他们的注意力集中在令自己着迷的趣事中，或他们对某些现象或问题高度关注时，他们可能会对其他事心不在焉或丧失幽默感，忘记了平常遵循的社交礼仪。在这种情况下，他们往往会更清楚地表明自己对闲聊、漫无目的的谈话或是参加派对不感兴趣，对于类似场合，他们可能会使用非常令人痛心或震惊的语言或行为，甚至侮辱或伤害他人。以上还列出了疏离态度的其他不良后果（至少从他人的角度看来如此）。

即使是善良也会导致他们犯下错误，例如，出于某种怜悯而结婚，与神经症、无聊的家伙或是低落的人关系太密切，接着为此而顿生歉意；任由吹毛求疵的人持续强压他们，进行超出自己义务的付出，比如偶尔会对寄生虫和精神病患者给予鼓励等。

最后，我们已经说过，自我实现者并不是没有负罪感、焦虑、悲伤、自责、内部失调以及冲突。这些上述客观事实无关乎神经症状，因此对今天的大多数人（甚至对大多数心理学家）都没有什么启示，这些人容易因此认为自我实现者不那么健康。而这件事对我的启示，我想大家可以加深体会。毕竟人无完人！当然存在非常好的个体，几乎无可挑剔。事实上，也确实存在创造者、先知、圣人以及历史的撼动者和推进者。这一切自然可以让我们对人类这个物种萌生未来的希望，即使这些希望十分罕见，出现时也寥寥落落。即便如此，这些人偶尔也会表现得无聊、烦人、任性、自私、愤怒或沮丧。为了避免对人性的幻想破灭，我们必须首先放弃一切对人性的幻想。

## 二十、价值与自我实现

自我实现者在哲学层面能够接受自我的本质、人性、大部分社会生活、来自自然和物质世界的事实，这正是自发地为价值体系打下了坚实的基础。这些价值接受在其日常价值判断总量中，占了很大的比重。自我实现者赞成、不赞成的，忠于、反对或提倡的，令其高兴或不悦的事物，往往可以理解为对于接受性这一根源特质的派生表现。自我实现者通过内在动力不仅能够自发（且普遍地）产生上述价值基础（因此至少在这一方面，自我实现者的人性或许是带有普遍性和跨文化性的），这些内在动力还能够供给其他的决定因素。其中包括：（1）他与现实之间的和谐关系；（2）他的亲社会能力；（3）他能基本满足的条件，以及作为这类条件附属品现象而出现的各种结果，其关乎冗余、财富乃至财富过剩；（4）他自有体系地区分手段和目的；等等（见上文）。

　　这种对待世界的态度会产生一个最重要的后果，冲突和斗争、矛盾心理和抉择的不确定性在生活中的许多领域都容易衰退或消失，这也是对上述态度的认同。显然在很大程度上，许多所谓的"道德"都是拒绝接受或不满的附属品。许多问题是无端出现的，一旦接纳了异端，这些问题也就逐渐消失而不存在了。与其说问题得到了解决，不如说它清楚地表明人的内在本来就没出现问题，问题都是由人的不满而形成的，例如对打牌、跳舞、穿短裙、（在一些教堂）露出头部或（在另一些教堂）不露出头部，或是饮酒，食用某些肉类或是对某些肉类忌口，抑或是某些时候可以吃，某些时候不可以吃。不仅在这类琐碎的事情上会出现问题，上述过程还会在更重要的层面上出现，例如对两性差异，对身体结构和功能，以及对死亡本身的态度。

　　本书作者对这一发现的更深层次探究表明，其他所谓的道德、伦理和价值观，或许只是普通大众常见的精神症状的简单衍生品而已。对自我实现的人来说，许多冲突、挫折和威胁（在急切表达价值时的那种选择）就像跳舞时出现的小冲突一样，很快就蒸发或被解决了。对自我实现者来说，看似不可调和的两性之争，已然成了一场令人愉快的合作而非冲突，成人和儿童的利益冲突也不那么对立。与性别和年龄差异一样，天性、阶级和种姓、政治和角色差异也是如此。正如我们所知，上述一切都是焦虑、恐惧、敌意、攻击性、防御性和嫉妒生长的沃土。但自我实现者似乎并不需要如此，因为我们的被试对差异的反应往往不会是上述不受欢迎的类型。他们更倾向于享受差异而非恐惧差异。

　　在此，师生关系是一种特殊的范式，担任教师的被试们表现非常冷静，他们往往会通过各种方式来让整个情景变得不同，例如，将情况解释为一场愉快的合作而非意志、权威和尊严的冲突等；通过不易受到威胁的简单天性以取代人为制造的尊严，毕竟后者更容易受到威胁；放弃对无所不知、无所不能的追求；抗拒威胁学生的集权主义；抗拒将学生视为与他人和其他教师竞争的筹码；不愿接受人们对教授的刻板印象，坚持像一个水管工或木匠一样保持真实的人性。上述一切都能创造一种课堂氛围，在这种氛围中，怀疑、警惕、防御、敌意和焦虑往往都会消失。同样，当威胁本身已然减少，对威胁的应对往往会在婚姻、家庭和其他人际场景中消失。

至少在某些方面，绝望者和心理健康者的原则和价值观肯定是不同的。他们对物质世界、社会世界和个体心理世界往往有着截然不同的看法（解释），以上三个世界的组织和运作，在一定程度上就是个人价值体系的责任范畴。对于基本生活都穷困潦倒的人来说，世界是一个充满危险的地方，是一个原始丛林，是敌人的领地，其人口构成为：（1）自己能支配的人；（2）会支配自己的人。这类人的价值体系与任何丛林生存者一样，都是由较低层次的需要作为主导而组织起来的，尤其是生理需要和安全需要。而基本需要得到满足的人，其情况就有所不同了。他可以从剩余财富中拿出一部分，在自然而然地满足基本需要过后，投身于更高层次的满足感。这说明上述两种人的价值体系不同，在此自不必言。

自我实现者价值体系的最高层次是完全独一无二的，其结构为怪癖—性格—结构—表达。从定义上看，这固然是正确的，因为自我实现就是个体自我的实现，没有完全相同的两个自我个体。世间只有独一无二的雷诺阿、勃拉姆斯和斯宾诺莎。正如我们所见，我们的被试有很多共同之处，但与此同时，他们比所有普通人构成的控制组具有更高度的个性化，他们的自我更加清晰，也更不容易与他人混淆。也就是说，这个群体既非常相似，又十分鲜明。他们要比一切群体都更有个性，但是其社会化程度和对人性的理解，又要比任何其他群体都更高深。他们与自己所处的种群更加贴近，但也和自己的个性密不可分。

## 二十一、自我实现的二元消解

到此，我们终于可以概括并强调出一个非常重要的理论结论，该结论正源于自我实现者的研究。基于这几个章节中的几个例子，我们得出如下结论，过去人们眼中的两极性、对立性和二元性特质，只能在健康状况较差的人群中出现。在健康人群中，这些二元性消解了，两极性退却了，人们眼中的内在对立都出现了融合，形成了统一体。

在健康人群中，心灵、头脑、理性、本能或意识中长久以来被看作对立的范畴消失了，这些对立面携起手来，不再针尖对麦芒，彼此间的冲突消失了，因为其话语表达和结论指向是相同的。一言以蔽之，这些人的欲望与理性是完全和谐一致的。也就是"只要保持健康人格，你就可以信任自己的冲动了"。

在健康人群中，自私和无私间的二元对立也完全消失了，因为在原则上，每一种行为都是兼具自私和无私的。同时，我们的被试非常具有灵性，标新立异且十分敏感。当承担责任成了快乐，工作成了娱乐，当人们在恪尽职守、修炼品德的同时追求享乐与愉悦的时候，责任与快乐、工作与娱乐就不再针锋相对了。假如最具社会认同感的人同时也最具个人主义，那么两极性又有什么意义呢？假如最成熟的人同时也保留了最多的孩子气呢？如果最讲伦理和道德的人，同时也是最性感而野性的尤物呢？不仅如此，类似结论也出现在善良—冷酷、具体—抽象、接纳—反叛、自我—社会、适应—失调、对他人的疏离—认同、严肃—幽默、酒神—日神（Dionysian-Apollonian）、内向—外向、坚韧—随意、严肃—轻浮、传统—新潮、神秘—现实、积极—消极、阳刚—阴柔、性—爱以及情欲—圣爱（Eros-Agape）中。

在自我实现者身上，本我、自我和超我齐心协力，不会相互争斗，也不会像神经质人群那样热衷于一些原则性的分歧。认知、冲动和情感的结合也同样如此，他们的三个要素集合为一个有机体，形成了非亚里士多德二元式的相互渗透状态。其优势和劣势并非对立而是和谐的，他们发现千千万万的哲学困境都不止两端，或者更激进地说，就是根本没有。如果在成熟的个体身上，两性之间的斗争根本不算斗争，而只是一种缺陷或是发育迟缓的迹象，那么谁会愿意选择尖锐的立场呢？谁会有意识地选择与精神症状为伍呢？

当我们发现真正健康的女人兼具好女人和坏女人的特点时，是否还有必要在好坏女人之间做出选择，好像她们是相互排斥的一样？在此，如同其他任意方面，健康人群与普通群体千差万别，不管在数量还是质量层面，他们都产生了两种迥然不同的心理模式。有一个观点越发清楚，若是总对残缺、发育迟缓、不成熟和不健康的样本展开研究，就只能产生残缺的心理学和哲学。对自我实现者的研究必定要成为普遍性的心理科学的基础。

# 第12章
# 自我实现者的爱情

非常令人惊讶，在爱情这个话题上，实证主义科学所能提供的素材是少之又少。心理学家的沉默令人费解，因为或许有人认为这是他们特有的义务。也许这再次证明了学院派研究者喜欢做容易的事，而非应该做的事。这就仿佛一个不怎么聪明的帮厨，我们发现有人在一天内打开了酒店里所有的罐头，只因为他非常擅长开罐头。

我必须承认，因为自己承担了这项研究任务，就更深入地了解了这一点。在所有文化传统中，这个问题都很难对付。而在科学传统中，难度更是成倍增长，就仿佛我们的研究处于无人区中最前沿的地带。在此，正统心理科学的传统技术几乎毫无用处。事实上，正是这样的匮乏督促我们开发新的方法探索信息，这些信息关乎上述问题，以及人类群体中的其他反应。而这又反过来催生了一种迥然不同的科学哲思。

在此，我们的职责非常明确。我们首先必须理解爱，并且做到指导、创造、预测爱，否则整个世界都将迷失于敌意和猜忌之中，即使本研究提供的材料不那么可靠，但研究目标的重要性为它们赋予了价值与尊严。在上一章中，我已经阐释了本项研究及其被试。现在，具体问题呈现在了我们面前，关于性和爱，自我实现者能告诉我们什么？

## 一、爱与性之间的首要特质区分

我们首先要探讨一些广为人知的性与爱的特点，接着，继续展开我们对自我实现者研究的特殊发现。

对爱情的描述核心在于其必须是主观或是基于现象学，而非客观或是基于行为主义。面对从未感受过爱的人，没有任何语言和描述能够将爱情体验的所有品质全部传达出来。爱情主要是由温柔和亲切的感觉组成，在体验这种感觉时（如果一切顺利）会产生极大的享受、幸福、满足、兴高采烈，甚至是狂喜之感。人们会需要更亲近、亲密的接触，会倾向于触摸和拥抱所爱的人，对其产生深切的渴求。除此之外，被爱之人往往令人心向往之，在他人眼中显得美丽、善良且充满吸引力；无论何时，望着心爱之人或是与之相处都会感到愉悦，而与之分离则会感到痛苦和沮丧。也许正因如此，人们会倾向于将注意力集中在所爱之人身上，忽视其他人的偏好，将感知的范围缩小，许多事情都很难引起他们的注意。也就是说，人们会深受所爱之人吸引，在注意力和知觉层面表现十分明显。这种渴望接触和相处的愉悦感还有一种表现，那就是渴望尽可能地与所爱的人待在一起，无论是在工作、游戏中，还是在审美和智力的角逐中。若是有什么愉快的体验，人们常常表达出想和所爱之人分享的愿望。因此人们常说，有了亲爱之人的存在，愉快的体验便更令人愉快了。

最后不必多说，爱人自然能引发人们的特殊性唤醒。通常而言，其直接表现就是生殖器官的变化。被爱之人仿佛拥有举世无双的特殊能力，足以让自己的伴侣产生生理性反应，唤起人们伴随意识产生的性欲，以及随着性唤起产生的针刺般疼痛。不过，这一切都不是必要的，因为在年龄过大而无法发生性行为的人身上，也能够观察到爱情。

对亲密的渴望不仅关乎生理，也关乎心理。心理上的渴望往往表现在人们对情侣隐私的特殊偏好上。除此之外，我还经常观察到相爱之人会有彼此才能明白的秘密语言、特殊的手势与小把戏，其他人是无法理解的。

慷慨感觉的出现也别具特色，那是一种一心想要给予和取悦的感觉。在为心爱之人付出以及赠礼的过程中，人们能够获得特别的乐趣。[1]

此时，人们往往会渴望更充分地了解彼此，渴望一种心理上的亲密和接近之感，恨不得毫无保留地了解对方，彼此常常分享特别的乐趣。也许上述讨论的情况都属于人格整合这一更广的范畴，下面我们会对此进行详细讨论。

对所爱之人的慷慨和付出往往预示着一种十分常见的幻想，人们在此幻想中，会想象自己为所爱之人做出巨大牺牲。（当然，爱还有其他表现形式，比如朋友、兄弟、父母或是亲子之情。但是在此，我起码要谈一谈自己在调查过程中产生的疑虑，对于他人最为纯粹的爱，即"存在之爱"出现在了一些为人祖父母者身上。）

## 二、自我实现爱情关系中的防御消解

西奥多·雷克（Theodor Reik）点明了爱情关系的特征之一便是焦虑的消解。不出所料，这一点在健康的个体身上表现得一清二楚。在这样的关系中，由于越来越完善的自发性、防御减少、角色冲突与亲密关系的紧绷感减少，因此问题也变得迎刃而解。在后续的关系中，亲密感、坦诚度以及自我表达日益增长，这种增长已经达到罕见的程度。这类人群表示，与所爱之人在一起时仍然能够做自己，表现得非常自然；"我能把头发披下来"，这样的坦诚也意味着容忍他人犯错、示弱，伴侣之间的身心缺陷也能够得到容忍。

在健康的爱情关系中，很难以最好的姿态示人。关系中的一切缺点都无处遁形，比如中老年后的生理缺陷、假牙、束腹带以及各种喜好。距离、神秘感、魅力都难以维系，一切都少了掩饰和隐秘。而在我们的被试中，他们完全放下

---

[1] 自我实现的爱情也称"存在之爱"，此类人群能够自如地付出，也能全身而退，没有任何功利、退缩与工于心计，不会像大学女生那样。下面的论述来自一些大学女生："别轻言放弃。""让他难得到你。""让他琢磨不透。""我不能被他'吃死'了。""我要让他猜不透我。""别让自己太快地全心投入。""要是我太爱他，那他就有了主动权。""爱情中更爱的那一方永远都是弱者。""要让他有点儿危机感。"

戒备显得有违常理，更不用说某些精神分析理论家了。比如雷克认为好的伴侣或爱人应该彼此忠诚不二，关系是排他的。但我的材料和观点似乎都与此背道而驰。

我这些材料还驳斥了古老的理论，它们认为两性之间存在错综复杂的敌意。人们认为两性之间充满敌意，互相之间总有猜忌，他们认为自己对于异性而言就是异端，且在我们的社会中，无论神经症人群还是大多数普通人，都十分常见地将异性表现为"对立的"性别，但是自我实现者就未明显表现这一点，起码在经我手处理的调查材料中没有发现这点。

还有一项发现与民间智慧和关于性与爱的深奥理论观点相矛盾，该发现明确表明在自我实现者群体中，爱情与性的满足感质量可能随着关系的持续时间而增强。很显然，即使是严格意义上的身体和感官满足，在健康人群中的改善也是通过熟悉的伴侣而非某种新奇的方式。当然毋庸置疑，来自伴侣的新鲜感对于很多人而言能激起兴奋和吸引力，但是材料将这些概括化结论都推翻，对自我实现者而言，事情并非如此。

自我实现者的爱能够如此概括，健康的爱在某种意义上撤销了防御，也就是自发性和真诚性骤然升高。在健康的爱情关系中，两个人顺其自然，相互了解，长久相爱。这当然意味着伴侣间的关系越发深入和密切，人们总是更喜欢懂自己的人。但如果伴侣关系十分糟糕，那么熟悉度的提升不仅不利于彼此的偏爱，还会增加双方的敌意和反感。这让我想起，自己在一项关于熟悉度对绘画的影响的小研究中产生的一个发现。我发现随着人们对彼此越来越熟悉，越是好的作品，越会受到人们的喜爱，而越差的画便越发遭人嫌弃。不过，当时对于画的好坏并没有客观标准，因此我选择不发表这一结论。不过，若是允许我奉行主观主义，我会表示越好的人越能因为熟悉而更受欢迎；越差的人则因为熟悉度的增加而越不受欢迎。

在我的被试的报告中，健康的爱情关系所带来的最深的满足感，在于这样的关系能够最大限度地激发人的自发性、天性，最大限度地解除防御，保护情侣免受威胁。在这样的关系中，人们没有必要时刻保持警惕，企图隐藏，尝试给他人留下某种印象，紧张，仔细观察自己的言行，或感到过度的压抑和压力。我的被试报告称，没有人会对他们抱有特定的要求或期望，他们能够做回自己，能够在心理层面赤诚相待，却仍然感到被爱、安全与被需要。

罗杰斯对此进行了精准的描述："'被爱'在此或许有其最为深刻和普遍的含义，即被他人高度理解和接纳……我们爱一个人的前提，就是不要受到他的胁迫；只有当对方能够对影响双方关系的事件表示理解，我们才会去爱……所以，若是一个人对我怀有敌意，而我除了敌意之外，又暂时看不到他的任何其他情感，我确信自己会对敌意做出防御性反应。"

门宁格（Menninger）则从另一面阐释了这一点："与其说爱的缺失是因为彼此不再欣赏，不如说是因为恐惧，每个人都会或多或少地避免他人识破我们的面具，这些压抑的面具是由传统与文化强加给我们的，正因如此，我们才回避亲密关系，害怕友谊太深，对他人贬低或嗤之以鼻，以免对方对我们太过赏识。"由于我们的被试对于敌意和愤怒往往有着更为自由的表达，他们对彼此之间遵守传统礼节的需要则更低，这进一步支撑了上述结论。

## 三、爱与被爱的能力

我的被试们或是体验过爱与被爱，或是正在爱与被爱。在我几乎所有（并非所有）的被试中，所有的材料往往都指向了这样的结论：（在所有其他条件都相同的情况下）被爱能够促进心理健康，爱的剥夺则不会。尽管禁欲主义也并非不可，禁欲主义带来的挫败也并非一无是处，但在我们的社会中，基本需要的满足往往预示或包含了健康的出现。无论爱与被爱，这一条似乎都能成立。（当然，精神异常的人格显然证明了其他因素的可能，尤其可见于列维所醉心的异常人格研究。）

正处于爱与被爱状态的自我实现者，上述理论也自然适用。从某种程度而言，他们可以说拥有爱人的力量与被爱的能力。（尽管这听起来像是对前文的简单重复，但其实不然。）这些都是临床观察下的事实，而且其结果公开透明，很容易就能被证实或推翻。

门宁格的声明十分犀利，他认为人类固然很想彼此相爱，只是不得法而已。但是健康人格者则不然，他们起码知道如何去爱，且能够轻松、自然地去爱，不会陷入冲突、威胁或是压抑之中。

不过，我的被试在谈到"爱"这个字眼时显得小心翼翼，这个词只被他们用在少数人而非许多人身上，他们十分清晰地在爱与喜欢、友善、仁爱或兄弟情谊之间进行了划分。对他们而言，爱是一种强烈感觉的表达，而不仅是温和或无私的感受。

## 四、自我实现者谈性

在自我实现者的爱情生活中，从性爱独特而复杂的本质中，我们能够收获良多。这绝非简单的故事，而是多条线索纵横交错。我也不敢说自己的材料数量庞大，毕竟这类私密的信息很难获取。不过总的来说，据我所知，自我实现者的性生活颇有特点，这样描述，则能够对性的本质以及爱的本质进行各种积极与消极的猜测。

一方面毋庸置疑，健康人格群体的性与爱能够做到完美地融为一体。虽然性和爱的确是两个独立的概念，将它们牵强地混为一谈的确毫无用处，但是不得不说，在健康人格群体中，爱和性的确能够达到整合。事实上，我们甚至能说在我的被试们的生活中，爱与性越发地密不可分，彼此的隔阂也不断消解。当然，有人说没有爱做支撑的性一定是病态的，虽然我们无法断言这点，但我们的倾向确实如此。平心而论，自我实现者中无论男女，其寻求性的出发点都并非性本身，也不会在性生活期间单纯满足于性的需要。我想尝试着通过我的材料表明，自我实现者若是没有感情做支撑，他们宁愿不发生性关系，我起码能够肯定，有许多例子都表明性在没有爱作为前提时，可能遭到放弃或拒绝。[①]

在第11章我还描述了另一个十分深刻的发现，我在自我实现者身上发现的最为强烈且令人狂喜的完善感就是性愉悦。如果爱是一种对于完善与交融的向往，那么自我实现者或许能够通过性高潮而达到这种完善。我收集到的被试报告中，他们将这样的体验描述得十分强烈，我甚至有理由对其重新整理，撰写成一种神秘体验。他们的描述诸如"壮丽到经久不息，美好而不真实，太美而昙花一现"等，往往伴随着一种难以控制的巨大力量。在此，对于上述极度完善而强烈的性体验以及它的其他特征，似乎出现了几个自相矛盾的问题，我想加以论述。

相比普通人，性高潮对自我实现者而言既更加重要，又更不重要。这往往是一种十分深刻、几乎神秘的体验。然而，自我实现者对于无性的取向又更加宽容。这并非悖论和矛盾。它源于一种动力动机理论。在更高的需要层次上去爱，便能弱化较低需要层次的挫折与满足感，人们不再纠结于此，更容易忽视它们。当性爱来临，他们获得满足的同时也会全身心投入其中。

这很像自我实现者对食物的态度，他们尽情享受美食，但认为食物在生活的总体规划中相对不那么重要。如果他们真心热爱，便会全心全意享受其中，不会因为某些动物保护主义者的消极态度而受到影响。但是通常而言，温饱问题在整个生活蓝图中的位置相对较低，自我实现者不会刻意寻求感官享受，但若是恰好发现，也会全情投入。

当然，在乌托邦式、天堂般的美好生活哲学中，在价值与伦理的哲学中，食物并没有什么重要的作用。食物只是一个基石，是理所当然的事物，其存在

---

① 施瓦茨、奥斯瓦尔德的《性心理学》（企鹅图书，1951）中写道："即使性冲动与爱的本质大相径庭，但它们的确相辅相成，互为补充，对于高度自我完善的人而言，性冲动与爱的存在密不可分，相依而存。这也是任何性心理学研究的基本原则。若是有人能够在性经历中体验到纯粹的满足，那么其可能会受到污名，被看作性变态（不够成熟，或是过度成熟）。"

的意义是为了上层建筑的搭建。自我实现者非常理解这一点，高层次需要并不一定需要低层次需要得到完全满足，一旦低层次需要得到满足，这些需要对自我实现者而言，其地位便越发不重要了。

在性爱中，这番言论似乎也适用。正如我所说，自我实现者可能会对性爱全情投入，甚至比一般人群还要乐在其中，但与此同时，性爱在他们的生活哲学中并不占有核心位置。性爱是一种享乐，是一种顺其自然的事物，是高层次需要的基石，是重要的基本需要，如同食物和水，人们对此的享用方式也比较类似，由此带来的愉悦也是顺其自然的。我想，这番言论便能解释一个悖论，为何相比于一般人群，自我实现者能够如此全身心地享受性爱，与此同时，对于其自身的人生蓝图而言，性爱又是如此地微不足道。

应该强调一点，他们对于性的同样复杂态度能够引出一个事实，即性高潮确实可能带来神秘的体验，但这种体验在日常生活中是微不足道的。也就是说，自我实现者的性快感可能非常强烈，也可能一点都不强烈。这与崇尚浪漫的态度相冲突，这种态度坚持认为爱是一种神圣的狂喜，一种传递，一种神秘的体验。诚然，这可能是一种微妙而非强烈的快乐，一件欢快、轻松、好玩的事，而非严肃而深刻的体验，甚至谈不上什么中立的职责。自我实现者并非永远生活在高水平需要之上，他们往往处于与常人更加平均的需要强度，他们对性爱的享受更加轻柔而温和，他们将性爱作为一种令人兴奋、愉悦、有趣、享受的体验，仿佛挠痒痒般微妙，而非登峰造极的强烈狂喜感受。在被试处于相对疲惫状态时尤为如此，此时他们的性行为或许更为温和。

总体而言，自我实现者的爱情有许多典型表现。比如，其特点之一在于，自我实现者的爱情基于个体对自我和他人的健康悦纳。这些人的悦纳程度之高，远远超过了常人所及。比如，尽管事实上自我实现者的婚外恋驱力较低，但他们相比一般人更容易承认自己的确会对他人产生吸引力。在我的印象中他们往往和异性相处十分融洽，因此也会更随意地接受自己对他人的吸引，而且相比于其他人，自我实现者远不那么容易刻意行事以引起他人的爱慕。此外，在我看来，他们对性爱的谈论也比一般人要更自由、随意且打破常规。总而言之，这就体现了他们对生活现实的接纳，随着更强烈、更深刻、更令人满意的爱情关系不断发展，他们似乎不再需要在婚姻之外寻求神经质的性行为以求补偿。这种说法其实十分有趣，其中悦纳与行为并不相干。对性行为更易接纳的事实，似乎会让一夫一妻制落实得更容易而非更难。

有这样一个例子，一位女士已经和她的丈夫分居很久，我从与她交流而得来的一切信息，都说明她仍有性体验，也非常确定自己是多么享受其中。这位女士已55岁。除了她的陈述，我无法获取更多细节，她说她自己有过诸多风流韵事，而且非常享受性生活。她在关于这件事的言辞中，没有丝毫的内疚或焦虑，甚至不带丝毫做错事的感觉。显然，一夫一妻制倾向与贞洁或对性的排斥有所不同。不过，爱情关系越让人满足，就越没必要强迫性地与妻子或丈夫以外的人发生性关系。

当然，这种对性的悦纳，也是自我实现者所表现的，对性的高度享受的主要前提。我在健康人群身上还发现了关于爱情的另一特征，他们并没有真正对两性的角色和性格进行区分。也就是说，他们不会假设女性是被动的、男性是主动的，无论是在性、爱情还是其他方面都是如此。这些人往往对自己的男性或女性身份非常肯定，因此他们也不介意处理一些异性角色文化方面的问题。特别值得注意的是，作为爱人，他们也可以既是主动的也是被动的，这在性行为尤其是身体性爱中极为明显。两种性别的自我实现者都愿意亲吻和被亲吻，在性爱中处于上体位或下体位，主动亲密或安静而被动地接受，调笑他人或被调笑。他们的报告显示，上述两类行为能够交替带给他们享受。在做爱中永远主动或被动，都会被视为不完善的。而对于自我实现者来说，两种状态都自有独特的乐趣。

上述情况涵盖面很广，几乎能让我们想起虐待狂和受虐狂这样的极端情况。

被利用，主动或被动，甚至承受痛苦和压榨，他们都能从中获得愉悦。此外，在挤压、拥抱、啃咬和暴力，乃至施加和接受痛苦时，只要不超过自己的限度，自我实现者都会产生积极而主动的愉悦感。

这一点可能是基于自我实现者对自己的男子气概或女性气质并无怀疑，因此我认为他们有个十分显著的特征，健康人群中的男性更倾向于认为自己的女性化智慧、力量和才能是迷人的，而不健康的男性则会因此倍感威胁。

在此，我们又能看到另一个例子，自我实现者通常不会因为性别二分法而困扰，性别间二元对立的出现，似乎正因为人们不够健康。

这与达西（D'Arcy）的论点不谋而合，即性爱和神圣之爱本质上是不同的，但是在最优质人群中，两者合二为一了。他提到了两种爱，归根结底就是男性化或女性化，主动或被动，以自我为中心或牺牲自我，在普通大众中，这两种爱似乎确实形成了对比，处于截然相反的两极。然而，对于健康人群来说，事情却非如此。在这一人群中，二元对立被消解了，人们可以既主动又被动，既自私又无私，既阳刚又阴柔，既自负又谦逊。达西承认这种情况可能发生，尽管极为罕见。

由此得出了一个负面的结论。尽管我们的研究材料有限，但我们还是能依据材料相当自信地得出这样一个结论，即弗洛伊德的主张中，从性中获得或识别爱的倾向是大错特错的[1]。当然，弗洛伊德并不是唯一一犯了这个错误的人，许多不那么深思熟虑的人也会有同样的误解，只不过弗洛伊德是整个西方世界中对此最有力的倡导者。不过在弗洛伊德的著作中，种种迹象强烈表明，他偶尔也会对这些事产生不同看法。例如，有一次他谈到孩子对母亲的感情源于一种自我保护的本能享乐，这似乎是种对得到喂养和照顾的感激之情："它（依恋）

① 巴林特.M.."论性器之爱".精神病学内刊，1948，29，34—40：如果一个人在进行性器之爱研究时，采用精神分析作品作为参考，可能会惊讶地发现：（a）其中对于前性器之爱的描写要远多于性器之爱；（b）关于性器之爱的一切论调几乎都是消极的。另请参见巴林特《精神分析治疗的最终目标》（《精神病学内刊》，1936，17，206—216）。

起源于童年的最初几年，其基础是孩子自我保护的本能使然。"在书中另一部分，他将依恋解释为反应形成；还曾将其解释为性冲动的精神体现。在爱德华·希施曼（Edward Hitschmann）的一次公开演讲中，他认为一切的爱都是婴儿对母亲之爱的重复。"……吮吸母亲乳房的孩子，便是每一段爱情关系的典型角色。恋爱对象的发掘，确实仅是一种重现而已。"

　　然而总体而言，在弗洛伊德提出的各种理论中，最被广泛接受的是温柔是目的受到压抑的性欲。[①]可以非常直白地说，对弗洛伊德而言，这是一种扭曲而虚伪的性爱。当我们将爱侣结合的性爱目标压抑下去，当我们一心想要却不敢承认的时候，其退而求其次的产物便是柔情和依恋。相反，当我们面临柔情和依恋的时候，若是依据弗洛伊德的理论，便只能将其看作目标受抑制的性欲。不可避免，该前提还能推出另一个结论，若是每个人都能如愿和他人结合，那世间便再无柔情之爱了。依照弗洛伊德的言论，乱伦、禁忌和压抑中都能生出爱意。

　　弗洛伊德的理论所讨论的另一种爱便是性器之爱，其一般定义是仅仅侧重于性器官，而对爱只字不提。比方说，这种爱欲往往被定义成一种强大的力量，可能带来巅峰的性高潮，这是阴茎和阴道的结合所致，**无须诉诸阴蒂、肛门、施虐或是受虐**。当然，尽管很少，仍有许多更为复杂的论调。在我目之所

---

① 西格蒙德·弗洛伊德在《文明及其不满》中说："这些人将自己看重的点从被爱的客观事实转移到了爱的行为上，这样便能够从爱人的占有中独立出来；他们通过依恋来逃避丧失。他们爱的不是特定的个体，在他们的爱面前人人平等，他们远离性器之爱的欲望，并将自己的本能隐匿为一种受到压抑的性冲动，以免面对其带来的不确定性与失望。通过这一过程，他们在自身诱发出一种恒定的、公正而温和的态度，表面上看，这与性器之爱的翻云覆雨毫无相似之处，尽管其由性器之爱的词源派生而来。"

及中，秉承弗洛伊德传统的最佳论调便是迈克尔·巴林特（Michael Balint）[1]和爱德华·希施曼。

性爱中包含的柔情到底机制如何，至今仍然是个谜，因为在性交的时候，必然不存在对性目标（因为性交就是性的目的）的压抑。弗洛伊德却对达成了目标的性行为只字不提。如果柔情源于性器之爱，那么在性目标抑制之外，柔情就必然有其他来源，这可能是一种与性无关的来源。苏蒂（Suttie）的分析便一针见血地揭示了上述观点的局限。雷克、弗洛姆、德福里斯特（DeForest）和其他一些对弗洛伊德传统的修正主义者也是如此。阿德勒早在1908年就断言，人们对爱的需要并非出于性。

## 五、关爱、责任与需要的集结

良好的爱情关系有一个重要方面，那就是所谓的需要认同，或者将两个人的基本需要层次汇集成同一个层次。这样能够让一方感受到另一方的需要，就仿佛对方的需要也是自己的需要，而自己的需要也恰好是对方需要的。如此，单个自我便扩展到了两个人的范围。从某种程度上说，两个人在心理上已经变

---

[1] 巴林特.M..“论性器之爱”.精神病学内刊，1948，29，34—40："为了避免落入这一陷阱（其强调负面品质），让我们来看看这样一个理想化的例子，这样处于后矛盾心理下的性器之爱不带一点模棱两可，也不带一丝前性器客体关系的印记：（a）其中不应该有贪婪，不该有欲求不满，不该产生吞噬对方的愿望，以磨灭对方萌生的任何独立迹象，也就是不该产生口欲的迹象。（b）不该产生伤害、羞辱、统领、主导对方的愿望，也就是不应产生虐恋的迹象。（c）不该产生污蔑伴侣的愿望，不该为他（或她）的性欲和享乐而轻视对方。不该让对方处于受到伴侣嫌弃，或是自己有所缺憾，未被全身心爱着的威胁中，等等，也就是不该产生肛欲期的残象。（d）不该强迫式地炫耀自己拥有阴茎，也不该恐惧自己伴侣或是自己的性器官，也不必羡慕异性的性器官，不必认为自己的性器官有缺失或缺陷，当然也不要认为伴侣有缺陷，总之，不要出现任何性器期或是阉割情结的迹象。那么，除去这无穷无尽的前性器特质之外，到底什么才是'性器之爱'呢？我们固然爱着自己的伴侣，（1）因为伴侣令我们满足。（2）因为我们能令伴侣满足；因为我们能够几乎在同一时间，共同体验完满的性高潮。性器的满足显然只是性器之爱的必要非充分条件。而据我们了解，性器之爱远只是感激伴侣带来的性器满足。此外，无论这种感激是单方面产生的还是双向的，都没有任何区别。那么，这到底是怎么回事？除了性器的满足之外，我们还发现真爱的特点是：（1）理想化；（2）柔情；（3）认同的一种特殊形式。总之，人类的性器之爱这一表述简直是用词不当，我们口中的性器之爱，融合了差异因素、性器满足以及前性器的柔情……对这种压迫性的融合产生恐惧会带来一种回馈，人们会周期性地退回到某些快乐的时光，真正回到无忧无虑的婴孩时代……"

成了同一个单位，同一个人，同一个自我。这条原则最早或许是由阿尔弗雷德·阿德勒以技术层面的形式提出的，埃里希·弗洛姆也早已完备地表达了这一原则，特别是在他的书《利己之人》中，爱已经有了明确定义：

就恋爱"对象"和自己之间的关系而言，爱在原则上是不可分割的。真正的爱是一种生产力的表达，其意味着关心、尊重、责任以及知识。其不会受到他人"依恋"的作用，而是根植于自己爱他人的能力，他们会因此为所爱之人的成长和幸福而做出积极努力。

施利克（Schlick）也有效地表达了这一点：

社会性驱力是人的一种倾向，基于这样的倾向，他人愉快或不愉快的心态本身就是与愉快相关的体验（同样，仅仅是对其他个体产生感知，仅仅是这一感知的存在，就能凭借社会性驱力引发愉悦的感觉）。上述效应自然会让人以他人的快乐作为自己行为的目标。一旦这样的目的达成，此人就享受到了因此产生的快乐，因为除了想法，对愉悦表达的实际感知也会让人感到开心。

在普世价值中，上述愉快需要的认同往往表现为承担责任、关心和顾虑他人。带着爱意的丈夫会尽可能将妻子的快乐作为自己的快乐源泉，其快乐的程度可以等同于自己的快乐。慈爱的母亲宁可自己感冒，也不愿孩子咳嗽一声，她确实愿意担负自己孩子的病痛，因为对她而言，自己生病远不如目睹或耳闻孩子得病那样痛苦。对此有一个很好的例子，在美满和糟糕的婚姻中，夫妻对疾病的反应，以及对生病伴侣的必要护理程度截然不同。对美满的夫妻而言，疾病是两个人的事，而非其中一方的不幸。这样的伴侣会自发承担平等的责任，仿佛两人同时被击垮一样。相亲相爱的家庭以这样的方式不仅仅表现在食物或金钱方面。

如果伴侣的关系十分亲密，那么生病或是处于弱势的一方便能够投身于爱人的关爱与保护之中，仿佛孩子在父母的怀抱中入睡，不会被抛弃，不会受威胁，也不会丧失自我意识。通过对健康状况较差的伴侣进行观察，发现疾病会为伴侣带来压力。对身强力壮的男人而言，男子气概意味着体力，因此疾病和体弱意味着一场灾难。而对于通过选美的标准衡量女性外表吸引力的女性而言，无论是疾病还是身体缺陷，只要是降低其生理吸引力的因素，对于其女性气质都是一场悲剧。若是男性以同样的方式定义女性魅力，那么女性的体弱多病对男性也是一场悲剧。健康人群往往不会陷入这样的谬误。

若是我们清楚地记得，人们归根结底都是将自己封闭在各自的小小躯壳中，且我们不反驳这点，那么总而言之，人们永远不会如同了解自身一样真正了解彼此。进而群体与人际的每一次交往，都可看作"两个孤独者的互相保护、联系和问候"（里尔克）。在我们的认知中，这一切努力都从某种程度上证明了一点，健康的爱情关系是弥合两个相异之人不可逾越的鸿沟的最有效方式。

在历史长河中，人们对爱情关系以及利他主义、爱国主义等进行了充分的理论化研究，常常花上很大篇幅来探讨超越自我的问题。在安贾尔（Angyal）的一本著作中，他在技术层面对此进行了极具现代化意义的讨论，他在书中列出了各种有关一夫一妻制的例子，并在自主、独立等倾向层面，将它们与个人进行了对比。越来越多的临床与历史证据表明安贾尔是正确的，他要求在系统化的心理学体系中，为各式各样的倾向留出空间。不仅如此，这种超越自身极限的需要，似乎很显然与我们对维生素与矿物质的需要不谋而合，也就是说，假设需要无法得到满足，那么人就会以各种不同的方式罹患疾病。我可以这样说，自我超越领域最让人满足的完善案例，正是健康的爱情关系。

## 六、健康恋爱关系中的娱乐和愉悦

上面提到，埃里希·弗洛姆和阿尔弗雷德·阿德勒的观念中强调产出、关怀和责任，这的确很有道理。但是弗洛姆、阿德勒以及其他通过同样方式写作的人，都莫名其妙地忽略了健康爱情关系中的一个方面，但其明显地表现在了我的被试们身上，也就是娱乐、愉悦、良好的存在感，以及庆贺。自我实现者有一个很大的特点，就是从性爱中获得极大享受。对他们而言，性往往是一种游戏，在游戏中，笑声与喘息声此起彼伏。在弗洛姆和其他的严肃思想家口中，理想的爱情关系是将性看作任务或负担，而非一场游戏或愉悦。弗洛姆写道："爱是人们与他人、与自己建立联系的有效形式。它意味着责任、关爱、尊重与知识，以及对他人成长和发展的愿望。它是两个人在保持彼此完整性的前提下表达出的亲密。"不得不承认，这听上去有点像某种契约或伙伴关系，而非一场发自内心的浪漫戏耍。性爱吸引人之处并非整个物种的福祉，也非繁衍的任务，遑论人类未来的演进。尽管健康人群的爱情与性生活常常达到极度的喜悦，但其也能轻易地与孩童和小狗的戏耍相提并论。它欢快、幽默、富有乐趣。接下来，我们将更详细地指出，性爱的核心并非如弗洛姆所言是一种奋斗；它本质上是一种享受和愉悦，两者的内核完全不同。

## 七、悦纳他人的个体性与尊重他人

每一位探讨理想或健康爱情的严肃作家，都强调健康的爱便是对他人个性的肯定、对他人成长的渴望、对他人个性与独特人格发自内心的尊重。

通过对自我实现者的观察，这一点得到了有力的证实，这类人在不同程度上有着罕见的能力，能为伴侣的荣耀感到高兴而非威胁。对于自己的伴侣，他们的尊重方式十分深刻而基础，其中的含义可谓十分丰富。正如奥弗斯特里特所言："爱，并非对伴侣的占有，而是对他的肯定。这意味着乐于全情投入，肯定伴侣那独一无二的人性。"

弗洛姆对于这一主题的陈述也十分令人印象深刻："这样的自发性其主要成分便是爱；爱绝非自我在另一个人身上的解构，而是对彼此发自内心的肯定，那是人们在自我保护的前提下，与他人的有机结合。"在此，一个男人的例子令人印象深刻，对于妻子的成就，他毫不吝惜自己的自豪之情，哪怕这比他自己的成就更加耀眼，与此同时，他还不带一丝妒忌。

这种尊重表现在许多方面，但弗洛姆很遗憾地认为，上述效应的作用应该与爱情关系严格区分开来。爱与尊重尽管常常相伴而行，但它们是可以分开的。可能出现不带爱意的尊重，即使人到了自我实现的层次，也可能如此。虽然我不太确定有没有缺乏尊重的爱，但我想其可能性很大。人们眼中不少归于爱情关系的属性，常被张冠李戴到尊重关系之上。

通常而言，尊重一个人便是承认其作为独立的实体，承认其作为独立、自主的个体。自我实现者不会随意利用、控制他人，也不易忽视他人的意愿。自我实现者对于值得尊敬的人不会怠慢丝毫，更不会施以不必要的羞辱。这条规律不仅适用于成人之间的关系，甚至适用于自我实现者与孩童之间的关系。

与我们所处文化中的其他人不同，自我实现者可能会对孩子报以真正的尊重。但他们在两性间的尊重带来一个有趣的现象，在他人的解读中，这种尊重可能被误解为相反的形式，也就是尊重的缺失。比如我们很清楚，许多所谓尊重女性的表现，在过去实际上体现了对女性的不尊，甚至在当今时代，人们还有意无意地表现出对女性的深深蔑视。在女士进屋后起身迎接，为她们让座，帮她们披上外套，让她们先进房间，给她们"最好的一切，一切都女士优先"这类文化习俗，无论从历史角度还是动力角度来看，都暗示着女人的软弱，暗示她们无法照顾自己，因为这一切都意味着保护，保护软弱无力的人。一般而言，自尊心够强的女性往往会对这些尊重表现保持警惕，因为她们太清楚了，这些尊重的意思可能恰恰相反。那些真正发自内心尊重女性，想让她们成为自己的伴侣、平等的朋友以及完整的人的自我实现的男士，不会仅仅将女性作为物种的另一部分看待，若是用传统视角看他们，或许会显得更随性、自由、熟稔且不那么礼貌。我目睹过由此带来的麻烦，也目睹过自我实现的男士被指责，说他们缺乏对女性的尊重。

## 八、终极体验之爱：钦佩、惊奇、敬畏

事实上，爱会产生很多美好的效应，但这并不意味这些效应就是爱的驱动力，也不意味着人们之所以陷入爱河，就是为了这些效应的实现。我们发现，健康群体身上的爱带有发自内心的欣赏，可以对其如此描述，这就仿佛我们被一幅精美的绘画打动，我们全身心地悦纳，心中油然而生一种自然而然的敬畏和享受。在心理学文献中，关于奖赏与目标、强化与满足的言论太多，但是它们远不足以表达我们口中的终极体验（相比于工具性体验）或是对美好的敬畏，因为终极体验本身便是一种犒赏。

在我的研究对象中，爱与欣赏的目的往往就是其本身，不要求回报，也没有任何其他目的，这种体验见于诺斯罗普（Northrop）的东方研究，这样的感受具象而丰盛，其目的是自己的福祉，是独一无二的。

这样的赏识既无所求，也无所得，毫无目的，也无功利。它是被动而非主动的，类似于道家主张中的顺其自然。这些充满敬畏的人不在乎也不强求产生了何种体验，体验也不会困扰到他。他就用天真的眼睛注目、凝视着，就仿佛一个没有任何立场的孩子，他只是沉迷于体验所固有的迷人品质，他干脆地接纳了爱的体验，也自然实现了其应有的效果。这样的体验可以如此类比，我们甘愿被海浪打翻，仅仅是为了体验其中的乐趣；还有个更妙的类比，这就仿佛我们在看着夕阳缓缓落下，我们的欣赏充满敬畏，毫无功利的期待。我们能有什么期待，可以寄托在日落之上呢？这样一来，我们也不会像罗夏一样将自身投射到经验中去，也不会妄图塑造经验。这些体验也不能称作什么事物的信号

或是征兆，对此的赏识也无须怎样的犒赏与联想。它与牛奶、食物或其他生理需要都无关。我们欣赏一幅画不代表就想占有它，欣赏玫瑰不代表想摘下它，欣赏可爱的婴儿不代表想将其绑走，欣赏鸟儿不代表想将其关进囚笼。因此，对于他人的欣赏，我们也能够做到无欲无求。当然，敬畏和赏识一定会涉及人的其他心理倾向，这并非爱情蓝图中的唯一倾向，却必然是最清晰的一条脉络。

或许此种观察带来的最重要意味在于，我们能够因此反驳大多数的理论，因为它们都有同一个假设，即人们坠入爱河是驱力使然，而非纯粹受到吸引。弗洛伊德提到过目标受到压抑的性行为，雷克谈到了目标遭到抑制的力量，还有很多人都说到我们基于对自我的不满，创造出了一个投射的幻象，这个幻象毫无真实性可言（因为完全高估了伴侣）。

不过很显然，健康人群陷入爱河的方式就仿佛头一次听到令自己醉心的伟大乐章，人们会为之倾倒并深深爱上，即使他们在此之前并不需要这样振聋发聩的伟大乐章。霍妮在自己的一篇文章中就对非神经症的恋爱进行了阐释，他们将爱情看作自己的目标，而非达到目标的手段。他们的终极反应就是享受、赞赏和愉悦，达到满足与欣赏的境界，而非功利地使用它。圣伯纳（St. Bernard）非常精准地对此进行了表述："爱情的目的不会超越其本身，也不会有任何限制；爱情就是其自身的硕果，是其自身所带来的愉悦。我在只因我爱；我爱也只为我爱……"

在许多神学文献中，与此类似的论调往往十分常见。在区分神圣之爱和凡人之爱时，人们往往基于这样的假设，他们认为无私赏识和利他主义的爱情或许只是一种超乎常人的能力，而并非基于人类的天性。我们固然要对此进行反驳；在远古时期，所谓人类最优越、最成熟的状态下，会表现出很多常人眼中超自然的优越特质。

在我看来，前面几章提出的各方面理论框架，就对这种现象进行了最好的理解。我们先来考虑匮乏动机和成长动机的区别。在我看来，自我实现者的定义可以是不再受到安全、爱和归属、地位和自尊需要驱使的人，因为他们的需要已经全部得到满足了。那么，为何一个爱情已经得到满足的人还要坠入爱河呢？当然，其原因并不同于受到爱情需要驱使的人，这些人之所以坠入爱河是因为对爱的需要和渴望，他们被迫弥补这种病理性的缺爱（匮乏爱）。

自我实现者并没有需要弥补的严重缺陷，他们眼中只有自由的成长、成熟与发展，简言之，这就是为了充实与实现他们个人乃至物种的最深刻本性。这些人的所作所为源于其成长过程，毫不费力就能表现出来。他们相爱只因他们充满爱心，正如他们的善良、诚实和自然，也就是说他们的天性是自然流露的，正如强大的人不会逞强，正如玫瑰自然散发芳香，正如猫咪生来优雅，正如孩童幼稚天真。这样的附属现象就像身心的自然成熟一样无须任何动力。

在自我实现者的爱情中，几乎不需要什么尝试、焦虑和挣扎，但这些纠结又恰好是普通人爱情的主宰力量。在哲学语境中，爱既涉及存在，又涉及成为，因此被称为针对他人的存在之爱。

## 九、超脱与个体性

在此，似乎出现了一个悖论，自我实现者总是保持一定程度的个体性、超脱性和自主性，而乍一看，这与上述的认同与爱不那么相容。但这仅仅是个表面上的悖论。正如我们上述看到的，在健康人群中，超脱的倾向、需要认同的倾向，与和他人产生深刻的关系并不矛盾。事实上，自我实现者也是同时拥有个人主义、利他主义以及社会性和爱心的人。在我们的文化中，人们将这些品质放在一个连续体的两端，可这显然是个谬误，现在必须得到纠正。将这些品质结合在一起后，二元对立就在自我实现者身上消解了。

我们的被试带着一种健康的自利，一种高度的自尊感，他们不愿意在没有充分理由的情况下做出牺牲。

在自我实现者的爱情关系中，这是一种伟大的爱人能力的融合，同时，也是对他人和自己的极大尊重。其中一个事实表现了这一点，自我实现者不会像普通的恋人那样，在**需要**一词的一般意义上彼此纠结。两人既可以如胶似漆，但若有必要，仍然可以暂时分开，关系也不会因此崩溃。两人是互相独立的，其间并没有任何外在的勾连。他们能够明确地感觉到彼此互相需要，但是从哲学意义上而言，即使是长期分离和生死两隔，他们也能够保持强大的力量。在最为激荡人心、最令人狂喜的爱情之中，自我实现者仍然能保持自我，最终留住自己的主人翁地位，尽管彼此非常享受爱情，但仍旧按照自己的一套标准生活。

显然，如果对于自我实现者的相关发现得到证实，那么我们文化中对于理想爱情或健康爱情的定义将被颠覆，或者起码是得到扩大。我们习惯于将爱定义为两个自我的完全融合，没有一丝间隙，两人会放弃自己的个性，而非让个性越发尖锐。虽然这话没错，但在本部分内容中，自我实现的恋人的个性似乎确实被强化了，两人的自我虽然在某种意义上交融了，但在另一种意义上却依旧保持着自己的独立与强大。个体性的超越与强化应被看作相辅相成的一对，而非针尖对麦芒的敌手。此外，这也说明了超越自我的最佳途径就是强烈的身份认同。

## 十、健康恋人的绝佳品位与感知

研究报告称，自我实现者最显著的优势之一，就是他们具有非凡的洞察力。他们能够感知真相与事实，且感知力相比普通人更有效率，无论这种感知是否有结构，是否关乎其个体性。

在爱情关系领域中，这样的敏锐主要表现在选择性伴侣或爱侣的良好品位（或洞察力）上。与随机抽样的群体相比，被试的密友与配偶群体要优质得多。这并不是说我们观察到的每对婚姻配偶，以及被试的性伴侣都处于自我实现水平。

观察结果中仍有几个反例，虽然这些反例也能得到一定的解释，但这恰好证明了我们的被试并非完美的或是无所不知的。他们也有自己的虚荣心，以及自己特殊的弱势。比如在我们研究的对象中，不止一位被试的婚姻是出于同情而非平等的爱情。由于某些无法避免的问题，有人迎娶了比他年轻许多的女人为妻。不过仍有可量化的报告可以强调，他们对配偶的品位要远高于平均水平，却并非十全十美。

可即使如此，这也足以驳斥人们普遍秉持的观点，人们往往认为爱情是盲目的，或是从更加复杂的角度看来，恋人必然会夸张地高估自己的伴侣。显然，对普通人而言这是对的。不过，还有不少迹象表明，健康人群在恋爱中，其感知要比不恋爱的时候更为高效和敏锐。在恋爱中的人眼里，所爱之人身上或许会有他人完全看不到的品质。[①]健康人群很容易犯下这种错误，因为他们可能会爱上有着明显缺点的、不受他人偏爱的人。不过，这种爱并非对缺点一叶障目，而是将感知到的缺点忽略，或是根本不将它们当作缺点。因此，无论是身体上还是经济、教育、社会方面的缺点，对于健康人群都微不足道，但性格缺陷则不然。正因如此，自我实现者很容易爱上相貌平平的伴侣。在其他人眼中这是盲目，但这或许更适合被称作良好的品位或是敏锐的洞察力。

我有幸在几位属于相对健康人群的年轻大学生身上，看到了上述良好品位的发展。他们越是成熟，就越不容易被英俊、帅气、舞技超群、胸部曲线、体格健壮、身材高挑、身段健美、脖颈颀长等特征吸引，反而会着重探讨宽容、善良、正派、友善、体贴的品质。事实上，在少数例子中我们还能看出，自我实现者所爱之人往往带有其早年间不那么喜欢的特征，比如毛发旺盛、过于肥胖或是不够聪慧。在一位年轻男子身上，我观察到其潜在的爱人数量连年减少，

---

① 施瓦茨、奥斯瓦尔德的《性心理学》（企鹅图书，1951）中写道："有一点再怎么强调也不为过，爱的神奇力量是与生俱来的，它使得恋人能发现对方身上有常人所不能看到的美德，这些美德并非恋人凭空想象出来的，这并不是他们对所爱之人装点的浮华装饰：爱不是自欺欺人，毫无疑问，爱情中有强烈的认知因素，但究其本质，爱情是一种认知行为，其确实是抓住人格最深内核的唯一途径。"

一开始他几乎会被所有的女孩吸引，其择偶标准仅仅基于生理特征（排除太胖、太高的女孩），在其认识的所有女孩子中，他因此只考虑和其中两人发生关系。而现在，择偶标准由生理相关的术语变成了性格相关的术语。

我想会有研究表明，这种变化是随着健康程度的提高而产生的，并不仅仅因为年龄的增长。

还有两种常见的理论与我们的研究材料相悖，一种是异性相吸，另一种是同性婚姻。事实上在健康人群中，诚实、真诚、善良和勇气等性格特征是同性婚姻遵守的原则。而在同性婚姻中，双方对收入、阶级地位、教育程度、信仰、民族背景、外貌等更为外在和表面的特征，其重视程度似乎明显低于普通人。自我实现者不易受到双方差异与陌生感的威胁，事实上他们对此抱有很大的兴趣。他们对于口音、着装、食物、习俗以及仪式的适应能力要比普通人强得多。

至于异性之间的吸引，我的被试们确实会真心折服于他人身上的技能与才华，而这是他们自己不具备的。正因这些优势，我的被试们才对其潜在的择偶对象**如此**迷恋，男性和女性都是如此。

在本章最后，我想提醒大家注意一点，自我实现者的个案很好地消解与否定了冲动和理智、头脑与心灵之间那古老的二元对立。我的被试们都是根据认知**或是**意动的标准，精心挑选所爱之人。也就是说，他们经过冷静、理智且符合实际的运算，又带着**直觉、性欲和冲动**去爱上同一个人。他们的欲望与判断是协调一致而非针锋相对的。

这让我们想到索罗金（Sorokin）的研究，他致力于证明真、善、美的正相关关系，而我们的材料在**健康者**身上证实了索罗金的论点。对于神经质人群，我们必须在此问题上持保留态度。

# 第 13 章

# 对个性与共性的认知

## 一、序言

在心理学家眼中，所有的经验、行为和个体的反应无外乎两种：其一就是一切经验和行为的产生都有其独一无二的个性，也就是说，世上的经验、个体和行为都是与众不同的；其二则是将一切经验都看作具有代表性而非个性的，也就是将它们分类为一个一个的层次、类别或条目，并从中找出范例或代表。从这一角度，这些研究者严格来说对事件根本**没有**检验、关注、感知甚或亲历；其对事件的反应就类似档案员，就是将足够多的文本归进A类或B类。而我们可以将这样的活动称为"类目化"。若有人不喜欢新兴词汇，那么"BW式抽象"（abstracting$_{BW}$）一词或许也是可取的。下标中的字母B和W分别代表柏格森（Bergson）①和怀特海（Whitehead），这两位思想家在我们对危险抽象行为的

---

① "即使理性承认面前的客体不知所云，它也会认为自己的无知仅仅在于不知道如何对面前的新客体归类，而这些类别无疑是古已有之的。它们仿若一个一个的抽屉，时刻等待着被打开，我们会将事物放进去吗？它们仿若一件一件已经剪裁完毕的袍子，我们会就此披上吗？到底是这件？那件？还是另一件？而所谓的'这件''那件'和'另一件'永远是早已构思出来的，是已知的。而对于新的客体，我们或许需要为之创造一个新的概念，或许是一种新的思维方式，可这令我们深恶痛绝。但是哲学史就在那里，向我们呈现着永不停息的体制冲突，现实中的事物绝不可能穿上现成概念的成衣，这样一来，我们便有必要做到量体裁衣了。但是与其走到这一极端，我们的理性更愿意带着一种自豪的折中态度做出一劳永逸的论断，所谓独特性仅仅是相对而非绝对的。这个粗浅的声明一旦说出，就能够肆无忌惮地运用思维定式了，这些概念无须染指绝对化，却能对一切做出绝对的判定。柏拉图首次提出了这样的论调，即想要认识真理，首先要追溯其观点，也就是说，将知识强行装到一个预先存在的框架中，就好像一切知识都隐含在我们意识中一样。不过，这样的信念对人类的智力而言是自然产生的，人们总是忙于将新认识的客体归入从前定好的类目下；可以这么说，在某种程度上，我们都是天生的柏拉图主义者。"

理解上，做出了最大的贡献。①

　　只要对于任何心理学基本理论抱有严肃的关注，便会自然而然产生这样区分以作为其副产品。总体而言，在大多数美国人的心理活动中，现实是稳固而静态的，而非变化与发展的（即一种状态而非过程），其零散与相加的特性大过于相互联系与模式化的特性。这种对于现实动态和整体性的盲目，导致了学院派心理学的不少弱点和失败。尽管如此，也没有必要制造二元对立，或是选择一个阵营展开战斗。整体—动力主义中既有变化也有稳定，既有相似也有不同，它甚至也能像原子·静态主义一样片面与教条化。如果在本章中，我们强调了其中一者而忽视了另一者，也是出于令整个结构更加完整和平衡的需要。

　　在本章中，我们将根据上述理论的考量，来探讨有关认知的一些问题。作者尤其希望传递自己的一些信念，即许多被看作认知的事物，事实上是信念的替代品，人们只因生活在一个不断变化的世界里，该过程充满了对认知的需要，也就是说，认知不过是个二传手的把戏而已，只是人们不愿承认这一点。因为现实是动态的，而西方文化中的平庸之人又只能对静态的事物有较好的认识，因此我们的大部分注意、感知、学习、记忆和思考，实际上都只是在应付源自现实或理论的静态抽象过程，而非现实本身。

　　为了避免人们认为本章内容是对抽象与概念的反对和挑衅，我要明确地表示，我们的生活中不能缺少概念、概括与抽象过程。关键在于它们必须要以经验作为基础，而非空洞而虚无的，它们必须扎根在具体现实中，并与之紧密相连。它们必须富有意义，而非仅仅是文字、标签或是抽象概况之流。本章将要处理这种病态的抽象，即"简化的抽象"以及此种抽象带来的危险。

---

① 感兴趣的读者可以在此参阅，以下的心理学作者进行了与本章所述多少相似的辨析。库尔特·勒温（Kurt Lewin）对亚里士多德学派和伽利略学派的科学方法进行了对比，高尔顿·奥尔波特对人格特质科学"具体化"和"常规化"方法的求索，以及近来的语义学家们强调经验之间充满差异而非简单相似，上述观点都与本章的论点有重叠之处，也在本文的准备过程中作为素材使用过。下面，我们还会就科特·戈德斯坦（Kurt Goldstein）的抽象—具体二分法中的几个有趣问题进行探讨。同样与此相关的，还有伊塔德笔下的《阿韦龙的野孩子》（*Wild Boy of Aveyron*）。

## 二、注意中的类目化

注意的概念与感知截然不同，它强调选择性、准备性、组织性和驱动性。它们不一定是纯粹而新鲜的反应，其反应的性质完全由指向对象的性质决定。注意也是由个体感官的性质、个体的兴趣、动机、偏好、过去经历等决定的，这已经是共识了。

但还有一点更重要，从注意者的反应中能够看出，新鲜而独特的注意自有其特点，它与注意者头脑中那一系列刻板的、成规式的类目是有区别的。也就是说，注意可能不过是我们对自己已有经验的认识或发现，在注意之前，我们对这个世界就有了先入为主的体验。这或许只是对过去经验的文饰，或是对维持现状的尝试，我们并未真正意识到世界的变化、新奇与变迁。对此，我们只需关注已知的事物，或者迫使自己将新鲜的事物转化成熟稔的形态。

刻板化的注意对有机体而言，好处和坏处都同样明显。很显然，它不需要人们全神贯注地对某一种体验进行类目化或分类，这反过来也意味着精力的大量节省。毋庸置疑，简单的类目化不会比全神贯注让人劳心。另外，类目化过程也不需要人们集中精力，将全部认知资源都占用。我们都知道，注意力集中是感知和理解重要问题或新问题所必需的，这是非常让人劳累的，因此相对来说也不那么常见。上述结论告诉我们，人们往往喜欢流程化阅读、精简的小说、文摘类杂志、刻板化的电影、陈词滥调的谈话，往往回避现实问题，起码在面对问题时，更加偏爱一些刻板化的伪解决方案。

类目化是片面的、象征性或名义上的反应，固然缺乏全面性。这就让自动化的行为，即同时做几件事成了可能。反过来，这也意味着通过类似条件反射的方式，用比较低等的活动达到相对高级的目标。一言以蔽之，在熟悉的经验中，我们不必对其要素进行过多的关注。因此，我们不需要将服务生、门卫、电梯操作员、街道清洁工或是任何身着制服的人视为个人。[①]

此处的悖论在于，我们通常不会注意到哪些内容无法适用已构造的条目系统，与之格格不入，以及只有不同寻常、陌生、危险或带有威胁性的东西才是最引人注目的。陌生的刺激往往很容易产生危险性（比如黑暗中的噪声），当然也可能不危险（比如挂在窗户上的新窗帘）。人们会对陌生—危险的事物给予最充分的关注；而对熟悉—安全的事物关注最少；对不熟悉—安全的事物关注度适中，它有可能转化成熟悉—安全的事物，也就是被类目化了。[②]

还有一种奇特的倾向会引发人们的有趣推论，新奇与奇特的事物要么完全无法引起人们的注意，要么能够吸引绝大多数人的注意。我们大部分（没那么健康的）人似乎都只会对有威胁的体验产生关注。似乎注意力只是一种对危险的反应，是对应激状态的必要警醒。这样的人对不具备威胁性和危险性的体验不以为意，认为这样的事物不值得引起关注，也不值得产生任何认知或情感上的反应。对他们而言，生活要么是与危险撞个满怀，要么就是危险与危险之间的一丝喘息。

但对有的人而言，情况并非如此。他们不仅会对危险的情况作出反应，甚至可能因此感到更加安全与自信，他们能够自如地对事物进行回应和注意，甚至面对新的体验时，不会感到一丝威胁，反而会充满兴奋和愉悦，对常人而言，这可以说是一种奢侈。上文已经指出，这样的积极反应无论是温和还是强烈，无论是微微激起的兴奋，还是无法抑制的狂喜，都像应激反应一样，那是对于自主神经系统的动员，同时也与内脏与其他机体部分相关。划分上述反应的主要标志在于人们对此的自省上，有的经历让人感到愉悦，有的却令人不快。通

---

[①] 欲知更多有关的实验案例，请参阅巴特莱特的优秀研究成果。

[②] "从婴儿时期直到生命的尽头，没有什么比吸收新知识并对其熟悉起来更需要认知参与了，那种经历就像偶遇一个充满威胁的施暴者，或是一个打破常规概念的事物，当其进入我们的认知时，透过其出人意料的显现和通行证，他就像一个让人开心的老朋友……对于远远超出我们认知范围的事物，我们反而不会抱着任何好奇和向往，毕竟我们对其没有任何可参照的概念，也没有任何衡量的标准。"（第二卷）

过观察，我们发现人类不仅会被动地适应这个世界，还会享受甚至将自己的主观性建构在世界之上。这种多样性可以解释一点，我们大抵能将上述差异归因于精神健康程度的不同。对比较焦虑的人而言，注意往往是一种应激机制，因为他们会将整个世界简单地划分为危险和安全。

弗洛伊德提出的"自由悬浮性注意"这一概念，或许能与类目化注意形成最切实的对比。[①]观察发现，弗洛伊德提倡的是被动而非主动的注意，因为他认为主动关注就是将期望强加到现实世界之上。如此的期望可能会将现实的声音淹没，尤其是当现实声音虚弱的时候。弗洛伊德倡导人们学会妥协、谦卑与被动一些，应该关注现实世界想对我们说些什么，专注于让素材的内在结构来决定我们感知的内容。可以这样说，我们应该将上述体验看作独一无二的，它与世间万物都有差异，我们所能做的就是尽力理解事物的本质，而不是一味关注它是以何种方式与人类社会的理论、图式以及概念相适应的。从最全面的角度来概括，这条倡议是以问题为中心的，而非以个体自我为中心。如果我们要对体验的本质加以理解，就应该尽可能将自我及其经验、先验性知识以及希望与恐惧置于一旁。

熟稔（乃至刻板化）地对科学家和艺术家的体验方式进行对比，或许能产生一定的帮助。如若我们能从真正的科学家与艺术家视角对这些抽象方式进行想象，那么最好通过他们的方法对一切体验加以对照，因为我们深知，科学家

---

① "因为一旦人们将注意力集中于某个水平，就会对自己面前的素材进行挑选；人们会将关注点在头脑中进行清晰的锚定，同时忽略其他内容，在选择过程中，人们会遵循自己的期望，但这样做恰恰是不合适的；如果人在抉择时一味遵循自己的期望，那就会陷入另一种危险，即除了自己已知的事物以外，永远无法发现其他新事物了，一旦人开始从心所欲，那么其察觉到的一切极容易被证伪。无论如何我们须得记住，人们很大程度上是先听闻事物的意义，而后对其进行辨别。

　　"因此，我们能够看出，平均分配注意力的原则，在于对来访者要求进行必要的推断，范围涵盖所有的谈话内容，尽量不带任何批判和筛滤。如果医生不这样做，那他就得不到来访者遵循'精神分析基本原则'带来的大量裨益。对医生而言，上述原则可以进行如此表达：注意中应当避免一切有意识的努力，应该充分地发挥人的'无意识记忆'；还有一种表达则更具技术意味：人们只需倾听即可，无须将事物特意记在脑子里。"

会依据根源特质区分各种体验，他会将体验与世间万物加以联系，将它们纷纷置于单一维度的世界运行哲学中，寻找各自的类似与区别之处。科学家偏爱对体验命名或是标签化，他们会让体验各归其位，也就是加以分类。依据柏格森（Bergson）、克罗齐（Croce）等人的言论，一个称职的艺术家最感兴趣的便是自身体验的独特之处。他们势必会关注这段体验的个性，世间没有一模一样的苹果，没有一模一样的模式，也没有一模一样的树木，因此，每个人的头脑也绝不会一模一样。正如一位评论家如此描述某位艺术家："他人目之所及，他却心之所向。"他绝不会将自己的体验归入内心的任何类目中。他认为自己的任务只能是去理解新鲜的体验，并利用自己的禀赋让这些体验定格，这样一来，其他敏锐的人也能感知到其新鲜。对此，齐美尔（Simmel）说得极好："科学家能视其所知，而艺术家则能知其所见。"[1]或许还有一对范畴有助于细化上述差异，能被称为艺术家的人群起码还在另一个特征上不同于常人。简言之，他们见到每一次落日余晖，每一朵花开花落，每一抹绿意盎然时，都能带着同样的喜悦和敬畏，都能同样地全神贯注、心潮澎湃。再美妙的奇迹在普通人眼中，只要重复见过几次，反应就趋于平常。但对一个真诚的艺术家而言，即使经历千万次奇迹，仍能每一次都报以惊叹。"能够永葆新鲜感的人，也能更为清晰地看待世界。"

## 三、感知中的类目化

刻板印象这个概念不仅适用于与偏见有关的心理学，同时也是一个感知的基本过程。相对于人们对客观事实内在本质反应的吸纳和记录，感知或许存在于另一个领域。其更通常而言，是对体验的分类、编码或是标签化，因此它不

---

[1] 和一切的刻板化类似，这是很危险的。本章事实上隐含着一个观点，即科学家们理应更具直观性和艺术性，应该对原始、直观的事物更具鉴赏力和敬畏感。同样，在对科学领域事物的研究和理解上，艺术家对世界的反应应该更加深刻，他们应该更加有效和成熟，因此，艺术家和科学家本该遵循同一条戒律："全面地看待现实。"

再适合被称为感知，应该被冠以其他名称。我们在刻板印象中或类目化感知中的所作所为，就类似于我们在说话时采用的冗余话语和陈词滥调。

例如，当人们被介绍给一个新朋友时，往往会对其产生新鲜的反应，尝试着感知与理解这个人是独一无二的，与其他任何人都不太一样。不过，我们往往更容易给这个人贴上标签，或者对其进行分类。我们会把此人放入某一个范畴或标准中，而非将其当作独特的个体，仅仅将对方看作某个概念的代表或者是某个范畴的表征。例如我们会将对方仅仅看作一个中国人，而不是一个名叫王林（Lum Wang）的人，他有着与亲兄弟都截然不同的梦想、野心，以及恐惧的事物。他也可能被贴上百万富翁或某个社会成员的标签，或被冠以某女士、儿童、犹太人等分类。①换言之，若是我们愿意保证自己的诚实，就该把带有刻板印象的人比作档案管理员而非照相机。这位档案管理员拥有一个塞满文件夹的抽屉，而他的任务正是将散乱桌上的每一封信件都放入A或B或各式各样的恰当文件夹中。

在许多有关感知类目化的例子中，我们都可以在感知中沿用下述倾向：

（1）采用熟悉的陈词滥调，而非陌生而新鲜的态度；

（2）采用图式化、抽象化的方式而不愿实事求是；

（3）采用条理化、结构化、一元化的方式，而不愿陷入混乱、无组织和模棱两可的境地；

（4）倾向于明确指代和命名的事物，而非指代不明或难以命名的事物；

（5）倾向于有意义的事物而非无意义的事物；

（6）倾向于常规事物而非反常的事物；

---

① 无论何种形式，这样（轻佻）的非事实性虚构意味着词汇上的僵化：其内容往往十分官方，而且带有评价性。所有情节、人物、行为、情景以及"道德"都是相对标准化的，在很大程度上，此处也涉及了各种标准化的词语和短语；正是在这一基础上，人们往往认为某一人物不再代表个体，而代表一个类型，人们一眼便可看出来人是个枪手、侦探，是可怜的女工，还是老板的公子，诸如此类。一般来说，语义学家还会点明，一旦人被归入某个类别，其他人的反应往往会针对这个类别，而不再针对个人。

（7）倾向于意料之中的事，而非意想不到的事。

与此同时，如果面临的事件是陌生、具体、模棱两可、未得到命名、无意义、非常规或令人意想不到的，我们往往会带有一种强烈的倾向，倾向于将事物扭曲、强迫或塑造成自己更熟悉、抽象和组织程度更高的形式等。我们往往更容易将单一事件视为某个类别的代表，往往不会将其看作独一无二的，让它们仅仅代表自己这一个体。

我们能够从罗夏测验、格式塔心理学、投射测验和艺术理论的相关文献中，找到无数例证以验证上述倾向。早川（Hayakawa）在上述领域采用了一位美术老师的例子，他"习惯性地告诉自己的学生，不要画单独的手臂部分，因为他们会仅仅将其看作一条手臂；但由于他们仅仅将其看作一条手臂，便自认为已经理解这个部分了"。沙赫泰的书里也满是引人入胜的例子。

很显然，相比于对刺激对象进行了解和欣赏，如果人们想要将对象归类于一个已经构建起来的类别系统中，那我们不需要了解太多。真正的感知会将事物看作独一无二的，慢慢把玩和体味其中的一切，沉浸其中、细细理解，需要耗费的时间远多于标签化与类目化所需要的弹指一挥间。

由于已经提及，类目化的特点就是其过程只需不足一秒，因此其感知效率也将远低于新鲜的感知。人们对事物的反应往往会取决于其最突出的特征，但这些特征很容易给人以错误的线索。因此，类目化的认知很容易诱发错误。

由于对于原有的错误而言，纠正感知标签化的可能性会骤降，这些错误的重要性也便会加倍突出。若是人们将某个人划入某个标准，此人便会根深蒂固地固化其位置，因为任何与标准刻板印象相左的行为，就可能被草率地看作例外，也不会受到认真对待。举例来说，如果我们出于某些原因，将某个人刻板化为缺乏诚信，因此在纸牌游戏中我们就会尝试着逮住他，不料他似乎并未作弊，但我们还是会继续称他为小偷，因为并没有充分原因证明其确实刚正不阿，他没有犯错或许只是因为害怕被发现，或是出于懒于出手之类的理由。如果我们对他的不诚实深信不疑，即使未曾抓到他的任何不诚实行为，印象也不会改观。接着在我们眼里，他便只是一个本不诚信却又恰好害怕被看穿的毛贼。或许这种矛盾行为本身也十分有趣，其并非人的本质特征，而仅仅是一种肤浅的表现。若我们对某国人的高深莫测深信不疑，那么即使找到一个会笑的某国人，也改变不了这种刻板印象。我们反而会将其看作某国人中奇特、例外的特殊一员。事实上，刻板印象或类目化的概念或许能够为一个古老问题的解决提出一个极好的答案，即使古往今来，真理一直注视着人们，人们依然能够通过林林总总的方式继续相信虚假的事物。我明白，人们之所以习惯于对一切证据不闻不问，完全能够通过压抑来解释，更常见的说法即驱力。毋庸置疑，这样的说法并无差错。但问题在于，这个问题本身还存在片面性吗？有一种充分的解释吗？上述讨论正表明，人们忽视证据的原因多种多样。

若我们正在接受刻板印象，或许能对事物产生的暴力了解一二。很显然，黑人或是犹太人对此深有体会，但其他人也会遇到类似情况。请看下面这个案例，比如这样一些表达方式："噢，这只是个服务员而已"或是"又是这种人"。若是我们被如此随意地与各不相同的各种人草草归于同一类别，那我们往往会心生羞辱和不悦。但威廉·詹姆斯对此问题的观点无法撼动："人类智能在面对事物时，首要行为便是将其归入某个类别。但是，那些对我们而言极其重要，会唤醒我们虔敬之心的事物却永远是独一无二（拉丁文：sui generis）的。若是一只螃蟹能够得知人们将它们无端归为甲壳动物，其间丝毫不加思索，没有歉意，那它一定也会怒火中烧。'我才不是这种东西呢！'它会说：'我就是**我**，我是**独一无二**的。'"

## 四、学习中的类目化

所谓习惯，就是人们试图通过以往的成功经验来解决当前的问题。这意味着我们必须做到将眼前的问题归为某类，以及为这一类问题选择最有效的解决方案。因此，将问题归类，也就是条目化就显得势在必行了。习惯这一现象最有效地说明了这点，它也适用于注意、感知、思考和表达等方面的条目化，这样说来，依据效果来看，条目化也就是尝试着"冻结整个世界"。①事实上，世界本就是瞬息万变的，一切事物都在不断行进，理论上而言，世间万物都不是静止的（尽管出于许多实际的目的，不少事物会保持静止）。如果我们认真对待理论，那么每次经历、事件和行为（无论其重要与否）都会在某种程度上，与世间已经发生或将要发生的经验与行为有所不同。②

正如怀特海反复强调的观点，我们将科学与常识相关的理论和规律直接建立在习惯这一基本且稳固的事实上，似乎完全合理。但事实上，大多数人做不到如此，尽管在很早以前，最为娴熟的科学家和哲学家就已经抛弃了落后的观念，不再漫无目的地将虚无的空间和陈年旧事来回摆布。上述观念虽然在表达上被我们摒弃了，但它们仍然存在，我们不太明智的反应往往都以此为基础。尽管我们必须接受瞬息万变、不断前进的世界，但很难对此报以深情和热诚。我们仍是根深蒂固的牛顿主义者。

因此，一切可能被标签化的人类反应方式，都可能被重新定义为"以面对瞬息万变、充满动力过程的世界为目标，而不断努力地使之冻结、静止乃至停

---

① 在特定的情况下，人们往往会出于"以智能为依据的本能"选择自己已知的事物，人们追求这一点，也就意味着能够遵循已有的原则，获得已知的结果。正因如此，才出现各种用以预测未来的常识。随着科学的出现，常识指代的精确性达到了前所未有的高度，却仍旧未改变自己的本质特征。和常识一样，科学只关注事物可复制的一方面。尽管就其整体而言，科学是原创的，但其总会设法分析问题，让各种元素尽量成为过去的再现。科学只能在倡导重复的事物上起作用。在此值得再次重申的是，现在出现了截然不同的科学哲学起源，也就是截然不同的关于知识与认知的观念，其中包括整体主义（以及原子主义）、独一无二的（以及可复制的）、人性化的（以及机械的）、变化多端的（以及稳定的）、先验的（以及实证主义的）。

② "世间没有一模一样的两件事物，亦没有一成不变的一件事。假如你能清楚意识到这一点，那你也尽可以假装有些事物一模一样或是一成不变，总之，你可以按照习惯行事。这并不重要，因为有的不同必须得加以区分，而有时候，有的不同无须表现出来。只要你能意识到世间万物总有区别，而且能够自觉判断出这些区别，那你一定是养成了习惯，因为你十分清楚何时可以不用关注这一切。没有任何习惯能包治百病。无论在何种环境下，对于无须依靠或严格遵循习惯的人而言，习惯固然有用；但对于缺乏智慧的人而言，习惯往往会使人效率低下、行为愚蠢甚至陷入危机。"

滞"，因为似乎只有世界停止运动，我们才能自如地应付它。对该种倾向能举出一个例子，静态原子论取向的数学家炮制了一个精巧的把戏，想实现以不变应万变的境界，这就是微积分的发明。不过就本章而言，心理学的案例更为中肯，而且我们必须强调，人类的习惯和一切再生产范畴的学习都能证明上述的"不变"倾向，静态思维者会冻结这个行进的世界，由于自己无法应付这个时刻变化的世界，于是他们炮制了暂时的静止。

詹姆斯很久以前就指出，习惯就是一种保守的机制。那么，为何会这样呢？只要任何学习而得的反应存在，就会对同一问题下其他反应形成的学习产生阻碍。在此还有一个同样重要的原因，只是常被学习理论倡导者忽视，即学习并不仅是肌肉反应，也代表一种感情偏好。我们不仅要学说英语，还要学会喜爱乃至偏爱英语。[①]因此，学习并非完全中立的过程。我们不能肯定"假使一个反应是错误的，就能轻易将其'忘却，或用恰当的反应来替代之'，因为学习让我们在某种程度上对自己承诺，要对习惯报以忠诚"。假使我们要学习法语，而唯一有空的老师口语不标准，那么压根不学反而更好些；等好老师有空之后再学，效率或许更高。正是出于这个原因，科学界那些以敷衍态度对待假设和理论的人也不该得到我们的苟同。他们认为："即使理论是错的，也总比没有强。"这种论调或许有一定道理，但实际情况并非如此简单。正如一则西班牙谚语所言，"最初，习惯只是蛛丝，而后，却变成了缆绳"。

---

①《选集学者》

　　自从一位选集学者在他的书中选了莫尔斯、伯恩、波勒、布利斯和布鲁克所写的甜蜜的事情，

　　当然，所有后来的选集作家，

　　都引用了布利斯、布鲁克、波勒、伯恩和莫尔斯。

　　因为，如果某个鲁莽的选集专家，

　　自由地出版选集，比方说，来自你和我，

　　带着完全属于他自己的判断力，略去经典的布鲁克、莫尔斯、波尔特、布利斯和伯恩，

　　轻蔑的评论员，略过我们的诗句，会不约而同地哭泣，

　　"这是一本什么样的选集？

　　这就去掉了伯恩、布鲁克、波勒、莫尔斯和布利斯！"

　　——阿瑟·吉特曼

当然，上述批判不适用于一切学习，仅仅针对原子论和再生产范畴的学习，它们只是在对孤立和特定的反应进行识别和回忆。在许多心理学家笔下，这似乎是过去事件对现在产生影响的唯一途径，基于此，过去的经验能够发挥良好的作用以解决现在的问题。这个假设有些天真，因为人们学到的许多实际的知识，也就是过去对现在最深远的影响，往往既与原子论无关，也不能称作再生产。过去的经验对现在产生的最深刻影响，也就是最具影响作用的学习类型，是所谓的性格养成，或称内隐学习，也就是一切经验对人格产生的作用。因此，经验并不像钱币，被有机体一个接一个收入囊中；一旦它们产生深远影响，就会瞬间改变整个人。因此，一些人经历过悲剧之后，就会从莽撞少年一夜长成成熟的大人，他们更有智慧，更加宽容，更为谦逊，也更能从容地解决成年人世界里的一切问题。与此相反的观点认为，这个人除了暂时习得一些技巧，用于掌控或解决这样一类特殊问题（例如母亲的过世）的技巧之外，不会有任何改观。当然，这样一个例子的重要性、可利用性和典型性，要远超过盲目地将各个无意义音节联系起来的寻常例子。在我看来，后者与这世间的任何事物没有任何关系，唯一的例外就是其他的无意义音节。①

若是整个世界都在行进之中，每一刻都是全新且独一无二的，那么从理论上讲，一切问题也都是全新的。对于过程论的主张，我们面临的最典型问题是前所未见的，可以说在本质上不同于其他任何问题。根据该理论的主张，若是面前的问题与过去非常相似，那我们会将其理解为一个特殊的案例而非

---

① "长久以来我们都在努力证明，记忆并非将回忆塞进抽屉的能力，也不仅是将其记载在登记簿上的能力。事实上，并不存在什么登记簿和抽屉。甚至更确切地说，根本没有捷径可言，因为所谓捷径只在某些合适的时刻起作用，比如一丝不苟地将过去的经验完全堆砌起来的情况……"

"但我们即使对此没有明确的概念，仍然还可以隐约感觉到过去的经验仍在眼前。事实上，我们的现在若不是自出生起就体验到的浓缩历史，那么我们现在的性格又是如何形成的呢？甚至可以说，我们在出生之前就带着亲代的性格特征？毋庸置疑，我们自以为过去对自己的影响很小，但是事实上整个过去都被我们携带着前进，其中包括我们精神中最初的印记，包括欲望、意志和行为。因此，我们的过去作为一个整体，通过冲动显现给我们；而它以观念的形式被感知。"

模式化的案例。如果这样，在解决新问题时采用过去经验作为临时解决方案，可能有其益处，也可能使人陷入危险。我坚信能够通过实际观察验证，上述观点从实践和理论上都是正确的。无论人们秉持哪种理论，人们在任何情况下都不会反驳一个事实，即生活中总有一些全新的问题，因此解决办法也应该是全新的。①

从生物学的角度来看，习惯在人的适应中起着双重作用，因为它们既不可或缺，又十分危险。它们势必预示着一个失真的世界，那里恒定、固化且静止，但通常被认为是人类最有效的适应工具之一，这当然意味着一个瞬息变化的动态世界。习惯是一种既定的情况反应或问题解答。由于习惯已成定式，因此人们形成了一种惰性，不愿再去改变。②不过，当情景发生改变时，我们的反应也应该改观，或是做好迅速改观的准备。正因如此，顽固的习惯可能会比完全不产生反应更糟糕，因为习惯的存在，势必在新的情况下阻抗和延缓必要的新反应。基于同样的关联，巴特莱特（Bartlett）谈到"外部环境中的挑战往往表现为部分改变和部分维持原状，因此人们需要灵活进行调整，却永远抗拒一个全新的开始"。

对于这一悖论，如果我们从另一个角度来阐述，或许能更清楚地说明这一点。进一步而言，习惯的养成是为了在应对反复出现的情况时，节省时间、精力和思维。若是类似的问题接二连三地出现，我们固然能通过习惯省去不少思考的精力，只要积累一些惯性的回答，那么雷同问题出现时，我们便会自动抛出这些回答加以处理。因此，习惯就是对重复、恒定、熟悉问题的反应。因

---

① 正是为了重塑原有的事物，人的智力让每个历史瞬间中真实存在的新事物流逝了。智力否认一切不可预见之事，也杜绝一切的创造。对于明确的因果关系，可以计算出满足我们智能需要的函数。明确的目标需要明确的手段来实现之，我们也能理解这一点。在上述两种情况中，我们都要面对已知的事物，情境中总是融合了已知的事物，简言之，就是旧事物的重复。

② 受到过去经验影响的能力，往往容易被经验改变，而且这种变化往往不准确。它们在总体上与人的需要相冲突，受到本身的多样性影响，不断地改变环境以寻求适应性、流动性以及反应的多样性。一般而言，其效用分为两方面：催生刻板行为，产生相对固化的连锁反应。

此可以说，习惯是一种假设的反应方式——"假设世界一成不变、永远静止"。这种假设在强大的压力下得到印证。一些心理学家认为习惯是一种调节机制，并将其奉为圭臬，他们不断重申这一解释。通常而言，这种假设不言而喻，因为毋庸置疑，我们遇到的很多实际问题都是重复、熟悉、相对难以改变的。人在进行所谓高级神经活动、思考、发明、创造的时候会发现，多套经过精心设计的习惯是必要的，它们可被用于自动化地解决日常生活中的琐碎问题，这样一来，人们就可以从容地将精力投入到所谓高层次问题的解决上。但此处仍存在一个矛盾甚至悖论，即世界本就不是静止、熟悉、不断重复且一成不变的。

相反，它是在不断变化、更迭的，它总是成长为另一番模样，不断变迁与变化。我们无须争论上述表达是否公允、全面地描述了这个世界；毕竟形而上学的无益争论没有意义，人们往往为了赢得争论，假设世界有一部分是恒定的，而另一部分是变化的。一旦承认了这一点，那我们也不得不承认，即使习惯对于这世间永恒不变的部分十分有用，一旦有机体需要处理变化、起伏部分的问题，这些问题独特、新颖且前所未见时，习惯便成了严峻的阻碍和壁垒。①

此处出现了一个悖论，习惯既危险又不可或缺，既益处多多又作恶多端。它们固然能为我们节省时间、精力以及思想能耗，但我们也会为此付出很大代价。它们既是适应的利器，却又阻碍了适应。它们既是解决问题的方案，但从长远来看，它们又扼杀了新鲜感。也就是说，将类目化思维作为新问题的解决

---

① 往后将出现这样一幅图景："当人类在世上只有学会提升反应敏捷性，以匹配世界的无限多样性，否则就难以主宰世界甚至聊以存活的时候，我们才能完全找到摆脱习惯影响的方法。"

"我们的自由意志在每时每刻都助长着习惯，如果自由意志无法不断地自我更迭，就会停滞下来，就会受到自动化习惯的困扰。即使是最生生不息的思想，在其表达公式中也是冷冰冰的，言语总是和思想背道而驰。词汇总是扼杀精神所在。"

"习惯固然可以成为进步的衍生品，但并非进步的主要手段。要想掌控它，就要改变视角。它应该成为进程的衍生品，因为其节省了时间和精力，却未出现实质的进步，此外，除非节省下来的时间和精力能够用于其他行为在智能层面的修正，否则也是徒劳。这就好比你刮胡子的动作越是熟练，你就越能在刮胡子的时候自由支配时间，考虑一些对你重要的问题。这样做当然好处多多，不过你可能在考虑这些问题时，得出一成不变的结论。"

方案时，虽然它能够加速我们对世界的适应，但也常会阻碍我们进行发明创造，也就是阻碍我们改造世界以适应自身。最后，习惯往往会以一种惰性的方式来取代真实而鲜活的关注、领悟、学习与思维。[①]

最后还要补充一点，除非有一套可用的标准（参照系），否则记忆的再生产就会困难重重。对此感兴趣的读者可以参见巴特莱特的优秀著作，他对上述结论提供了实验支持。而沙赫特对此问题也颇有见解。所幸在此，我们还能添加另一个案例，它也很容易就能得到检验。在一个夏天，一位学者在一个印第安部族进行田野调查的时候发现，无论自己如何努力，都无法记下自己钟爱的印第安歌曲。他和印第安歌手合唱过这首歌十几遍，但仅仅5分钟后便无法独自重复了。对那些音乐记忆优良的人而言，这样的经历固然令人费解。人们只有在理解印第安音乐与本民族音乐在基本组织和音质上截然不同，记忆中并没有用以记忆的参照系时，才能理解这一点。还有个几乎人尽皆知的简单例子，对一位英语母语者而言，学习西班牙语和俄语等斯拉夫语系的难度可以说相去甚远。在西班牙语、法语或德语中，英语母语者对大多数单词都能找到同源词用作参照系。但俄语中却没有这样的同源词，因此其学习就变得格外困难了。

## 五、思维的类目化

类目化行为在此领域包括以下情形：（1）满是刻板印象的问题，未察觉到新的问题，以削足适履的方式重塑问题，将其归类为自己熟悉的形态，消解其新颖性；（2）仅仅采用刻板和机械的习惯与技术来解决问题；（3）在生活中

---

① 因此，阻碍我们思维发展的主要因素有四："本性的懒惰、类人猿般的惰性、将新事物同化于旧事物中的偏好，以及将传统与继承混为一谈的偏好。在整个历史长河中，真正激荡的思维以及颠覆传统的思想十分鲜见。柏拉图与亚里士多德的思想从古希腊时期一直沿用到文艺复兴时期，而文艺复兴时期伽利略和笛卡儿的思想启蒙了自然科学的星星之火，直到近代，其思想主干和基础都未受到大的修改，因此在这漫长的时期，思想主要是一个解决问题的过程……"

一切问题出现之前，都有一套现成的、不容修改的解决方案与答案。上述三种倾向，毋庸置疑会对创新与创造性造成阻碍。①

然而，类目化的行为对我们而言驱力如此强大，即使是柏格森这样影响力超群的心理学家也不得不为智能偏颇地定义，类目化不可避免地出现了，比如"智能（是）一种将同类的不同事物联系起来，并进行感知和再生产的能力"。"智能对问题的解释往往包含于解决问题的过程中，也就是将不可预见的新事物转化为已知的旧事物，并将它们按照另一种秩序排列起来。智能对纯粹的新事物无能为力，一切都要依据现实而生成；如此说来，智能会忽视生活中的一个重要的方面……""我们对待生命的方式无异于对待无生命的事物，我们认为一切事实即使不断变化，也遵循着被明确定义过的固定形态。我们只有在断裂、静止、死气沉沉的秩序中才能感到自如。智能的首要特质便是对生命的理解能力。"不过，柏格森用自己的智能，对这一过分概括的说法进行了驳斥。

## 1. 刻板化的问题

带有类目化倾向的人首先会试图避免和忽视一切的问题。更极端的是那些强迫症群体，他们会将规范和秩序带进生活的每个角落，因为他们根本不敢面对任何意想不到的状况。他们会对这一类问题感到备受威胁，因为这类问题不仅需要现成的答案，还要求自信、勇气以及高度的安全感。

若是问题已经进入视线，那么首要任务就是安置这个问题，并将其看作自己熟悉类目的一个典型（因为熟悉的事物并不会引发焦虑）。我们要试着探索

---

① 清晰性和有序性能保证人们处理可预见的情况。它们是维持社会现状的必要基础，但这远远不够，对清晰性和秩序性的突破，对于不可预见之事的应对，事物的进程以及振奋程度都是很有必要的。一旦生命被凭空构想的枷锁束缚，那就意味着退化。将混乱或模糊的经验融入清晰和有序中的能力，对于新颖的进展是必不可少的。

"所谓生命的本质，就出自既定秩序中发生的挫折。我们的宇宙无法接受完全确定的衰减作用，正因如此，其转而遵循一套新的秩序，将其作为积累重要经验的首要条件。我们有必要解释秩序形态的目标、新颖程度，及其成败的衡量标准。"

"我能将这个特定的问题归入从前经历的哪一类"或是"这个问题应该被归入哪类，或者说应该被'挤'进哪一类"。这样的归类固然可行，不过只能建立在一种人为的"物以类聚"的基础上。不过，我不想对相似性这个棘手的问题加以讨论，只需指出上述对相似性的感知，并不一定具备感知活动的真正内涵，其内涵在于谦逊而被动的信息记录。事实证明，纵使不同的个体依据不同的依据，最终都能成功地将经验类型化。这些人厌恶不知所措的感觉，只要是进入视野的经验，他们都会将其归类，此时他们往往认为有必要删减、压缩和扭曲这些经验。

据我所知，关于上述主题有一部十分优秀的作品，即克鲁克山（Crook-shank）关于医学诊断领域的文章。众多精神病学家主张严格划分病人的类别，这一点心理学家们并不陌生。

## 2. 刻板化的技术

一般而言，类目化有一个明显的优点，随着问题的不断成功解决，会产生一套应对这类问题的自动化适用技术。这并非类目化行为的唯一动因。人们的提问欲是种十分深刻的动机，比如对医生而言，相比于一连串的疑难杂症，或许已知的不治之症让他们更自在些。

若是一个人曾多次处理过同样的问题，那他就能对可用的机制信手拈来。当然，这就意味着人会有一种强烈的倾向，想去做从前做过的事，但我们也很清楚，习惯性的问题解决方式有其优势，也有其弊端。其优势在于，我们能够重复利用简易的执行方式、能量的节省、自发性、情感偏好，并且减少焦虑。但其主要的缺点在于灵活性、适应性和创造性的丧失，假设人们将动态的世界看作静止的，这些弊端就将显露无疑。

卢钦斯（Luchins）那个关于定式的有趣实验，就为刻板化思维技巧的作用给出了一个好例子。

### 3. 刻板化结论

或许该过程中最广为人知的例子就是合理化。我们可以依据自己的目的，将此类过程定义为一个现成的想法或是已知的定论，接着投入大量的智能活动以支持这一结论或是为其寻找证据（"我不喜欢那个家伙，但我要找个说得过去的理由来解释"）。类似的活动就只是披着思维的外衣而已。这并不能完全符合思考的意义，因为不管问题性质如何，都能够得出相应的结论。即使有紧锁的眉头、激烈的讨论，以及对千篇一律的论证进行筛选，这一切都是烟幕，因为我们还没开始思考，结论就已经注定了。一般而言，此时甚至不会出现问题消解的过程；人们可能仅仅会简单地相信结论，甚至连佯装思考的过程都没有。这比合理化过程还要便捷。

每位心理学者都清楚，人很有可能毕生依照一套现成的想法，这些想法往往是在10岁前形成的，往后也完全不会有丝毫的改变。这样的人的确可能有较高的智商。因此，他或许能够将大量的时间投入到智力活动中，寻找一切的证据以支持他的现成想法。我们无法否认，他们的活动有可能对这个世界产生帮助，但心理学家显然希望通过语言，以求将有效的创造性思维，与哪怕最为精妙的合理化行为区分开来。相比于一味忽略现实世界、对新的证据一叶障目，扭曲感知和记忆，对不断变化的世界缺乏改善和适应能力，以及其他明显意味着思维停滞的迹象等极其突出的现象，合理化行为带来的些许好处往往显得微不足道。

不过，合理化并非类目化的唯一例证，每当问题被用于刺激联想的时候，从各种联想中挑选出最应景的一个，这也是一种类目化的行为。

似乎类目化的思维对于再生产学习具有一种特殊的亲和力与联系。我们列出的三种进程很容易就能作为特殊形态的习惯行为加以应对。显然，其中会特意参照过去的经历。所谓解决问题，只不过是一种根据过去经验对一切新问题加以分类与解决的一种技术。因此，提到这样的行为，无非可将其看作一种对已有再生产形式的习惯和记忆的重新排列组合。

我们一旦理解后一种类型显然涉及感知过程而非记忆过程，就能够更清楚地看清它与整体化动力思维之间的差异。整体化思维的主要观点是倡导人们尽可能感知眼前问题的内在本质，韦特海默在其书中就如此强调，卡托纳（Katona）则将此表述为"对问题解决方法的感知"[①]。我认为，逻辑实证主义者也坚持，起码表达过同样的立场。整体化思维会依据问题自身的角度和风格来检查之，权当此前从未遇到过其他的类似问题。我们要做的就是找到问题本身的内在本质，但是在联想性思维中，人们则倾向于了解眼前的问题与先前经历过的其他问题是以何种方式关联的，或有哪些相似之处。[②]

不过，这并不意味着整体性思维中完全不使用过去的经验，毋庸置疑会用到，但是使用的方式灵活多变，在上文中所谓的内在学习，或学着成长为潜在自我，便进行了相关描述。

毫无疑问，整体性思维中也存在联想，争议的焦点在于以哪种思维为中心、范式以及理想的思维模式。整体动力学理论的倡导者认为，如果说思维活动有何意义，那么在定义层面，其意义就在于创造性、独特性、新颖性以及首创性。思维是人们创造新事物的技术，反言之，这又意味着其必须具有革命性，因为

---

① 有趣的一点在于，格式塔心理学家的思维在这方面显然与现代哲学家颇为类似，他们往往认为问题的解决方案就是问题本身，或是其同义反复，如"经过充分理解就能发现，一切特定的目标都属于已被清晰知晓的范畴。因此他们仅仅是已知事物的重复。在此意义上，就是没有意义的同义反复"。

② 在行为实践层面，上述原则可以归结为一个金句："我不知道，让我们来看看。"也就是说，一个人在遭遇新情况的时候，他会毫不犹豫地采用某种事先确定好的方式做出反应。当人们说出"我不知道，让我们来看看"这句话时，我们会带着敏感性进行观察，新情况是否会与以往经验有所不同，并对相应的适当反应加以准备。

"我们应该清楚地意识到，在面对新情况的时候，人们如此行事的时候并不会犹豫不决。这并不代表无法'下定决心'。相反，这样的方法代表着坚定决心的方式，以防人们半途而废。有种措施能防止我们在根据第一印象判断他人时犯下的错误，比如采用对所有女司机的态度去看待个别女司机，或是依据道听途说或短暂的陌路之交去谴责某个人，或是做出某些支持这人的错误承诺。我们之所以会犯下这样的错误，是在需要对不同的、可变化的个体做出反应的时候，会将其当作某个群体中的一员，且具有该群体的所有特征，接着我们会产生某些不恰当反应，因为我们已经对该类型形成了坚定的观点。"

它不时会与现有结论产生冲突。若它与现存的人类智能相冲突，那它也就成了习惯、记忆、已有知识的对立面，其缘由十分简单，因为在定义层面，它肯定与我们已有的知识相矛盾。若是我们已有的知识和习惯处于正轨，就能够自动化、习惯性、娴熟地对事物做出反应。这就意味着我们不再需要思考。在此角度上，思维便成了学习的对立面，而非一种学习形式。若我们可以再夸张一些，甚至能够将思考定义为一种打破习惯、无视过往的能力。

思考还有另一方面的动力，即人类历史长河中的众多伟大成就，都会体现出真正的创造性思维。这便是伟大成就特有的气魄、胆量与勇敢所在。如果你认为这样的词在此不大贴切，我们可以看一个贴切的例子，即胆小的孩子与勇敢的孩子的不同之处。胆小的孩子必须紧紧依偎着母亲，因为其代表着安全、熟悉与保护；而勇敢的孩子则能够更加自由地冒险，能够离家更远一些。与胆小地固着于母亲一样，他们的思维过程也与此类似，他们会怯懦地执着于习惯。而勇敢的思考者则自不必言，不断思考的人往往能够打破定式，能从过去的习惯、期望、学习、习俗以及惯例中解脱出来，无论何时脱离安全而熟悉的港口开始冒险，都能够免于焦虑。

还有一种刻板化结论的情况在于，人们会通过模仿和/或权威者的观点来形成个人立场。一般而言，这些人通常被看作具有健康人性的潜能或是基本趋势。但更准确地说，他们或许能被看作轻度精神病态，或至少是非常接近该状态的典型表现。一旦面前的问题足够重要，他们的第一反应就是处理没有固定参照系、没有固定结构的问题，而他们的主要表现就是过分焦虑、刻板和懒惰（他们没有自己的主见、不知道自己的立场，也不相信自己的观点）。①

在我们生活中的最基本领域，相关结论和问题的解决方法似乎大同小异，

---

① 弗洛姆在著作中对环境的动态性进行了精彩的讨论。安·兰德也在其作品《源泉》（*The Fountainhead*）中以小说的形式，对同样的主题展开了讨论。在这方面，《1066及其一切》（*1066 and All That*）一书也是趣味和教育意义并存。

我们在思考的同时，应该开阔眼界看看他人的结论，如此便能启发一些思路。显然，上述结论并非真正意义上的观点，它并非由问题性质决定，我们得到的结论完整且刻板化，这来自我们信任他人而非我们自己。不出所料，上述立场的形成有助于我们展开理解，为何我们所处文化的传统教育远远达不到目标，在此只需强调一点，因为教育不会教人带着直观而新鲜的视角审视现实。相反，教育给了人一套完备的既定视角，以此从各个方面看待世界，比如什么值得信仰、什么值得喜爱和认可，又有什么令人负罪。教育鲜少强调人的个性，极少鼓励人们鼓起勇气，通过自己的方式来看待现实，抑或打破传统，做到与众不同。几乎从任何一所大学的目录中，都能够找到一些证据以驳斥高等教育的刻板化，在这些目录中，一切瞬息万变、难以言喻且神秘莫测的事实，都被整齐地划分为3个学分，这3个学分仿佛奇迹般地刚好长度为15周，它们就像橘子一样，被整齐地划分成了完全独立和互斥的部分。①

说到将类目化强加于现实而非基于现实归类的完美例子，那上面的阐述便是如此［现在兴起了所谓的"平行教育机构"或是"人文教育机构"，它们正试图弥补传统教育的上述缺陷。它们的名称和地址等信息，或许能够从"优心态网络"（The Eupsychian Network）中找到］。

这一切看似显而易见，但如何应对却不甚明晰。基于对类目化思维的观察，人们应该削减对于类目化思维的吸纳，更加关注新鲜的体验，去关注具体而特殊的事实。在这一点上，怀特海的论调不容反驳。在我个人看来，传统教育方法的弊端在于过分注重对智力的分析，且该过程伴随着对公式化信息的汲取。

---

① "科学教育是固化且稳定的，并非一个有机的知识体系，知识体系的生命力和价值取决于其流动性和可得性，一旦新的事实和观点可能出现并替换旧的，该体系中最宝贵的构造便会受到修改。"

"我是这所学校的主导：

我所不知道的，

便不能称为知识。"

我认为人们没有养成良好习惯去具象地欣赏个性化事实与新产生价值的充分互相作用，我们往往只会强调抽象的公式，忽视不同价值之间的互相作用。我们现在接受的教育是对少数几项透彻抽象研究，以及众多浅层抽象研究的结合。在学校，我们的日常学习太过书生气。但通常而言，训练的目的应该是启发我们的具体理解，并应该付出一些努力去满足年轻一代的渴望。其中即使有一些分析，但仅仅是为了说明不同领域的思维方式差异。在伊甸园中，亚当是先看到动物，才为它们取名的；但是传统教育体系中的孩子们，是先为动物取名，才逐渐一一见过。

这种专业训练的教育作用很片面。其关注点在于智能开发，其主要工具是印刷好的书籍。训练应该同时关注直觉，而非脱离整体环境来分析知识。其目标是通过最小限度地提出分析来展开理解，其中亟须包含价值多样性的典型代表。

## 六、刻板化以及非整体论理论化

到目前为止，人们普遍认为理论建设往往意味着扬弃的过程。换言之，这也意味着一个理论的出现会让世界的某些部分变得更为清晰，某些部分却变得更为模糊。大多数非整体论都有一个共性，它们往往是条目或类型的集合。然而，从来没人设计出一套适用于一切现象的条目体系，总会出现元素的遗漏，有的介于各个类目之间，有的则同时属于各种类目。

不仅如此，这些理论往往都是抽象的，往往会强调现象中有某些更为重要的性质，起码值得人们投入更多注意。因此，一切类似的理论或是对上述问题的抽象概况，都可能会轻视或忽略现象背后的某些本质，也就是将真理的一部分省略掉。基于这一扬弃的原则，一切理论都抱持着一种片面实用主义的偏见世界观。因此，即使一切理论结合在一起，也可能无法构建起整个现象世界的完整视野。似乎相对于理论家和知识分子而言，艺术家和情感细腻者更容易完整地体验到主观性的丰富。甚至可以这样说，所谓神秘体验就是对特定现象一切特征的充分欣赏，以及完美到极致的表达。

相比而言，我们应该考虑个体化经验的另一个特点，也就是其非抽象性。这并不意味着戈德斯坦所谓的具体化。比如脑损伤患者在产生某种具体的行为时，其实际上并没有看到某个物体或某种体验的一切感官特征。他眼前的只是由特定环境决定的某一个特征，比如他看到了一瓶酒，那么这瓶酒就不可能兼具其他功能，比如武器、装饰品、镇纸或是灭火器。如果我们将抽象行为定义为出于各式各样的原因，从事物的无数特征中选取某一些进行有选择性的关注，那么戈德斯坦口中的病人，可以说是具有抽象能力的。因此，对于经验而言，分类与欣赏，利用与享受，以及认知它们的各种不同方式之间，都存在一定的反差。

强调这一点的都是神秘主义与特殊体验取向的学者，技术取向的心理学家很少会这样做。比如阿道司·赫胥黎就说："随着一个人的成长，其知识形态会更加概念化、系统化，这些知识中事实性、功利性的内容也在大大增加。但是这一切都因为人们瞬时理解能力的降低、迟钝以及直觉的丧失而被抵消掉了。"①

然而，欣赏并非我们与自然的唯一联系，实际上在所有的联系中，欣赏的紧迫性是最低的，我们不能因为理论和抽象中的危险，而使自己遭受被污名的愚蠢境地。理论和抽象的优势巨大而明显，尤其是站在与世界的沟通和实际操纵角度来看。假如我们的职能就是提出建议，我们或许应该进行如下表述：若是我们不忘记理论和抽象并非研究人员武器库中唯一可用的武器，那么辛勤的智者和科学家们原有的认知过程或许能够发挥更强的威力。他们可用的武器远不止于此。若是这其他的武器仅仅被归为诗人和艺术家所有，那么人们或许尚未理解到，某些被忽视的认知方式，是能够触碰到现实世界中不为人知的那一

---

① 有关神秘主义的引文，可参见阿道司·赫胥黎的《永生哲学》(*Perennial Philosophy*)，以及威廉·詹姆斯的《论信仰体验的多样性》(*The Varieties of Religiolls Experience*)。

部分的，而这恰好是人们通过完全抽象的智能所无法看到的那部分。

不仅如此，我们在附录二中也能看到，整体化理论也是可能实现的，这样的理论下，事物不再相互离析与割裂，它们之间的关系能够被看作一个完全体的各个方面，它们的形态能够从背景中突出，被放大到一个与众不同的水平。

## 七、语言和命名

对于体验和交流中的隐喻信息而言，语言可以说是一种绝佳的手段，而这种隐喻信息的代表正是类目化。当然，语言也曾试图定义或表达特殊的信息，但是由于各种终极理论化的目标，这种尝试往往会失败。[1]基于这样的特质，语言所能做的就是为事物命名，然而名字并不能描述和传达事物，仅仅是为其贴上标签。想要完全了解事物的特质，唯一的办法就是事必躬亲，并且充分地体验它。比如一位教授和他的艺术家妻子走在乡间小路上发现的事物，若要给这一段经历命名，这命名的行为也会将二人对这段经历的深入欣赏给屏蔽掉。比如当他第一眼看到一朵可爱的花时，他便询问这朵花的名称，旋即便被妻子骂

---

① 案例可参见詹姆斯·乔伊斯的著作，或是当代关于诗歌理论的各种讨论。诗歌是一种表达的尝试，起码可以说是在表达一种大多数人"对艺术无话可说"的特殊体验。这是对情感体验的一种语言表达，本质上是一种不可言说的情感体验。它尝试着采用图式化的标签去描述某种新鲜而独特的体验，可这些标签本身却既不新鲜也不独特。诗人基于这样的绝望，或许只能采用这样的辞藻来对新的词语模式进行比喻，这样一来，尽管这些辞藻无法描述体验本身，却能依据诗人的希望，意在读者中引发类似的体验，这种方式偶尔得逞简直堪称奇迹。若是诗人想让文字绝无仅有，那就会损害沟通的效果，詹姆斯·乔伊斯和现代的非写实主义艺术就是个中典型。下述 V. 林肯（V. Lincoln）在 1948 年 9 月 28 日的《纽约客》上发表的一个特别的故事简介，就能有效体现出这样的观点。

"我们为何从未做好准备，为何所有的书籍和友人的智慧，对我们而言都终究毫无用处？我们曾读到过多少临终前的场景，读过多少青春爱情故事，多少有关婚姻不忠的桥段，多少有关远大抱负的描述，多少关乎现实，多少揭示失败。发生在我们身上的故事，总会一次又一次地重演，这些故事都被我们读过千百遍，它们被一丝不苟地记录下来；在我们的生活长卷完全展开之前，人类已经用其头脑中一切的耐心和技巧，一次又一次诉说了关于人类心灵的一篇篇故事。但当事情切实上演的时候，却又和描述大相径庭；它们如此怪异，充满了无限的陌生与新鲜，我们在这里手足无措，意识到他人的话语简直毫无意义。"

"我们仍旧难以相信一点，即私人生活在本质上是无法互相交流的。我们生活在当下，因此被迫表达生活的点滴，虽然刻意说出的话看似真实，但最终的效果却是如此虚假。"

了一顿。"问它的名字对你有什么好处呢？一旦你知道它的名字，你就会满足于此，便不再会费心享受花儿本身了。"①

从某种程度而言，是语言将经验变成条目，它是现实世界与人类之间的一道屏障。一言以蔽之，语言的裨益是需要付出代价的。因此，在使用语言时，我们应该意识到其短板并设法避免，这是我们的职责所在。②

如果上述一切都在理论上得到了最好的语言表达，那么当语言完全放弃了自己的独特性，退行到仅仅采用刻板印象、老生常谈、名言警句、标语口号、陈词滥调、战斗宣誓以及各色绰号的时候，事情就更为糟糕了。进一步说，语言是一种十分明白直接的手段，它会瓦解思想，让人感知迟钝，阻碍智力发展，令人变得迟钝。因此，语言的功能是"藏匿思想而非交流思想"。

语言还有一个恼人的特点就是其处于时空之外，起码特定的词汇是这样的。比如千百年来"英格兰"（England）这个词就不会像这个国家本身一样成长、衰老、发展、演化或变迁。然而整个时空中发生的一切，我们都是用这样的词语一概而论的。当我们说"英格兰会永远存在吗"时，我们在说什么？正

---

① "这就是我所谓的评价性标签，看上去十分清晰，之所以设计这样的术语，是为了强调我们的一种共同倾向，也就是根据我们自身习惯于对个人或是情景的命名来对他们进行评估。但这毕竟只是一家之言，我们对事物的分类方式，在很大程度上决定了我们的反应方式。我们在很大程度上又是按照命名来对事物分类的。我们往往倾向于在为某物命名之后对其进行评估，因此我们会根据这样的命名来对其做出反应。在我们的文化中，我们学会了对名称、标签或词语进行评估，这样的做法就会与上述一切的实际环境割裂开来。"

"……让我们来考虑两组类似的社会服务人员，即空姐和搬运工，他们在社会地位和自尊方面是有所差异的"。

② 人们建议科学家学会对诗人，至少是伟大的诗人报以尊重。科学家往往认为自己的语言要比他人更为精准，而诗人的语言则充满矛盾，虽缺乏准确性，却起码更为真实，甚至有时候诗人的语言极为精准。比如，若是一个人满腹经纶，或许能够以极其凝练的方式说出一位教授需要长篇大论才能表达的话。下面这个出自林肯·斯特芬斯（Lincoln Steffens）的故事便能说明这点，他写道：

"我与撒旦一同走在第五大道，看到一个人突然停下脚步，从空中抓取了一条真理，就这样在空中，发现了一条活生生的真理。"

"你看到了吗？"我问撒旦。

"你难道不感到担心？不认为这真理足以将你毁灭？"

"没错，但我并不担心，这是有原因的。此刻的真理充满美丽和生气，但这个人会为它命名，接着将其组织起来，那时候，真理就死了。若是他让真理活下去，那才会毁了我，可我根本不担心。"

如约翰逊（Johnson）所言，"现实那翻飞的手指要比舌头的表达更快。语言的结构不如现实的流畅。正如我们耳畔的雷鸣不再响起，我们口中的现实也将不复存在"。

# 第 **14** 章
## 动机及目标不明的反应

在这一章中，我们将进一步探究抗争（行动、应对、实现、尝试、目标导向）以及存在—生成之间的科学区分。显然，上述区别在诸如道家等东方文化中十分常见。而在我们的文化中，一部分哲学家、神学家、美学家、神秘主义学者以及越来越多的"人文主义心理学家"、存在主义心理学家也开始对此熟悉起来。

西方文化通常以犹太教—基督教神学为基础。而美国文化尤其受到清教徒与实用主义精神的主导，这样的精神强调高强度工作，强调奋斗和抗争，强调清醒而认真，强调一切都有其目标。[①]与任何其他社会制度一样，科学尤其是心理学，也不能幸免于文化环境和氛围的影响。基于参与式研究，美国的心理学过于务实、过多清教徒意味，目的太过明确。这一点不仅表现在其显性效果和目的上，还表现在其中的缺失和忽略之处上。没有一本教科书会涉及寻欢作

---

① ……闲散的社交、冗余的意象、迷人的梦境、漫无目的的探索、参与成长，这一切无论究其起源、相关经济原则以及直接的期待，它们都是有失合理性的。在我们所处的机械性文化中，上述重要的行为要么被轻视，要么被忽视。

"一旦我们摆脱了无意识的机械化偏见，就必然认识到，有些'多余的事物'对人类发展的作用和经济同样重要：比如美，就在进化中承担着巨大且难以解释的效用，不应该像达尔文一样仅仅将美作为一种求偶或繁衍的手段。简言之，他只是合乎情理地在神话层面对自然进行构思，将其看作劳作于隐喻和节奏中的诗人一样，如同将自然想象成一位狡猾的机械师，总是试着节省材料，达到收支平衡，力求低成本、高效率地完成工作。机械论和诗学的解释同样具有主观性，某种意义上看，两者都有其效用。"

高尔顿·奥尔波特的立场坚定而正确：和抗争一样，"存在"也可以是积极而活跃的。他的观点让我们更倾向于努力区分抗争和自我实现，而非抗争与存在。这一修正后的观点能帮助我们消除肤浅而易得的现象，即所谓"存在"这种无须动机和目的的反应与活动相对容易，不像处理外部问题那般需要精力和努力。如此轻描淡写的解读，让自我实现的阐释出现了误导性，贝多芬通过抗争实现的自我发展正是一则反例。

乐、休闲冥想、游手好闲、虚度光阴、漫无目的活动的章节。也就是说，美国心理学只专注于自身的一半领域，而忽略了另一半，这一半也许更为重要！

从价值观的角度而言，这可以说是仅仅关注了手段而非目的。几乎整个美国心理学领域都隐含着这样的哲学（包括正统和修正主义精神分析），它们统统忽视了独特的活动与最终体验（认为其毫无作用），更乐于有助于应变、改善、效用，以及有目的的活动，并以此产生某种用途[①]。此类哲学的登峰造极可以在约翰·杜威的价值理论中找到相当明确的形态，该理论否定了目的的存在；目的仅仅是采用其他各种手段的手段……（不过他在其他作品中，还是接受了最终目标的存在。）

在临床层面，我们分别从以下几个方面讨论了上述区分：

1. 在附录二中我们可以注意到，除了因果关系相关理论尤其是原子论的成功之外，我们还要强调整体层面的因素共存和互相依存。正如杜威的价值理论所言，在连锁因果关系中，一件事会导致另一件事，进而导致另一件，再一件……以此类推。这个理论自然会伴随着这样的连锁反应，同时，其认为任何事的重要性都不会在于其本身。因果理论应用十分广泛，甚至可称为生活中成

---

[①] "每个人的存在都可以被看作一种持续斗争，其目的是满足需要、缓解紧张、维持平衡机制。""因此在摩尔单位的意义上，个人的行为往往专注于需要和目标。如果在既定的场景下，这样的单位并未表现得最具意义和效用，那我们势必最先检验自己的观察是否有效，而非这一摩尔单元本身是否有效。一般来说，一个行为如果看似毫无动机，那是因为我们没能具体地辨别其中涉及的需要和目标，也可能是因为我们从整体环境中，将个体行为的其中一个部分人为地抽象出来了。""在当下，我们认识到如果一个物种要在斗争中得以生存，那么该生物的一切反应都应该有其目的，这样才能适应该物种的存续。""一切行为都有其动机，也都表现了某种目的。""懒惰与人类的任何活动一样，都是有目的的。""一切行为都受到需要的压力，前文已经提到过需要的种类。行为时有机体通过不断的努力，与环境进行交互，以降低上述需要的反应。因此，一切的行为都是由需要派生出的兴趣产生的。""一切的人类行为都直接指向需要的满足。""一切的行为都有动机，一切的学习都关乎犒赏。""需要取决于体验者的报备，取决于对一切有意识或无意识行为满足的假设，参照于个体的某个行为。""一切行为都是目标导向的。""大部分（即使非全部的）个人动作或反应都会产生奖励或惩罚的纯粹效果。""有的行为会让我们立刻推断出某些动机或驱力的机制，但还有一些连锁行为则相对而言动机较弱。也许人类的一切行为只要比神经反射复杂，就一定涉及动机。""上述原则认为，一切的行为几乎都是受到有机体生理需要驱动的，由此需要引起的活动是否被贴上了本能、驱力或目标导向斗争的标签……"实际上，上述学者大多在讨论更低级、更物质的需要，而仅仅这样容易让事情变得更糟。

就和技术素养的必备工具，但其对于关注精益求精、审美体验和终极价值的各种享受、沉思、鉴赏以及自我实现等生活过程，则往往毫无用途。

2. 在第3章中，我们了解了动机并不等同于决定性因素。除了动机之外，我们还能阐述其他的决定因素，比如晒伤或是腺体分泌等体质变化、成熟机制的变化、情景与文化相关因素，以及回顾、主动意志或是隐性学习等心理变化。

最初将动机和决定两个概念相混淆的是弗洛伊德，但这一错误还是受到了精神分析学家们的广泛关注，以至于人们无论产生怎样的变化，比如发湿疹、胃溃疡、笔误和遗忘等，都会自发将其归因于动机。

3. 第5章中证明了许多心理现象都体现了需要满足中无动机、副现象层面的后果，而不像我们通常假设中那种有目的、有动机、习得性的变化。这个错误不容小觑，比如下列以完全或部分满足需要为特征的现象，都能立刻表现出上述错误，比如心理治疗、态度、兴趣、品位与价值观、幸福、良好市民、自我态度、各种个性特征以及数十种其他的心理效应。

需要的满足也能容忍人们出现相对缺乏动机的行为，例如：需要满足后，有机体容许自己将压力、紧迫感和行为的必要性丢在一边，让自己松懈下来、慵懒而闲适、无所事事、不再主动、享受阳光、将家中器具装点和修缮一新（而非对其大加利用）、贪图享乐、漫不经心地徜徉于无关紧要的事情，总之表现得随意行事、漫无目的。

4. 1937年一项关于熟悉效应的实验表明，简单、无奖赏而重复的接触，往往最终让人偏好于熟悉的事物、词或活动，即使人们最开始是反感的。由于这种情况是在无奖赏的前提下，纯粹基于接近性而进行学习，起码对一些提倡奖励、紧张消除和强化的理论学者而言，他们都认为其中产生的改变是非动机的。

5. 第13章论证了心理学领域中各种认知的重要差别，其中涵盖刻板化、类目化认知与新鲜、谦逊、接纳、道家理想下具象、独特、个性化、纯真、无须感知和期许、不带各种愿望、希冀、恐惧和焦虑认知之间的差别。似乎大多数的认知行为都是陈腐而粗枝大叶的再认以及刻板印象之类。这种偷懒的分类方法在已有的类比方式之下，相较于实际、具体，对特殊现象给予充分、严谨关注的行为，二者具有巨大的差异。只有从后一种认知中，我们才能对一切体验进行充分欣赏和品味。从某种程度上来看，类目化过早地将结论冻结了，因为人们害怕未知，其动机就是希望减少与避免焦虑。能够从容处理未知或类似事物的人，他们也能容忍模棱两可，因为他们感知的动机比较弱。本章还有一个主张，认为墨菲、布鲁纳、安斯巴赫、默里、桑福德、麦克利兰、克莱因等人眼中的动机和知觉间的密切联系，不该被看作健康的现象，而该被看作某种程度上的精神病态。更直白些说，这样的联系就是一种轻微病态的有机体症状。这种症状在自我实现者中程度最轻，而在神经质与精神病的谵妄与幻觉中，其程度就很强了。我们描述这样的差异时，可以认为健康者的认知往往动机较少，而病态者则动机较强。人类的潜在学习便是非动机认知的例子之一，能对上述发现进行临床检验。

6. 针对自我实现者的研究表明，有必要采用一些方式以区分自我实现者与大多数普通人的动机性过程。自我实现者的生活固然能够实现、完善自我并享受生活，而非仅仅追求普通人所缺乏的基本需要满足，因此他们的动机被称为成长性动机或元动机而不是匮乏性动机。因此，他们是在坚持自我，是在不断发展、成长与成熟，不会偏离正轨（比如陷入社会攀比），不会出现一般意义上的紧张与抗争，一味追求不同于其现状的状态。匮乏性动机和成长性动机的区别意味着自我实现本身并非动机的颠覆，除非对动机采用全新的意义来进行理解。

自我实现就是有机体潜力的充分发展和实现，与其说是通过奖励的方式养成某些习惯和联想，不如说是人的发展和成熟，也就是说，自我实现的来源并非外在诱因，而是通过某种微妙的感受从内部展开的。自我实现健康而自然的自发性是不存在动机的，事实上其可以说是动机的对立面。

7. 最后，在第10章中，我们详细讨论了行为和经验表达这一决定因素，特别是该因素对精神病理学和生理心理学相关理论的启示。这些理论坚定地认为，表达相对来说应该动机较弱，而应对则有明确的动机和目的。若有某种方案能够替代上述对比，那必然是对于动机这个词汇其语义和概念的彻底革命。

在本章中，无论是抑郁、戈德斯坦式的灾难性崩溃、迈尔口中的挫折—鼓动性行为，以及普通的宣泄与释放现象也被证实是具有表现性的，也就是相对非动机的。因此同样，弗洛伊德式的口误、联结以及自由联想就被看作表现性与动机并存的。

8. 除了下面提到的极少数案例外，动机都是手段而非目的，也就是说其能够完成某些事情。此处有一个问题，主观的排他性作为心理学的正统研究对象，是否先验地导致了我们讨论的问题变得难以解决，甚至无法解决。在我看来，结果往往是一种主观的满足感体验。大多数工具性行为之所以对人类具有价值，只是因为它们带来了这些主观的目的体验，若不对这一事实加以考量，那么行为本身在科学层面往往就毫无意义了。如果行为主义被看作我们提及的清教徒式斗争，以及现实观念的某种文化表达，其本身或许更容易理解。也就意味着行为主义除了其固有的其他缺陷外，还要被加上种族中心主义这一条。

## 一、相对非动机反应的案例

到目前为止，我们已经列出了几大类现象，它们或多或少都应被看作无动机的，这取决于该词可能具有的各种定义。还有许多其他的类似反应，现在就让我们简要讨论它们。不得不说，它们在心理学中都是相对受到忽视的领域，理科学生的认知便是一个很好的例证，他们阐释了局限的人生观是怎样创造出充满局限的世界的。对于一个没有其他身份的木匠来说，这个世界就是木头做的。

## 二、艺术

艺术创作可能相对而言动机较强，比如当其寻求交流、激发情感、向他人呈现或展开行动的时候；但它也可能是相对不具备动机的，比如当其在表达而非交流，出现在个体内部而非人与人之间时。事实上，表达产生的人际效应（派生收益）往往不可预见，这也不是问题所在。

最能切中要害的问题在于，"有必要表达吗"？如果有必要，那么艺术的表达以及宣泄和释放现象，就能像寻找食物或爱情一样备受激励。我在前面的几章中已经指出，大概各方证据很快就会敦促我们认识一种需要的存在，即有机体会在行动中表达内在冲动。任何需要或能力实则都是一种冲动，因此它们都在寻求表达，因此我们可以清楚地看出，在此出现了悖论。那么，它们应该被看作孤立的需要或冲动，还是一切冲动的普遍特征？

在此，我们必然要挑选出其一，因为我们的唯一目的就是证明它们受到了忽视。无论哪一项选择的效用最终能够得到证明，都将敦促人们认识到所谓非动机的范畴，或对一切动机理论的有力建构。

对于足够敏锐的人而言，审美体验的问题也同样重要。对很多人来说，这样的体验十分丰盈而宝贵，因此只要是忽视和否认这一范畴的心理学理论，都会被他们嗤之以鼻，即使这样的忽视和否认有一定的科学依据可循。科学需得考量一切的现实，而非其贫瘠或是不痛不痒的领域。事实上，审美反应就没有功利性和目的，我们对其动机一无所知，如果真的有任何一般意义上的动机，这应该只能证明正统心理学有多贫乏。

从认知上讲，与普通认知相比，即使是美感也可能被看作相对无动机的。

我们在第13章中已经看到，错误的感知充其量只是片面的感知；与其说这是对某个对象一切属性的检查，不如说是我们在依据自己所需、所密切相关、所要满足的需要、所受到的威胁，在对其少数属性进行归类。道家对某一现象的多面性（尤其是没什么功利性，却能产生终极体验的效用）进行忘我的感知，这正是美感的一大特色。①

　　我发现，等待这一概念作为思考存在的起点，对此进行分析是很有用的。太阳下的猫不会等待，正如树木也不会。等待意味着对事件的浪费和挥霍，这对有机体而言十分空洞，过分单纯地仅仅将等待作为手段导向生活态度的副产品。这样的反应往往愚蠢、低效而浪费，因为从效率角度来看，不耐心往往一无是处，这甚至意味着体验以及手段性的行为能够出于行动者的个人利益而得到享用、品味和欣赏，可以说其不需要任何额外的付出。旅行便是一个很好的例子，同样一段时间，既能够作为终极体验来享受，也可能完全被白白浪费。还有一个例子就是教育，通常来说，人际关系也是如此。

　　这里也是对"等待是浪费时间"这一观念的某种颠覆。对于那些以可用性为手段，有目的和需要的人而言，事件的挥霍是徒劳无功、漫无目的的。虽然这样的说法完全合理，但我们还是可以认为，之所以人们会感到浪费时间，是因为终极体验没有出现，也就是说，他们最终没能享受到流逝的时间。"你喜欢浪费的时间便不算浪费。"

　　诸如散步、划独木舟、打高尔夫球等活动，都很好地证明了我们从所处的文化中并不能直截了当地获得终极体验。通常来说，这些活动之所以会受到赞誉，就是因为它们能帮助人们走进开阔之处，接近自然，触碰阳光，置身于

---

① "大脑给了我们这样的选择：它会对可用的记忆进行分类，将相对无用的部分保留在意识的较低层次。人们在感知层面也能进行同样充分的表达。感知作为行为的附属，它将部分现实割裂出来，作为一个我们感兴趣的整体，感知向我们展示的更多在于人们的创造，而非事物本身。感知会对事物进行分类，为它们贴上标签；我们几乎不需要看到事物，就能知道它属于哪个类别。但或许无巧不成书，意外可能碰巧出现，人们可能会提振自己的感受性，或降低自己感官对日常生活的依附性。造物主忘了将人们的感知和行动能力联系起来。当人们凝望着事物，他们眼中的是事物，而非自己对其的理解。人们并非简单地为了行动而感知；他们是为了感知而感知，这样的无目的感知才能让人感到愉悦。至于感知的本质，其到底是人们的意识还是人们的感受，它们从源头处便是疏离的；依据这份疏离到底具有特定意义，还是涉及意识的，人们因此成为画家或雕塑家，音乐家或诗人。因此，我们能从不同的艺术形态中发现更为直观的视角和事实，因为艺术不会让人专注于利用知觉来感知大量的事物。"

美妙的环境中。本质上,上述方法是将原本非动机的终极活动和经验抛入一个框架,这个框架有目标、可实现也很实用,这就是为了稳固西方文化中的所谓良知。

## 三、欣赏,享受,惊奇,热情,鉴赏力,以及终极体验

除了审美体验以外,还有不少其他体验也能得到有机体的被动接纳和享受。我们很难说这样的享受本身是出于某种动机的;有动机的活动带有目标与目的,以及需要得到满足的衍生现象。神秘体验、崇拜、愉悦、惊奇、神秘以及钦慕都是在主观上充实的体验,它们都是被动的审美体验,就像美妙音乐一样冲击和推搡着有机体。这些就是终极意义上的体验,其不具备工具性,并不会改变外部世界。如果我们对闲暇的概念定义得当,那么上述特点同样适用。

在此,也许应该谈论两例类似的终极愉悦:(1)K.布勒的功能性愉悦,(2)来自生存的纯粹快乐(生物性的快乐以及狂热体验)。这一切尤其能在孩子身上看到,他会出于纯粹的喜悦而不断重复其新学的技能,而这样的快乐来自技能的精进和娴熟。或许跳舞也是个不错的例子。至于基本生存带来的乐趣,一切身患疾病、肠胃不适或感到恶心的人,都能证明这种终极生物性愉悦(狂热体验)的存在,它便是存在于健康的一种自动、无意识、非动机的副产品。

## 四、风格与品位

在第10章中,行为风格与其功能和目的相对照,被列为表达的案例,接着则连续呈现了奥尔波特、韦纳、韦特海默的观点。

在此,我想补充一些1939年报告的材料,它们应该能够对上述论点进行说明和支持。在这项研究中,我的目的是发现高支配性、高自尊的女性(性格坚强、自信、自作主张)与低支配性女性(低自尊、被动、害羞或退缩)的不同之处。两者的区别如此之多,通过简单地观察两类人的走路、谈话等表现,能

够相对容易地做出诊断（因此便验证了上述观点）。她们的性格结构差异体现在品位、服装、派对行为等方面，以及公开表达的功能性、有目的和动机的行为上。在此举几个例子足矣。

强势的人在表现其力量时，会选择更咸、酸、苦、味道更辛辣浓烈的食物，比如气味浓烈而非温和的奶酪，贝类等丑陋恶心但味道鲜美的食物，新奇且陌生的食物，如油炸松鼠和蜗牛。她们不易挑剔也不易感到恶心，即使食物不够诱人或未精心准备，她们也往往不会挑三拣四。不过对于美食，她们要比低支配性的女性更敏感、热心、精力充沛。

通过一种面相学同构的方式，强势女性在其他方面也具有共性品质，比如她们的语气会更强硬、强势和坚定；而她们选择的男人同样也会更强硬、强势和坚定；对于剥削者、吸血鬼以及试图利用她们的人，她们的反应也会更强硬、强势和坚定。

埃森伯格的研究采用了各种其他方式，非常有力地支持了上述结论。比如在我的支配感或自尊测试中，在和实验者的约见中，得分高的被试者更容易迟到，他们不那么尊重他人，更加随意和直率，表现得更加居高临下，不会过于紧张、焦虑和担忧，更容易接受实验者提供的香烟，往往不需要实验者提议或邀请，就能做到从容自如。

在另一项研究中，她们对性的反应甚至出现了更突出的特点。在性的各个领域中，强势的女性更容易求新求异，更容易宽容和接纳他人。她们更不易守住贞操，自慰概率更高，更易拥有多个性伴侣，也更容易尝试同性恋、口交或肛交等实验性行为。换句话说，她们在这方面往往也更前卫、更不受约束、更强硬、坚定与强势。另见德·马蒂诺（De Martino）。

卡朋特（Carpenter）有一项未发表的实验，分别对上述实验中的高分与低分女性的不同音乐品位进行了研究，其结论并不出人意料，高分（高自尊）者更容易接受猎奇、狂野和陌生的音乐，她们更容易接受刺耳或是缺乏旋律性的音乐，相较于甜美的音乐，她们更偏爱强劲有力的音乐风格。

梅多（Meadow）的研究显示，低分（害羞、胆小、不自信）者在承受压力的时候，相较于高分者更容易出现智力上的消极反应，这就是因为她们不够强大。另见文献，可了解麦克利兰及其合作者在其关于成就需要的研究上，高分群体有何共性。

我们能清楚地看出这些例子对本文的支撑作用，即上述选择都是非动机的，它们都以同样的方式表达了一种性格结构。正如莫扎特的所有作品都有其自身特色，而雷诺阿仿照德拉克洛瓦的画作看上去则更有雷诺阿自己的风格。

和写作风格一样，其他方式比如主体统觉故事、罗夏墨迹以及玩偶游戏都是极具表现力的。

## 五、游戏

游戏可能兼具应对或表达作用，也可能只占其一，这一点相当清楚地表现在游戏治疗和诊断的相关文献里。这一普遍的结论似乎很有可能取代以往提出的各种功能性、目的性、激励性游戏理论。由于我们会不可避免地对动物采用应对—表达的二分法，因此我们对动物游戏其效果的有效性与真实性，就产生了更加情有可原的期待。为了开辟这一新兴领域，我们就应该承认一种可能性，即游戏可能是非功利和非动机的，这种现象关乎存在而非斗争，关乎目的而非手段。而大笑、嬉闹、兴奋、玩乐、玩笑、欣喜若狂等表现，其特质可能也是如此。

## 六、意识形态、哲学、神学、认知

这是对正统心理学进行抵制的另一个领域。我认为该领域的形成在一定程度上是因为自达尔文和杜威以来，思维通常自然地被看作问题解决的方式，具有功能性和激励性。

我们对这一假设的驳斥材料很单薄，它们往往来自对哲学体系这一宏大的思维产物的分析，我们很容易建立起上述产物与个体性格结构之间的相关性。至于叔本华这样的悲观主义者，便理所当然会产生一种充满悲观的哲学思想了。我们可以设想，纯粹的文饰、防御或是安全机制一定可以说是天真的，毕竟统觉故事和儿童艺术作品已经给了我们启示。而无论在何种情况下，当我们看待同样富有表现力的作品时，巴赫的音乐或鲁本斯的绘画怎么可能体现防御或文饰呢？

记忆也可能是相对非动机的，人类身上或多或少存在的潜在学习现象，就清楚地表现了这一点。研究人员关于这个问题的行动有何差异，事实上无关紧要，因为实验的老鼠们是否有潜在学习能力对我们而言并不重要。但毋庸置疑，人类在现实生活中会这样做。

安斯巴赫发现，缺乏安全感的人往往有着不安全的早期记忆，我自己也发现，缺乏安全感的人往往会做明显具有不安全意味的梦，这个例子也十分典型。这似乎是世界观的一种明显表现。我甚至无法想象，这些例子为何会轻描淡写地仅仅被解释为需要满足、奖励以及强化。无论在何种情况下，人们往往都能不费吹灰之力地简单感知到真理或是问题的正解，并不用通过挣扎和求索。在大多数实验中，问题解决之前都需要某种动机，这很可能是因为问题太过琐碎或随意，并不能证明解决问题能够激发一切思维。在健康人群的美好生活中，思考和感知一样，其接受和产生很可能都是自发、被动的，是通过非动机的方式，毫不费力而愉悦地表达有机体的性质与存在，任由事物发生，而非推动其发生，就仿佛花朵与果实自然散发香气那样。

# 第15章
## 心理治疗、健康及动机

实验心理学家并没有像研究未开采的金矿那样，将研究旨趣转向心理疗法。这一点很令人惊讶。在成功的心理治疗下，人们会产生不同的认知、思考和学习过程。他们的动机和情绪都可能改变。这是我们所拥有的最佳技术，可以将人们最深层次的本性暴露出来，并与他们的表面个性特征形成鲜明的对照。他们的人际关系与社会态度都会发生转变。他们性格（乃至人格）的变化既有表面上的，也有深层次的。甚至还有一些证据表明，他们的外表发生了变化，身体状况得到了改善，等等。甚至在某些情况下，连智商都会提升。然而，"心理治疗"这个词甚至没有被列入大多数关于学习、兴趣、感知、思维、动机、社会心理学与生理心理学等的书籍的索引中。

在此举个例子，毋庸置疑，学习理论起码能够从基于婚姻、友谊、自由交往、抵触分析、工作成就等治疗性力量的研究成果之中得到有效启发，而与悲剧、创伤、冲突和痛苦相关的研究则更加有力了。

另有一组同样重要的问题也是悬而未决的，即现阶段人们仍简单地将心理治疗关系作为社会或人际关系的一个次级案例，也就是社会心理学的一个分支来加以考察。现在，我们至少能够通过三种关系描述来访者和治疗师之间的联系方式，即权威、民主、放任的，每一种方式在不同的时期都有特殊的作用。不过确切地说，这三种关系存在于不同的社交氛围中，比如兄弟俱乐部、各种风格的催眠、政治意识形态、母子关系以及在非人类灵长类动物中出现的各种社会组织中。

在对于治疗目标的研究中，应该迅速地揭露当前人格理论发展的不足之处，对基本科学中不给价值观以立锥之地的正统观念表示质疑，揭露健康、疾病、治疗和疗愈等医学概念的局限性，清晰地揭示出一个事实，即我们所处的文化中仍然缺乏可用的价值体系。难怪人们会忌惮这个问题。能够证明心理治疗是普通心理学中一个重要分支的例子不胜枚举。

我们可以将心理治疗的途径总结为七种：（1）表达（行为完善、释放与宣泄），比如列维的放松疗法；（2）基本需要满足（支持给予、安慰、保护、爱与尊重）；（3）消除威胁（保护、良好社交、政治与经济条件）；（4）洞察、知识和理解的提升；（5）权威的建议；（6）在各种行为疗法中，对症状进行直接攻击；（7）积极的自我实现、个性化以及成长。就人格理论的普适目的而言，这也为人们列出了一张清单，罗列了人格在社会文化与精神所认可的方向上是如何变化的。

在此，我饶有兴致地在这本书中寻找，追寻其到目前为止给出的治疗材料以及理论动机间的联系。能够看出，基本需要的满足便是一切治疗实现终极、积极目标的重要（也许是最重要）一步，而这正是自我实现。

在此还需要指出，上述基本需要大多只有依靠他人才能满足，因此心理治疗必须主要以人际关系为基础进行。对基本需要这一集合的满足，正是心理治疗的基本药物，比如安全、归属、爱与尊重都只能从他人那里获得。我可以直言不讳，我自身的经验仅限于较简洁的治疗。主要接受精神分析（即更深层次）治疗的人更有可能得出如下结论，洞察而非需要满足，或将成为重要的药物。这是由于症状严重的人不能对基本需要的满足表示接受和同化，而痊愈的标准则是不再幼稚地解读自己和他人，能够对个人以及人际关系事实的本来面目进行感知和接纳。

若是愿意，我们能够对此事进一步讨论，表明洞察力疗法的目的是让人们有能力接纳良好的人际关系，以及随之而来的需要满足。我们深知，洞察力之所以有效，就是因为上述动机能够切实地改变。不过，暂时接受简单而简短的需要满足疗法与深刻、长程、费力的洞察力疗法之间的粗略区分，具有很大的启发性价值。比如接下来我们会看到，需要满足在许多非技术干预的情形下是可能实现的，比如婚姻、友谊、合作和教学等。这条理论之路的开辟，能够将治疗性技法更为广泛地推广到各种业余治疗者身上。目前来看，洞察力疗法一定是一项技术性较强的工作，需要相关人员接受大量的培训。若是永无止境地追求非技术性治疗与技术性治疗之间的二元性结论，便能够阐述出各种不同的用途。

但是也会出现对立的观点，比如虽然深刻的洞察力疗法涉及各种附加的原则，但如果我们选择对人类基本需要的受挫和满足效用进行研究，那这种疗法将变得最容易理解。这种观点与现如今常用的做法截然相反，现在人们往往基于某种精神分析（或其他洞察力疗法）的研究，进而对较简短的疗法加以解释。但洞察力疗法会产生一种副产品，会使心理治疗以及个人成长的相关研究成为心理学理论中的一个孤立领域，其在一定程度上自力更生，支配它的固有规律也是该领域所特有的。在本章中，我对上述暗示表示抗拒，我坚持一种信念，坚信心理治疗领域并无特定法则。我们的治疗之所以取得进展，并不仅仅是因为大多数专业治疗师所接受的是医学训练而非心理训练，还因为即使是实验心理学家，对心理治疗现象针对自身人格图式的影响，也有着耐人寻味的盲目性。简言之，我们或许会辩称，心理治疗最终必须完全建立在一套健全的普通心理学理论基础上，而心理学理论自身也必须加以扩充，才能担起这样的责任。因此，我们首先要处理更加简单的治疗现象，而将洞察力相关的问题推到本章后面的部分加以探讨。

## 一、一些现象：来自心理治疗视角以及人际关系需要满足中的个人成长

有不少事实是我们深知的，当它们多管齐下时，任何纯粹的认知、任何纯粹客观的心理治疗理论都无法实现了，但事实上，它们又和需要满足理论，以及治疗与发展相关的人际手段十分融洽。

1. 只要有社会，就有心理治疗。萨满、药师、女巫、集体里最有智慧的老妪、牧师、长老以及近代西方文明中的医生，总是能够通过某种方式实现今天所谓的心理治疗。事实上，这些治疗证明了伟大的领袖与组织不仅存在粗暴且夸张的精神病态，而且其中的性格与价值混乱实则更加微妙。上述治疗者对伟大之处的解释各有千秋，我们不必深究。我们必须接受现实：虽然伟大的奇迹可以缔造，但履行者们并不知道奇迹为何实现，亦不知道它们如何实现。

2. 这种理论与实践的不一致，直到今天仍旧存在。心理治疗的各个流派间都存在分歧，这种分歧有时甚至不可调和。不过，只要是从事临床工作足够时间的心理学家，总会在漫长的生涯中遇到被各个流派治愈的来访者。接着，便会看到来访者们对某一种标志性的流派表示感激不尽，变成其忠实拥趸。不过，收集每一个流派的失败案例也同样重要。还有一点更令人困惑，有不少外科医生甚至精神科医生也能治愈来访者，但据我所知，这些医生从未接受过任何可称为心理治疗的培训（更不用说学校教师、牧师、护士、牙医、社会工作者等群体了）。

诚然，我们能够从经验和理论中寻找不同的理由来批评这些不同的理论流派，并将它们按照相对有效性的大小，进行粗略的等级排列。我们的确能够做出预期，能在未来收集到恰当的统计材料，证明某种理论训练要比其他训练产生更为优越的治愈率和发展率，当然，所有的训练都不会万无一失或屡屡失败。

然而，在此时此刻我们必须接受一个事实，治疗结果的产生可能会在某种

程度上独立于理论，甚至就某一点而言，根本没有理论可循。

3. 即使在同一个思想流派内部，比如古典弗洛伊德精神分析流派，其中的分析家也有一种共识，他们承认彼此存在很大差异，这样的差异不仅在于一般定义下的能力，还涉及治疗的纯粹效率方面。有些才华横溢的分析师在教学和写作方面造诣颇深，诚然，他们知识渊博，作为教师、讲师以及分析家、培训师都备受追捧，却总是无法将来访者治愈。还有的人从来没有任何文献产出和前沿发现，但大部分时间都用来疗愈来访者了。才华与治愈的能力固然存在一定程度的正相关，但仍有一些例外情况需得解释。[1]

4. 历史上有一些十分著名的案例，都是说各个流派中的翘楚作为治疗师时，本身才能超群，但是在向自己的学生传授高超的治疗能力上，却在某种意义上遭遇了滑铁卢。假如各个治疗师的性格类似，学生也足够勤奋和聪明，仅仅是理论、内容与知识治疗效果的话，学生的表现应该和他们的老师一样好，甚至青出于蓝。

5. 对任何类型的治疗师而言，与来访者的初次会谈都是十分常见的经历，他们会一同讨论一些外在细节，比如治疗的程序和时间等，而在第二次联系时，让来访者报告或阐述自己的进展，该过程中的所想所为，都致使这类经验比较

---

[1] 若将该情况作为问题来研究，可以采取一种简单的方法，即采访那些接受过精神分析或其他治疗的人。我有一组包括34个这种群体的材料，他们在结束治疗后一年乃至更长的时间内接受了采访。其中有24人对自己的治疗体验给予了直截了当、毫无保留的赞许，认为其毋庸置疑地物有所值，而且他们在表达自己意见的时候也带着极大的热情。而在剩下10人中，有2人对自己的治疗师感到不满，更换治疗师以后，对新的治疗师表示了毫无保留的认可。另有4人被诊断为精神病，或有强烈的精神病倾向。在这4人中，有一人与自己的心理医生共同工作了好几年，却完全没看到自己身上出现任何好转。有一人直接中断分析并人间蒸发了。第3人则总在一段时间的分析后中断，她对当前的治疗大加赞赏，却对之前的三次大加诟病。后10个人中的第7人认为分析虽然有一定的疗效，却花费了他太多时间和金钱。他谈得上是痊愈了，但经过分析却发现痊愈是依靠自己的努力。第8人来访者是位同性恋，他被警察开车送到治疗师处，但治疗师本人明确表示此人未痊愈。第9人自己也是一位精神分析家，其早年间已经完成分析，他表示按照目前的标准，这段分析是很糟糕的，因此他认为自己相当于没有接受过分析。最后一人则是个年轻的癫痫患者，迫于父母的压力，她不情愿地被迫接受了一项分析。

在此背景下，我们对一个现象非常感兴趣，对治疗效果表示完全赞同的人中，有71%接受了各种精神分析家以及非精神分析流派的治疗，其接触过的治疗师涵盖了一切理论、学说以及方法，而且据我所知，他们认为各种方法带来的裨益几乎相等！

令人费解。

6. 治疗师有时候不必开口便能取得进展。在一例个案中，一位女大学生出于一些个人问题而寻求建议。一小时过后，整个治疗期间都是她在说，而我没有说一个字，但她却对问题的解决心满意足，她谢过我的忠告便离开了。

7. 对于足够年轻且不太严重的个案而言，源自生活的重要经历就能起到十分全面的疗愈作用。比如一段美满的婚姻、一份合适的工作、一段美好的友谊或是儿女双全的生活，当然还有处理紧急情况和克服困难等，我时常看到这一切为人们带来性格上的深刻变化以及症状的消除，并且其前提是没有治疗师的帮助。事实上可以证明，良好的生活环境是最治愈的药物之一，而技术性心理治疗仅仅是作为工具为人们所用。

8. 许多精神分析学家都观察到，他们的来访者在分析的间隔及其完成以后都会产生进展。

9. 另外还有人报告，治疗成功的标志之一在于接受治疗者的配偶也随之得到改善。

10. 最具挑战的是至今存在的一种极特殊情形，在此情况下，绝大多数来访者的治愈都是由未受训或未充分受训的人完成的，或者说他们参与了治愈的过程。关于这一点，我能用自己的经历来充分验证，而这一经历在心理学以及其他领域中，体会到的人也数以百计。

在20世纪20—30年代，绝大多数研究生在心理学方面的受训都十分有限（直到现在依然程度较低），有时甚至可称作贫瘠。一位因为对人类感兴趣而选择心理学的学生，其目的正是理解和帮助人类，他会发现自己仿佛进入了某种特殊的邪教氛围，在这样的氛围中，他会将大部分时间都花在感官的现象上，这些现象源于条件反射、无意义音节以及白鼠走迷宫等观察结果。接下来出现了另一种实验与统计取向训练，它更加实用，但是在哲学层面仍然显得局限而粗浅。

　　然而对于门外汉而言，心理学家正是心理学家，是其整个生活重心的目标，他就像一个技术员，理所当然知道人们为何会离婚，为何会产生仇恨，又为什么会精神错乱。心理学家往往必须倾尽全力用最佳的方式回答。尤其是在那些小城镇中，人们对精神病学家与精神分析都闻所未闻的情况下，情况尤其如此。他们只能选择最喜爱的修女、家庭医生或牧师来替代这个角色。因此，对于未受训过的心理学家而言，面对这些人时的负罪感会减轻。此外，他还可以将自己的努力归因于必要的培训。

　　但是我不得不提，这些人的笨拙努力往往会奏效，年轻的心理学家们自己都感到惊讶。他本已经为自己的失败做好了充分的准备，他们的失败经历固然很多，那么这些出乎自己预料的成功果实，到底应该如何解释呢？

　　其中一些经历甚至更为出乎意料。在各式各样的研究过程中，我必须收集各种性格特征的详细案例，我完全没有准备好将自己受过的训练运用于检验人格扭曲的治疗，除了询问来访者一些关于人格和生活史的问题，我几乎无能为力。

　　有时候，当学生问我一些常规建议时，我会建议他寻求专业的心理治疗，并且解释我这样做的原因，他出现了怎样的问题，以及心理疾病的性质等，在某些情况下，仅此一点就足以消除症状了。

　　相较于专业治疗师，业余的治疗师更容易观察到类似的现象。很显然，一些精神病学家拒绝相信这类事件的存在。但是这一切都很容易证实，因为类似的体验常见于心理学家和社会工作者群体中，更遑论牧师、教师和外科医生群体了。那么，如何解释这类现象呢？在我看来，我们只有通过理解动机和人际关系的理论才能理解之。很显然，我们不必强调人们在有意识情况下的所作所为，而是无意识情况下的所作所为。在我所引证的所有案例中，治疗师对来访者都有浓厚兴趣，会关心并且尝试着帮助后者，这一切能够向来访者证明，起码在一个人眼中，自己还是有价值的。由于在任何情况下，来访者眼中的治疗师都更具智慧、老迈、强大且更健康，来访者同时也会感到更加安全、受到保护，因此也就不那么脆弱和焦虑了。愿意倾听、不加斥责、督促对方坦率，即使对方揭示了自己罪恶的一面，也仍然能够得到接受和认可、温柔和善意，让来访者感觉到有人陪在自己身旁，这一切加之上述因素，来访者就能从无意识中感受到自己受到喜爱、保护与尊重。正如上文所言，这一切都是对基本需要的满足。

有一点十分清晰，假使我们对基本需要的满足给予更高的重视，并因此再补充一些更为众所周知的治疗决定因子（如暗示、宣泄、洞察以及新近的行为疗法等），仅凭这些已知的进程，我们的解释潜力便能远远超过自己所解释出来的事物了。一旦某些与治疗相关的现象产生，只有满足感才能解释这一切，不过与此相关的病例往往不太严重。除此之外，更严重的个案则仅凭更加复杂的治疗技术就能得到充分解释，同时将基本需要的满足作为治愈的决定因素，则更能充分理解这种情况。不过，在良好的人际关系之中，基本需要的满足几乎可以自发产生。

## 二、心理治疗：良好的人际关系

每个人对友谊、婚姻等人际关系最深入的分析都表明：（1）基本需要的满足只能出现在人际中；（2）治愈我们的基本药物正是上述需要的满足，也就是安全、爱、归属感、价值观以及自尊。

在对人际关系进行分析的过程中，我们难免发现自己有必要，也有可能区分关系质量的好坏。根据人际关系所带来的需要满足程度，上述区分的效果会很好。在友谊、婚姻、亲子关系的任何一种中，如果能够高度支撑或改善归属感、安全感和自尊（以及最终的自我实现），则可以被定义为心理学层面的良好关系；如果支撑和改善的程度较低，则会被定义成不良的关系。

这样的需要是树木、山川乃至狗都无法满足的。只有从他人那里，我们才能得到完全令人满足的尊重、保护，以及爱，也只有对他人，我们才会付出最充分的尊重和保护。而这一切，正是我们身边的好友、好恋人、好父母、好孩子以及好学生能够彼此给予的事物。从任何的良好人际关系中，我们都能寻求到这样的满足感。这些需要的满足正是好人诞生的必要条件，但反过来，好人的产生正是一切心理治疗的终极目标，即使并非直接目标。

因此，我们的整个定义体系就有了广泛的含义：（1）究其基础，心理治疗并非独特的人际关系，因为在一切"良好的"人际关系中，我们都能找到心理治疗的某些基本品质；[①]（2）若是如此，从人际关系本质的好坏来看，心理治疗在此方面应受到的批评应该比想象的更严厉。[②]

1. 进一步地，将良好的友谊（无论夫妻、亲子以及兄弟之间的情谊）作为良好人际关系的典范，经过仔细检查，我们会发现友谊所能提供的满足感，甚至比我们能说出的要多得多。除了表面的价值之外，相互坦诚、信任、忠实并卸下防御还具有额外的表达和宣泄价值（参见第10章）。一段健康的友谊，还能任由我们健康地表达出消极、懈怠、幼稚和愚蠢，假使没有危险出现，我们得到爱与尊重都是为了自我，而非为了我们所扮演的角色，我们便能够做真实的自己，真诚地表现自己的软弱，迷茫时寻求保护，想要寻求成年人的庇护之时，便表现出自己的孩子气。另外，即使是从弗洛伊德的角度来看，一段真正良好的关系也能提升人的洞察力，因为好的朋友或爱人总是能让人感受到充分的自由，他们能为我们提供值得充分考虑的事物，其解释能力能媲美精神分析的解读。

关于所谓良好人际关系的教育价值，我们也还未充分谈及。我们不仅仅

---

① 比如良好友谊所产生的首要价值可能完全是无意识的，它们原本的价值并不会降低，因此在治疗关系中，同样能够在无意识情况下保证产生作用。这一点与既定事实并不相悖，即人们会有意识地运用友谊，并极大地为友谊赋值。

② 要想让这些结论更容易被接受，那我们应该将自己限制在一些较为温和的个案中，他们（在人群中占大多数）能够直接地接纳爱与尊重，神经质的需要满足及其效果必须稍后再探讨，因为其十分复杂。

渴望安全与被爱，还渴望了解更多，渴望充满好奇，渴望拆开每个包裹，渴望开启每一扇门。除此之外，我们还必须正视人类构建世界的基本哲学驱力，去深入理解这世界，让世界充满意义。虽然良好的友谊或亲子关系本应有助于人们对世界的理解，但在良好的治疗关系中，满足感的实现应该在某种特殊的水平上。

最后，我们不妨就一个显而易见（因此常被忽视）的事实总结一句，爱与被爱其实同样美好。[①]在我们所处的文化中，与性冲动和敌意的冲动一样，开放的情感冲动也会受到严重压抑——也许比前两者更甚。允许我们公开表达爱意的关系十分罕见，或许只有三种，即父母、祖孙以及配偶或爱侣之间，即使在这样的关系中，我们也很清楚爱意有多容易遭到扼杀，最终沦为尴尬、内疚、防御、角色扮演以及统治地位争夺的等价物。

而治疗关系则允许甚至鼓励人们公开表达爱与情感的冲动，这一点的重要性还未得到充分强调。只有在这种关系（以及各种不同的"个人成长"团体）中，爱意的公开表达才会被看作理所当然，才会受到期待，也只有在这样的情况下，爱意中不健康的杂质才会得到有意识的清理，爱意本身才能得到净化、发挥最大的作用。上述事实清楚地指出，我们有必要重新评价弗洛伊德的移情和反移情概念。上述概念源于一项关于疾病的研究，对于健康群体而言是有其局限性的。上述概念的外延必须扩大，应涵盖健全群体和残疾群体，也涵盖理性群体和非理性群体。

2. 人际关系的性质至少能被划分为三种不同性质，即主动—依从型、平等型，以及冷漠或放任型。在不同领域中，这一切都已经得到了证明，这种分类也适用于治疗师和来访者的关系。

---

① 我对儿童心理学文献中此类莫名其妙的表达印象尤为深刻，比如对"孩子必须被爱""孩子只有表现良好，才能维持父母的宠爱"等言语，能够有效地等同于"孩子必须去爱""孩子之所以表现良好，是因为他爱自己的父母"等。

治疗师可以将自己当作来访者的领导，积极、果断而具有掌控力，也可以将自己当作病人的共事伙伴，最后，甚至可以将自己看作来访者面前一面平静而冷漠的镜子，永远不加干预，永远不近人情，永远保持超然和疏离。最后一种类型是弗洛伊德推崇的，但另外两种实际上则更为常见，尽管在官方层面针对分析而言的一切正常人类情感，其唯一可用的标签就是反移情，也即非理性和病态的定义。

现在来看，如果治疗师和来访者之间的关系，正是来访者获取必要治疗药物的媒介，正如鱼儿在寻找其所需对象时使用的媒介，我们必须要考虑这些；反之，我们不该考虑哪种媒介对来访者最有效，我们必须要注意，不应该忠实地只选择某一种媒介而排斥其他的。在优秀的治疗师群体中，上述三种类型都合理地存在，甚至还有一些类型可能尚未被发掘。

虽然从上面所介绍的情况中可以得出结论，普通来访者如果身处温暖、友好、民主的治疗关系中，他们能够得到更好的发展，但对大多数人而言，这种氛围下并不容易形成规则。在更加严重的慢性、顽固性神经症病例中，情况尤其如此。

对一些比较专制的人而言，他们会将善良和软弱区分开来，绝不会轻易对治疗师产生轻蔑的感情。治疗师握紧缰绳，对一切的放纵都设定非常明确的限制，对于来访者的利益而言，最终可说是可取的。兰克的追随者尤其强调这一点，他们会对治疗关系中的限制加以探讨。

还有的人已经学会将感情视为陷阱，除了冷漠疏离，他们只会因为退缩而焦虑不已。自感罪孽深重的人可能会需要惩罚。冲动而且倾向于自我毁灭的人，则可能需要积极的命令来阻止自己，以免对自身造成不可挽回的伤害。

不过，治疗师应该尽可能意识到他与来访者之间的关系，定下了规则以后便不再允许例外。假设他会由自己的性格使然，自发地选择一种类型而非另一种，在其来访者改善可观的时候，他应该有能力控制住自己。

　　无论在任何情况下，无论从总体还是个别来访者角度来看，无论采用任何心理治疗资源，其产生的效用都是值得怀疑的。在很大程度上，这是因为上述关系可能永远不能进入正轨，或是很快就会破裂。不过，即使来访者和他非常厌恶、憎恨或感到焦虑的人待在一起，两人的时光很容易充满自我防御和挑衅，来访者眼中的主要治疗目标也会让治疗师感到不悦。

　　总体来说，即使建立良好的人际关系本身不是治疗的目的，但仍然应该将其设定为心理治疗中必要且可取的前提，因为心理治疗往往是全人类所需终极心理药物的最佳媒介。这个观点还涵盖了其他有趣的含义。如果从根本上说，心理治疗就是向一个病人提供本该从其他人际关系中获得的品质，那就相当于将来访者定义为未尝与他人建立任何良好关系的人。这与我们之前对来访者的定义并不矛盾，我们将来访者定义为未曾得到足够爱与尊重的人，因为他们只能从他人处获得这一切。虽然已经证明，上述两种定义大同小异，但它们会将我们引向不同的方向，并开启我们对治疗的不同方面的认知。

　　基于后一种定义，它会为心理治疗的再适应带来另一种启发。在大多数人看来，心理治疗是一种绝望之下的措施，是最后的撒手锏，由于参与心理治疗的大多数是病人，因为其本身就被看作奇怪、异常、病态、反常和不幸的必需品，就像是一种手术，就连治疗师自己都将其看作某种不幸的需要。

　　很显然，这并不是人们在进入其他有益关系（如婚姻、友谊或是伙伴）时应有的态度。但至少从理论上讲，心理治疗与友谊的类似程度与其和外科手术的类似程度相当。因此，它理应被看作一种健康而令人向往的关系，甚至从某种程度、某些方面而言，应将其看作理想的人际关系。从理论上而言，这种关系值得期待，人们应该热情投身其中。前文的考虑正是这一原则的基础。但事实上，我们深知情况往往并非如此。当然，人们也充分认识到了这一矛盾，但是从神经症人群在固守自己症状的必要性这点来看，上述矛盾还无法完全得到解释。对此的解释还需要了解人们从本质上是如何误解治疗关系的基本性质的，这不仅出现在来访者身上，许多治疗师也是如此。我发现，用上述方式向潜在的有症状人群进行解释的时候，他们相比平时会更易于接受治疗。

对人际关系治疗的定义还有另一个结论，心理治疗的一方面能够被看作良好人际关系建立、证明良好关系建立的可行性，以及发现良好人际关系中美好与丰硕之处的技巧培训（长程神经症人群若没有特殊帮助，是无法做到这点的）。希望到时，来访者们能够通过受训的移情，与他人结成深厚的友谊。根据推测，此后来访者便能和大多数人一样，从朋友、子女、丈夫或妻子以及同事那里，获得一些必要的心理药物。从这个角度来看，治疗又有了一种新的定义方式，它是一种准备，意在让来访者建立起人类普遍向往的良好人际关系，在这样的关系下，越是健康的人，就越是容易获得自己想要的心理良药。

基于上述考量，还能得出另一种推论，在理想情况下，来访者和治疗师应该做到互相选择，选择的基础不仅应该包括声誉大小、费用高低、技术和技能的受训状况等，还要从普通人的角度来考量彼此的喜好。从逻辑上很容易证明，上述选择至少能够缩短治疗所需的时间，让来访者和治疗师都更容易接受后续的治疗，让治疗尽可能接近理想状态，让治疗体验对双方都更有意义。这一结论对于其他推论而言，可作为一个背景，理想情况下，双方在智力、经历、政治、价值观等方面的相似之处应该甚于差异。

现在必须厘清一点，治疗师的个性或性格结构即使不是治疗中最重要的因素，也应该作为关键因素考虑。治疗师必须能够从容地进入良好人际关系，这种关系就是心理治疗。此外，他还必须能够与不同的人乃至每一个人进入这层关系，他必须热情而富有同情心，必须有足够的自信以给予他人尊重。其本质应该是民主的，在心理层面，治疗师会对他人报以基本的尊重，只因为对方是独特的个人。总而言之，其情感上应该是安全的，有健康的自尊。此外，在理想状态下，他们还应有良好的生活状况，这样便不会对自己的温饱过分投入。他理应婚姻美满，经济殷实，好友成群，热爱生活，长期处于美好的光景中。

最后，上述观点意味着我们可能会对（被精神分析师）过早结束这个问题进行额外考量，也就是说，在正式治疗进程结束，甚至没有结束时，治疗师和来访者维持日常社交联系的问题。

## 三、良好的人际关系具有心理治疗的效果

因为我们已经对心理治疗的最终目标，以及产生最终成效的具体良药进行了扩展与概括。在逻辑上，我们要致力于消除心理治疗和其他人际关系、生活事件之间的壁垒。公允地讲，在普通人的生活中，有些事件和关系能够帮助其朝着技术性心理治疗的终极目标前进，而这就可以被称为心理治疗，即使这一切发生在咨询室之外，并没有专业治疗师的帮助。因此，心理治疗研究中有一个完全得当的环节，即对美满婚姻、美好友谊、完美父母、理想工作、优秀教师等创造的生活奇迹进行检查。

若要直接从上述考量中总结出定理，有这样一个案例可说，一旦来访者能够接受或应对咨访关系就引导他们进入，这只是技术性治疗可依赖的基础之一，其他基础远远不止这些。当然，作为专业从业者，我们不必忌惮将这些重要的心理治疗工具，诸如保护、爱和尊重其他人类的健康，交到业余人士手中。虽然这些工具强大，但它们并不危险。通常情况下，我们可能会既定自己不会因为爱与尊重的缘故而伤害任何人（除非对一些时不时神经症发作的人而言，因为他们无论如何都已经糟糕透顶了）。我们能够公允地预料到，关怀、爱与尊重几乎总是有益而非具有伤害性的能量。在接受了这一点的基础上，我们必须明确相信的不单单是每个优秀的人都能成为无意识的治疗师，而且我们也必须接受一点，即我们应该认可、鼓励和讲授上述结论。至少我们在此提到的业余心理治疗基本原理，能够从童年的经验开始，传达给任何人。对（采用公共卫生和私人医学领域之间的类比）大众心理治疗而言，有一项明确的任务便是教授上述原则，并且广泛地传播它们，应该确保每一位教师、家长乃至每一个人，

都有机会理解并且应用它们。人们总会向自己尊敬和爱的人寻求建议和帮助。心理学家和哲学家没有任何理由，不去将上述历史现象框架化、形式化，并且将其鼓励、推广到普遍的程度。应该让人们清楚地意识到，每当他们在威胁他人、对他人展开不必要的羞辱或伤害、支配或拒绝他人的时候，他们就会成为精神病态产生的帮凶，即使这帮凶的力量微乎其微。[①]

## 四、心理治疗与美好社会

与前面提及的良好人际关系定义类似，目前为止我们可以清楚地知道，对美好社会的定义，能够基于其成员成为健全人群以及自我实现人群的最大可能性。换言之，这意味着美好社会是制度有序的，其制度的排序方式便是培养、鼓励、奖赏并产出最大量的良好人际关系，并将不良人际关系减到最少。根据上文中的定义与身份来推论，良好的社会是心理健康社会的同义词，而不好的社会则是心理上病态的，这反过来也意味着基本需要的满足以及基本需要的受挫，也就是缺乏足够的爱、感情、保护、尊重、信任与真理，而具有太多的敌意、羞辱、恐惧、藐视与控制。

我们要强调一点，是社会与体制压力助长了社会后果的治疗性与致病性，让社会现象更容易出现、产生更多益处、更加可能产生巨大的原生或次生收益。上述后果并不会决定人们的命运，也不会让他们不可避免。无论在简单还是复杂的社会中，我们都能对人格的范围产生足够了解，我们一方面要尊重人性的可塑性和柔韧性，另一方面也要尊重特殊个体已然成型的性格结构所具备的特殊顽固性，这让他们可能会抵抗甚至轻视社会压力（见第11章）。人类学家似

---

① 他们应该认识到，每一个善良、乐于助人、正派、在心理层面强调民主、深情而热诚的人，即使这些品质十分渺小，也能称作一种心理治疗力量。读者若是从未体验过慢性而顽固的神经症固然会发现一点，人们是很难向他人给出前瞻性建议的。但是，有经验的治疗师都会出现这样的认知。随着人们对非专业心理治疗越发尊重，人们会越来越认识到技术性心理治疗师的必要性。而后者往往会被定义为承担治疗生涯失败之处的人们。

乎总能在残酷丛林中找到一个善人，也能在太平盛世中掘出一个斗士。现在，我们已经知道得足够多，比如不能像卢梭一样，将人类的所有弊病都归咎于社会秩序，也不敢奢望仅靠社会进步就能够让人类更加幸福、健康且明智。

我们可以从不同的角度来看待所处的社会，所有的角度都是出于各种目的而采用，并且具有实际效用。比如，我们能够为任何一个社会算出一个平均数，并为其贴上相当病态、极度病态等标签。然而对我们而言，更重要的是认识到滋生疾病和滋养健康力量的相对考量与平衡。在很大程度上，两种力量处于岌岌可危的平衡状态，掌控权时而掌控在一种力量手中，时而又转移到另一种力量手中。因此，我们势必要对上述两种力量进行测量与实验。

进行上述普遍性考虑之后，我们转而考虑个人的心理，首先要应对这样一个事实，即人们对文化的主观解释行为。从这个角度我们可以公允地断言，对神经质人群而言，这个社会本是病态的，因为其眼中的社会主要是危险、威胁、攻击、自私、羞辱以及冷漠的。我们当然也可以理解，在他周围身处同样文化、交往着同样群体的人眼中，这个社会也完全有可能是健康的。上述结论在心理上并不矛盾，它们都可以在心理层面共存。因此可以说，每个症状严重的人，都是充满主观性地生活在一个病态的社会中。基于这段陈述，以及上述对心理治疗性人际关系的讨论，治疗可以说是建立一个缩微版的美好社会。[1]从绝大多数成员角度来看，这个社会中的病态现象也能采用同样的措辞进行描述。

那么从理论上讲，社会中的心理压力是对病态社会中基本压力与趋势的反对。在更为普遍的形态中，无论一个社会总体上有多健康、多病态，治疗行为都等同于从个人层面与社会中滋生疾病的力量进行斗争。可以说，治疗正尝试着逆转潮流，从内部切入，其在终极词源意义上具有革命性和激进性。这样一来，每个治疗师或许都应该从自身社会中见微知著，而非一味与巨大的病态力

---

① 在此，我们必须谨防过分极端的主观主义。对病态的人而言，病态的社会如果仅仅能够产生神经症的人群，那么其在客观层面上也是很糟糕的（甚至对健康人群而言也是如此）。

量作斗争，假如这些力量在社会中具有根本性，那么实际上可以说他是在和整个社会作斗争。显然，假如心理治疗领域可以得到极大的扩展，从每年应对几十个来访者扩展到每年数百万人，那么即使是违背社会本质的微小力量，也能够变得十分明显。如此一来，社会毫无疑问将得到改善。在热情好客、慷慨与友好等品质方面，人际关系的风格会随处发生变化，而当社会中足够多的人都做到热情好客、慷慨、善良且热衷社交后，我们便大可放心，他们会推动法律、政治、经济与社会学的演进。也许T团体训练、会心团体（encounter groups）以及其他各式各样的"个人成长"小组和阶层迅速蔓延，会对整个社会都产生明显影响。

在我看来，无论一个社会多么美好，其中的病态都不可能被完全消除。即使威胁不来自他人，也会来自自然、死亡、挫折以及疾病，甚至共同生活在社会中这一简单的事实都会带来威胁，尽管我们会从社会中获益，但仍然必须改变我们欲望满足的形式。我们也不能忘记一点，人性本身就会产生许多邪恶之处，这些邪恶要么与生俱来，要么来自无知、愚蠢、恐惧、沟通不畅以及笨拙等，详见第9章。

这是一套非常复杂的相互关系，人们很容易在言谈交往中招致误解。关于这种情况的防止，我会让读者参考我在一次乌托邦社会心理学研讨会上为学生准备的一篇论文，并不需要通过很长篇幅来阐释。此文强调经验性的、可实现的理论（而非无法实现的幻象），还坚持分层阐释，而这项任务的构成基于以下问题：人性到底能够接纳多好的社会？而社会之下的人性又能好到什么程度？我们已经知道，人性中固然有局限，基于此，我们又能指望人性有多好呢？我们也知道社会本身充满了困境，基于此，我们又能指望一个社会发展到多好呢？以我个人所见，这个社会上可能没有完人，我们甚至不敢设想完人的存在，但是人类整体要比大多数人的设想好很多。如果在一对情侣、一个家庭、一个团体中都难以实现纯粹的爱，那么遑论2亿—3亿体量的难度呢？换言之，社会中成员的配对、分组和团体虽然很难做到十全十美，但显然是可以不断改进的，这种改进效果可能很好，也可能很差。

此外，我自认为对成员配对、分组与团体有足够的了解，以此抵御整个社会出现快速变迁或轻易改变的可能性。要改善一个人并让他的改善持续下去，可能需要多年的治疗工作。即便如此，"改善"性治疗工作的主要方面在于让人将提升自我作为自己的毕生任务。在某个伟大的转变、洞见或觉醒时刻，人们的确会产生一瞬间的自我实现，但这种情况极其罕见，不该过分奢望。精神分析学者们在很早以前，就学会了不仅仅依靠洞察力工作，但现在更加强调"解决"，即通过对洞察力的使用和应用，展开长期、痛苦、缓慢以及反复的努力。在东方文化中，强调灵性的导师和智者往往也会强调，改善自身是一种毕生的努力。在T团体训练、基础的会心团体、情感教育等团体的带领者身上，上述理论带来的启示已经逐渐苏醒过来，此时他们正经历一个痛苦的过程，也就是一种放弃自我实现的"大爆炸"理论的过程。

当然，这一领域内的所有范式都是逐级递减的，可见如下示例。（1）整个社会的健康程度越高，个别心理治疗的需要就越低，因为罹患疾病的人会越少。（2）一般而言，社会越是健康，来访者就越是有可能在没有技术性治疗干预的情况下获得帮助或治愈，而手段正是良好的生活经历。（3）一般而言，社会越健康，治疗师就越容易治愈病人，因为简单的满足疗法就更容易为病人所接受。（4）同样，一般而言，社会越健康，洞察力疗法就越容易治愈来访者，因为治疗中会出现很多美好的生活体验，以及良好的人际关系，而且相对而言，不会有战争、失业、贫穷等其他社会病态因素的影响。很显然，可能存在数十个这样易于验证的定律。对于个人的症状、治疗以及社会性质之间的关系，我们有必要对其加以表述，这有助于解开常见的悲观主义悖论："在一个原始状态就不那么健康的病态社会中，怎么可能出现健康的状态或改善呢？"当然，这种困境中隐含的悲观主义，与自我实现者和心理治疗的存在相矛盾，而心理治疗的存在要通过真实的存在来实现。即使如此，还应该有一个理论来解释上述存在实现的方式，即使其层次仅仅是让整个课题向实证研究敞开大门。

## 五、各司其职：现代心理治疗中的实训和理论

随着症状日益严重，从需要的满足中获益变得越来越难。对上述连续不断的过程总结如下：（1）人民往往不愿寻求基本需要的满足，甚或会因为神经质性需要的满足而放弃。（2）即使来访者有选择，也没机会利用起来。向他们提供情感也没有用，因为来访者会对此表示恐惧、怀疑、曲解以及最终的拒绝。

就这一点而言，专业的（洞察力）治疗不仅必要，而且不可替代。这是一种无与伦比的疗法，既非暗示，也非宣泄，既非对症状的治疗，也非对需要的满足。将这一点扩展开来，我们就进入了所谓的另一国度，那是一个受到准绳严格管辖的领域，本章至今讨论过的一切原则除非经过符合标准的修改和限定，否则将无法适用。

技术性治疗与非技术性治疗之间，有着巨大而重要的差距。在三四十年前，我们本不该基于上述讨论的结果进行任何补充。如今，我们有必要展开补充，随着20世纪心理学的发展，从弗洛伊德、阿德勒等人的革命性发现开始，心理治疗已经从一种无意识的艺术转变成了一门进入意识的应用科学。如今，可使用的心理治疗工具，这些工具也并不是一般状态良好人群可以自发利用的，只有经过严格训练，有足够智力使用这些新技术的人才能熟练运用。它们是人为的技术，并非自发或无意识产生的。这些技术在教授时，心理治疗师采用的方法能够独立于他们自己的性格结构。

在此，我只想谈一谈其中最重要、最具革命性的技术，其意在于激发来访者的洞察力，让其有意识地获得自己的潜意识欲望、驱力、抑制以及思想（遗传分析、性格分析、阻抗分析以及移情分析）。这一工具必须为专业的心理治疗师所用，这一点非常重要，相对于那些人格优良但缺乏专业技能的人而言，

具有良好人格的专业治疗师会有巨大优势。

那么洞察力到底如何产生呢？到目前为止，实现洞察力的大部分（即使不是全部）技术尚且没有超出弗洛伊德所阐释的范畴。自由联想、解释梦境、解释日常行为背后的隐含意义，是治疗师帮助来访者有意识洞察自身的主要途径。①当然，这里还有其他可能性，但其重要性远不如上述几种。放松技术以及其他各种消解症状并且对其加以利用的技术，并不如所谓弗洛伊德流派的技术那样重要，即使它们的使用可能要比当下更加广泛。

在一定的基础上，一切智力尚可的人，只要愿意接受精神病学、精神分析组织、临床心理学研究所等提供的适当培训课程，就可以掌握这些技术。正如我做出的预期，这些技术各自的使用效率确实存在个体差异。相对于其他学生，学习过洞察疗法的学生能够具备更好的直觉。我们还有理由假设，被人们标榜为良好人格的治疗师，相比没有这种人格的治疗师而言，能够更加有效地使用观察疗法。每一个精神分析研究机构都对他们的学生提出了个性化的要求。

弗洛伊德还给我们展示了另一个新的伟大发现，即心理治疗师自己有必要认识到自我理解的必要性。虽然心理分析学家已经认识到治疗师具有洞察力的必要性，但其他取向的心理治疗师尚未正式意识到这一点。这实际上是不对的。从上文提出的理论中，我能够得出结论，任何能够促进治疗师的人格力量，都能促使他成为一名更好的治疗师。精神分析或治疗师的其他深入治疗方法能够帮助我们做到这一点。即使有时候无法完全治愈来访者，至少它能够让治疗师意识到工作中存在怎样的问题，让其意识到内心的冲突所在，以及失败的主要领域所在。因此，当治疗师在和来访者打交道的时候，他便能够发现自己内心出现了不良的力量，并对其加以纠正。在其中，他会终究保持清醒，让不良的

---

① 团体治疗师所采用的各种类型疗法都主要有赖于弗洛伊德学派的理论与方法，同时，他们也承诺增加更多与洞察力有关的技术：（1）具有教育性的解释技术、信息的直接传授等；（2）通过聆听其他来访者的相似症状，以求消除自己较为温和的症状。上述讨论无关乎治疗师到底属于哪一个行为流派。

力量臣服于自己的智慧。

正如我们所说，在过去，治疗师的性格结构十分重要，甚于其秉持的一切理论，甚至比其有意识采用的各种技巧都重要得多。但随着技术性疗法的日趋复杂，性格结构的重要性被渐渐弱化了。从优秀治疗师人群这一整体来看，其性格结构的重要性在过去一二十年中渐渐弱化，这种趋势肯定会持续下去。而其受训、智力、技术和理论都会变得越来越重要，我们可以放心，在未来某一天，它将会占据重要性的最高地。过去，我们对知心大妈式（wise old woman）的心理治疗技术赞誉有加，其原因十分简单：一是在过去，这是唯一可用的心理治疗师技法；二是因为即使到了现在和将来，这类技术在所谓非专业心理治疗中也永远具有重要地位。然而，用掷硬币来决定是寻找牧师还是精神分析师已经不再是一种正当举措。优秀的专业心理治疗已经将直接的表面援助者远远甩到了后面。

我们能预料在不久的将来，假如社会也能得到一定改善，专业的心理治疗师也不再会被用于安抚、支持以及其他需要的满足上，因为其他的门外汉同伴也能提供这一切。人们会因为简单的需要满足疗法或放松疗法无法治疗其症状而寻求专业援助，但只有门外汉无法使用的专业技术才能触碰到严重的症状。

此处的悖论在于，上述理论中也能得出完全相反的推论。若是相对健康的人更容易体现出治疗的作用，那么大量的技术性治疗时间便能留给最健康而非最不健康的群体，很显然，一年改善10个人要好于只改善一个人，尤其是在这10个人本身就身处关键的非专业治疗岗位上时（比如教师、社会工作者和医生等）。可以说这一切已然开始发生。有经验的精神分析家和存在主义分析家已然在年轻分析家的培训、教授与分析上花费了大量时间。现在，治疗师为医生、社会工作者、心理学家、护士、牧师与教师授课的现象也很常见。

在结束洞察力治疗这一主题之前，我认为最好对目前洞察力和需要满足间的二分法进行切分。纯粹的认知和理性主义洞察力（即冰冷而不带情绪的知识）

是一回事；而有机体的洞察力是另一回事。弗洛伊德流派有时会谈到的充分洞察力即认识到了洞察力实际上仅仅是了解一个人的症状，我们增加的知识仅仅关于此人来自何处，其身处当代心理学生态中扮演了怎样的动力性角色，其通常并没有治愈能力。与此同时，情感体验、对体验的真实重温、宣泄和反馈也该存在。也就是说，充分的洞察力不仅是认知体验，也是一种情感体验。

在一种更微妙的视角下，这样的洞察力往往是一种意念中的、关于需要满足或受挫的经历，同时也是一种被爱、抛弃、鄙夷、拒绝或保护的真实感觉。分析家口中的情感，更应该被看作一种对意识的反应，比如当人们生动地重温20年前的经历时，能想到父亲终究还是真的爱他，但上述体验一直受到了压抑或误解，而他或许会突然意识到，自己实则深深厌恶着原以为深爱的母亲。

这样的丰富体验兼具认知、情感以及意念成分，在此，我们能称其为有机体洞察力。但是，假设我们研究的主体就是情感体验呢？在此声明，我们对体验的扩展越发包罗万象，乃至包括了意念的要素，最终我们会发现，自己口中所言正是有机体情感或是整体情感等内容。同样，就意念体验而言，它也会扩展成为整个有机体的非理性体验。最后一步则是认识到一点，除了在学习过程中的切入角度以外，有机体洞察力、情感和意识之间本无差异，而最初的二分法很显然就是过分原子化方法的产物。

## 六、自我治疗与认知疗法

在此，理论的提出具有这样一个含义，相对于我们的一般认识，自我疗愈产生的可能性和局限性或将更大。如果每个人都训练有素地明白自己有何缺陷，了解自己有何基本欲望，并对这些基本欲望得不到满足的症状有个大致了解，那他便可以有意识地做出努力，以弥补这些不足。根据这一理论，我们足以公平地说，在我们社会中失调症状如此普遍的情况下，大多数人基于自己的能力范围实现自愈的可能性，要比自己意识中大得多。爱、安全感、归属感以及来自他人的尊重，几乎是情景性症状的灵丹妙药，甚至对某些性格上的症状也是如此。如果个体了解了自己应该具备爱、尊重与自尊等，他便能够有意识地寻找这一切。当然，每个人都不会反驳，有意识地寻找这一切，会比无意识地尝试弥补自己的不足更为有效。

与此同时，上述诉求也被许多个体所用，自我治愈的可能性更加广泛，然而除了一般的情形之外，有的问题他们势必只能向专业人士求助。在严重性格障碍或是既存的神经症前提下，治疗师除了单纯改善症状、无条件满足来访者之外，绝对还有必要对引发、积淀以及让障碍进一步持续的动力具有明确了解。正是在此，来访者必须将有意识洞察力所需的一切工具利用起来，但目前为止这些工具尚未出现替代品，且当下只有经过专业培训的治疗师才能使用这些工具。一旦确定了某个个案的症状严重，那么无论是外行人的帮助还是知心大妈的开解，都十有八九对症状的根除毫无作用。这是自我疗愈的核心局限。①

## 七、团体治疗与个人成长团体

我们所谓心理治疗方法的最后一个含义在于，更大程度地尊重团体治疗以及T治疗团体，我们一再强调，心理治疗和个人成长是一种人际关系，仅凭这一先验性的理由，我们就应该意识到，这种关系从配对延伸到更大的群体中或许能产生很大的裨益。如果普通治疗可以被看作一个两人的理想社会微缩版，而团体治疗就可以被看作10人组成的理想社会微缩版。对于团体治疗的尝试，我们已经有了强烈的动机，这样的治疗能够节省各种时间和金钱，越来越多的患者可以接受广泛的心理治疗。但除此之外，我们已有经验材料表明，团体治

---

① 自首次撰写本文以来，霍妮和法罗的有趣著作已然面世。他们的观点在于个人通过自身的努力后，其养成的洞察力高度能够与专业分析的程度媲美，但其程度固然有所欠缺。大多数分析家并不会否认这一点，但也对其可行性存疑，因为这需要来访者具有非凡的动力、耐心、勇气和毅力。我相信许多关于个人成长的书籍中也会出现类似的尴尬情况，这些书籍当然具有帮助，但若失去了专业人士或"向导"、智者与带领者的帮助，巨大的转变就无法出现。

疗和T团体训练都能完成一些个体心理治疗做不到的事情。我们已经知道，当来访者发现自己的欲望、冲突、满足和不满、隐藏的冲动和想法在几乎整个社会中都是普遍存在的时候，他们便很容易摆脱自己的独特性、孤立性、负罪感或罪恶感。这就减少了人们的内在冲突或冲动等心理致病效应。

实践还验证了另外一种对治疗的期待。在个体心理治疗中，来访者学会了至少和一个人（也就是治疗师）建立良好的人际关系。接着，他能够寄希望于将这种能力转移到一般的社交生活中去。他通常能够成功，但也有失误的时候。而在团体治疗中，他不仅要学习如何与至少一人建立良好的关系，而且实际上，也在与一整组其他人练习这种能力。一般而言，实验结果已经一目了然，但并不出人意料，并且足以鼓舞人心。

正是有了基于经验的材料和基于理论的推演，我们才应该致力于更多的团体心理治疗研究，这不仅是因为其作为技术性心理治疗是一条很有前途的线索，还因为其必然会在一般心理学理论，乃至广义社会理论知识方面给我们很多启示。同样，对于T团体、会心团体、敏感性训练以及其他一切类型的团体也是如此，现在这类团体都被归类为个人成长小组，或是情感教育研讨班、工作坊等。虽然上述形式在程序上有很大的不同，但它们在一切心理治疗中的长期目标可以说大同小异，也就是说它们的目标都在于自我实现、全人或是充分利用物种与个人潜力等领域。它们与任何心理疗法一样，假使有能力的人管理得当，就有可能创造奇迹。但我们也汲取了足够的经验教训，假使管理不善，它们便会百无一是甚至产生害处。因此，还有必要展开进一步研究。这样的结论固然在我们意料之中，因为一切外科医生或其他专业人员都有如此经历。我们对于外行或业余人士如何选择称职的治疗师（医生或牙医、智者、导师、教师），避免选到不称职的人，也没有根本的解决办法。

# 第**16**章
## 常态、健康与价值

　　"常态"与"异常"这两个词的含义如此之广，似乎定义已经变得毫无用处了。如今有一种强烈的趋势，即心理学家与精神病学家会采用更为具体的概念来替代上述笼统的词汇。这就是我在本章的任务。一般来说，人们对常态的定义要么是统计学意义上的，要么是文化或生物学意义上的。然而这些定义仅仅是正式的，是"公司报告"或礼拜日时用的定义，而非日常所用的定义。这个词的非正式含义与其专业定义一样明确。大多数人在问出"什么是常态"的时候，脑海中还有其他的想法。对大多数人而言，甚至对非工作时间的专业人士来说，这是个价值问题。这实际上是在问我们应该重视什么，对我们而言有何好处和坏处，我们应该有何顾虑，又为何而感到内疚或善意。对这一章的标题，我们要从业余和专业两个角度来解读。我认为该领域的大多数技术从业者都在做同样的事情，不过他们大部分时间都拒不承认这点。有许多观点着重探讨常态的定义，而关于其所处环境、在正常的对话中真正含义的讨论却很少。在我的治疗工作中，我总是在谈话者的语境，而非技术性的语境下解释常态和异常的问题。当一位母亲询问我自己的孩子是否正常时，我便将其理解为她想知道自己是否应该担心，是应该改变手段以控制自己孩子的行为，还是听之任之、不予操心。当我的演讲结束后，有人问到性行为的常态与异常时，我也会以同样的方式来理解他们的问题，因此我的回答中也往往包含着"不用担心"或"不必顾虑"。我认为，目前精神分析学家、精神病学家和心理学家对这一问题真正产生兴趣的原因在于，该问题具有重大的价值。比如当埃里希·弗洛姆谈到常态时,他打造的语境就是善意、可取且具有价值的。这一领域里的成果产出也越来越多。坦率地说,在现如今以及过去一段时间内,这类工作是在努力建构一种价值心理学,其最终可能成为普通人群的实践指南,也能成为哲学教授或其他专业技术人士的理论参照体系。我的探讨甚至能够更进一步,对很多心理学家而言,这种定义的努力越发可以被看作一种尝试,正统的信仰曾经也进行过这样的尝试,但最终失败了。它们尝试着让人们对人性与自身和他人、与整个社会和整个世界的联系展开理解,它们建构了一个参照系,在其中,他们能够理解自己什么时候应该感到内疚而什么时候不必。也就是说,我们正在制定一套近似于科学伦理的体系,我非常乐意本章的言论能够代表这样一种趋势。

## 一、常态的定义

现在,当我们开始这一重要的话题之前,先来看看描述与定义常态的各种技术性尝试,这些尝试尚未发挥良好的作用。

1. 对人类行为的统计调查仅仅简单地向我们描述了情况,以及实际存在的事物,并未完全展开评估。幸运的是,大多数人乃至科学家,都根本没有足够的力量来抵御一般程度、最为普遍且频繁出现的诱惑,尤其是在我们的文化中,这对平凡人而言更是难上加难。比如说,金赛那项十分出色的性行为调查,就对原始数据有了十分有效的分析。但即使是金赛博士之流,也很难不去谈论常态的定义(也就是何种情况可取)。(从精神病学的角度看,)病态的性生活在我们的社会中十分普遍。这并不意味着这是可取且健康的,当我们想要表达平均水平时,必须学会将其说出来。

另一个例子则是格赛尔的婴儿发育标准量表,这对科学家或医生而言固然很有用。但大多数母亲往往就会担心,如果他们的宝宝在走路或是用杯子喝水等方面的发育水平低于平均值,就会让她们感觉到不利甚或可怕。显然,即使我们找到了人群的平均水平，我们仍然会问，"这个平均水平可取吗"？

2. "常态"这个词被无意识地作为传统、习惯与保守的同义词，通常是一种对传统认可的欲盖弥彰。我还记得大学时代女生吸烟引发的骚动。我们分管女生的院长认为这是反常的，并禁止女生抽烟。那时候，女大学生穿宽松的裤子，或在公共场合手拉手也是反常态的。显然，她说这话的意思就是"这一切都不够传统"，这没有错；但这一切对她而言意味着"不正常、病态，在本质上属于病态"，这一点就是错误的了。过了没几年，传统改变了，这位院长也被解雇了，因为她的方式变得有违"常态"了。

3. 这样的用法还有一个变体，就是对神学所认可传统的欲盖弥彰。所谓的圣书常常被解释为一种行为的设定规范，但科学家对于这项传统的关注程度，与其他任何传统同样少。

4. 最后，文化渊源作为正常、可取、良好或健康的定义来源，也可能被人们看作过时。当然，最初是人类学家帮了我们大忙，我们因此意识到自己的种族中心主义。我们有这样一种文化，即试图建立各式各样的地域文化习俗，以作为针对整个物种的绝对标准，比如穿长裤，或是吃牛肉而非狗肉。随着内涵更为广泛的民族学成熟，上述观念已被显著驱散，人们普遍意识到种族中心主义是种严峻的危险。如今，没人能代表整个物种，除非他对文化人类学了解颇深，并深刻了解几种乃至十余种文化，才可能超脱自身的文化而置身事外，此时对人类种群的评判才真是针对一个物种，而非自家的左邻右舍。

5. 上述谬误的一种主要变化便是适应良好人群的观念。外行读者或许会感到困惑，心理学家们对这个看似智慧且显而易见的观念抱着莫大的敌意。毕竟，每个人都希望自己的孩子适应良好、融入群体，受到同侪群体的欢迎、钦佩和喜爱。而我们关心的最大问题在于，"他们调节成了哪个群体"？是纳粹、罪犯、流氓还是吸毒者？他们受什么人欢迎？被什么人钦佩？在赫伯特·乔治·韦尔斯（H. G. Wells）的精彩短篇小说《盲人谷》（*The Valley of the Blind*）中，所有人都是盲人，视力正常的人反而倍感不适应。

适应，意味着自我受到自身文化和外部环境的被动塑造。但如果这种文化本就是病态的呢？或是再举一个例子，我们正在慢慢学会，不要基于精神领域而预判青少年失范者一定是坏人或不受欢迎之人。无论在精神还是生物学意义上，孩童的犯罪、失范与不良行为或许代表着对剥削、不公正以及不公平的合法抗争。

适应的过程固然是被动的而非主动的。适应的理想载体是乳牛或是奴隶，抑或是任何毫无个性可言的人，甚至涵盖了适应良好的疯子或是囚徒。

这样的极端环境主义意味着纵使人类自有无限的可塑性和灵活性，现实却终究不可变更。因此，这就是所谓现状论与宿命论。这种观念也有失偏颇，可谓人类并非无限可塑，现实也是可以改变的。

6. 在截然不同的医学—临床传统中，人们惯用"常态"这个词来形容没有病变、疾病或明显的功能障碍。若是内科医生在对人彻查之后未发现任何生理病变，他会说病人处于常态，即使病人仍然疼痛不止。他的意思就是"以我的技术来看，很难发现你有什么问题"。

接受过心理训练的医生也就是所谓的精神病学家，则可以看到更多的东西，因而不会经常使用"常态"这个词。事实上，不少精神分析学家甚至如此说，没有人称得上完全正常，也就是完全没有任何疾病。这就是说，人无完人。这倒是千真万确，但仍然对我们的道德追求起不到什么作用。

## 二、常态的新概念

到底是什么取代了我们已然抗拒的上述不同概念呢？本章所关注的新参照系仍然有待开发与建立。目前，我还不能说有什么确凿证据能够很好地证明这点。公平地说，常态就是一套缓慢发展的概念或理论，也似乎越来越有可能成为未来常态概念发展的真正方向。具体来说，我是这样预测和猜想常态观念的未来，某种有关广义的、针对整个物种的心理健康理论形态将被开发出来，并适应于每一个人，无论其文化背景如何，身处哪个时代。这一切的发生都基于经验和理论，这种新的思路受到新的事实和数据推动，我在稍后将谈及它们。

对"心理健康者"的构想有了新的发展，现在我要简要地、教条式地呈现出这一发展的本质。首先，也是最重要的一点，人要坚信自己自有天性，其心理结构的框架能够和身体结构等量齐观，人固然有各种需要、能力与倾向，这些需要、能力与倾向部分基于基因，是整个人类族群的共同特征，跨越了一切文化的壁垒，但另一部分则是个人所独有的。这些基本需要在人们眼中往往是积极或中立的，而非邪恶的。其次，有一种观念认为，完全健康、常态且理想的个人发展正是上述天性的实现，实现潜力，并延续着这种隐藏、隐蔽而若隐若现的天性规则逐渐发展，直到成熟，这种成长由内而外，而非外力使然。最后，现在我们已然明了，大多数精神病理学现象的产生，都是基于对人性的否决、挫败以及扭曲，那在此观念下，到底什么才是积极的呢？也就是一切顺应人的内在本质实现方向，令人获得成长的事物。那么，什么又是消极或反常的呢？是一切令人沮丧，阻碍或否定人性本质的事物。什么是精神病态呢？是一切扰乱、挫败与扭曲自我实现过程的事物。就这一点而言，心理治疗就是一切治疗或发展的代称吗？或许是一切帮助人恢复自我实现状态，延续其内在本质发展道路的各种形式手段。

乍一看，这一概念会让我们想起亚里士多德与斯宾诺莎流派的许多古老思想。事实上，我们不得不承认，这个新概念与古老的哲学有很多相似之处。但我们还必须指出，现在的我们相较于亚里士多德与斯宾诺莎，更了解真实的人性了。无论何时，我们对人性的偏误和缺陷都足够了解。

第一，精神分析的各个流派更是发现了这些古代哲学家缺乏的知识品类，正是这些缺陷，导致了他们理论的致命弱点。尤其是心理动力学者、动物性心理学者之流，让我们对人类的动机，尤其是原始动机产生了充分的了解。第二，现在已对精神病理学及其起源产生了充分了解。第三，心理治疗师也让我们收获良多，尤其是他们对于心理治疗的过程与目标的探讨。

换言之，我们大可赞同亚里士多德的观点，他认为按照真实的人性生活便是美好生活的一部分，但我们必须补充，他对真实的人性尚且不够了解。亚里士多德在描绘人性本质或人性内在架构时，仅仅是环顾并研究周遭的人，观察他们是什么样子。但若是仅从表面上观察人类，正如亚里士多德的做法一样，其最终的观察结果不过是一种静态的人性。亚里士多德唯一能做的就是在自己所处的文化和特定时期里，为良好人群描绘一幅画卷。我们都记得，在亚里士多德的美好生活概念里，他完全接受了奴隶制的存在，其致命错误在于，认为一个人生而为奴，那么奴隶便是他的本质，因此对其而言，成为奴隶就是好的归属。这就暴露了他的观察是多么浮于其表，他理论的弱点所在，就是尝试建立好人、正常人或健康人的表面特征体系。

## 三、新旧概念的差异

我想，如果非要我用一句话来对亚里士多德的理论与戈德斯坦、弗洛姆、霍妮、罗杰斯、布勒、梅、格洛夫、达布洛夫斯基、默里、苏蒂奇、布根塔尔、奥尔波特、弗兰克尔、墨菲、罗夏等众多现代之观念进行对比，我会坚持认为两者的本质区别在于，现在的我们不仅可以看到人的现状，还可以预见其今后会变成什么样。也就是说，我们不仅可以看到表面的真实，还能看到人的无限潜力。现在的我们更能清楚地知晓人在内心隐藏着什么，是什么受到了压抑、忽视和漠视，现在的我们能够根据人的可能性、潜力和发展的天花板来判断其本质，而不再仅仅依靠外部观察，仅仅分析其当下的处境。若要对此方法加以概括，可以说是历史总是将人性低估。

与亚里士多德相比，现代的心理动力学者还有一个优势，他们教会我们，自我实现不仅仅依赖智力或是理性。我们还能记得，亚里士多德建立了一个人类能力的等级体系，而理性在其中居于首位。与此同时，理性与人的情感本能之间不可避免地形成反差，两者互相斗争，并背道而驰。但是，我们从精神病理学和心理治疗的相关研究中了解到，我们对于心理有机体的看法应该大大改观，我们应该对平等的理性和感性都报以尊重，也尊重人性的意动或愿望，以及驱力方面。此外，从我们对健康人的实证研究中了解到，上述几种成分间并非是相互抵触的，人性的各方面绝非相互对立的，而是可以合作与协同的。我们可以说健康的人就是一个整合良好的统一体。神经质人群总与自己作对，理性与情感不断斗争。这样的分裂不仅会导致情感与意动受到曲解和错误的定义，还让我们意识到，我们从过去继承下来的理性观念也会受到错误的理解和定义。正如埃里希·弗洛姆所言："理性成了监视囚犯的守卫，而人性本身便是囚犯，因此人性的感性与理性两面都受到了压制。"我们都不该反驳弗洛姆的观点，即自我实现不仅仅是通过思考行为，还是通过全面人格的实现，其中不仅包括人类智力的积极表现，也包括其情感与本能能力的积极表现。

一旦人们了解了所谓良好条件下的可靠认知，就期望自己快乐、平和、自我悦纳、无负罪感，并且在自我实现、自我突破的前提之下与自己和平共处时，才有可能理性地谈论是非对错，以及自己的所求和所厌。

即便有技术流的哲学家如此反驳："你如何证明快乐要优于不快乐呢？"我们甚至可以凭经验回答这个问题，假如我们在足够宽泛的条件下观察人类，我们会发现**他们**的本能选择都是快乐而非不快乐，会选择舒适而非痛苦，会选择安宁而非焦虑。总而言之，人类会在其他条件一定（做出这样的选择不会让他们感到特别不适，这类情形我们将在后面继续讨论）时，选择健康而非疾病。

这也回答了所有人都很熟悉的惯常哲学争论，其关乎终极价值的手段（若你想达到目标x，就必须做到手段y，"假如你想要长寿，就该吃维生素"。）。我们针对上述主张有了新的方法。我们已经从经验角度了解了人类的各种欲求，比如爱、安全、避免痛苦、获得幸福、延年益寿、博学多才等。我们或许不说："假如你想快乐，那就……"而是说："你作为人类族群中的一个健全成员，那你会……"

同样在经验层面，还有这样一些事实，正如我们会下意识地认为狗更喜欢肉而非沙拉，金鱼需要淡水，而花朵在阳光下最鲜艳。我坚定地认为，我们的立场正是一种具有描述性的科学声明，而非一套纯粹的规范。（在此我建议使用"融合"这个词，因为上述言论兼具描述性和规范性。）

在我哲学领域的同僚中还有另一种说法，他们清楚地定义了人类的本质以及应有的样子。"我们能成为什么样"等同于我们应成为什么样的人，而且其表述要比后者优越很多。基于观察可见，假如我们所得的启示仅仅是描述性与经验性的，那么这种启示完全站不住脚；假如我们问起世间的人与动物应该是什么样子，便能清楚地感觉到，这里的所谓"应该"到底有什么意义呢？小猫应该变成什么样子？对这个问题的回答和提问动机，若针对人类孩童也是一样的。

还有一种更具说服力的观点，如今我们已经能够一眼看出一个人的**本质及其未来**。我们已经熟稔一个事实，人类的人格自有其层次以及内在逻辑。这种结构兼具有意识与无意识的部分，即使两者可能会互相矛盾。前者固然（在某种意义上）存在；后者则（在另一种更深刻的意义上）存在，可能有一天会浮出水面，进入并存留于意识中。

在这样的参照系中我们就可以理解，那些行为出现问题的人或许内心仍认同这些行为。若是他们成功地实现了人类本性的优秀潜质，或许能成为更健康的人，而在某种特殊的意义上，他们会变得更符合常态。

人与其他生物有一个重大的差别，其需要、偏好以及残余本能的力量比较微弱、含混不清，他们留下的余地，显得充满怀疑、不确定以及冲突，他们都太容易受到文化、学习以及他人偏好的掩藏和忽视。[①]很久以来，我们都习惯

---

① 露西·杰斯纳（Lucie Jessne）博士也提出了这样一种可能性，即上述需要可能由于人类倾向于过度满足，或在原本已有满足之后过快地再获满足，而因此受到削弱。

地认为本能是明确、无误且强有力的（就仿佛动物的本能一样），因此，我们似乎从没想过，本能可能是十分弱势的。

我们的本性确实体现出一种结构，这是一种隐蔽的内在倾向与能力框架，但是要认识自己身上的这一点，堪称一项伟大而困难的成就。水到渠成地认识到人的本性如何，一个人真正想要什么，这是一种罕见的高峰体验，往往需要积攒多年的勇气与艰苦卓绝的努力。

## 四、人类的内在天性

那么，现在让我们来总结一下。首先，我们可以肯定，人类的内在构造或本性似乎不仅仅是其解剖学或生理学结构，而是其最基本的需要、渴望以及心理学能力。其次，这样的内在天性往往不容易发现也不容易产生，其往往十分隐蔽，不易察觉，势力也十分羸弱。

那么，我们是如何知晓这些需要和规范性的潜能源于内在本性呢？从本书第6章中所列的12条各异的相关证据以及技巧中，我在此简略地挑出其中四条阐述。

第一，这些需要与能力的挫败具有心理病态性，也就是说它们会令人陷入病态。第二，他们的需要满足是以培养健康心理为目的（优心态）的，而神经质的需要满足则不在此列。也就是说，这些需要能使人健康，使人进步。第三，在自由的环境下，这些需要被人们表现为自发的选择。第四，在相对健康的人群身上，这些需要能够得到直接研究。

我们若是意欲区分需要的基本性和非基本性，不能只着眼于有意识需要的自省乃至无意识需要的描述，因为从现象学上来看，神经质需要在体验上或许很类似于内在需要。两者同样追求满足感，但由于意识的垄断性，人们并不足以仅通过自省就区分它们，除非在人生命将尽、回顾一生［比如托尔斯泰笔下的伊万·伊里奇（Ivan Ilyitch）］的时刻，或是某些具备了特殊洞察能力的非常时刻。

因此，我们必须找一些与需要相关的外部变量来与之共变。事实上，另一个变量正是神经症—健康构成的连续体。我们已然十分确信，那些令人苦恼的攻击性只是一种反应，而非根本需要，只是行为的结果而非原因，因为当一个糟糕的人在心理治疗后日益健康起来时，他便也没那么恶毒了；而当一个相对健康的人陷入病态后，便容易变得敌意和恶意满满。

不仅如此，我们还知道神经质需要的满足不同于基本内在需要的满足，其并不利于培养健康人格。若是满足一个神经质且充满权力欲望的人，让他获得自己意欲中的权力，他的神经质也不会缓解，对权力的神经质需要亦不会被满足。无论其吸纳多少权力，都仍旧饥肠辘辘（因为他在不断寻找新的目标）。对于终极健康状态而言，神经质需要的满足或挫败几乎并无差异。

但对于安全或爱这样的基本需要，两者却截然不同。基本需要的满足确实促进健康，而且这些需要有可能被满足，而其挫败也确实会导致病态。

同样的道理似乎也适用于个体的潜能，如智力或是强烈的活动倾向（对此，我唯一可用的就是一些临床数据）。上述倾向便是实现需要的某种动力。一旦需要得到满足，人就会得到良好发展，一旦受到挫败或阻挠，那么某些鲜为人知的微妙麻烦就会立刻涌动起来。

不过，对真正健康人群的直接研究，仍是该领域技术中的显学。我们现在对**相对**健康人群的筛选固然比较娴熟了。尽管并不存在**完美的**范例，这如同当镭元素相对集中时，相对于其浓度较低时，我们对自然界该元素的理解终归要更深刻一些。

第11章所报告的调查表明，科学家可以从卓越、完美、理想健康、自我实现者出现的可能性这层意义上，来对常态进行研究和描述。若我们知道良好人群的特征或是其发展潜能，全人类（大多数人想成为良好人群）便可以以上述典范作为榜样，并进行自我提升。对人内在构造的研究最充分的案例在于爱的需要。基于此，我们目前为止提到的四种技术，都可用于区分人性中的固有、普遍的要素，以及偶然、局部的要素。

1. 几乎每个治疗师都不会反驳，当我们追溯神经症的起源时，会发现这些个案往往都在早年体会过爱的剥夺。一些对于婴孩的半实验条件研究甚至认为，爱的彻底剥夺会危及孩子的生命。也就是说，爱的剥夺的确致病。

2. 这些症状只要还没有到回天乏术的地步，现在已被公认为是可治愈的，尤其是对于年幼的孩子而言，只要给予爱和关怀便可改善。即使是在对成人心理治疗，以及相对更为严重的个案身上，我们如今也有理由相信，治疗的手段之一，就是让来访者接纳并利用爱与治愈的能力。此外，还有越来越多的证据表明，良好依恋的童年和成人后的健康存在相关性。总结上述数据得出，爱是人类健康发展的基本需要。

3. 如果孩子能够自由选择，而且他尚未受到绑缚和扭曲，那么相较于回避依恋，他更愿意选择依恋。这一点，我们尚无真正的实验加以证明，但它可受到大量的临床数据和民族学数据的支持。孩子们更喜欢充满爱的老师、双亲或朋友，而不希望他们充满敌意或冷漠，对此的广泛观察能够表明我的用意。婴儿的啼哭告诉我们，他们偏爱依恋而非冷漠，在此以巴厘人作为背景。成年的巴厘人不如美国成年人那样高度需要爱。巴厘岛的孩子们从痛苦的体验中学会了不去要求，不抱期待。他们固然不喜欢这样的"训练"，他们在受训不接受爱的时候仍会痛哭流涕。

4. 最后，我们在健康成年人身上到底发现了何种描述性特征？即使并非全部，但几乎所有人的生活中都充满了爱，他们爱过，也曾被深爱。此外，他们自己也充满了爱心。而且此间悖论在于，他们相比于普通人，并**不那么需要爱**，这显然是因为他们已经有了足够多的爱。

其他有关匮乏性需要的症状，都为此提供了完美的反例，让这些观点变得更加可行且进入常识。第一，假设有一只动物缺乏盐分，则它会出现病态。第二，额外的盐分摄入其体内，则能够治愈或改善其症状。第三，缺乏盐分的白鼠或人类，一旦有得选择，则更偏爱含盐的食物，也就是变得格外重口味，人类会在主观上表现出对盐的渴望，并表示其十分美味。第四，我们还发现健康的生物体内已有足够的盐分了，其也就不会如此渴望或需要盐分了。

因此我们可以说，有机体需要盐分来获得健康、避免疾病，而他们对爱的渴望也是出于同样的原因。我们还能换句话说，有机体的构造需要盐分和爱，正如汽车的构造需要燃气和油。

我们已经谈论了各种良好或放任的条件，它们都是科学工作所需的特定观测条件，也就是常说的："在这样或那样的情况下，事情是这样的……"

## 五、良好条件的定义

我们接着来看这个问题，探究何种条件有利于揭示人的本性，当代心理动力学又是如何解决这一问题的。

若是将我们上述探讨凝练起来，可以总结出有机体本身具有一套模糊的内在天性，那么很明显上述内在天性是一种十分微妙而敏感的东西，相比于低等生物，其力量远没有那么强劲，这些低等生物从不会怀疑自己本质如何，偏好或摈弃些什么。人类对爱、知识以及哲学的需要十分微弱，绝非明确无误；人类对需要的讲述总是轻声细语，绝不大喊大叫。这轻声的耳语很容易就被淹没。

为了探索人类的需要和天性，我们有必要建立起特殊的条件，以促进上述需要和能力的表达，从而推进这些需要实现的可能。一般来说，条件能够归纳为放任—满足—表达三个分支。我们要如何才能知道，一只怀孕的白鼠吃什么最有好处呢？我们给予白鼠充分的自由，让它们在各种可能性中随意挑选，它们想吃什么就吃什么，想吃多少就吃多少，想怎么吃就怎么吃。我们知道，对人类婴儿而言，他们的断奶方式理应因人而异，也就是在每个人最适合的时机断奶。那我们如何确定这点呢？当然不能直接问婴儿，也没必要问老派的儿科医生。我们倒不如给婴儿一个选择，让其自己决定。将液态与固态食物放在他们面前，若是其偏好固态食物，就会自发地断奶。我们也学会了通过同样的方式来建立宽容、接纳、令人满足的氛围，让孩子自己选择，何时需要爱、保护、尊重或是控制。我们知道从长远来看，这就是心理治疗的最佳氛围，或许也是唯一可能实现的氛围。我们发现，从各式各样的可能性中自由选择各式各样的社交情景对人十分有用，比如让收容机构里的越轨女孩自由选择室友，或是让学生自由选择老师和课程，乃至让飞行机组自由选择成员，诸如此类。（关于欲望的挫败、纪律、满足感的局限这一十分棘手但重要的问题我暂且不谈。我只想指出，对我们的实验目的而言，放任的条件或许是最有利的，但其本身或许不一定足以教导我们体谅他人、了解他人当下或未来可能的需要。）

那么，从自我实现或健康人格的促进视角来看，良好的环境（在理论上）能够提供健康人格所必要的原材料，并进一步让出一条道路，让（普通）有机体表达自己的愿望和要求，并做出自己的选择（永远不要忘记，有机体往往会延迟选择，踌躇不决等，顾及他人，以及他人的需要和愿望）。

## 六、心理乌托邦

近来，我很乐意对心理乌托邦进行某种推测性的描述，其中的所有人都是心理健康者。我把这种状态叫做优心态（发音为you-xin-tai，英：yew-sight-key-a）。根据我对健康人群的了解，假使1000个健康家庭迁徙到一片荒芜的土地上，他们可以随心所欲地决定自己的命运，那我们能够预测，这些人会演化出怎样的文化吗？他们会选择何种教育？何种经济体制？何种性取向？何种信仰？

我对不少领域都不置可否，尤其是经济学，但又对其他事情十分肯定。其中之一便是他们定然是（哲学上的）无政府主义团体。那是一种道法自然却又充满友爱的文化，在这样的文化中，人们（即使是年轻人）较之于过去的我们，能享受更多的自由选择；在这样的文化中，相比于我们的文化，他们会受到更多的尊重。人们不会像当下的我们一样相互叨扰，也不太倾向于将观点、哲学，或对衣着、食物、艺术或是女性的品位强加给周遭的邻居。一言以蔽之，优心态之下的居民倾向于选择更有道家意味、不干涉他人、更具有基本性的需要满足（只要有这种可能），只有在某种（我未曾描述过的）特定条件下，他们才会感到沮丧，他们要比我们更加诚实，允许人们在一切可能的地方做出自由的抉择。在这样的条件下，他们可能更加专横、暴力、高傲或专制，此时，人性的最深层次能够更轻易地显现出来。

在此我必须指出，在成年人中会出现某些特例。自由选择的情形并不一定适用于一般人，仅仅适用于完美的个体。其中，病态且神经质的个体会做出错误的选择；他们并不知道自己想要什么，甚至他们事实上真的想要，他们也没有勇气做出正确的选择。当我们在谈论人类的自由选择时，所指的人类是尚未受到扭曲的健全成人或儿童。大多数优秀的自由选择实验作品都是以动物为对象的。同样，在临床意义上，我们也从心理治疗过程的分析中获益良多。

## 七、环境与人格

在我们努力理解这一较新的常态概念及其与环境的关系时，还有另一个重要的问题摆在我们面前。有一个几近完美的理论结果，健康状态的实现需要一个完美的世界，才能维持下去并成为可能。但在实际研究中，似乎并不完全如此。

我们在这远不完美的世界里，也可能找到十分健康的人。这些人固然不是十全十美，但一定是我们所能想到的最优秀之人。也许在当下的文化中，我们对于人到底能变得如何完美还知之甚少。

无论如何，各项研究已经确立了一个重要的观点，即个体能够相对于自己成长与生活的文化而言更加健康，其程度甚至远超这一文明的现状。这当然可能发生，主要是因为健康人群能够独立于周遭的环境，这等于在说其生活法则源于内在，而非外界压力。

我们的文化民主且多元，只要人们的外部行为不要表现得威胁或恐吓，就能获得十分广泛的资源，自己选择性格偏好。健康人群往往不易被外界察觉，他们的衣着、举止或行为都不会被看作不同寻常，从而被区别对待。这是他们内心的自由所在。只要他们不受制于他人的赞同或反对，寻求相当程度的自我认同，这样的人就可以被看作内心具有自主性，也就是相对独立于文化的。对待品位与观点的容忍和自由似乎十分关键。

综上所述，我们的研究表明，良好的环境能够培养优良的人格，但这种联系远非无可挑剔。而且良好环境的定义也有很大的商榷余地，其不但要强调精神与心理上的力量，也要强调物质与经济上的势力。

## 八、常态的本质

现在，让我们回到一开始的问题，何谓常态的天性？我们几乎将其与一切人们竭尽所能达到的优秀品质联系在了一起。但是，这样的理想又并非遥不可及，让我们难以望其项背。相反，它实则存在于我们内心，切实存在而又深藏不露，那是一种潜能而非现实。

此外，它也是常态的概念之一，我认为其发现是基于经验而非希冀和愿望，并非人为发明的。其意味着一套严谨的自然主义价值体系，在对人性的进一步实证研究中，这套体系也会逐渐扩大。这样的研究往往能帮我们回答一些古老的问题："我如何才能成为一个好人？""我如何才能过上好的生活？""我如何才能收获累累果实？""如何快乐？""如何保证平和心态？"有机体会告诉我们它需要什么，进而告诉我们什么才有价值。当这些价值被剥夺时，有机体便会感到不适、感到枯竭，这相当于说出何种事物对其最为有利。

最后再说一点，新派心理动力学的核心概念在于自发性、释放性、自然性、自我选择、自我接纳、冲动意识，以及基本需要的满足。而它们的前身则是控制、抑制、纪律、训练、塑造，其遵循的原则基于人性本是危险、邪恶、好掠夺而贪得无厌的。教育、家庭训练、抚养孩子、文化适应，这些都被视为控制我们内心的黑暗势力进程。

且看这两种不同的人性观念下产生的社会、法律、教育和家庭的理想观念有何不同。在后者中，它们都是约束与控制的势力；而在前者中，它们则令人欣慰而充实。[①]当然，这样说显得过于简单，非此即彼，若说上述两种概念哪一种完全正确或错误都是不太可能的。然而，理想类型之间的对照，能够增进我们对此的感知。

无论如何，若是将常态等同于健康的观点站得住脚，那么要改变的就不仅仅是我们对个体心理的观念，还有现如今的社会理论。

---

① 我必须再次强调，约束与控制也分两种，其中一种会让基本需要受挫并忌惮。而另一种则是所谓协调化控制（Apollonizing controls），例如延迟性高潮、细嚼慢咽、游泳技术精进等，它们能增强基本需要的满足。

# APPENDIX A

附录一

## 积极心理学取向引发的问题[①]

## 一、学习

人们如何学会变得智慧、成熟、善良、有好品味、有创造性、有好性格、有能力适应新情景、有能力侦测美好的事物、有能力寻求真相、有能力认识美好和真诚的事物，即获得内在的而非外在的学习？

我们要从独特的经验中，从悲剧、婚姻、养子、成功、胜利、失恋、疾病、死亡等中学习。

许多被认为是联想学习的过程其实都是串通作用：这种学习是内在的，是现实所要求的，而非相对的、任意的、随机的。

对于自我实现者，重复的、连续的、任意的奖励都会变得越来越不重要。很可能这类宣传对于他们是无效的。他们不太容易受那种任意的联想、权威的暗示、势利者的呼吁、简单而无意义的重复的影响。或许这些宣传对他们会有反作用，即只会让他们更难，而非更容易买账。

为何教育心理学如此关注手段，即分数、等级、成绩、学位，而非关注目

---

① 我只对这篇附录做了少许修改，因为大多数建议如今仍然是恰当的，让研究者们看到15年来这个方向上的进展是很有趣的一件事。

的，即智慧、理解、好的判断、好的品位？

我们对情绪态度、品位、偏好的习得了解不够充分。"随心学习"一直都被忽视了。

教育其实太过于让孩子适应成人的便利，即让孩子不那么调皮，不那么坏。更为积极取向的教育应该更关注孩子的成长以及将来的自我实现。教育孩子要坚强、自尊、正义、反对掌控和剥削、反对洗脑和盲目教化、反对暗示和潮流，我们对此有多少了解呢？

我们对于无目的、无动机的学习（即潜在学习、出于纯粹的内在兴趣的学习等）所知甚少。

## 二、感知觉

感知觉太过局限于对错误、扭曲、错觉之类的研究。韦特海默称之为对心理盲点的研究。为什么我们不加上对直觉、下意识知觉、无意识和潜意识感知觉的研究呢？对美好事物的研究不重要吗？对真诚、真理、美的研究不重要吗？审美知觉呢？为什么有些人能感知到美，有些人不能？在感知觉这个主题下，我们也可以讨论，通过希望、梦想、想象、创造、组织、秩序而对现实进行建设性操作。

对偏见的研究有很多，但是对于鲜活、具体、柏格森式现实的科学研究则很少。

是什么因素，能让健康者更有效地感知现实，更准确地预测未来，更容易看到人们的本性，更能忍受或享受未知的、无结构的、模棱两可的、神秘的事物？

为什么健康者的希望和渴望不那么容易扭曲他们的感知？

人们越是健康，他们越是会获得相关的能力。

同样，我们应该将总体上的通感研究，视为比对单独感官的研究更为基本的一种研究。不仅如此，感官作为一个整体，与有机体的运动方面也是有关的。这种相关性需要更多的研究：对于统一意识、存在认知、启发、超人或超越性感知、神秘体验和高峰体验中的感知方面也是如此。

## 三、情绪

人们对快乐、平静、宁静、安心、满足、接纳等积极情绪的研究还不够充分，对于同情心、怜悯、慈悲也是如此。

娱乐、欢乐、玩耍、游戏、运动都没有得到充分的理解。

狂喜、兴高采烈、热情、振奋、欢乐、欣喜、幸福、神秘体验和政治的皈依体验、性高潮产生的情感，也都是如此。

精神疾病者的挣扎、冲突、挫折、悲伤、焦虑、紧张、内疚、羞耻等，与健康者的这些情绪之间是有差异的。对于健康者来说，这些情绪可能会带来好的影响。

比起对情绪的组织效应以及其他良好的、有益的效应的研究，对其解离效应的研究更多。在什么情况下，情绪能联系到感知、学习、思维等效率的**提高**？

认知的情感方面，例如，洞见带来的升华、理解带来的冷静、接纳和宽恕，这些都是深入理解不良行为带来的产物。

在健康者身上，认知、意识、情感是更为整合的，而非互相排斥或对立的。我们必须认识到为什么有这种情况，潜在的机械排列是怎样的，例如，健康者的下丘脑—大脑相互关系是否有所不同？例如，我们必须了解，意动和情感组织如何协助认知，认知和意动的协同如何支撑情感、情绪等。精神生活的这三个方面应该在彼此的相互关系中得到研究，而不是分开进行研究。

心理学家们已经毫无理由地忽视了鉴赏家。简单地享受吃、喝、抽烟、其他感官上的满足在心理学研究中应该有一席之地。

构建乌托邦背后的动力是什么？希望是什么？为什么人们要想象、投射、创造出天堂、美好生活、更美好社会这类观念呢？

钦佩是什么意思？惊叹呢？惊讶呢？

研究启发感？我们怎样才能启发人们付出更大的努力呢？获得更大的成就呢？等等。

为何快乐比痛苦消失得更快？有没有办法来恢复愉悦、满足、幸福？我们能学会感恩福祉，而非将它们视为理所当然吗？

# 四、动机

父母的冲动：为什么我们爱我们的孩子，为什么人们想要孩子，为什么父母要为孩子做出这么多牺牲？或者更确切地说，为什么别人眼中的牺牲，在父母看来则不是牺牲？为什么婴儿是可爱的？

对正义、平等、自由的渴望的研究。为什么人们会不惜代价，甚至牺牲生命争取公平正义呢？为什么一些人即便没有任何报酬，也会帮助那些受压迫者、那些受到不公正对待的人、那些不幸的人呢？

人类在某种程度上渴望目标、目的、结果，而不是被盲目的冲动和驱力所驱使。当然，后一种情况也会发生，但不是只有后者情况会发生。全面的认识应该包含两者。

到目前为止，我们只研究了挫折感的病理影响，却忽视了它的"保健"作用。

动力平衡、平衡、适应、自我保护、防御都只是一些消极的概念，它们必须被辅之以一些积极概念。"一切似乎都是为了维持生命，很少有什么是为了让生命更有价值。"H. 庞加莱（H. Poincaré）说，自己的问题不是挣钱吃饭，而是避免除此之外的时间变得无聊。倘若我们从自我保护的角度，将机能心理学定义为一种对实用性的研究，那么从自我完善的角度说，元机能心理学对实用性进行研究。

对高级需要的忽视，对高级需要和低级需要之间差异的忽视注定会让人们感到失望，因为当一种需要得到满足后，渴望却仍未消失。在健康者身上，满足带来的不是欲望的停止，而是在短暂的满足之后，换来了更高级的欲望和挫折，同时还伴有同样的焦躁和不满。

追求完美、真理、正义（类似于拨乱反正？或者完成一项未完成的任务？还是坚持解决未解决的问题？）。乌托邦式的冲动，想要改善外部世界、想要纠正错误的欲望。

弗洛伊德以及学院心理学家都忽视了认知需要。

我们对烈士、英雄、爱国者、无私者的动机理解得还不够充分。弗洛伊德式的解释只是一种还原性的解释，它不能解释健康者。

那么有关是非的心理学呢，有关伦理和道德的心理学呢？

有关科学、科学家、知识、探索知识、探索知识背后的冲动、哲学冲动的心理学。

性总是得到人们的讨论，仿佛这是一个避免瘟疫的问题。对性的危害的担忧已经掩盖了一个明显事实，即性可以是或者应该是一种非常愉快的消遣方式，也可以是一种非常深刻的治疗和教育方式。

## 五、智力

我们应该满足于根据事实，而非应该是的可能性定义的智力吗？智商这一整个概念都跟智慧无关；这只是一个纯粹技术性概念。比如说，格尔文（Goering）智商很高，但其实是个蠢货。他其实是个恶毒的人。我认为，把高智商这一特定概念分开看待，这并没有什么损害。唯一的麻烦在于，在如此局限的心理学中，由于智商这一概念在技术上更有优势，一些更为重要的主题（智慧、知识、洞见、理解、常识、判断）都被忽视了。当然，对于人本主义者来说，智商是个极为让人愤怒的概念。

是什么影响了智商（有效理智、常识、判断）？我们很清楚是什么损害了智商，但不清楚什么能提高智商。我们应该要有一种有关智力的心理治疗。

一个对智力的整体性构想？

智力测试在何种程度上与文化相关？

## 六、认知和思维

心灵的改变、转换、精神分析式洞见、突然的领悟、原则感知、启发、开悟、觉醒。

智慧，它与良好品位、良好道德、良善等关系如何？

在心理学中，对创造性和产出性的研究应当占有重要地位。在思维中，我们应该更多地关注对新颖性、创新性、新观点的产出的研究，而非预定（在思维研究中常用的这类）问题的解决。因为，最好的思维就是创造性的，那么为何不研究最好的呢？

健康者（倘若他们也很聪慧）的思维并不是只有杜威式的那一种，即被某些令人困扰的问题或麻烦所激发，当问题解决时便会消失的那种思维。他们的思维也是自发性的、运动性的、令人愉悦的，常常可以毫不费力地自动生发出现，仿佛肝脏分泌胆汁。这类人享受思考，他们的思考并不需要费力。

思维并不总是有指向的、有组织的、有动机的、有目的的。幻想、梦、象征、无意识思维、婴儿式或情绪式思维、精神分析式自由联想，都以某种方式显现出创造性。健康者可以利用这些技术得出结论、做出决策，这些技术在传统上并不与理性相悖，而实际上与此相容。

客观性这一概念无取向性。不注入人格或自我因素，而对现实本身的本质做出消极回应。问题中心，而非自我中心式认知。道家式客观、热爱式客观相对于侦探式客观。

## 七、临床心理学

总体而言，我们应该认识到，将心理病理视为**某种**自我实现的失败。一般人只是比精神病实现的程度更高，即便前者的戏剧性、急迫性更低。

心理治疗的目的应该是显而易见的（教育、家庭、医学、哲学的目的当然也是如此）。良好而成功的生活经验，比如婚姻、友谊、经济成功等具有的治疗价值应该得到重视。

临床心理学并不等同于异常心理学。临床心理学也可以对成功、幸福、健康的个体进行个案研究。临床心理学研究疾病，也研究健康；研究虚弱、卑微、残暴，也研究强大、勇敢、善良。

异常心理学不应该仅限于对精神分裂的研究，也应该涵盖对愤世嫉俗、霸权主义、缺乏快感、丧失价值、偏见、恨意、贪婪、自私之类的研究。从价值观的角度来看，这些都是严重的疾病。早发性痴呆、躁郁症、强迫症这类是**从技术角度来看**的严重疾病，在这个意义上，后类疾病损害了效率。然而，倘若希特勒、墨索里尼患上了明显的精神分裂症，那么这可能是福祉，而非厄运。我们应该从积极的、价值取向心理学的角度，来研究那些在价值观上使人变坏、使人受限的障碍。比起抑郁来说，愤世嫉俗当然有更重要的社会意义。

我们花了大量的时间来研究犯罪。为什么不研究永恒法律、对社会的认同、慈善、社会良心、**亲社会性**？

除了对良好生活经验（比如婚姻、成功、养子、恋爱、教育等）的心理治疗效果的研究之外，我们还应该研究糟糕生活经验（尤其是悲剧、疾病、剥夺、挫折、冲突之类的）的心理治疗效果。健康者甚至可以很好地利用这些经验。

我们当下对人格动力、健康、适应的认识几乎完全来源于病态者。对健康者的研究不仅可以修正这些认识，直接让我们认识到心理健康，而且我很确信，这也能帮助我们更好地理解神经症、精神病、精神病态、总体的心理病理学。

通常理解的挫折理论是残疾心理学的一个很好范例。在太多有关抚养儿童的理论中，人们以一种原弗洛伊德式的方式，将儿童理解为一种完全保守的有机体。他只依赖于已经习得的适应，而不会继续追求新的适应、追求成长、追求以自己的方式发展。

时至今日，心理诊断技术都被用来诊断病理，而非健康。我们没有用来测试创造性、自我强度、健康、自我实现、催眠、对疾病的抗性的罗夏墨迹测验、主题统觉测验、明尼苏达量表。大多数人格问卷都建立在最初伍德沃斯的模型上。这些问卷列出了许多疾病的症状，但对这些症状的回应中**缺乏**好的或健康的评分。

心理治疗对人们有益，但是由于没能对治疗后的人格进行研究，我们错失了看到人们最佳状态的机会。

## 八、动物心理学

在动物心理学中，我们强调的是饥饿和口渴。那么为何不研究高级需要？我们其实并不知道，白鼠是否有类似于我们对于爱、美、理解、地位之类的追求的高级需要。按照如今动物心理学家的技术，我们如何能知道？一只老鼠可能陷入了极度饥饿、陷入了痛苦、在极端情境中遭到电击，这都是人类很少会遇到的极端情况（人们有时候会对猴子或猩猩做此处理），我们必须了解这种绝望老鼠的心理。

比起对死板、盲目的联想学习的研究而言，对理解和洞见的研究更应该受到重视。我们应该研究智力的高级层次，也研究低级层次，应该研究更复杂的智力，也要研究不那么复杂的智力。我们一直忽视了动物表现的上限，而只是在乎平均。

当豪斯班德（Husband）显示出，如果一只老鼠也可以像人类一样学会走迷宫，那么这个迷宫就应当被放弃，不再能成为研究学习的工具。我们进一步认识到，人类能够比老鼠更好地学习。任何不能证明这一点的技术，都像是去测量一个在低矮房间里弯着腰的人的身高。我们测量到的只是天花板，而不是这个人。这个迷宫能测量到这是低矮的天花板，而非学习和思维能达到的上限，即便对于老鼠也是如此。

利用高等动物而非低等动物，似乎更能让我们理解人类心理学。我们应该记住，先用动物研究只会忽视人类特有的东西，比如奉献、自我牺牲、羞耻、象征、语言、爱、幽默、艺术、美、良心、愧疚、爱国主义、理想、诗意或哲学或音乐或科学产物。动物心理学对于研究那些人类和所有灵长类共有的特征是必要的。对于研究人类和其他动物所不共有的特征，或者人类占据巨大优势的特征（比如潜在学习），这种心理学则毫无用处。

## 九、社会心理学

社会心理学不应该局限于对模仿、暗示、偏见、恨意、敌意的研究。这些成分在健康者身上都是非常微弱的。

应该是民主而非专制的理论。民主、人际关系的理论。民主的领导。民主和民主人士，以及民主领导身上的力量。无私领导的动机。理性的人并**不喜欢**凌驾于他人之上的权力。对于权力的低天花板的、低级动物性的构想，太过于主导了社会心理学。

比起合作、利他、友谊而言，竞争被研究得太多了。

在如今的社会心理学中，对自由和自由者的研究几乎没有地位。

文化如何改善？偏离会带来什么样的好影响？我们知道，没有偏离，文化不可能得到进步和改善。为什么这些偏离没有得到更多的研究？为什么它们总体上被视为病态的？为什么不是健康的？

在社会领域，与对阶级和角色的关注一样，博爱和平等也值得同样多的关注。为何不研究信仰的博爱精神？消费者和生产者的协作？有意的、乌托邦式的社群？

人们研究文化与人格的关系的方式，就仿佛文化是主动者，仿佛文化有种无穷的塑造能力。但是，强大而健康的人可以抵抗文化。在某些人身上，教化和去教化的作用很有限。我们需要去研究如何**从环境中解放而获得自由**。

意见投票建立在一种不加批判的接受上，即接受人类的潜能是很低劣的。即假设，人们只会因为自私或纯粹的习惯来投票。这一点是对的，但只针对人群中99%的不健康者。健康者至少部分会根据逻辑、常识、公正、公平、现实等原则投票、购物、做出判断，即便这些行动有悖于他们的个人兴趣（从狭隘、自私的角度考虑）。

为什么有一个事实常常被忽略，即民主的领导常常只是为了寻求服务，而非统治他人的机会？这一点被完全忽视了，即便这一点在美国历史，以及世界历史上都起到了很重要的作用。显然，杰斐逊绝对不是为了私利而谋求权力和领导地位的，反而他觉得应该牺牲自己，因为他可以完成一个必须要完成的事业。

这是一种使命感、忠诚感、对社会的义务感、责任感、社会良心感。这是一个良好的公民、一个诚实的人。我们花了太多时间研究犯罪，为什么不研究这些呢？

十字军是为了原则、公正、自由、平等而战的理想主义斗士。

偏见、不受欢迎、剥夺、挫折也有好的影响。心理学家甚至很少对诸如偏见的病理现象进行全面研究。排斥和排挤也有**积极的**影响。当一种文化值得怀疑，甚至是病态或糟糕的文化时，这一点尤为正确。被这种文化排挤对一个人而言是好事情，尽管这会带来很多痛苦。自我实现者常常会自我排挤，即远离那种他们不认可的亚文化环境。

比起对暴君、罪犯、精神病的了解，我们对圣人、骑士、善人、英雄、无私的领导了解不多。

　　惯例也有其良好和有益的影响。这是一种良好的惯例。健康社会和病态社会中惯例的价值观是截然不同的。"中产阶级"价值观也是如此。

　　在社会心理学教科书中，良善、慷慨、慈悲、关怀所占的空间太少。

　　像富兰克林·罗斯福或托马斯·杰斐逊这样的富足的自由主义者，都反对对自己的财产进行独裁式管理，他们为了公平、公正等甚至反对自己的经济收益。

　　我们对反犹太主义、反黑人主义、种族主义、排外主义都做了大量研究，但是我们对犹太主义、黑人主义、对贫穷者的同情却所知甚少。这显示出，我们更关注敌意，而非利他、同情、对苦难者的关心。

　　对兄弟情、公平、公正感、关心他人的研究也是如此。

　　在人际关系或社会心理学的教科书中，对爱、婚姻、友谊、治疗关系的研究可能都有很好的范式。然而，如今现存的教科书却很少严肃地看待这些内容。

　　对销售、广告、宣传、他人意见的抵抗，对暗示、模仿、权威的抵抗，对自主性的维持在健康者身上都是高度存在的，而在一般人身上存在的程度则很低。应用社会心理学家应该对这些健康的征象进行更广泛的研究。

　　社会心理学应该摆脱文化相对主义的影响，后者太过于强调人的被动性、弹性、可塑造性，太少关注人的自主性、成长趋势、内在力量的成熟。社会心理学研究走卒，也研究主动者。

　　除了心理学家和社会科学家之外，没有人会支持人性的实证价值系统。这一任务也带来了无数问题。

　　从人类潜能的积极发展这一角度来看，心理学在"二战"期间是完全失败的。许多心理学家只是将心理学视为一种技术，并且只将它应用到一些已经了解的事物之上。实际上，战争并没有为心理学理论带来什么新认识，尽管战后心理学有所发展。这意味着，许多心理学家和科学家都跟那些短视者结成了联盟，后者只关心如何打赢战争，而忽视了之后如何维持和平。他们完全忽视了整个战争，将之变成了一种技术竞赛，而非其实际上的价值斗争（或者至少理应是）。在心理学中，很少有人不犯这种错误，比方说，没有一种哲学可以区分出技术和科学，没有一种价值理论可以让他们透彻地理解，民主人士究竟是什么样的，斗争到底是为了什么，斗争的重点在哪里或者应该在哪里。他们只是把心理学当作一种手段问题，而非目标问题，因此纳粹和民主者都可以很好地利用这种心理学。即便在美国，这种心理学对于防止霸权主义的崛起所起到的作用也很有限。

社会机构，即文化本身通常都是作为一种塑造者、禁止者、逼迫者而得到研究，而非作为需要满足者、幸福创造者、自我实现促进者。"文化是一系列问题，还是一系列机会？"［A. 米可儿约翰（Meiklejohn）］说，文化作为塑造者这一概念很可能是太过关注病理经验的结果。利用健康的主体，我们可能会认为，文化是满足的源泉。对于家庭的看法也是如此，家庭常常被视为一种只有塑造、训练、模式化功能的组织。

# 十、人格

良好适应的人格或良好适应这一概念为人格可能的发展和成长设立了天花板。牛、奴隶、机器人都适应得很好。

儿童的超我最初被视为恐惧、惩罚、丧失爱、抛弃等感受的内投。对那些感到安全、被爱、被尊重的儿童和成人的研究则表明，这可能是一种内在的良心，其建立在对爱的认同、对取悦和让他人快乐的欲望之上，也建立在真相、逻辑、公正、一致性、正义、责任的基础上。

健康者的行为更少受到焦虑、恐惧、不安、罪恶、羞耻感的影响，更多受到真理、逻辑、公正、现实、公平、合适、美、正义等的影响。

谁会去研究无私、不嫉妒、意志力、性格力量、乐观、友善、现实、自我超越、大胆、勇敢、真诚、耐心、忠诚、可靠、责任呢？

当然，在积极心理学看来，主体最为恰当和明显的选择就是对心理健康（以及其他健康、审美健康、价值健康、身体健康等）的研究。但是，积极心理学也呼吁对好人、安全感、信心、民主性格、幸福者、平静、冷静、平和、同情、慷慨、友善、创造者、圣人、英雄、强者、天才等特殊人类进行更多的研究。

是什么带来了良善的亲社会性格、社会良心、助人之心、友邻之心、认同感、忍受、友善、对公正或正义的追求呢？

在心理病理学方面，我们有着丰富的认识，但是对于健康或超越方面的认知很少。

剥夺和挫折都可以带来好的影响。对于公正和不公的研究，以及对于自我约束的研究指出，挫折和剥夺来源于对现实的直接应对，对现实的内在奖惩或反馈有所认识。

我们必须发展出一种人格的习性科学。

人们如何会变得彼此不同，而非彼此相同（去除文化等的教化）？

对一个事业的奉献意味着什么？是什么创造了一个奉献、牺牲的人，他自己认同一个超越自我的事业或任务？

自我实现者的品位、价值观、态度、选择在很大程度上具有一种内在的、现实决定的基础，而非一种相对的、外在的基础。因此，他们的品位是倾向于正确而非错误，倾向于真理而非谬误，倾向于美而非丑。他们处在一个稳定的价值系统中，而不是处在一个**无价值**的机械世界中（只有潮流、趋势、他人的意见、模仿、暗示、权威）。

自我实现者身上的挫折水平和挫折忍受力**非常**高。罪恶感水平、冲突水平、羞耻感水平也是如此。

人们研究孩子与父母的关系的方式，就仿佛这种关系只是一系列问题，**只是**一个犯错的机会。这种关系首先是愉快而欢乐的，是一个享受的巨大机会。这一点对于青少年也是如此，但人们经常把青少年看作瘟疫。

# APPENDIX B

附录二

## 整体、动力、有机理论，整合性动力学

## 一、心理材料和方法的本质[①]

### 1. 心理学的基本材料

我们很难说心理学的基本材料是什么，但是我们很容易说它不是什么。我们做了很多"不是而是"的尝试，但是所有这些简化的效果都失败了。我们知道，心理学的基本材料不是肌肉抽搐、不是反射、不是基本的感官、不是神经元，甚至不是可观察的外显行为。它是一个更大的整体，而且越来越多的心理学家认为，这至少是像一个整体一样巨大的一种适应性的应对性行为，这一整体涉及有机体、情景、目标或目的。根据我们对无动机反应和纯表达的论述，即便是上述观点也似乎太局限了。

简而言之，我们得出了一个悖论性的结论，即心理学的根本材料一开始就非常复杂，因此心理学家只能去分析一些元素或基本单元。倘若我们要使用基本材料这一概念，那么这一概念当然是指一类特殊的概念，因为它指代一个复

---

① 本附录呈现了一系列理论结论，这些结论直接源自对人类人格组织、存在的研究材料，换言之，这只是基于材料的一小步前进。

杂体而非简单体，一个整体而非一个部分。

倘若我们仔细思考这个悖论，我们很快必然会理解到，对基本材料的探寻本身就是一种世界观的反映、一种假设了一个原子化世界（在这个世界中，复杂的事物都建立在简单元素上）的科学哲学。于是，这类科学家的首要任务，就是要将所谓的复杂还原为一种简单。这一任务的完成要通过分析、通过越来越好地分解，直到我们找到不可还原之物。这一任务在其他科学领域至少在一段时间内都完成得很好。但是，在心理学中，这一任务并未完成。

这一结论暴露了整个还原过程的基本理论本质。我们必须理解，这一过程并不是总体科学的根本本质。这只是科学中一种原子性的、机械性的世界观的反映或体现，我们如今完全有理由质疑这一过程。对这种还原论的攻击，并不等于对总体科学的攻击，而是对一种看待科学的态度的攻击。然而，我最初的问题还未解决。现在，我们要重新提出一种说法，即重要的不是"心理学的基本（不可还原）材料是什么"，而是"心理学研究的主题是什么"，还有"心理学的材料本质上是什么，它们如何得到研究"。

## 2. 整体性分析的方法论

如果不是将个体还原为"简单的部分"，我们如何研究个体呢？事实证明，对于那些拒绝这种还原论的人而言，这个问题比他们想象的要简单得多。

我们首先必须理解，我们的反对并不是针对整体上的分析，而是针对我们称作还原的那一类分析。我们完全没必要否认分析、部分等概念的有效性。我们只需要重新定义这些概念，以便它们能让我们更有效地研究，获得更丰硕的成果。

我们可以拿脸红、颤抖、口吃举例，我们很容易发现，可以以两种不同方式来研究这类行为。一方面，我们可以把这个行为当作一种孤立的、分离的现象来研究，认为它本身是自洽的、可理解的。另一方面，我们可以将这种行为理解为整个有机体的一种表达，通过它与有机体及其他表达之间的复杂交互来试图理解它。这种区别可以用一种类比展示得更清楚，即我们可以将这两方面类比为研究一个器官（比如胃）的两种方式：（1）我们可以把胃从尸体身上切下来，放在解剖台上研究；（2）我们也可以在活生生的、机能正常的有机体身上来研究它。解剖学家如今已经认识到，这两种研究方式所获得的结果在很多方面都截然不同。通过第二种方法所获得的认识，比通过"孤立"技术所获得的认识要更为有效、更为实用。当然，现代解剖学家并不轻视这种对胃的孤立、分解式研究。这些技术依然在使用，但只是有悖于一种**整体**认识的广阔背景，即人类身体并不是单个器官的集合，尸体的组织并不等于活人身体的组织。简而言之，解剖学家还在做过去做过的事情，但是他们有了新的态度；他们做了更多——他们用了一些传统之外的技术。

正因如此，我们才能以两种不同的态度来研究人格。我们可以设想，要么我们研究的是一个孤立的实体，要么我们研究的是整体的一部分。前者我们可以称之为还原分析法，后者我们可以称之为整体分析法。在实践中，对人格进行整体分析的一个本质特征是对整个有机体有一个初步的研究或理解，然后我们进而研究，整体中的部分在整个有机体的组织和动力中所起的作用。

在本章所依据的两项研究（对自尊综合体和安全感综合体的研究）中，我们便使用了这种整体分析法。实际上，这些研究成果与其说是对自尊或安全感本身的研究，不如说是对自尊或安全感在整个人格中起到的作用的研究。用方法论的术语来说，这意味着研究者认为，我们必须将每个主体作为一个整体，一个机能正常、正在适应的个体来理解，而后才能具体地了解主体的自尊。因此，在提到任何有关自尊的具体问题之前，我们先要探讨主体与其家庭的关系、与其所处的亚文化的关系、其适应主要生活问题的总体方式、他对未来的期望、他的理想、他的挫折、他的冲突。这一过程一直持续到研究者认为自己足够理解了主体，以至于可以开始使用一些简单的技术。只有此时，研究者才能理解具体行为所体现的自尊的实际心理含义。

我们可以用一个例子来说明，为了正确解释某一具体行为，我们有必要了解这类背景。一般来说，低自尊的人往往比高自尊的人更有信仰，但显然，这种信仰还受到许多其他因素的影响。要发现在一个特定的人身上，神秘情感是否必然依赖于其他因素，我们必须了解这个人的精神实修、各种外界压力（支持或反对这种信仰）在此人身上的影响、此人神秘情感是肤浅的还是深刻的、神秘情感是外在的还是真诚的。简而言之，我们必须了解信仰对他意味着什么。因此，我们可以认为，一个经常去教堂的人实际上可能比一个根本不去教堂的人更不虔诚，因为也许前者去教堂是为了避免社会孤立，或者他是为了取悦母亲，或者对他来说，信仰代表的不是谦卑，而是一种支配他人的武器，或者信仰标志着他是一个更高级的群体的成员，或者就像克劳伦斯·戴伊（Clarence Day）的父亲所说，"这对无知的大众有好处，我必须配合"或者……在动力学意义上，他可能一点也不虔诚，但他的行为仍然像是虔诚的。很明显，在我们分析信仰在人格中的作用之前，我们必须知道信仰对作为个体的他而言意味着什么。纯粹的实践行为几乎可以意味着任何事情，因此，在我们看来，这实际上等于没有意义。

另一个例子也许更引人注目，因为同样的行为在心理上可能有完全相反的意义，这个例子就是政治经济的激进主义。倘若我们只看它**本身**，即从行为上、孤立地、断章取义地看待这个行为，那么我们在研究它与安全感之间的关系时，便会得到极为令人困惑的结果。一些激进分子有着极强的安全感，而另一些处于极端不安的状态。但是，倘若我们从整体上分析这一激进主义，我们就很容易了解到，一个人变得激进，可能是因为生活没有善待他，因为他感到痛苦、失望、沮丧，因为他没有别人所拥有的。仔细研究这些人，我们通常会发现他们对自己的同伴普遍怀有敌意，有时是有意识的，有时是无意识的。关于这类人，有人描绘得很贴切，这类人倾向于将自己的个人困境视为一场世界危机。

但还有另一种完全不同**类型**的激进分子，尽管他的投票、行为、说话方式与我们刚才描述的那类一致。然而，对他来说，激进主义可能有完全不同的，甚至是相反的动机或意义。这些人感到安全、幸福、满足，然而出于对同胞深深的爱，他们觉得有必要改善不幸者的命运，有必要与不公正作斗争，即使这种不公正不会直接影响他们。这类人表达这种冲动的方式有十几种：个人慈善事业、精神劝诫、耐心教导、激进的政治活动。他们的政治信仰往往不受个人得失、个人灾难等因素的影响。

简而言之，激进主义是一种表达形式，其可能源于完全不同的潜在动机，源自完全相反的性格结构类型。在一个人身上，它可能主要源于对他同胞的仇恨，而在另一个人身上，它可能基本上源自他对同胞的爱。倘若我们只研究激进主义本身，那么就不太可能得出这样的结论。[1]

在某些其他问题得到讨论之后，我们在下面可以更好地谈论这种整体分析。

## 二、整体动力学观点

我们在这里提出的一般观点是整体的而非原子的、机能主义的而非分类的、动态的而非静态的、动力的而非因果的、目的性的而非简单机械的。尽管这些对立的因素通常被视为一系列可分离的二分法，但我不这样认为。对我来说，这些二分因素构成了两种统一但截然不同的世界观。对于其他研究者，对于那些更容易有动力思维、整体性思维，而非原子性思维，更倾向于目的性思维而非机械性思维的人而言，这一点也是如此。这种观点，我们称之为整体动力学观点。这种观点也可以被称为戈德斯坦意义上的有机观点。

---

[1] 一种相当常用的整体性技术（通常我们不这么说），就是在构建人格测试中所使用的迭代技术。我在对人格综合体的研究中也使用过这项技术。我们从一个模糊理解的整体入手，将其结构分析为次级成分、部分等。通过这种分析，我们发现原有的整个构想是有问题的。然后，我们更准确、更有效地重新组织、重新定义、重新表述这个整体，并同先前一样再次对此进行分析。同样，这种分析可以带来一种更好的、更准确的整体，依此类推。

与这种解释相反的是一种有组织的、统一的观点，但它同时是原子论的、分类学的、静态的、因果的、简单机械的。原子主义思想者更倾向于静态思维而非动力学思维，更倾向于机械性思维而非目的性思维等。我把这种普遍观点称为任意的泛原子主义。我毫不怀疑，我们不仅可以证明这些片面观点**往往**是一致的，而且它们在逻辑上也**必须**一致。

在这一点上，我们有必要对因果关系概念作一些特别的评论，因为因果关系是一般原子论理论的一个方面，这一方面在我看来极为重要，而心理学家们对此则含糊其词，或者完全忽视了这一点。这个概念是一般原子论观点的核心，是其自然的甚至是必要的结果。如果一个人把世界看作本质上孤立的实体的集合，那么一个非常明显的事实现象仍然需要得到解释，即这些实体之间必然相互联系。解决这个问题的首次尝试便带来了台球式简单的因果关系这一概念，在这种因果关系中，一个单独的事情与另一个单独的事情有某种联系，但在这种情况下，所涉及的实体继续保持其本身的同一性。我们很容易坚持这样的观点，事实上，由于古老的物理学带给了我们一种世界观，因此这种观点似乎是绝对的。但随着物理学和化学的进步，我们有必要对这一观点进行修正。例如，我们今天的说法更加精密，即多重因果关系。人们认识到，世界内部的相互关系太复杂、太繁复，以至于我们无法用打台球式的方式来描述。但我们随后给出的答案，往往仅仅将最初的观点复杂化，而不是对这一观点进行根本性重构。我们找到的不是一个原因，而是许多个原因，但这些因素都被视为以相同的方式起作用——即彼此是分开地、独立地运作。此时，一个台球不是被另一个球击中，而是同时被十个球击中，我们只需使用稍微复杂的计算，就能理解发生的一切。用韦特海默的话说，这一基本过程仍旧是将孤立的实体添加到"与和"中。人们认为没有必要改变对复杂世界的基本认识。无论现象多么复杂，本质上并没有什么新的内容出现。如此，因果概念越来越延伸到新的需要之上，直到这一概念似乎与老概念只有一种历史性的关联。然而，实际上，尽管两者看起来不同，但本质上是相同的，因为它们都反映着同样的世界观。

尤其是在人格材料方面，因果关系理论完全崩溃了。我们很容易证明，在一切人格综合体中存在的是关系，而非因果。换言之，倘若我们必须使用因果的话术，那么我们应该说，人格整体的每一部分都是其他每一部分的原因和结果，也是这些其他部分之集群的原因和结果，而且我们应该说，每一部分都是其整体的原因和结果。倘若我们只使用因果关系这一概念，那么我们只可能得到这样荒谬的结论。即使我们引入循环或可逆因果关系这一新概念来解决这一情况，我们也不能完全描述人格综合体内部的关系、部分与整体的关系。

这并不是我们必须处理的，因果关系话术的唯一缺点。还有一个困难在于，如何描述作为一个整体的症状与所有来自"外部"的力量之间的相互作用或相互关系。例如，我们能看到，自尊这一综合体总是倾向于作为一个整体而变化。倘若我们试图改变约翰尼的口吃，并专门针对这一点进行改变，那么我们很有可能会发现，要么我们什么都改变不了，要么我们改变的不仅仅是约翰尼的口吃，而是他整个自尊，甚至他整个个体。外界的影响往往会改变整个人，而不仅仅是他身上的一小部分。

在这种情况中，还有其他一些特点无法用一般的因果话术来描述。有一种现象尤其难以描述。我能表达的最接近的说法是，这就像是有机体（或其他综合体）"吞下原因，进行消化，再释放出结果"。当一种有影响的刺激、一次创伤经验（比如说，对人格的冲击）出现时，这些经验会带来某种结果。但是，这些结果和最初的偶然经验几乎绝不是一种"一对一的"线性关系。实际发生的情况是，这种经验（如果有影响）改变了整个人格。此时人格已经与先前不同了，因此其表达方式和行为方式也与先前不同。我们假设，这种影响是，他的面部抽搐变得更严重。这抽搐程度增加的10%是由创伤情景造成的吗？如果我们说确实如此，那么这意味着，我们必须说（倘若我们要保持前后一致），每一次对机体产生影响的刺激，都导致了面部抽搐程度增加了10%。因为每一次经验都进入了有机体，在同样的意义上，食物在消化后，由于肠胃的蠕动，食物成了有机体本身。我现在写下的这些话，是因为我一个小时前吃的三明治，还是我喝的咖啡，还是我昨天吃的饭，还是我一年前写的一篇讲稿，还是我一周前读的一本书？

显然，任何重要的表达，比如写一篇自己非常感兴趣的论文，都不是由什么特定事物引起的，而是整个人格的表达或创造，而人格反过来又是一切发生在其上的事物的结果。心理学家应该很自然地认为，刺激或原因是"经过重新调整之后，而被人格吸收的"，我们应该把它想成是打击或推动有机体的事物。在此，最终结果将不是因果的分离，而只是形成了一个新的（尽管更新程度不多）人格。

另一种证明传统因果观对心理学的不足的方法是，我们可以证明，有机体不是原因或刺激对其**起作用**的一个被动角色，而是与原因有着复杂相互关系的主动角色，它对原因也能起作用。对于精神分析文献的读者来说，这一点已经习以为常了，我们只需要提醒读者，我们可以对刺激视而不见，我们可以扭曲刺激，倘若它们已经被扭曲了，我们也可以重构或重塑它们。我们可以找寻刺激，也可以避开它们。我们可以把它们从其他刺激中筛选、挑选出来。最后，如果需要，我们甚至可以创造它们。

因果关系这一概念建立在原子论世界观的假设之上，即实体是相互分离的，即便它们之间有互动。然而，人格并不能从表达、影响或冲击它的刺激（原因）中分离出来，因此至少在心理学材料方面，我们必须用另一种构想①来替代。整体动力学这一概念不能简单地表述，因为它涉及一种根本重组的观点，因此

---

① 越来越多睿智的科学家和哲学家已经用一种"机能"关系方面的解释，来替代因果概念了，即A是B的机能，或者如果A，所以B。如此一来，在我看来，他们似乎放弃了因果（必要性、施加作用性）概念的核心方面。简单的线性相关正是这种机能话术的一个范例，然而它常常用于与因果关系**对立**。倘若"原因"一词的意义与其通常意义相反，那么我们毫无理由保留这个词。不论如何，我们还是留下了有关必要关系或本质关系的诸多问题，这些问题还有关变化是如何发生的。这些问题必须得到解决，而非被弃置、否认、清算。

必须逐步加以阐述。

## 三、综合体这一概念的定义

鉴于一些更为可靠的分析的出现，我们如何进一步对整个有机体进行研究呢？显然，这个问题的答案必然依赖于材料组织的本质，这些材料是有待分析的，而且我们现在要问：人格是如何组织起来的？对这个问题的完整回答，其前提必然是对综合体这一概念的分析。

为了试图描述自尊中各种相互关联的特性，我从医学中借用了"综合体征"（syndrome）这个术语。在医学领域中，这个术语用来表示一组症状，这些症状通常相伴出现，因此被归于一个统一的名字。这个术语在使用中既有缺点，又有优势。首先，它通常意味着疾病和异常，而非健康和正常。而我们不会在任何特定意义上使用这个词，而是将之理解为一种一般概念，其意味着一类组织，而不指代这一组织的"价值"。

此外，在医学中，这个词常常仅仅具有一种添加意义，即一群症状，而非一组有组织的、彼此依赖的、有结构的症状。当然，我们对此词的使用是在后种意义上的。最后，这个词是在一个因果语境中使用于医学的。任何症状的综合征都被认为具有一个假定的、单一的原因。一旦某种原因被找到了，比如肺结核中的微生物，那么研究者就会倾向于满足，并认为自己的工作已经完成了。如此一来，他们便忽视了许多我们视为核心的问题。比如：（1）没能从结核杆菌的更为普遍性观点来理解肺结核；（2）综合征中许多常常不出现的症状；（3）这些症状之间的互换性；（4）在特定个体身上，疾病不可预测、不可解释的严重或轻微程度等。简而言之，我们应该要求对肺结核问题的**所有**因素进行研究，而不仅仅是最为强烈、最为有力的单一因素。

我们对人格综合体的主要定义是，它是多种看似不同的特性（行为、思维、行动、冲动、感知等）组合而成的一个有结构的、有组织的复合体，当我们对此进行详细而有效的研究时，这些特性会显现成一种共通的统一体，我们可以说，这些特性具有一种相似的动力学意义、表达、"味道"、功能、目的。

由于这些特性具有同样的来源、功能、目标，因此它们可以互换，可以被认为彼此在心理上是同义的（全都在说"同一件事"）。比如说，一个孩子的暴躁脾气和另一个孩子的尿床可能来源于同一情景，即拒绝，且二者试图实现同一目的，即吸引母亲的注意或爱。因此，尽管在行为上彼此截然不同，但它们在动力学上是同一的。[①]

在一个综合体中，我们有着一组感觉和行为，它们在行为上截然不同，或者至少有着不同的名字，然而它们是彼此重叠、彼此覆盖的，因此它们可以说在动力学上是同义的。所以，我们要么从它们各自作为部分或特性的差异上进行研究，要么从它们作为整体或统一体的角度进行研究。在此，语言是个尤为困难的问题。我们如何在差异中表达这种统一？答案有着多种可能性。

我们可以引入"心理味道"这一概念，并用一道菜来举例，这道菜有着多种不同元素，也有着自身独特的性质，比如一道汤、一道肉末土豆、一道炖菜等。[②]在炖菜中，我们将许多元素调和在一起，然而它却有了独特的味道。这种味道渗透在炖菜的全部元素中，也可以说它独立于这些单独的成分。或者说，倘若我们讨论人类的面容，我们很容易发现，一个男人长着歪鼻子、小眼睛、大耳朵，但他仍然算是长得帅（如今的俏皮话会说："他的五官都很丑，但凑在一起看上去又很好"）。在此，我们要么增添式地单独考虑这些元素，要么从整体上考虑，尽管这个整体是由部分构成，但它有着某种"味道"，这种味道不同于任何单一部分带给整体的味道。在此，我们可以得出对于综合体的定义，

---

① 互换性可以被定义为，行为上完全不同，但动力上具有相似目标。这个概念还可以根据可能性来定义。倘若在单个个案中，a症状和b症状在综合征X中，有着同样被发现或不被发现的可能性，那么它们就可以被称为互换的。

② "我曾经要讲的这个故事，并不像是从左到右画一条线，左边标为出生，右边标为死亡。而是仿佛我们在思考着，同时一次又一次回到手中的遗迹中。"［泰加德·G.，《艾米莉·迪金森的生活与心灵》（*Life and Mind of Emily Dickinson*），1934.］

即有着共同心理味道的不同元素组织在一起的整体。

　　解决定义问题的第二个方法在于心理意义，这是当下动力心理病理学中的一个概念。当我们说疾病的种种症状有种同一意义时（盗汗、变瘦、某种呼吸音等，这些都代表着肺结核），这就意味着，这些症状都是以上所说的某个统一推断原因的表达。或者在心理学的讨论中，感到被孤立和感到不受欢迎，这两种症状都意味着不安，因为两者都可以被涵盖到这个更为广泛、更为宽泛的概念中。换言之，倘若两种症状都是同一个整体的部分，那么它们便有着同样的意味。我们可以用某种循环的方式来定义综合体，即它是各种不同成分有组织的集合体，其中的各种成分有着同样的心理意义。互换性、味道、意义这些概念尽管很有用（比如基于文化模式的描述），但是它们又有着诸多理论和实际的困难，这些困难需要进一步得到令人满意的表述。倘若我们在思考中引入动机、目的、目标、应对目的这类机能性概念，那么某些困难便可以得到解决（但是有些问题仍需要表达性的、非动机的概念才能解决）。

　　从机能心理学的角度来看，这个统一的有机体通常被视为面对某类问题，并且试图以各种方式解决这个问题，这些方式都是有机体的本性、文化、外界现实所允许的。在机能主义心理学家看来，整个人格组织的关键或核心就在于，有机体在问题世界中寻求答案。换言之，人格组织被理解为，面对问题、试图解决问题的过程。大多数有组织的行为必然是对某些事物做某些事。[①]在对人格综合体的讨论过程中，我们应该认识到，倘若两种特定行为在特定的问题方面有着同样的应对目标（换言之，它们对于同一件事做了同样的应对），那么两者就属于同一个综合体。于是，我们可以说，比如自尊综合体，就是有机体组织起的一个答案，其用于应对获得、失去、维持、保护自尊的问题。同样，安全综合体是有机体组织起来的一个答案，其用于应对得到、失去、维持他人

---

① 例外情况，请参见第14章。

之爱的问题。

在此，我们并没有一个最终的简要答案，这是因为，当一个单一的行为得到动力学分析之后，我们通常发现，它有着不止一个，而是多个应对目标。另外，有机体对于其重要的生活问题有着不止一种答案。

我们还可以加上一点，抛开性格表达这一因素，目标在任何情况下都不可能是**所有**综合体的一种主要特征。

我们不能说一个外在于有机体的有组织的目标。格式塔心理学家已经充分地证明了，在感知、学习、思维材料中组织的普遍性。当然，我们不能说，这些材料具有一种应对目标（在我们用这个词的意义上）。

我们对于综合体的定义，与韦特海默、科勒、考夫卡等人对格式塔的多种定义有着明显的相似点。艾伦费尔斯（Ehrenfels）的两个定义标准在我们的定义中也存在。

艾伦费尔斯对有组织的心理现象的第一个定义标准是，单独的刺激（如乐曲的单一音符）呈现给一定数量的人时，这个刺激会丧失掉某种内容，即一个个体在刺激有组织的整体中所体验到的内容（比如整个乐曲）。换言之，整体大于部分之和。同样，综合体大于被还原的孤立部分之和[①]。但是，两种定义之间还有一个重要的差别。在我们对综合体的定义中，整体（意义、味道、目标）的一个主要性质可见于所有的部分中，只要我们从整体上，而非从还原论的意义理解它们。当然，这是一个理论观点，我们期待可以找到与此相关的实操性的问题。大多数时候，只有通过理解特定行为所在的整体，我们才能理解这一行为的目标或味道。然而，也有很多规则之外的例外情况，使我们相信，目标或味道不仅内在于这些部分，同样也内在于整体。比如说，我们从一个单一的

---

① 然而，问题在于，综合体是不是大于其整体性构成的部分之和。还原论得出的部分只能添加为一个总和。然而，倘若这个论点中的各个术语以一种特定方式来定义，那么整体的部分也可以被视为能够添加为一个有组织的整体。

部分，就可以推断或推测出整体，比如我们听到一个人只笑过一次，于是我们便可以确信，他感到不安；或者说，我们仅仅通过了解一个女人对衣着的选择，便可以了解她总体上的自尊。当然，这种从部分中得出的判断，常常不如从整体中得出的判断那么可靠。

艾伦费尔斯的第二个定义标准是，元素在整体中的互换性。因此，即便两组乐曲中的单个音符完全不同，旋律也可以保持相同。这就类似于一个综合体中各种元素的互换性。有着相同目标的元素是互换的，或者在动力学上是彼此同义的。在一个旋律中，不同音符扮演的同一角色也是如此。[①]

总体而言，我们可以说，格式塔心理学家同意韦特海默的原始定义，即当整体的各个部分之间存在明显的相互依赖时，整体就是有意义的。"整体不同于其各部分之和"这一说法虽然是正确的，且往往是可以证明的；但它不太能用作一个有效的实验室概念，而且不同传统的心理学家常常认为这个说法过于含糊，因为即使在证明了整体的存在之后，整体的定义和表征问题仍然存在。

显然，倘若我们要求对"格式塔"的定义是有意义的、有效的、具体的，且能够被不同传统（坚持原子主义的、机械的世界观）的心理学家所普遍接受，那么对"格式塔"进行积极定义的问题就不能被认为得到了完美的解决。造成这一困难的原因有很多，但我只想讨论一个，即对于以上提到的材料的选择。格式塔心理学家主要研究现象世界的组织，主要是有机体之外的"材料"或"领域"的组织（我们应该指出，格式塔心理学家通常否认这一说法）。然而，正如戈德斯坦所充分证明的，有机体本身最具有组织性和内部依赖性。它似乎是寻求组织律和结构律呈现的最佳场所。这样来选择材料，我们能获得的另一个好处在于，动机、目的、目标、表达、方向等基本现象在有机体中都表现得更加清晰。从应对目的的角度对综合体的定义立刻创造了可能性，即将原本孤

---

① 然而，科勒对艾伦费尔斯的定义标准有所批判。

立的机能主义理论、格式塔心理学、戈德斯坦的有机论、整体论、目的论（非终极论）、精神分析学家和阿德勒学派等信奉的那种心理动力学进行统一是有可能的。也就是说，得到正确定义的综合体这一概念可以作为统一世界观的理论基础，我们称之为整体动力观，它与一般的原子论观点截然相反。倘若格式塔这一概念如我们所指出的那样得到延伸，倘若它更多地集中在人类有机体及其更高的动机上，那么格式塔概念也是如此。

## 四、人格综合体（综合体动力学）的特性

在前文中已经讨论过的动力学意义上，综合体的各个部分是可以互换的或等价的，也就是说，行为上不同的两个部分或症状，只要它们有相同的目的，那么便可以相互替代，可以完成相同的任务，有相同出现的可能性，或者可以用相同的概率或信度对此进行预测。

在一个癔症患者身上，症状在这个意义上显然是可以互换的。在一些经典案例中，大腿瘫痪可以通过催眠或其他暗示技术得到"治愈"，但之后几乎必然会被其他一些症状所取代，也许是手臂瘫痪。纵观弗洛伊德派的文献，我们也遇到了许多症状等价的例子，例如，对马的恐惧可能意味着，或代表着受压抑的对父亲之恐惧。对于一个安全的人来说，他的所有行为表达都是可以互换的，因为它们都表达了相同的东西，即安全。在前面提到的安全型激进主义的例子中，"帮助人类"这一普遍愿望最终**要么**变成激进主义，要么变成慈善事业或者善待邻居或者给乞丐和流浪汉五分钱。尽管我们不知道最终会如何，但我们知道他感到安全，人们可以非常肯定地预测，此人会表现出**某种**善意或社会兴趣，但我们无法预测具体是什么。这种等价的症状或表达可以称为可互换的。

## 1. 循环决定

对这一现象的最好描述来自心理病理学研究，例如，霍妮的恶性循环这一概念，就是循环决定的一个特例。霍妮试图描述综合体中，相互作用的持续动力流，即任何一个部分总是以某种方式影响其他每个部分，反过来又受到所有其他部分的影响，两个过程同时进行。

完全的神经性依赖意味着，期望必然受到阻碍。这种必然的阻碍可能会创造一种额外的愤怒，而原本的愤怒则可能涉及完全依赖中暗含的脆弱和无助。然而，这种愤怒往往针对的是被依赖的那个人，通过这个人的帮助，依赖者可以避免灾害，这种愤怒情绪会立即导致内疚、焦虑、害怕报复等。但这些状态正是一开始导致完全依赖需要的因素之一。对这类的病人进行检视之后，我们**随时**都会发现，这些因素大部分是在不断变化和相互强化中并存的。虽然遗传分析可能会显示，某个特性在时间上先于另一个特性，但动力学分析则绝不会体现这一点。所有的因素都是原因，也都是结果。

或者个人可能试图通过采用傲慢和高人一等的态度，从而维持他的安全感。除非他感到被拒绝和不受欢迎（不安），否则他不会采取这种态度。但正是这种态度使人们更加不喜欢他，这反过来又加强了这种专横态度对他而言的重要性，等等。

在种族歧视中，我们能很清晰地看到这种循环决定。很明显。怀恨者会指出某些令人不悦的特征来为他们的仇恨开脱，但不受欢迎者身上这些特征，又几乎完全是一部分仇恨和拒绝的产物。[1]

---

[1] 在这些例子中，我们只是在描述同步发生的动力。整个综合征的起源或来源的问题，循环决定一开始是如何出现的问题，都是一种历史性问题。即便遗传学分析显示出，某个特定因素就是连锁反应的起点，这也并不能保证，这个因素在动力学分析中也具有同样基础或优先的重要性。

如果我们用更熟悉的因果词汇来描述这个概念，我们应该说A和B是互相引起的，也是彼此的结果。或者我们可以说，它们是相互依赖的、相互支持的、相互强化的。

### 2. 良好结构的综合体具有抵抗变化或维持自身的趋势

无论安全级别如何，要对此进行提高或降低都很困难。这种现象类似于弗洛伊德所描述的阻抗，但它有更广泛、更普遍的应用。因此，我们发现健康者和不健康者都有固守生活方式的倾向。倾向于相信所有人本质上都是好人的人，与相信所有人本质上都是坏人的人，同样都会表现出对改变这一信念的抵触情绪。在操作定义上，这种对改变的抵触，可以根据心理实验者在提高或降低个人的安全水平时，所遇到的困难来定义。

人格综合体在最为剧烈的外部变化下，有时也可以保持相对稳定。有许多例子显示，经历了最艰苦和痛苦经历的流亡者仍然可以保持安全感。对受轰炸地区的道德研究也为我们提供了证据，证明大多数健康者对外部恐怖具有令人惊讶的抵抗力。统计数据显示，抑郁和战争并不会导致精神病发病率的大幅增加。[1]安全感综合体的变化与环境变化通常不成比例，有时人格似乎完全不会变化。

一名德国流亡者，表面上是一个非常富有的人，他来到美国时身无分文。然而，他被认为是一个有安全感的人。仔细的询问表明，他关于人性的基本观念并没有改变。他仍然认为，如果他得到了一个机会，那么这个机会基本上是很好且合理的，他以各种方式将他所目睹的肮脏解释为外部原因的现象。对在德国认识他的人的采访显示，在他的财务崩溃之前，他也几乎是这样的。

---

① 这类材料通常被误解了，因为人们经常用它们来拒斥精神病决定因素中的环境论或文化论。这种争论只是体现出一种对动力心理学的误解。我们真正要主张的是，精神病完全是内在冲突和威胁，而非外在灾难的结果。或者说，当外在灾难联系着个体的主要目标，联系着他的防御系统时，这种灾难才对人格具有动力学影响。

在病人对心理治疗的阻抗中，我们可以看到许多其他的例子。有时我们可以在某个病人身上发现，经过一段时间的分析，他惊人地洞察到了某种信念的错误根基，以及带来了恶果。但即便如此，他可能会坚定不移地坚持自己的信念。

### 3. 良好结构的综合体具有在改变后重建的趋势

倘若一个综合体的层次被迫改变，我们通常会观察到，这种改变只是暂时的。例如，一次创伤经历经常只会产生短暂的影响。然后个体可能会自发地重新调整到以前的**状态**。或者说，由创伤引起的症状特别容易得到消除。有时，综合体的这种倾向也可以被认为是一个更大的变化系统中的过程，综合体的其他倾向也涉及其中。

下面的案例非常典型。一个在性方面很无知的女人与同样无知的男人结婚后，她对自己的第一次性经验感到非常震惊。在她身上，整个安全感综合体的水平有了明显的变化，即从中等安全水平转变为低安全水平。调查显示，在综合体的大多数方面、外部行为、生活态度、梦想生活、对人性的态度等上都有整体的改变。此时，她得到了支持和安慰，整个情况以一种非技术性的方式得到了讨论，人们在四五个小时的谈论中给了她一些简单的建议。慢慢地，她转变回来了，可能是因为这些交流，她变得越来越感到安全，但她再也没能回到先前的安全感水平。她的经历留下了一些轻微但持久的影响，这些影响或许是由她那位自私的丈夫所维持的。比起这种持久影响而言，更令人惊讶的是，尽管发生了这么多，但她仍然有一种像结婚之前那样思考和相信的倾向。在一位因为前任丈夫患上精神病而再婚的女人身上，我们也看到了类似的情形，即急剧变化后伴随着缓慢但彻底复原的感觉。

正是由于这种普遍存在的趋势，我们普通人都期望，对于那些被视为正常健康的朋友，只要给他们足够的时间，他们完全可以从任何打击中恢复过来。

妻子或儿子的死亡、经济崩溃、任何其他类似的基本创伤经验，都可能会让个人在一段时间内严重失衡，但他们通常几乎可以完全康复。只有长期糟糕的外部或人际环境，才能让健康的性格结构产生持久变化。

### 4. 作为一个整体的综合体的变化趋势

我们上文已经谈论过这一趋势，也许这也是最容易为我们所见的一个趋势。倘若综合体的某个部分发生了彻底的改变，那么真正的调查便会实际显示出，综合体的其他部分也朝着同一方面发生了相应的改变。通常，这种相应的改变可以见于综合体的几乎**所有**部分。这些改变常常被忽视的原因仅仅在于，人们并不期望它们，也不想看到它们。

我们应该强调，这种整体性改变的趋势，正如我们提到过的其他趋势一样，只是一种趋势，而非一种必然。在某些情况下，特定的刺激似乎只会造成一种特定的、固定的影响，而不会带来普遍性的影响。然而，倘若我们排除那些明显不正常的情况，上述情况是很罕见的。

1935年有一项通过外在手段提高自尊的研究，在这项未发表的研究中，人们指示一位女士在大约20种具体而相当琐碎的情景下**表现出**攻击性（例如，她必须坚持某一品牌，而她之前的购物倾向一直抵制这一品牌）。她听从了这种指示，三个月后，人们对人格变化进行了广泛的调查。[①]毫无疑问，她的自尊发生了根本性的转变。例如，她的梦有了性质上的转变。她第一次买了一些合身、暴露的服饰。她的性行为也变得更有自发性，甚至丈夫都注意到了这一变化。她是第一次和别人一起游泳，而她以前总是很害羞，不敢穿泳衣露面。在其他各种情况下，她都感到非常自信。这些变化不是受暗示引起的，而是自发产生的，她完全没有意识到这些改变的重要性。**行为**的改变会导致人格的改变。

---

① 如今这被称为某种形式的行为治疗。

一个非常没有安全感的女人有了一段成功的婚姻，在结婚几年后，她表现出总体上安全感的上升。当我（在她结婚前）第一次见到她时，她感到孤单、不被爱、不讨人喜欢。她现在的丈夫终于能够让她相信，他爱她（对于一个没有安全感的女人来说，这是一项艰巨的任务），于是他们结婚了。现在她不仅觉得丈夫爱她，而且觉得自己很**可爱**。她接受了友谊，这是她以前不能接受的。她对人类的普遍仇恨大部分都消失了。她已经具有了善良、甜美的性格，这在我第一次见到她的时候几乎没有留下任何痕迹。某些特定的症状已经减轻或消失了，其中包括反复出现的噩梦、对聚会和其他陌生人团体的恐惧、慢性轻微的焦虑、对黑暗以及某些令人不快的力量还有残酷的幻想的恐惧。

### 5. 内在一致性的趋势

即使一个人几乎没有安全感，他也可能会因为各种原因而坚持一些带有安全感特征的特定行为、信仰、感觉。因此，尽管一个非常没有安全感的人经常做慢性噩梦、焦虑梦或其他令人不快的梦，但这些个体中仍有相当一部分人的梦境生活通常并不令人不愉快。然而，在这类个体身上，环境中相对轻微的变化就会引发这样的不愉快的梦。在这些不一致的元素上似乎有一种特殊的张力，使得这些元素被拉回到综合体的其余元素的同一水平上。

自尊心低的人较为谦虚或害羞。因此，通常而言，这类人要么完全不穿泳衣，要么非常在意自己穿了泳衣。然而，一个自尊心非常低的女孩，不仅仅穿着泳衣出现在沙滩上，而且她穿的是一件非常暴露的泳衣。后来的一系列访谈表明，她为自己的身材感到非常自豪，认为身材十分完美。这个想法对于一个自尊心很低的女人来说，就像她的行为一样，这是异乎寻常的。然而，从她的报告中可以明显看出，她对于游泳的态度是非常不一致的，即她总是感到难为情，而且总是穿着一件浴袍，来盖住自己的身体。只要有人太过公然地盯着她，她都会逃离海滩。她被外界的各种看法说服了，即她的身体很有吸引力；她在理智上认为应该以某种方式展现出这种吸引力，努力做到这一点。但她又发现由于自己的性格结构，而很难做到这一点。

在那些非常有安全感、一点儿不感到害怕的人身上，特定的恐惧也时常出现。这些恐惧通常可以用特定的条件经验来解释。我发现，我们很容易消除这类人身上的恐惧。仅仅用再条件化、榜样的力量、意志力坚强的规劝、理性的解释、其他表面的心理治疗措施就足够了。然而，对于那些相当不安的人而言，这类简单的行为技巧就不那么奏效了。我们可能会说，与人格的其余部分不一致的恐惧很容易消除；与人格的其余部分一致的恐惧更顽强。

简而言之，一个不安的人**倾向于**感到一种更为完整、更为一致的不安；一个高度自尊的人则**倾向于**感到更为一致的高度自尊。

### 6. 综合体水平朝向极端的趋势

伴随在我们已经描述过的保守趋势一旁的，正是一种至少相反的力量，这种力量来源于综合体的内在动力，即趋向改变而非稳固。一个相当不安的人倾向于变得极为不安，一个感到相当安全的人倾向于变得极为有安全感。[①]

在相当不安的人身上，每一种极端的影响、冲击有机体的每一种刺激都更可能得到一种不安的理解，而非安全的理解。比如说，笑容可以被理解为嘲笑，遗忘可以被理解为侮辱，平凡可以被理解为不受欢迎，温和可以被理解为平庸。在这类人的世界里，不安全的影响比安全的影响更多。我们可以说，对这类人来说，证据总是倾向于不安那边。而且他们不断地受到一股拉力牵引，尽管力量微弱，但总是朝着越来越极端的不安的方向。当然，这一因素还可以被一个

---

① 这种趋势与前文描述过的维持内在一致性的趋势有着紧密的关联。

事实所强化，即不安者倾向于表现得不安，这又促使人们不喜欢他，排斥他，而这反过来使得他更加不安，于是他越发表现出一种不安，如此构成一个恶性循环。因此，由于他的内在动力，这往往会带来他最为恐惧的事情。

最为明显的例子就是嫉妒行为。这一行为来源于不安，实际上又进一步带来了排斥和更深的不安。一个男人如此解释自己的嫉妒："我很爱我妻子，因此我害怕，要是她离开我或不爱我了，我会崩溃。于是，我受到她与我兄弟之间友谊的困扰。"于是，他采用了很多办法去阻止这段友谊，这些办法都很愚蠢，以至于他开始失去妻子和兄弟的爱。当然，这让他变得更为疯狂和嫉妒。这种恶性循环被一位心理学家所打破，后者第一次指导他，让他即便感到嫉妒，也不要表现出来，心理学家接着开始了一项更为重要的任务，即用各种方式来缓解他总体上的不安。

### 7. 有机体在外界压力下改变的趋势

当我们关注综合体的内在动力时，我们很容易暂时忘记，一切综合体当然都是对外在情景的回应。我们在此只是出于完整性而提及这一事实，并用以提醒大家，有机体的人格综合体并不是一些孤立的系统。

### 8. 综合体的变量

最为重要、最为明显的一个变量就是**综合体水平**。一个人在安全感上要么是高水平、中水平，要么是低水平；在自尊上，要么是高水平、中水平，要么是低水平。我们并不是想说，这种变化只是在一个单一的连续谱层次上；我们只是想说一种从多到少、从高到低的变化。我们对**综合体性质**的讨论，主要与自尊或掌控综合体有关。在各种类人灵长类物种身上，我们都可以看到这种掌控现象，但是它在每一种物种身上都有着不同性质的表达。在高自尊的人类身上，我们至少可以区分出高自尊的两种性质，我们认为其中一种是强大，另一种是力量。一个高自尊且有安全感的人，会以一种善良、合作、友善的方式显现出一种强大的自信感。一个高自尊但不安的人，相较于帮助弱者，他对掌控他们、伤害他们更感兴趣。这两类个体都具有高度自尊，但以不同方式展现了出来，这些方式依赖于有机体的其他特性。在极度不安者身上，这种不安会以多种方式表现出来。比如说，不安可能具有与世隔绝和退缩的性质（倘若他自尊较低），或者它可能具有敌意、攻击性、恶意的性质（倘若他自尊较高）。

### 9. 文化对综合体表达的影响

当然，文化和人格之间的关系太过深刻、太过复杂，我们无法简单地来讨论。主要是出于完整性的考虑，我们必须指出，总体而言，实现生活的主要目标的途径，常常由特定文化性质决定。自尊的表达和实现的方式，在很大程度上（尽管不是完全）是被文化决定的。这一点对于爱的关系也是如此。我们通过一些文化准许的方式，来获得别人的爱并表达自己对别人的柔情。在一个复杂的社会中，地位角色在一定程度上也是由文化决定的，这一事实往往会改变人格综合体的表达。例如，在我们的社会中，比起高度自尊的女性，高度自尊的男性可以更为公开地以更多方式来表达这一综合体。同样，孩子们也很少有机会直接表达高度自尊。我们还应该指出，每一种综合体，例如安全感、自尊、社会性、主动性，通常都有着文化准许的水平。这一事实在跨文化比较和历史比较中体现得最为明显。例如，一般的多布人比一般的阿拉佩什人不仅实际上更有敌意，也被认为更有敌意。如今，我们认为，一般的女性比100年前的一般女性有着更高的自尊。

## 五、人格综合体的组织

至此，我们所说的综合体的各个部分似乎是同质的，就像雾中的微粒一样。

其实情况并非如此。在综合体组织中，我们发现重要性具有一种层次和聚集结构。对于自尊综合体，这一事实已经以最简单的方式，即相关法得到了证明。倘若综合体是无差别的，那么其任何一部分都应该和其他部分一样与整体密切相关。然而，实际上，自尊（作为一个整体得到测量）与不同的部分有不同的相关程度。例如，由社会人格问卷测量的整个自尊综合体与易怒性的相关度r=−0.39，与异类性态度的相关度r=0.85，而与多种自卑意识的相关度r=−0.40，与各种情境下的尴尬的相关度r=−0.60，与恐惧意识的相关度r=−0.29。

　　临床材料也显示出这种趋势，即各个部分自然地聚集为一些内在紧密相连的群组。例如，传统、道德、谦虚、对规则的尊重似乎很自然地聚在了一起或组合在一起，而另一组聚集的性质，如自信、沉着、冷静、不胆怯和害羞，则形成了鲜明的对比。

　　这种聚集的趋势，使我们可以在综合体中进行分类，但当我们实际尝试这样做时，我们便会遇到各种困难。一个明显的困难是，我们面临着所有分类的共同问题，即分类所依据的原则。当然，倘若我们知道所有的材料及其相互关系，那么这便容易了。但我们的情况是，由于在一部分上，我们是无知的，因此我们认为，不论我们对材料的性质如何尽可能保持敏感，我们有时候必然显得武断。在我们的情况中，这种内在的联系给了我们一个初步的线索，一个大体的指示方向。但是，我们只能研究到自发组群这一步，当我们最终到了无法感知它们的地步时，我们必须根据自己的假设来前行。

　　另一个明显的困难是，当我们处理综合体的材料时，很快就会发现，我们可以根据心中的概括程度，将任何人格综合体分为十几个、上百个、上千个、上万个组群（只要我们乐意）。我们怀疑，通常的分类仅仅是一种原子主义、联结主义观点的反映。当然，在处理相互依赖的材料时，使用原子论工具无法让我们走得更远。如果不是分离出不同的部分、各类条目，那么通常的分类还能是什么？倘若我们的材料在本质上**没有**多少不同，那么我们又如何分离它们呢？也许我们必须拒绝原子论式分类，而寻找某种整体论的分类原则，如同我们认为有必要拒绝还原式分析，而支持整体式分析。下面的类比作为一种指示体现了一个方向，即我们可能必须寻找这样一种整体性分类技术。

### 1. 放大率水平

这个标题是一个物理上的比喻，取自显微镜的工作原理。在研究组织学切片的过程中，我们把切片放到光下，用肉眼看着它，从而可以得到一个总体的性质、总体的结构、形成、整体内的相互关系，从而有了一个全局的理解。心里有这种全局理解之后，我们便可以在低倍放大率（比如说10倍）上检视这个整体的一个部分。此时我们并不是因为孤立的细节本身而进行研究，而是要研究其与我们所理解的整体的关系。接着，我们可以继续用另一种高倍的放大率（比如说15倍），来更仔细地研究整体当中的这一领域。随着放大率的提高，直到器具的实际极限，对整体内细节的分析也会越来越精细。①

我们还可以将材料进行分类，不是按照一种线性的方式分成独立且互不依赖的部分（这些部分又可以重新排列），而是按照一种"被包含在其中"的方式分类，就像一系列套住的盒子一样。倘若我们把整个安全综合体看成一个盒子，那么14个次级综合体就是14个包含在其中的小盒子。这14个小盒子中的每一个都包含了其他盒子，一个也许包含了4个，一个可能包含了10个，另一个可能包含了6个，等等。

这些例子用研究的术语来说就是，我们可以将安全综合体视为一个整体来研究，而这就是在第一级放大率上。具体来说，这意味着将整个综合体视为一个整体，而研究其心理味道、意义、目的。然后，我们抽取安全综合体的14个次级综合体中的某一个进行研究，我们可能称之为第二级放大率。然后，我们

---

① "然而，倘若我们通过显微镜来看，我们绝不可能发现某种类似于表皮的东西。"［考夫卡，《格式塔心理学原理》（*Principles of Gestalt Psychology*），1936］

又将这个次级综合体作为一个整体，来研究它与其他13个次级综合体之间的相互依存关系，但我们始终将之理解为整个安全综合体中的一个整体性部分。举个例子，我们可以在不安者身上抽取权力服从这一次级综合体。通常而言，不安者都需要权力，但是权力本身可以以各种方式、各种形式体现出来，比如过度的野心、过度的攻击性、占有性、对金钱的渴望、过度的竞争性、偏见和愤恨的倾向等，或者说它可以有着完全相反的体现，比如谄媚、服从、受虐倾向等。但是，这些特征本身明显都很普通，因此需要得到进一步的分析和分类。对于这些内容的研究都处在第三级。我们也许可以选择"对偏见的需要或倾向"来进行研究，其中种族偏见就是一个好例子。倘若我们的研究方法没有错，那么我们肯定不会孤立地研究这种偏见本身。我们可以更完整地来表述，我们正在研究偏见的倾向，它是一种对权力的需要的次级综合体，它是总体上不安综合体中的一个次级综合体。我无须指出，更深入、更精细的研究需要我们进入第四级、第五级等。我们可以以某个特定复杂的一个方面为例，比如捕捉差异（包括肤色、鼻子形状、语言），以此来满足安全需要的倾向。这种捕捉的倾向可以组织成一个综合体，也可以作为一个综合体而进行研究。更具体地说，在这种情况下，这一倾向将被归类次级—次级—次级—次级综合体。它也就是一套盒子中的第五层盒子。

　　总而言之，这样一种分类方法，即根据"被包含在其中"这一基本概念，而非"与此相区分"的分类方法，可以给我们提供一直在寻找的线索。这种分类使得我们在细节和整体上的研究更加缜密，而不会陷入无意义的特定化倾向，或者模糊且无用的概括化倾向。这种分类既是综合性的，又是分析性的。最后，它使得我们既可以研究独特性，又可以同时有效地研究普遍性。这种方式摒弃了二元对立的分类，即亚里士多德对A和非A的区分，并为我们提供了一个理论上令人满意的分类和分析原则。

## 2. 综合体集中度这一概念

如果我们寻找一个给人启发的标准，来区分综合体和次级综合体，那么我们可以在集中度这一概念中找到这种标准。自尊综合体中的这些自然组群之间有什么不同？传统、道德、谦虚、尊重规则这四个因素聚集在一起构成一个组群，其与自信、沉着、冷静、大胆等特征形成的另一个组群有所区别。当然，这些组群或次级综合体都彼此相关，它们作为一个整体，也与自尊相关。此外，在每个组群内的各种元素也相互关联。也许我们对组群的感知，即各种元素自然地结合在一起的主观感觉，将反映在这些相关性当中，只要我们对这些元素进行测量，便可以得到这种相关性。或许，比起镇静和反传统，自信与镇静的相关性更为紧密。或许，一个组群意味着在统计意义上，组群内所有成员之间的内在相关性平均水平较高。该平均内在相关性，可能高于两个不同组群的成员之间的相关程度的平均值。假设组群内的平均相关系数$r=0.7$，那么不同组群成员间的平均相关系数$r=0.5$，则由一些组群或次级综合体融合形成的新综合体，其平均相关系数将高于$r=0.5$，低于$r=0.7$，可能更接近$r=0.6$。当我们从次级—次级综合体，到次级综合体，再到综合体的顺序分析时，我们可以预期，平均相关性将会依次下降。这种变化我们可以称之为综合体集中度的变化。我们完全可以强调这一概念，仅仅因为它能成为我们用以检视临床发现的一个良好工具。[①]

从动力心理学的基本假设出发，我们认为，可以且应该与之相关的**并不是**行为本身，而是行为的意义，即并非谦虚行为，而是谦虚这一性质不受与有机体的其余部分关系的影响。此外，我们必须认识到，即便是动力学变量，也不

---

[①] 整体论心理学家们有一种不信任相关技术的倾向，但是我认为，这是因为这种技术总是仅仅用于原子化的方法，而不是因为这种技术的本质与总体论相悖。比方说，即便一般的统计学家都不信任自我相关性（仿佛有机体中可能还有别的成分！），但只要我们考虑到某些整体性的事实，这种自我相关并不一定不值得信任。

一定是在单一连续谱上变动，而可能在某一点上突破成完全不同的东西。这一现象的一个范例可见于情感需要的影响。倘若我们从"完全被接纳"到"完全被排斥"这一序列上看待一个年幼的儿童，那么我们会发现，随着我们从这个序列上往下看，儿童对情感的渴望则越来越强烈。但是，当我们接近序列的极端，即在早年生活中完全被排斥，我们发现的便不是对爱的强烈渴望，而是一种完全的冷漠，完全**缺乏**对情感的欲望。

最后，我们当然必须要用整体性的材料，而非原子化材料，即不是用还原式分析的产物，而要用整体式分析的产物。如此一来，单个变量或部分是相互关联的，而又不会损害有机体这一整体。倘若我们对相关的材料保持警惕，倘若我们对统计数据辅之以临床和经验认识，那么有一点便毋庸置疑了，即这种相关技术对于整体性方法论是高度有用的。

### 3. 有机体内部的相互关联程度

在科勒有关物理格式塔的著作中，他反对对于内在关联性的过度概括，这种反对甚至到了一种程度，即我们无法在一种极为概括性的一元论与一种完全的原子论之间进行选择。相应地，科勒所强调的不仅仅是一个格式塔内部的相互关联，也强调不同格式塔之间的差别。在他看来，他所处理的大多数格式塔都是（相对）封闭的系统。他的分析仅仅涉及格式塔内部；他很少讨论格式塔（不论是物理的，还是心理的）之间的关系。

很明显，当我们处理有机体的材料时，我们面临的是一个不同的情况。当然，有机体内部几乎没有封闭的系统。在有机体内部，一切都确实与其他相关，即便有时候这种关联极为微弱且遥远。此外，我们可以看到，有机体作为一个整体，与文化、他人当下的在场、特定情景、物理或几何因素等有着关联，且有一种基本的相互依存关系。因此，我们至少可以说，科勒本应该将这种概括化限制在现象世界的物理和心理格式塔上，因为他的批判显然完全不适用于有机体内部。

倘若我们要做一番争论，那么便可以超越这一最小论述。实际上，我们可以说，整个世界在理论上都是相互关联的。我们发现，只要我们从现存的各种关系中选择其一，那么宇宙的各个部分都有某种关联。只有当我们想要实际一点，或者我们仅仅谈及话语的单一领域，而非谈及整个领域，那么我们就可以假设，这些系统之间相对来说是相互独立的。比如说，从心理学的角度来看，宇宙的相互关联性是可以被打破的，因为这个世界的某一些部分在**心理上**并不关联着另一些部分，即便它们在化学上、物理上、生物学上是相关的。此外，世界的相互关联也可以以完全不同的方式，被生物学家或化学家或物理学家打破。在我看来，此时最好的说法是，有一些系统是相对封闭的，但是这些封闭的系统是某种部分视角的产物。某个（或似乎是）封闭的系统在一年之后便不封闭了，因为科学研究在一年后可能取得了进展，从而展示出系统之间存在的关联。倘若有人回应说，我们本应该展示出，世界各个部分之间实际的物理过程，而非理论上的关联，那么我们当然要回应说，一元论哲学家们从来不认为只有一种普遍的**物理**关联，而是谈到了多种关联。然而，这并不是我们讨论的主要论点，因此我们没有必要停留在这个点上。我们只需要指出，有机体内部（理论上）普遍关联的现象。

## 六、综合体之间的关系

在这个研究领域，我们至少可以给出一个经过仔细研究的范例。这是一个范式，还是一个特例，这个问题有待进一步的研究发现。

从数量上而言，即在简单的线性关联方面，安全感水平和自尊水平之间存在正向但微小的相关，$r=0.2$ 或 $0.3$。在对于正常人的个体诊断上，显然这两个综合体实际上是彼此独立的变量。在某些群体中，两个综合体之间存在特定的一些关系：比如（20世纪40年代的）犹太人，他们身上有一种高自尊，同时低安全感的趋势，而在天主教女性身上，我们常常发现低自尊和高安全感并存。在神经症患者身上，两者的水平都倾向于很低。

然而，比起两个综合体之间在水平上的关系（或缺乏关系），更令人震惊的是，安全感（或自尊）**水平**与自尊（或安全感）**性质**之间非常紧密的关系。通过对比两个自尊水平很高但安全感处在两个极端的个体，我们很容易证明这种关系。A（高自尊、高安全感）倾向于用一种非常不同于B（高自尊、低安全感）的方式表达自己的自尊。A既有个人力量，又关爱同胞，他会用一种建设性的、良性的、保护性的方式使用自己的力量。而B也有同样的力量，但是伴随而来的是对同胞的愤恨、蔑视、恐惧，他更可能用这种力量去伤害、掌控他人，或减轻自己的不安。于是，B的力量成了一种对同胞的威胁。因此，我们可以说，这是高自尊的一种不安性质，我们可以将之与高自尊的安全性质进行对比。同样，我们可以区分低自尊的不安和安全性质，即一方面是受虐、谄媚，另一方面是沉着、甜蜜、服务、依赖他人。同样，安全感性质上的差异，与自尊感水平上的差异也有关联。比如说，不安者要么从人群中逃离、撤离，要么公然对别人表示敌意或攻击性，这相应地取决于他们自尊水平的高低。感到安全者要么很谦虚，要么很骄傲，随着自尊水平的高低，他们可以成为追随者或是领袖。

## 七、人格综合体以及行为

在广义上经过更加特定的分析后，我们可以说，综合体和外显行为之间的关系如下。每一个行动都**倾向于**是整个综合人格的一种表达。这更为具体地意味着，每一个行动都倾向于被全部的人格综合体所决定（其他决定因素在下文有所论述）。正如约翰·多伊（John Doe）对一个玩笑做出的回应，即笑了起来，我们可以在理论上抽取这一整合行为的多种决定因素，如他的安全感水平、他的自尊、他的精力、他的智力等。这种观点明显有悖于如今已经过时的特质理论，在后者中，一个典型的例子就是，单一行为完全是受单一特质所决定的。

我们的理论论述的最好范例出现在一些特定的任务中，我们通常认为这些任务"更加重要"，比如艺术创造任务。在创作一幅画或一段交响曲的过程中，艺术家明显完全投入到了任务中，相应地，任务成了整个人格的一种表达。但是，这个例子，或者说对非结构情境的各种创造性回应（比如罗夏墨迹测验）都处在一个连续谱的极端。而它的另一端则是孤立的、特定的行为，这类行为与性格结构没有多少关系。这类行为的范例都是对某个片刻情境的即刻回应（卡车路过时躲开），它们都是一些纯粹的习惯、一些文化反应，在大多数人看来，它们已经失去了其心理含义（当女士进入房间时站起身来），或者说它们最终成了一些反射行为。这类行为并不能反映出性格，因为在这些情况下，性格作为一种决定因素是可以被忽略的。在这两个极端之间，我们可以发现各种等级。比如说，有些行为倾向于完全仅由一两个综合体决定。一种特定的善良行为可能与安全感综合体的关系最为紧密，谦虚感在很大程度上由自尊决定，等等。

这些因素可能带来一个问题，倘若各种行为—综合体关系都存在，那么是否应该说，一开始行为就总体上由所有综合征决定呢？

显然，由于我们已有的理论思考，一种整体性理论会给出肯定的答案，然而原子论取向则在一开始就挑选出一种孤立的、分割的行为，并切断了它们与有机体的一切关联，比如感觉反射或条件反射。此处的问题在于"聚焦"（哪一个部分是需要得到组织的整体）。对于原子化理论，最简单的基本材料就是由还原分析所得到的一些行为，即一个与有机体其余部分关系都被切断的行为。

或许，更重要的是这样一个论点，即第一类综合体—行为关系是更为重要的。孤立的行为倾向于沦为生活主要关注点的边缘，它们受到孤立，这仅仅是因为它们不重要，即与有机体的主要问题、主要答案、主要目标毫无关系。当我的韧带受到敲击，我的腿会弹起来，或者说我可以用手指夹着橄榄吃，我无法吃滚烫的洋葱，因为我会对此产生条件反射，这些无疑都是正确的。但是，我有某种生活哲学，我爱自己的家人，我计划做某个实验，这些则并不一定了。

但是，后一种情境更加重要得多。

有机体的内在本性是行为的一种决定因素，这一点尽管是正确的，但它并非行为的唯一决定因素。有机体所处的文化背景也是行为的一个决定因素，它有助于决定有机体的内在本性。最后，行为的另一类决定因素可以被称为"即刻情境"。尽管行为的目标和目的都受有机体本性决定，通向目标的途径也受文化决定，但即刻情境决定了现实的可能性和不可能性：哪一种行为明智，哪一种不明智；哪一部分目标可行，哪一部分不可行；什么会带来威胁，什么能提供一种可能的工具，我们借助这种工具可以实现目标。

因此，我们如此复杂地思考，便很容易理解为什么行为并不总是一个很好的性格结构的指标。因为倘若行为既是由外部环境和文化决定的，也是由性格决定的，倘若它是三种力量之间的妥协形成，那么它就不可能很好地成为其中任何一种力量的完美指标。当然，这也只是一个理论陈述。实际上，我们有一些技术[1]可以"控制"或消除文化和环境的影响，因此在实际操作中，行为有时可能是一个很好的性格指标。

研究发现，性格与趋向行为的冲动之间存在较高的相关性。事实上，这种相关性如此之高，以至于这些趋向行为的冲动本身可以被认为是综合体的一部分。与外显行为相比，这些行为更不受外界和文化的影响。我们甚至可以说，我们只是将行为视为趋向行为的冲动的一种指标。倘若它是一种很好的指标，那么它就值得研究；倘若它不是一种很好的指标，那么它就不值得研究；前提

---

[1] 例如，在各种投射测试中，我们可以设定足够模糊的情景，从而控制行为的决定因素。或者，有时有机体的需要是如此的强烈（正如在精神错乱者身上），以至于外部世界完全被拒绝或忽视，文化也被忽略了。要部分排除文化因素，主要技术是融洽的面谈或精神分析的移情。在某些其他情况下，文化的影响可能会减弱，比如在醉酒、发怒，以及其他失控的情况下。同样，还有许多行为并不受文化的规制，例如文化决定的主体的各种微妙、无意识的变化，即所谓的表达运动。或者我们可以研究相对无拘无束的人的行为、受文化影响较小的儿童的行为、几乎没有文化的动物行为或在其他社会中的行为（我们就可以通过对比来排除文化影响）。这几个例子表明，对行为进行复杂的、理论上合理的研究，可以让我们获得人格内部组织的信息。

是，我们研究的终极目标，是对性格的理解。

## 八、综合体材料的逻辑和数学表达

据我所知，至今还没有任何数学或逻辑，可以适用于综合体材料的符号表达和操作。这种符号系统绝非不可能的，因为我们知道，我们可以构建一些数学或逻辑，来适应我们的需要。然而，如今的各种逻辑或数学系统都是基于我们已经批判过的一般原子论世界观，且都是后者的一些表达。我个人在这个方向上的努力还太过薄弱，以至于无法在此呈现。

亚里士多德引入了A和非A之间的尖锐区别，并将之视为逻辑的根基，这一区别也进入现代逻辑学，即便亚里士多德的其他假设都被拒斥了。因此，比如说，我们在朗格（Langer）的《符号逻辑》（*Symbolic Logic*）一书中看到，这个论点（她用互斥类别这一术语来描述）在她看来，成了最基本的假设之一，这一假设无须证明，而可以被理所当然地视为一种常识。"任何一个类别都有一个互补；类别及其互补之间相互排斥，并可以穷尽二者之间的普遍类别。"

现在，非常明显的一点是，对于综合体材料，材料的任何部分与整体之间都没有尖锐的差别，或者说，单一材料和综合体其余部分之间都没有尖锐的差别。A不再是A，非A不再是非A，当然，A和非A这一简单模型并不能让我们回到我们开始的整体。在一个综合体中，综合体的任何部分都与其他部分重叠。切分出一个部分是不可能的，除非我们不在意这种重叠。这种忽视的代价是心理学家所承担不起的。如若孤立地理解材料，那么相互排斥性是可能的。如若我们在情景中来理解（正如心理学中的视角），那么这种二分法就是不可能的。比如说，我们从所有行为中切分出自尊行为，这是不可能的，原因很简单：任何行为都不可能仅仅是自尊行为而不是别的。

倘若我们拒绝这种相互排斥的观点，那么我们不仅要质疑在部分上基于此的整个逻辑学，也要质疑我们所熟悉的数学系统。大多数现存的数学和逻辑学都在处理这样一个世界，即一堆相互排斥的实体，正如一堆苹果。从这一堆中分离出一个苹果，既不会改变苹果的本质，也不会改变这一堆的本质。而对于有机体，情况则完全不同。切掉一个器官会改变整个有机体，也会改变这个被切掉的器官。

另一个例子出现在基本的算术过程中，即加减乘除。这些过程都是一些假设了原子化材料的操作。一个苹果加另一个苹果是可能的，因为苹果的本质允许这样的操作。但人格的情况则完全不同。倘若我们有两个高自尊但不安的人，我们让两个人都感到更安全（"加"安全感），那么一个人可能倾向于更具有合作性，另一个人可能倾向于变成一个暴君。一个人格中的高自尊，并不等同于另一个人格中的高自尊。在安全感增加的人身上，变化有两种，而非一种。仅仅由于高安全感的加入，他不仅获得了安全感，而且自尊的性质也改变了。这只是刻意举出的一个例子，但是它最接近我们所理解的人格中的加法过程。

显然，传统的数学和逻辑学（尽管它们有无限可能）实际上只是在服务于一种原子论的、机械的世界观。

甚至我们可以说，在对动力性、整体性理论的接纳方面，数学落后于现代物理科学。物理学理论本质的基本变化，并不是由数学的本质变化引起的，这种变化是因为物理学的应用得到了扩展、其应用有所延伸，同时其基本静态本质尽可能保持不变。只有做出各种"好似"式假设，这些变化才能成为可能。微积分就是一个很好的例子，微积分的目标是处理运动和变化，但是这种处理的前提是将变化转化成一系列静态状态。曲线之下的面积是通过将之分解成一系列长方形才能得到测定。曲线本身也被视为"好似"一些边长很短的多边形。这一过程是非常合理的，对此我们无可争辩，这种合理性可以由这样一个事实证明，即微积分是非常有效的计算工具。但是，不合理之处在于，我们遗忘了，微积分之所以有效，是因为一系列假设、一系列技巧、一系列"好似"假设，这些假设明显并不像心理学研究一样是在处理现象世界。

下面引用的内容阐明了我们的论点，即数学倾向于静态的、原子化的。据我所知，数学的这一主旨从未受到其他数学家们的挑战。

但是，我们曾经不是非常热切地宣称，我们生活在一个静止的世界里吗？我们不是用芝诺悖论详细地证明了"运动是不可能的，一支飞来的箭实际上是静止的吗"？我们应该如何解释这种立场的颠倒呢？

而且，如果每一个新的数学观点都是建立在旧有的基础上，那么从静态代数和静态几何理论中，我们如何提炼出一种能够解决涉及动力实体问题的新数学呢？

对于第一个问题，其实观点并没有颠倒。我们仍然坚信，在这个世界上，运动和变化只是静止状态的特例。倘若变化意味着一种与静止本质上不同的状态，那么就不存在所谓的"变化状态"；正如我们曾经指出的，我们所谓的变化，只是在相对较短的时间间隔内，我们感知到的许多连续的、不同的静态图像。

于是我们直觉地相信，一个运动者的行为是连续的，因为我们实际上并没有看到，飞箭穿过飞行中的每一个点，我们有一种强大的本能，把运动这一概念抽象为与静止本质上不同的东西。但这是生理上和心理上的限制的结果，它不可能用逻辑来进行分析。运动是位置与时间的关联。偶然仅仅是**函数**的另一个名称，也是同一种关联的另一个方面。

对于其他问题，微积分作为几何学和代数的后代，属于一个静态的家族，它并没有获得父母所没有的任何特征。突变在数学中是不可能的。因此，微积分必然具有与乘法和欧几里得几何相同的静态性质。微积分不过是对这个静止世界的另一种解释，尽管我们必须承认，这是一种巧妙的解释。[1]

我们要再次强调，我们看待元素的方式有两种。例如，脸红可以是脸红本

---

[1] 卡斯纳·E.和纽曼·J.，《数学与想象力》（*Mathematics and the Imagination*），第301—304页。

身（一个还原论元素），也可以是情景中的脸红（一个整体论元素）。前者涉及一种"好似"假设，"好似它在世界上是孤零零的，与世界其余部分无关"。这是一种形式上的抽象，在某些科学领域中可能相当有用。不论如何，只要我们记住这是一种形式抽象，那么抽象不会有任何坏处。只有当数学家、逻辑学家、科学家在谈到脸红**本身**时，忘记自己所作的是人为抽象时，问题才会出现，因为他肯定会承认，在现实世界中，如果没有脸红的人，没有与脸红相关的事情等，那么也就不会有脸红本身。这种人为的抽象习惯，或用还原性元素进行工作，具有很好的效果，它已经成为一种根深蒂固的习惯，以至于只要有人否认这类习惯在实证上、现象上的有效性，那么抽象者和还原者必然对此感到震惊。经过了相当顺利的一些阶段之后，他们相信，这便是世界实际构建的方式，他们发现很容易忘记，尽管抽象和还原非常有用，但它仍然是人为的、便利性的、假设性的。简而言之，这是一个人为的系统，它被强加在了一个相互关联、不断流动的世界之上。这些对于世界的特定假设只要为了论证方便，那么它就有权违背常识。当它不再方便时，或者当它成为障碍时，我们就必须将之丢弃。看到我们投入到世界中的内容，而非看到世界实际的样子，这是很危险的。我们直白地说，原子论数学或逻辑学在某种意义上是一种关于世界的理论，但根据这种理论对世界的任何一种描述，只要不符合心理学家们的目的，那么他们就可以拒绝这些理论。显然，方法论学家有必要开始去创建一种更加符合现代科学世界观的逻辑学和数学系统。①

---

① 我们可以将这些评论延伸到英语本身。这也倾向于反思我们文化中的原子论世界观。不足为奇的是，在描述综合体材料和综合体规律时，我们必须求助于最奇特的类比、比喻、各种拐弯抹角。我们用连词"和"来表示两个分离实体之间的连接，但我们没有表示两个非分离实体之间（当它们连接在一起时，它们就构成了一个整体，而非二元体）连接的词。我能想到的唯一替代词显得非常笨拙，即"Structure with"。其他语言更倾向于具有整体的、动力的世界观。在我看来，黏着语比英语更能反映整体世界。另一点是，正如大多数逻辑学家和数学家所做的那样，我们的语言将世界组织成元素和关系，组织成物质和物质发生的事情。名词好似成了物质，动词则是物质对物质所做的动作。形容词更准确地描述了物质的种类，副词更准确地描述了行为的种类。整体动力观不会做出如此尖锐的二分法。不论如何，即使在试图描述综合体材料时，词汇也必须以连字符串起来。

# THE FARTHER REACHES OF HUMAN NATURE

## 马斯洛需求层次理论

# 人性能达到的境界

[美]亚伯拉罕·马斯洛 著

ABRAHAM H.MASLOW

中国青年出版社

CHINA YOUTH PRESS

**图书在版编目（CIP）数据**

马斯洛需求层次理论.人性能达到的境界 /（美）亚伯拉罕·马斯洛著；朱一讯，胡瑞译.
—北京：中国青年出版社，2022.8
ISBN 978-7-5153-6664-7

Ⅰ.①马… Ⅱ.①亚… ②朱… ③胡… Ⅲ.①马斯洛（Maslow, Abraham Harold 1908-1970）—人本心理学—研究 Ⅳ.①B84-067

中国版本图书馆CIP数据核字（2022）第104302号

## 马斯洛需求层次理论.人性能达到的境界

作　　者：[美] 亚伯拉罕·马斯洛
译　　者：朱一讯 胡瑞
策划编辑：刘　吉
责任编辑：肖　佳
文字编辑：张祎琳
美术编辑：杜雨萃
出　　版：中国青年出版社
发　　行：北京中青文文化传媒有限公司
电　　话：010-65511272 / 65516873
公司网址：www.cyb.com.cn
购书网址：zqwts.tmall.com
印　　刷：大厂回族自治县益利印刷有限公司
版　　次：2022年8月第1版
印　　次：2024年8月第4次印刷
开　　本：787mm×1092mm　1/16
字　　数：200千字
印　　张：19.5
书　　号：ISBN 978-7-5153-6664-7
定　　价：169.00元（全三册）

目　录
# CONTENTS

PART

—

# 1

第一部分

## 健康与病态

# 第 1 章

## 人本主义生物学探索<sup>①</sup>

　　我在心理学方面的探险经历已经引导我从事了各种各样的研究，其中有些已经超越了传统心理学的领域——至少从我曾经受过的心理学教育的角度说是这样的。

　　在20世纪30年代，我开始对某些心理学问题产生了兴趣，并发现那时的经典科学结构（行为主义的、实证论的、"科学的"、脱离价值观的、机械形态的心理学）无法很好地回答或有效处理这些问题。我提出一些合理的问题，为了解决这些问题，我不得不发明另一种研究心理学问题的方法。这种研究逐渐变成一种心理学的普遍的哲学，也属于一般科学，属于思想文化、工作、管理，现在也属于生物学。事实上，它已经变成一种**世界观**。

　　如今的心理学已被分割开，实际上可以说已经成为三个（或更多）分离的、互不交流的科学或科学家集团。第一是行为主义的、实证论的、客观主义的、机械论的集团。第二是起源于弗洛伊德和精神分析的一整套心理学。第三是人本主义的心理学，现在人们称它为"第三势力"，这是由心理学中许多分散的小组织合并成的一种统一的体系。我想谈论的正是这第三种心理学。我理解这第三种心理学包括了第一种和第二种心理学，并曾创造"在行为主义之上"（epi-behavioristic）和"在弗洛伊德学说之上"（epi-Freudian）等词来描述它。这也有

---

① 这是从一系列备忘录中摘出的。备忘录写于1968年3月到4月，是应沙尔克生物研究所主任的邀请而作，希望能有助于有关研究从一种脱离价值观念的技术化倾向发展到人化的生物学的哲学。在这些备忘录中，我撇开生物学中一切显而易见的前沿问题，并约束我自己仅限于讨论我认为是被忽略或忽视或误解的问题——所有这些讨论都是从我作为一个心理学者的特殊立场出发的。

助于避免那种一知半解的、与价值对立的、二分式的倾向，认为要么是赞成弗洛伊德学说的，不然就是反对弗洛伊德学说的。我是弗洛伊德派的，我是行为主义派的，我是人本主义派的，而且实际上我还正在发展一种可以被称为第四种心理学的超越心理学派。

在这里，我谈的是我自己的看法。即使是在人本主义心理学家中，也有些人倾向于认为自己是**反对**行为主义和精神分析的，而没有把这些心理学包含在一个更高层的结构里来看待。我认为他们中的有些人在他们对"体验"的新热情中徘徊在反科学甚至反理性的边缘。然而，我认为体验只是知识的开始（必要但不充分），而且我也相信知识的进步，即更广阔的科学是我们唯一的终极希望，我**最好**只代表自己讲话。

我个人选择的任务是"自由地推测"，是建立理论，是运用预感、直觉，并试图概括性地推断未来。这是一种需要深思熟虑和全心投入的开拓、探索和创新活动，而不是应用、证实、核对和检验活动。当然，后者才是科学的支柱。但我觉得，如果科学家认为自己**仅仅**是一个验证者，则是一个极大的错误。

开拓者、创造者、探险者总是孤单一个人而不是一个团体，他怀着内心的冲突、畏惧，怀着对骄横与傲慢，甚至是对妄想的防御在孤军奋战。他必须是一个勇敢的人，不怕冒险，甚至也不怕犯错误，我很清醒地意识到，他像波兰尼（Polanyi）所强调的那样，是一种赌徒，他在缺少事实的情况下达到初步结论，然后再花费数年时间来检验自己的预感是否正确。如果他还有点理智的话，他也会害怕自己的想法和冒失，他很清楚他在验证他无法证明的东西。

正是在这个意义上，我提出的是我个人的预感、直觉和主张。

我认为规范生物学的问题是无法逃脱或避免的，即使这会让人对西方科学的整个历史和哲学产生怀疑。我觉得我们从物理学、化学、天文学继承了这种无关价值的、价值中立的和价值回避的科学模式，这些领域内要保持论据的纯净并排除教会对科学事业的干扰是必要的且可取的，但是我深信这种模式非常不适合研究生命科学。并且更明显的是，这种无关价值的科学哲学不适用于回答人类问题，包括个人的价值观念、目的和目标、意图和计划，这些问题对于理解任何人，甚至对于科学的基本目标——预测和控制，都是极为重要的。

我知道在进化论的领域，有关方向、目标、目的论、活力论、终极原因这一类的论证曾争论不休——我得说，在我的印象中这场争论已经变得混乱了——但我也必须提出我的看法，我认为从人类心理层面来讨论这些同样的问题，会使问题变得更加清楚，也更不容易避免。

对于进化论中的自然发生说，或者纯粹的偶然搭配是否可以解释进化的方向，我们仍然有可能进行反复的辩论。但是我们讨论人类个体时，这样的侈谈已不再可能。一个人成为一名好医生完全是靠运气，这是绝对不可能的，我们现在应该认真考虑停止采取这种观念了。对我来说，我已经避开了这种关于机械决定论的辩论，甚至根本不想费心陷入这种辩论。

## 优良样本和"成长尖端统计学"

我建议讨论并最终研究如何利用选出的优良样本（高级样本）进行生物学的测定实验，来研究人类物种所具有的最佳能力。举几个例子：比如有一次在探索调查中，我发现自我实现的人，即心理健康、心理上"优越"的人，是更好的认知者和感知者，甚至在感觉水平上也可能如此，例如，如果他们在区分细微的色调差异等方面表现得更为敏锐，我也不会感到惊讶。我曾经组织的一个未完成的实验，可以作为这种"生物测定"实验的模型。我当时的计划是对布兰迪斯大学（Brandeis University）所有即将入学的新生进行测定，使用当时最好的技术——精神病学访谈、投射测试、操作测试等——我在最健康的学生中选择2%，中等的学生中选择2%，以及最不健康的学生中选择2%作为被试。我们的计划是让这三组被试进行一连串的12个感觉、知觉和认知工具测试，检验过去临床的、人格学的发现——更健康的人能更好地感知现实。我预测这些发现会得到支持。我当时的计划是继续追踪这些人，不仅看大学的4年，在大学里我能把大学生活的各个方面的实际表现、成就和成功与最初的测试评分联系起来。我还认为也有可能建立长期纵向研究，由一个长期组织的研究团队进行，这一组织可以延续到下一代。我们的想法是通过对整个群体一生的追踪来寻求对我们健康观念的最终确认。有些问题是显而易见的，例如，长寿，对身心疾病的抵抗力，对传染病的抵抗力，等等。我们也期望这种追踪研究能揭示一些不能预见的特征。这一研究在精神本质上与刘易斯·特曼（Lewis Terman）的研究很像，特曼在40年前在加利福尼亚选择了一些高智商儿童，在许多方面对他们进行测试，持续进行了几十年直到现在。他的发现概括为：那些因为智力出众而被选中的孩子，在其他方面也都出众。最后，他总结出了一个重要结论：人类所有的理想品质都是正相关的。

这种研究设计意味着我们对统计概念的改变，特别是对抽样理论的改变。我在这里坦率主张的，是我一直所称"成长尖端统计学"，我的标题就是来源于这样一个事实：最大的遗传作用是在植物成长的尖端发生的。就像年轻人说的，"那就是行动的地方"。

如果我想问"人类有能力做到什么"这个问题，我宁愿向一小部分挑选出的优秀人群提出，而不是向整个人群提出。我认为人类历史上享乐主义价值论和伦理学说之所以失败，主要原因是哲学家们把病态动机的快乐与健康动机的快乐捆绑在一起，得出不加区分的病态和健康的平均结果，不区分好的样本和坏的样本，不区分好的选择者和不好的选择者，不区分生物学上健全的样本和生物学上不健全的样本等。

如果我们想要回答人类能长多高这个问题，显然，最好是挑出那些已经是最高的，然后研究他们。如果我们想知道人类能跑多快，那么计算一个总体"好样本"的平均速度是没有用的；召集奥运金牌得主，看看他们能做得如何，这要好得多。我坚持我的观点，如果我们想知道人类精神成长、价值成长或道德发展的可能性，只有研究我们最有德行、最懂伦理或最圣洁的人才能学到最多。

总体来看，我可以这样说：在人类历史的记载中，人性的一面一直是记录不足的。人性的最高可能实际上总是被低估。甚至当"优良样本"——那些圣贤和历史上的伟大领袖人物能够作为研究对象时，人们也常常认为他们不是人，而是超自然的存在。

## 人本主义生物学和良好社会

现在已经很清楚，只有在"良好条件"下，人的最高潜能才有可能（在大规模基础上）实现。或者说得更直接些，优秀的人通常需要一个良好的社会来作为成长的环境。反过来说，应该清楚的是，生物学的规范哲学必然涉及良好社会理论，其定义是"促进人类潜能的充分发展，促进人性的充分发展的社会"。我想这第一印象可能会使传统的描述生物学家有点吃惊，因为他们已经学会避免使用"好"和"坏"这样的词。但稍微想想就会发现，在生物学的一些经典领域中，这类事情已经是理所当然的了。例如，可以理所当然地把基因称作"潜能"，它们的实现与否取决于种质、细胞质、有机体等直接环境，以及有机体自身所处的地理环境。

引用一组实验，对于白鼠、猴子和人，我们可以说个体早期生活中的环境刺激对大脑皮层的发育有相当具体的影响，我们通常称之为理想的方向。哈洛灵长类动物实验室的行为研究也得出了同样的结论。被隔离的动物丧失了各种能力，超过了一定限度这些丧失往往变得不可挽回。再举个例子，杰克逊设立在巴尔港的实验室的研究发现，让狗脱离人的接触，在旷野中成群结队自由奔跑，会丧失驯化的可能性，就不能成为宠物了。

生物学哲学可以在社会孤立中发展吗？它能在政治上完全中立，而不需要成为理想的，或健康的，或改革的，或革命的吗？我并不是说生物学家的任务是直接参与社会行动。我认为这是个人喜好的问题，并且我知道确实有一些生物学家，出于对他们的知识被废弃不用的愤怒，会去仔细研究他们的发现在政治方面的效果。但是除此之外，我向生物学家提出的建议是，他们应该认识到，一旦他们接受了对人类物种或其他物种的规范研究，一旦他们把发展良好样本作为他们的责任承担下来，那么研究所有那些能有助于发展良好样本的条件，以及限制这些发展的条件也同样成为他们的科学责任。显然，这意味着从实验室走向社会。

## 良好样本是代表全人种的选择者

经过一系列从20世纪30年代开始的探索性研究，我的经验是最健康的人（或最富有创造力，或最坚强，或最聪明，或最圣洁的人）能够作为生物学的测定因素。或者我可以说，他们作为前哨的侦查员，作为最敏锐的观察员，能够告诉我们这些不够敏锐的人，什么是最重要的。我的意思是：比如说，我们很容易可以找出那些在审美上对颜色、形式敏感的人，然后学着让我们自己服从或顺从他们对色彩、形式、面料和家具等的判断。我的经验是，如果我不去干扰那些优秀的观察者，我可以十分有信心地期待他们的选择。他们立刻喜欢上的东西，我也可能在一两个月之内慢慢地喜欢上。好像他们就是我，不过更敏感；或者他们好像是少了一些疑虑、困惑和犹豫的我。可以这么说，我能把他们当作我的专家，就像艺术品收藏家雇用艺术专家来帮助他们收购艺术品一样。（查尔德的著作支持了这个想法，他证明有经验的和专业的艺术家有着相似的品位，这种相似性甚至是跨文化的。）我还设想，这种敏感不像普通人那样容易受到时尚和潮流的影响。

通过这种方式，我发现如果我选择心理健康的人，他们所喜欢的就是人类会喜欢的东西。亚里士多德曾说过："优秀的人认为是好的东西，就是**真正好**的东西。"

例如，从经验上看，自我实现者在是非问题上比一般人的疑虑要少得多。他们不会因为95%的人不同意他们的看法就怀疑自己。我想说的是，至少在我研究的被试组中，他们往往有一致的是非选择，就好像他们感知到了一些真实的、非凡的东西，而不是在对那些可能会因人而异的品位进行比较。总之，我曾经把他们作为价值的试金者，或者更确切地说，我从他们那里学习了终极价值可能是什么。用另一种方式说，我已经知道伟大的人物所珍惜的价值，也是我最终会同意的价值，我也会珍惜，也会视其为值得追求的，就像在个人身外的某种有价值的东西一样，也就是"论据"最终会支持的价值。

我的超越性动机论（第23章）从根本上是以这一模式为依据的，即优秀的人同时也是优秀的感知者，不仅对事实的感知是优秀的，对价值的感知也同样优秀，然后利用他们对终极价值的选择作为整个人类种族的终极价值标准。

我这样说几乎是故意引起挑衅。如果我愿意的话，我可以重述一下我的观点，用更为简单的措辞问个问题："如果要你选出心理健康的人，他们会喜欢什么？他们的动机是什么？他们为之奋斗或追求的目标是什么？他们珍惜的东西是什么？"但我确实希望最好不要在这里犯错。我是有意对生物学家（以及心理学家和社会科学家）提出规范和价值问题。

或许从另外一个角度能更好地说明这些问题。我觉得有一点已经得到了充分证明：人是一种一直在选择、决定和追求的动物。那么，做出选择和进行决定这类问题就不可避免地涉及给人类下定义。但做出选择和决定是一个程度问题，是关于智慧、有效性和效率的问题。问题随之而来：谁是好的选择者？他从哪儿来？他的生活是怎样的？这种技巧可以传授吗？哪些东西会阻碍这种抉择？哪些东西会有助于这种抉择？

这些自然是对古老哲学问题的新式提问："谁是圣人？什么是圣人？"另外也是对古老价值问题的新式提问："什么是好的？什么是理想的？**应该期待什么？**"

我必须再说一次，在生物学的历史中，我们已经到了这样的时刻，我们现在要对自己的进化负责。我们已经成为自我进化者。进化意味着选择，然后进行决定，也就是进行价值评价。

## 身心相关关系

在我看来，我们正处在一个新飞跃的边缘：我们的主观生活与外部客观指标相关联。由于这些新的迹象，我期待神经系统的研究能有一个巨大的飞跃。

有两个例子足以证明为将来的研究所做的准备。奥尔茨（Olds）所做的一项研究现在已经广为人知，是通过在嗅脑隔区中植入电极的方法发现的，实际上这里是一个"快乐中枢"。当一只白鼠被连接起来，并能通过这些植入的电极刺激它自己的大脑时，只要电极还在这一特定的快乐中枢，它会一再重复这种自我刺激。当然，不愉快或者痛苦区也已经被发现了，如果这时动物得到机会刺激自己，它们会拒绝这样做。这一快乐中枢的刺激对于动物显然是非常"宝贵"的（或者说成是想要的，或有强化作用的，或有奖励作用的，或任何其他用来描述这种情境的词），甚至它愿意放弃任何其他已知的外部快乐，包括食物、性，等等。我们现在有足够的、类似的论据能推论人类的情况，说明人也有一些主观意义上的快乐体验能以这种方式产生。这一类研究才刚刚开始，但已经开始区分出不同类别的"中枢"，如睡眠中枢、食物满足中枢、性刺激中枢、性满足中枢，等等。

如果我们把这一类实验和另一类实验，比如卡米亚（Kamiya）的实验结合起来，新的可能性就出现了。卡米亚用脑电图和操作条件作用进行研究，当 α 波频率在被试自己的脑电图中达到一定程度时就给被试一个可见的反馈。用这种方法让人类被试把一个外部的事件或信号和一种主观的感受的事件相关联，便有可能使卡米亚的被试建立对他们自己的脑电图的随意控制。也就是说，他证明一个人有可能控制自己的 α 波频率达到某一特定水平。

这项研究最重要和令人兴奋之处在于卡米亚很意外地发现，维持 α 波稳定在一定水平能引起被试处于一种平静的、沉思的，甚至是幸福的状态。一些以学会东方禅坐和冥想技术的人为被试的后续研究表明，他们能自发地发出那种"平静"的脑电图，类似于卡米亚让他的被试做到的那样。这就是说，教会人们如何去感受快乐和宁静已经是可能的了。这些结论的革命性意义是多方面的，并且极其明显，不仅对人的改善，而且对生物学和心理学的理论都非常重要。这里有足够的研究项目足以使下个世纪大批科学家为之奔忙了。身心关系问题至今被认为是不能解决的，终于看起来确实是一个可以研究的问题了。

这样的论据对一门规范生物学的问题是很关键的。现在我们可以说，健康的有机体本身就能发出明确、响亮的信号，阐明什么状态是该有机体喜欢的、选择的和认为是满意的。称这些为"价值"言过其实吗？能说这是生物学上的内在的价值，或者是类似本能的价值吗？如果我们做出这样的描述性陈述，"实验室白鼠，让它在按压两种自我刺激按钮之间进行选择时，几乎100%的时间它都会选择按压快乐中枢按钮，而不选择任何其他能引起自我刺激的按钮"，难道这和说"这个白鼠更喜欢选择快乐中枢的自我刺激"有任何大的区别吗？

我必须说，用不用"价值"这个词对我来说没什么区别。当然也可以不用这个词描述我之前所描述的一切。或者作为一个科学策略问题，或至少是作为在科学家和一般公众之间的沟通策略问题，为避免论点的混淆而不说"价值"可能是更好的方法。我想，这确实不算是什么重要的事情。然而重要的是，我们十分认真地看待心理学和生物学中这些有关选择、偏好、强化和奖赏等问题的新研究发展。

我还要指出的是，我们会不得不面对某种程度上的循环论证的困境，这是这一类研究工作和理论探讨固有的特征。这一点在人类的研究中最为明显，但我猜测在其他动物那里也会有这样的问题。这种循环论证隐含在这样的说法中："良好的样本或健康的动物选择或偏爱某某事物。"我们应该怎么解释虐待狂、性变态者、受虐狂、同性恋者、神经症患者、精神病人和自杀者做出的选择和"健康人"的不同呢？把这种困境和肾上腺切除的动物在实验室中做出的和"正常动物"不同的选择相类比是合理的吗？我应该说清楚，我认为这不是一个无法解决的问题，而只是一个我们不得不面对和处理的问题，而不是回避或忽视它。对于人类被试，很容易用精神病学和心理学的技术选出"健康人"，**然后**指出哪些是得到如此这般分数的人［比如说在罗夏墨迹测验（Rorschach test）或者在智力测验中］，他们就是那些会在自助餐厅（食物）实验中成为好的选择者的人。但这里的选择标准完全不同于行为标准。也完全有可能，在我看来其实很有可能，我们正在接近利用神经学的自我刺激技术做出证明的可能性，证明变态、谋杀、虐待和恋物的所谓"快乐"和在奥尔茨或者卡米亚的实验中所表明的"快乐"不是同种意义上的快乐。当然，这是我们借助主观的精神病学技术早已得知的。任何有经验的心理治疗师迟早都能懂得，隐藏在神经症性的或反常状态下的"快乐"，实际上是大量的烦恼、痛苦和恐惧。在主观领域内，我们从那些不健康的和健康的快乐都体验过的人那里已经懂得了这个道理。他们几乎经常报告宁愿选择后者而厌恶前者。柯林·威尔森（Colin Wilson）清晰地证明性犯罪只有微弱的性反应，而不是强烈的性反应。克尔肯达尔（Kirkendall）也证明相爱的性行为比不相爱的性行为在主观上更优越。

我现在正在研究我上文所概述的人本主义心理学观点的一系列影响。它可以用来证明对于生物学的人本主义哲学所具有的激进后果和影响。可以肯定地说，这些论据是支持有机体的自我调节、自我管理和自我选择的。有机体更倾向于选择健康、成长和生物学上的成功，已经不是我们一个世纪前所设想的那样了。一般情况下，这是一种反专制的、反控制的。对我来说，这使我重新严肃地考虑整个道家的观点，不仅像在当代生态学和行为学研究中所表明的那样，我们已经学会了不去干涉，不去控制，并且对于人类来说，这也意味着更相信孩子自己去追求成长和自我实现的冲动。这更强调自发性和自律性，而不是预测和外部控制。套用我在《科学心理学》中的主要论点：

根据这些事实，我们真的还能继续把科学的目标定为预测和控制吗？甚至有人会说恰恰相反——至少对于人类研究来说。我们自己想被人预测吗？可以预测吗？想被控制吗？可以控制吗？我倒不想说这里必然涉及古老的和传统哲学形式的自由意志问题。但我会说，问题出现在我们面前需要我们处理，这些问题确实和我们的主观感觉有关：想要自由，而不是被决定；为自己选择，而不是受外界控制，等等。无论如何，我能肯定地说，我们描述的健康人并不喜欢被控制。他们更喜欢自由自在的感觉。

这一整套思考方式的另一个非常普遍的"令人激动"的结果是它必然会改变科学家的形象，不仅科学家眼中的自己，而且在一般人的眼中的形象也会改变。比如已经有一些资料表明高中女生认为科学家是怪物，她们害怕科学家。她们还觉得科学家也不会是一个好丈夫。我必须表达我自己的观点，这不只是好莱坞那种"疯狂科学家"电影造成的结果；在这种情况下，即使是极端夸张的，有些东西也是真实的和合理的。事实上，在传统的科学概念里，科学家是那个控制一切、负责一切的人；他是会对人、对动物或者对其他事物做一些事情的人。他是他所研究的对象的主人。这一情况在调查"医生的形象"时更为清楚。在半意识或无意识水平上调查，医生一般被视为是一位主人，一个控制者，一个持刀者，一个和痛苦打交道的人，等等。他是绝对的老板、权威、专家，是管事的人，告诉人们应该做什么的人。我觉得这种"形象"对心理学家来说最糟糕不过了；大学生现在普遍认为心理学家是操纵者、说谎者、隐瞒真相者和控制者。

如果有机体被看作具有"生物智慧"会怎样？如果我们学会给予它更大的信任，认为它是自主的、自我管理的和自我选择的，那么很明显，我们作为科学家，更不用说作为医生、教师，甚至父母，就必须把我们的形象转换为更符合道家的形象。道家形象，这是一个我能想到的最简洁的词，代表着人本主义科学家形象的多种因素。"道家的"意味着去提问，而不是去告诉。它意味着不打扰，不控制。它强调非干预的观察而不是控制下的操纵。它是接受的和被动的，而不是主动的和强制的。就像是如果你想了解鸭子，你最好是向鸭子提问，而不是告知它们。对于人类儿童也是同理，在探寻"对于他们什么是最好的"时，看起来最好的办法就是想办法让**他们**告诉我们，什么是对他们最好的。

事实上，我们在优秀的心理治疗师中已经有了这样的榜样。他的工作方法大致是这样的。他有意识地不把自己的意志强加于病人，而是帮助——不明确的、无意识的、半意识的——病人发现**他**（病人）的内心。心理治疗师帮助病人发现他自己想要的或者希望的是什么，发现对他自己有益的是什么，而不是对于治疗师有益的。这是旧意义上的控制、宣传、塑造和教导的反面。这肯定是建立在我已经提及的可能性和假设之上的，但是我必须得说，这些可能性和假设很少能给予这样的启示，比如相信大多数人会朝着健康前进，期待他们选择健康而不是疾病；相信主观幸福状态是一个不错的向导，使人能达到"对他来说最好"的状态。这种态度意味着偏爱自发而不是控制，对有机体的信赖而不是怀疑。假设世人总是想成为完满人性的，而不是想成为有病的、痛苦或者死亡的。作为心理治疗师，我们确实发现死的愿望、受虐狂、自我挫败行为、自寻痛苦也存在，我们已经学会把这些状态设想为"疾病"，意思是这个人自己如果体验过另一种不健康的状态，他会宁愿选择那种比较健康的状态而抛弃他的痛苦。事实是，我们某些人已经进一步认识到，受虐狂、自杀冲动、自我惩罚等是一种愚蠢的、无效的、笨拙的朝向健康的摸索。

有些非常类似的情况也适合具有道家理念的教师、父母、朋友和爱侣的新模式，最后也适合更有道家理念的科学家。

## 道家的客观和传统的客观[①]

传统的客观概念来自早期科学对事物、对无生命研究对象的处理。当我们将自己的愿望、畏惧和希望，以及超自然的神的意愿和安排排除在观察之外时，我们是客观的。这当然是一个巨大的进步，使现代科学成为可能。但是我们不应忽视，在和非人的对象或事物打交道时，这样做是正确的。这时这一类的客观和超脱有很好的作用。甚至同低等生物打交道时也有好的作用，这时我们也很超脱，能做到无牵连，我们能成为相对无干扰的观察者。一个变形虫想走哪条路，或者一条水螅想要摄取什么对我们来说没那么重要。但当我们沿着种系阶梯上升时，这种超脱会越来越困难。我们都知道，如果我们研究的是狗或者猫，把研究对象拟人化或者把观察者的人类愿望、畏惧、希冀和偏见投射到动物中是非常容易的，如果我们研究的是猴子或者类人猿就更容易了。当我们开始研究人类的时候，我们理所应当可以认为，我们几乎不可能成为冷淡的、平静的、超脱的、无牵挂的和不受干预的观察者。心理学的论据已经堆积如山，难以想象有什么人为这一观点辩护。

任何老练的社会科学家都知道，在与任何社会或亚文化团体合作**之前**，他必须审视自己的偏见和先入之见。这是避开偏见的一种方法——提前了解它们。

但我建议走另一条通向客观的道路，即通过对我们自己身外、对观察者身外的现实更清楚、更准确的感知以达到客观。这种方法是从观察爱的感知得来的，不论是在情人之间，还是父母子女之间，都能产生某种类型的知识，那是无爱者所不能得到的。在我看来，这种情况在动物行为学的文献中似乎是正确的。对于猴子的研究，我相信如果我不喜欢它们，我的研究会更"真实"、更

---

① 这一内容更详尽的论述参考《科学心理学》。

"准确"，在一定意义上，也会更**客观**。不过实际上我非常喜欢它们。我开始喜欢其中一些猴子，对于我的白鼠就不会有这样的喜爱。我相信，劳伦兹、廷伯根、古达尔和沙勒尔报告的那一类研究工作之所以那样精彩，那样有教益，有启发性并且真实，就是因为这些研究者"爱"他们所研究的动物。最起码这一种爱能引起兴趣，甚至入迷，因而能有极大的耐心进行长时间的观察。妈妈迷恋她的婴儿，能最专心地仔细反复查看婴儿的每一寸肌肤，她当然比一个不关心婴儿的外人更了解她的宝宝。我发现在情侣之间也是如此。他们彼此之间是如此迷恋，以至于细查、注视倾听和探索本身便成为一种迷恋活动，能使他们无尽无休地这样做。对于一个不爱的人，很少有这样的情况，很快就会出现腻烦。

但是"爱的知识"——如果我能这么称呼它的话——还有其他好处。对一个人的爱能使他表露、公开、放弃防御，让他自己不仅在躯体上，而且也在心灵和精神上袒露出来。一句话，他让别人看见他，而不是躲起来。在普通的人际关系中，在一定程度上我们是难以理解彼此的。在爱的关系上，我们就变得"可以理解"了。

但最后，或许也是最重要的，假如我们对某人或某物喜爱、迷恋或深感兴趣，我们就会很少有干预、控制、改变、改善他或它的想法。我发现，对于你爱的东西，你是准备放任不管的。在一些浪漫爱情的极端例子中，被爱者甚至是被视为完美无缺的，所以任何改变都被认为是不可能的，甚或是不诚的，更不要提改善了。

换句话说，我们满足于不去管它。我们对它没有任何要求。我们不希望它是另一个样子。我们可以在它面前保持沉默，接受它。所有这些都是说，只有作为它的本来面目，处于它的本性状态时，我们才能更真切地看到它，而不是作为我们喜欢它成为，或害怕它成为，或希望它成为的样子去看它。认可它的存在，认可它的存在方式，我们就会成为不打扰、不操纵、不抽象、不干预的观察者。我们能在怎样的程度上成为不打扰、不要求、不抱希望、不想改善的观察者，我们也就能在怎样的程度上达到这一特殊类型的客观。

我坚持认为，这是一种方法，一条通向某些类型的真理的特殊道路，通过这种方法，真理可以更好地到达和实现。**我并不认为**这是唯一的道路，或所有的真理都能用这种方法得到。我们也正是从同样的情境很清醒地认识到，通过喜爱、兴趣、迷恋、专注也有可能歪曲有关对象的**其他**真相。我要坚持的只是说，在科学方法的全套设备中，爱的知识或"道家的客观"在特定情境中对于特定目的有其特殊的优点。如果我们能现实地意识到，对于研究对象的爱会产生某些类型的洞察，同时也会导致某些类型的盲目，这样我们就得到了充分的预警。

再说得更远一点，甚至关于"对难题的爱"也这样看。一方面，比如说对于精神分裂症，你必须迷恋上它或者至少对它感兴趣才能坚持了解它，才能学习有关它的知识并进行研究它的工作。另一方面，我们也知道，对精神分裂问题完全着迷的人在涉及其他问题时也会形成某种不平衡状态。

## 大问题的问题

我在这里用了阿尔文·魏因伯格（Alvin Weinberg）的精彩著作《大科学沉思录》中的一个小标题，这本书包含许多我愿进一步阐明的论点。利用他的词汇，我能以更生动的形式说明我这本书的主旨。我想说的是，曼哈顿方案正在对我认为是我们时代真正的大问题发动进攻，这种问题不仅对于心理学，而且对于一切具有历史迫切感的人都极端重要（这也是一项研究的"重要性"的一个标准，现在我把它添加在传统的标准中）。

第一个也是最重要的大问题是创造**好人**。我们必须有更好的人。否则，我们很有可能全部被消灭。即使没有被消灭，也会变成生活在紧张和焦虑中的物种。这里的一个必要条件当然是定义**好人**，我在本书中对此做了各种说明。我们已经有了一些初步的论据，某些指标，或许已经多到可以用来说明曼哈顿方案中的人了。我自己觉得有信心，相信这一伟大的轰动一时的计划是可行的，而且我确信，我能列出100个或200个或2000个局部问题或附属问题，它足够使很多人忙个不停。这样的**好人**也可以称为自我进化的人，为自己和自己的进化负责的人，完全光明的、觉醒的或有洞察力的人，一个完整的人，自我实现的人，等等。无论如何，十分清楚的是，除非人们很健康、很进步、很坚强、很善良，足以理解这些计划和法典，并想以正确的方式把它们纳入实施的轨道，否则任何社会改革、任何美好宪法或完美计划或法律都不会有任何结果。

与我刚才提到的同样紧迫的**大问题**是建设一个良好的社会。在良好社会和好人之间有一种反馈。它们彼此需要，它们彼此不可或缺。我撇开两者孰先孰后的问题。很明显，它们是同时并进的。如果没有其中一项，另一项不可能实现。我所说的良好社会是指根本上的全人类的社会，一个全人类的世界。我们也有初步的资料（请参看本书第14章），讨论自主社会的安排，即非心理安排的可能性。说得更明白些，现在已经清楚，人的善良程度保持不变，有可能做出某些社会安排，迫使这些人或者趋向恶行或者趋向善行。主要之点在于社会制度的安排必须作为不同于内心健康的问题来看待，而且一个人的好或坏在一定程度上取决于他生存于其中的社会制度和安排。

社会协同作用（social synergy）的关键概念是说，在某些原始文化中，在某些大的、工业的文化中，存在某些社会趋势，它超越了自私和无私之间的分歧。也就是说，有一些社会安排必然会使人们相互对立；还有在一些其他的社会安排中，无论一个人愿意与否，为了自己的私利必然会帮助他人。反过来说，追求利他主义并帮助他人的人又必然会赢得私利。这方面的一个例证是我们的所得税一类的经济措施，它从任何个人的财富中吮吸利益给予全社会。这和营业税恰成对照，按比例看，营业税从穷人那里提取的要比从富人那里提取的更多，它起的不是吮吸作用，而是本尼迪克特所说的漏斗效应。

　　我必须尽可能严肃地强调，这些是**终极大问题**，比其他的来得要更早。魏因伯格在他的书中谈到的大多数技术产品和技术进步，以及其他人谈到的大多数技术产品和技术进步，都可以被认为是实现这些目的的**基本手段**，而不是它们本身的目的。这意味着，除非我们把技术和生物上的进步交给好人，否则这些进步要么是无用的，要么是危险的。在这里我甚至包括了对疾病的征服，寿命的延长，痛苦、悲伤和一般苦难的减轻等内容。问题的重点是：谁想让坏人活得更久？更强大？一个明显的例子是原子能的利用以及在纳粹之前实现军事目标的竞赛。原子能掌握在某个希特勒手中肯定不是什么好事。那是很大的危险。同样的道理也适用于**任何**其他的技术改进。我们可以经常提出的一个标准问题是：这对于某个希特勒来说是好事还是坏事？

　　我们技术进步的一个副产品是：今天的恶人有可能，甚至很有可能成为**更**危险的，比人类历史上任何时候都更具威胁性的人，因为先进的技术给予了他们更大的力量。很有可能某一极端残酷的人在某一残酷的社会的支持下战无不胜。

　　因此，我敦促所有的生物学家以及一切有善良意愿的人，运用他们的才能来为这两个大问题服务。

　　以上的考虑使我坚信，作为道德中立、价值中立、脱离价值的经典科学哲学不仅是错误的，而且是极其危险的。它不仅是非道德的，也可能是反道德的。它可能使我们陷入极大的危险。因此，我要再次强调，正如波兰尼所精彩地描述的那样，科学本身来自人，来自人的兴趣和爱好。科学本身必须是一种道德准则，就像布洛诺夫斯基如此有说服力地表明的那样，因为如果一个人承认真理的内在价值，那么所有后果都将被证明是为了这一内在价值而服务的。我想补充的第三点是，科学可以**寻求**价值，而我可以在人性中发现它们。实际上，我认为科学已经这样做了，至少在某种程度上可以使这一说法看似有点道理，尽管还没有得到充分和最终的证明。现在有技术可以找出什么对人类有益，也就是说，人类的内在价值是什么。一些不同的操作被用来表明这些内在的人性价值是什么。我重申，这既是从生存价值的意义说的，也是就成长价值的意义上说的，即能使人更健康、更聪明、更有德性、更幸福、更完满实现自身潜能的那些价值。

这说明，我或许会称之为，生物学家未来研究工作的战略方案是什么。其中之一是追求心理健康和追求躯体健康之间有一种协同作用的反馈。大多数精神病学家和许多心理学家及生物学家现在已经开始设想几乎所有疾病，甚至无一例外，都能称为身心疾病或机体疾病。那就是说，假如一个人追索任何"躯体"疾病的起因达到足够的深远程度，他会不可避免地发现心理内部的、个人内部的和社会性的变量也成为有关的决定因素。这绝不是说要把肺结核或骨折弄得神乎其神。它不过表明，在研究肺结核的过程中，人们发现贫困也是一个因素。至于骨折，邓巴尔（Dunbar）有一次曾用骨折案例作为控制组进行研究，她原本设想在这方面肯定没有心理因素涉及，但使她吃惊的是，她竟发现确实也有心理因素的参与。这项研究的一个结果说明，我们现在对于易出事故的个性已经非常熟悉了，对于——我或许可以称之为——"促成事故的环境"也一样。也就是说，即使是骨折，也是精神—肉体的和"社会—躯体"（sociosomatic）的，如果我可以创造这样一个术语的话。这一切都说明，甚至对于传统的生物学家或治疗师或医学研究者，在力求减轻人类痛苦、苦难和疾病时，最好也能对他所研究的疾患采取更多的整体论看法，相比以前更注意心理的和社会的决定因素。例如，已经有足够的论据表明，对癌症有效的广泛治疗还应该包括所谓的"身心因素"。换一种说法，有迹象表明（这主要是推断而不是确凿的论据），通过精神病学疗法等造就好人、促进心理健康，很有可能也会使他的寿命延长并使他不易受疾病侵袭。

不仅低级需要的剥夺可能引起疾病——在传统意义上称为"缺失病"的疾病，而且这对于我在第23章中称为**超越性病态**（metapathologies）的那些问题也适用，这里指的是已被称为精神的、哲学的或存在主义的那些不适或失调。这些也可能不得不称为缺失病。

概括地说，安全和保障、归属、爱、尊重、自尊、认同和自我实现等基本需要的缺失会引起人们的某些疾患和缺失病。综合来看，这可以称为神经症和精神病。然而，基本需要满足的人和自我实现的人，具有真、善、美、公正、秩序、法律观念、统一性等超越性动机的人，也可能在超越性动机的水平上受到剥夺。缺乏超越性动机的满足，或缺乏这些价值，能引起我描述为一般的和特殊的超越性病态。我坚持认为，这些是和坏血症、糙皮病、爱的饥饿等处在同一个连续系统中的缺失病。我应附加说一下，传统上对于身体需要证明的方式，比如对维生素、矿物质、基本的氨基酸等需要的证明，一直是首先对抗某一未知原因的疾病，**然后**再寻找病因。也就是说，如果某物被剥夺而导致疾病，那么它就被认为是一种需要。正是在与此相同的意义上，我坚持认为我所说的基本需要和超越性需要也是严格意义上的生物性需要，即它们的被剥夺也引起疾病或不适。由于这个缘故，我才利用一个新造的词"类似本能"（instinctoid）来表明我的坚定信念——这些论据已经充分证明，这些需要是和人类机体自己的基本结构有关联的，有**某种**遗传基础蕴含在内，虽然这可能是很微弱的。它也使我坚信不疑，终有一天生物化学的、神经学的、内分泌学的基质或躯体机制的发现能在生物学水平上说明这些需要和这些不适（参看附录二）。

## 预测未来

近几年来，曾有大量的会议、图书、专题座谈，更不用说报纸文章和周日杂志专栏了，都突然讨论起我们的世界在2000年或在下一个世纪会成为什么样子的问题。我曾浏览这些"文献"（如果可以使用这个词），但更多的是深感警惕而不是受到启发。足有95％的文章在单纯讨论技术的变化，完全撇开了善和恶、正确与错误的问题。有时全部的讨论似乎完全是非道德的。有大量关于新机器、假肢器官、新品种汽车、火车、飞机，以及更大、更好的冰箱、洗衣机之类的讨论。当然，这些文献偶尔也会让我感到害怕，谈到大规模杀伤能力的不断升级，甚至到整个人类物种可能被消灭的程度。

这本身就是对真正问题所在视而不见的表现，几乎所有参与这些会议的人都不是研究人的科学家。很大比例的与会者是物理学家、化学家和地质学家，生物学家中很大比例是研究分子生物学的，与其说他们是描述型的，不如说是还原型的生物学工作者。偶尔应邀谈论这一问题的心理学家和社会学家也都是典型的技术专家，信奉一种无价值观念的科学的"专家"。

无论哪一种情况都很明显，所谓的"改进"问题在很大程度上只是一个与目的无关的手段方面的改进问题，也不涉及一个显然的真理：更强大的武器在愚蠢或邪恶的人手中只能造成更强大的愚蠢或更强大的邪恶。即这些技术的"改进"事实上可能是危险的而不是有益的。

另一种表达我的不安的方式是指出，这些有关2000年的谈论大都限于物质方面的问题，例如，工业化、现代化、增进富裕、占有更多的物资、靠开发海洋增强食品生产能力、如何建立更有效的城市管理来控制人口爆炸，等等。

或者还有另一种方法可以描绘许多预测的浅薄本质：其中很大一部分只是根据现有情况进行的无用推断，是对我们现状的曲线的简单预测。按照现有的人口增长率，据说到2000年将会有更多的人；按照目前城市人口的增长速度，到2000年将会出现这样或那样的城市状况，等等。这就好像我们无法主宰或规划我们自己的未来——就好像如果我们不赞同现在的趋势，我们就无法扭转它们。例如，我坚持认为，未来的计划必须减少现在的世界人口。如果人类愿意这样做，为什么这一点做不到，没有理由做不到，至少没有生物学上的理由。对于城市的结构也可以这样说，还有汽车的结构，或空中交通工具等也一样。我怀疑这种基于当前情况的预测本身就是一种副产品，是由无价值的、纯粹的描述性的科学概念所产生的。

# 第2章
# 神经症——个人成长的一种失败

关于这个话题，我宁可不求全面而仅仅选择几个方面来讨论，因为我曾在这几个方面工作过，也因为我认为这些方面特别重要，但最主要的原因是它们被忽视了。

今天已受到公认的理论认为，神经症，从**一个**方面看，是一种可以描述的病理状态，它是现在存在着的、医学模型上的一种疾患或病症。但我们已经学会用辩证的方式看它，认为它同时也是一种前进的运动，一种趋向健康和完满人性的向前的笨拙摸索，胆怯而软弱地在畏惧的笼罩下，而不是在勇气的庇护下前进，而**这时**既包含着现在也包含着未来。

我们得到的一切证据（主要是临床证据，也有某些其他研究的证据）都表明，这种假设是合理的：在几乎每一个人中，每一个新生儿中，都有一种趋向健康的积极意愿，一种趋向成长或趋向人的潜能的实现的冲动。但是很快我们就意识到很少人能成功，这使我们感到非常悲哀。在人类总体中只有很小的比例达到了认同、个性、完满人性、自我实现，等等，即使在像我们这样相对来说是地球上最幸运的社会之一的社会。这是我们最大的矛盾。我们有充分发展人性的冲动。那为什么这种情况不经常发生呢？是什么阻碍了它？

这是我们研究人性问题的新方法，即估计到它的高度可能性，同时也带着实现这些可能性又如此罕见的深深遗憾。这种态度和"现实主义的"那种不论何种现状都接受的态度是对立的，后者认为现状是常规，例如金西就这样认为，电视的民意测验调查也一样。然后我们往往就会进入一种状态，在这种状态中，是从描述观点看的常态，从没有价值观念的科学观看的常态，常态化或平均化是我们所能期待的最好的状态，因此我们应该满足于它。从我上文概述的观点看，常态更像是一种疾病、残废或瘫痪，那是我们和其他每一个人所共有的，因此我们没有注意到。我想起我在大学时代用过的一本旧的变态心理学教科书，那是一本十分糟糕的书，但卷首插画非常精彩。下半部是一排婴儿的图片，粉嫩的，带着甜蜜的微笑，兴高采烈，天真无邪，非常可爱。上面是一幅地铁里许多乘客的照片，他们闷闷不乐，阴沉，绷着脸，像是在生气。下面的解说词非常简单："发生了什么事？"这正是我要谈论的问题。

我还应提及，我一直在进行的，我也想进行的一部分工作是关于研究工作的战略和策略问题，是为研究工作进行准备，是试图说明所有临床经验和个人主观经验，力求我们能够在一种科学的方式中更好地理解这些经验，即核对，检验，弄得更精确，并观察它是否真是如此，直觉是否正确，等等。为了这个目的，也为了那些对哲学问题感兴趣的人，我想简要地提出几个与下面的内容相关的理论要点。这是一个古老的问题——是事实和价值之间，**是**和**应该**之间，描述和规范之间的关系问题——一个哲学家们深感棘手的问题，自有哲学家以来他们就在讨论着这个问题，但现在仍然进展很小。我愿提供某些思考，在解答这一古老的哲学难题中这些思考对我是有帮助的，可以这样说，是突破两难困境的第三种角度。

## 熔接词

我在这里想到的是一个一般的结论，部分来自格式塔心理学家，部分来自临床和心理治疗经验。在某种苏格拉底的方式中，事实往往有一定的指向，或者说，它们是矢量的。事实不是像煎饼一样躺在那里，什么也不做；在某种程度上，它们是路标，告诉你该做什么，向你提出建议，引导你向某一个方向前进。它们"呼唤着"，它们具有需求性，甚至具有如克勒（Köhler）所说的"必需性"。我经常有这样的感觉，当我们知道得足够多的时候，我们就知道该做什么，或者我们知道该做什么更好；足够的知识常常能解决问题，在我们必须决定是做这个还是做那个的时候，它常常能帮助我们在道德和伦理的选择点上做出选择。例如，这是我们在治疗中的共同经验，当人们越来越有意识地"知道"，他们的解决方案、他们的选择会变得越来越容易，越来越主动。

我的意思是，有些事实和词语本身同时具有规范性和描述性。我暂且称它们为"熔接词"（fusion-words），表示事实与价值的一种熔化和联结，除此以外，我也要说明，这应该被理解为是我力求解决"是"和"应该"这一问题的尝试的一部分。

我自己也进步了，我想我们在这类工作中都有进步，从一开始就坦率地用规范的方式说话，例如问这样的问题——什么是正常的，什么是健康的？我先前的哲学教授，他仍然像长辈那样非常亲切地对待我，我也像晚辈那样尊敬他。他偶尔会给我写封忧心忡忡的信，温和地批评我在处理这些古老的哲学问题时漫不经心的方式，说些类似这样的话："你知道你做了些什么吗？在这一问题的背后有两千年的思想，而你却在这层薄冰上那么轻松和漫不经心地滑行。"我记得有一次我写了回信试图解释自己，说这种事情确实是科学家的工作方式，这也是科学家的研究战略的一部分，即尽可能快地滑过哲学的难题。我记得有一次给他写信，说我作为一个在知识进步方面的战略家的态度必须是这样的，只要涉及哲学问题，就应该是"坚决的天真"。我认为那就是我们在这里所取的态度。我曾觉得，谈论正常与健康，什么是好，什么是坏，并且经常会变得很武断，这是有启发的，因此完全没关系。我曾做过一项研究，用一些优等的画和一些劣等的画作为测试材料，我在注脚中一本正经地写道："优等的画在这里的定义是我所喜欢的画。"我的目的是看我是否能跳到我的结论，证明这并不是一个不好的战略。在研究健康人、自我实现者等时，一直有一种稳定的趋势。从公开规范的，坦率个人的，一步一步趋向越来越描述性的、客观的词汇，直到今天有了一个标准化的自我实现测验。自我实现现在可以通过操作来定义，正如过去对智力的定义一样，即自我实现也是可以用测验进行测试的。它与各种外部变量有很好的相关性，并不断积累额外的相关含义。因此，我受到启发，觉得我从"坚决的天真"出发是正确的。我用直觉的、直接的、个人的方式所看到的东西，现在大都正在由数字、表格和曲线进行证实。

## 完满人性

现在我要建议再进一步探讨"完整的人"这个熔接词，这是一个更具描述性和客观性的概念（相比"自我实现"的概念），同时保留了我们所需要的一切规范。这样做的目的是希望从直觉启发的开始走向越来越确定、越来越可靠、越来越多的外部认可，这样就意味着这个概念在科学和理论上越来越有用。这种说法和思维方式是我大约在15年前由罗伯特·哈特曼（Robert Hartman）的价值论著作那里受到启发而形成的，他把"善"定义为一个对象完成其定义或概念的程度。这让我想到，也许可以为了研究的目的把人性概念理解为一种数量的概念。例如，完满人性可以用分类的方式说明，即完满人性是抽象的能力，运用合乎文法的语言的能力，爱的能力，有一种特定的价值观，能超越自己，等等。如果我们需要，甚至还可以把这种全面分类的定义列为一种清单。对于这种想法我们可能有点吃惊，但它非常有用，只要能向进行研究的科学家在理论上阐明就行，这个概念能成为描述性的和定量的——但同时也是规范的，比如说这人比那人更接近于完满人性。甚至我们能说：这人比那人**更**人性。这是一个熔接词，和我之前提到的一样；这是真正客观的描述，因为它与我的愿望和兴趣无关，与我的个性和我的神经症也无关；而我的无意识的愿望、畏惧、焦虑或希冀，从完满人性概念中排除要比从心理健康概念中排除容易得多。

假如你曾研究过心理健康概念——或任何其他健康的概念，或正常的概念——你会发现投射你自己的价值观念，并使这个概念变成自我描述，也许是一种关于你想成为什么样子或者你认为人们应该成为什么样子的描述，等等，是一种多么大的诱惑。你得一直和它作斗争。你会发现，虽然在这样的工作中保持客观是**可能**的，但是很难。即使这时，你也不能确信无疑。你陷入过选样错误吧？归根结底，假如你选择研究对象是以你个人的判断和诊断为基础，这样的选样错误就会比假如你依据一些更客观的标准进行选样时更有可能出现。

显然，熔接词是高于纯粹规范词的一种科学的进展，同时也避开了更坏的陷阱——认为科学**只能**是无价值观念和非规范的，或非人的。熔接概念和熔接词使我们有可能参与科学和知识的正常发展，从它的现象学的和经验的开端向更可靠、更有效、更确信、更准确、更能与他人分享和取得一致的目标前进。

其他明显的熔接词有：**成熟的、进化的、发展的、发育受阻的、残缺的、充分发挥作用的、优美的、笨拙的、愚蠢的**，等等。还有许多词是不太明显的规范与描述相熔接的词。我们或许终究有一天会习惯认为熔接词是可以作为范例的，是正常的、常见的和核心的。更纯粹的描述性词汇和更纯粹的规范性词汇会被认为是边缘的和例外的。我相信，这将成为人本主义世界观的一部分，这一世界观现在正迅速结晶为一种有结构的形态。[①]

如我曾指出的那样，这些概念太绝对地在心理之外了，不能充分说明意识的性质，心理内部的或主观的能力，例如，欣赏音乐，沉思和冥想，品辨韵味，对个人**内在呼声**的敏感，等等。一个人的内心世界中好好相处可能和社交能力或现实能力一样重要。

但从理论的精致和研究的战略的观点看，更重要的是这些概念不如一张构成人性概念的能力的清单那么客观和可以定量。

我想补充的是，我认为这些模型没有一个是和医学模型对立的。没有必要使它们彼此二分化。医学上的疾病能削弱人，因而它也落在从较多人性到较少

---

① 我认为"人性度"（degree of humanness）也比"社会胜任""人的效能"等类概念更有效用。

人性的连续系统上。当然，尽管医学的疾病模型是必需的（对脂肪瘤、细菌侵入、癌，等等而言），却又肯定是不够的（对神经症的、性格学的或精神失调而言）。

## 人性萎缩

使用"完满人性"而不用心理健康的一个后果是相应地或并列地说"人性萎缩"而不说"神经症"，这是一个完全过时的词了。这里的关键概念是人类能力和可能性的丧失或尚未实现。显然，这也是一个程度和数量的问题。此外，这更接近于能在外部观察到，更接近于外现行为，这自然使它比焦虑、强迫症、或压抑等更易于研究。它也把一切标准的精神病学的范畴纳入同一个连续系统中，包括来自贫困、剥削、不适当的教育、奴役等的所有发育受阻、残缺和抑制，也包括来自经济上有特权的人的那些新型的价值病态、存在性紊乱、性格紊乱。这很好地处理了来自吸毒、精神病态、专制主义、犯罪等种种萎缩，以及来自其他不能在同样医学意义上称为"疾病"（如脑瘤）的种种萎缩。

这是对医学模式的一个根本性的改变，一个姗姗来迟的改变。严格地说，神经症是指神经系统的疾病，这是我们今天完全可以抛弃的遗物。此外，用"心理疾病"这种说法会把神经症置入和溃疡、损伤、细菌侵袭、骨折或肿瘤相同的论题范围。但现在，我们已经很清楚，最好设想神经症和精神紊乱有关，和意义的丧失、对生活目的的怀疑、失恋的痛苦和愤怒、对未来的失望、对自己的厌恶、认识到自己的生命正在荒废和失去欢乐或爱的可能等有关。

这些都是脱离完满人性、脱离人的盛开之花的堕落。它们是人的可能性的丧失，是曾经有的和也许还会有的可能的丧失。物理和化学的卫生术和预防法在这一心理病源学的领域内肯定也会有点用处，但和更为强有力的社会的、经济的、政治的、教育的、哲学的、价值论的和家庭的决定因素相比简直不值一提。

## 主体的生物学

采用这种心理—哲学—教育—精神的运用方式，还有其他重要的好处需要去挖掘。在我看来，这鼓励了对生物基础和体质基础的**正确的**概念使用。在任何有关同一性或真实自我、成长、揭示疗法、完满人性或人性萎缩、自我超越或任何其他这一类问题的讨论中，都不能不涉及潜在的生物因素和体质因素。简短地说，我相信，要帮助一个人走向完满人性，必不可免地要通过他对自身同一性等的认识。这一任务极重要的一部分是要意识到自己**是**什么，在生物学上、气质上、体质上，作为人类的一员是怎样的，意识到自己的能力、愿望、需要，也意识到自己的使命，自己适合做什么，自己的命运是什么。

直截了当地说，这种自我意识的一个绝对必要的方面是关于个人自己内部的生物学的现象学认识，是对我称之为"似本能"（instictoid）的认识（参看附录二），是关于个人动物本性和种性的认识。这当然是精神分析试图做的，即帮助一个人意识到自己的动物本能、需求、紧张、抑郁、品位和焦虑。这也是霍妮（Horney）在真实自我和虚假自我之间进行区分的目的。这难道不也是对一个人真正是什么的一种主观的辨别吗？而如果一个人不首先是自己的身体、自己的体质、自己的技能、自己的种性，他又能**是**什么呢？［作为一个理论家，我感到非常愉快的是能把弗洛伊德、戈德斯坦（Goldstein）、谢尔登（Sheldon）、霍妮、卡特尔（Cattell）、弗兰克尔（Frankl）、梅（May）、罗杰斯（Rogers）、默里等许多人的观点做出这一恰当的整合。或许甚至也可以将斯金纳（Skinner）吸收到这一多样化的队伍中来，因为我觉得他为他的人类被试者开出的内部强化因素清单看起来多么像我曾提出的"似本能的基本需要和超越性需要的层次系统"啊！］

我相信通过这个范例甚至在个人发展的最高层次也是可能的，到超越自己个性的地方。我相信我为接受一个人最高尚的价值观可能的似本能特征提供了一个很好的例子，我们称之为精神生活或哲学生活。我觉得甚至也能将这种个人发现的价值论纳入"个人自己似本能本性的现象学"范畴，或纳入"主体的生物学"或"经验生物学"等一类说法的范畴。

想一想这一人性程度或量度的单一连续系统在理论上和科学上的重大意义吧。这一连续系统不仅包括精神病学家和治疗师谈论的各种疾病，而且也包括存在主义者、哲学家和社会改革家所操心的一切问题。不仅如此，我们还可以把我们所知道的不同程度和不同种类的健康放在同一个尺度上，甚至加上自我超越的、神秘融合的"健康以外的健康"，以及未来可能揭示的任何更高的人性可能性。

## 内部信号

以这样的方式思考，对于我来说至少有一个特殊的好处，能使我的注意力敏锐地转向我起初称为"冲动的声音"的东西，但现在最好是更一般地称为"内部信号"（或内部暗示或刺激）。我那时未能充分认识到，在多数神经症以及许多其他身心障碍中，内部信号会变得微弱或甚至完全消失（像在严重强迫症患者中），和/或"听"不到或**不能**被"听"到。在极端的例子中，我们看到过一些在体验上空虚的人，像是个僵尸，内部空空。恢复自我**必须**（作为绝对必需的条件）包括恢复拥有和认知这些内部信号的能力，知道自己喜欢什么，不喜欢什么，喜欢谁，不喜欢谁，知道什么是愉快的和什么不是，什么时候应该吃、睡、上厕所、休息，等等。

在体验上空虚的人，由于缺乏发自内部的指示或真实自我的声音而不得不转向外部线索求得指引，例如，吃饭要看时间而不是顺从他的食欲（他没有食欲）。他靠时钟指引自己，靠规则、日历、日程表、议程表、来自他人的提示和暗示生活。

无论如何，我认为，我建议将神经症解释为个人成长失败的具体意义，现在应该很清楚了。那是未能达到的但从生物学的观点看一个人本来能够达到的，甚至我们可以说，一个人本来应该达到的目标，就是他在未受阻碍的方式下成长和发展就能达到的目标。人性的和个人的可能性已经丧失。世界变得狭窄，意识变得局促，能力受到抑制。例如，优秀的钢琴家不能在众多听众面前演奏，或恐怖症患者被强制回避高处或人群。不能学习、不能睡觉、不能吃许多食物的人一定已受到削弱，就像一个双目失明的人一样。认知的损失，失去的欢愉、快乐和狂喜①，能力的丧失，不能放松，意志消沉，恐惧责任——所有这些都是人性的萎缩。

我曾提到用更实际的、外显的和定量的人性完满或萎缩的概念取代心理疾病和健康的概念。我认为，人性概念在生物学上和哲学上也是较合理的。在我进一步讨论之前，我想要再说一句，萎缩当然也分为可逆的和不可逆的，例如，一个友好的、可爱的歇斯底里的人会比妄想狂人有希望得多。萎缩自然也是动力型的，弗洛伊德式的。弗洛伊德独创的图式谈到一种存在于冲动和对冲动的防御之间的辩证关系。同理，萎缩也能导致一些后果和过程的出现。以简单描述的方式看，只有在非常罕见的情况下萎缩才是一种完成或终局。这些丧失在多数人中不仅引导到弗洛伊德和其他精神分析团体已经阐明的各种防御过程，例如，导致压抑、否认、冲突，等等。同时，它们也导致了我很久以前强调过的应对反应。

当然，冲突本身也是比较健康的标志，如果你曾遇到过真正冷漠的人，真正绝望的人，已经放弃希望、奋斗和抗争的人，你就会得出这样的认识。相对来说，神经症也有好的一方面。它表示，一个受到惊吓的人，不信赖自己、轻视自己的人，仍然力争达到人类的标准和每一个人都有权利得到的基本满足。你也许会说，这是一种趋向自我实现、趋向完满人性的**胆怯的**和无效的努力。

———————————
① 失去高峰体验对于一个人的生活方式意味着什么，这在柯林·威尔森的《新存在主义引论》中有很好的说明。

萎缩自然也可能是可逆的。常见的情况是，只要满足了需要就能解决问题，特别对于儿童来说。对于一个不曾得到足够的爱的儿童，显然最好的办法是极度爱他，把爱洒遍他全身。临床的和一般的经验都表明这是起作用的——我没有统计数字，但是我猜测基本如此。同样，尊重对于抵制无价值感也是一副有奇效的药剂。这使我们得出一个明显的结论，如果我们认为医学模式上的"健康与疾病"是过时的，那么医学的"治疗"和"治愈"概念和权威治疗师的概念也必须被废除和被取代。

## 约拿情结

我想要再谈谈安贾尔（Angyal）所说的逃避成长的许多原因中的一种。我们所有的人都有一种改善自身的冲动，一种趋向实现自身潜能、趋向自我实现或完满人性或人的实现（或你喜欢用的任何名称）的冲动。如果是这样，那么是什么让我们停顿，是什么阻碍了我们呢？

在这一类对成长的防御中，我想要特别谈一点——因为它还没有引起足够的注意——我称之为约拿情结（Jonah complex）[①]。

在我自己的笔记中，我最初称这种防御为"对自身杰出的畏惧"或"逃避自己的命运"或"躲开自己的最佳天才"。我曾想尽可能坦率和尖锐地强调一个不同于弗洛伊德的观点，即正如我们害怕至恶一样，我们同样害怕我们的至善，尽管方式有所不同。当然，我们大多数人都有可能比现实中的自己表现得更好。我们都有未被利用或未完全开发的潜力。确实，我们许多人逃避我们天生的职业（事业、命运、生活中的任务、使命）。我们常常逃避天性、命运，或者是偶然事件所规定（或提示）的责任，就像约拿试图逃避他的命运——但徒劳无功。

---

① 这名称是我的朋友弗兰克·曼纽尔（Frank Manuel）教授提出的，我同他讨论过这个难解之谜。

我们害怕我们最高的可能性（正如害怕最低的可能性一样）。我们一般害怕变成我们在最完美的时刻、在最完善的条件下、以最大的勇气所能设想的样子。在这样的人生高峰时刻，我们会享受甚至赞美自己身上所具有的神一般的潜力。但我们同时又带着软弱、敬畏和恐惧的心情在这些可能性面前颤抖。

我已经发现很容易就能通过我的学生来证明这一点。只要问他们："你们班中谁最有希望写出最伟大的美国小说？或成为一位参议员、州长、总统？或一位伟大的作曲家？谁想当联合国的秘书长？谁想当圣人，像施韦泽①那样？你们当中谁愿成为一位伟大的领袖？"通常大家都会突然咯咯地笑起来，羞愧而不安，直到我再问："如果你不当，那么谁来当？"这自然是真理。以这种方式，当我推动我的毕业生趋向这些更高的抱负水平时，我又说："你们现在秘密计划要写的伟大著作是什么？"这时他们常常显得很难为情，并支支吾吾，设法避开我。但我难道不应该问那样的问题吗？除心理学者以外还有谁将写心理学著作？这样我就能再问："你不打算当心理学家吗？""当然想。""你受的训练是要当一名缄默的或不活跃的心理学家吗？那样有什么好处吗？那不是一条通向自我实现的正确途径。不，你应该想当第一流的心理学家，当你力所能及的最优秀的心理学家。假如你顾虑重重，只打算从事较次于你力所能及的事业，我就要警告你，在你的余生你将深感不幸。你会逃避你自己的能力，你自己的可能性。"

我们不仅对自己最高的可能性有矛盾心理，而且我们对于其他人中和一般人性中这些同样的最高可能性也抱有一种持久的，我认为相当普遍的，甚至**必然的**冲突感和矛盾心理。当然，我们敬爱并羡慕优秀人物和圣贤，忠诚的、德高的、纯洁的人。但是，任何深入观察过人性底蕴的人都能意识到我们对圣洁人物所怀有的混杂情感和往往是敌对的情感。或者对非常美的女人和男人，对

---

① 施韦泽（Albert Schweitzer, 1875—1965）：生于阿尔萨斯，牧师、哲学家、治疗师，献身于非洲医疗事业，曾获1952年诺贝尔和平奖。——译者注

伟大的创始者，对我们的智力天才，不也同样如此吗？不需要成为心理治疗专家就能看出这一现象——被我们称为"对抗评价"。只要读点历史就能发现大量这样的事例，甚至我可以说，可能在全部人类史中任何历史进行探寻也找不出一个例外。我们肯定爱慕那些体现了真、善、美、公正、完善，最终取得成功的人。但他们也使我们不安、焦虑、困惑，也许还有点妒忌和羡慕，有点自卑、自惭。他们往往使我们失去自信、自制和自重。（尼采在这个问题上仍然是我们最好的老师。）

这里我们得到了第一个线索。我的印象是这样的：大人物仅仅由于他们的在场和他们的伟大就足以使我们意识到自己的渺小，不论他们是否有意要造成这样的影响。如果这是一种无意识的作用，而我们并不清楚为什么他们一出现我们就会自惭形秽或自卑，那么我们会很容易根据主观投射做出反应，我们会认为他们极力想贬低我们，好像我们是靶子。于是我们的敌意似乎可以理解。因此，我认为自觉的意识似乎能排解这种敌意。如果你愿意对你自己的对抗进行评价、对你的畏惧和敌意加强自我意识和自我分析，你会很可能不再对他们怀有恶意。因此，我也愿意这样推断、猜测，假如你能学会更纯洁地喜爱他人的最高价值，这也许会使你也喜爱你自身的这些特性而不再那么畏惧。

和这一动力联系在一起的是在崇高事物面前的敬畏，鲁道尔夫·奥托（Rudolf Otto）对此有精辟的说明。把这一点和爱利亚德（Eliade）对神圣化和去圣化的洞察结合起来，我们对于面对神或神圣事物引起畏惧的普遍性就能更深刻认识了。在某些文化中，死亡被视为不可避免的后果。大多数文字前的社会也有一些地点和物体是禁忌，它们过于神圣因而太危险。在我的《科学心理学》最后一章中，我也曾从科学和医学中提供过一些去圣化和再圣化的例子，并力图解释这些过程的动力学。归根结底，它大都来自在崇高和至善面前的敬畏（我要强调说，这一敬畏是内在的、有理由的、正确的、合适的，而不是某种疾病或不能得到"治疗"的）。

但我又觉得，敬畏和畏惧不单单是消极的，使我们逃遁或畏缩的东西。它们也是合乎需要的和愉快的情感，能把我们引到甚至最高的欢愉点。借用弗洛伊德的说法，自觉的意识、洞察和"为之行动"，我认为也是这里的答案。这是我所知的最好的道路，接受我们的最高能力，通向我们可能已经掩藏起来或避开的任何伟大、善良、智慧或天才的因素。

在我试图理解为什么高峰体验通常都很短暂时，我偶然得到了一个对我非常有价值的启示。答案变得越来越清楚了。**我们不过是不够坚强，所以不能承受过多！它太震撼、太耗损人了**。因此，处于这种极乐时刻的人往往说"那是过多了"或"我受不了"，或"我简直要死了"。当我得到这样的说明时，我有时会觉得，是的，他们**可以**死了。发狂的幸福不可能长久承受。我们的机体太弱，承受不了太多的伟大，正如机体太弱不能承受长时间的性高潮一样。

"高峰体验"一词比我起初认识到的含义更贴切。剧烈的情绪必然是极点的和暂时的，它**必须**让位给非极乐的宁静，较平和的幸福，让位给至善清晰、深沉认知的内在喜悦。极点的情绪不能长久持续，但存在认知能长久持续。

这能帮助我们理解约拿情结吗？它在某种程度上是一种怕被撕裂的合理畏惧，怕失去控制，怕垮掉，怕瓦解，甚至怕被那种体验杀死。伟大的情绪终究会压倒我们。怕顺从这种体验而带来的畏惧，这种畏惧类似于我们想起性感缺失时的畏惧。我认为能通过心理动力学、深度心理学以及情绪的心理生理学和身心医学等文献得到更好的理解。

还有另一方面的心理过程我曾在探索自我实现何以失败时碰到过。对成长的逃避也能由对妄想的畏惧而启动。当然，人们曾以较普通的方式谈到过这一点。普罗米修斯和浮士德的传奇文学几乎在任何文化中都能发现。[1]例如，希腊人称它是对自大的畏惧。它被称为"有罪的傲慢"，这当然是人的一个永恒的

---

[1] 谢尔登讨论这一主题的精彩著作常常引用得很不够，这可能是因为它出现时我们尚未充分准备好（1936年）。

问题。对自己这样说——"是的，我要成为一个伟大的哲学家，我要修改柏拉图并胜过柏拉图"——这样的人必然迟早要被他的自以为是和骄傲所震惊。特别是在他比较软弱的时刻，他会对自己说，"谁？我？"并认为那是一种疯狂的狂热，甚至惧怕那是妄想狂。他把他对自身内在自我及其一切弱点、摇摆和缺陷的认识和他所知的柏拉图的光辉、完美而无瑕疵的形象相比。于是，自然他会觉得自己太放肆、太自大。（他没有认识到，柏拉图在内省时必然对他自己也会有同样的感觉，但柏拉图终于前进了，越过了他对自己的怀疑。）

就某些人说，这一对自身成长的逃避，只树立低水平的抱负，怕做自己所能做的事，自愿的自我贬低，假装的愚蠢，骗人的谦卑，实际上是对自以为是、对骄傲、对有罪的自大的防御。有些人不能掌握谦逊和自豪之间的完美平衡，而这对于创造性的工作是绝对必要的。许多研究者曾指出过这一点，要发明或创造，你必须拥有"创造的傲慢"。但是，假如你只有傲慢而无谦逊，那么你实际上是在妄想。你必须不仅意识到体内的神一般的可能性，而且也意识到人的存在的限度。你必须能够同时嘲笑你自己和其他人的一切自负。假如你能对毛虫的想当神仙感到有趣，那么你实际上便有可能继续尝试并满怀自豪，而不再担心自己是否妄想，或会不会招致冷嘲热讽。这是一个好办法。

请允许我再提一个这样的办法，我在阿道司·赫胥黎（Aldous Huxley）身上看到了它的最佳利用，他肯定是我所说的那种伟大人物，一位能够接受自己的天才并加以充分利用的人。他能做到这一点，因为他永远对每一件事情的极为有趣和迷人深感惊奇，能像一个年轻人一样对事物的奇观惊叹不已，能经常说，"妙极啦！妙极啦！"他能用开阔的视野观察外界，用无羞愧的纯真、敬畏和迷恋的观察，这是一种对自己渺小的承认，一种谦逊的表现，然后冷静地、毫不畏惧地去完成他为自己设定的重要任务。

最后，请参考我的一篇论文，本身是相关的，也是一系列论述的第一篇。它的题目，"认知的需要和认知的畏惧"，很能说明我对被称为"存在价值"的那些内在或终极价值的每一种观点。我是想说明，这些终极价值（我认为它们也是最高的需要，或超越性需要；如我在第23章中所说）和所有的基本需要一样都能落入弗洛伊德关于冲动和对冲动的防御所制定的图式。因此，说我们需要真理，爱真理，追求真理，这肯定是能够证明的。不过也同样容易证明我们也惧怕认识真理。例如，某些真理伴随着一定的责任，可能会引起焦虑。逃避责任和焦虑的一种方法是直接地回避对真理的意识。

我预言，我们将会为每一种内在的存在价值找到类似的辩证关系。我曾想到写一系列论文，讨论如"对美的爱和因美而不安""对好人的爱和因他而激怒""对卓越的寻求和毁灭卓越的倾向"等问题，当然，这些对抗价值在神经质的人身上更强烈，但据我看来，我们所有人似乎都应该冷静对待我们自身这些可鄙的冲动。迄今为止我仍觉得，最好的对待办法是通过有意识的洞察和彻底的研究，把妒忌、猜疑、不祥的预感和龌龊的想法转化为谦恭的钦慕、感激、欣赏、崇敬甚至崇拜。这条道路是自感渺小、软弱、无价值并接受这些感受而不必以一笔勾销的办法来保护一个假造的高自尊。

我也认为，理解这一基本的存在性问题应该能帮助我们接纳他人中的存在价值，而且也接纳我们自身中的存在价值，这将有助于解开约拿情结。

# 第 **3** 章
# 自我实现及其超越

　　在这一章中，我计划讨论一些正在形成的想法，而不是准备好形成最终版本的想法。我发现，在我的学生和其他分享我这些想法的人身上，自我实现的概念就像罗夏墨迹测验一样。它经常告诉我更多的是使用它的人的情况，而不是真实情况。我现在想做的是探索自我实现本质的一些方面，不是作为一个广泛的抽象，而是关于自我实现过程的操作意义。自我实现就某时某刻的情况来说意味着什么？例如，它在星期二下午4点意味着什么？

　　**自我实现研究的开端。** 我对自我实现的调查并没有打算成为研究，也不是作为研究工作开始的。这些调查起初只是一个年轻知识分子努力去理解他所敬爱和崇拜的两位老师，他认为他们是非常了不起的人。这是一种高智商活动。我不能满足于简单的崇拜，而是力求理解这两个人物为什么如此与众不同。他们是本尼迪克特和马克斯·韦特海默（Max Wertheimer）。在我取得哲学博士学位从西部来到纽约市以后，他们是我的老师，是最卓越的人。我的心理学训练完全不足以理解他们。似乎他们不仅仅是人，而是某种超越人的存在。我自己的调查研究是作为一种前科学或非科学的活动开始的。我做了有关韦特海默的描述和笔记，也做了有关本尼迪克特的笔记。当我试着理解他们，思考有关他们的事，并在日记和笔记中写下我的看法的时候，在一个奇妙的时刻我忽然认识到，从他们这两个模式能够概括出某些共同的特征。我是在谈论某种类型的人，而不是两个不可比较的个体。这件事使我极为兴奋。我试着观察这种模式能否在其他人身上发现，后来我确实又在其他地方、在其他人身上——发现了它。

按照实验室研究标准——严格的、有控制研究的常规标准看，这简直不能算是什么研究。我的归纳是从我对一定类型的人的选择中做出的。很明显，还需要其他标准来控制。尽管如此，目前已选出二三十位非常喜爱或崇拜而认为是十分卓越的人物，试着描绘他们，并发现已能做出一种综合性说明——对于他们每一位都适合的模式说明。他们都是来自西方文化的人，选出的人带有各种内在的偏见。虽然这样的归纳并不可靠，它仍然是唯一适用的关于自我实现者的操作定义，正如我在最初讨论这一主题的期刊文章中说明过的。

我发表了我的研究结果以后，又出现了6、8或10条印证线索支持我的发现，不是简单的复制印证，而是从不同角度做出的研究。罗杰斯和他的学生的研究成果加起来成为对全部综合性说明的印证。布根塔尔（Bugental）提供了心理治疗方面的印证。另外，还有一些与LSD（一种麻醉药）有关的研究，一些关于治疗效果（有效治疗）的研究，一些测验结果等都提供了支持，事实上，我所知道的一切都是对我的研究的确证支持，而不是重复印证的支持。我个人对于这项研究的主要结论非常自信，我不认为有任何研究能在这一模式中做出重大的改变，不过肯定会有小的改变。我自己也做过某些小的改变，但我的自信不是科学的论据。假如你对我关于猴子和狗的研究提出疑问，你是在怀疑我的能力，或者说我是骗子，我也就有权利反对。如果你怀疑我关于自我实现者的研究成果，你可能是有理由的，因为你对于研究这个问题的人并没有很深的了解，是他选出了一些人从而得出全部结论的。这些结论是处于前科学的范畴中的，但结论陈述是以一种能够经受检验的形式提出的。在这样的意义上，这些结论是科学的。

我选择研究的人是一些比较年长的人，他们已经度过了生命的一大段旅程，而且可以认为他们的奋斗是成功的。我们还不知道这些发现是否也适用于年轻人。我们也不知道自我实现在其他文化中的意义如何，但是现在自我实现的研究在中国和印度也在进行中。我们不知道这些新的研究将有什么发现，但有一件事情我确信无疑：如果你选择非常优秀而健康的人、坚强的人、有创造力的人、纯洁的人、明智的人作为研究对象——实际上正是我选出的那种类型的人——那么你就会得出对人类的一种不同的看法。你会问，人能成长得多么高大？人能变成什么样子？

还有一些别的事情我也确信无疑——可以说是"我的嗅觉告诉我的"。但对于这些问题，实质的论据更少。自我实现很难定义，更困难得多的是回答这样的问题：自我实现之上是什么？或者，真实性之上是什么？在所有这一类问题中，仅仅诚实是不够的。关于自我实现者我们还能有别的什么说法没有？

**存在价值。**自我实现者无一例外都是涉及一项身外的事业，某种他们自身以外的东西。他们专心致志地从事某项工作，某项他们非常珍视的事业——按旧的说法即天命或天职。他们从事着命运以某种方式安排他们去做的事，从事着他们热爱的工作，于是工作与欢乐的分歧在他们身上就消失了。有人献身于法律，有人献身于正义，还有人献身于美或真理。所有这些人都以某种方式献身于寻求我称之为"存在"（缩写为"B"）价值的东西，是内在的终极价值，不能再简化为任何更终极的东西。这些B价值大约有14种，包括古人的真、善、美，还有完美、单纯、全面，等等。

**超越性需要和超越性病状**（Metaneeds and Metapathologies）。这些B价值给自我实现的结构增添了更多的复杂性。这些B价值像需要一样在起作用，我称之为超越性需要。这一类需要的剥夺会造成某些类型的病状。这些病状还没有得到适当的说明，我可以称之为超越性病状——灵魂病。例如，总是生活在说谎者中间因而不信赖任何人而形成的病态。正如我们需要咨询专家帮助以解决因为某些需要未能得到满足而产生的较简单的问题一样，我们也需要**超咨询师**帮助治疗因为某些超越性需要未能得到满足而产生的灵魂病。以一种可定义和实证的方式来说，人需要在美中而不是在丑中生活，正如他肚子饿了需要午餐或疲乏了需要休息一样。事实上，进一步说，这些B价值就是绝大多数人的生活意义，但许多人甚至不能认识到他们有这些超越性需要。咨询师的部分任务可能就在于使他们意识到他们自身中的这些需要，正如传统的心理分析师使病人意识到他们那些类似本能的基本需要一样。最终，某些专家或许会认为自己是哲学的或文化的咨询师。

我们有些人试着帮助来访者走向自我实现。这些人往往都被价值问题所困扰。许多年轻人，尽管他们往往像是调皮鬼，但他们本质上是非常好的人。无论如何，我认为（有时有各种行为证据），他们是非常理想主义的。我认为他们都在寻求价值，他们很想有什么东西可以去献身，可以去热诚地追求，可以去崇拜、景慕和热爱。这些年轻人每时每刻都在进行选择：是前进还是后退？是远离还是走向自我实现？咨询师或超咨询师能告诉他们如何才能更充分地成为他们自己吗？

## 引向自我实现的行为

当一个人自我实现时，他在做些什么呢？他在咬紧牙关坚持吗？从实际的行为、实际的过程来看，自我实现意味着什么呢？下面我会描述自我实现的八条途径。

**第一**，自我实现意味着完全地、生动地、无我地体验，全神贯注，忘却一切。它意味着一种不带有青春期自我意识的那种体验。在这一体验的时刻，个人完完全全成为一个人。这就是自我实现的时刻。这就是自我实现自身的时刻。作为个人，我们都偶尔体验过这样的时刻。作为咨询师，我们经常能帮助来访者获得更多这样的体验。我们能鼓励他们全身心地专注于某一件事，而忘记他们的伪装、防御和害羞——然后"全心全意"去做这件事。以局外人的身份，我们能看到这是一种非常甜蜜的时刻。在那些正在试图变得非常固执、世故和老练的年轻人身上，我们能看到某些童年纯真的恢复，当他们完全投入到某一时刻并充分体验着这一时刻时，他们的脸上能再现出纯洁无邪而又甜蜜的表情。这种体验的关键词是"无我"，而我们的年轻人的毛病正在于太少无我，而太多自我意识和自我觉知。

第二，让我们把生活设想为一系列选择的过程，一次接着一次的选择。每次选择都有前进选项与倒退选项。可能有趋向防御、趋向安全、趋向恐惧的运动；但在另一面，也有前进的选择。每天做出十几次前进的选择，而不是畏惧的选择，就是在向自我实现前进十几次。**自我实现是一个连续进行的过程**。它意味着每一次都要在说谎或诚实之间、在偷窃或不偷窃之间进行抉择，意味着要让每次选择都成为成长的选择。这就是趋向自我实现的运动。

第三，说到自我实现，就意味着有一个自我要被实现。人不是一块白板，也不是一堆泥或黏土。人是某种已经存在的东西，至少是某种软骨的结构。一个人至少有他的脾气，他的生物化学平衡，等等。这其中有一个自我，我过去曾说过"要倾听内在冲动的呼唤"，意思就是要让自我显现出来。我们大多数人在大多数时候（这特别适用于儿童和年轻人）不是倾听我们自己的呼声，而是倾听来自妈妈的、爸爸的教训，或者是来自教会的、长老的、权威的或传统的声音。

作为迈向自我实现的简单的第一步，我有时建议我的学生，当有人递给他们一杯酒并问他们味道如何时，他们应该试着以一种不同的方式作答。首先，我建议他们不要看酒瓶上的商标，不要想从商标上得到任何线索，考虑应该说好或不好。然后，我要他们闭上眼睛，"冷静一下"。这时，他们就可以面向自身内部，避开外界的嘈杂干扰，用自己的舌头品一品酒味，听从自己体内的"最高法庭"。只有这时，他们才可以开始说"我喜欢它"，或"我不喜欢它"。这样得出的结论和我们惯常得出的结论是不同的。最近在一次宴会上，我看到一瓶酒上的商标，并向女主人说她确实选到了一瓶非常好的苏格兰酒。接着我赶紧闭上了嘴。我说了些什么啊？我并不知道苏格兰酒如何。我所知道的都是广告上说的。我根本不知道这瓶酒是好还是不好，可往往我们都会做出这样的事。拒绝做这种蠢事是实现一个人的自我的连续过程的一部分。**你肚子疼吗？**还是感觉很好？**你**觉得这个好吃吗？**你喜欢吃生菜吗？**

**第四**，当有疑问时，要诚实地说出来而不要隐瞒。我经常遇到"有疑问"的场合，因此我们在此没有必要过多讨论有关交际手段的问题。通常，当我们心存疑虑时，我们是不诚实的。来访者往往是不诚实的。他们在做戏，装模作样。他们并不是很容易就听从"要诚实"的劝告的。从自己的内心寻找许多答案意味着承担责任，这本身就是迈向自我实现的一大步。这种责任问题很少有人研究过。在我们的教科书中没有这样的问题，因为谁能研究白鼠的责任呢？可是，在心理治疗中，这几乎是最实质的部分。在心理治疗中，你能看到它，感觉到它，能知道责任的时刻。于是，对于责任是怎么一回事便有了清楚的理解。这是重要的一步。每次承担责任就是一次自我的实现。

**第五**，我们迄今为止所说的都是不带自我觉察的体验，是做出成长选择而不是畏惧选择，是倾听冲动的声音，是成为诚实的和承担责任的人。所有这些都是迈向自我实现的步骤，都确保着美好生活的选择，当每次面临选择时刻时能做到这些小事的人，将会发现这些经验合起来就能达成更好的选择，在本质上对他是正确的选择。他开始懂得他的命运是什么，他的妻子或她的丈夫会是谁，他一生的使命是什么。一个人敢于倾听他自己，**他自己的自我**，而且时时刻刻都能如此，并镇定自若地说"不，我不喜欢如此这般"，他就能为自己的一生做出智慧的抉择。

艺术世界在我看来已被一小群意见操纵者和品位制造者所把持，对于这些人我是有疑虑的。这是我个人的判断，但是这样的说法对于这样的人看起来是十分公平的，他们自称能够说："你们要喜欢我所喜欢的东西，不然你们就是傻瓜。"但是我们必须告诉人们要倾听自己的内心。多数人不是这样的。当站在画廊里看一幅费解的彩画时，你很少会听见有人说，"这幅画很费解"。不久前在布兰迪斯大学举行过一次舞会，一些奇怪的东西都混在一起，放电子音乐、录音带，人们做一些"超现实的"和"达达主义"的事情。灯光一亮，所有人都惊呆了，不知该说什么好。在这种场合，大多数人会说几句俏皮话而不会说"我要想想这种事"。说诚实的话意味着敢于与众不同，敢于不受欢迎，成为不默守成规的人。假如不能告诉来访者，不论年长的或年轻的，要准备自己不受人欢迎，这样的咨询师最好马上关门。要有勇气而不要害怕，这是同一件事的另一种说法。

**第六**，自我实现不只是一种最终状态，而且是在任何时刻、在任何程度上实现个人潜能的过程。例如，倘若你是一个聪明的人，自我实现就是通过学习变得更聪明，自我实现就是运用你的聪明才智。这并不是说要做一些遥不可及的事，而是说要实现一个人的可能性往往需经历一段艰巨而苛刻的准备时期。自我实现可以是钢琴键盘上的手指锻炼，自我实现可以是努力做好你想要做的事。只想成为一个二流的医生不是一条通向自我实现的正确途径。你应该要求自己成为第一流的，或要求自己竭尽所能。

**第七**，高峰体验是自我实现的短暂时刻，是无法买到、无法保证，甚至无法寻求的狂喜时刻。你只能像刘易斯（C. S. Lewis）所说的那样，"感到惊喜"。但你能设置条件，使高峰体验更有可能出现，或者设定相反的条件，使得它较少可能出现。破除一个错觉，摆脱一个虚假的想法，知道自己**不善于**做什么，知道自己的潜能**不是**什么——这些也是构成发现的一部分。

几乎每一个人都有过高峰体验，但并不是人人都能够认识到这一点。有些人对这些小的神秘体验不屑一顾。帮助人们在这些微小入迷的时刻到来之时认识到它们是咨询师或超咨询师的任务之一。然而，一个人的心灵怎么可能在外部没有任何东西可以作为交流手段——那里没有黑板——的情况下看到另一个人的隐秘心灵，然后还要试着进行交流呢？我们不得不找出一种新的交流方式。我曾经试验过一种。我认为这种交流方式更像是一种教学模式，一种咨询模式，一种帮助成年人尽可能全面发展的模式，而不是我们习惯的那种老师在黑板上写字的方式。如果我喜欢贝多芬，而我在四重奏中听到一些你们听不到的东西，我怎么教你们听呢？音乐是存在的，这很明显，但我听到美妙的旋律，你却无动于衷。你听到的仅仅是一些音符而已。我怎么能让你听出美来呢？这是教育中更重要的问题，比教你学ABC或在黑板上证明数学题，或指点一只青蛙的解剖更重要。后面提到的这一类事情对于两个人来说都是外部的，你有教鞭，两个人能同时看一个目的物。这种类型的教学比较容易；另一种教育要困难得多，但那是咨询师工作的一部分。这就是超咨询。

第八，找出一个人到底是谁，他是哪种人，他喜欢什么，不喜欢什么，什么对于他是好的，什么是不好的，他正走向何处，以及他的使命是什么——向自己展示内心——这意味着心理病理的揭露，这意味着对防御心理的识别，和识别后找到勇气放弃这种防御。这样做是痛苦的，因为防御是针对某些不愉快的事而建立的。但放弃防御是值得的。如果说心理分析文献没有教给我们任何别的东西，至少已使我们懂得压抑并非解决问题的上策。

**去圣化**（desacralizing）。让我说一说心理学教科书中没有提到过的一种防御机制，但是这对于今天的某些年轻人来说是一种非常重要的防御机制。这就是"去圣化"。这些青年人怀疑价值观念和美德的可能性，他们觉得自己在生活中被欺骗了。他们大多数人的父母就很糊涂，价值观念就是混乱的，他们并不怎么尊敬他们的父母。这些父母只是惊讶于自己孩子的行为，从来也不惩罚他们或阻止他们做坏事。于是你便看到一种情况，这些年轻人简直是鄙视他们的长辈——往往确有充分的理由。这样的年轻人已经学会了做一个笼统的概括：他们不愿意听从任何大人的劝告，尤其是当这位长辈说的话和他们从伪善者的口中听到的一样。他们听他们的父辈谈论要诚实或勇敢或大胆，而他们又看到他们父辈的行为恰恰与此相反。

这些年轻人已经学会把人简化为具体的客体，不去看人可能成为什么，不从人的象征价值看人，或不从永久的意义看他或她。例如，我们的孩子已经让性"去圣化"了。性是一件无关紧要的事，它是一件自然的事情。他们已把它看得那么自然，使它已经在很多场合失去了它的诗意，这意味着它实际上已经失去了一切。自我实现意味着放弃这一防御机制并学会再圣化（resacralize）。

**再圣化。**再圣化的意思是，愿意再一次从"永恒的方面"看一个人，像斯宾诺莎所说的那样，或在中世纪基督教的统一理解中看一个人，那就是说，能看到神圣的、永恒的、象征的意义。那就是以尊敬的态度看女性并尊敬其所包含的一切意义，即使是看某个妇女也一样。另一个例子：一个人到医科学校去学习解剖大脑。如果这位医科学生没有敬畏之心并且缺乏同意的感知，把大脑仅仅看成一个具体的东西，那么肯定会有某些损失。对再圣化开放，一个人就会把大脑也看作一个神圣的东西，看到它的象征价值，把它看作一种修辞的用法，从它的诗意一面来看它。

再圣化往往意味着一大堆陈词滥调——"太老土了"，年轻的孩子们会这样说。然而，对于咨询师，特别是对老年人提供服务的咨询师（由于人到老年，这些关于精神和生活意义的哲学问题开始出现），这就成为帮助人走向自我实现的最重要途径。年轻人可能说这是古板的，逻辑实证论者可能说这是无意义的，但对于在这样的过程中来寻求我们帮助的人，这显然是非常有意义而且非常重要的，我们最好回答他，否则就没有在尽我们的责任。

综上所述，我们看到自我实现不是某一伟大时刻。并不是说在某个星期四下午4时，胜利的号角吹响，你就永远地、完完全全地步入万神殿了。自我实现是一个程度问题，是许多次微小进展一点一滴积累起来的。经常有来访者想要等待某种灵感来临，让他们能够说，"在这周四3点23分，我自我实现了！"那些能被选为自我实现对象的人，能符合自我实现标准的人，不过是从这些小路上走过来的：他们倾听自己的声音；他们承担责任；他们是诚实的；而且他们工作勤奋。他们深知自己是谁，自己是什么，这不仅是从他们一生的使命的角度说的，而且也包括其他琐碎的方面。例如，他们穿哪种鞋子脚会疼，以及他们是否喜欢吃茄子，或喝了太多的啤酒是否整夜睡不着，等等。所有这一切都是真正的自我所含有的意思。他们发现了自己的生物学本性，先天的本性，那是不可逆转的或很难改变的。

## 治疗的态度

以上说的是人在走向自我实现时的所作所为。那么，咨询师是什么角色呢？他如何能帮助来求助的人朝着成长的方向前进呢？

**探求一个合适的模型。**我曾用过"治疗"、"心理治疗"和"病人"等词。实际上，我讨厌这些词，我讨厌这些词所表达的医学模式，因为这个医学模式的意思是说，来找咨询师的人是一个有病的人，受不适和疾患困扰，是来寻求治疗的。实际上，当然，我们希望咨询师是一位帮助促进人的自我实现的人，而不是一位帮助治好一种疾患的人。

帮助的模型也必须让步，它也不那么合适。这让我们把咨询师设想为这样一个人或者一位专家，他什么都懂，从他高高在上的特权地位走到下界可怜的蠢人中，这些蠢人什么也不懂，而且不得不以某种方式接受帮助。咨询师也不可能是一位教师，不是一位通常意义上的教师，因为教师的训练和擅长是"外在的学习"。而一个人成长为最好的人的过程却是"内在学习"。

存在主义治疗师曾力求解决这一模式问题，我愿推荐布根塔尔的著作——《对真实的探求》，作为对这一问题的一种讨论。布根塔尔建议我们把咨询或治疗称为"ontogogy"，意思是试着帮助人成长到他们最可能的高度。或许这比我曾建议的词更好些，我建议的词来自一位德国作者，它是"psychogogy"，意思是心灵教育。不论我们用哪一个词，我认为我们最终得到的概念都会是阿尔弗雷德·阿德勒（Alfred Adler）很久以前就提出过的一个概念，即他所说的"哥哥"。哥哥是亲爱的承担责任的人，正如一位哥哥对他的年轻的幼小的弟弟所做的那样。自然，哥哥懂得更多，他年长几岁，但他没有什么本质的不同，也没有进入另一种讨论领域。聪明而亲爱的哥哥试着促进弟弟以自己的方式进步，让弟弟变得比自己更好。看看这和"教导无知者"的那种模式有多么不同吧！

咨询关心的不是训练，不是塑造，也不是普通意义上的教导，不是告诉人应该做什么和如何做。咨询也不是宣传。它是一种"道家的"启示和启示后的帮助。"道家的"意味着不干预，"顺其自然"。道学不是一种放任自流的哲学，不是忽视或者拒绝帮助和关心的哲学。作为这一过程的一种模型，我们可以设想这样一位治疗师，如果他是一位不错的治疗师并且也是一个不错的人，他永远不会想把自己的想法强加于病人，或者以任何方式进行宣传，或试图使一位病人模仿自己。

好的临床治疗师所做的是帮助来访者弄清并突破对自我认识的防御机制，恢复自我，了解他自己。理想情况下，治疗师的那些相当抽象的参照系统，他曾读过的教科书，他曾上过的学校，他对世界的信念——这些都绝不应该让病人觉察到。尊重这个"弟弟"的内在本性、本质和精华所在。他会认识到，让他达到美好生活的最佳途径就是更充分地成为他自己。我们称为"生病"的人是那些尚未成为他们自己的人，是针对人性树立起各式各样神经质的防御机制的人。正如对于玫瑰丛来说，不论园丁是意大利人还是法国人抑或瑞典人都一样，对于那个"弟弟"来说，帮助他的人是如何学会帮助人的也无关紧要。帮助者所要做的是某些和他的身份无关的服务，不论他是瑞典人，还是某种宗教信徒或弗洛伊德的信徒，不论什么人都一样。

这些基本概念包容着，蕴含着，而且完全符合弗洛伊德的和其他精神动力学体系的基本概念。弗洛伊德的一项原理说明，自我的无意识方面受到压抑，而找到真正的自我需要揭开这些无意识方面，意思是相信真理能治病。学会突破自己的压抑、了解自己、倾听冲动的声音，发现胜利的本性，达到真知、洞察和真理——这些是必需的。

劳伦斯·库比（Lawrence Kubie）不久前在《教育中被遗忘的人》这篇文章里提出一个观点，认为教育的一个根本目标就是帮助人成为一个人，尽其可能成为一个完整的人。

特别是对于成人来说，我们并不是什么都做不了。我们已经有了一个开始；我们已经有了一些能力和才能，有了方向、使命和职业。如果我们认真看待这一模式，我们现在的任务就在于帮助他们变得更完美，使他们的潜能成为在事实上更充分、更真实、更现实的东西。

PART

2

第二部分

**创造性**

# 第4章
## 创造性态度

一

我觉得创造性概念，和健康、自我实现和完满人性的人等概念，似乎越来越趋于接近，而且很可能最终指向同一内容。

还有一个结论，虽然我现在还没有非常确信的事实依据，但是我已经在不自觉地往这个方向推进，那就是，创造性的艺术教育，或者更好地说，"通过艺术进行教育"至关重要，与其说是对于造就更好的艺术家或者艺术品重要，不如说是对造就更好的人来说更重要。如果我们能够将人类教育的目标了然于心，如果我们期待我们的子女能够成为发展完满的个体，能够向着实现自我潜能的方向发展，那么，就我所知，现今的教育中，尚有一丝符合这个目标的，就是艺术教育了。我之所以看重艺术教育，不是因为它能够产出画作，而是因为艺术教育如果能够被充分理解，就可以成为其他教育的典范。也就是，不只是把艺术当成装饰或者大众眼中认为的消费品。如果我们能够对艺术足够重视，钻研足够深刻，如果艺术最终能够走到大家所猜想的方向，那么有一天我们可以用这种范式来教数学、阅读和写作。对我来说，我指的是整个教育领域。这也是为什么我对通过艺术进行教育非常感兴趣，就是因为我觉得它有成为好教育的潜力。

我对艺术教育、创造性和心理健康感兴趣的另一个原因是，我能强烈地感觉到历史发展速度的变化。我们处在一个之前从未有过的历史发展阶段。生活节奏比以往快得多。比如，想想事实、知识、技艺、发明、技术发展的急剧加速。显然，我们需要改变对人的看法，对人与世界的关系的看法。说白了，我们需要一种不同的人。我必须比20年前更认真地对待赫拉克利特（Heraclitus）、怀特海德（Whitehead）、柏格森对世界的观点，他们把世界看成是一种流动、一种动态、一种过程，而非静止状态。如果现在是这样，那么很明显，它至少比1900年，甚至1930年更是这样，那么我们就需要一种能够生活在这种不断变化、永无静止的世界中的不同的人。我想说说教育事业：教授事实有什么用？事实马上就会过时。教授技术有什么用？技术很快也会过时。许多工程学院在认识到这一点之后都极为苦恼。比如，麻省理工学院的工程学不再**只是**教学生学习一系列的技巧，因为工程学教授在上学时所学到的技术现在实际上都已过时了。今天学习如何制作马车鞭子毫无价值。我了解到麻省理工学院的一些老师现在所做的，是抛弃过去经过不断检验而得到的正确的方式方法，转而致力于造就一种新型人才，这种人安于变化，乐于面对变化，能够随机应变，能够自信、有力、勇敢地面对没有任何事先征兆的情形。

今天，甚至**一切事物**都处在持续变化中。国际法、政治、整个国际形势都在不断变化。在联合国人们的谈话可以跨越好几个世纪。一方在谈论19世纪的国际法，另一方回复的，是以不同世界的不同平台为出发点，所说出来的完全不同的内容。变化就是如此迅猛。

回到我谈论的主题，我探讨的是如何把我们自己改造成一种不同的人，这种人不需要把世界静态化，不需要让世界定格以使其保持稳定，不需要去重复他们的父辈在做的事情。他们即使不知道将要迎来什么，将要发生什么，仍然有信心面对明天，在内心里有充分的信心，相信自己能够应对之前从未出现过的新的情形。这种人就是新人，可以称之为赫拉克利特类型。能够培养这种人的社会才能够继续发展，**不能**培养这种人的社会将逐渐消亡。

你会注意到我一直强调随机应变和灵感，而非从艺术成品或者创造性作品的视角对创造性进行探讨。实际上，我没打算从艺术成品的角度来进行探讨。

为什么？因为根据对创造过程和创造性人格的心理分析，我们已经清楚地意识到，必须对初级创造性和次级创造性做一个区分。初级创造性或者创造性的灵感出现阶段需要与灵感的发展和实现阶段加以区分，因为后一阶段不仅强调创造性，还需要很多扎实的付出，以及艺术家的自律，他们可能花费大半辈子的时间学习工具、技巧和材料，直到他完全做好准备，能够充分表达他的所见。我敢肯定，有很多人半夜醒来，脑中闪过灵感，想写一部小说，一部剧本，一首诗词，或者其他内容，然而这些灵感有很多都没有下文了。灵感比比皆是，但是灵感和最终成品的区别，拿托尔斯泰的《战争与和平》来说，就是需要大量的努力工作，大量的自律，大量的训练，大量的动笔练习、实践、重复、否决无数的初稿，等等。次级创造性能够产生实际的作品、伟大的绘画、小说、桥梁、发明等，这种创造性中需要的美德，除了人格的创造力，还有顽强、耐心、努力等。为了保持这片实践的领地纯净，你可能会说，我有必要聚焦在灵感闪现的即兴发挥上，此刻先不要去顾虑它会变成什么样，要知道有很多灵感都会消失。部分由于这个原因，对创造性的灵感阶段的研究最好的被试是小孩子，因为他们的发明创造的能力往往还不能由作品来界定。当一个小孩发现了十进制，对他来说这可能是一个灵感迸发的时刻，创造力活跃的时刻，这时候不能因为某一个先验的定义说创造力应该对社会有用，应该很新颖，别人都从未想到过，而将这一灵感置之不理。

由于同样的原因，我决定不把科学创造性作为范式，而宁愿用其他的例子。现在进行的许多研究的研究对象是创造性的科学家，是那些已经证明有创造性的人，诺贝尔奖得主，伟大发明家，等等。问题是，当你认识了很多科学家以后，你很快会发现这个标准有问题，因为科学家这个群体并不像人们期待的那样普遍具有创造性。科学家群体包括在人类知识领域有新发现的人，实际做出研究成果的人，以及发表成果的人。这个发现与其说是让我们认识到创造性的本质，不如说是告诉我们科学本质的一些内容。如果我再俏皮一些，我可以把科学定义为没有创造性的人也可以创造的一门技术。这绝不是在打趣科学家。这对我来说很了不起，有限的人类，虽然他们自己并不是很伟大的人，却可以跻身于为伟大的事物服务的工作当中。科学是一门社会化和组织化的技术，甚至不够聪明的人也可以在知识进展的过程中起到作用。这是我做的尽可能极端和激进的一种论述。由于任何一个独特的科学家都是栖息于历史的怀抱中，站在许多先行者的肩膀上，是一个大型篮球队的一部分，是庞大人群中的一员，所以他自身的缺点可能显露不出来。他参与一个伟大的值得尊敬的事业，由此自己也变得受人尊敬和敬佩。因此，当他有新发现时，我把这理解为一种社会组织的成果，是协作的产物。即使他自己没有发现，其他人很快也会发现。因此，对我来说，选择科学家群体，虽然他们有很多的成果，但仍旧不是研究创造性理论的最好方式。

我还认为，除非我们能够认识到，我们一直使用的几乎所有创造性的概念和大部分创造性的范例实质上都是男性的或者男子气概的，否则我们就无法彻底地研究创造性。我们几乎完全没有考虑女性的创造性。通过简单的语义技巧，我们只将男性的成果定义为创造性的，从而完全忽略了女性的创造性。近期通过对高峰体验的研究，我开始关注女性，觉得女性创造力是不错的研究领域，因为很少涉及产品和成果，而是涉及过程本身，涉及正在进行的过程而非明显的巨大成功和成就的巅峰时刻。

这是我探讨的具体问题的背景。

## 二

我现在想要揭开的谜团，是从观察中得到的启发。在创造力迸发的灵感阶段，创造性的人忘记了过去和未来，沉浸于此时此刻。他的全部注意力都在当下，沉浸其中，着迷不已，全神贯注，就在此时此地，就在手中所做的事情上。西尔维亚·阿什顿-沃纳（Sylvia Ashton-Warner）的《老处女》（*The Spinster*）

中有一句话非常妙，这位专注于一种新的教学方法的老师对她的学童说，"我彻底沉迷于当下"。

这种"沉迷于当下"的能力似乎是任何创造性的**必要条件**。另外，任何领域中的创造性的先决条件，都或多或少和这种忘乎时间、忘乎自我，以及超出时空、超出社会和历史的能力相关。

开始越来越明显的是，这种现象成为神秘体验更淡化的、世俗化的、常见的变式，有许多人对此已有描述，赫胥黎称之为长青哲学（The perennial Philosophy）。在不同的文化和时代中，它表现为不同的特征，但是它的本质是可以被识别的，因为本质是一样的。

它常常被描述为忘我，有时也被称为自我的超越。存在一种与可观察的现实的融合（说得更中立一点，就是和手中所做的事情的融合），原来是两个的现在合二为一，自我和非自我结合在一起。有众多研究都报告了观察到曾经隐藏的真理，严格意义上的启示，面纱被揭开，最后，整个过程被体验为极乐、陶醉、狂喜和兴高采烈。

难怪这种震撼的体验经常被认为是超人类、超自然的，比人们可以设想的内容要宏大奇妙得多，因此它常常被看成是有着超人类的来源。这种"启示"常常被用作各种"启示性"的信仰的依据，甚至是**唯一依据**。

然而这种非凡的经历现在也被纳入人类体验和认知的领域当中。我对于我称之为高峰体验的研究，以及玛格丽塔·拉斯基（Marghanita Laski）对她称之为狂喜（ecstasies）体验的研究，是各自独立做的研究，但是共同表明这些体验是非常自然、非常容易调查的。还有比较切合我所讲的主题的一点是，它们除了可以向我们说明创造性的问题之外，还说明了当人们达到充分的自我实现，非常成熟和完善、健康，或者简而言之，是完满的人类时，人类在其他方面可以达到什么样的程度。

高峰体验的一个主要特征是对手头所做的事情完全痴迷，沉迷在当下，超脱时空。我发现人们从高峰体验的研究中得到的知识，大多可以直接用以增加对此时此地体验和创造性态度的理解。

我们没有必要把自己限制在不同寻常而又相当极端的体验中，虽然现在很明显几乎所有的人都会有短时的着迷状态，只要他足够仔细地搜寻记忆，高峰体验的最简化变式也能算在其中，即着迷、专注、沉迷等，只要某种事物足够有趣，能够完全抓住他的注意力都算。我指的不只是一首著名的交响曲或者伟大的悲剧才能让人着迷。一场扣人心弦的电影或者侦探故事，或者仅仅是沉迷于工作，也可以达到相同的效果。从人们共有的和熟悉的经验开始有一定的好处，我们可以从中得到一种直观的感受、直觉、共情，也就是，对更为复杂的高峰体验相对温和版本的直接体验。这样一来，我们可以避开轻飘飘的、高谈阔论的、带有隐喻性的词汇，而这些词汇在高峰体验的领域之内都是常见词。

那么，在这样的瞬间都会发生什么呢？

**放弃过去**。看待一个当下问题的最佳方式是倾己所有，研究**它**以及它的性质，认识它内在的相互联系，在问题的内部发现（而非发明）解决方案。这是欣赏一幅油画，或者在治疗中倾听一个来访者的最佳方式。

另一种方式是从过去的经历、习惯或者知识中发现当下情形和过去情形中的哪些方面比较相似，把这些情形分类，然后把在过去情形中有效的方式应用到**现在**。这个过程和档案管理员的工作相似。我称之为"规程化"，它适用于现在和过去类似的情形。

但很显然，它不适用于当前事件和过去不同的情形。此时档案管理员工作的方式不再适用。这个人面对一幅陌生的画作，匆忙地从他对艺术史的知识中来回搜寻，来确认他要如何作反应。现在他几乎没有看画作，他需要的就只是能让他快速做出推断的一个画作名称、风格或者内容元素。如果他找到了相应的方式，那么他会欣赏这幅画作；如果没有找到，就不会去欣赏。

对这个人来说，过去就是这个人身上携带的一种无生机的、不能消化的异物，它还没有融入这个人本身。

更准确地说，只有当过去重塑了这个人，在这个人身体中充分消化的时候，过去才是活跃的。它不是这个人身外的事物，或者异物。它失去了作为其他事物的特性，现在成了**这个人**，就比如我过去吃过的牛排，现在是我，而不是牛排。被消化的过去（经过肠道消化吸收）和未被消化的过去是不同的，这就是勒温（Lewin）所说的"无历史的过去"。

**放弃未来**。我们利用当下，往往不是为了当下，而是为了给未来做准备。想一想，在对话中另外一方说话时，我们常常表现出一副倾听的样子，然而我们却悄悄地准备自己将要说的话，排练一下，或许还要计划怎么反驳。想象一下，如果你提前得知在5分钟之后你将要对我所说的做评论，那么你现在的态度会有多么不同。试想一下，要成为一个好的、认真的倾听者有多难。

如果我们在专注地听或者看，我们就会放弃这种"为未来做准备"。我们不把当下看成是通往将来的一种手段（这样就贬低了现在的价值）。很显然，忘记未来是你能够完全投入当下的先决条件。同样明显的是，忘记未来的比较好的方式是，不要担忧未来。

当然，这只是"未来"这个概念的意义之一。我们自身内部的，当下自我的一部分的那个"未来"，又是另外一个故事了。

**单纯**。它指的是在感知和行为上保持单纯。这类品质往往表现在有高度创造性的人身上。他们被普遍描述为，裸露在情境中，朴实的，无预设期待，没有"应当"或"应该"，不带时尚、流行、教条、习惯或者其他什么是适合的、正常的、"正确"的，随时准备接受发生的事情，不带惊讶、震惊、愤慨或者拒绝。

儿童更善于用一种要求不高的方式来接纳和包容，有智慧的老人也是如此。当我们变得更"此时此地"时，我们似乎都可以保持单纯。

**意识的收缩**。我们现在对除了手头之外的事情的知觉大大减弱。这里**非常**

重要的是我们对他人的注意减少，对他们与我们之间的关系纽带的注意减少，包括义务、责任、恐惧、希望等。我们变得不再受限于和别人的关系，这意味着我们可以更好地做自己，**做真实的自己**（霍妮），真正的自己，以我们的真实身份。

之所以这样，是因为导致我们和真实自我疏远的最主要原因，是我们和其他人之间神经症性的关系，这是童年时期的历史遗留问题，是非理性的移情，它使人们把现在和过去混淆在一起，使成年人采用像孩子一样的应对方式。（顺便说一下，**孩子**使用孩子的应对方式，是完全可以的。他对别人的依赖是非常真实的。**但是**，孩子毕竟要长大，不再像过去一样依赖。如果爸爸去世12年了，他还是害怕爸爸的一言一行，那么这当然是不合时宜的。）

总之，在这样的时刻，我们变得更加自由，不受其他人的影响。因此，虽然这些曾经是影响我们的行为，但以后则不再起作用了。

这意味着我们可以摘下面具，不再努力尝试去施加影响，留下印象，表现得可爱，或者赢得赞许。可以这样说，如果我们想要取悦的观众不存在了，我们就会停止表演。既然无须再表演，我们就可以更忘我地把我们自己专注在当下的问题上。

**失去自我：忘我，失去自我意识。**当你完全沉迷于某一外界事物，你可能不太会注意到自己。自我意识减弱，你就不太会像一个观众或者评论家那样去观察自己。用心理动力学的语言，你不太会像往常一样分离为观察自我和体验自我，也就是，你接近于一种**整体**的体验自我状态。（你会抛开青少年那样的羞怯腼腆，抛开那种感到自己被观察的痛苦。）从另一个角度来说，整个人更统一、合一、整合。

这也意味着有更少的批评、指点、评判、挑剔、否定，更少的判定和衡量，更少对体验的拆分和分析。

这种忘我是找到真实身份、真实自我、真诚本性、深层自我的途径之一。

这种体验总是愉快的、令人期待的。我们不需要像佛教徒或者东方的思想家谈论"可恶的自我"时那样做，但是在他们所说的内容当中确有一些道理。

**意识（或自我）的压抑力量。**从某些意义上来说，意识（尤其是自我）在某些时候会通过一些方式进行压抑。有时候是疑惑、冲突、恐惧所在之处。有时候它对创造性的完全发挥是不利的。有时候它是对自发性和表达的压抑（然而在治疗中必须有观察自我）。

另外，一些自我意识、自我观察、自我批评——也就是观察自我，是次级创造性所必需的。以心理治疗为例，自我改善的达成有一部分是对允许进入意识的体验进行评判的结果。精神分裂症患者会体验到很多的洞察，但是这些洞察无法用于治疗，因为他们有太多的"纯体验"，缺乏"观察自我和批评自我"。在创造性工作中，类似地，训练有素的建设劳动超越了"灵感"阶段。

**恐惧消失。**这意味着我们的恐惧和焦虑会消失，我们的抑郁情绪、冲突、矛盾、担心、问题和身体疼痛也同样消失了。甚至我们的精神疾病和神经症也会消失，只要它们还没有严重到使我们无法对手头的事情深感兴趣、沉迷其中。

此刻，我们是有勇气的、自信的、无惧的、无忧虑的，没有精神烦恼和身体疾病。

**防御和压抑减少。**我们的压抑会减少。除了对危险和威胁的防御降低，我们的警惕心、防御（出自弗洛伊德）、对冲动的控制（刹车）也会减少。

**力量和勇气。**创造性态度既需要勇气又需要力量，许多对创造性个体的研究还提到了另一种勇气：坚定、独立、自足，一股傲气、人格力量、自我力量，等等。是否受欢迎已是次要的考虑。恐惧和软弱驱逐了创造性，至少大大削弱了它。

对我来说，当把创造性的这一方面看成此时此地的忘我和忘他的综合表现的一部分时，它变得更能让人理解。这种状态从本质上来说意味着更少的恐惧，更少的压抑，更少需要自我保护、防御和警惕，更少的做作，更少对荒诞、羞耻和失败的害怕。这些特征都是忘我和忘他状态的一部分。专注驱散了恐惧。

我们也可以换一种更积极的方式来说，勇敢使一个人更容易被神秘的、不熟悉的、新颖的、有矛盾分歧的、不同寻常的、出乎意料的事物吸引，而非充满怀疑、惧怕、警惕，不得不启动焦虑缓解的机制和防御并采取行动。

**接纳：积极的态度。** 沉浸在此时此地和忘我的时刻，我们不仅变得更加积极，同时更少消极，即不再批评（评论、挑剔、纠正、怀疑、改善、疑惑、拒绝、评价、评估）。就像是在说我们接纳了。我们不拒绝，不否定，也不挑剔。

手头上的事没受到任何阻拦，意味着我们任其流淌，我们任由它的意志发泄在我们身上，我们任它自由发挥，让它成为它自己。我们允许它成为它自己。

从谦逊的、非干涉的、接纳的意义上来说，更容易成为道家学派的人。

**信任对尝试、控制、抗争。** 所有上面发生的情况蕴含了对自我和世界的信任，它允许我们暂时放下紧张和抗争，放下意志和控制，放下有意识的应对和努力。允许自己被此时此地的手头上的事的固有性质完全掌管，必然暗含放松、等待和接纳。常见的努力掌控、主导和控制，与真正地面对或者真实地感知材料（问题或者人，等等）是对立的。对未来更是如此。当我们以后遇到新事物时，我们必须相信自己随机应变的能力。这样说，我们可以更清楚地看到在信任中包含了自信、勇气，对世界无所畏惧。同样清楚的是，在我们未来遇到未知事物时，这种信任使我们能够完全地、毫无保留地、倾己所有地面对当下。

（一些临床的例子有助于我们理解。生育、排尿、排便、睡觉、浮在水上、性顺从都说明，紧张、努力、控制要让步于放松、信任和相信事情的自然发生。）

**道家式的接受力。** 道家学说和接受力两者的内涵都很丰富，且都非常重要，然而又都非常微妙，不用修辞言语就很难表达清楚。创造性态度的道家式特质非常细致微妙，已有很多专注于创造性的作家用种种不同的方式对其描述过多次。然而所有人都同意，在创造性的初始或者灵感阶段，某种程度的接受力、非干扰、"放任"是一种典型的描述，从理论和动态的层面来说也是很有必要的。现在的问题是，这种接受力或者"任其发生"是如何与沉浸在此时此地完全忘我的综合表现联系在一起的？

我们把艺术家对他的材料的尊敬作为一种范式。我们把这种对手头材料充满敬意的专注看成是礼貌或者敬意（不受想要控制的意志侵扰），类似于"认真对待"。这等于把它当成目的，它本身就是目的，它有自己存在的权利，而不是把它作为达到其他目的的手段，也就是，作为达到外在用途的工具。我们恭敬对待事物存在本身意味着它是值得尊敬的。

这种礼貌或者敬意可以同样地应用到所有的问题、材料、场景或者个人。有个作家福利特称之为尊重（屈服、臣服）事实的权威，遵从情境的法则。我要将仅仅是允许它成为它自己，上升到充满爱地、关心地、赞同地、喜悦地**渴望**它成为它自己，正如对待儿童、爱人、一棵树、一首诗或者一个宠物。

诸如此类的态度是感知和理解手头事物的全面、具体、丰富内涵所必需的先决条件——使这些事物以它自己的天性或者风格出现，不需要我们的帮扶，不需要把我们自己强加在上面，这和我们尝试听到别人的耳语时类似，我们得保持安静不动。

这种对他人或他物存在的认知（存在认知）在第9章中有详细描述。

**存在认知者的整合（与分裂相对）**。创造一般来说是整个人的行动。他处于高度整合、统一、合一、集中，完全由手头专注在做的事情来组织。因此，创造性是系统的，是一个整体，格式塔的，是整个人的品质。他并不是在有机体上涂油漆，也不像是细菌的入侵。它和解离相对。此时此地的整体更少分裂，更多合一。

**允许探究初始过程**。个体整合的部分过程是无意识和前意识各方面的恢复，尤其是初级过程（或者诗歌的、隐喻的、神秘的、原始的、古老的、幼稚的）的恢复。

我们有意识的智力的分析化、理性化、数字化、原子化、概念化都非常排外，所以它错过了大量的事实，尤其是关于我们自身内部的事实。

**审美的感知而非抽象化**。抽象化更为主动，且有较多干涉，这点很不像道家。抽象化比审美态度有更多的挑剔和拒绝，审美态度（诺思罗普）是品味、享受、欣赏、关心，以一种不干涉、不侵入、不控制的方式。

抽象化的最终成果就是数学方程、化学公式、地图、图表、蓝图、设计图、动画、概念、抽象略图、模型、理论体系，所有这些都距离鲜活的现实越来越远（"地图并非领土"）。审美的感知，或者非抽象化的感知的最终成果是感知到的所有内容的集合，其中每一项内容都得到同样的欣赏，不再有哪些更重要，哪些更不重要的评估。从中可以得到更多丰富的感知材料，而不是更多的简化和框架。

对于许多糊涂的科学家和哲学家来说，方程、概念、蓝图要比现象学上的现实本身更为真实。幸运的是，我们现在可以理解具体和抽象的相互作用和相互补充，再没有必要去贬低这个或者那个了。现在我们西方有一些知识分子过度且专一地高估抽象在现实中所占的比重，甚至会根据相似度对它们进行分析。他们最好重新调整平衡度，把一部分强调放在具体的、审美的、现象学的、非抽象的部分上，去感知现象的所有方面，包括细枝末节，充分感受现实的丰富性，包括其中看上去没什么用的部分。

**充分的自发性**。如果我们的注意力完全集中在手头所做的事情上，就事情本身而着迷，不用想着其他的目标或者目的，那么就更容易有充分的自发性，充分发挥，让我们的能力由内而外自由流动，让它自主出现，无须努力，无须有意识的意志力和控制参与，以一种类似本能的、自动的、不加思考的方式出现。这就是最充分的、不受阻碍的、最好的组织过的行动。

对手头事件的适应和组织的一个主要决定因素，很有可能就是手头事件的固有性质。当情境发生变化时，我们要能够尽可能完美地、快速地、不费力地适应，灵活变动。比如，一个油画家让自己不断适应他正在创作中的油画的需求；一个摔跤运动员让自己适应对手；双人舞者相互适应；水流进裂缝里蜿蜒而下。

**（对独特性的）充分表达。**充分的自发性保障了本性的真实表达，自由发挥有机体的风格，还有它的独特性。自发性和表达性这两个词都蕴含了诚实、自然、真实、没有虚假、无从模仿，等等，因为它们还意味着行为的非工具性的本质，不需要有意的"努力"，不需要努力奋斗或应变，不干扰冲动的流向，对人从深层次发出的自由发散的表达也不干涉。

现在仅有的决定因素就是手头上的事情的固有性质，人的固有性质，以及二者在相互适应的动态过程中融为一体的内在必要性，比如一个优秀的篮球队，一个弦乐四重奏。在这个融合场之外的其他因素都是不相关的。这个场并非通向某个外在目标的途径，它自己本身就是目标。

**人与世界的融合。**我们最终达到的就是人和世界的融合。常有报告说这在创造性研究中是一个可观察的事实，我们现在有理由认为它是一个必要条件。我觉得我一直在拆开讨论的这个像蜘蛛网一样的相互关系网可以帮助我们更好地认识到，融合是一个自然发生的事件，而不是一些神秘的、晦涩的、深奥的东西。我觉得，如果我们把它理解为一种类质同象，一种相互融入的模具，一个越来越好的组合或互补，一种融合为一，那么它是可以用科学方法进行研究的。

它帮助我理解了葛饰北斋（Hokusai）的一句话：如果你想画一只鸟，你必须变成一只鸟。

# 第 **5** 章
## 对创造性的整体认识

对我来说，把创造性领域现在的情况和20年前或者25年前作比较，是很有意思的一件事。首先我想说，数据的数量在不断增加，单是研究成果的数量，就已经远超过人们可能有的合理预期了。

其次，与研究方法、精细测量技术和数据量的大量积累相比，理论的发展就没有那么快了。我想提出以下的理论问题：这个研究领域的概念化让我感到担忧的地方，以及这些令人担忧的概念化带来的不良后果。

我想要交流的最重要的一点是，创造性领域的思路和研究给我的印象是太偏原子水平，太随机，没有达到它本身可以或者应该达到的那种整体、有机和系统性。当然，我并不想做任何愚蠢的两极化或者极端化的主张，或者说，我并不是想表现对整体论的虔诚，或者对解剖论或者原子论的敌对。对我来说问题是，如何最恰当地整合它们，而不是非此即彼。避免二者择一的方法之一是使用古老的皮尔逊（Pearson）区分特殊因素（S）和一般因素（G）的方法，这两种因素都被算入智力和创造性的组成部分中。

当我阅读创造力方面的文献时，让我印象深刻到惊人地步的，是它和精神健康或心理健康的关系非常关键、深刻、极为重要，也非常明显，但是它并没有被当成一种可以建构其他内容的基础。比如，拿心理治疗领域的研究和创造性领域的研究来说，这两个主题的研究之间几乎没有什么联系。我带的一个研究生，理查德·克雷格（Richard Craig），发表了一篇我认为非常重要的文章，它阐述了两个领域的研究之间**确有**联系。我们对托伦斯（Torrance）的书《引领创新人才》（*Guiding Creative Talent*）中的图表印象深刻，这些图表汇集并总结了所有被证实和创造性相关的人格特征的证据。大概有30多种他认为是论据充足的人格特质。克雷格所做的是把这些人格特质放在一个范畴里，旁边另一个范畴里放的是我曾经描述的自我实现的人的特质［这个范畴里的内容和许多其他人描述的心理健康的内容高度重合，比如罗杰斯"全面发展的人"，荣格（Jung）"自性化的人"，弗洛姆（Fromm）"自主的人"，等等］。

它们几乎是完全重叠的。在那个有30个到40个条目的列表里，只有两三种特质没有用来描述心理健康的人，仅是中性词。没有任何一个特征是指向反方向的，让我们武断一些，说有将近40个，或者说37个或者38个特质和心理健康的特质相似，这些词全部加起来，构成了心理健康或自我实现的综合特征群。

我引用这篇文献作为比较好的切入讨论的起点，是因为它非常有力地证明了（过去也是）创造性的问题其实是创造性的人的问题，而非创造性产品或者创造性的行为的问题。换句话说，他们是特定的或者特殊的一类人，不是以前的普通人获得了一些新的外在所有物，拥有了一项比如溜冰这种的新技能，或者积累了一些其他事物，但这些都只是"拥有"，而非他本身所固有，不是他的基本性质。

如果你把创造性的人本身作为问题的本质，那么你面临的是转化本性、转变性格、个人全面发展的整个问题。它反过来必然会涉及世界观（weltanschauung）、人生哲学、生活方式、道德规范、社会价值，等等。这和那些特定的、因果的、封闭的、原子化理念的理论、研究和训练形成尖锐的、直接的对照，我经常听到的话就包含前面说的这些，比如，"创造性的起因是什么"，"我们能做的最重要的一件事情是什么"，"我们可以在课程表中增加一门三学分的创造性课程吗"，我甚至料想有人来问，"它位于什么地方"，或者是尝试植入一个带开关的电极。在和业内的研发人员探讨的过程中，他们给我的强烈印象是，他们在寻找启动一个隐秘的按钮，就像开灯关灯那样的。

如何成为一个创造性的人，我的观点是，创造性的决定因素可能有上百种，不夸张地说甚至有上千种。也就是，任何可以使个体向着更好的心理健康状态或人性更完满的方向走的事物，都相当于是在改变整个人。这个更健康、更完满的人，从附带现象的角度来看，他能产生并激发几十、几百甚至上千的行为、体验、感知、交流、教导和工作等方面的差异，这些**都是**更具有创造性的。就这样，他成了另外一**种**人，在所有的方面都有不一样的表现。并非唯一的隐秘的按钮或者三个学分的课程像假定的那样能产生更多的创造性，这种更整体的、更有机的观念会产生更相似的问题：为什么不是**每一门**课程都朝着促进创造性的方向走呢？这种**对人的**教育肯定有助于造就一**类**更好的人，让人更成熟，更高大，更有智慧，有更好的洞察力，自然地，它也让一个人在**所有**方面都更有创造性。

我给出仅有的一个刚刚在脑海中浮现的例子。我的一个同事迪克·琼斯（Dick Jones）写了一篇博士论文，我觉得从哲学的角度来看极为重要，但是实际上并没有得到足够的重视。他的论文内容是在中学高年级开设了团体治疗课程，然后他发现年末的时候种族和民族歧视有所减少，虽然这一年中他都在避免提到任何与之有关的词语。偏见并不是通过启动一个按钮而出现的。人们产生偏见并不需要刻意训练，你也无法直接训练他们"不带偏见"。我们曾经尝试过，但是效果并不好。但是这种"不带偏见"就像是飞出轮子的火花，是成为一个更好的人的附带现象或者副产品，不论这种改变是通过心理治疗还是其他途径达成的。

25年前，我对创造性的调查研究风格和经典的原子论的方式有很大不同。我不得不自创整体性的访谈技术。我尽可能深刻、深度、全面地了解一个又一个的个体（把他们看成独特的个体），直到我对他们作为整体的人有较深的认识。就好像是我获取了包含整个人和他全部生活的非常全面的个人史，不参考具体的难点和问题，也就是，不是抽取这一方面，忽略那一方面。我研究的是个人特质。

**只有这时候**它才可能用常规法则的方式研究，**然后**再问特定的问题，做简单的数据统计，得到**一般的**结论。我们可以把每个人看成是无穷大，但是无穷是可以叠加的，百分比可以算出来，就像无穷大的数字仍然可以进行运算。

一旦用这种方式一个一个深入地了解整个样本，一些在典型的经典实验中的不可用的操作这时候就可以使用了。我有一个大约120人的被试群体，每一个我都花了大量的时间去做一般性了解。在收集到这些事实**之后**，我可以开始提问，从收集到的事实中去寻找答案，即使是这120个人都不在世了，我也可以把研究做下去。这和那些就单一问题而进行的特定实验形成对比，单一问题研究中一个变量可以变化，其余变量都视为"保持恒定"（虽然我们都清楚地知道有上千个变量都只是在经典实验范式里假定是受控制的，但实际上并不是，这和实际上的"保持恒定"差得太远）。

如果允许我直率地提出质疑，我坚定地认为因果关系的思维虽然在无生命的领域中非常管用，我们也或多或少学会用它来比较好地解决与人相关的问题，但是它现在作为科学的普遍哲学观，已经没什么生命力了。不应该继续使用它，因为它会引导我们使用特定的思维方式，即一种原因产生一种结果，一个因素导致另外一个因素，无法让我们对我所描述的那种**系统的**、有机的变化保持敏锐的觉察。在后一种变化中，我们认为任何的单一刺激都会改变整个有机体，而变化了的有机体将在生命体所有部分都产生变化的行为（这对于大大小小的社会组织都同样适用）。

比如，说到身体健康，如果问到，"如何能够让人们的牙齿更加健康"，"如何让足部更加健康"，或者是肾、眼睛、头发等，任何医生都会告诉你，最好是改善整体的身体健康状况，也就是你需要尽量去改善一般因素（G）。如果你改善饮食和生活方式等，那么这些举措将一并改善牙齿、肾、头发、肝脏、肠道以及其他器官，也就是，整个系统得到了改善。同样地，从整体论的角度来理解一般创造性，它是在整个系统在总体上得到改善之后产生的。另外，任何能让一个人变得更具创造性的因素，同时也会让他成为一个更好的父亲，更好的老师，更好的公民，更好的舞者，或者更好的其他角色，至少达到和一般因素（G）的增强相应的程度。这同时要算上特殊因素（S）的贡献，是特殊因素把好父亲、好舞者或者好作曲家区分开来的。

社会学方面有一本很好的书，作者是格洛克（Glock）和斯塔克（Stark），我推崇这本书是因为，它是原子论和特定思维的合格化身。特定思维者、S-R刺激反应思维者、因果关系思维者、一因一果关系思维者，在进入一个新领域时就像这两位作家所做的一样。首先他们当然要定义信仰，他们一定要把它定义为是纯粹的、独立的，而不是别的什么。他们接着又把它分离出来，把它从其他事物中截取出来仔细分析，最终得到的是亚里士多德式的逻辑：A和非A。A是全部的A，只有A，是纯粹的A。非A是纯粹的其他元素，所以它们没有重叠、融合、合并、熔合，等等。原有的可能性（所有有虔诚信仰的人士都会认真对待），即认为态度可以成为实际上任一行为的一个方面或者一种特征——确实是所有行为的特征——在书的第一页就已经消失了。这促使他们继续向前，并进入一种绝对的彻底的混乱中，一场我从未见过的华丽的混乱。他们走进一条死胡同里，并停留在此——在那里信仰行为和其他所有行为分离开来，这样他们在整本书中需要处理的就只是外在行为了——要不要去教堂，要不要节约小片木材，要不要在这个、那个或者其他事物前面鞠躬，因此整本书完全遗漏了我称之为的"小写的信仰"，也就是一些和机构、超自然或者盲目崇拜完全没有关系的特殊人士。这是原子论思维的比较贴切的例子，其他的例子我还有很多。一个人可以在生活的方方面面都使用原子论的思维。

如果我们想的话，也可以用同样的思维看待创造性。我们可以把创造性变成一个礼拜日行为，它会在一个特定的房间，特定的建筑，比如在一个教室，在一个特定的时间，比如每周四。只有这个时段在这个房间里才会有创造性而没有其他事物，并且在其他时间或者地点也都没有。只有某些领域才有创造性，比如画画、创作、写作，但是做饭、开出租车、管道修理就没有。但是我要再次提出问题，创造性是所有行为的一个方面吗？包括感觉、态度、情绪、意志、认知和表达吗？如果你用这种方式来看待问题，你会提出各种非常有趣的问题，这是你用二分法的思维看待问题时完全不会发生的情况。

这有点像你成为一个好的舞者的不同途径的区别。在特定的社会里的许多人将会进入亚瑟穆雷学院（Arthur Murray School），在这里，先左脚然后右脚移动三步，一点一点学会许多外在的、意志控制的动作。但我认为我们都会同意，我甚至可以说我们都**知道**，成功的心理治疗的特征是，它会有**上千种**效果，其中可能就有好的舞蹈，也就是，更自由地跳，更优雅，不受束缚，不压抑，不自觉，不迁就，等等。同样地，我认为好的、成功的心理治疗（我们知道也存在大量的不好的心理治疗），在我的经验里，它能够提升一个人的创造性，无须你努力尝试，甚至都不需要提及这个词。

我还要说起我的一个学生写的一篇相关的论文，其中有很多出乎意料的发现。它最初是关于顺产的高峰体验和母亲养育中的欢乐等的研究，然而它接下来有一个重大转折，因为坦泽（Tanzer）女士发现，当分娩的体验非常好时，各种各样的其他奇迹般的变化也会随之发生，这个人的生活会发生很多变化。这带了点精神对话体验、重大启示效果或者重大成功经历的色彩，它使分娩者的自我形象发生巨大变化，因此也改变了她的行为。

我还想说这种总体思路可能是谈论氛围的一种更好、更有成效的方式。我曾经试着弄清楚非线性系统的组织方式，并找出其中出现所有好的结果的原因。所有我能说的是，整个地方都带有一种创造性氛围。我说不出哪个成因比其余的更胜一筹。有一种**一般性**的自由，它是一种氛围，整体的、全部的，而不是你在周二做的一件小事，那种很特别的、可分离的小事。提升创造性的适当的、最好的氛围是乌托邦，是理想国，我更愿意这么说，这是一种特别为提升所有人的自我实现和精神健康而设计的社会。这就是我的一般论述，也叫G论述。在这个背景下，我们可以再用一个特殊的"符号"，一个特别设定的"S"因素，或称为特殊因素，这个因素让一个人成为一个好的木匠，让另一个人成为一个好的数学家。但是如果没有这个一般性的社会背景，在一个不良的社会里（这是个一般性的系统论述），创造性就不太可能出现。

我觉得在这里治疗的类比对我们有帮助。我们可以从对这种研究和思维领域感兴趣的人那里学到很多。比如，帮助人们探讨身份认同时，我们必须面对的问题有，对他们来说身份认同意味着什么，什么是真实自我，需要什么样的疗法和教育。另一方面我们有某种真实自我的模型，一些在某种程度上是从生物学的角度构建出来的特征。它是体质的、性情的、类本能的。我们是属于同一个物种，区别于其他类别的物种。如果真是这样，如果你能接受这种模型，而非那种认为人仅仅是黏土，是由独断的控制者在预先设计好的模具中塑形并加固的空白模型，那么你应该也能接受治疗的模型，它是一种发现和释放的模型，而非铸造、创造、塑形的模型。教育也是一样，两种不同的人类本性的理念会产生两种不同的基本模型，在教、学以及其他方方面面都不同。

那么创造性属于一般性的人类遗传的范畴吗？它确实经常不见，被掩盖，被扭曲或者被压抑，不论如何，我们的任务是发现什么是所有的婴孩天生就有的东西。我觉得我们面对的这个问题非常深刻，具有普遍的哲学意义，它有一个基本的哲学立场。

最后我要再强调一点，哪些是特殊因素，不是一般因素。我想提出一个问题，什么时候我们不想要创造性？有时候创造性可能极其令人讨厌，它可能很麻烦，很危险，会造成混乱。这是我从一个非常有"创造性"的研究助手那里得到的结论。她搞砸了我做了一年多的一个研究。她的"创意"使她在研究中途未告知我的情况下改变了研究进程。她弄乱了数据，使一整年的工作付诸东流，一塌糊涂。一般来说，我们都希望火车准点出发，希望牙医不要太有创意。

我的一个朋友两年前做了一个手术，他现在仍然记得当时感到不安和害怕，后来他遇到了他的外科医生。幸运的是，他发现这个人是个友好的、强迫类型的人，非常严谨，干净利落，带小络腮胡子，须发整齐，是个井井有条、节制、清醒的人。我的朋友这时候才松了一口气——这不是一个"富有创意"的人。这里所说的这个人，他要做的是按照标准来的、常规的、普通的手术，不是开玩笑，做新颖尝试或者练习新的缝合技巧之类的。由于社会分工的不同，我们应该学会接受命令，按流程做事，不出意外，我觉得这点很重要。同时也很重要的是，在我们的能力范围内不仅做创造性的人才，也做对创造性研习的学者，善于把创造性的一方面奉若神明，包括高度热情、深刻洞察、启示、好的点子，以及在半夜绝妙灵感来临的时刻，同时把随后几年付出的辛勤劳动和汗水轻描淡写——这些付出是把好的想法变成有用的东西必不可少的。

简单地就时间而论，想出好的点子花费的时间不多，更多的时间被花在努力工作上。我感觉我的学生不知道这点。他们来到我的门下，因为他们都非常认同我，因为我写过关于高峰体验和灵感的文章，等等。他们觉得这是生活的唯一方式，如果不是每天或者每小时都有高峰体验，那就不叫生活，所以他们做不了枯燥的工作。

有学生告诉我，"我不想做是因为我不享受这个工作"，然后我就脸色发紫，怒气上头，"可恶！你要么做这个，要么就走人"。他觉得我违背了自己的原则。我也认为，在为创造性描绘出一幅更为慎重和平衡的画面的过程中，我们这些具有创造性的人才需要为我们给别人留下的印象负责。很明显，我们留给他们的一个印象就是，创造性像是在一个伟大辉煌的时刻被闪电击中脑袋一样。而那些具有创造性的人也是优秀员工的事实往往会被忽略掉。

第**6**章

# 创造中的情绪障碍

当我开始研究创造性这个问题时，它还完全是学术性的，是学者派头的。近几年来，我完全不了解的大型工业，或者像美国陆军工程师（U. S. Army Engineers）这样我了解甚少的大机构，多次请我去帮忙，我对此感到非常惊讶，并且我和许多同事一样，感到有点不安。我不确定我所做的工作、我做出的研究结果，以及我们今天对于创造性的认识，在大型机构中按照现在的形式是否是可用的。所有我呈现的内容从本质上来看都是悖论、难题和谜团，而我并不知道如何解决它们。

我觉得管理创造性人才的问题异常困难，同时又非常重要。我并不清楚如何处理这个问题，因为实际上我讨论的是一些不合群的人。我在工作中遇到的这些创造性人才在机构中容易和人起冲突，由于害怕再出现冲突，他们一般会独自待在角落或者在顶楼工作。在一个大型机构里，"不合群的人"的地位问题，我觉得是机构的问题，不是我的问题。

这有点像试图去调和革命者与稳定社会之间的关系，因为我研究的这些人，他们不理睬已经存在的东西，或者对现实不满，在这种意义上，他们是革命者。这是一个新的领域。我觉得我要做的就只是作为研究者、临床工作者和心理学家，抛出我知道的东西，提出我的观点，希望能够为人们所用。

这是一个新的领域。从另一种意义说，它是必须深层探索的一个新的心理领域。可以的话，我要提前总结接下来要说的内容：我们在过去10年左右的时间里的发现，主要是我们感兴趣的那部分创造性的来源，也就是，真正新奇想法的产生是深藏在人的天性里的。我们还没找到非常合适的词来描述它。你可以用弗洛伊德学派的术语来描述它，也就是，你可以讨论无意识。或者用其他心理学流派的术语，你可以讨论真实的自我。但无论如何，它是**更深层**的自我。从心理学家或者心理治疗师的角度来看，它在操作层面是位于更深层次的。也就是，它是你必须深层挖掘才能挖到的，就像是矿藏深埋在地下，你必须穿过表层奋力挖掘才能挖到它。

这是一个新的领域。从另一种意义上来说，很多人从未听闻过它，或者从一种特别的意义来说，它从未在历史上出现过。**我们不仅不知道，而且也害怕知道**。也就是，真正认识它会遇到很多阻碍。这是我要重点讲清楚的。我现在讲的我称之为初级创造性，而非次级创造性。初级创造性出自无意识，是新发现的来源，真正新颖事物的来源，以及超出当前存在事物的想法的来源。这和我称为次级创造性的内容是不同的。前者是一个叫安妮·罗（Anne Roe）的心理学家在新近研究中展示的一种生产力，安妮在研究了一批又一批知名人士之后得出的结果，这些知名人士包括才能卓越的、成果显著的、实战力强的，以及有名的人。比如，在一项研究中，她研究了所有被列入《美国科学家名人录》的知名生物学家。在另一项研究中，她研究了国内所有的古生物学家。她能够呈现一个我们不得不面对的特别悖论，也就是，在某种程度上，许多优秀的科学家被精神病理学家或者心理治疗师认为是非常固执、非常狭隘的人，这些人很害怕无意识，就像我上面说过的。这时，你可能会得到我刚刚得出的结论。我现在习惯思考两种科学，两种技术。你可以把科学定义为一种缺乏创造力的人也可以进行创造和发现的技术，他们通过和其他人一起共同工作，站在比他们来得早的人的肩膀上，保持谨慎小心的态度等，就可以做到。现在我称之为次级创造性和二级科学。

然而，我觉得我可以揭示从无意识中产生的初级创造性，我从研究中精挑细选出的具有高度创造性的人那里发现了这种创造性。这种初级创造性可能是每个人都有的继承物，它是一种很常见的普遍存在的事物，在所有健康的孩子身上都可以找到。所有健康的孩子都拥有这种创造性，随着他们长大，大多数人都失去了它。从另一种层面上，如果通过心理治疗的方式深层挖掘，也可以发现它的普遍存在，即如果你深入一个人的无意识层面，你会发现它。我举一个你们可能都亲身体验过的例子。要知道，在我们的梦里，我们可以比在清醒状态下有更多的创造性，我们可以更聪明、更机智、更勇敢、更有原创性，等等。当盖子拿掉，控制去掉，压抑和防御放下，我们一般会产生比肉眼可见的更多的创造性。我近期一直混迹于我的精神分析师的朋友当中，想从他们那里获得创造力迸发的经历的叙述。这些精神分析师普遍给出的结论是，他们通常期望心理治疗能够释放出在治疗之前不曾出现过的创造性。我相信其他的心理治疗师也会给出同样的结论。这个结论很难得到证实，但是他们都有这样的感觉。你可以称它为专家意见。这就是那些从事这项工作的人的感受，比如帮助想要写作但遇到障碍的人。心理治疗可以帮助他们释放创造性，跨越障碍，使他们重新开始写作。所以，普遍的经验是，心理治疗，或者往平时处于压抑状态的深层进行探索，会释放出一种常见的继承物——人们曾经都拥有，但是后来丢失了的继承物。

有一种类型的神经症，我们可以从中学到很多关于突破这个问题的内容，而且它不难理解。我先详细说说它。它就是强迫性神经症。

这类人很僵硬，很紧绷。他们不能很好地玩起来。他们总是尽力控制情绪，所以在一些极端的例子中显得非常冷漠无情。他们很紧绷，很压抑。这些人在通常情况下，一般会表现得井井有条、整洁干净、守时、有条理、能节制，他们可以成为优秀的人才，比如会计员，等等。（当然，遇到极端情况时，它会表现为一种病症，需要精神科医生和心理治疗师的治疗。）这类人用心理动力学的术语可以简要描述为"明显分裂的"，他们可能是比其他所有类别的人都要更明显分裂，在他们意识之内和意识之外或者压抑的部分之间分裂，在他们已知的自己和隐藏的自己之间分裂。当我们对他们有更多认识，了解到一些压抑的原因时，我们也会明白，我们也会因为这些原因而压抑，但是程度会轻一些。所以，我们可以从极端的案例中学到更偏平均水平的和更常规的一些东西。这类人**只能是**这样，他们没有备选项，他们别无选择。这是让这样的人获得安全感、秩序、不受威胁、消除焦虑的唯一方式，也就是，通过条理化、预测、控制和掌控的方式。他通过使用这些特定的方式来达到期望的目标。"新"对他来说是一种威胁，但是新情况可以不发生，因为他可以把它纳入过去的经验中，他可以让流动的世界定格，也就是，他可以假装没有任何改变发生。如果他有"久经考验"的法律规章、习惯、过去一直有用将来也会继续使用的调整模式等作为依据，那么他就可以在进入未来时感到安全，没有焦虑。

他为什么必须这么做？他害怕什么？动力学的心理学家用通用的术语给出了回答。他害怕他的情绪，害怕内心深处的本能冲动，也就是他的深层自我，而这是他拼命想要去压抑的。他不得不这么做，否则他觉得他会发疯。这出恐惧和防御的内心戏在他的内部上演，但是他倾向于将它一般化，向外投射到整个世界，然后他会以这种方式看待世界。他真正想要击退的是内在的危险，但是任何能让他想起这些危险的，或者和这些危险类似的事物，他在外部世界一看到就会与之抗争。他通过让自己更加有序的方式来和他内心无序的冲动抗争。外部世界的无序会对他造成威胁，因为外界的无序会提醒他，或者迫使他想到自己内心对压抑进行反抗的冲动。任何威胁到控制感的事物，任何增强了潜在危险冲动的事物，或者任何动摇了防御之墙的事物，都会使这类人害怕，感到受威胁。

在这个过程中他失去了很多。当然，他也能够达到一种平衡。他可以好好生活而不致精神崩溃，他可以掌握事态于控制当中。但是他拼命地控制，花费大量精力在其中，仅控制好自己这一件就让他疲惫不堪，造成了他的疲劳。他能够对付下去，继续过活，但这是通过保护他自己避免无意识的危险部分的方式，避开他的无意识自我或者真实自我，他受到的教导认为这些都很危险。他必须把一切无意识的东西隔离在外。有一个寓言故事，讲的是一个古代暴君，他正在追捕一个侮辱他的人。他知道这个人被围堵在某一个城镇里，所以他下命令要杀死该城镇里所有的人，这样就能确保那个人跑不掉。强迫症的人做的事和这个故事类似。他把一切的无意识事物都消除掉，隔绝开来，以此来确保无意识中的危险部分不会出来。

我现在要引入的观点是，正是无意识，正是深层自我，正是我们感到害怕而施加控制的这部分自我，使我们获得了玩耍、享受、幻想、开怀大笑、闲适、自发的能力。尤其重要的是，我们从中获得了创造性，它是一种智力游戏，允许我们做自己，允许我们幻想，允许我们放松，允许我们暗自疯狂（*每个真正新颖的点子最初看来都很疯狂*）。强迫症患者放弃了他的初级创造性，放弃了艺术特质的可能性，放弃了诗意，放弃了幻想，放弃了全部健康的童心。另外，这也同样适用于我们称之为适应良好的问题，以及被细致描述为能够交付所托的本领，即善于处世、现实、按常识办事、老练、负责。恐怕这些适应方式的某些方面还包含了回避那些对良好适应造成威胁的部分，包括不断向世俗妥协，向按照常识办事的必需性妥协，向物质、生物、社会现实的必要性妥协，为此往往要付出放弃掉一部分深层自我的代价。虽然我们不像案例中描述的那么夸张，但是恐怕越来越明显的是，我们称之为正常的成人适应也包含了回避让我们感受到威胁的部分。让我们感受到威胁的有软弱、幻想、情绪和"孩子气"。还有一点我未曾提及，但我在对富有创造性的男性（*还有缺乏创造性的男性*）的研究中曾深感兴趣的，就是他们对于任何所谓的"女性化""女性特征"，或者我们直接称其为"同性恋"的事物的极度恐惧。如果他是在非常艰苦的环境中长大，那么"女性化"意味着几乎所有创造性的事物，包括想象、幻想、色彩、诗歌、音乐、温柔、柔弱、浪漫。然而这些事物都因为危及他的男性化的形象而被隔绝在外。任何称为"软弱"的事物在正常的男性成长的适应过程中都被压抑下去。其中有很多被称为软弱的东西，我们知道其实它们一点都不软弱。

现在，通过讨论这些无意识过程，讨论精神分析师称为"初级过程"和"次级过程"的内容，我觉得我可以在这个方面有所帮助。想要把无序的事物变为有序的，把非理性的事物变为理性的，是一项很艰难的工作，但是我们不得不做。以下是来自我一直在写的一些内容。

这些初级过程，认知的无意识过程，也就是我们感兴趣的感知世界和思考的无意识过程，和常识、缜密逻辑的法则，以及精神分析师所谓的"次级过程"是完全不一样的。在"次级过程"中，人需要逻辑清晰、明智、现实。当"次级过程"和初级过程分离开时，二者都会蒙受一定的损失。在极端情况下，逻辑、常识、理性与人格更深层次的分离或者彻底分裂会导致一个人变成强迫症，成为强迫性理智的人，他完全没法在情感世界中生活，没法确定他是否在恋爱，因为恋爱是不合逻辑的，他甚至不允许自己开怀大笑，因为大笑是不合逻辑、不合理、不明智的。当这些内容被隔离开，这个人变得分裂时，他就出现了病态的理性和病态的初级过程。这些次级过程，在经过隔离并认为是互相对立的之后，可以主要认为是由恐惧和沮丧产生的一种结构，一种防御、压抑、控制的系统，一种缓和的系统，和令人沮丧而又危险的物质和社会世界进行狡黠的暗地讲和，因为这个世界是满足需求的唯一来源，在这个世界中获得的任何满足都需要人们付出高昂的代价。这样一种病态意识、病态自我，或者有意识的自我，越来越意识到自然和世界的法则，并遵照这些法则来生活。这是一种盲目。强迫症患者不仅失去了很多生活的乐趣，同时也在对自己、他人以及自然的认知上变得盲目。甚至作为一个科学家，他会对自然的许多事物都非常盲目。当然，这些人确实也能做成事情，但是我们首先要问，就像很多心理学家一直在问的——对他自己而言，**他付出了什么代价？**我们要问的第二个问题是关于他做成的事情——**他做了什么事**，值得去做吗？我能举出的最好的强迫症患者的案例是我以前的一个老教授。他是个很典型的喜欢保存东西的人。他保存着所有读过的报纸，一周的报纸用红色的细绳打包，一个月的报纸放在一起，用黄色绳子打包。他的妻子告诉我他每天的早餐都是固定的，周一是橙汁，周二是燕麦，周三是梅干，等等。如果她周一做了燕麦，那场面就不可收拾了。他保存着所有的旧剃须刀片，所有的刀片都精细地放置并打包好，全部贴好标签。当他第一次来实验室时，他把所有的物品都贴上了标签，就像强迫症患者都会做的那样。他所有的物品都是整理好了的，贴上小标签。我记得他花了好几个小时要在一种很细的探针上贴标签，而这些探针上根本没有可以贴标签的地方。有一次我打开他实验室里的钢琴盖，看到上面有个小标签，说明它是"钢琴"。这类人真的是陷入麻烦中了。他自己非常不快乐。这样的人做的这类的事和我上面提出的问题相关。他们能做成事情，但是做的这是什么事情？是值得去做的事情吗？有一些是，但有一些不是。我们知道，很不幸，有很多科学家都是这种类型的。在这类工作中，有时候这种探索型的性格会刚好非常有用。比如，他可以花12年的时间去探索对单细胞动物细胞核的显微解剖。这需要具备少有人有的耐心、恒心、顽强和一定要知道的品质。社会经常会使用这种类型的人。

从认为是对立的，并充满恐惧的层面来看初级过程的话，那么它是疾病。但它**不是必须**成为疾病。内心深处，我们是用希望、恐惧和满足的眼光来看待世界的。如果你用那种非常小的孩子看待世界、自己和他人的方式来思考，可能会有帮助。从没有负面、没有矛盾、没有分离的身份、没有对立面、没有相互排斥的层面来说，这是合逻辑的。对于初级过程来说，亚里士多德并不存在。它独立于控制、禁忌、惩罚、抑制、延迟、计划、对可能性和不可能性的计算。它和时间、空间、顺序、因果、秩序以及物质世界的法则没有任何联系。这是一个和物质世界非常不同的世界。当确实有必要把有意的意识伪装起来以减少威胁感时，它可以在梦里把好几个事物凝缩成一个事物。它可以把情绪从真正的对象置换到其他无害的对象上。它可以通过象征的方式将一些事物模糊化。

它无所不能，无所不在，无所不知。（注意现在说的是梦，我的描述适用于梦。）它和行动没有关系，因为不需要做什么或者有所行动，仅凭想象就能让事情发生。对很多人来说它是属于前语言的，非常具体，更接近于原始体验，而且通常是视觉化的。它先于价值观，先于道德，先于伦理，先于文化。它先于善恶的区分。现在，由于它已经通过二元对立**被隔绝**起来，所以在大多数文明人看来，它是孩子气的、不成熟的、疯狂的、危险的、令人害怕的。应该还记得我举过的那个人的例子，他压抑了所有的初级过程，完全杜绝了无意识。从我描述的这个特定的角度来看，这种人是病态的。

另一种人，他的次级过程，包括控制、推理、条理、逻辑等完全被破坏，这个人是精神分裂症。他同样病得非常严重。

我觉得大家能看到我的观点的走向。在一个健康的人身上，尤其是具有创造性的健康人身上，我发现他用某种方式做到了对初级过程和次级过程的融合与整合，对意识和无意识的整合，对深层自我和意识层面自我的整合，而且做到的方式优雅且卓有成效。我能非常肯定地说，这是有可能的，但是并不常见。可以肯定的是，心理治疗可能有助于整合的过程，而且更深层次、更持久的心理治疗效果会更好。在这个融合的过程中，初级过程和次级过程相互渗透，带来性格上的改变。无意识不再那么令人害怕了。此刻这个人能够接受无意识，接受他的幼稚、他的幻想、他的想象、他的愿望满足、他的女性气质、他的诗意、他的疯狂。正如一位精神分析师所说，他是个能回归到服务自我的人。这是**自愿的**退行，这种人拥有由自己支配、随时可用的创造性。这也是我们一直感兴趣的创造性。

我之前提到的具有强迫症的这一类人，在极端的情况下他**不会**玩乐，放不开。比如，这类人会避免参加各种派对，因为他很理智，而在派对中往往不需要人太理智。这样的人怕喝醉，因为他的控制可能会松懈太多，对他而言这太危险了。他必须要随时可控。这类人如果去做催眠的被试一定非常困难。他可能对于麻醉和任何其他失去知觉的情形非常害怕。这类人在派对中力图保持庄重、有序、意识清醒和理性，虽然这些在派对中并不需要。这就是我所说的，当一个人能够和无意识相处舒适的时候，他就能够放开自己，比如在派对上表现出一些小疯狂，表现得没头没脑，搞一搞恶作剧，乐在其中，享受短暂的疯狂，正如那个精神分析师所说的，"服务于自我"。这就像是一种有意识的、自愿的退行，并不是要一直处于庄重的、受控的状态。（我不知道为什么我的脑海中会出现这样的画面：一个人一直保持昂首阔步的姿态，甚至包括他坐在椅子上的时候。）

或许我现在可以说更多关于对无意识保持开放性的内容。心理治疗、自我治疗和自我认识的整个模块都是非常困难的过程，因为对我们大多数人来说，意识和无意识是完全隔绝开的。如何让心理世界和现实世界能够舒适相处呢？一般来说，心理治疗的过程是在专家的帮助下，一点一点地，逐步面对最顶层的无意识的过程。无意识的最顶层暴露出来，得到容忍并被吸收，最后发现它并没有那么危险，没有那么可怕。然后是第二层，继而是再下一层，过程都是一样的，先是让一个人去面对他非常害怕的事物，当他确实面对的时候，他发现没有什么可害怕的。他一直很害怕是因为他用孩子的视角来看待这些事物。这就是孩子气的曲解。孩子因为害怕而压抑的内容，被排斥在常识学习和体验之外。孩子长大之后，这些被压抑的内容停留在原处，直到一些特别的过程把这些内容拉出来。意识必须足够强大，才能够和敌人保持友谊。

纵观历史，我们可以从男女的关系中找到恰当的类比。男人向来怕女人，因此支配她们，这种统治是无意识的。我觉得他们这么做的原因和对初级过程的恐惧极为相似。我记得动力心理学家倾向于认为男人和女人的关系大部分是由一个事实来决定的，它就是，女人会使男人想起自己的无意识，也就是他们的女性特质、柔弱、温柔，等等。因此，他们和女人抗争，试图控制她们或者贬低她们，这是男人试图控制这种人人内在都有的无意识力量的努力的一部分。

一个感到恐惧的主人和一个愤恨的奴隶之间，是不可能有真正的爱情的。只有当男人变得足够强大，足够自信，足够整合，他们才能够容忍，并最终喜欢自我实现的女人，喜欢具有完满人格的女人。但是，从原则上来讲，没有一个男人可以在没有这样的女人的情况下达到自我完善。因此，强大的男人和强大的女人互为条件，两者的存在谁也离不开谁。他们同时也是互为因果的，女人造就男人，男人造就女人。最后他们当然也是互为回报的，如果男人足够好，那么他拥有的女人也会足够好，他也值得拥有足够好的女人。所以，再回到我们的类比，健康的初级过程和健康的次级过程，也可以说，健康的幻想和健康的理性，它们需要相互帮助促进，最终达到一种真正的整合。

从历史的角度看，我们对初级过程的认识首先是从对梦、幻想和对神经症的形成过程的研究得到的，后来又加入了对精神病和精神异常的形成过程的研究。这些知识只能是一点一点地，非常缓慢地从精神异常、非理性、不成熟和原始性的污名中脱离出来。直到最近，综合各类研究，包括对健康人、对创造性过程、对游戏、对审美感知、对健康的爱的意义、对健康的成长和转变，以及对健康的教育的研究，人们认识到，而且是充分地认识到，每个人既是诗人又是工程师，既是理性的又是非理性的，既是孩子又是成人，既有男性特质又有女性特质，既生活在精神世界又生活在自然世界中。慢慢地我们才会意识到，当我们天天都力图**只要完全**的理性、**只要**"科学"、**只要**逻辑、**只要**明智、**只要**现实、**只要**负责任时，我们失去了什么。直到现在我们才确实相信，一个完整的人，全面发展的人，完全成熟的人，一定是同时在这两个层面都能运用自如的人。有人把人的天性中的无意识层面污名化，认为它不健康，是病态的，现在这种观念已经过时了。最开始弗洛伊德是这么想的，但是现在我们已经不再这么认为了。我们现在认为，完全的健康就是在各个层面都能够运用自如。我们不再说这一面"恶"而非善，低级而非高级，自私而非无私，野蛮而非文明。纵观历史，尤其是西方文明史，其中的基督教历史就是这样的二分法倾向。我们不再把人二分为洞穴人和文明人，或者二分为恶人和圣人。我们现在可以发现这是一种不合理的二分法，是不合理的"非此即彼"，正是通过这种断裂式的二分法，我们创造了病态的"此"和病态的"彼"，也就是，病态的意识和病态的无意识，病态的理性和病态的冲动。（理性也可能会非常病态，你快速看一下电视上的测试类节目就可以看到。我听说过有个可怜的家伙，他是古代历史方面的专家，赚了一大笔钱。他告诉别人他能赚这么多仅仅是因为他把《剑桥古代史》这本书背下来了。他从第一页开始背，一直背到最后，现在他记住了里面所有的日期和名字。这个可怜的人呐！还有一个是欧·亨利写的故事，说的是一个人觉得上学太麻烦，他想，既然百科全书里涵盖了所有的知识，那么去背百科全书就行了。他从A书开始背，然后是B书、C书。**这就是**病态的理性。）

　　一旦我们能够跨越并解决这种二分法，能够将它们整合为一体，就像他们原本的那样，比如健康的儿童，健康的成人，尤其是创造性的人，我们就会意识到，割裂式的二分法本身就是一个病态的过程。这时候人的内部争斗才有可能止息。这恰恰就是在一些人身上发生的过程，我称之为自我实现。对他们最为简略的描述就是心理健康的人。**正是**在这类人那里我们看到了这个过程。我们从人群中挑出最健康的百分之一的人，或者百分之一中的一小部分人，就可以发现，在他们的一生当中，有时得益于心理治疗，有时并没有，他们能够把这两个世界整合在一起，在两个世界中都能够自如地生活。我曾把健康的人描述为带着一种健康的幼稚。我很难找到合适的词描述它，因为"幼稚"这个词通常是指成熟的对立面。当我说那些最成熟的人的生活往往也是幼稚的时，听上去有些矛盾，但实际上并非如此。或许我可以用我之前说过的派对的例子来解释。最成熟的人同时也是最会玩的人。我觉得这样说大家应该更好接受。这些人能够随意地退行，和孩子们在一起玩，和孩子们亲近。孩子一般会比较喜欢他们，愿意和他们相处，我觉得这没有什么问题。他们能够退回到那种状态中。非自愿的退行当然是很危险的。然而自愿的退行，很显然是健康人的特征。

　　至于达到这种融合的实际建议，我还真的不太知道。我唯一知道的切实可行的，能够达成内在融合的一般途径是心理治疗。这必然是一个不可行的，甚至是不受欢迎的建议。当然，自我分析或者自我治疗的可能性也是存在的。任何能够增加我们对自己深入认识的技术，一般来说都会增加个人的创造性，因为它能够使我们使用自己的幻想，徜徉在各种想法中，使我们能够走出地球，遨游于世界之外，抛开常识的限制。常识意味着生活在实在的现实世界中，但是创造性的人不想要现实世界，而是创造一个不同的世界。为此他们必须脱离地表，大胆想象、幻想，甚至表现得疯狂古怪，等等。我给那些创造性人才的管理者最实际的建议就是，留意这些人，因为他们已经存在，然后把他们挑出来并且留住他们。

　　我觉得我可以通过推荐创造性人才而为公司提供服务。我会尽力向他们说明这些富有初级创造性的人是什么样的。一般来说，他们恰恰就是那些在机构里制造麻烦的人。我列出了他们所具有的必然会造成麻烦的一些性格特征。他们往往不按常规出牌，有点古怪，不切实际，他们经常被称为没规矩，有时候不够精确，用科学的术语来说就是"不科学"。他们那些更具有强迫倾向的同事会说他们幼稚、不负责、缺少管教、疯狂、随机、不加批判、不按常规、情绪化，等等。这听上去像是对流浪汉、波希米亚人或者怪人的描述。需要强调的是，在创作的早期阶段，你必须得像个流浪汉、波希米亚人或者疯子。"头脑风暴"技术能够使我们变得更有创造性，这是那些已经成功拥有创造性的人给出的秘诀。他们在创造的早期阶段就是这么做的。他们变得完全不加批判，允许各种各样狂野的想法进入脑海。在情绪和热情的大量迸发中，他们胡乱写出一首诗，拼凑出公式或者数学题的解决方法，建立一个粗糙的理论或实验设计。这时候，只有在这时候，他们才开始转入次级过程，变得更理性，更有控制，更具批判性。如果你是在这个过程的第一阶段就保持理性、控制和秩序，那么你永远也无法达到目的。现在的头脑风暴技术，正是这样做的——不加评判——让自己和想法一起玩——自由联想——让想法大量呈现出来。只有在这之后，才丢掉那些不好的、用处不大的，保留那些好的。如果你害怕犯这种疯狂的错误，那么你永远也得不到任何好的点子。

当然，这种波希米亚式的行为并不一定要一直保持不变。我提到的这些人，**他们能够想这么做的时候**就这么做（退行是服务于自我的，是自愿的退行，自愿的疯狂，自愿进入无意识）。过后他们能够穿戴好衣帽，成为大人的样子，变得理性、明智、有序，等等，用评判的眼光去检视他们在热情奔涌、创造性迸发时产生的内容。之后他们有时会说，"这些内容产生的时候感觉很奇妙，但是确实没什么用"，然后把它丢弃。一个真正整合的人既能处于次级过程，也能进入初级过程，既幼稚又成熟。他能够退行，然后再回到现实，在他的回应中更具控制感和评判力。

我提到过这对一个公司或者对公司中创造性人才的管理者很有用，因为他想要解雇的就是这类人。因为他看重的是听命令做事，是在机构中适应良好。

我不知道一个组织的管理者是怎么处理这种情形的，也不知道这对员工士气的影响是什么样的。这不是我的问题。当一个组织必须做的是既定主意的后续各项有序工作时，我不知道创造性的人才如何在其中得到使用。主意是一个复杂的处理过程的开始。这是接下来的十几年，我们在本国需要解决的一个问题，它比在世界上其他任何国家都更加迫切。我们必须去面对它。现在大量的资金都给了研发机构。对创造性人才的管理会成为一个新的难题。

然而，我确定不移的是，那些在大型机构中运作良好的实践标准必须进行某种程度的改动和修订。我们必须要找到一些方式使人们在机构中得到允许，可以表现出个人主义的东西。我不知道这如何实现。我觉得应该会有一种实操性的解决方法，只要试试这个，试试那个，再换个试试，最终都会得到一种经验性的结论。如果能够不把这些个人主义的东西视为疯狂的特征，而是创造性的特征，我觉得应该会有帮助。（顺便说一下，我不是说要对所有表现出这样举止的人都有好的评价，他们当中有的人是真的疯了。）现在我们要学会区分。主要是要学着尊重这类人，至少用开放的眼光去看待他们，并且尝试让他们尽量适应社会。一般来说，这些人现在都是独来独往的。我觉得比起大型机构或公司，更容易在学术岗位上看到他们。他们在那里会更舒适一些，因为这些地方允许他们想怎么发狂就怎么发狂。人们期待教授是疯狂的，但这并不影响其他人。除了在上课的时间里，人们一般也见不到他们。但是平时教授有足够的时间待在阁楼或者地下室里，想象出各种各样的点子，不管这些点子有没有用。如果是在机构里面，你很可能会精疲力竭。这就像我最近听过的一个故事。两个精神分析师在一个派对上相遇。其中一个走到另一个面前，毫无征兆地给了他一耳光。这个被打的分析师吃惊了好一会儿，然后耸耸肩说："这是**他的**问题。"

第**7**章

## 对创造性人才的需求

有个问题是：谁对创造性感兴趣呢？我的回答是几乎所有人。这种兴趣不再局限于心理学家和心理治疗师，现在它也变成了一个国内和国际政策的问题。一般来说，人们很快会意识到以下事实——尤其是军人、政客和深谋远虑的爱国人士——那就是出现了军事僵局，而且看起来会继续存在。今天，军队的功能从本质上来说是为了阻止战争而非发起战争。因此，大型政治集团之间的持续对抗，比如冷战，会继续以一种非军事的方式发挥作用。得到其他中立的人民拥护的集团终将获胜。哪个能成为更好的人，更亲切、更和平、更少贪婪、更有爱、更值得尊敬呢？谁更吸引非洲人和亚洲人呢？

那么，一般来说，心理更健康（或者充分发展）是参政人员的一个必要条件。他必须是没有结怨，能和所有人友好相处，包括非洲人和亚洲人，能迅速探查到任何优越感、偏见或者仇恨。当然，还有一个必要条件是，要领导或者胜出的国家里的公民不能有种族偏见。他必须是亲切的、乐于助人的，必须是值得信赖的，不能是令人怀疑的。长远来说，他不能是个独裁者，也不能是个残暴的人。

## 普遍的需求

除此之外，任何能维持下去的政治、社会、经济系统，都存在另一种更迫切的需求，那就是出现更多创造性人才。这种需求对我们的大工业也极为重要，因为他们清楚地知道自己有被淘汰的可能性。他们都很清楚，虽然现在他们很富有，很繁荣，但是有可能他们明天早上醒来却发现有人发明出新产品，自己的产品被淘汰掉。如果一个人研发出了某种便宜的个人交通工具，售价只有汽车的一半，那么汽车制造商会怎么样呢？结果是，所有能够出得起钱的公司都会投一大笔钱给研发部门去研发新产品，改进旧产品。在国际局面上，类似的现象是军备竞赛。的确，在威慑性武器、炸弹和轰炸机这些军备上有一种小心翼翼的平衡存在。但是，如果明年发生了类似之前美国发明原子弹时发生的事情，那该怎么办呢？

因此，现在所有大国的国防和军事支出的项目下面，都开展了大量的研发项目。每个国家都在致力于首先研发出能让现有的全部武器过时的新武器。我觉得强国的统治者已经开始意识到，能够研发出这种武器的人是那种他们向来会本能地反对的怪胎，也就是拥有创造性的人。现在他们需要学习对创造性人才的管理，包括对他们的早期筛选、教育和培养，等等。

从本质上来说，我认为这就是现在这么多的领导对创造性的理论感兴趣的原因。我们面临的历史事件促使深谋远虑的人、社会哲学家和许多其他类型的人开始对创造性感兴趣。我们所处的时代比以往任何一个时代都更变化不定，更处于过程中，更迅速地变动。今天，新的科学发现、新的发明、新的技术发展、新的心理学发现以及增加的财富等的加速度积累，让所有人都面临着前所未有的困境。不说别的，单单是这种新出现的，缺乏从过去到现在到未来的连续性和稳定性的现象，已经造成了许多必然会出现的变化，而许多人还没有意识到这一点。比如，教育的整个过程，尤其是技术教育和专业教育，在过去的几十年已经完全改变了。简而言之，学习事实几乎没什么用，事实过时得太快了。学习技术几乎没什么用，技术一夜之间就过时了。比如，工程学的老师教学生他们在求学时期学过的全部技术没有什么用，这些技术现在几乎都没什么用了。实际上，几乎生活的所有领域中，我们都面临着旧的事实、理论和方法的过时。我们都是马车鞭子的制作工，而这些技术现在都没用了。

## 新的教育理念

那么，教育一个人，比如让他成为一名工程师，正确方法是什么呢？很清楚的一点是，我们必须教育他们成为创造性的人，至少在面对新事物时能够随机应变。他们即使无法做到安于变化和新奇，但是也必须无惧变化，当然如果有可能的话，最佳的状态是能够**乐于**接受新奇和变化。这意味着我们不能再用旧的标准化的方式来教导和培养工程师，而是要用新的"创造性的"工程师的方式来加以教育。

一般来说，这同样适用于商业和工业领域的经理、领导、管理者。他们一定都有能力应对任何新产品或者旧的做事方式不可避免地迅速被淘汰的情形。他们不是对抗变化，而是预测会发生的变化，乐于享受变化带来的挑战。我们必须培养一批随机应变的人，一批"此时此地"的创造性人才。我们必须用一种和过去完全不同的方式定义技巧娴熟的人，受过训练的人，或者受过教育的人。（也就是，不是有丰富的关于过去的知识的人，而是能够在未来的突发状况中得益于过去的经验。）我们称之为学习的许多东西现在已经变得没有用了。任何仅仅是把过去应用到现在，或者把过去的技巧用在现在情形中的学习类型，在生活的很多领域都过时了。教育本质上不再被看作只是学习的过程，现在它也是一种对性格的训练，对人的训练的过程。当然，这并不一定**完全**正确，但是大体上是对的，而且会一年年越来越正确。（我认为这或许是我能表达得最激进又最直率，但绝不会错的方式了。）过去在生活的很多方面都变得用处不大了。那些主要靠过去生活的人在今天的很多领域都变得没什么用处了。我们需要一种新型人才，他可以抛开过往，在当前情形中足够强大、勇敢、有信心，可以相信自己，假如需要，能以一种随机应变的方式处理好遇到的问题，不需要提前准备。

所有这一切都要求对心理健康和心理力量越来越重视。它意味着对以下的能力越来越重视：完全专注于此时此地的情形，能够认真地听、认真地看我们面前具体的、即时的这一刻。这意味着我们需要和常规人才不同的一种人。常规人才在面对当下的时候，会把它看成是对过去的重复，并且把当下看成是应对未来的威胁和危险的准备阶段，如果没有准备好，他到时就没有足够的自信能够应对。我们需要这种新型人才，即使没有冷战，即使所有民族都团结在一起亲如一家人，我们也需要，哪怕仅仅是为了能够更好地面对我们生活于其中的新世界。

我们所面对的新世界，还有我提到过的对冷战的考虑，增加了其他创造性讨论的必要性。因为本质上我们讨论的是一种人才、一种哲学、一种特质，那么重点就从创造性的产品、技术革新、审美作品和创新等方面转移开了。我们必须对创造性过程、创造性态度、创造性人才更感兴趣，而非创造出来的产品本身。

因此，对我来说，把注意力放在创造性的灵感阶段而非产出阶段是更好的策略，即放在"初级创造性"而非"次级创造性"上。

我们不能频繁使用艺术或科学的创作成品作为示例，而是要专注于即兴创作的过程，关注灵活地、适应性地、有效地面对此时此地的情形，这才是发挥创造性的地方，不管这一情形是否重要。之所以这样，是因为用成品作为标准会引进太多的混淆因素，比如好的工作习惯、顽强、训练有素、耐心、好的编辑能力，以及其他一些和创造力没有直接关系的因素，或至少并非创造性独有的因素。

所有以上这些考虑使儿童创造性研究比成人创造性研究**更**为吸引人。儿童创造性研究避开了很多混淆和污染的问题。比如，我们可以不用强调社会革新、社会用途或者创造成品。我们避开了对杰出先天才能的成见，这样可以避免混淆问题（天才和所有人都遗传了的普遍创造性并没有什么关联）。

这些就是我觉得非语言的教育非常重要的一些原因，比如艺术、音乐、舞蹈教育。我并不是对艺术家的训练特别有兴趣，因为它还可以用其他不同的方式达成。我对儿童游戏也不是非常感兴趣，对艺术治疗也是一样的。我甚至对艺术教育本身不感兴趣。我真正感兴趣的是新型教育，我们要朝着培养我们需要的新型人才的方向发展，培养关注过程的人、创造性的人、随机应变的人、自信的人、勇敢的人、自主的人。艺术教育者成为朝着这个方向前行的先行者，这是历史的偶然。这可能也会同样容易地适用于数学教育，我希望有一天可以实现。

当然，很多地方的数学、历史、文学的教学仍然还是专断的、记忆的形式〔虽然现在一些最新型的教育并不是这样，即那些训练即兴创作、猜测、创造性和娱乐的教育。布鲁纳（J. Bruner）曾经写到过这种教育，一些数学家和物理学家曾经在中学里开创过这种教育〕。现在问题又回到如何教孩子面对此时此地，如何即兴创作等，也就是，如何成为创造性的人，如何采取创造性的态度。

新兴的通过艺术进行教育的运动，强调抽象艺术派作风，不纠结于事情的对错。对和错都可以放置一旁，因此孩子可以面对自己，面对他自己的勇气或者焦虑，面对他的陈旧观念和新想法，等等。描述它的一种恰当方式是，撇开现实的地方，是很好的投射测试环境，因此是心理治疗或者成长的好环境。这正是在投射测验和洞察力治疗中所做的，也就是现实、正确、适应世界、物理、化学、生物的决定因素都撇开，这样心灵可以更自由地展现自己。在这个方面，我甚至可以说，艺术教育是一种治疗和成长的技术，因为它允许心灵的深层次浮现出来，得到鼓励、培养、训练和教育。

PART

—

3

第三部分

**价 值**

# 第 **8** 章
## 事实和价值的融合

我想以对"高峰体验"一词的解释作为此篇的开始，因为这一体验是对我的论题最容易也最充分的一种证明。高峰体验概括了人所能体会的最美好的时刻，是对生活中最愉快的瞬间，对入迷、狂喜、幸福、最大欢乐体验的概括。我发现这样的体验来自发自内心体验到美的时刻：如创造时的入迷，成熟之爱，完美的性体验，对父母之爱的感受，自然分娩的体验，以及许多其他体验。一言以蔽之——高峰体验——作为其泛指的和抽象的概念，我发现所有这些欣喜若狂的体验都带有某些共同的特征。的确，我发现以一种概括和抽象的图式或模式去描绘它们的共同特征是有可能的。这个词使我能够同时谈论所有或任何这一类的体验。

当我询问被试（他们已向我说明他们曾体会过高峰体验）在这一类时刻里，他们觉得世界有何不同时，我得到的答案可以被图式化和概括化。实际上，也只能如此，因为没有别的方式能容纳我所汇集的丰富辞藻。我把来自百名人类在经历高峰体验的时刻和之后对世界的描绘所用的大量词汇概括和浓缩为：真、美、完整、二分超越、生机勃勃、独一无二、完善、必然、完成、公正、秩序、简单、丰富、毫不费力、欢愉、自足。

虽然这完全是我个人的浓缩和概括，我却不怀疑任何其他人也可以得到几乎一样的特征表单。我确信别人得到的词表不会有很大不同，要么是这些词的同义词，要么在特定的描述上有些许差异。

这些词都是很抽象的。不抽象又能怎样呢？每一个词都可以在一个标题或一个项目下包容许多种直接的体验。这意味着这样的标题是广泛概括的，也就是说，非常抽象的。

这便是描绘高峰体验里所见世界的种种方式。这里可能有侧重点或程度上的差异，即在高峰体验中世界看起来**更**是她本来的样貌，比在其他时刻看上去**更加**美丽。

我想强调这些形容被看作描述性的特征；而被试报告说，这些是有关世界的事实。它们是关于世界外观或世界看起来像什么的描述。他们甚至声称，是关于世界本身是什么的描述。对这些体验的描述和新闻记者或科学观察家在目睹某一事件以后所做的描述类似，属于同一范畴。它们不是"必须"或"应该"的陈述，也不仅仅是研究者愿望的投射。它们不是幻觉，不是缺乏理性认知的情感宣泄。它们被报告者当作一些启示，是一些关于现实的真实、实在的特征，那是他们过去视而不见的。①

但特别是我们——心理学者和精神病学者——正处在一个科学新时代的开始阶段。在我们心理治疗的体验中，我们已经在病人身上和我们自身中见到偶尔出现的启示、高峰体验、孤寂体验、顿悟和欣喜若狂的时刻。我们习以为常并已经懂得，虽然它们不都是看得见摸得着的，但它们有些是肯定而确实存在的。

只有化学家、生物学家或工程专家才会继续怀疑这一新旧混杂的看法——真理可能以这种既老又新的方式出现：以一种探索的、以情感感受为启示的、

---

① 这一有关神秘启示真实性的问题确实是老生常谈。它涉及信仰的根源和起源本身，但我们必须非常审慎，不要让对神秘主义和高峰体验者的绝对主观引入迷途。对于他们，真理早已揭示。我们大多数人在我们得到启示的时刻也有过这种确信。

然而，人类在三千年有记载的历史过程中已经学会一件事，知道主观肯定是不够的；还必须有外部的证实，宣称为真理的必须有方法核实，以及对结果的某种测度、某种实用的测试；我们必须以某种有所保留、审慎和清醒态度去研究这些说法。有太多的思想家、先知、预言家绝对肯定的感受最终被证明是不正确的。

这种幻灭的体验是科学的历史根源之一：对个人启示录的不信任，正统的、经典的科学长期以来拒绝所谓私人的启示录，认为这些资料本身是没有价值的。

迸发的方式，冲垮皱裂的围墙，冲破阻抗，克服畏惧而出现。我们是一些专门同危险的真理打交道的人，同那些可能威胁到自尊的真理打交道的人。

这种非人格的科学怀疑主义，即使在非人格领域，也是无根据的。科学的历史，或至少是伟大科学家的历史，是对突然领悟的真理的狂喜，这一真理随后才由更多缺乏想象力的工作者徐缓地、小心翼翼地、谨慎地给予证明，他们的作用更像珊瑚虫而不是雄鹰。例如，我想到克库雷（Kekule）关于苯环的梦就是富有想象力的。

有太多人的想象力很有限，他们把科学的本质定义为对假说的谨慎核实，弄清他人的思想是否正确。但是，只要科学也是通过某种方法去发现的，就不能不学习如何培养对高峰体验的洞察力和想象力，然后，像运用学习资料那样运用它们。其他存在知识（Being-Knowledge）的例子——对迄今为止尚未觉察的、高峰体验中的真理的真切感知——来自那种在"存在爱"（Being-love）中获得的明晰感，来自某些精神体验，来自某些团体治疗中对亲密关系的体验，来自理性的光芒，或来自发自内心的对美的体验。

近几个月，科学界打开了一种证实存在知识（关于启示的知识）可能性的大门。在三所不同大学的研究中，麦角酸二乙基酰胺（LSD）能治愈大约50%的酒精成瘾。我们得知这一巨大福音、这一意料之外的奇迹都非常高兴，但当我们冷静下来，由于我们都是不易满足现状的人，我们不免要问："那些没有治好的人怎样了？"我从何弗（A. Hofler）医生的一封信中摘引一段话作为说明，这封信落款的日期是1963年2月8日：

我们曾有意地利用高峰体验作为治疗手段。我们给服用LSD和墨斯卡灵的（mescaline）的酒精成瘾者提供高峰体验，利用音乐、视觉刺激、言语、暗示，以及任何能引起高峰体验反应的东西。我们治疗过500个酒精成瘾者，获得了一些一般规律。规律之一是：治疗后有戒断反应的酒精成瘾者大多数都曾体验过高峰体验，相反地，几乎任何未曾体验过高峰体验的人都没有这样的戒断反应。

我们也取得了有力的论据说明情感是高峰体验的主要成分。当LSD被试首先服用两天的青霉胺时，他们有一种与通常从LSD中得到的相同的体验，但在情感上有明显的衰减。他们能观察到自身所发生的所有看得见的变化，进而引起了思想和认知上的各种变化，但情感上是平淡的，他们是非参与的观察者而不是参与者。这些被试没有体验到高峰体验。此外，只有10％的个体在治疗后效果较好，而在几项较大规模的跟踪研究中，我们期待能达到的治愈率是60％。


现在可以跳回我们的主题：这些描述现实、描述世界的特征表单，正如某些时刻所见的，也恰好和那些被称为永恒价值、永恒真实的特征相同。我们在这里看到了真、善、美三位一体这位老朋友，那就是说，这一描述性的特征表单同时也是一张描述价值的表单。这些特征正是那些伟大的思想家和哲学家所珍视的价值，它们几乎也和人类最严肃的思想家们一致同意的生活的终极或最高价值完全相同。

重复一句，我的第一次陈述是在科学领域内进行的，是公之于众的。任何人都能做到同样的事；任何人都能自行核实；任何人都能重复我曾用过的同样程序，并且，假如他愿意，也能客观地把他对我提出的问题和所做的回答记录在磁带上然后公之于众。也就是说，我所报告的一切都是公开的，可重复的，可以被证实或证伪的；假如你愿意，甚至可以将其定量。它是稳定且可靠的，因为当我重复试验时我能得到近于相同的结果。甚至以19世纪科学最正统的、实证主义的定义来看，这也是科学的陈述。它是一种认识的陈述，是一种对现实、对宇宙、对外部世界特征的描述，那是报告者和描述者所**感知到的世界**。

这些论据能经受传统的科学方式的检验，它们的真或伪都能被判定。[①]

然而，关于看待世界的方式的陈述，同样也是一个价值陈述。这是最鼓舞人心的生活的意义，这是人们愿意为之献身的价值，这是人们愿意用努力、痛苦和折磨为代价去换取的价值。这也是一些"最高的"价值，因为它们最常眷顾最优秀的人物，在他们最好的状态，在最完美的环境下悄然而至。它们是更高级的、美好的、精神生活的定义，而且我还可以附加说，它们是心理治疗的长远目标，是在最广泛的意义上教育的长远目标。人类历史上的伟大人物之所以受到我们崇敬，就是因为他们具有这样的品性，这是我们的英雄，我们的圣贤，甚至我们的信仰所共同拥有的特性。

因此，关于这一认识的陈述和这一评价的陈述是同样的。**"是"**和**"应该"**（ought）等同了，**"事实"**和**"价值"**等同了。被描述、被感知的世界变得和那个被珍视、被期望的世界的样子重合了。**"是如何的世界"**变成了**"应该成为的世界"**，未来所期待的样子我们已经体验过，换句话说，事实在这里已和价值相融了。[②]

**"价值"一词的迷思。**很明显，我所讨论的问题和价值是有关系的，不论这个词的定义如何。当然，"价值"有许多定义，对不同的人有不同的含义。事实上，它在语义上相当混乱，我相信我们很快就将放弃这一含义混杂的词而宁愿选用更精确、更操作化的定义代表每一依附于它的亚含义。

---

① 只要愿意做，进一步的研究对于任何人都是可能的。我的学生和我曾做过一些延伸的研究。例如，在一项非常简单的，仅仅是为了证明高峰体验中感受到的世界是什么样的实验中，我们发现被试群体中的大学女生显然更经常从被爱的感觉中感受到这种高峰体验；另外，大学男生显然更经常从取得胜利、成功，或者从克服困难、取得成就中感受到高峰体验。这和我们的常识是一致的，也和我们的临床经验相符。许多这一类的实验其他研究也能做到；尤其现在在这一领域的研究是非常广阔的，因为我们知道，高峰体验能借助于药物的力量有意地被制造出来。

② 在一开始，我就想避免一种混淆，即我所用的"ought"一词和霍妮的"neurotic shoulds"（神经症的应该）相混淆，霍妮的用语见《神经症和人的成长》第三章。人被设想成的样子往往是凭借外表的、武断的、演绎的、尽善尽美的，总之一句话，不真实的。我在这里所用的"ought"一词指有机体固有的，作为能真正实现的真实潜能，而且是在病痛带来的痛苦下得以更好地展现。

用另一个形象的说法，我们可以设想"价值"概念为一个大的容器，装有各式各样杂乱的和模糊不清的东西。大多数谈论价值的哲学家曾力求找到一个简单的公式或定义以便把容器内的每一件东西捆绑在一起，尽管许多东西是偶然进入这个容器的。他们会问："这个词真正的意思是什么？"他们忘记了它仅仅是一种标签，并不真正代表任何实在的意思。在这种情况下，只有繁复的说明才起作用，那就是说，需要把不同的人对这个词的不同实际用法归类研究。

接下来要谈的是一系列有关这一迷思不同侧面的简短观察意见、假说和问题；是各种不同的使事实和价值可以说是相互融合的方式或接近融合的方式，就"价值"一词和"事实"一词的各种意义而说的融合。这似乎是一种转移，从词典编撰者之间的争论转移到对心理学和心理治疗的实操以及其中真实发生的事情的注意上：从语义世界转移到自然世界。实际上，这将是把这些问题引入科学领域的第一步（科学的广泛定义包括经验资料和客观资料）。

**走在"应该—是—探索"路上的心理治疗**。我现在要用这样的想法来看待心理治疗和自我治疗中的现象。人们在寻求自我同一性、真实性等议题时提出的问题很大一部分是"应该"的问题：我应该做什么？我应该成为什么？我应该怎样解决这一冲突？我应该把某一行作为职业生涯的追求还是其他？我是否应该离婚？我应该活下去还是结束一切？

大多数未受过专业训练的人可以很直接自然地回答这些问题："假如我是你……"然后提出建议和劝告。但受过训练的人懂得，这样做不起作用，甚至会起到反作用。我们从不说我们认为别人应该做什么、怎么做。

我们懂得一个根本的道理，一个人要弄清他应该做什么，最好的办法是先明白他是谁，他是什么样的人，因为通往合乎道德的和价值的决定、明智的选择、应该如何的途径，先要经过"是什么样的"，经过事实、真理、现实去发现的，是经过特定的个体的本性得以发现的。一个人越了解他的本性，他深蕴的愿望，他的气质，他的体质，他寻求和渴望什么，以及什么能真正使他满足，他的价值选择也变得越理所应当，越自动化，越成为一种副现象。（这是弗洛伊德的重大发现之一，也是常被人忽略的一方面。）这样一来，许多问题立即消失了；只要知道什么合乎一个人的本性，什么是合适的、正确的，后面的许多问题就迎刃而解了。[1]（我们还须牢记一点，对一个人深蕴本性的认识同时也是对一般人性的认识。）

也就是说，我们帮助个体经由"确实性"寻求"应该"。发现一个人的真实本性既是一种**"应该"**的探索，又是一种**"是"**的探索。这种价值探索，由于它是对知识、事实和信息的探索，即对真理的探索，因而也正好是处于定义科学的范围内的。至于心理分析方法，以及一切其他非干预的、揭示性的道家治疗方法，我能以同等的准确程度说，它们一方面是科学的方法，另一方面也是价值发现的方法，这种治疗是一种道德探索，甚至在自然主义的意义上也是一种精神的探索。

在这里请注意治疗的**过程**和治疗的**目标**（**是**和**应该**之间的另一组对照）是不可分割的。把两者分开只会让人啼笑皆非。治疗的直接**目标**在于弄清楚某人是什么；治疗的**过程**也是要弄清楚某人是什么。你想要弄明白你应该怎样吗？那么请先弄清你是什么样子的吧！"变成你原来的样子！"关于一个人应该成为什么的描述几乎和关于一个人的内在深处究竟是什么样的描述完全相同。[2]

在这里谈到的"价值"，就**目的决定论**来说，即你力求达到的终点、极限、

---

① 同一性、真实性、自我认识等的完成肯定不会自动解决一切伦理问题。在虚假问题褪去以后，还有许多真实问题留存。但是，即使是这些真实存在的问题，对于一个眼明心亮的人来说也容易得到较好的处理。忠实于自己和清楚认识自己的本性是达到真诚道德决定的先决条件。但我的意思不是说，能做到真诚和自知就足够了。真诚的自知对于许多决断肯定是不够的；它是绝对必需的，但不是充分的。我在这里也不谈心理治疗所带有的毋庸置疑的教育特性，即治疗师的价值观（假如仅仅作为一种榜样）在不知不觉中的灌输，问题在于：什么是本心？什么是外部世界？什么应尽量扩展？什么应尽量缩小？我们的目的是靠揭示达到纯粹的自我发现吗？什么是在实用上正确的目的？我也想指出，拒绝把自己的东西强加于患者或对患者进行价值灌输也可经由弗洛伊德主义的"镜像分离"或在存在主义心理治疗师所说的"相遇"中完成。
② 真实的自我在一定程度上也是构建和创造出来的。

"极乐"，恰恰就存在于当下。一个人努力寻求的自我，在一种非常真实的意义上恰恰就存在于此时此地，就像真正的教育，不是在四年旅程的终点得到的一纸文凭，而是存在于每时每刻的学习、感悟和思考的过程中。信仰中追寻的"极乐"，依据设想要在生命终结之后才能进入，因为生命是无意义的，但它追求的准则适用于我们一生中的任何时刻。我们现在就能进入"极乐"，它就环绕在我们的周围。

存在和形成可以说是紧密联系在一起的，是同时存在的。旅行能带来终极快乐；它无须只作为达到目的的手段。许多人发现得太晚，多年工作才能体验到的退休原来还不如在工作的岗位时来得耐人回味。

**接纳**。另一类事实和价值的融合来自我们称之为接纳的态度。这里的融合与其说基于现实的改善，**"是"**的改善，不如说来自**"应该"**需求占比的下降，来自对期望的重新确定，使期望更接近现实，因而更有可能达到。

我的意思能从相关的治疗过程得到阐明，当我们对于自己有过于完美的要求，我们对于自己的理想形象在顿悟中破灭时。当我们容许自己看到我们也有某些怯懦、妒忌、敌意或自私的闪念时，那完美勇士、完美母亲或完美逻辑家和理智者的自我意象就会崩塌。

这往往是一种令人沮丧甚至绝望的真切认识。我们会感到有罪，产生堕落感或无价值感。我们认为，我们的**是**距离我们的**应该**遥不可及。

但是，同样鲜明的一点是，在成功的治疗中一定要经历接纳的过程。这是我们从憎恶自己向顺其自然的态度转移的过程。但在顺应中我们有时又会进一步："这终究不是一件坏事。这确实完全合乎人性，完全可以理解，为什么一个慈爱的妈妈有时会厌恶她的宝宝。"有时我们还会看到自己甚至走得更远，达到一种对人性的充满爱意的接纳，并且出于对失败的充分理解，最终会认为人性是令人满意的、美丽的，像是一种恩赐。某位女性，对男性化满怀恐惧和憎恨，最终也会开始欣赏它，甚至会对它生成信仰的敬畏感，直到全心全意接受的地步。起初被认定是邪恶的东西，有朝一日也能披上华彩。她对男性化的看法的重新定义，令她的丈夫能在她眼前成为他应该的样子。

我们所有的人都能从天真孩童的身上体验到一点，只要我们放弃苛责，放弃我们关于应该如何的那些规条，放弃我们对他们的要求。我们能以怎样的频率和在怎样程度上做到这点，我们也就能在怎样的程度上把他们视为完美的，至少是在那一瞬间。就在那一瞬间，孩童给人带来的那种美好、非凡、令人爱怜的感受是实实在在的。我们关于希冀和愿望的主观经验，也就是之前未被满足的体验，于是能同得到满足以及同"应该"出现时我们所感受的主观体验相融合。我引用阿兰·瓦茨（Alan Watts）说得非常好的一段话来说明我的意思："……在死亡来临时，许多人都有一种奇异的感受，不仅觉得能接受一生中已经发生的每一件事，而且觉得得偿所愿。这不是在迫切需要意义上的愿望：它是对不可避免事实和愿望两者同一性的不期而遇。"

说到这里我们也想到罗杰斯的各种小组实验，它们都证明，在成功的治疗过程中，自我理想和实际自我逐渐接近融合。用霍妮的话说，真实的自我和理想化的形象徐缓地被改变并移向融合，逐渐变成同一的东西而不是大相径庭的东西。更正统的、弗洛伊德的关于粗暴、施行惩罚的超我的概念也与此类似，超我在心理治疗过程中能按比例降下来，个体会变得更和善、更认可、更亲爱、更自我赞同：这是以另一种方式说，个人对个人自我的理想和个人对个人自我的实际觉察逐渐靠拢，能容纳自尊并因而也能容许自爱了。

我更愿意举的例子是分裂人格和多重人格的病例。在这样的病例中，病人表现出来的人格总是过于循规蹈矩、谨小慎微、假正经的面向，他们拒绝潜在的冲动，甚至完全压抑这些冲动，这使得他们只能从自己的心理病理的、以一种幼儿方式的、冲动的、快感至上的、无法控制的方面的全面去突破获得满足。二分化会使两种"人格"都受到歪曲，而融合将引起两种"人格"中的实实在在的改变。从专断的"应该"中解脱出来，才有可能拥抱并享受现在的"是"。

一些少有的心理治疗师，他们像是探秘者的角色，利用揭露和面质的方法对病人实行一种贬抑术，就好比撕掉他们所戴的假面，病人露出本来的面目，而这原本真实的样子"也不过如此"。这是一种找到控制感的战术，一种令自己感觉胜人一筹的方法。它变成一种社交攀比的形式，一种使自己感到有力量、强大、占优势、本领高强，甚至英雄化的方法。对于某些自视不高的人，这是一种使他们能够变得敢于与人亲近的办法。

这在一定程度上意味着被揭露的东西——那些畏惧、焦虑、冲突感——是低级的，不好的，罪恶的。例如，弗洛伊德直到他生命的最后，都不曾真正接受过无意识而仍把它说成是危险的、罪恶的，必须受到意识的压制和控制。幸好，我认识的多数治疗师在这方面并不这么想。一般地说，他们关于人蕴含的深层人性知道得越多，他们也越喜爱他们、尊重他们。他们**喜爱**人性，不会依据某一先已存在的定义或柏拉图的本质作为衡量标准，不会因为人性达不到怎样的水平而谴责它。他们发现人可以被设想成是英勇的、纯洁的、聪明的、有才华的或杰出的，哪怕当这些人成为病人，暴露了自己，暴露了他们的"弱点"和"罪恶"时也一样。

或者，换另一种方式说，假如一个人更深入地观察人性而感到以前的幻想破灭，那么这等于说一个人曾有过一些不切实际的幻想或期望，即那是虚假的和不真实的愿望。我记得25年前在我的一项性学研究中有一位被试者，她丧失了对精神的信仰，因为她简直不能相信这样的精神，竟然会发明这样一种淫猥、肮脏，甚至是令人作呕的制造婴儿的方式。我又想起中世纪不同僧侣的记述，他们深为他们的动物本性（例如，排粪）和他们精神追求的不相容所苦恼。我们的专业经验使我们能对这种不必要的、为自己设障的愚蠢置之一笑。

一句话，基本的人性已被称为肮脏的、罪恶的或野蛮的，因为它的某些特征已被**先验地**确定为如此。假如你把排尿或月经定为肮脏的，那么自然人体也变成肮脏的。我曾认识一个人，他每次受到他妻子的性吸引时都深为内疚和羞耻的痛苦所折磨；他受困于一种"语法含义上的"邪恶，是一种被武断定义的恶。因此，以一种更接受现实的方式重下定义，是一种缩小"是"和"应该"之间距离的方法。

**统一的意识**。最好状态下的事实即价值（应该成为的早已实现过）。我已经指出过，这一融合能沿着两个方向发生，一是改善实际状况使它更接近理想；二是让理想化按一定的比例下降，让理想能更接近实际存在的事物。

也许现在，我可以增加第三条道路，即统一的意识。这是一种能力，能在事实——是中同时发现它的特殊性和它的普遍性；既把它视为此时此刻，同时又把它视为永恒的，或者宁可说是能在特殊中并通过特殊看到普遍，能在暂时和瞬时并通过瞬时看到永恒。用我自己的话说，这是存在领域和缺欠领域的一种融合：当沉浸在缺欠领域中时意识到存在领域。

这也算是老生常谈，禅宗、道家或一些神秘文学的读者都能理解我所谈论的问题。每一位神秘论者都曾力图描绘具体物的这种动态性和特殊性，同时又描绘它的永恒、神圣、象征的性质（类似一种柏拉图式的本质）。而现在，除此以外，我们又有了许多实验学家（例如，赫胥黎）的关于这一类事物的描绘，比如用致幻剂进行实验的效果。

我可以用我们对儿童的观察来为这种常见的现象举例。在理论上说，任何儿童都可能成为任何人。他们有巨大的潜能，因此，在一定意义上，他就是任何人。假如我们有一点儿敏感性，在我们观察到他们时应该便能意识到这些潜能且肃然起敬。每一个婴儿都是特别的，他可以被认为有可能成为未来的总统，未来的天才，未来的科学家，或英雄。实际上，他此刻确实在一种现实的意义上也现实具有并就是这些潜能本身。他的事实性的一部分正是他体现的这些各式各样的可能性。对于这个婴儿任何丰富而又充分的观察都能看到这些潜能和这些可能性。

同样地，对任何女人或男人全面而充分的认识也包括他们的神性、成为神的布道者的可能性，他们是如此真实而有限的人类个体，但他们的眼中熠熠闪耀的神秘感却也真实地存在着：他们为什么而活，他们能成为什么，他们能令我们想起什么，我们能歌颂他们什么。（一个感性的人看到一位妇女喂宝宝吃奶或正烘烤面包的画面，看到一个男人保护他的家庭免遭厄难时，怎么会无动于衷？）

每一位优秀的治疗师对于他的病人都必须有这种统一的认识，不然他绝不能成为一个合格的治疗师。他必须有能力给予病人"无条件的积极关注"（罗杰斯用语），把他看成是一个独一无二的、神圣的人——同时又意识到病人是有缺欠的，他是不甚完善的，他需要接受改善的治疗。[①]病人作为人类的这种尊严是需要注意的，我们对于任何病人都应尊重，不论他所做出的事情多么可憎。这是废除死刑运动中所蕴含的那种哲学，包括禁止对一个人类个体过度的贬损以及禁止残酷的和不寻常的惩罚。

我们要有统一的认识，就必须既认识人的圣洁庄严的一面，又认识他的世俗污浊的一面：看不到这些普遍的、永恒的、无限的、基本的特征本质上是一种退步，退步到了具体的、物的层面。因而这是一种局部的盲目。（参看下文对"应该的盲目性"的讨论。）

这个问题之所以和我们的讨论有关，在于这是一种同时看到**是**和**应该**的方法，既看到直接的、具体的真实性，又看到可能成为的、能够成为的东西，看到目标价值，它不仅可能实现而且在现实中就存在着，就在我们的眼前。这也是一种我曾能够教给某些人的方法。因此，在理论上，它使我们看到，有意地、自愿地融合事实与价值的可能性就在我们面前。读荣格、埃利亚德、坎贝尔（Campbell）或赫胥黎的书又让我们的认识不受到长期的影响，不使事实和价值

---

① 同时，接受和融合这一似乎矛盾的认识，常被拿来和神秘的、信仰的语言中的认识相比。例如，一位信教的妇女的信中有这样的话："我在成长—安全观念和二元（自私—无私）观念与现实—潜在观念中看到了相似之处。上天观察着我们并爱着我们，但也看到了我们的潜能，要求我们向潜能能达到的方向发展。当我们变得更神圣时，难道我们不能在接受他当时的状况的同时，召唤他继续向前吗？"

融合在一起，其实是很难做到的。我们无须等待高峰体验就能体会融合。

**"实体化"**。有关这一问题的另一种说法是关于它的一个侧面。如果一个人足够聪明且有意愿，几乎任何关于方法论的行为活动（方式价值）都能转化为目的活动（目的价值）。一份起初为生计的缘故不得不干的工作，最终却喜欢上了这份工作本身。甚至最沉闷、最单调的工作，只要在原理上是有价值的，就能受到尊敬并可以被称为是神圣的（从一个简单的方法变成一个目的，具有了价值，即实体化了）。有一个日本电影（*Ikuri*）非常清楚地说明了这一点。当癌症导致的死亡临近时，原来最沉闷的办公室工作也变得实体化了，生命的每一刻都变得有意义和有价值，不论它本来应该成为什么样子。这也是另一种融合事实与价值的方式；一个人能使事实转化为目的价值，只要把它看成如此，并使它成为如此。（我有一种感觉，神圣化或视为整体和实体化有所不同，虽然两者有重叠。）

**事实的向量性质**。引用韦特海默的一段话作为研究的开始：

什么是结构？7加7等于……这种情境是一个带有空隙、缺口（空位）的系统。我们可能以各种方式填满其中的缺口。有一种填法——14，就它在整体中的作用看，是和情境相符的，是适合这个缺口的，"14"在此处是这一系统中在结构上所需要的。它适当地满足了这一情境的需要。另外的填法，如15，就不适合。它不是正确的填法。它是随意确定的，是盲目的，或者说它破坏了这一缺口在这一结构中本应具有的作用。

这里，我们有"系统"概念，"缺口"概念，不同"填空"、情境需要的概念；有"需求性"。

假如一条数学曲线有一个缺口，有一个地方缺少点什么，情况也类似。要填满缺口，从曲线的结构看，往往有一些限定的条件表明，某一填补的方法对于结构是适合的，明智的，正确的；另外的则不行。这和内在必要性的概念是有联系的。不仅仅是逻辑运算、结论等，而是发生的事情，主体的作为，存在的状况，也能在这样的意义上变得合理或糟糕，合逻辑的或不合逻辑的。

我们可以制定一个公式：给定一情境，一个系统留有一个空位，看某一填空是否适合这一结构，是否正确，往往取决于这个系统的结构、情境的结构本身。这里存在一些需求，是在结构上决定的需求，存在纯理论上可得到明确判别的可能性，能分辨哪一种填空适合情境，哪一种不适合，哪一种违背了情境的需求……这里坐着一个饥饿的儿童；那边有一个男人在盖一个小屋，缺少一块砖。我一只手拿着一块面包，另一只手拿着一块砖。我把砖递给饥饿的儿童，把柔软的面包递给了那个男人。这里我们有两种情境，两个系统。我的分配对于填补系统留空的作用来说是盲目的。

接着，在脚注中，韦特海默附加道：

在这里，我不能解决这样的问题——如阐明"需求"作为术语的概念，等。我只能说，通常对"是"和"应该"的简单分割必须扭转。以这样的秩序看待"决定"和"需求"二者的关系是客观的要求。

《格式塔心理学文献集》一书的大多数作者也有类似的论述。事实上，格式塔心理学的全部文献都在证明，事实是动态的，而不只是静态的；它们不是无向量的（仅有数量）概念而是向量的（既有数量，又有方向）概念，如克勒曾特别指出的。在戈德斯坦、海德尔（Heider）、莱温和阿希（Asch）的著述中甚至能找到更有力的佐证。

事实不像一碗麦片粥那样安静不动地放在那儿，它们在各种各样的环境中有着自己的律动。它们自行分类；它们自我完成。一个未完成的循环会"倾向"一个好的完结，墙上挂着的皱巴巴的一幅画也会希望被熨烫得平展；未完成的课题总是不断地打扰我们直到我们去完成它为止。蹩脚的设计会自我修改直至变得完美，记忆中那些不必要的细节和复杂的片段会自己简化。音乐的和谐要求正确的和弦才能完美演绎，一切不完善的都在趋向完善。一个未解决的问题坚持不懈地在向解决方案努力。"为了合乎情理需要……"，我们总是这样说。事实是有权威的，是有要求的。它会对我们提出要求；它可以给出"否"或"是"的答案；它引导我们，向我们提出建议，表明下一步该做什么并指引我们沿着某一方向而不是另一方向前进。建筑家会谈论建筑的要求；画家会说那块画布上"需要"多加些黄色；一位服装设计师会说，她设计的服装需要与一种特别的帽子配套；啤酒和林堡搭配比和罗克福搭配的效果更好，或像某些人说的，啤酒"喜欢"某种乳酪胜过另一种。

戈德斯坦的著作尤其证明过生物机体中存在的"应该如何"。一个受损伤的机体不满足于它的现状，不会安于受损伤的状态。它努力着，敦促着，推进着，它和自身作战、斗争，要重新使自己成为一个完整的统一体。从一个丧失了某一功能的有机体，它力求变成一个新的统一体，使已丧失的功能不再威胁到它的统一性。它管理自己，制造自己，再造自己。它肯定是主动的而不是被动的。也就是说，格式塔和机体论心理学家不仅有"是"的洞察，而且有"向量"的洞察（应该的洞察？），而不是像行为主义那样的"应该盲"，认为生物机体仅仅是被"安排"成那样，而不是自己也在"做事"，也在"要求"。这样看，弗洛姆、霍妮、阿德勒也可以说具备着**"是"**和**"应该"**的洞察。有时我发现，应该认为所谓的新弗洛伊德派是综合了弗洛伊德（他缺乏充分的整体观）和戈德斯坦，以及格式塔心理学家的思想，而不仅仅是称其为背离弗洛伊德的异端。

我想重申的是，事实具有许多这一类的动力特征以及具有的向量的性质，恰恰落入了"价值"一词的语义范围。至少，它们在事实和价值之间的二分法鸿沟上架起了桥梁，这种二分法已被大多数科学家和哲学家循惯例而不加思索地认为是科学自身的一个规定性特征。许多人把科学规定为在道德上和伦理上是中性的，关于目的或应该则没什么好讨论的。他们就这样给一个不可避免的后果敞开了大门，那就是说，假如目的必须来自某处，又假如目的不能来自已知，那么，它们便只能从已知以外的地方来。

**"应该性"由"事实性"所创造**。这一点是通过浅显易懂的阶段延伸到一个更广泛概括的概念。事实的"事实的程度"、它们的"事实的"性质的增强同时也引导到这些事实的"应该的"性质的增强。"事实的程度"生成了"应该的程度"，我们可以这样说。

事实创造应该！当某物被看到或认识得越清楚，它自然也变得越真实，越不会被误解，它也会获得越多的应该性质。某物变得越"是"，它也变得越"应该"——它的需求越被满足，它越"要求"更有针对性的下一步。某物被理解得越清楚，也变得越"应该"，它变得越是行动的更佳向导。

事实上，这表示，当任何事物十分明确，十分肯定，十分真实，毫无疑义时，它就会在自身内部提出它自己的需求，形成它自己的需要特性，成为对它自己来说最适合的样子。它"要求"进行某些行动而不要求其他行动。假如我们规定伦理学、道德和价值为行动的向导，那么，行动的最容易理解和最好的向导就是非常确定的事实；事实越真切，它们也越是行动的好向导。

我们可以用一个不能确定的诊断作为例子说明这一点。我们都见过青年精神病治疗师的犹豫不决和摇摆不定，他们可能对病人宽容、敏感和下不了决心，他们在诊断中完全不能肯定病人究竟是怎么回事。当他参照许多其他诊疗意见，并做了一连串相互印证的测试后，假如这些意见和测试结果完全符合他自己的观察并对此做过反复核实后，他就会变得十分肯定，例如，得到确诊病人是精神病患者；于是，他的行为以一种非常重要的方式向最终的肯定改变，向坚决和有把握改变，变得确切知道该做些什么，以及什么时候和如何去做。这种确定感武装了他，使他敢于反对病人亲属的不同意见和对立的看法，反对任何其他有不同想法的人。他能排除万难、径直行事，仅仅因为他心中不再存有疑虑；这是以另一种方式说，他理解了问题的真相。这一认识使他能够不顾他可能加之于病人的痛苦，不顾病人的眼泪、抗议或敌意，毫不犹豫地继续推进。只要你相信自己，你便不再惜力。肯定的知识意味着肯定的道德决断，即诊断的确定意味着疗法的确定。

在我自己的经验中，我也有一个例子能说明道德的坚定是怎样来自事实的确定的。在读研究生期间，我曾研究过催眠术。大学有一项规定是禁止催眠，理由是——我猜测——它不能在科学性上站稳脚跟。但我确信它具备（因为那时我正在做这件事），并相信是通向认识的一条康庄大道，是一种必需的研究途径。我的无所顾忌使我自己也感到吃惊；我甚至不惜说谎或偷偷摸摸地进行。我不过是做必须做的事，因为我敢绝对肯定它是一件应该做的正确的事。（请注意"应该做的正确的事"这一短语，**它既是一个认知层面的词，又是一个道德层面的词。**）①我只不过比他们懂得的要多些。我无须生这些人的气，我权当他们在这件事上是无知的，所以对他们并不在意。（这里我撇开了不适当的确信感这一非常困难的问题；那是另一个问题。）

另一个例子：当父母犹豫不定时，他们是软弱的；当他们确信时，他们变得坚定、明确且不可动摇起来。假如你确切知道你的所作所为是什么，你就不会犹豫，即使你的孩子哭喊、很痛苦，或表示抗议。假如你知道，你必须拔出一根刺或一支箭，或者明白你必须动刀才能救孩子的命，你就能毫不手软地去做。

这正是知识带来明确决断、行动、抉择的表现，知识使我们知道该做什么，因而给了我们力量。这非常像一位外科医生或牙科医生常处的情境。外科医生

---

① "错误""不好""正确"也是这样带有认知评判的词。一位英语教授的故事是一个进一步的说明：他告诉他的学生有两个不雅的词他们写作时最好不要用，一是"lousy"（讨厌的），一是"swell"（膨胀）。等了一会儿以后，一个学生问道："那么，它们究竟是什么意思呢？"

剖开了肚子，找到发炎的阑尾，他知道最好把它割掉，因为如果让它烂在肚子里就会死人。这是一个例子，说明真理号令所需的行动，**"是"**号令**"应该"**。

我们所谈的这些都和苏格拉底的思想有所联系，苏格拉底曾认为，没有人会自愿地选择虚假而抛弃真理，或择恶弃善。这里的假设是：无知使错误的选择成为可能。不仅如此，而且全部杰斐逊的民主论都以这样的信念为依据，即充分的知识引导正确的行动，没有充分的知识也不可能有正确的行动。

**自我实现的人具有对事实和价值的认识。**若干年前，我曾报告说，自我实现的人是（1）对现实和真理很有了解的人，也是（2）一般不会混淆是非的人，他们能比一般人更快并较有把握地做出伦理决断。第一个发现从那时以来经常得到支持，我也认为我们今天能比20年前更好地理解这一点。

然而，第二个发现一直是某种难解之谜。当然，我们今天关于心理健康的心理动力问题知道得更多了，因而我们能够更安于这一发现，并更倾向于希望未来的研究能够肯定它是事实。

我们当前讨论的上下文允许我提出带有个人色彩的感想（当然这必须得到其他观察者的印证），即这两个发现可能是有内在联系的。那就是说，我认为对于价值的明确认识在一定程度上是对于事实的明确认识的一种结果，或者说，它们甚至可能是一回事。

我称之为B-认识——对存在的认识，或对他在（Otherness）、对人或物的内在本性的认识，这些认识更经常地出现在更健康的人中，并且似乎不仅是对**深层确实性**的一种认识，而且也是对有关对象的**应该性**的一种认识。那就是说，应该性是深刻认识的事实性的一个**内在固有的**方面：它自身也是一个有待认识的事实。

我们所说的这种应该性，或叫作需要的特性，也可称为需求性或天生的行动需求，似乎只对那些与生俱来带有敏锐感知的人产生影响。因此，认知能指引道德的肯定和决断是存在的，正如高智商能对一套繁复事实的明确认识起到引导，或也如一位神经敏锐的艺术鉴赏者那样，他往往能非常清晰地看到色盲看不到或其他人视而不见的东西。一百万个色盲不能看到地毯的绿色，那也无关紧要，他们可能认为那地毯是灰色的，但这对于那位知觉清晰、生动而无误地看到事实真相的艺术家毫无影响。

因为更健康的、更有知识的人很少是"应该盲"——因为他们能让自己认识什么是事实所希望的，什么是事实所要求的，什么是事实的暗示、需要或渴望——因为他们能做到像道家的道义说的那样"顺势而为"——因而在一切价值决断方面鲜有踌躇，这些决断取决于现实的性质，或其本身就是现实的一部分性质。

只要一个对象的事实层面和同一对象的应该层面可以分开，分开谈论"是认识"和"是盲"以及"应该认识"和"应该盲"便可能是有所助益的。我相信，一般人可以被认为是"是认识"而"应该盲"。健康人是更能认识"应该"的人。心理治疗导致更高的"应该认识"。我所接触到的那些自我实现被试，他们所具有的更坚定的道德决断可能直接来自更明确的"是认识"或更明确的"应该认识"，或同时来自两者。

即使有可能使问题复杂化，我仍不禁想要补充一点，"应该"可以部分地理解为一种对潜能、对理想的可能性的盲目性。举一个例子，引述自亚里士多德所说的关于奴役的"应该盲"。当他对奴隶的人格特点做审查时，他发现奴隶确实在性格上是具有奴性的。这一描述性事实那时被亚里士多德认为是奴隶的真正的、最内在的、本能的特性。因此，奴隶是本性如此，他们应该成为奴隶。金西也犯了类似的错误，把简单的、表面的描述和"正常状态"混淆了。他不能看到原本这些现象"可能"成为怎样的。弗洛伊德和他关于女性弱势心理的学说也是如此。女性在他的时代可能的确如此，但不能看到她们进一步发展的潜能——正如不能看到一个孩子有机会就能长大成人。对未来可能、变化、发展或潜能的盲目必然导致一种见状哲学，把"现在的是"（包括全部现有和可能有的）当作标准。正如西利（Seeley）谈论描述性的社会学家时所说的，纯描述仅仅是一张加入保守党的邀请函。[①]脱离价值，超脱于其他事实本身而谈"纯粹"，仅仅是**草率的**定义。

**道家的倾听**。一个人要找到对自己是合适的东西，有效的方法是仔细地、像道学家那样地倾听自己内心的呼声，为了让自己被雕琢、引导、指引而倾听。好的心理治疗师以同样的方法来帮助来访者——让他听到自己已被淹没的内部呼声，他自己本性的微弱呐喊，要知道，按照斯宾诺莎的原理，真正的自由是由接受和爱那个自然、真实的本性所构成的。

同样地，一个人要发现怎样对待世界才是正确的，也要靠同样地倾听它的本性和呼声，靠对它的需求和暗示的敏感，要安静下来让它的呼声能被听到；要能承受，不干预，不要求，并由它自然发展。

这存在于我们生活中的每时每刻。怎样更容易地分解一只火鸡，窍门在于我们知道鸡的关节在哪里，怎么使用刀和叉更省力，即基于对有关事实有充分的了解。假如事实已被充分了解，它们就会引导我们、告诉我们该做什么。但这里还蕴含另一层意思：事实是不会高声说话的，完全理解事实是困难的。要能听到事实的声音必须保持安静，以一种完全接纳的态度聆听，以道家的方式聆听。那就是说，假如我们希望让事实告诉我们它们的应该性，我们必须学会以这种洗耳恭听的方式，这种方式可以称为道家的——静默的，不做声的，安宁的，充分的，不干预的，接纳的，耐心的，尊重眼前的问题，谦恭对待眼前的问题。

这也是一种关于古老苏格拉底学说的现代说法：不会有人掌握了充分的知

---

① 迄今为止，我在"应该认识"的题下分别列出了几种认识。第一种是知觉领域的格式塔—向量（动力的或方向的）方面的认识；第二种是对作为现在存在的未来的认识，即对作为未来成长和发展的潜能和可能性的认识；第三种是统一型的认识，在这种认识中，知觉对象的永恒面和象征面连同它的具体面、直接面同时被认识。我不能肯定，我所说的"实体化"，即对一项活动作为一个目的而不仅仅作为一个手段的深思熟虑认识，和这种认识如何相似或如何不同。由于它们基于不同的操作手法，我暂时仍选择让它们分隔开。

识还会去作恶。虽然不能断言，因为我们现在当然知道还有除无知以外的恶行，但我们仍然可以同意苏格拉底的看法，把对事实的无知看作恶行的主要缘由。这等于说事实本身在其范围内包含有一些暗示，告诉我们应该做些什么。

试图用钥匙开一把卡住的锁也是一种最好也用道家的方式来处理的活动，需要轻柔、细心、摸索着进行。我想我们都能理解这是一种非常有效的方法，有时甚至是最好的方法。解决几何学问题、治疗问题、婚姻问题、职业选择等，以及道德意识问题、是非问题也应如此。

这是接受事实的应该性质的必然结果。假如有这种性质存在，我们就应当对它有充分的了解。我们知道这不是一件容易做到的事，我们应该研究那些能使我们达到最大"应该认识"的条件。

# 第**9**章

## 存在心理学简说①

## 一、存在心理学②的定义（论题、议题、研究范围）

（也可以称为本体心理学、超验心理学、完善的心理学、目的心理学）

1. 讨论目的（而不是手段或工具），目的状态，目的体验（内在的满足和愉悦）；人，自身作为自己的目的（庄严的，独特的，不可类比的，每个个体同样可贵，而不是别人的工具或达到目的的手段）；使手段变成目的、使手段活动转化为目的活动的技术。被讨论物**本体**，只要它们是以自身本性的状态存在，只有在它们是对自我起效，在内在的层面上有效时，它们的**固有价值**和**本体价值**才无须证实。在此时此地的状态中，每时每刻都被充分地体验，**本体**（作为目的），不是作为过去的重复或未来的序曲。

2. 讨论**终结和末端**，即完成、顶点、终局、结尾、完全、极致、完美（没有任何缺欠的状态，不再有任何需要，不可能再做改善）。纯粹愉悦的状态，欢乐、幸福、狂喜、入迷、完满、领悟；是一种希望成真的状态；是一种问题得以破解，要求得到肯定，需要都被满足，目标终得实现，梦想成为现实……的状态。是已经到达"那里"的状态，而不是正向到达那里做着努力。高峰体验，一种纯粹成功的状态（一切否定都暂不复存在）。

2a. 走到终局和完结的不愉快、悲剧状态，也被称作一种存在认知的状态。

---

① 这些片断还不是最终的形式，它们也没有形成一个完整的结构。它们是在我作为加利福尼亚州拉霍亚地区西方行为科学研究所安德鲁·凯的客座研究员的任期内于1961年写成的。
② 马斯洛所说的Being-psychology（存在心理学）和兴起于欧洲的existential psychology（存在主义心理学）不是一回事。两者的不同见马斯洛的《存在心理学探索》一书第2章。——译者注

失败、无望、绝望、防御崩溃的状态，自身价值体系的崩塌感，与真切负罪感的对峙，所有这些体验在有足够力量和勇气的情况下，都能**迫使**人更接近对真理和真实的认知（作为一个目的，不再作为一种手段）。

3. 感觉完美、认为完美的状态。完美的概念。理想、模式、极限、范例、抽象定义。人，作为他潜能的存在，或可以被设想为完美的、理想的、模范的、真诚的、完满的、钦慕的、超凡的、值得模仿的，或在这些方面具有潜势或趋向（即在最佳的环境下他**会**成为、**可能**成为的最好样子，或作为潜势存在的人；人性发展的理想限度，人会在逐步趋近目的的路上，但绝不会一劳永逸地达到）。他的注定目标、他的命运。这些理想的人类潜能使我们能从认知中推演得知心理治疗、教育、家庭训练、极致的成长、自我的发展等的人类至远目标（参看下文"存在价值的操作定义"）。关于内核的定义和人的规定性特征；他的本性，他的"固有内核"或"内部核心"；他的本质，他现时存在着的潜能，他的必要条件（本能，体质，生物本性，内在固有的人性）。这使得"完满人性"、"人性的程度"或"人性萎缩程度"被（定量地）说明成为可能。以欧洲的哲学人类学的观点，"必要条件"，规定性特征（人性概念的定义），要和典范（榜样，柏拉图的理念，理想的可能，完美的观念，英雄，模板，榜样）区分开。前者是极小值，后者是最大值。后者是纯粹的、静态的存在，那是前者力图变成的，前者所有的是很低的归类条件，例如，人是无羽毛的两足动物。而且，人类成员的资质是全或无的，不在其内，就在其外。

4. 无欲求、无目的状态，无缺失性需要、无激惹、不挣扎、不努力的状态，是一种享受奖赏、得到满足的状态。获益状态。[因此，能"让一个人的兴趣、希望和目标完全被抛诸脑后，能在某一时刻完全放弃一个人的个性，继续作为纯认识的主体……能清晰地观察世界"。——叔本华（Schopenhauer）]

4a. 无畏状态；无焦虑状态。勇气。无碍的、自由的流动，无抑制、无阻挡的人性。

5. 超越性动机（在一切缺失性需要、一切缺失和要求得到满足以后的行为动力）。成长动机。"非激发的"行为。表现。自发性。

5a. 纯粹（始发的或整合的）创造的状态和过程。完全此时此地活动（在可能的范围内"摆脱"过去或未来）。即兴创作。人与情境（问题）的相互融合，以人—境融合作为一种理想限度的运动。

6. 关于希望（或注定的目标、使命、命运、天职）、自我的完成的描述、实证以及临床上或人格学上或心理测量上说明的状态（自我实现，成熟，充分发展的人，心理健康，真实，真正自我的得到，个体特性的完成，创造性人格，自我同一性，潜在势能的领悟、确认或实现）。

7. 存在认知。和心灵以外的实在打交道，集中于实在的性质而不是正在进行认识活动的自我的性质或兴趣。看透人或物的本质。领悟。

7a. 存在认知发生的条件。高峰体验。最低点或孤寂体验。死前的存在认知。严重精神退行状态下的存在认知。存在认知式的洞察治疗。对存在认知的畏惧和躲避；存在认知的危险。


（1）存在认知感知的本质。存在认知所描述的和完美推断的实在性质，即在最佳条件下的描述和推断，实在被设想为不依赖于观察者的、非抽象的实在。（参看关于存在认知和缺失认知的解释。）

（2）存在认知观察者的本质。真实，因为超脱、无欲念、不自私、"无偏见"、道家思想、无畏、此时此地（参看关于纯真认知的注释）、承受、谦虚（不骄傲）、没有得失的考虑，等等。我们自己作为最有效的实在观察者。


8. 超越时间和空间。时间和空间被遗忘（被吸引，注意力集中，着迷，高峰体验，低点体验），无关受阻或受干扰时的状态。宇宙、人、物、经验，它们都被看作无时间的、永恒的、无空间限制的、普遍的、绝对的、完美的。

9. 神圣；崇高的、实体的、精神的、超验的、永恒的、无限的、神圣的、绝对的；敬畏状态；崇拜、供奉，等等。"信徒"般的虔诚状态——就其自然主义的一面而言。从永恒面来看待的日常世界、日常中的事物和人。统一的生命。统一的意识。暂时和永恒的融合状态，局部和普遍、相对和绝对、事实和价值的融合状态。

10. 纯真状态（用儿童或动物作为范例）。（参看存在认知），（用成熟的、聪明的、自我实现的人作为范例）。纯真知觉（典型的状态是对重要和不重要没有分辨；一切皆有可能发生和出现；一切皆同样有趣；很少区分对象和背景；只有初具雏形的结构和环境的不同；手段和目的很少分化，一切皆有自身的价值；没有未来，没有预知，没有警惕，因而没有惊异、忧虑、失望、期待、预测、焦虑、演习、准备，或烦恼；一切事情发生的可能性相同；不带干预地去接受；接受发生的一切；几乎没有抉择、偏爱、挑选、分辨；几乎不区分什么是有关的和无关的；也几乎不去抽离、怀疑）。纯真举动［自发的，展现的，冲动性的；没有畏惧、控制或抑制；没有狡诈，没有别有用心的动机；诚实；无畏；无企图；无计划、无预谋、无演练；谦恭（不骄傲）；没有不耐烦（当未来未知时）；没有改善或改造世界的冲动——纯真和存在认知有很多交迭；或许它们将来会证明是完全等同的］。

11. 靠近终极整体的状态，即向整个宇宙、全部实在靠近，以一种统一的方式看待实在；每一事物也都是每一别的事物，任何事物都和每一事物有联系；全部实在不过是一个我们从不同角度观察的同一事物。巴克（Bucke）的宇宙意识。对世界一部分的着迷观察就好像它是整个世界。看某一事物就像它是所有的一切，这是一种技术，例如在艺术和摄影术中，在剪裁、放大、扩版中，等等。（好比切断了一个对象和背景中其他对象的一切联系，把它从背景中突出出来，抹掉了它的嵌入状态，等等，让它显现自身，而且是绝对、新鲜地显现。）观察对象的一切特征，而不是依据它的效用、危险程度、方便与否等概念进行抽象的描述。一物的存在即全物；进行抽象必然会从手段的观点进行观察并使它脱离物自身的领域。

超越分割、离散、互相排斥，超越排中律。

12. 观察到或推论出的存在特征（或价值）。存在的王国（参看存在价值表）。统一的意识。（参看有关存在价值操作定义的备忘录，下文第四节。）

13. 二分法（两极、对立、矛盾）已得到解决（被超越，相结合，相融合，整合）的一切状态，例如，自私和不自私，理智和感情，冲动和控制，信赖和意愿，意识和无意识，相反的或敌对的利益，愉快和悲哀，眼泪和笑容，悲剧和喜剧，阿波罗（太阳神）和狄俄尼索斯（酒神），浪漫和经典等的二元统一。一切能使对立转化为协作的整合过程，如爱、艺术、理智、幽默，等等。

14. 一切协同状态（在世界上，在社会中，在个人内部，在本性中，在自我中）。自私变得和不自私同一的状态（当我追求"自私的目的"而必须为其他每一个人造福的时候；当我成为利他的而使我自己也得益的时候，即当二分已得到解决并被超越的时候）。能使美德得到报酬的社会状态，即当美德能够得到外部奖赏也如得到内在满足一样的时候；当德性、直爽、智慧、优美、诚实等不会代价太高的时候。能培养和鼓励存在价值使之实现的一切状态。能使人易于从善的状态。阻止怨忿、反价值和反道德（对卓越的仇视和畏惧，对美、善、真等的仇恨和畏惧）的状态。一切能增进真、善、美等之间相关关系的状态，使这些美德趋向理想统一的状态。

15. 能使困境（存在的两难处境）暂时得到解决、整合、被超越或被遗忘的状态，例如，高峰体验，存在（层面的）幽默和存在（层面的）笑，"完美的结局"，存在公道的胜利，"死得其所"，存在的爱，存在的艺术，存在的悲剧或喜剧，一切整合的时刻、行动和领悟，等等。

## 二、《存在心理学探索》中所用"存在"一词多种用法的简要说明

1. "存在"一词被用来指代整个宇宙、每一个存在物，指实在的一切。在高峰体验中，在着迷、注意力集中的状态下，注意力的范围缩小、汇聚于某一单个的物或人，那时体验到的状态"似乎"那一刻就是全部的存在，全部实在。这表示从整体上看一切都是相互关联的。唯一完整的东西是整个宇宙。任何有缺陷物都是局部的、不完全的，切断了和整体固有的联结和关系，只是为了暂时的、实际的便利才如此。"存在"也指代宇宙意识，并代表着层次的整合而不是二分分化。

2. 它指代"内核"，个人的生物本性——他的基本需要、能力、爱好；他简至不能再简化的本性；"真正的自我"（霍妮）；他的内在的、根本的、固有的本性。同一性。由于"内核"既是整个物种共享的（每一婴儿都有被爱的需要），又是个体的（只有莫扎特的才是完美莫扎特式的），这个说法能表示"成为完人的"和/或"成为完全特殊的"。

3. 存在意味着"表现一个人的本性"，而不是委曲求全、挣扎、拉扯、祈愿、控制、干预、命令（即，看山是山，看水是水。与"扮演"来得正相反，像是表演者"扮演"女性或明明吝啬却"试图"以慷慨的身份自居）。它指代不费力的自发性（好比一个睿智的人会流露出智慧，一个婴儿表现得很孩子气那样），使最深层的、最内在的本性在行为中表现出来。由于自发性很难做到，多数人都可以称为"人的扮演者"，即他们"试图"成为他们所设想的人的样子，而不是恰好就是他们本色的样子。因此，它也意味着诚实、坦荡、自我揭露。多数运用过自发性的心理学家都暗自抱有过未得到充分证实的想法，认为神经症不是最深层本性的一部分，不是内核的一部分，或人的真实存在的一部分，而宁可说是人格更表面的一层，它掩盖或歪曲了**真实的自我**，即神经症是对真实存在、对一个人深层生物本性的一种防御。"试图"可能不如"存在"

（流露）好，但它比试也不试要好些，比毫无希望、不做挣扎、完全放弃好些。

4. 存在能指"人""马"等概念。这样一种概念具有规定性特征，以特定的作用限定表明什么是它的组成部分，什么会被它排除在外。就人类心理学来说，这是有局限性的，因为任何一个人既能看作"人"这一概念或类的一员，又能看作某一独特类如"爱迪生·西姆斯"（Addison J. Sims）的唯一成员。并且，我们还能以两种截然不同的方式利用"类"这个概念，或尽量减小或尽量扩大限定范围。尽量减小范围能使"类"几乎不排除任何一个个体。这不能给我们提供任何划分等级的依据或在人与人之间进行区分的参考价值。一个人或者是"类"的一员，或者不是"类"的一员，或在类内或在类外。两者必居其一。

除此以外，类还能以它的完美范例（楷模，英雄，理想的可能性，柏拉图的理念，理想推演的极限和可能）来规定。这种用法有许多优点，但必须注意和区分它的抽象和静态性质。在描绘我能找到的现实最优秀人物（自我实现的人鲜有，他们没有一个是绝对完美的）和另一方面描绘理论上的纯范例概念（从对现实非完人的描述出发进行推演而形成的）之间有很深刻的区别。"自我实现的人"这一概念所表明的不只是取得相关成就的一些人，而且是趋近理想的极限的人。这应该不难理解，我们对蒸汽机或汽车的样子或图像太熟悉了，那自然就绝不会把我的汽车或你的蒸汽机的照片搞混。

这样一种概念的定义使我们有可能把本质的东西和外围的东西（偶然的、表面的、非本质的）区分开。它提供了一些标准，这些标准能区分真实的和不真实的，真的和假的，必需的和可以省略的或可以牺牲掉的，长远的、永恒的和起过渡作用的，不变的和可变的。

5. 存在能表示发展、成长和变化的"终局"。它指代最终的产物或发展的限度或目标，或说变化的末端，而不是变化的过程，如在下句中表明的："这样，存在心理学和变化心理学能和谐一致，儿童，虽然单单是他自己，却能向前运动并成长。"这听起来非常像亚里士多德的"终极因"，或末端，最终的产物，意思是橡籽在它的本性中现在就有橡树，那是它将会变成的样子。（这是一种诡谲的说法，因为我们有拟人化的倾向，说橡籽"试图"成长。实则不然，它不过"是"一个婴儿。正如达尔文不会用"试图"一词解释进化，我们也必须避免这一用法。我们只能把它向它的极限成长解释为它的存在的附带现象，解释为同时期的机制的"盲目"副产品和过程。）

## 三、存在价值（对高峰体验中所见世界的描述）

存在的特征也就是存在的价值。[可以类北为人类中完人的特征，完人的爱好；高峰体验中人格（同一性）的特征；理想艺术的特征；理想儿童的特征，理想的数学推演、理想的实验和理论、理想的科学和知识的特征；一切理想心理治疗（道家的不干预）的长远目标；理想人本主义教育的长远目标；某些类型的信仰的长远目标和表现；理想的良好社会和理想的良好环境的特征。]

1. **真**（诚实；真实；坦率；单纯；丰富；本质；应该；美；纯；洁净和未掺假的纯粹）。

2. **善**（正直；合乎需要；应该；公正；仁慈；诚实；我们喜爱它，被它吸引，赞同它）。

3. **美**（正直；形态匀称；活泼；单纯；丰富；完整、完善；完全；独一无二；诚实）。

4. **完整**（统一；整合；倾向单一；相互联结；单纯；组织；结构；秩序、不分离；协同；同法则和相结合的倾向）。

4a. **二分法超越**（接受，坚决，二分、两极、对立面、矛盾的整合或超越；协同，即对立转化为统一，敌对者转化为相互合作或相互鼓励的伙伴）。

5. **活泼**（过程；不死气沉沉；自发；自我调整；充分运转；改变着又保持原样；表现自身）。

6. **独特**（特有的风格；个人的特征；不能类比；新颖；可感受到的特性；

就是它本身；不像任何其他事物）。

7. **完善**（没有什么是多余的；也不缺少任何东西；一切都在合适的位子上，无须改善；恰当；正是如此，适宜，正当，完全；无可超越；应该）。

7a. **必需**（不可免；必须正像那样；任何一丁点也不要改变；那样就很好）。

8. **完成**（完结；终局；合法；事情已经完成；完形不再变化；目的实现；终点和末端；没有缺失；全体；命运的实现；终止；顶点；圆满结束；新生前的死；成长和发展的终止和完成）。

9. **公道**（公平；应该；适宜；成体系的性质；必需；不可免；无偏私；不偏袒）。

9a. **秩序**（合法则；正确；没有多余的东西；完善安排）。

10. **单纯**（忠实；坦率；本质；抽象，无误；基本的框架；问题的中心；不转弯抹角；仅仅必需的东西；无修饰，没有多余的东西）。

11. **丰富**（分化；复杂；错综；全体；无缺失或隐藏；——陈列且"无所谓重要或不重要"；即一切都同等重要；没有什么是不重要的；一切顺其自然，无须改善、简化、抽象、重新安排）。

12. **不费力**（自如；不紧张，不力争，或无困难；优雅；完美的运转）。

13. **欢娱**（玩笑；欢乐；有趣；愉悦；幽默；生机勃勃；不费力）。

14. **自足**（自主；独立；除自身以外不需要任何别的东西；自我决定；超越环境；分立；依据自己的法则生活；同一性）。

## 四、以可测形式呈现的、说明存在价值含义的操作定义

1. 首先看到的是自我实现（心理上健康）的人的描述特征，正如他们自己报告的那样，也符合研究者以及和他们关系密切的人所认识的那样（价值1、2、3、4、4a、5、6、7、8、9、9a、10、11、12、13、14，还包括领悟、接受、自我超

越、新鲜的认知、更多的高峰体验、社会情感关系、存在爱、顺势而为、存在尊重、自我实现的创造性——creativeness$_{sa}$[1]）。

2. 作为自我实现的人的倾向性、选择、迫切需要、价值，见于他们自身，见于他人，见于外界中（假定有相当好的环境条件和相当好的选择时）。有某种可能除自我实现的人以外还有许多人有同样的、虽然较弱的倾向性、需要，但要有非常好的环境条件和非常好的选择者条件。任何存在价值偏向可能性的增大有赖于：（1）选择者心理健康的增进；（2）环境的合作；（3）选择者的力量、勇气、活力、自信等的增强。

假设：存在价值是很多人（大多数？所有人？）所深深渴望的（能在深层次的治疗中发现）。

假设：存在价值是能使人得到终极满足的东西，不论人是否有意识地寻求、偏爱或渴望它；即存在价值带来完善、完成、实现、宁静、命运实现等感受。在起到良好的效果（治疗和成长的效果）的意义上说也是如此。[2]

3. 向调查研究者报告的世界的特征（或这类特征的迹象），这些特征是高峰体验者在高峰体验中领悟到的（即在种种高峰体验中世界看来是怎样的）。这些资料一般都能得到文献中关于神秘体验、爱的体验、审美体验、创造体验、父母和生育体验、理智的领悟、治疗觉察（不经常有）、体育运动、躯体感受的普遍报告的印证，也能得到思想著述某些方面的印证。

4. 高峰体验者向调查研究者报告的自我的特征（"敏锐的同一性体验"）（包括一切价值，除第9条和自我实现的创造性可能是例外；此时此地的性质；顺其自然的价值，可以认为是对第5、7、12条的阐明；富有诗意的交流）。

5. 调查研究者观察到的高峰体验者的行为特征（与上文4相同）。

---

① 作者建议用写在下角的限制词说明许多主观概念，在这里，"sa"表示"自我实现的"（self-actualizing）。——编者注
② 参看《存在心理学探索》第3章。

6. 对于其他存在认知（当有足够力量和勇气时）也同样；例如，某些高峰体验；某些低点和孤寂体验（精神病式的退行、面临死亡、防御的崩溃、价值体系的幻灭、悲剧和悲剧体验、失败、面临人的困境或存在主义的两难处境），某些理智的和哲学的卓识、构建和洞察；关于过去的存在认知（"拥抱过去"）。这一"操作定义"的数据来源本身是不充分的，即需要其他的证实。有时支持其他操作的结果，有时需要有与之对立的证明。

7. 被视为"优秀"艺术的特征（"优秀"迄今为止的意思是"本研究者所推荐的"）；例如，绘画、雕刻、音乐、舞蹈、诗、其他文学艺术（除第9条以外的一切价值，对第7条和第8条也有一些例外）。

**一项试点实验**：儿童的非写实绘画由艺术裁判按十分制评级，一种标准是从"最大一般美感值"到"最小一般美感值"，另一组裁判按十分制评价"完整性"，又一组评价"活泼性"，第四组评价"独特性"。四种变量是正相关的。这项试点调查：可以通过对绘画或短故事的评审印象得出关于绘画作者心理健康情况的比随机得出的更好的判断。

**可以检验的假设**：美、智慧、善良和心理健康之间的相关关系随年龄的增加而递增。对以十进位为区分的不同年龄的人的美、善良、智慧和健康进行评级，每一项评级由不同的裁判组做出。全部评级都应该是正相关的，对30多岁的人相关值应该更高，40多岁再升高，等等。迄今为止，该假设只得到偶见的观测的支持。

**假设**：对小说按所有15种存在价值进行评级将证明，"贫瘠"的小说（由裁判做出）不如"杰出"的小说更接近存在价值。对于"杰出"音乐和"贫乏"音乐也同样如此。非规范的陈述也是可能的；例如：哪些画家，哪些语言，哪种舞蹈有助于提高或增强个人特征、诚实、自足或其他存在价值，或能以范例说明这些价值。还有，哪些著作、诗词是更成熟的人所爱好的。如何才能利用健康人作为"生物学的试金人"（对存在价值的更敏感、更有效的观察家和选择者，就像煤堆中的金丝雀一样耀眼)？

8. 关于各年龄阶段儿童心理健康的增强或减退的原因我们知道得很少，但仅就我们所知而论，大体也能看出，健康的增强意味着趋向一部分也许是全部的存在价值的靠近。学校、家庭等的良好外部条件可能被认定是引向心理健康或存在价值的。用可以检验的假设来表述，也就是说，心理上更健康的儿童，例如，要比不那么健康的儿童更诚实（更美，更有德性，更完善，等等），健康的状况可以用投射试验测定，或用行为采择或精神病学诊谈或典型神经症的症候去做鉴别。

**假设**：心理上更健康的教师应该能引导他们的学生向存在价值靠近，等等。

非规范式的问题：哪些条件能增进儿童个体的整合作用，哪些条件能使之削弱？如诚实、美、娱乐、自足，等等？

9. "优秀的"（价值2）或第一流的数学证明是"单纯"（10）、抽象真理（1）、完善、完整和"秩序"（7、8、9）的终极形式。这些证明能被认为而且常常被认为是非常美的（3）。一旦完成，它们看起来似乎是很容易做到的而且确实容易（12）。这一趋向完善的运动，对完善的渴望、爱、崇拜，在某些人那里甚至是需要，等等，已被粗线条地类比为一切机器制造者，工程师，生产工程师，工具制造者，工匠，企业、军队中行政工作和组织管理的专家，等等。他们也表明在追求上述存在价值。这可以依据他们在以下两种情况之间做出的选择测定：例如，一台精致简单的机器，和一台非必要复杂的机器；一个平整的锤子，和一个很不平稳的锤子；一架"充分"运转的引擎，和一架部分运转的引擎（5）；等等。更健康的工程师、工匠等会自发地证明自己更希望他们的一切产品具有存在价值或更接近存在价值，这些产品比由那些较不成熟的工程师、工匠等制作的存在价值较差的产品更受欢迎，卖更高价钱，等等。类似的事情可能也适用于"好的"实验、"好的"理论和"好的"科学研究。很可能，在这里的上下文中对"好的"这个词的毋庸置疑的用法正如数学上的意义一样是"更接近存在价值的"。

10. 大多数（主张洞察、揭露、非权威、道家方式的）心理治疗师，不论哪一学派，当他们能被引导谈论心理治疗的终极目标时，仍然既在描述的意义上，也在理想、抽象概念的意义上，去谈到完美人性的、真挚的、自我实现的、有个性的人，或是某些近似的说法。当去讨论进一步的细节时，这往往意味着某些或全部存在价值；如诚实（1），好的行为（2），整合（4），自发（6），趋向充分发展、成熟和潜能之间的和谐运动（7、8、9），本质上的充分表现（10），成为一个人可能成为的一切并接受一个人深层自我的一切方面（11），不费力，自如地发挥作用（12），有能力娱乐和享受（13），独立，自主，和自我负责（14）。我认为，没有治疗师会真的反对这些品质中的任何一种，甚至有些人可能还想追加一些品质。

关于成功和不成功心理治疗的实际影响，罗杰斯派有过大量的证明，据我所知这些证明无一例外都支持或符合这样的设想：存在价值是心理治疗的长远目标。这种做法在心理治疗之前和之后还可以用来检验未经验证过的假设——通过治疗还能增进病人的美感，以及他对美的敏感和渴望。关于自我实现幽默感的一组类似假设也是可以验证的。

**试点实验：** 在对为期两年的小组治疗实验的非定量观察显示：大学男生和大学女生，在我和参与者自己看来，似乎都觉得参与者变得更美或更漂亮了（而且据陌生人的判断也确实变得更美、更有吸引力了），因为在小组成员的生活中自爱、自尊、乐趣（出自对他们更深的爱）都增多了。一般地说，假如我们强调治疗揭示的作用，不论它揭露的是什么，都在一定意义上早已存在了。因此，揭示疗法所揭露的或显示的不论是什么，都极有可能是生命体在体质、气质上或遗传上所固有的；即它的本质、它的最深处的实在是在生物学上给定的。揭示疗法所驱散的遮蔽物因而可被证明是，或至少表明是**非固有的或非内**

在的，而是偶然的、表面的，是生命体后期获得的或强加于生命体之上的。那些表明存在价值能由于揭示疗法而得到增强或实现的有关证据因而支持了一种信念：这些存在价值是最深层、最基本、最内在的人性的属性或规定性特征。这个大命题在原则上完全是可以验证的。罗杰斯在治疗中使用的"趋近和远离"的技术对什么有助于向存在价值趋近和什么起到相反的作用在研究范围上大有助益。

11."创造的"、"人本主义的"或"全面发展的"教育的长远目标，特别是非语言的（艺术、舞蹈，等等）教育的目标，和存在价值有很多的重叠，并可能证明和存在价值是同样的东西，加上各式各样心理治疗的附加物，很可能只是手段而不是目的，那就是说，这种教育想得到的最终结果有意识地想和理想的心理治疗的结果一样。所有各种已经做出和将要做出的关于治疗效果的研究，能大体上和"创造性"教育进行类比。在教育方面也像在治疗方面一样，能够看出有随着有效的规范个体表现出螺旋式上升的可能性——即能使学生达到最佳"存在化"的教育是"良好"教育；这样的教育能帮助学生变得更诚实、更善良、更美、更整合等，这很可能对于高等教育也适用——假如我们把在这个过程中获得的技巧和方法排除在外，或仅仅把它们作为达到终极存在的手段。

12. 对于神学与非神学信仰的某些说法，以及每一种不可知的合乎信仰的与神秘主义的说法，上述的原则也差不多同样适用。总体来说它们宣传的包括：（1）有一个神，他是大多数存在价值的体现；（2）理想的、信教的、神的子民是最能表现或至少渴望得到这些上神拥有的存在价值的人；（3）一切技巧、礼节、仪式、教义都可以认为是为了达到这些目的的手段；（4）"极乐"是这些价值的所在或状态或达到价值目标的时刻。拯救、赎罪、皈依，都是对上述真理的接受，等等。由于这些命题是由遴选出的证据支持的，它们需要一种独立于它们的筛选原则；即它们和存在心理学相符合，但不能证明存在心理学为真。信仰的文献是一个有用的储库，等待着智者的挑选和取用。至于上述的其他命题，我们可以反向思考，把其作为待验证的理论命题，例如说，存在价值是"真正的"或有作用的、有效益的、有帮助的信仰的解释定义。这一标准现在也许可由禅宗、道家和人本主义的一种结合体系达到最佳的满足。

13. 我的印象是，大多数人在艰难或恶劣的环境条件下会失去存在价值的状态，因为这些条件威胁到缺失性需要的满足，如集中营，监狱，饥馑，瘟疫，恐怖，敌意环绕，被遗弃，无依托，价值系统的全面崩溃，甚至不复存在，无希望的状态，等等。现在还不甚明了，为什么少数人在这些完全同样的"恶劣"条件下仍能趋向存在价值。但两种趋向的运动都是可以验证的。

**假设：**"良好条件"的一个有益的说法是"协同"，本尼迪克特曾把它定义为"社会体制的条件，能使自私和不自私相融合，能把事理妥善安排，使我追求'自私的'满足时会主动地帮助他人，而当我试图利他时能自动地也奖赏并满足我自己；即这时自私和利他之间的二分或两极对立已经解决并被超越"。二次假设：一个好的社会是能使美德得到报酬的社会；一个社会或亚团体或一对伴侣或一个人自身中越具有协同作用，我们也就越接近存在价值；不好的社会条件或环境条件是使我们的个人利益相互敌对或相互排斥而导致我们互相博弈，或使个人满足的条件（缺失性需要）供应短缺以致不是所有人都能满足需要，除非以危害他人为代价。在良好的条件下，我们追求美德，追求存在价值，这无须付出代价或很少付出代价；在良好条件下，有德行的事业家在财政上是更成功的；在良好条件下，有成就的人受人爱戴而不是受人仇视或惧怕或忌恨；在良好条件下，赞美也更是发自内心的（和爱欲或权势无关）。

14. 有某些证据表明，我们称为"好的"工作和"好的"工作条件总体来说是有助于使人趋向存在价值的；例如，人在不那么满意的工作中最重视的是安全感和有保障，而人在最满意的工作中往往最重视的是自我实现的可能性。这是良好环境条件的一个特例。这里又暗含着趋向非规范说法的可能性，如说哪一类条件能促进完整、诚实、特异风格等的形成，从而以"引向存在价值"的短语取代"良好"这个词。

15. 基本需要的层次系统和它们的优势顺序已由一种"重建生物学"的操作发现，即这些需要的受挫会引起神经症。也许不会到太远的一天，我们将得到十分敏感的心理学工具，足以验证一个假设：任何一种存在价值受到威胁或受到挫折，都会引起一种病态或存在不适，或一种人性的萎缩感，也就是说，存在价值也是上述意义上的"需要"（我们为了完成自己或变成完美的人而渴望得到它们）。无论如何，现在已有可能提出一些可以研究的问题且至今还没有调查过："生活在一个布满谎言的世界中会怎样？生活在一个邪恶的、丑陋的世界，一个分裂的、破碎的世界，一个死气沉沉、一潭死水的世界，一个陈腐又僵化的世界，一个不完善、不成熟的世界，一个没有秩序或公理的世界，一个极端复杂化的世界，一个过于简单、过于抽象化的世界，一个需要努力才能活着的世界，一个缺乏欢笑、冷冰冰的世界，一个不容个体独立的世界中会有什么影响？"

16. 我已经指出过，"良好社会"的一个适用的操作意义是它能够向它的所有成员提供基本需要的满足达到怎样的程度，提供自我实现和人性完成的可能性到怎样的程度。除这一说法以外，还可以再加上一个命题："良好社会"（和不好的社会对照地看）提倡、珍视、争取、促进存在价值的实现。这也可以用非规范的词句说明，像我们上文所说的那样。抽象化的、理想的精神国会完美地实现存在价值。良好社会（理想精神国）和协同社会有多大程度的相似呢？

## 五、存在爱怎样能带来无偏私、中立、超然、更明晰的状态

什么时候爱会带来盲目？什么时候爱意味着纤毫毕现，什么时候又雾里看花？

转折点在于：当对于爱的对象的爱非常深切、非常纯洁（全无矛盾）时，**对象的好**就成为我们所需要且唯一需要的，而不是看它能为我们做些什么，这时对象超越了工具的阶段，变成了一个目的（在我们的允许下）。这里可以苹

果树为例：我们非常喜爱**它**，不想让它成为任何别的东西，它长成本身的样子我们就很高兴。任何干预（插手）都**只能**造成危害并使它**不像**一棵自然的苹果树了，或不能靠它自身固有的、内在的规律那么完善地生活。它看来是那样的完美，我们甚至怕碰它，怕减弱了它的美。自然，假如它被看成是完美的，便没有改善它的余地了。事实上，改善（或修饰，等等）的努力本身就是一种证明，即有关对象被看成是不够完美的，改造者头脑中"完美发展"的最终画面据他看要比苹果树自身发展的最终结局更好，即他能比苹果树做得更好，他懂得的更多；他能比它自身更好地塑造它。因此，我们下意识地觉得改造狗的人并不真是一个爱狗者。真的爱狗者看到谁剪掉狗的尾巴将会发怒，也看不惯给狗耳做修剪或整形，或按照某本杂志上看到的样子有选择地育种，弄得它神经质、病恹恹、不能怀胎、不能分娩、患癫痫病，等等。（但这样的人确实自称是爱狗者。）那些培育矮树的人，或训练熊骑自行车，教猩猩吸烟的人也一样。

　　因此，真正的爱是（至少有时如此）非干预的、非要求的，对象存在本身就能让人感到愉快；因而能不带狡诈、预谋或任何自私的想法去面对对象。这表示较少的抽象化（或选择对象的局部或某些属性或个别特征）；较少的不以整体的眼光的观察，较少的以分解的眼光去看待一个人。这等于说，这里有较少人为的或强求一致的结构、组织、塑造、铸型，或者说削足适履，以求符合预先理论或先定概念；即对象保持更完整、更统一，也就等于说，保持着本来的面目。对象较少按照有关或无关、重要或不重要、形或基、有用或无用、危险或不危险、有价值或无价值、有利或无利、好或坏或其他自私的观察标准被测定。对象也不那么容易被成规化、类化或纳入某一历史序列，或只看作一类的一员，作为一种类型的一个样品或一例。

　　这意味着对象的（整体的）各部分（既包括核心又包括外周）的一切方面或特征（既包括重要的又包括不重要的）都能更轻易地得到同样的关心或注意，每一部分都会成为有趣的和奇妙的；存在爱，不论是对爱侣、对婴儿，对一幅画或对一朵花，都几乎能在这种普遍的，以强烈、着迷的关心进行观察的状态下存在。

以这种整体的系统看，微小的瑕疵也能被看成"惹人喜爱的"，迷人的，珍贵的，因为有独特之处，因为它们赋予对象以特性和个性，因为它们使它成为它本身而不是什么别的东西，也许恰恰是因为它们是不重要的，外周的，非本质的。

因此，存在爱者（存在认知者）会看到一些细节，这些细节往往被缺失爱者或非存在爱者的眼睛所忽略。他会更容易地看到对象自身性质的本来面目，接受它本身的资质和存在方式。它自己娇嫩的、柔软的结构更容易从属于接纳式的观察，这种观察是非主动的，非干预的，不带有批判眼光的。也就是说，它为人所见的形态，当在存在认知的状态下被接受时，要比被认知者强加于它时更由它自身的本身的形态所决定。后一种认知者更可能会犯粗鲁、不耐心的错误，就像肢解一样去了解一个人，为了操刀者自己的口味挑挑拣拣，就像征服者要求被征服者无条件投降，像雕塑家按照模型雕塑黏土，而黏土是没有自己的需求和本身的形状的。

# 六、什么人在什么条件下选择存在价值

目前可得的证据表明，存在价值更经常被"健康人"（自我实现的、成熟的、有创造性的，等等）选择，也被占压倒优势的"最伟大的"、最受人赞美的、最受人爱戴的人物选择，这是全部人类史的记载。（这是否是他们为人赞誉、爱戴、被认为伟大的原因？）

有关选择的动物实验表明，牢固的习惯、以前的学习等能降低生物性效能、灵活性、对自愈选择的适应性。例如，肾切除的白鼠就是如此。关于熟悉作用的实验证明，假如要求人们连续10天以上去选择那些低效能的、烦人的、起初并不喜欢的东西，在之后的时间里他们会继续选择这些东西，即使这次不是被强迫的。一般的经验也支持这些发现，例如，在良好习惯的形成方面就是如此。临床经验表明，对习惯的和熟悉的东西的这种偏爱，在更焦虑、胆怯、僵化、拘束的人中，也更强烈、更僵化、更带强制性、更神经质。临床证据和某些实验证据表明，自我力量、勇气、健康和创造性更有可能使成人和儿童去选择新的、不熟悉的、不习惯的东西。

熟悉从适应意义上说，能切断选择存在价值的倾向。尝起来坏的东西吃久了也不觉得有味道，令人惊奇的事情看得多了也不再惊人，恶劣的条件适应了便不再引人注意，即不再被意识到，即使它们的恶劣**影响**可能在没有意识觉察的情况下继续存在，例如，持续的噪声、不变的丑陋或长年的食物缺乏。

真正的选择意味着可供选择的事物在同等条件和同一时刻下的呈现。举例说，因习惯于听到质量很差的留声机里播出的声音，便宁愿选择继续听这种音质也不要选择高保真的留声机。习惯于高保真音质的人则宁愿选择**高保真**的。但当两组人**都**面对两种选择——质量低和质量高的音乐质量时，两组人最终都做出了对高保真留声机的选择（艾恩伯格）。

大量的关于分辨的实验文献证明，当可供选择的事物同时在一起出现而不是分隔地呈现时，分辨会更有效率。我们可以预期，在两幅画中选取较美的，在两瓶酒中选取较醇正的，在两个人中选取较活跃的，当可供选择的对象在空间和时间上更靠近时，这种选择也更有可能。

**假设实验：**假如质量的等级是从1（不好的卷烟、酒、织物、奶酪、咖啡，等等）到10（好的卷烟、酒，等等），习惯于1级的人很可能选择1，假如唯一可供选择的另一品种处于另一级，如10。但有可能被试会选择2而不是1，选择3而不是2，等等，这样最终引导到选择10。可供选择的对象必须在上述谈论的范围内，等级不能相距太远。对于起初偏爱高质量酒的人也可以用同法测验。让他们在10和9、9和8、5和4等之间选择，他们很可能也会继续选择较高的价值。

在上述的各种意义上，揭示洞察疗法能被看作引向"真正选择"的过程。

在成功的治疗以后，做出真正选择的能力要比接受治疗前大得多，即它是在先天体质因素上决定的而不是在后天文化因素上决定的，它是由自我而不是由外部的或内部的"他人"所决定。选择是有意识的而不是无意识的，恐惧（包括对未知的、已知的）已极度缩小，等等。成功的治疗增强了喜欢存在价值的倾向，也更以存在价值为榜样。

这表示选择者的性格因素也必须保持恒常或被估计在内；例如，要通过实际感受理解"较好"的选择（在价值的层次系统中位置较高，趋向存在价值）能给人以较好体验，这对于精神受到创伤、受到消极因素影响或一般神经质的人，对于害羞、胆怯的人，对于狭隘的、贫乏的、受控制的人，对于僵化的、定型的、因循守旧的人来说会有更大的困难。（因为他们可能惧怕尝试这种体验，或惧怕体验这种爱好，或可能拒绝这种体验，抑制它，压抑它，等等。）这种性格上的制约大体上也适用于先天体质的和后天获得的两种决定因素。

许多实验证明，社会暗示，不理性的广告，社会压力，铺天的宣传等，对于选择的自由甚至认知的自由有很大的影响；人们可能因为误解而误选。这种辐射给习惯顺从的人带来的影响比那些独立、坚强的人更大。有一些临床心理学和社会心理学的证据使我们相信，年轻人比年长的人所受影响更大。不过，所有这些来自阈下条件作用、宣传、权威暗示，或虚假广告、阈下刺激、隐蔽的阳性强化等的影响和起类似作用的东西，都仰仗于盲目、无知、缺乏见识、隐匿真相、说谎和对情境的缺乏觉察。这一类影响的大多数都能消除，只要使无知的选择者有觉察地意识到他是怎样被操纵的。

真正自由的选择——这时选择者内部固有的特质是主要的决定因素——是由摆脱社会压力得到增强的，是由独立人格而不是依附人格增强的，是由年龄累积的成熟以及力量和勇气而不是软弱和畏惧增强的，是由真理、知识和清醒的意识得到增强的。满足这些条件的每一种都应该能够提升存在选择的百分比。

在价值的层次系统中，存在价值是"最高"一层，在一定程度上是由基本需要的层次系统决定的，是由缺失需要对成长需要的优势、保持体内平衡对成长的优势等决定的。一般地说，如果有两种缺失需要要满足，更占优势的是"较底层的"一种，它会被优先选择。因此，可以期待的对存在价值的高度可能的选择机会，在原则上依赖于较低的、更占优势的价值的先行满足。这一结论产生许多预测，例如，安全需要有保障的人比安全需要得不到满足的人更有可能在更高级的选择上选择真而不是假，美而不是丑，善而不是恶，等等。

这意味着一个古老问题的重述：在什么意义上"高级乐趣"（如贝多芬）比"低级乐趣"（如爱尔维斯·普莱斯利）优越？怎么能以此证明为什么人会"耽于"低级乐趣？这是能被教育的吗？特别是这能教给一个不想受教的人吗？

对高级乐趣的"抗拒"是什么原因？一般的回答（除所有上述考虑以外）是：高级乐趣比低级乐趣在感受上更优越，如对任何一个曾有机会得到这两种体验的人来说都是如此。但必须有上述所有特殊的实验的条件才能使人有能力做出真正的选择，即有能力充分地和自由地比较这两种感受。成长在理论上之所以是可能的，仅仅是因为"高级"感受优于"低级"感受，因为"低级"满足会变得令人厌烦。（参看《存在心理学探索》第4章关于"乐趣和厌烦带来的成长以及随之发生的对新的高级体验的寻求"的讨论。）

另一类型的体质因素也决定选择和价值。小鸡、实验室白鼠、田间动物都曾被发现从出生时起就在选择能力上有差异，特别是对有益食物的选择；就生物学的意义说，有些动物是善择者，有些是非善择者。假如任他们自己选择食物，后者常常会得病或者因此丧命。儿童心理学家曾非正式地报告过人类婴儿的同样情况，儿科专家等也有过这一类的报告。所有这些生命体在为得到满足和克服挫折而斗争的能力上也有差异。此外，对成人进行的体质研究表明，不同的身体类型对满足的选择也有所不同。神经症是对较好的选择能力、对存在价值的倾向、真正需要满足等能力的有力的破坏者。我们甚至有可能依据对生命体健康不利的选择说明心理上的不健康，如毒品、酒精、不好的食物、坏朋友、不合适的工作，等等。

除一切明显的影响以外，文化条件也是可能达到的选择范围的主要决定因素，例如关于事业、关于食物的选择等。特别是，经济工业条件也很重要，如大规模的、追求利润的、批量化生产和销售的工业在向我们提供例如廉价的和优质的服装方面是非常好的，但在供应优良的、无毒的食品如无化学物质的面包、无细菌的牛肉、无激素的禽类等方面则是相当不好的。

因此，我们可以期待存在价值更受以下几种人的喜爱：（1）更健康、成熟的人；（2）年长的人；（3）更坚强、更独立的人；（4）更有勇气的人；（5）更有教养的人；等等。能促进存在价值为更多人所选择的条件之一是巨大社会压力的消除。

所有上述说法对于那些不安于运用"好""坏""高""低"等词的人都能以一种非规范的形式表述，虽然这些词也能在操作上给予规定性的说明。例如，非人的战神（罗马神话）会问："什么时候，是谁，在什么条件下，会选择真理而不是谬误，整合而不是解体，完善而不是缺失，秩序而不是紊乱？等等。"

另一个古老的问题也可以用这种更佳的处理方式重新表述，即人从根本上是善良的还是邪恶的？不论我们如何规定这些词的意义，人都被证明具有善恶两种冲动，并在善恶两种方式中行动。（自然，这种说法并没有回答哪一方面是更深、更基本或更类似本能的。）为了科学调查研究的方便，我们最好把这个问题改换一个提法：在什么条件下，什么时间限定下，谁将选择存在价值，即成为"善良的"？是什么使这一选择的可能性缩小或增大？什么样的社会使这种选择的可能性增大？什么样的教育、心理治疗、家庭能起到这种作用？这些问题又引出进一步的问题：我们怎样才能使人变得"更好"？我们怎样才能让社会变得更好？

# 第 **10** 章
# 一次人类价值讨论会的评论

这四篇文章看起来似乎完全不同而实际上并非如此。①它们在价值信念方面都有一些共同的基本观点的改变。这是一些革命性的改变，是仅仅在最近才发生的，我们大家都应该意识到的改变。

在这些文章的任何一篇中都没有对价值的来源问题进行超人类领域的探讨。不涉及超自然的东西，不存在神圣典籍，没有被视为圭臬的传统。所有的发言者都同意，引导人类行动的价值必须在人和自然实在自身的本性中寻求。不仅所说的价值的所在是自然的，而且发现这些价值的程序也是自然的。价值只能由人的努力和人的认识去揭露（或发现），诉诸人的实验的、临床的和哲学的

---

① 文章是由 C. 布勒（Charlotte Buhler）、H. 芬加雷特（Herbert Fingarette）、W. 莱德勒（Wolfgang Lederer）和 A. 瓦茨于 1961 年 12 月 15 日在旧金山加州心理学会的一次集会上提出的，讨论会主席 L. N. 索罗门（Lawrence N. Solomon）曾概述每一位作者的观点。

在领头的文章中，布勒博士从一种精神分析的立脚点出发，探索生命的基本倾向作为一种与自然和谐的价值体系的一个可能的基础。她提出一些用于研究这一领域的实证操作，并说明现在据她看什么是最有希望的方法。

芬加雷特博士抓住了道德内疚的哲学问题，提出了一个具有深刻意义的问题：行为是否总是必然反映一种对于行动背后的愿望的内部认可（在某种意识水平上）？他对这一问题的肯定回答引导到某些有趣的结论，涉及道德内疚和神经症内疚之间的区别问题。

莱德勒博士在他的文章中把他作为一位分析家的体验公之于读者，特别谈到那些引导他达到他的信念的重要事件，他何以认为心理治疗今天必须是有价值方向的。一位治疗师不能再"长久沉默地倾听，漫不经心地，没有批评地，不给予劝告地——不介入地"。价值是在这样的时刻进入心理治疗的。这时治疗师变得十分解放，能在他和今日患者——缺乏自身同一性的青年——的治疗相遇中依据他自己的理解和良心行事。

瓦茨博士的文章提出一种对于西方读者可能感到是很新颖的理论，它同时也是极为重要的关于人的本性的理论。他吸收了道家的传统观念，描绘了皮肤以内的人和皮肤以外的世界。两方面都以皮肤作为一个共同的边界，那是属于双方的。这样的想法很容易助长关于一个统一领域中的行为的理论概括，它对于任何价值与道德的理论都有丰富的含义。

经验。这里涉及的力量没有一种不是人的力量。

进一步说明，它们只能是被发现、揭露或找出的，而不是被发明、构建或创造的。这又意味着，它们在某种意义上和在某种程度上存在着，它们可以说是等待着我们去发现它们。在这个意义上，价值是像其他自然界的秘密一样被看待的，那是我们现在可能还不很清楚但毫无疑问将来终究会处于我们探测和搜寻的范围内的。

这四篇文章在含义上都抛弃了简单化的科学概念，一种认为科学是"客观的"（就这个词的传统含义而言）、仅仅是公开的、仅仅是"外在的"看法，该概念认为一切科学陈述都能套入物理主义的形式中，哪怕现在不能也只是时间问题。

这样一种对"唯心"的认可当然必定会破坏绝对客观主义的科学论。有些人会感到，这样的"唯心主义"会毁灭一切科学，但我不同意这一愚蠢的看法。正相反，我要说，内部保留着心灵的科学是更强大的而不是有所削弱的科学。例如，我认为，这一扩大的、内容更丰富的科学概念肯定能较好地处理价值问题。我们知道，力求成为纯客观和非人格的科学是狭隘的，其中根本没有价值、目标或目的的地位，因而不得不把它们划到存在的界限以外。它们的事实性不得不遭到否认，或者，永远置于科学认识能达到的范围以外（这使它们成为"无关紧要的"，不值得认真核实的）。谈论价值变成"不科学的"或甚至反科学的，于是它们被推到另一边，推给了诗人、哲学家、艺术家和其他心肠虽热而思维疲软的人。

换句话说，这些论文实质上是"科学的"，即使在"科学"一词的一种较古老的和较原始的意义上说也一样。据我看，这些论文在精神和方法上都和1920年或1925年前后关于维生素的讨论没有什么本质的不同。他们那时也如我们今天一样处于临床的、前实验的阶段。

假如事实如此，我们自然应该保持讨论和设想的开放性和多样化。我们不应过早地封闭，把多种的可能性关在门外。这一讨论会中研究的多样性似乎是很适合需要的，假如时间充裕甚至能谈得更多。现在已不是传统学派的时代，我很高兴地注意到20年前学派之间的激烈论战已由一种对于合作与分工的谦和、接纳的模式所取代。

我相信我们也需要谦虚地、无顾忌地承认，我们是被迫对价值问题关心的，不仅是由于科学和哲学的内在逻辑的驱使，也是由于我们的社会文化或宁可说我们的整个种族当前所处历史地位的敦促导致的。通观历史，价值问题只有在出现争论不休和疑问丛生时才有人去研究探讨。我们的处境是传统的价值体系已经全都失效了，至少对于富有思想的人是如此。如果我们的生活没有值得信仰和赞许的价值，那似乎是不可想象的，因此我们现在正处于一个投身新方向的过程中，即科学价值观的方向。我们正在尝试一种新的实验，区分作为事实的价值和作为愿望的价值，希望能由此发现我们能相信的价值，而之所以相信，是因为这些价值是真的，它们并不是满足幻想而存在的。

PART

——

# 4

第四部分

## 教　育

# 第 **11** 章
## 知者和所知

我的主要观点是，人与人之间许多的沟通困难是人内部沟通障碍的副产品；人与世界之间的交互沟通，主要取决于双方的同构性（结构或形式的相似性）；世界能够传递给人的仅仅是他值得的、应得的或"企及"的；在很大程度上，一个人能从世界获得，并给予世界的，仅仅是他自身的存在。正如利希滕贝格（George Lichtenberg）评论某书时说的："这样的作品就像镜子，如果有一只类人猿往里偷看，绝不会有一位使徒望出去。"

因此，对人格内部结构的研究是理解人可以传递给世界什么和世界可以传递给人什么的必要基础。每位治疗师、每位艺术家、每位教师对此都有直觉的了解，但应该使其更加明确。

当然，这里我是就"沟通"一词的广泛意义而言。我谈及了感知和学习的全部过程、艺术和创造的所有形式，谈及了认知的基本过程（原始的、神话的、隐喻的、诗意的认识），以及语言的、理性的、次级过程的沟通。我想谈论我们看不见、听不到的东西，以及我们可以接触、理解的一切；谈论我们无语言和无意识表现的东西，以及我们可以清晰表达和构造的一切。

从这一议题——外部沟通困难与内部沟通困难相似，可以得出主要结论：我们应该期待我们与外部世界的沟通随着人格的发展而改善，随着人格的整合而完整，随着人格各部分避免内部混乱而提高，即我们对现实的看法得到改善。由此，一个人变得更具洞察力。正如尼采（Nietzsche）所暗示的，一个人要想被人理解，必须要与他人有别。

## 人格的分裂

首先，我所说的内部沟通失败是什么意思？从根本上说，最简单的例子便是人格分裂，其中最具戏剧性也最常为人所知的形式是多重人格。凡能在文献中找到的病例，我都进行了研究，有几例是我亲身接触的，连带考察了不那么戏剧性的神游症和健忘症。在我看来，它们似乎落入了一种普遍模式，我将其表述为一种初步的一般理论，它将有助于我们当前的研究，因为它能够揭示我们**所有人**的某些内部分裂问题。

在我所知的每一个案例中，"正常的"或外显人格是羞怯的或安静的或含蓄的人，通常是女人，她们相当传统和受支配，相当顺从甚至自我克制，温和且"善良"，但往往胆小怕事，容易被人利用。在我所知的每一个案例中，闯入意识的人格和突破个体控制的意识是非常对立、冲动的而非受控制的，自我放纵的而非自我克制的，大胆、粗鲁的而非羞怯的，违背传统、渴望美好、好胜和苛求、不成熟。

这显然是一种我们在**所有人**中看到的，以较不极端形式出现的分裂现象。这是冲动和控制、个人要求和社会要求、不成熟与成熟、不负责任的愉悦与承担责任等之间的内部冲突。我们成功地同时成为淘气、幼稚之人和清醒、负责、控制冲动之公民的程度，影响着我们在怎样的程度上减少分裂和更加整合。这也是多重人格的理想治疗目标：保留两种或全部三种人格，但要在意识或前意识控制下，达到一种优美的融合或整合。

每一例多重人格都以不同的方式与世界交往。他们以不同的方式说话，以不同的方式书写，以不同的方式放纵自己，以不同的表现陷入情网，选择不同的朋友。在我接触的一个案例中，"任性儿童"人格的笔迹庞大散乱，儿童般的书写和口语，并伴有拼写错误；"自我克制，受欺压"人格的笔迹则是胆小的、传统的、好学生的书写。一种"人格"阅读和学习，其他人格则显得缺少耐心和兴趣。如果我们想要得到他们的艺术作品，这些作品一定也会有很大不同。

在我们其余的人中，同样地，那些被我们自己拒绝并逐入无意识存在状态的部分，能够而且不可避免地对我们的沟通产生影响，包括信息的摄入和输出，影响着我们的看法以及行动。这一方面通过投射测验，另一方面通过艺术表达可以很容易得到证明。

投射测试呈现了我们如何看待世界，或更准确地说，它显示了我们如何组织世界，我们可以从世界中提取什么，可以让世界告诉我们什么，我们选择看什么，选择不听或不看什么。

我们的表现力方面也是如此，我们表达我们是什么。我们分裂到什么程度，我们的表达和交流也分裂、偏颇、片面到什么程度。我们整合、完整、统一、自发、功能完善到什么程度，我们的表达和沟通也在怎样的程度上成为完整、独特、充满活力和创造力的风格，而不是抑制的、形式化的、矫揉造作的，诚实而不是虚假的。临床经验表明，这适用于绘画和语言艺术表达，以及一般的表达动作，可能还包括舞蹈、运动和其他身体表达。这不仅适用于我们**有意**对他人施加的沟通作用，而且它似乎也适用于我们非有意施加的作用。

我们拒绝和压抑的那部分自我（出于恐惧或羞愧）并不是不再存在，它们没有消失，而是潜伏了起来。这些人性中潜在的部分无论以后对我们的沟通产生什么影响，往往都不会为我们所注意，或被我们感觉到，就好像它们不属于我们一样，例如，"我不知道是什么让我这么说"。"我不知道我身上发生了什么。"

对我而言，这种现象意味着表达不仅是一种文化现象，而且是一种生理现象。我们**必须**谈论人性中的本能元素，讨论那些人性内在固有的方面，那些文化无法扼杀只能压抑，而无论文化怎样，它们仍将继续影响我们的表达——即使是以潜移默化的方式。文化只是人性的必要原因，而不是充分原因。的确，只有在一种文化下，我们才能学习口语。但同样正确的是，在同样的文化环境中，一只黑猩猩却不会学习说话。我这样说是因为，在我模糊的印象中，沟通仅仅在社会学层面上被研究，而在生物学层面上的研究还不够。

追踪上述这一问题，探讨人格内部的分裂如何影响我们和世界的沟通，我将援引几个著名的病理例子。我引用他们也是因为他们似乎是一般规则的例外，一般规则是，健康且整合的人往往会成为优秀的感知者和表达者。有大量的临床和实验两方面的证据支持这一结论，例如，H. J. 爱森克（H. J. Eysenck）和他的同事的工作。然而，也有例外迫使我们审慎地对待这个问题。

精神分裂症患者是控制和防御正在瓦解或已经瓦解的人。这样的个体倾向于退回到个人的内部世界，他与他人以及与自然界的接触则受到破坏。但这还涉及个体与世界沟通中的某些破坏。对世界的畏惧切断了与外界的沟通。内在的冲动和声音也会变得高涨，扰乱现实的试探。但是，精神分裂症患者有时也会表现出局部的优势。由于他太陷入被禁止的冲动和始发过程认知，据说他偶尔会在解释他人的梦和探测他人隐蔽的冲动方面显得格外敏锐，例如，探测他人隐藏的同性恋冲动等。

我们还可以从另一方面来看。治疗精神分裂症的一些最好的治疗师自己就是精神分裂者。我们在各处都能看到有报告说，以前的病人能成为特别优秀和理解病情的护理者。这一工作原理与匿名戒酒会的原理大致相同，我的一些精神病专家朋友，他们现在正在寻求这种参与性理解，办法是用LSD或麦斯卡灵（一种致幻剂）获得一种短暂的精神病体验。不入虎穴，焉得虎子？

在这一领域中，我们可以从变态人格，特别是"魅力"型人格中学到很多知识。他们被描述为没有道德意识，没有内疚，没有羞耻，没有对他人的爱，缺乏抑制和自我控制，这样他们就可以做自己想做的事情。他们会变成伪造者、骗子、多婚配者、娼妓、靠机智而不是靠努力工作的人。这些人由于自身的缺乏，不能理解他人的良心谴责、悔恨、无私的爱、同情心、怜悯、内疚、羞耻。你不是什么，你也不能认识或理解什么。它无法向你传递它自身。由于你是什么迟早会自我传递，因此精神变态者最终会被看作冷酷的、可憎的和可怕的，尽管起初他似乎是那么的无忧无虑、欢乐快活、神智健全。

又一次我们得到了一个例证，它说明病态虽然包含沟通的普遍切断，却也包含着在特殊领域具有更高的敏锐和技巧。精神变态者在发现**我们**体内的精神变态因素方面是非常敏锐的，不论我们如何小心翼翼地掩饰。他能认准并利用我们心中的骗子、伪造者、说谎者、偷窃者、伪装者、假冒行为，并利用这种技巧谋生。他说，"你不能欺骗一个诚实的人"，并似乎对他探测任何"灵魂中的窃贼"的能力非常有信心。（自然，这表明他能发现偷窃者的**不存在**，这意味着，至少在有强烈兴趣的观察者看来，角色在外表和举止中变得可见了，即它会将自己的信息传达给理解它并认同它的人。）

## 男性和女性

个人内部沟通和人际沟通这两者的密切关系能在男性气质和女性气质的关系中特别清楚地看出来。请注意我不说"两性之间"，因为我的观点是：两性**之间**的关系在很大程度上取决于男性或女性每一个人**内部的**男性气质和女性气质之间的关系。

我能想到的最极端的例子是男性妄想者，他经常有被动的同性恋渴望，一种想被强壮男子强奸或伤害的愿望。这一冲动极为可憎，不能为他所接受，他极力压抑它。他采用了一种方法（投射法）来帮助他否认他的渴望，把它从自身中分裂出去，同时让自己思考、谈论并专注于有吸引力的事物上。是**他人**想要强奸他，而不是他愿意被强奸。因此，这些病人会表现出猜疑，并以最可悲的明显方式表达出来，例如，他们不会让任何人在他们身后，他们会让自己后背靠墙，等等。

这听起来并不疯狂，通观历史，男人们总是把女人视为诱惑，因为他们受到女人的引诱。男子在爱上一个女子时，会变得温柔体贴，无私而文雅。假如他们生活在一种把这些特质作为非男子气的文化环境中，他们会迁怒于女子，因为女子使他们变得软弱了。于是他们发明萨姆逊和戴莉拉的神话来证明女人是多么可怕。他们投射恶意，将镜子反射的东西归咎于镜子。

在美国，女人，尤其是"进步的"和受过教育的女人，经常与自身深层的依赖、被动和顺从倾向做斗争（因为这对她们而言，在无意识中意味着放弃了自我或人格）。这样，女人很容易把男性看作潜在的统治者和强奸犯，并按照这样的理解对待男人。

为了这样的理由以及其他的理由，男人和女人在多数文化中和多数时代中是互相误解的，彼此并不是真正友好的。就现实的情况看，可以说男人和女人之间的沟通一直是而且现在仍然是不好的。常常是一个性别统治另一个性别。有时他们会设法通过把女人的世界和男人的世界分隔开来，依据男性特质和女性特质之间的巨大差异，进行完全的分工，使男性和女性之间没有交迭，从而实现相处。这能够带来一定程度的和平，但肯定不会有友谊和相互理解。心理学家对于改善两性之间的理解有何建议呢？荣格进行了清晰的阐述，同样也是普遍接受的心理解决方案：两性之间的对抗在很大程度上是个体内部的男性化和女性化成分之间无意识斗争的投射。两性之间的和谐依赖于个体内部的和谐。

一个在自身内部与他及他所处的文化定义为女性化的所有特质进行斗争的男人，也会在外部世界与这些特质进行斗争，尤其是当他的文化重视男子气胜于女子气，通常都是这样。如果认为女子气是富于情感的，或缺乏逻辑的，或具有依赖性的，或喜爱色彩的，或对孩子温柔，他会惧怕自身的这些特质并反抗这些部分，力图成为相反的人物。他也会在外部世界中通过拒绝它们、将它们完全移交给女人来进行斗争，等等。勾引或搭讪他人的同性恋男性经常遭到他们所接近的男人残酷殴打，极有可能是因为他们的诱惑而引起的恐惧。这一结论肯定是基于以下事实，即殴打往往发生在同性恋**动作之后**。

我们在这里所看到的是一种极端的二分化、非此即彼的亚里士多德思想方法，那是戈德斯坦、阿德勒、柯尔齐布斯基（Korzybski）等认为非常危险的。对于这同一问题，我的心理学说法是："二分化意味着病态化；病态意味着二分法。"认为你**不是**一个男人，**真正的男人**，就是一个女人，而**别的什么也不是**，有这样认识的男人注定要同自己做斗争，并永远离开女人。他在多大程度上了解心理"两性体"的事实，意识到非此即彼定义的专断和两极化过程的病因性质，他将在怎样的程度上发现差别能彼此融合并形成一定结构，而不必彼此排斥和相互敌对，他也将在怎样的程度上成为一个更加整合的人，能接受并享受他自身内部的"女性"（如荣格所称的"Anima"）。假如他能和他内部的女性和谐相处，他便能和他身外的女性和谐相处，更理解她们，减少对待她们的矛盾心情，甚至更欣赏她们，因为他认识到她们的女性部分比起他自己的那部分是多么优越。你肯定能和一位你所赞赏和理解的朋友更好地交往，而不是同一位你惧怕、憎恨而深感神秘的敌人。要和外部世界的某一部分交朋友，最好先同自身内部的那一部分交朋友。

我在这里并不想说，一个过程必然先于另一个过程，它们是并列的，也可以有另一种方式的开端，即接受外部世界中的X，能有助于接受内部世界同样的X。

## 初级过程和次级过程的认知

抛弃内部心理世界而转向具有常识性"现实"的外部世界，这种倾向在那些**必须**首先成功地与外部世界打交道的人中是更为强烈的。而且，环境越艰难，对内心世界的抵制就越强烈，对成功的调整也就越危险。于是，对诗意、幻想、梦境、情绪激动的畏惧，在男人中比在女人中、在成人中比在儿童中、在工程师中比在艺术家中更严重。

还要观察到，在这里我们有一个深刻的西方倾向或许也是一般人类的二分法倾向的例证，认为在可供选择的或不同的事物之间，一个人必须选择其一或另一事物，而这还含有排斥未被选中对象的意思，好像一个人不能同时兼有二者。

我们又有了一个能够说明这样一种看法的事例，这种看法认为，我们对自己内心世界视而不见、听而不闻，那么我们在外部世界中也会同样的盲目和耳聋，无论是在游戏、诗意、美感、始发创造性等方面都是如此。

这一例证之所以重要还有另一个原因，在我看来，协调这种二分法的努力对于教育家来说可能是解决**所有**二分法一个最好的出发点。这可能是教导人类停止二分法思考，转而以整合方式思考的好方法和可行的起点。

这是对于那种过分自信和孤立的正在集结势力的唯理论、唯文字论、唯科学论的强大正面攻击的一个方面。宏观语义学家、存在主义者、现象学家、弗洛伊德主义者、禅宗佛教信仰者、神秘主义者、格式塔治疗家、人本主义心理学家、荣格派、自我实现心理学家、罗杰斯派、柏格森派、"创造性"教育论者以及许多其他学者，这些理论学者全部指出，语言、抽象思维、正统科学有局限性。思维和科学曾被认为是控制黑暗的、危险的、邪恶的人类深层动机的手段，但现在我们确实知道，这些深层动机不仅是神经症的源泉，而且也是健康、快乐和创造性的源泉，我们开始谈论**健康的**无意识、健康的退行、健康的本能、健康的非理性和健康的直觉，我们也开始希望为自己挽救这些能力。

宏观理论的答案似乎在于把握整合的方向，摆脱分裂和压抑。当然，我所提到的所有这些学术运动本身很容易成为分裂的力量。反理性主义、反抽象主义、反科学、反智力论也是分裂因素。正确地定义和构想，智力是我们最伟大、最强有力的整合力量之一。

## 自律和同律

当我们试图理解内部和外部、自我和世界的关系时，另一个困扰我们的难题是自律（autonomy）和同律（homonomy）之间复杂的相互关系。我们会很容易地同意安贾尔（Angyal）的说法，我们内部有两大意向或需要，一种趋向自私，一种趋向无私。自律的倾向，从它自身看，引导我们趋向自我满足，趋向战胜世界的力量，依据它自身的法则和内部动力，依据心灵的本源法则而不是环境的法则，愈加充分地发展我们内在独特的自我。这些心灵的法则和外部现实的非心灵法则是不同的，分离的，甚至是对立的。成长及自我实现心理学家已经使我们逐渐熟悉这一对自身同一性的追求，或对自我（个体特征、自我实现）的探索，更不用说存在主义者和许多学派的神学家。

但是我们也意识到同样强烈的倾向，似乎是矛盾的，要放弃自我，使自我淹没于非我中，放弃意志、自由、自我满足、自我控制、自律。在这种病态形式中，导致血统、乡土、本能浪漫主义，导致受虐狂，对人的轻视，在人类之外或在最低等的动物中寻找价值，这都是对人类的轻视。

在另一本著作中，我就高同律和低同律做出区分。这里我想在高自律和低自律之间做出区分。我希望呈现这些差异，有助于我们理解内部和外部之间的同型性，并由此为改善人格与世界之间的沟通奠定理论基础。

情感安全的人所表现出的自律和力量与情感不安全的人是不同的。宽泛地但并非不准确地说，不安全自律和力量是与世界争胜的人格的增强，这种争胜是在一种非此即彼的二分法中进行的，在这种方式中两者不仅是完全分离的，而且是相互排斥的，好像彼此是**仇敌**。我们可以称之为自私的自律和力量。在人人不是铁锤就是铁砧的世界中，这样的人是铁锤。在我最初用猿猴来研究"力量"的不同性质时，我把这称为专制的或法西斯的统治。在以后对大学生的研究中，它被称为不安全的高支配。

安全的高支配完全是另一回事。这里有对世界和他人的感情，有大哥般的责任感，对世界的信任和认同，而不是对世界的对抗和恐惧，这些人物的优越力量是为了欢乐、为了爱，为了帮助他人。

依据种种理由，我们现在发现，可以说这些区别是心理上健康和不健康的自律之间的不同，也是心理上健康和不健康的同律之间的不同。我们也发现，这一区分使我们能看到自律和同律是相互联系而不是彼此对立的，因为当人更健康、更真实地成长时，高自律和高同律会一起成长、一起出现，最后趋向融合，构成包含两者的更高的统一体。自律和同律，自私和无私，自我和非我，纯粹心灵和外部现实等的二分法都会趋向消失，并被视作不成熟和不完善发展的副产品。

尽管这种二分法超越在自我实现的人中被视为平常的事情，但在我们其余的大多数人中，在自我内部以及自我与世界之间最高整合的时刻也可以看到这种二分法超越。在男女之间或亲子之间最高的爱中，当个体达到力量的极限、自尊的极限、个性的极限时，他同时也会与他人融合，丧失自我意识，或多或少地超越自我和自私。在创造性的时刻，在深刻的美感体验中，在洞察的经验中，在生孩子的时刻，在跳舞的时候，在运动的经验中，在其他我概括为高峰体验的时刻，也会发生同样的情况。在所有这些高峰体验中，要明确自我和非我已成为不可能。个体以及他的世界变得整合起来，当他感觉良好时，他的世界也变得美好，诸如此类。

首先，请注意这是一个实证的论述，而不是哲学或神学的陈述。任何人都可以重复这些发现，我确切无疑地是在谈论人的体验，而不是超自然的体验。

其次，请注意这暗示着与各种神学论述的分歧。神学认为，超越自我的界限意味着摒弃或否定或丧失自我或个性。在普通人的高峰体验中以及在自我实现的人中，这些是高度自律发展以及同一性获得的最终产物；它们是自我超越的结果，而不是自我毁灭的结果。

最后，请注意它们是短暂的体验，而不是永久的体验。如果这是进入另一个世界，也总有回归平凡世界的机会。

## 完整的功能，自发性，存在认知

我们开始以科学的方式对更加整合的人格有所认识了，因为它影响着信息的接受和发出。例如，罗杰斯及其同事的许多研究表明，随着病人在心理治疗中有所好转时，他以各种方式变得更加完整了，更"开放经验"（更有效地感知），更充分地发挥作用（更真诚地表达）。这是我们实验研究的主题，但也有许多临床和理论作家，在每一点上赞同并支持这些一般性结论。

我自己的试点探索（不够精准，不能称得上当代意义上的研究）从另一个角度得出了相同的结论，这是对相对健康人格的直接探索。第一，这些探索支持了这一发现，整合是心理健康的决定要素。第二，它们支持了这样的结论，认为健康的人更自发，更富有表现力，他们能够更容易、更全面、更诚实地做出行为反应。第三，它们支持了这一结论，认为健康的人虽然能够更好地感知（感知自己、他人、现实的一切），但正如我指出的，这不是一种同意的优势。在最近的故事中有一种精神病说法"2+2=5"，而当神经症患者说："2+2=4，但我不能容忍它！"我或许能够补充说，无价值的人——一种新的病态——说"2+2=4，那又怎么样！"而健康的人实际上会说，"2+2=4，多么有趣！"

或者换一个说法，约瑟夫·鲍苏姆（Joseph Bossom）和我最近发表了一项实验报告，我们发现，安全型个体看照片上的面孔往往比不安全型个体看到的更热情。然而，关于这是否是一种善意的或天真的，或更有效感知的预测，仍然有待进一步的研究。我们需要的是一种实验，在其中被观察的面孔具有已知的热情或冷静程度。由此，我们可以询问，那些观察或推测为更多热情的安全型个体是正确还是错误？或者他们对热情面孔的判断正确，而对冷静面孔的判断错误？他们看到自己想要看到的了吗？他们想要喜欢自己所见的吗？

最后谈一下存在认知。在我看来，这是对现实最纯粹、最有效的感知（尽管这仍然需要通过实验进行验证）。它是对感知对象更真实、更可靠的认识，因为最超然、最客观，最少受到观察者意愿、畏惧和需要的污染。它是不受干扰、没有要求、最能接受的。在存在认知中，二分趋于融合，分裂趋于消失，认知对象被认为是独特的。

自我实现的人更倾向于这样的认知，但是在我所询问的几乎**所有人中**，在他们生活的最高潮、最快乐、最完美的时刻都报告有这种感知（高峰体验）。现在，我的观点是，详细的询问表明，随着认知对象变得更加个体化、更加统一和整合、更加愉悦、更加丰富，当前的认知个体也变得更加活泼、更加整合、更加统一、更加丰富、更加健康。它们是同时发生的，并能够从任何一方开始。即认知对象（世界）变得越完整，人也在变得越完整。同样地，人变得越完整，世界也变得越完整。这是一种动力学的相互联系，一种互为因果的关系。信息的意义显然不仅依赖于它的内容，而且也依赖于人格对它做出反应的程度。更深的含义只有站得更高的人才能觉察到。站得越高，望得也更远。

正如爱默生（Emerson）所说，"我们是什么，我们也只能看到什么"。但我们现在必须补充一点，我们所看到的倾向于使我们知道它是什么，以及我们是什么。人与世界之间的沟通关系是一种相互形成又彼此升降的动力学关系，一种我们可以称之为"交互同型"的过程。更高层次的人可以理解更高层次的知识，而且较高水平的环境往往也会提升人的水平，就像较低水平的环境会降低人的水平一样。它们相互影响使彼此更为相似。这些看法也能应用于人与人之间的相互关系，也可以帮助我们理解人怎样相互帮助又彼此塑造。

# 第 **12** 章

## 教育和高峰体验

如果你选修一门学习心理学的课程或挑选一本有关书籍，在我看来，它的内容大半都会是不切题的，即不切"人本主义"的题。他们大多数会将学习看作外部联结的获得、技巧和能力的获得，而非人的性格、人格或人本身所固有的。拿起硬币或钥匙或财产或者诸如此类的什么东西，就像拾起在某种意义上深刻的也容易消耗的强化和条件反射。是否具有条件反射，其实并不重要。如果我对蜂鸣器的声音流口水，然后这反应又消失了，对我什么也没有发生；我没有任何后果，不论什么。我们甚至可以说，这些学习心理学的广泛书籍没有多少重要性，至少对人类核心、人类灵魂、人类本质来说是如此。

受到这一新的人本主义哲学的影响，产生了新的学习、教学和教育观念。简单来说，这样一种观念认为教育的功能、教育的目标，即人类的目标，人本主义的目标，就人类而言的目标，最终是人的"自我实现"，成为一个完满的人，这是人类可以达到或特定个体可以实现的最高度的发展。浅显地说，就是帮助一个人达到他所能达到的最佳状态。

这样的目的要求我们在教授学习心理学课程时做出重大转变。它将不是关于联结学习的问题。一般来说，联结学习是有用的，对于学习没有实际意义的事物或学习那些可以互换的技术手段是极其有用的。我们必须学习的许多事物都是这样的。如果一个人需要记忆其他某种语言的词汇，他需要死记硬背。这里，联结的法则可能会有帮助，如果一个人养成驾驶中的各种自动化习惯，例如对红灯信号或类似事物的反应，那么条件反射就很重要。它是重要且有用的，尤其是在科技社会中。但是，就成长为一个更好的人而言，就自我发展和自我实现而言，或就"成为一个完满的人"而言，最佳的学习经验是非常不同的。

在我的生命中，这样的经验远比上课、听讲座、记忆十二脑神经和解剖人脑、记忆肌止端，或是在医学院、生物学课程或其他此类课程中所学的同类知识更重要。

对我而言，更重要的经历是有了孩子。我们的头一个孩子改变了作为心理学家的我，使得我非常热衷的行为主义显得如此愚蠢，以至于我无法再对它有任何容忍，那完全是不可能的。有了第二个孩子，又了解到人在出生前就有那么深刻的差异，使我无法依据学习心理学来思考，认为人能教任何人学任何事，或者像是华生的理论："给我两个婴儿，我可以使一个成为这样，一个成为那样。"就好像他从来没有过任何孩子。我们非常清楚，父母都不能按照自己的意愿任意造就自己的子女。孩子自己使自己成为某种样子。我们充其量可以做到的和我们能够经常施加的最大影响不过是当孩子过度坚持时作为反对的一方。

另一个影响深远的学习经验是我的个人心理分析，这远比我所学习的任何课程或获得的任何学位来得有价值：发现我自身的同一性、我的自我。另一个更重要的基础经验则是结婚，就教育意义而言，这显然比我的博士学位更重要。假如一个人想的是我们都想要的那种智慧、那种理解力、那种生活技能的发展，那么他必须思考的问题就是我称之为**内在的教育——内在的**学习；先学习做一个一般的人，然后学习做这个特殊的人。我现在正在忙于把握这一内在教育概念的所有附带现象。有一件事我是能够告诉你的，我们传统的教育存在很大的问题。一旦你开始在这样的框架下思考，思考成为一个好人，又假如你对在高中学过的课程进行提问，"我学的三角函数课如何使我能成为一个更好的人？"另一个声音就会回答："天晓得！它根本不能！"从某种意义上来说，三角函数于我而言是浪费时间。我早期的音乐教育也不是很成功，因为它教会了一个爱好音乐并对钢琴充满热爱的儿童不去学它。我有一位钢琴老师，他实际上告诫我要远离音乐，我不得不在成年后重新自学音乐。

请注意，我一直在谈论目的。这是对19世纪科学和当代职业哲学的革命性否定，这种哲学本质上是一种技术，而不是一种关于目的的哲学。因此，我拒绝将实证主义、行为主义和客观主义作为讨论人性问题的理论。我也拒绝了源于历史偶然的整个科学模式及其全部工作，这些偶然使得科学开始对非个人、非人事物的研究，而实际上却没有止境。

物理学、天文学、力学和化学，直到它们变得价值无涉、价值中立，发展才有可能，由此纯粹的描述成为可能。我们越来越清楚地认识到，重大的错误在于，这种通过研究对象和事物而发展起来的模型被不合理地运用到人类的研究中。这是糟糕的，也是无效的。

大多数基于这种实证主义科学模型的心理学，基于客观主义、联结主义、价值无涉、价值中立科学模型的心理学，当它由无数细小事实构成像珊瑚礁或像一座座山一般堆积起来时，那肯定不是虚假的，但却是琐碎的。我在这里想要指出的是，为了不致低估我自己的科学，我认为我们了解大量对人类**确有**重要关系的事情，但我坚持认为，我们所了解的与人类相关的事物，大都是依靠非物理技术学会的，依靠我们越来越明确意识到的人本主义科学技术学会的。

在最近一次林肯中心节的开幕式上，麦克莱施（Archibald Macleish）谈到世界形势时说过一段话：

错误不在于科学的伟大发现——有知识总是比无知要好，不论是什么知识和什么无知。错误在于知识背后的信念，认为知识将改变世界，这是不可能的。知识没有人的理解就像是答案没有它的问题一样——是无意义的。人的理解只有通过艺术才可能达到，艺术作品创造了人的观点，使知识转变为真理……

在某种意义上我并不同意麦克莱施的看法，尽管我理解他为什么这样说。

他所谈论的是**缺少这一新革命**、缺少人本主义心理学以及缺少科学概念的知识，这些知识不仅否认价值无涉和价值中立的观念，而且实际上承担了一种义务、一种责任，一种发现价值的必要性——依据经验发现、证明和核实人性自身固有的那些价值。这一工作正在积极地进行着。

麦克莱施所说的在20世纪20年代到30年代是适当的，如果一个人还不知道有新心理学，那么这在今天是适当的。"人的理解只有通过艺术才可能达到。"那**在过去**是正确的。幸运的是，今天它不再是正确的了。现在已有可能收集那些有助于人类理解的知识，其中包含了价值提示、矢量和方向的知识，以及传递到其他地方的知识。

"艺术作品创造了人的观点，使知识转变为真理。"我否认这一点，我们最好对此进行讨论。我们必须有某种判别好艺术与坏艺术的标准。据我所知，这些标准还不存在于艺术批判领域。它们刚刚开始存在，我想留下一个提示，一个经验的提示。一种可能性正开始出现，我们将有某种客观标准来区分好艺术和坏艺术。

假如你的处境与我相同，你就会知道我们陷入了对艺术价值的彻底混乱中。在音乐方面，正试图证明约翰·凯奇（John Cage）具有胜过贝多芬，或胜过爱尔维斯·普瑞斯利（Elvis Presley）的某种优点。在绘画和建筑领域也存在类似的混乱。我们不再拥有任何共同的价值。我不愿浪费时间去阅读音乐评论，它对我毫无意义。艺术评论也是如此，我也已经放弃阅读。我经常发现书评毫无用处，标准混乱而无序。例如，《星期六评论》近期发表了一篇评论，对让·吉纳特（Jean Genet）的一本拙劣书籍进行了好评。这本书由一位神学教授所写，完全令人困惑。这篇评论说，恶现在变成了善，因为这位教授在玩弄词句说有某种似乎矛盾的现象：如果恶变成了彻底的恶，那么它就会以某种方式变成善，从而也就有了对强奸和吸毒的美的狂想，这对一个花费大量时间试图把人们从这些事情的痛苦中解救出来的可怜心理学家来说是不可理解的。一个成年人怎么能向年轻人推荐这本书作为伦理的一章和一种引导呢？

假如麦克莱施说艺术作品能引导人到达真理，他考虑的一定是他挑选出的特定艺术品，但他的儿子也许并不赞同。于是，麦克莱施实际上没有更多的话可说了，他无法说服任何人相信这一点。我认为这可能是某种象征，表明我们正处于一个转折点。我们正在拐角，某种新的事物正在发生。有一些可以觉察到的差异——不是兴味或专断价值上的差异。这些差异是以经验为根据的发现，它们是正在被发现的新事物，由此产生关于价值和教育的各种主张。

发现之一是人具有**高级需要**，类似本能的需要，这是个体生物属性的一部分——例如，有尊严及受到尊重的需要、自由地自我发展的需要。高级需要的发现带来了各种革命性的意义。

发现之二是我对社会科学提出的观点：许多人开始发现，物理学、机械学的模型是一种错误，它已经引导我们……到何处？到原子弹……我要指出的是，专业科学和专业哲学正致力于遗忘价值的主张，排除价值。

我担心，这种把好的风格或才能与内容及目的分离的趋势会导致这样一种危险。

对于弗洛伊德的伟大发现，我们现在可以进行补充，我们正在纠正的他的一个大错误，那就是他认为无意识仅仅是不合乎需要的恶。但是无意识也将创造、快乐、幸福、善良以及其自身的人文道德和价值的根源带入其中。我们知道，既有健康的无意识，也有不健康的无意识，新心理学正在全力研究这一问题。存在主义的精神病医生和心理治疗师实际上正在将这种认识付诸实践，各种新的疗法也正在实践中。

我们有好的意识和不好的意识——也有好的无意识和不好的无意识。而且，在非弗洛伊德的意义上，好的才是真实的。弗洛伊德受到他自己的实证主义的局限。请记得，弗洛伊德受到的是物理学、化学科学的训练，他是一名神经学家。一项发表的宣誓呼吁建立一个可以完全还原为物理学和化学陈述的心理学项目。这就是他致力的目标。当然，他本人已证明他的观点不能成立。

关于我声称已经发现的这种高级本性，问题在于我们如何对它做出解释。弗洛伊德式的解释是还原论，把它解释为其他的东西。如果我是一个善良的人，这是对我愤怒杀戮的反向形成。在一定程度上，这里的杀人是比善良更基本的本性。这种善良是一种掩盖、压制和自我防御的方式，以对抗意识到我确实是凶手的事实。如果我是一个慷慨的人，这是对于吝啬的反向形成，我在内心里是真正的吝啬。这是一种非常奇特的说法。这个问题现在变得如此明显。他为什么不说杀人，可能杀人是对爱他们的反向形成？这样的结论同样合理，事实上，对许多人来说是更真实的。

但是回到我的主要思想，回到科学上令人振奋的新发展、历史上的新时刻。我有一种非常强烈的意识，我们正处在历史的潮流之中。从现在起再过150年，历史学家会如何叙述这个时代？什么是真正重要的？发生了什么？又完成了什么？我相信，成为头条新闻的大部分事情都已经结束，人类的"生长尖端"是现在正在成长并将在一二百年中蓬勃发展起来的东西，只要我们设法坚持下去。历史学家将谈论这场运动为历史的冲击，正如怀特海德所指出的，当你得到一个新的模型、一种新的范式、一种新的感知方式，原先的说法就有了新的定义，现在意味着其他的含义。突然间，你获得了启发，拥有了新的视角。你可以以不同的方式看待事物。

例如，我所谈论的新事物引起的后果之一是对弗洛伊德某一论点的直接否定，以经验为根据的否定（非虔诚的，或专断的，或先验的，或渴望的），否认在个人需要和社会需要、文明需要之间存在必要的、内在固有的对立。事实并非如此。我们现在知道了如何设置条件使个人需要与社会需要协同而不是对立，并且作用于同一目的。这是一种经验主义的陈述，我是这样看的。

另一项以经验为依据的陈述是关于高峰体验的。我们曾通过询问群体和个体以下的问题来研究高峰体验：你生活中最欢乐的时刻是什么？或如某一调查者所问的，你曾体验过超常的喜悦吗？有人可能会认为，在普通人群中，这样的问题可能只会引起人们的一脸茫然，但实际上有很多答案。显然，超常的喜悦都是保密的，因为在公开的场合无法谈论这些。这些喜悦是令人尴尬的、羞耻的，而不是"科学"——对许多人来说，这是最终的罪过。

在我们对高峰体验的调查中，我们发现大量的激发物，许多种的经验都可以激发高峰体验。显然多数人，或几乎所有人，都有高峰体验或狂喜的时刻。或许可以这样提问：在你一生中唯一最快乐、最幸福的时刻是什么？你或许会提问我所问的那些问题：在那个时刻你对自己有什么不同的感觉？世界看起来有什么不同？你感觉如何？你的冲动是什么？如果你有所改变，你是如何改变的？我要指出两种最容易取得高峰体验的途径（就经验报告的简单统计而论）是通过音乐和性。我会把性教育先搁置一旁，因为这样的讨论还不成熟——尽管我确信有一天我们将不再把它当作笑料，而是认真对待并教导儿童，就像音乐、爱、卓见、美丽的草坪、可爱的婴儿等。就像有很多通往天堂的道路一样，性是其中一种，音乐也是。这些碰巧是最简单的、最广泛存在且最容易理解的途径。

从我们识别和研究高峰体验的目的来看，列出各种激发物是必要的。所要罗列的内容太长，我们有必要进行概括。似乎任何关于真正的卓越、真正的完美的经验，任何走向完美正义或追求完美价值的经验，往往会带来高峰体验。尽管并不总是如此，但这是我对我们集中研究的许多事物做出的一种概括。请不要忘记，我在这里是作为一名科学家在谈论。这听起来不像是科学的谈论，但这是一种新的科学。一篇学术论文将很快发表，预示着人本主义科学的到来，我想要说，这是自亚当和夏娃以来的一次真正的生育改进。这是一篇关于自然分娩高峰体验的文章，这可能是高峰体验的有效来源。我们知道应该如何促进高峰体验的获得；我们知道以怎样的方式生育孩子最有利于产妇获得伟大而神秘的体验，如果你愿意的话，也可以是一种精神体验——一种萌发、一种启示、一种醒悟。那也是人们在交谈时所提出的一种说法——成为一种不同的人，因为在相当多的高峰体验中，随之而来的是我所说的"对存在的认知"这样的结果。

我们必须为所有这些未耕耘过的、未研究过的问题提供一套新的词汇。这一"对存在的认知"实际上含有由柏拉图和苏格拉底所谈论的认知的意思；你可以说，差不多是一种关于幸福的工艺学，纯粹的卓越，纯粹的真理，纯粹的善良，等等。为什么不是欢乐的工艺学，而是幸福呢？我必须补充一句，这是唯一已知的、在父辈中诱导高峰体验的技术。当我和我的妻子开始在大学生中进行这些调查时，偶然发现了许多值得探讨的线索。其中一个是，当女人谈论生育孩子的高峰体验时，男人们则没有。现在我们有一种方法可以教男人们也从分娩中获得高峰体验。这在某种扼要的意义上表明，人正在改变，以不同的方式看待事情，在不同的世界中生活，具有不同的认知，从此朝向幸福的生活迈进。现在，这些都是资料，是通向神秘体验的种种途径。我想我最好说到这里为止，因为这一类资料太多了。

迄今为止，我发现的这些高峰体验的报告来自我们所谓的"经典音乐"。我还没有发现任何高峰体验来自凯奇的音乐或安迪·沃霍尔（Andy Warhol）的电影，来自抽象表现派的绘画作品，或类似的方面。我没能够发现。报告来自古典音乐，尤其是那些伟大的经典作品引发的高峰体验带有极大的快乐、狂喜，幻想另一个世界或另一种层次的生活。我也必须说明，这融化于、融合成舞蹈或韵律。就这一研究领域而言，它们之间的确没有太大的差异，它们彼此融合。我甚至可以附加说，当我谈论音乐作为通向高峰体验的一条途径时，我是把舞蹈也包括在内的。于我而言，它们已经融为一体了。韵律的体验，甚至最简单的韵律体验——伦巴舞的优美或孩子们用鼓敲打出的鼓点，我不知道你是否想要把这称为音乐、舞蹈、韵律，或别的什么。对身体的热爱，对身体的觉知，对身体的崇敬——这些显然是通向高峰体验的良好途径。这些转而成为通向

"对存在的认知"以及认识柏拉图式的本质、内在价值、存在的终极价值的良好途径（不能保证，但从统计学上可能是良好的途径），反过来又成为一种治疗性的帮助，既有助于治愈疾病的疗法，又有助于趋向自我实现、趋向完满人性的成长。

换句话说，高峰体验通常是有结果的，它们有着极为重要的结果。音乐和艺术在一定意义上有相同的作用，这里有某种程度的交迭。它们可以像心理治疗一样起作用，只要一个人坚持正确的目标，知道自己在做什么，意识到自己将走向何方。一方面，我们当然可以谈论症状的消除，如陈词滥调、焦虑的消除等；另一方面，我们可以谈论自发性、勇气、奥林匹斯山神般幽默之类的发展，以及感官意识、身体意识等的发展。

远为重要的是，音乐、韵律和舞蹈是促进自我同一性发现的极好方式。我们的构造方式使得这种触发、这种刺激对我们的自主神经系统、内分泌系统、我们的情感及情绪产生各种影响。事实正是如此。我们只是对生理学还不够了解，无法理解为什么会这样。但的确如此，这些是明白无误的体验。它有点像痛觉，那也是不会弄错的经验。在体验上空虚的人中，这一人群占到相当大的比例，他们不知道自身内部正在发生着什么事情，而只能依靠钟表、日程安排、规则、法律以及邻居的提示生活——受他人左右的人——这是发现自我的一种途径。这里有来自内部的信号，有声音在呼喊，"天啊，这多好，这是肯定无疑的！"这是我们教导自我实现和自我发现的途径之一。自我同一性的发现是通过冲动的声音获得的，通过聆听你自身的心声、它们的反应以及你内部正在发生的活动而获得的。这也是一种实验性的教育，如果我们有时间谈论它，它将带领我们进入另一个平行的教育体系、另一种类型的学校。

数学也能像音乐一样美妙，一样产生高峰体验。当然，有些数学老师极力防止这种情况的发生。直到30岁，在我读了一些有关数学的书之后，我才发现数学可以作为一种美学研究。历史学或人类学（在学习另一种文化的意义上）、社会人类学、古生物学或科学研究也能如此。在这里，我想再提出我的论据。假如一个人与伟大的创造者、伟大的科学家、富有创造力的科学家一起工作，那就是他们谈话的方式。科学家的形象必须改变，它正在让位于对创造性科学家的理解，这样的有创造性的科学家是依靠高峰体验生活的。他为了荣耀的时刻而活，当问题得到了解决，当他透过显微镜以一种完全不同的方式看待事物时，这是启发的时刻、豁朗的时刻、领悟的时刻和狂喜的时刻。这对他来说至关重要。科学家对此是极度羞涩和尴尬的。他们拒绝在公开场合谈论这些感受。需要采取极为精心的安排才能得到这方面的资料，但是我已经找到方法获得它们了。现在我们已经知道这是怎么一回事了吗？假如有人设法说服一位有创造性的科学家相信他不会因为这些事情而贻笑大方，他将会羞报地承认，他确实在某些时刻有过强烈的情感体验，例如，当一项关键的相关关系被证明是正确的那一刻就是如此。他们只是不愿谈论对这些事的感受，至于通常的教科书，谈论这些更是没有意义。

我的观点是，我们有可能改善现在这种情况；如果我们对自己正在做的事情有充分的意识，也即，假如我们有足够的哲学见解，我们也许能够利用这些体验，这些极易产生狂喜的体验，使人得到启示、经验、豁朗、幸福和欢愉的体验。我们将有可能利用它们作为一种模式来重新评价历史教学或任何其他教学。

最后，我在这里想要说明的问题——我可以肯定地说，这对每一位从事艺术教育的人来说都是一个问题——有效的音乐教育、艺术教育、舞蹈和韵律的教育，在本质上远比通常的"核心课程"更接近于我所说的那种内在教育，那种把学习一个人的自我同一性作为教育的一项基本任务。如果教育做不到这一点，它就是无用的。教育应该使人学会成长，学习朝向哪里发展，学习什么是好什么是坏，学习什么是合理的什么是不合理的，学习选择什么和不选择什么。在这一内在学习、内在教导和内在教育的范围内，我想，艺术尤其是我提及的那些艺术，是如此地接近于我们的心理和生理本质，接近于自我的同一性，这一生物同一性，因此，不应该把这些课程看作生奶油或奢侈品，它们必须成为教育的基本经验。我的意思是说，这种教育可以让我们窥见无限，窥见终极价值。这种内在教育最好能以艺术教育、音乐教育、舞蹈教育作为核心（我认为跳舞是孩子们的第一选择。对于2岁至4岁的孩子它是最容易的——只是简单的节奏）。这样的体验可以很好地作为一种模式，我们也许可以通过这种方式，将其余的学校课程，从它们已然陷入的价值无涉、价值中立、无目标的无意义状态中解救出来。

# 第**13**章
## 人本主义教育的目标和内涵

在阿道司·赫胥黎去世之前，他即将取得一项重大的突破，即将在科学、信仰和艺术之间创造出一个伟大的综合体。他的许多思想都在他的最后一部小说《岛》中得到了阐述。虽然《岛》作为艺术品的意义并不高，但它作为一部探讨人类能够成为什么样子的著作却是非常有启发性的。其中最具革命性的思想是关于教育的，因为赫胥黎所提出的乌托邦中的教育体系，与我们自己社会的教育体系有根本不同的目标。

假如我们看一看我们自己社会中的教育，我们可以发现两个截然不同的因素。一方面，绝大多数的教师、校长、课程规划者、学校管理者，都在致力于传授学生生活在工业化社会所需要的知识。他们没有特别的想象力和创造力，也很少质疑**为什么**要教授他们所教授的东西。他们主要关心的是效率，即以最少的时间、费用和人力，将尽可能多的事实灌输给尽可能多的孩子。另一方面，也有少数人本主义取向的教育者，他们的目标是培养更加完善的人，或从心理学意义上来说，自我实现和自我超越的人。

课堂学习的目的常常不言而喻，就是使教师满意从而获得奖励。在平时的课堂上，学生很快就知道，创造性会受到惩罚，而背诵记忆性的内容会得到奖励，因而他们专注于老师希望他们说的内容，而不是寻求对问题的理解。由于课堂学习的中心是行为而不是思想，学生也正是在学习如何行动，同时保持自己的思想。

事实上，思想往往有碍于外在学习。有了真知灼见，宣传、教化和可操作性条件作用的效果都会随之消失。以广告为例，广告最简单的良药就是真相。你可能会担心广告的阈下效果和动机研究，但你所需要的只是能证明某个牌子的牙膏有臭味的数据，由此你将不会受世界上任何广告的影响了。真相对外在学习的破坏性影响的另一个例子是，一个心理学班级和他们的教授开了一次玩笑，在教授讲条件作用的时候，他们偷偷地对教授施加条件作用。教授不知不觉地开始越来越多地点头，到讲座结束时，他还在频频地点头。而当班上的同学告诉教授这件事情的真相时，他立即停止了点头。当然，在那之后，同学们无论怎样微笑也不能再使他点头了。真相使学习消失了。由此延伸，我们应该问问自己，课堂学习有多少实际上是由无知所支撑的，又有多少会由于真知而破坏呢。

学生们一直沉浸在对外在学习的态度中，对成绩和考试的反应就像黑猩猩对扑克筹码的反应一样。在一所全国最好的大学里，一个男孩坐在校园里看书，他的一个朋友走过时问他，为什么要看那本没有指定的书。读一本书的唯一理由竟是它可能带来的外部奖励。在大学扑克筹码般的环境中，这样的问题是合乎逻辑的。

关于厄普顿·辛克莱（Upton Sinclair）的事例，说明了大学教育中内在与外在的区别。在辛克莱年轻时，他发现自己无法筹集上大学所需的学费。在他仔细翻阅大学目录之后，他发现有这样的规定：假如一个学生没有通过某门课程，他就不能获得这门课的学分，而必须选修另一门课。对于这第二门课，学校将不再收取费用，因为学生已经为他的学分支付过一次费用了。辛克莱充分利用了这一规定，故意让每门课程都不及格，从而获得了免费教育。

"获取学位"这一说法概括了外在教育的弊端。学生在大学投入一定的时间（称为学分）后自动获得学位。大学教授的所有知识都以学分作为其"现金价值"，不同学科之间几乎没有区别。例如，一学期的篮球训练，可以让学生获得相当于一个学期法国语言学的学分。由于只有最后的学位才被认为具有真正的价值，所以在毕业前就离开大学被社会看成是浪费时间，被父母认为是小小的悲剧。你们都听说过，母亲为女儿愚蠢地选择中途辍学结婚而哀叹，因为女儿白白浪费了自己的教育。在大学里3年的学习价值已经完全被遗忘了。

在理想的大学中，将不再有学分、学位和必修课程，一个人可以学习他想学的一切。为了将这一理想付诸行动，我和一个朋友在布兰迪斯大学组织了一系列研讨会，名为"新生研讨会——智慧生命导论"。我们宣布，这门课将不要求学生阅读或写作，也不给学分，讨论的内容也由学生自己选定。我们还说明了我们是谁——一位心理学教授和一位执业精神科医生，期望通过对研讨会及我们自己专业兴趣的说明，能给到学生提示，谁应该参加，谁不应该参加。参加本次研讨会的学生是出于自己的意愿，至少要对研讨会的成败承担一部分责任。在传统的学校课堂上，情况正好相反——它是强制性的，学生出于这样或那样的原因不得不进去听课。

在理想的大学中，只要有需要，任何人都可以获得内在教育——因为任何人都能进步和学习。学生群可以包括富有创造性、聪明的孩子和成人，包括傻瓜和天才（即使是傻瓜也可以在情感和精神上学习）。大学将是无所不在的——不限于特定的场所、特定的时间，任何想要与他人分享的人都可以成为老师。大学将会是终身的，因为学习是贯穿一生的事情。甚至是死亡也能成为一种具有哲学启发性的、极具教育意义的经历。

理想的大学应该是教育的隐居，你可以在那里找到自己，找到你喜欢的和想要的，找到你擅长的和不擅长的。人们会选择不同的科目，参加不同的研讨会，虽然不太确定他们要去到哪里，但正在朝着发现自己的使命前行，而一旦**找到了它**，他们可以更好地利用技术教育。理想大学的主要目标，换句话说，就是**自我同一性**的发现，同时也是**使命的发现**。

我们所说的自我同一性发现，是什么意思呢？意思是，找出你真实的愿望和特征是什么，并能够以一种表达它们的方式生活。你经过学习成为真实的和诚实的人，让自己的言行成为对内心感受真实而自发的表达。我们大多数人已学会回避真实。你可能正处在一场战斗中，你的内心充斥着愤怒，但当电话响起时，你仍会拿起手机，亲切地打招呼。真实是虚假向零点的下降。

这里有许多教授真实的方法。训练组是一项尝试，使你了解自己真实的样子、意识到自己对他人真实的反应，通过提供一个变得诚实的机会，说出你内心真实的活动，而不是掩饰真相或礼貌回避。

那些我们描述为健康、强壮的人，似乎比其他人更能够倾听自己的内在感受声音，他们知道自己想要的是什么，同样他们也清楚地知道自己不想要的是什么。他们的内在偏好告诉他们，一种颜色与另一种颜色不协调，他们不想要羊毛衣服，因为那会让他们发痒，或他们不喜欢肤浅的性关系。相比之下，另一些人似乎很空虚，与自己的内心世界脱节。他们根据时钟的指示进食、排便和睡觉，而不是按照自己身体的提示。他们做的每件事情都以外部标准为根据，从选择食物（"这对你有好处"）和选择衣服（"这很时尚"）到价值和道德判断（"我爸爸这样告诉我"）都是如此。

我们非常善于让我们的小孩子混淆自己内心的声音。一个孩子可能说："我不想喝牛奶"，而他的母亲会回答："为什么，你知道你需要喝点牛奶。"或者孩子会说："我不喜欢菠菜"，而她告诉他："我们爱吃菠菜。"自我认识的一个重要部分是能够清楚地听到来自内心的这些信号，而母亲如果混淆了这些信号的清晰性，就不是在帮助孩子。这位母亲很容易会说："我知道你不喜欢菠菜，但因为如此这般的原因，你还是得吃一些。"

在色调、外表的协调、式样的适宜等方面，有审美能力的人似乎比大多数人有更清晰的冲动声音。高智商的人似乎对于感知真相有着同样强烈的冲动声音，看到这种关系是真实的，而那种关系不是，就像有审美能力的人能够看出这条领带适合这件夹克，而不适合那件一样。目前，人们对儿童创造力和高智商之间的关系进行了大量的研究。有创造力的儿童似乎是那些具有强烈冲动声音的人，这些声音告诉他们什么是对的什么是错的。没有创造力的高智商儿童似乎已经丧失了他们冲动的声音，变得循规蹈矩，总是期待父母或老师的指导或启发。

健康的人对于道德和价值问题似乎也有清晰的冲动声音。自我实现的人在很大程度上超越了他们文化的价值，他们不仅仅是美国人，更是世界公民，首先而且重要的是人类的成员。他们能客观地看待自己的社会，喜欢社会的某些方面，不喜欢社会的其他方面。假如教育的最终目标是自我实现，那么教育应该帮助人们超越其自身文化所施加的条件，而成为世界公民。这里出现了如何使人们克服他们文化适应的问题。你如何才能从一个年幼孩子的心灵中唤起对全人类的同胞意识，这种意识将使他长大后仇视战争，并尽其所能避免战争呢？教堂和主日学校审慎地避开了这项任务，取而代之的是教给孩子们丰富的圣经故事。

我们的学校和老师应该追求的另一个目标是使命的发现、命运和归宿的发现。一方面要认识你自己是谁，另一方面要倾听你内心的声音，这也是在发现你想要在自己的生命里做些什么。发现一个人的同一性几乎等同于找到一个人的事业、揭示一个人将为之献身的圣坛。寻找一生的事业就像寻找一位伴侣。在婚姻方面，有一项风俗要年轻人"多方面交往"，与很多人接触，谈一两次恋爱，或许在结婚前还要进行一次严肃的试婚。通过这种方式，他们才能发现自己对异性喜欢什么和不喜欢什么。当他们对自己的需要和愿望有了越来越多的意识时，那些足够了解自己的人最终也恰恰会彼此发现并结识。在你寻找自己的事业、你的终生事业时，有时也会发生非常相似的事情。你感觉它很合适，忽然你发现，一天24小时似乎不够长了，于是你开始抱怨人生的短暂。然而，在我们的学校中，有许多职业顾问对人的生存的可能目标一无所知，甚至不知道什么是基本幸福所必需的。所有这类顾问考虑的是社会对航空工程师或牙科医生的需要。没有一个人提及，假如你对自己的工作不满意，你就失去了实现自我价值最重要的途径之一。

总结一下我们所说的，学校应该帮助孩子们审视自身的内部，并从这种自我认识中得到一套价值观。然而，我们今天的学校并不讲授价值。这可能是信仰战争遗留下来的惯例，在信仰战争中教会和国家被分离开了，统治者的价值观是教会所关心的，而世俗学校则关心其他问题。也许值得庆幸的是，我们的学校在缺乏真正的哲学和训练有素的教师的情况下，不去教授价值观，就像它们因为同样的原因，没有讲授性教育一样。

人本主义教育哲学所带来的诸多影响之一是对自我产生了不同的看法。这是一个相当复杂的概念，难以简单说明。毕竟，这是几个世纪以来第一次谈到一种**本质**，一种内在**本性**，谈到种族性和某种动物性的学说。这与欧洲的存在主义学者，特别是萨特（Sartre）的看法截然不同。萨特认为，人**完全**是由自主设计，**完全**而且仅是属于他自己主观的、独立意志的产物。对于萨特和那些受他影响的人而言，一个人的自我成为一种专断的选择，一种命令式的意志，他要成为什么样的人、想做什么事都不受任何关于什么是好、坏，什么是善、恶的指导规范的影响。萨特在本质上否认生物学的意义，完全抛弃了任何绝对的或至少是人种概念上的价值。这非常接近于让强迫性神经症成为一种生活哲学，你可以在其中发现我曾称之为"空虚体验"的特征，即内部冲动缺失的状态。

美国人本主义心理学家和存在主义精神科医生的观点大都更接近心理动力学派而不是萨特的。他们的临床经验让他们对人有一种本质的、一种从属于物种的生物学性质的设想。我们很容易就能说明"揭示"疗法能帮助人**发现**他的自我同一性，他的**真实自我**，简言之，他的主观生物学属性，**在此基础**上能去实现，去"造就自己"，进行"选择"。

难题在于，人类是唯一一种很难被归纳为某一种物种的存在。例如，一只猫就是一只猫，不存在什么问题，很容易理解。它们似乎不存在什么复杂的、矛盾的或有冲突的内在问题，没有迹象表明它们渴望成为狗。它们的本能是非常明显的。但人类就没有这种明确的动物本能。我们的生物学本质，我们残余的本能，十分微弱而难以捉摸，是很难把握的。对外在事物学习的力量**比我们内心深处的冲动更强大**。人类的这些最深层的冲动潜藏在几乎完全丧失的本能中，它们非常微弱，极其敏感又脆弱，必须屏气凝神、深入挖掘才能发现，**这就是我所说的内省生物学、生物现象学**。这意味着寻找自我同一性、寻求自我、寻求自发性和自然性的必要方法之一，是闭上你的眼睛，隔断噪声，摒除杂念，放下凡尘琐事，完全以一种道家的、接纳的方式使自己放松（类似于在精神分析师的躺椅上使用的方式）。接下来要做的就是等待，看会发生什么事，会想到什么。这也是弗洛伊德称之为自由联想、漂浮注意的技术，而不是设定了固定任务的意识活动。你若能获得成功并懂得怎么实现它，在那一刻将会忘记外部世界及嘈杂的干扰，并开始听到那些微小、纤细的来自内部的颤动，来自你的动物本性的暗示，不仅来自你的普通的种族本性，而且来自你自己的独特本性的声音。

然而，这似乎是一个有趣而矛盾的现象。一方面，我们谈论"揭示"或发现你的特质，谈论你和世界上其他人的不同之处；另一方面，我们又谈到发掘你的种族性，你的人性。正如卡尔·罗杰斯所说的："这是如何发生的呢？当我们更深地进入特殊和独特的自我探求，寻求自我的同一性时，我们就更能发现整个人类共有的特性。"这难道不会使你想到拉尔夫·瓦尔多·爱默生和新英格兰的先验论者吗？当你对种族性的探索达到足够的深度，你的自我将与之融合。成为（懂得如何做到）完满的人意味着两者要同时进行。你在了解（在主观体验上）你的独特之处：你何以是你，你的潜能是什么，你的风格是什么，你的步调是什么，你的爱好是什么，你的价值是什么，你的身体正去往何方，你的生物倾向指引你到何处，即你和他人有何**不同**。同时，又在了解一个人与其他人的相似意味着什么，即了解你和他人有何相似之处。

教育的目标之一应该教人懂得生活是可贵的。假如生活中没有欢乐，那生活就没有了价值。不幸的是，许多人从未体验过欢乐，体验过那些我们称之为高峰体验的时刻，这些极少见的时刻可以全面肯定我们的生活。弗洛姆讨论过能经常体验欢乐的乐生者，也谈到几乎从未体验过欢乐的向死者，这样的人对生活的理解和掌握是微小和脆弱的。后一种人会追逐他们生活中的各式各样愚蠢的机会，好似希望能有一个意外出现，将他们从自杀的苦念中拯救出来。在逆境下，比如在集中营，觉得生活每时每刻都很珍贵的人曾为求生而奋斗，而另一些人却放任自己毫无抵抗地走向死亡。通过锡南浓（戒毒社区）[1]这样的机构，我们开始发现，那些已将自己的一部分生命放弃的毒瘾者会很容易放弃吸毒，只要你能给他们的生活提供某种意义作为替代。心理学家曾把酗酒者描绘为极度沮丧、厌烦生活的人。他们形容这些人的生活是一种一望无际的平坦，没有任何起伏。柯林·威尔森在他的著作《新存在主义导论》中指出，生活必须有意义，生命需要通过充满激情的时刻来印证，生命才会有价值。否则，向死的愿望就很好理解了，谁甘愿忍受无尽无休的痛苦或烦恼呢？

我们知道孩子们能有高峰体验，且常常发生在童年时期。现世的学校教育是一种粉碎高峰体验并禁止它们出现的极端有效的工具。愿意看到孩子们在课堂上自娱自乐，尊重他们本能的老师在学校中是罕见的。自然，一间坐满35个孩子的教室，要在一定时间内教完一节课，这种传统的模式会强迫教师与其给孩子们带来一种快乐的学习体验，不如更注意秩序和安静。但在我们官方的教育哲学和师范学院的理念中，似乎由此得出一个不言自明的说法——一个孩子过得快活是危险的。其实，即使是学习阅读、减法和乘法这种在工业社会必需的但对孩子们来说非常困难的任务，也可以变成一种很有吸引力的乐趣。

幼儿园教育能做些什么来抵消孩子们的向死愿望，小学一年级又能做些什么来增强孩子们乐生的愿望呢？也许它们能做的最重要的事是让孩子得到一种

---

[1] 锡南浓最初是一个戒毒治疗社区，20世纪60年代开始向着乌托邦社区发展并且受到马斯洛在内的一批人本主义心理学家的关注和推崇，70年代后逐渐蜕变为邪教组织并于1991年解散。——译者注

成就感。儿童在帮助某一比他们自己弱小的孩子完成某件事时能得到很大的满足，不受管辖和约束能极大地鼓励儿童的创造性。鉴于孩子们喜欢模仿老师的人生态度，可以鼓励老师们成为快乐的、自我实现的人。父母会把他们扭曲的行为模式传递给孩子，但假如教师更为健康、更为坚强，孩子们则会转而模仿教师。

现在流行的教师是讲演者、调节者、强化者和老板的形象，而道家的辅导者（或称为"师父"）则与此不同，他们善于接纳而不是给予和干预。我曾听闻在拳击界，假如一个年轻人成为一名拳击手，而且觉得自己的条件确实不错，于是他到拳馆找到一位负责人说："我想成为一名职业运动员，成为您的门下，愿受您管教。"在拳击界，那么最好的方法就是试试他。好的经理人会挑选一位职业拳击手并示意，"领他去拳击场，把他打翻，训练训练他。让我们看看他的能耐如何。让他把他的本事全使出来"。假如这位年轻人有希望证明自己是一个"天生的"好材料，好的经理人便会接收他并训练他，看他是否能成为一位拳击家——一位更好的拳击家。也就是说，好的经理人认为每个拳击手本身的风格是一种天赋，是给定的，他只能在给定的风格上构建他的未来，而不是一切都从头来过，并说，"忘掉你已经学得的，完全按新的来"，那等于说，"忘掉你的身体"，或"忘掉你的所长"。经理人会认可和接纳拳击手的现状，并依据他的天赋把他培养成一位他有可能成为的最佳拳击手。

我强烈的直觉是，这是能够在很多教育学领域起作用的方式。假如我们要成为辅助者、顾问、教师、引导者或心理治疗师，我们就必须接纳我们所面对的人，帮助他们认识到他自己是什么样的：他的风格是什么，他的天赋如何，他擅长什么，不胜任什么，我们建造的地基是什么，他的有价值的资源是什么，良好的潜能又是什么。我们将提供一个没有压力和威胁感的氛围，接受他们的天性，同时把畏惧、焦虑和防御的氛围降到最低的限度。最重要地，我们要关心他这个人本身，即欣赏他、他的成长和自我实现。所有这些听起来都很像罗杰斯派的治疗师和他们秉持的"无条件积极关注"、他们的和谐一致论、他们的开放论和他们的同理心。事实上，现在已有证据表明这种照料孩子的方式能"让他显露出来"，使他在自己的意愿上有所表现，有所尝试，甚至犯错，让他把自己展现出来。在这一点上给予恰当的反馈，如同在感受能力训练小组或"交朋友"的心理治疗小组，以及非定向咨询中做的那样，帮助孩子发现他是谁，是怎样的人。我们须懂得珍视儿童在学校中的"显眼表现"，他的幻想、他的专注，他对新事物好奇时的惊讶和他如痴如醉的热情。至少，我们能欣赏他淡化的狂喜，他的"兴趣点"，他的爱好，等等。这些对他助益良多，尤其是能引导他努力工作，坚持不懈，全神贯注，硕果累累，学有所得。

相反，我认为高峰体验作为一种令人敬畏的、神秘的、惊奇的或完美的体验成果，是学习的目标和奖赏，是学习的起点，也是它的终点。假如这对于伟大的历史学家、数学家、科学家、音乐家、哲学家等是真实的，我们为什么不应该试着把这些研究结论也扩大到理解儿童的高峰体验的来源中去呢？

我要说明的是，这些支持我的观点的知识和经验，即使是微不足道的，也是来自聪慧和有创造力的孩子们，而不是迟钝的、深陷贫困的或患病的孩子们。我也应说明，我在锡南浓社区、感受力训练小组、Y理论企业、伊萨冷式教育中心、致幻剂研发集团这些场合，更不用说莱因型精神病患者研究中心里，我所得到的有关这些被认为前途无望的成年人的经验和其他这种类似经验，业已教会我不要先入为主地看待**任何人**。

内在教育的另一个重要目的是满足孩子的基本生理需求。除非他的安全、归属、爱和尊重等需要能得到满足，孩子们是无法达到自我实现的目标的。用心理学的话说，孩子们本身是没有焦虑感的，他感觉自己是可爱的，知道他属于这个世界，有人尊重他，需要他。大多到锡南浓社区的吸毒者都有这样的经验，他们都曾经历过几乎任何基本的生理需要都得不到满足的生活。社区能创造一种使他们觉得自己似乎是4岁的孩子的氛围，然后让他们慢慢地在这种氛围中"重新长大"，并让他们的基本需要能够一一得到满足。

　　教育的另一个目的是使意识保持更新，使我们能不断地觉察到生活的美妙无穷。我们在社会文化的洪流中常被冲刷，失去了敏感性，以致对许多事情视而不见，听而不闻。劳拉·赫胥黎（Laura Huxley）有一个小巧的立方形放大镜，你可以插入一朵小花，观看立方镜各边的光线在花朵上的变化。注视这奇妙的景色片刻，观察者会变得忘乎一切并由此引起幻觉体验，好像在观看一件东西的绝对具体的形象和它的美妙存在。保持日常觉察的有效方法是想象你就要死去——或和你朝夕相处的别的什么人就要离去。假如你感受到的死亡威胁是如此真切，你对待和观察事物的方式就会不同，会比你平常更密切地注意一切。假如你知道某个人就要去世，你会更集中注意力而又充满亲切地关注他，而不带我们经验中常有的那种漫不经心的独断态度。你必须向习惯性的行为倾向宣战，不要让你自己以惯例的态度对待任何事情。从根本上说，不论是历史课、数学课还是哲学课，最好的教导方法都在于让学生意识到其中蕴藏的美感。有必要教会我们的孩子领会统一性与和谐，领会禅宗的体验，能够同时看到瞬间和永恒，能够在同一个对象中看到圣洁和污秽。

　　我们必须再次学会控制我们的冲动。弗洛伊德治疗过分压抑者的日子早已过去，今天我们面临的问题恰好相反，是每一种冲动都迫不及待地想表现出来。人们要懂得控制并不意味着压抑。达到自我实现的人有一套阿波罗式的控制系统，使控制和满足同时发生作用，使满足带来更大的愉悦。打个比方，假如你坐在一张整洁的餐桌前享用美食将更为惬意，尽管烹调和收拾桌子的准备需要有更多的控制活动。就性关系来说，也有类似的情况。

　　真实教育的任务之一是超越虚假问题并力求解决严肃的存在问题。一切神经症问题都是虚假问题。但邪恶和痛苦的问题是真实的，每一个人或迟或早都必须正视它。那么是否有可能通过受苦达到高峰体验呢？我们曾发现，高峰体验含有两种组成部分——情感的狂喜和理智的启示。两者并不一定要同时出现。例如，性高潮是一种极为满足的情感感受，但不会以任何方式给人以启示；而面临痛苦和死亡时，可能会出现不愉快的启迪，如玛格哈妮塔·拉斯基（Marghanita Laski）的著作《欢乐》（*Ecstasy*）中描述的那样。从现有的大量讨论死亡心理的文献中，可以看到临近死亡时，有些人的确能体验到启示，得到哲学的洞察。赫胥黎在他的著作《岛》中，阐明一个人如何带着和解和接纳的心情死去，而不是以一种不体面的方式依依不舍地离开人世。

内在教育的另一方面是学习如何能成为一个善择者。你有知道该如何进行选择的能力。在你面前放着两杯葡萄酒，一杯廉价的，一杯昂贵的，看看你更喜欢哪一杯；尝试你是否能闭上眼睛分辨两种牌子的香烟有何不同，假如你不能分辨差异，也就没有什么不同。我发现我能分辨好坏葡萄酒的差异，因此我宁愿多花钱喝好酒。另外，我分不出松子酒的优劣，因此我总是爱买便宜的松子酒。既然我分不出优劣，那还挑什么呢？

什么是我们所说的自我实现呢？我们所希望的理想教育制度能造就的心理特征是什么呢？达到自我实现的人有良好的心理健康状态，他的基本需要已经得到满足，那么，是什么动机驱使他成为如此忙碌而又有胜任力的人呢？一个原因是，所有自我实现者都有一个他们信仰的事业，一个他们为之献身的使命。当他们说"我的工作"时，指的就是他们生活中的使命。假如你问一位自我实现的律师他为什么进入法律界，有什么东西能补偿多年累积的烦琐和劳累，他可能会这样同你讲："好吧，每当我看见有人利用别人，我就觉得气愤。那是不公平的。"公平对于他是终极价值。他可能讲不出为什么他注重公平，正如艺术家说不出他**为什么**珍视美一样。换句话说，自我实现的人似乎是为了终极价值的缘故才做他们所做的事，这些终极价值似乎又是为了捍卫一些具有**内在价值**的原则。他们保护并热爱这些价值，如果这些价值受到威胁，他们便义愤填膺，义无反顾，常常会自我牺牲。这些价值对于自我实现的人来说不是抽象的；它们像骨骼和血管一样是组成身体的一部分。自我实现者的动机是由永恒的真实、存在价值、纯粹和完美激励着的。他们超越了极性，力图看到潜在的统一性，他们试图整合一切，并让事物的内涵更丰富。

下一个问题：这些价值是本能的吗？是生命体中固有的，像对爱或维生素D的需要那样？假如你从你的食谱中剔除所有的维生素D，你将生病。同理，爱也是一种需要。假如你剥夺了你的孩子们的所有的爱，将会杀死他们。医护人员已经了解到得不到爱的婴儿会因感冒而夭折。那么，我们对真理的需要也是如此吗？我发现假如我被剥夺了真理，我会得一种怪病——我好似患了妄想症，不相信任何人，怀疑每一件事，寻求每一事件的隐含意义。这种顽固的不信任肯定是一种心理疾病。因此，我要说，真理的剥夺会导致一种病态——一种超越性病态。超越性病态是由于一种存在价值被剥夺而引起的疾病。

美的剥夺也能引起疾病。审美方面非常敏感的人在丑陋的环境中会变得抑郁不安。如果是女性，还可能影响她们的月经，或引起头疼等症状。

我做过一系列实验证明美的和丑的环境对人的影响。当被试者在一间丑陋的屋子里判断所看到的人脸照片时，他们会倾向于认为这些人是精神病、妄想狂或危险人物，这表明在丑的环境中人对面孔的推断是不好的。丑陋对你的影响有多大，依赖于你的敏感性和你是否能轻易地将自己的注意力从令人不快的刺激上转移开来。进一步看，生活在一种不合心意的环境中，与龌龊的人共处，都是致病的因素。假如你能选择和优雅正派的人相处，你会发现不仅感受良好，自己也能有所提高。

公正是另一种存在价值，大量的历史事实告诉我们，人们若长期被剥夺公正会发生什么。例如，在海地，人们学会了不相信任何事情，学会了怀疑所有人，认为一切事物的背后都隐匿着腐败与堕落。

关于无用的超越性病态是我非常感兴趣的话题。我曾遇见过许多年轻人，他们有一切条件能达到自我实现；他们的基本需要已经得到满足，他们正在有效地运用他们的能力而没有出现任何明显的心理病兆。

但他们的进程受到了破坏和干扰。他们不相信所有的存在价值，包括年过三旬的人都会拥护的一些价值，并认为真理、善良、热爱等一类字眼完全是空洞的陈词滥调。他们甚至对于自己是否有能力创造一个更好的世界失去了信心，于是，他们能够做的一切仅限于以一种毫无意义的和破坏的方式表示抗议而已。如果你拥有的生命是没有价值的，你可能不至于成为神经症，但你可能会受到认知和精神上疾病的侵袭，因为你与现实的关系在某种程度上会受到扭曲和干扰。

假如存在价值像维生素和爱一样必不可少，又假如它们的缺失能使人生病，那么，人们谈论了几千年的神秘的、柏拉图式的或理性的生活似乎便成为人性的非常重要的一部分。人是由许多层次的需要构成的，层次系统的底部是生物性需要，顶部是精神性需要。和生物性需要不同，存在价值本身以及它们彼此之间是没有高低层次之分的。一种存在价值和另一种存在价值是同样重要的，每种价值之间相辅相成。例如，真必须是完善的、美好的、丰富的，不可思议的是，根据奥林匹斯诸神的观点，它还应该是有趣的。美必须是真实的、向善的、丰富的，等等。假如存在价值都能依据彼此的概念互相说明，我们将能依据因素分析原理得知，有某种一般因素在所有这些存在价值的背后——用统计术语说——有一个G因素。存在价值不是互相分离的枝条，而是一块宝石的不同切割面。献身于真理的科学家和献身于公正的律师两者都是献身于同一使命。他们中的每一位都已发现在一般价值中最适合自己的方面，正是他们在终身事业中所选择的那一面。

存在价值有趣的一面是它能超越传统的二分法，例如自私与无私，肉体与精神，信仰和世俗，等等。假如你从事着你所热爱的工作，献身于你最崇尚的价值，你真是太自私了，而同时又是不自私和利他的。假如你已经把真理作为你内心最珍贵的价值，仿佛它和血液一样成为你的一部分，那么，不论谎言出现在世界的任何地方，你就如芒刺在背，非要弄个水落石出不可。从这个角度说，你自身的边界将远远超越你个人利益的范围，容纳了整个世界。如果在保加利亚或某些国家，某人被不公正地对待意味着也不公正地对待了你。虽然你和这个人素昧平生，但你对他体会到的背叛感感同身受。

让我们再看看"信仰"和"世俗"的二分法。我童年时期接受的神秘仪式似乎过于可笑，它使我对神秘信仰完全失去兴趣并毫无"寻找信仰"的念头。但我的思想界朋友，至少那些已经超越了纠结于人格神有怎样的皮肤、留着什么样的胡须那种认识水平的人，会像我谈论存在价值那样谈论信仰。现如今的神学家考虑的重要问题已经变成宇宙的意义，宇宙是否有一个发展的方向，等等。对完善的追求，对价值信奉的揭示，是文化传统的本质。许多信仰团体开始公开宣称，信仰团体的外部仪式，如礼拜五不吃肉等，是不重要甚至有害的，因为这会混淆视听，使人忽略信仰的真谛而执着于外在形式，这些团体再次在理论上和实践中献身于存在价值。

享受并信仰存在价值的人，也能更安于他们基本需要的满足，因为他们会让这种满足感变得神圣。对于那些能从存在价值的角度也如从需要满足的角度一样彼此抱持的爱侣，性行为也能变成一种神圣的仪式。体验精神生活，无须在柱顶上打坐十年。只要能以某种方式在生活中体验存在价值，就能使肉体及其一切欲望变得神圣。

如果我们承认教育的一大目标是存在价值的唤醒和实现，这也是自我实现的一个方面，我们将会迎来一种新型文明的巨大繁荣。人类会变得更坚强、更健康，并在更大程度上掌握自己的命运，对自己的生活承担更大的责任，有一套合理的价值指导自己的人生选择，人们会积极主动地改变自己所生活的社会。推进心理健康的运动，也是推进精神安宁和社会和谐的运动。

PART

5

第五部分

社　会

# 第 **14** 章
## 社会和个体中的协同

我想以本章纪念鲁思·本尼迪克特①。1941年，鲁思在布林莫尔学院（Bryn Mawr College）的一系列讲座中创造并发展了协同的概念。因其手稿丢失的缘故，这一概念不为人所知。当年我第一次读到这些讲座手稿的时候，我惊恐地发现她给我的是唯一存世的孤本。我很担心她会不会发表这些手稿——她似乎没把发表的事放在心上。我也很担心手稿最终会散佚。这一担心被证明不是多余的。鲁思的遗嘱执行人玛格丽特·米德（Margaret Mead）寻遍她的文档，却未能找到这些手稿。好在我曾请人尽可能多地将手稿的一些片段摘录打印出来。这些摘录很快就要出版了，因此在本章中我只引用其中的一小部分内容。

## 协同概念的发展及其定义

鲁思·本尼迪克特在其晚年力图克服和超越文化相对论（cultural relativity）的教条。然而人们总是错误地把她的名字和文化相对论联系在一起。我记得鲁思对此极其恼火。她觉得自己的《文化模式》（*Patterns of Culture*）是一篇整体论（holism）的作品。她试图以整体论而非原子论（atomistic）的视角，用一种感觉、一种风味和一种音调，将社会作为整全的统一有机体加以诗意的描绘。

我在1933年到1937年学习人类学的时候，文化被认为具有自身独特的异质，既不能用科学方法来研究，也无法做出一般性的概括。每一种文化都与其他文

①鲁思·本尼迪克特是哥伦比亚大学的人类学教授，她的主要研究领域是美洲印第安人。"二战"期间她受美国政府委托对日本文化进行了研究，并将研究成果整理成《菊与刀》一书。——译者注

化不一样，你不能站在某个文化之外去说什么。而本尼迪克特却试图建立一种比较社会学（comparative sociology）。如同一位女诗人，她的直觉引导她试着运用一些她作为科学家不敢公开发表的词句。这些概括性的、带情感色彩的词句或许适合在品鉴马提尼酒的时候随口说出，却不是那种能印成铅字的、冷冰冰的科学叙述。

**发展**。根据鲁思的描述，她将四对文化的所有已知信息都写在一张大纸上。她选取这四对文化是因为她觉得它们彼此不同。她有一种直觉，一种感受，并且以不同的方式表达它，这一点我在之前的注释中已有提及。

在每一对文化中，一方是焦虑型的，另一方不是。一方是粗鲁的（这显然不是一个科学的词语）：这些民族很粗鲁，而她不喜欢粗鲁的民族。四对文化的一边是四个粗鲁又讨厌的民族，而另一边则是四个美好的民族。当战争的阴云迫近的时候，她又提到了低士气的文化和高士气的文化。她带着憎恶与攻击性谈论一种文化，又饱含深情地说起另一种文化。那么她不喜欢的四种文化有什么共同点，或者反过来说，她喜欢的四种文化有什么共同点呢？她试着提出这些是不安全的文化和安全的文化。

优秀的、安全的文化，那些她喜欢、向往的文化，包括祖尼人（Zuni）、阿拉佩什人（Arapesh）、达科塔人（Dakota），以及爱斯基摩人（Eskimo）的一支（我忘了是哪一支了）。我自己的田野研究（未发表）将北部黑脚人（Northern Blackfoot）也列为安全的文化。讨厌的、粗鲁的、让她不寒而栗的文化包括楚科奇人（Chuckchee）、奥吉布瓦人（Ojibwa）、多布人（Dobu），以及夸扣特尔人（Kwakiutl）。

她把当时所有可能的理论概括（你也可以称之为所有可用的开罐器）在这些文化上一一尝试，又基于种族、地理、气候、族群大小、财富、复杂性等各方面对这些文化进行了比较。然而这些因素都无法作为区分的标准，即在四种安全的文化中全部存在，在四种不安全的文化中全部缺失。在这些标准下不可能做出整合，既没有逻辑条理，也无法分门别类。于是她又问，哪些文化多有自杀者，哪些文化没有？哪些是多配偶的，哪些不是？哪些是母系的，哪些是父系的？哪些是大家庭的，哪些是小家庭的？这些分类标准也都没有起作用。

最终**确实**起作用的标准，我只能称之为行为的**功能**（function），而不是外显的行为本身。她发现行为本身并不是答案，她必须寻找行为的功能，探索其背后的意义。这个行为想要说什么？它又表达了怎样的性格结构（character structure）？我认为这一飞跃是人类学理论和社会理论的一次革命，奠定了比较社会学的基础。比较社会学提供了把不同社会放在一个渐变连续体（continuum）中进行比较的方法，而不是把每一个社会都看作独一无二、自成一体。

**定义**。本尼迪克特最终放弃了"安全"和"不安全"的说法，而选择了"高协同"和"低协同"的概念。后者不那么规范化（normative），更客观，也不致被怀疑投射有个人的理念和好恶。她是这样定义这些概念的：

是否有一些社会学条件与高攻击性（aggression）或者低攻击性相关？我们的一切基础框架在这些方面做到什么程度，取决于其社会形态能够在多大程度上构建共同利益并且消除零和竞争……从所有的比较材料中浮现的结论是，**非攻击性（non-aggression）较为突出的社会都建立有良好的社会秩序，使一个人的行为能够同时满足个人利益和集体利益**……非攻击性（在这些社会中）的出现，不是因为人们大公无私，把社会责任置于个人愿望之上，而是社会的安排使这两者一致。理性地想一想，生产活动——无论是种山药或者捕鱼——是一种普遍的福利。只要没有人为干预，每一次的收成，每一次的渔获都会丰富村庄的食物供给，一个人就既能做一个好农夫，又能做一个对社会有贡献的人。他和他的同胞都能得到利益。

我将会谈到一些低协同文化，其社会结构助长了彼此敌对和相互妨碍。我也会谈到高协同文化，它能够促进相互强化的行为……**我说过具有高社会协同的社会，那里的社会机制保证了人们会从他们从事的工作中彼此受益，也曾谈过低社会协同的社会，在那里一个人的利益变成了击败他人获取胜利，而作为非胜利者的绝大多数人必须想方设法改变他们的地位**（黑体是我加的）。

在高协同社会中，社会机制被建立起来以超越自私—无私、利己—利他的两极对立。在这样的社会中，仅仅自私也能获得报偿。高协同社会是美德得到报偿的社会。

我想讨论一下高协同和低协同的一些表现形式和一些问题。我会利用我25年前记下的笔记；抱歉的是我已经分不清楚哪些是本尼迪克特的想法，哪些是我自己的想法。多年来我以不同方式使用这一概念，因而出现了一定程度的融合。

## 原始社会中的高协同和低协同

**财富的虹吸效应与漏斗效应。**在经济制度方面，本尼迪克特发现外显的、浅表层面的事情——社会是富裕的或者贫穷的——并不重要。重要的是，安全的高协同社会有一种她称之为虹吸系统的财富分配方式。而在不安全的低协同社会中有一种她称之为漏斗机制的财富分配方式。我可以用一种简洁的、比喻的方式总结下漏斗机制：那是任何能够确保财富吸引财富的社会安排。对富裕的人进一步给予，对贫穷的人进一步剥夺。贫穷制造更多贫穷，财富创造更多财富。与此相对地，在安全的高协同社会中，财富倾向于分布开来，从高处被虹吸到低处。财富总是以某种方式从富裕者流向贫穷者，而不是从贫穷者流向富裕者。

虹吸机制的一个例子是我在北方黑脚印第安人那里见过的太阳舞（Sun Dance）仪式中的"散财"环节。在这一仪式中，全族的所有帐篷聚集成一个大圆圈。部落里的富人（指通过艰辛劳动积累较多者）会堆起毯子、食物和各种成捆的东西，有时候还有些有趣的东西——我记得有成箱的百事可乐。一个人在过去的一年中积累的所有东西都堆在那里。

我想起当时看到的一个人。在仪式进行中的某一时刻，按照大平原印第安人的传统，他昂首阔步，并且，我们可以说，他在夸耀自己的成就。"你们都知道我做了这些事情，你们都知道我做了那些事情，你们都知道我多么精明，我是多么能干的牧人，多么勤劳的农夫，因而我积累了大量财富。"然后他以一种非常气派的姿态，趾高气扬而又不带着辱地把他那堆财物散发给寡妇、孤儿、盲人、病人。等到了太阳舞仪式的最后，他所有的东西都被散光了，只剩下他身上的衣服。他以这种协同的方式（我不用自私或者无私这样的词，因为很显然这一两极对立已经被超越了）散掉了他所拥有的一切，但在此过程中他证明了自己是多么了不起的男人，多么能干、多么聪明、多么强大、多么勤勉、多么慷慨，因而也多么富有。

我记得当我进入这个社会时感受到的困惑。我试图找到最富有的人，却发现那个富人一无所有。当我向这片印第安保留地的白人官员询问谁是最富有的人时，他说了一个从未被当地印第安人提起的人，也就是登记册上拥有最多家畜、牛羊和马匹的人。当我回去找我的印第安联系人问及吉米·麦克休（Jimmy McHugh）和他的马匹时，他们不屑地耸了耸肩。"他是个守财奴。"他们说。因而，他们甚至不认为他富有。受人崇敬的酋长即便一无所有，也是"富有的"。美德是如何得到报偿的呢？以这种正式的方式表现慷慨的人在部落中最受敬仰、最受尊重、最受爱戴。这些人造福部落，他们是部落的骄傲，让部落的人心中充满温暖。

换句话说，如果这位可敬的酋长，这个慷慨的男人，发现了一个金矿或者发了一笔大财，部落中的每个人都会感到高兴，因为他非常慷慨。如果这人是一个吝啬鬼，如同我们社会中常见到的那种，那么人们的反应就会类似于我们对待突然发了大财的朋友那样；意外之财常会造成亲友反目。我们的制度在这种情况下会助长嫉妒、怨恨，让我们逐渐远离彼此，直到反目成仇。

在本尼迪克特列举的财富分配虹吸机制的例子中，上述的散财是其中一种。另一种是仪式性的好客，在许多部落中，富有之人会邀请他所有的亲戚来访，然后招待他们。还有慷慨解囊、互助互援、食物分享的合作方法等。在我们的社会中，我认为累进制的收入和财产税可以作为虹吸机制的一个例子。理论上，如果一个富人的财富翻了一倍，这对你我都会是一件好事，因为其中的相当一部分会进入公共财政。在此我们暂且假设这些财富会被用于公共福利。

至于漏斗机制，例子有高昂租金、高利贷款［我记得夸扣特尔人的年利率高达1200%；相比之下，即便是《码头风云》（*On the Waterfront*）里的高利贷也是小巫见大巫了］、奴隶劳动和强迫劳动、劳力的剥削、过高的利润，以及穷人比富人承担相对更重的税负，等等。

我想你能看到本尼迪克特关于制度的意义、影响或特点的观点。施散财物，就行为本身而言是无意义的。我认为在心理层面也是如此。许多心理学家没有意识到，行为既可以是一种心理防御机制，也可以是内心活动的直白表达。它既可以是对动机、情感、意图、想法的掩藏，也可以是对这些心理活动的揭示，因此不能只看表面。

**使用与占有**。我们还可以看看对财产的占有和实际使用的关系。我的翻译[①]，英语不错，曾在加拿大上学，受过大学教育，所以挺富有。因为在这类部落中，智慧与财富有着紧密的联系，即便依照我们的定义也是如此。他是社区中唯一有车的人。我们大多时候都在一起，因此我看得出来他很少用车。人们会来找他说，"特迪（Teddy），借你车用用行吗"？他就会把钥匙递过去。就我的理解，拥有一辆车对于他而言意味着购买汽油，修补轮胎，在印第安保留地

---

① 指作者在黑脚部落的印第安人翻译。——译者注

出车救助他人等。这辆车属于任何需要它并提出要求的人。显然，拥有整个社区中唯一的一辆车，对特迪而言意味着自豪、愉快和满足，而不是招来嫉妒、恶意和敌对。社区里的人们为他有车而高兴，如果有5个人有车，人们也会很高兴。

**安抚型信仰团体和恐怖型信仰团体**。对于思想制度也可以依照协同的概念加以区分。你会发现在高协同社会中，神、鬼或超自然存在无一例外是倾向于仁慈、助人、友爱的，在我们社会的一些人眼中，他们助人的方式有时候甚至有点渎神。例如，在黑脚族中，所有人都可以有一个私人精灵，这个他在幻觉中或山上看到的精灵，能在打扑克的时候应召显灵。人们与这些私人精灵的关系如此融洽，以至于一个人可以堂堂正正地提出暂停游戏，然后跑到角落去跟他的精灵商量要不要抽牌。而在不安全或低协同社会中，神、鬼或超自然存在无一例外是残忍、恐怖的。

我曾经在布鲁克林学院（Brooklyn College）以一种不太正式的方式，在一些学生那里测试过这种关系（大约在1940年）。我设计了一个问卷，把这几十个年轻人分为安全和不安全两类。我问正式信教的人一个问题：假设你一觉醒来，感觉神就在屋里或正在看着你，你会有什么感觉？安全的人倾向于感觉受到安抚和保护；不安全的人则觉得很恐惧。

在一个更大的视角下，你可以在安全和不安全的社会中发现类似的事情。西方观念中愤怒复仇的神与仁爱的神的对立，表明我们的信仰文本是由安全和不安全的思想混合而成的。在不安全社会中，拥有信仰权力的人往往会将其用于某种私利，以实现我们称为自私的目的。而在安全社会中，比如祖尼人，信仰权力会被用来祈雨、求丰收，造福整个社会。

这类心理意图或效应的对照研究，可以让人对于祈祷方式、领导方式、家庭关系、男女关系、性发展阶段、亲情和友情中的情感纽带等方面做出明确的区分。如果你对这种区分有了一些感觉，那么你应该能够顺着这条逻辑想到你在两种社会中期待的是什么。我还想再加一件事，这对于我们西方思维而言或许有点出乎意料。高协同社会都有洗刷耻辱的方法，而低协同社会做不到这一点。在后者中，生活充满了羞耻、难堪和伤痛。它**必然**如此。在本尼迪克特列举的四个不安全社会中，耻辱会持续溃烂，永无止境；而在安全社会中，总有一条途径可以结束耻辱，偿还欠债，让你解脱出来。

## 我们社会中的高协同和低协同

读到这里，你一定已经想到了我们自己的社会中混合了高低协同。我们既有高协同机制，也有低协同机制。

例如，在慈善事业中，我们有普遍的高协同，这在很多别的文化中是不存在的。我们的社会以一种美好而安全的方式，表现出一种非常慷慨的文化。

另外，很显然我们社会中也有一些机制让我们彼此对抗，互为仇雠。这使得我们不得不为有限的物资争吵不休。这就像一场零和游戏，只有一方可以得胜，另一方只能失败。

或许我可以用一个常见的简单例子来说明，大多数大学所使用的评分制度，尤其是基于曲线分布的那种。我曾经陷入这样的境地，可以非常清楚地看到自己被放到一个与我的兄弟们敌对的位置上，他们的得利意味着我的受害。假设我的名字以Z开头而评分按照字母表依次进行，并且我们知道只有6个人能拿到A。显然，我必须坐在那里，盼着在我前面的人拿到低分。他们每拿到一个低分，都对我有利。他们每拿到一个A，都对我有害，因为这降低了我拿A的概率。自然而然地，我会说"快去死吧"。

协同的原理非常重要，不仅因为它有助于一门客观比较社会学的发展，不仅因为这种比较社会学有可能为一种超文化的价值体系开辟道路并在这一体系中评估一个文化及其一切内涵，不仅因为它为乌托邦理论提供了一种科学基础，而且因为它对其他领域中更专门的社会现象的研究也很重要。

我觉得还没有足够多的心理学家，尤其是社会心理学家，意识到有重大而要紧的事情正在一个领域中发生。这个领域甚至还没有一个很好的名称，我们或许可以称之为组织理论，或者工业社会心理学，或者企业或事业理论。大多数对这一领域感兴趣的人把麦格雷戈（McGregor）的《企业的人性面》作为入门书。我觉得书中所说的社会组织层面的Y理论可看作高协同的例子。该理论认为，有可能通过某种设置让组织机构里的人相互合作，并且必然地成为同事、队友而不是敌人。这个机构既可以是企业，也可以是军队或者大学。我在过去的几年中研究了一家这样的企业，我相信至少在一定程度上能够用高协同（或者安全社会组织）的概念来描述它。我希望这些新的社会心理学家能试着用本尼迪克特的概念，来仔细比较上述高协同企业和信奉资源有限"我多拿你就少拿"的企业的区别。

我还要向你们推荐利克特（Likert）的新书《管理的新模式》，这是一本囊括了一系列深入细致研究的论文集，探讨了在工业组织中我们可称之为协同的各方面问题。书中甚至有一个部分讨论到他所说的"影响力派"（influence pie；p.57），他试图解释一个难解的悖论，即优秀的工头，好的领导，那些在实际绩效中获得较高评价的人，要比其他人更懂得放权。对于越放权就越有权这件事，你要怎么说呢？利克特对这一悖论的处理颇为有趣，因为你可以看到一个西方头脑在一个不那么西方的概念上挣扎纠结。

我可以说如果处理不好协同的概念，有见识的人们是建不起乌托邦的。在我看来，似乎任何乌托邦或健全心理社会（Eupsychia；我认为这个名字更好）都必须有一套高协同机制作为其基础。

## 个体中的协同

**认同（identification）**。协同的概念也可应用于个人层面，应用于两个人之间的关系。它可以很好地定义深爱关系，也就是我写过的存在爱（Being–

love）。爱有许多的定义，比如你的利益也是我的利益，或两组基本需求汇合为一，或你长了鸡眼我的脚也疼，或我的快乐取决于你的快乐。大多数关于爱的定义都隐含着这类的认同。但这也很像高协同概念，即两个人以某种方式安排他们的关系，使一个人获利也意味着另一个人获利，而不是一个人得利意味着另一个人的损失。

一些新近研究关注了美国和英国下层人民的性生活和家庭生活，研究者描述了一种他们称之为剥削性的关系，这显然是一种低协同的关系。那里经常有谁掌权、谁当老大、谁更爱谁的问题，结论是谁爱得更多谁就是输家，或者一定会受伤害，等等。所有这些都是低协同的说法，它们暗示着资源是有限的，而非无限的。

我认为认同的概念不仅仅出自弗洛伊德和阿德勒，也有其他的源流，在此基础上可以进一步扩展。或许我们能说，爱能够被定义为自我的扩展、个人的扩展，以及身份认同的扩展。我想，我们在与孩子、与妻子或者丈夫、与亲密之人在一起时都有过这样的体验。你会有一种感觉，尤其是与无力的孩子在一起时，宁可你自己整夜咳嗽，也不愿你的孩子咳嗽。孩子咳嗽比你自己咳嗽更让你感到痛苦。你更强壮些，因此由你来承受咳嗽要好一些。显然，这是两个个体心理皮肤的一种融合。我会说这是认同概念的另一个面向。

**自私—无私二分法的融合。** 在这里我打算跨越本尼迪克特。她似乎总是在一个线性连续体中，在两极对立中，在自私—无私的二分法下展开讨论。然而，我又明显感觉到她的思考**隐含**了对这种二分法的超越，这种超越在一种严格的格式塔意义上创造了高级的统一，它证明了，看起来具有二重性的东西仅仅是因为它还没有充分发展到统一的阶段。在高度发展、精神健康的人那里，在自我实现的人那里，不论你怎么称呼这些人，你都会发现，他们在某些方面非常无私，却又在另一些方面极端自私。如果你知道弗洛姆关于健康的自私与不健康的自私的论述，或者是理解阿德勒社会情感（Gemeinschaftsgefühl）的概念，你就会明白我在这里的意思。出于某种原因，这种两极对立、二分法以及此消彼长的假设，都将最终消散。它们彼此融合，然后就出现了一个单独的概念，我们还没有合适的词语来描述这个概念。从这个角度来看，高协同代表了对二分法超越，一种将对立化为单一概念的融合。

**整合认知和意动**。最后，我发现协同的概念对于理解个人内部的心理动力是有用的。有时候这种价值很明显，比如把个人内部的整合看作高协同，把一般病理性的精神解离（intrapsychic dissociation）视为低协同，即一个人内部破碎，折磨自己。

在种种对于动物和人类婴儿自由选择的研究中，协同理论都可以被用于理论陈述的提升。我们可以说，这些实验表明了一种认知与意动的协同或融合。我们可以说，在这些情境下，头脑与心灵、理性与非理性都说同一种语言，我们的激情引领我们走向明智的方向。这也适用于坎农（Cannon）体内平衡（Homeostasis）的概念，他称之为身体的"智慧"。

在一些情况下，焦虑、不安全的人倾向于假设他们欲求的东西一定是不好的。好吃的东西会让人发胖。明智、正确或应该做的事情，大概也是你要鞭策自己去做的事。你必须强迫自己去那样做，因为很多人都有一个根深蒂固的想法，认为我们欲求的、喜欢的、美味的，很可能是不明智、不好、不正确的。然而食欲实验和其他自由选择实验表明，恰恰相反，我们享受的恰恰是对我们有益的，至少不那么差的选择者在不那么差的选择条件下是这样的。

我愿用弗洛姆的一句话作为结论，这句话让我印象深刻。"病态就是想要获得对我们不好的东西。"

第 **15** 章

# 规范社会心理学家的问题①

请注意在研讨班的描述中强调了发表的意见要切实可行，而不能梦想、幻想或是希望如此。为了强调这一点，你们的论文不仅要描述你们心中的美好社会，还必须详细描绘实现这一社会的路径，即政治事务。明年这门课的名称将改为"规范社会心理学"。这是要强调实证的态度在这个班里至关重要。这意味着我们要讨论程度、百分比、证据的可靠性、需要获取的缺失信息、所需的调查和研究、可能性等问题。我们不会在二分法、非黑即白、非此即彼、绝对完美、不可实现、不可避免等方面浪费时间。（没有什么是必然的。）我们假设改革是可能的，进步、提升也是可能的。但是朝着某个完美理念的**必然**的进步，并在未来的某刻实现这一理想，这是不太可能的，我们也不愿意费心讨论这一类的问题。（退步或灾变也是可能的。）一般来说，单纯的反对是不够的，应该同时提出更好的替代方案。无论是个人层面或整个社会的改革、革命或提升，我们都会采用一条整体论的研究路径。而且我们会假设两者的改变不一定有先后顺序，即人先改变或社会先改变。我们假设两者能够同时改变。

我们有一个基本的假设：除非我们有某种关于**个人目标**的想法，否则任

---

① 1967年春季，我在布兰迪斯大学为高年级本科生和研究生开设了一学期的专题研讨班，本章是基于开班讲话要点写成的。除了为指定的阅读材料和论文设立一个基础性的假设、规则和问题之外，我还希望通过这些提示把研讨限定在实证和科学研究的范围内。

研讨班的课程描述如下："乌托邦社会心理学：为心理学、社会学、哲学或其他社会科学的研究生所开的研讨班。讨论关于乌托邦和健全心理组织（Eupsychian）的选文。研讨班会关注实证性、现实性的问题：人性最多能构建多好的社会？社会最多能允许多好的人性？什么是可能的并且可行的？什么不是？"

何规范性的社会思想都是不可能的。这里的个人目标是指，人们想要成为怎样的人，我们可以据此判断社会的合理性。我进一步设想，好的社会，也就是所有试图自我改善的社会的直接目标，是所有个人的自我实现，或某种接近的标准或目标。[自我超越——生活在存在层面——对于那些个性坚强而自由的人（即自我实现的人）是最有可能的。这里需要考虑社会安排、教育等因素，以使得自我超越成为可能。] 这里的问题是：我们是否有一个可信、可靠的概念来描述那种健康的、超越性的、理想的人？另外，这一规范性的想法本身也是需要推敲、可以讨论的。假如不知道更好的人应该是什么样子，如何去改良社会？

我认为，我们必须对于自主社会需求（autonomous social requirement；不依赖于内部心理活动或个人心理健康或成熟）有某种概念。我认为，一个一个地去改善个体，并不是一个改善社会的可行办法。即便是最优秀的个体，在糟糕的社会和制度环境下也会有不当的行为。你可以建立让人相互攻击的社会制度，也可以建立让人相互协同的社会制度。也就是说，你可以建立一些社会条件，使得一个人得利意味着另一个人得利，而不是另一个人损失。这是一个基本假设，是可以讨论的，也应该是可以被证明的。

**1. 规范是普世的（适用于全人类），国家的（适用于一定的政治、军事统治范围内），亚文化的（适用于某一民族或国家内的较小群体），家族的，或是个人的？** 我认为只要独立的主权国家还存在，就不可能有普遍的和平。鉴于这类战争现在就有可能发生（我认为只要国家统治权还存在，这就是不可避免的），任何规范社会思想家长远地看都必须接受有限的主权国家，例如世界联邦主义者（United World Federalists）提出的那种，等等。我假设规范社会思想家会一直自动地向着这样的目标奋斗。如果这一假设成立，问题就变成了改善现存的民族国家。最后，还有将个体家庭建成一个个美好绿洲的问题。甚至还可以有个人如何把自己的生活和自己的环境变得更适合健康心理发展的问题。我假设上述所有的这些都是同时可能的；它们并不在理论上或实践中相互排斥。［我建议以我的《健全心理管理》（*Eupsychian Management*）一书中的"社会改良理论：缓慢变革理论"作为讨论基础。］

**2. 经过筛选的或未经筛选的社会**。关于健全心理组织的概念，可以参见《动机与人格》。还有发表于《人本主义心理学学刊》的《健全心理组织，良好的社会》一文。《健全心理管理》一书中也有散见的片段可供参考。我对于健全心理组织的定义显然是一个经过筛选的亚文化，即它仅仅由心理上健康、成熟或自我实现的人和他们的家庭组成。在乌托邦理论的发展史上，这一问题有时得到正视，有时又被忽略。假设我们**总是**需要对这一问题作出有意识的决断。在你的论文中，你必须指明你谈的是未经筛选的全人类，还是在某种入选条件下选出来的小群体。另外，如果你有一个经过筛选的乌托邦团体，你还必须说明对于闹事的个体，是要驱逐还是同化。如果个体被选入或者出生于这样的乌托邦团体中，他们是否必须留在这样的社会里？或者你是否认为需要设置一些关于放逐或监禁等的条款，以处理犯罪者和破坏分子？（我假设，基于你们对心理病理学和心理治疗学的知识，以及社会病理学和乌托邦尝试的历史知识，任何未筛选的群体都可能被有病的或不成熟的个体所破坏。但是，鉴于我们的筛选技术还很有限，我的建议是，任何试图成为乌托邦或健全心理组织的团体都要能够驱逐在筛选中漏网的反乌托邦分子。）

**3. 多元主义**。**接受并利用个体在体格和性格方面的差异**。许多乌托邦假设所有人都是一样的、可以互换的。我们必须承认一个事实，个体间在智力、性格、体格等方面可以有很大的差异。在允许个性、特质和个人自由的同时也必须说明其中考虑的个体差异幅度。在幻想的乌托邦中，没有弱智、疯子或衰老者。而且时常有暗地里内嵌的某种标准来界定理想的人类。以我们对人类多样性的实际认识，这种标准已显得过分狭隘。**一套**规矩或法则怎么可能适用于所有人呢？你是否愿意考虑宽松的多元主义，比如服装鞋帽的样式等？在美国，我们现在允许人们拥有非常多样的（尽管没有囊括所有可能的）食物选择，但是在服装的样式方面只允许相当狭窄的选择范围。此外，例如傅立叶（Fourier）的整个乌托邦方案接受并利用了高度多样化的个人体格差异。柏拉图的理想国则只有三种人。你想要几种人？是否能存在一个没有异常者的社会？自我实现的改变是否已经使这一问题过时？如果你接受最大限度的人类差异多样性，以及性格和才能的多元主义，那么这就是一个在事实上接纳了大部分（或全部）人性的社会。自我实现是否意味着在事实上接纳了个体的特性和异常？接纳到什么程度？

**4. 亲工业化或反工业化？亲科学或反科学？亲智或反智？** 许多乌托邦是梭罗式的（Thoreauvian），田园的，本质上是基于农业的［例如，博尔索迪的生活学校（Borsodi's School of living）］。它们中的许多曾经远离并反对城市、机器、金钱、经济、劳动分工等。你同意吗？分散的乡村化工业是可能的吗？道家的那种人与环境的和谐是可能的吗？花园城市？花园工厂？即住宅紧挨着工厂因此无须通勤？现代技术是否必然奴役人类？当然，在世界上的许多地方都有小群的人回归农业，这对于小群的人当然是可行的。这对于整个人类是否行得通呢？但也有一些社区有意识地围绕制造业，而非农业或手工业建立起来，过去和现在都有。

有时候在一些反技术、反城市的哲学中可以看到一种隐藏的反智主义，反科学、反抽象的思想。一些人将这些东西（科学和抽象）视为去神圣化的，与基本的具体现实脱节的，冷血的，与美和情感对立的，不自然的等。

**5. 中央集权的计划社会主义或者去中心化的无政府主义社会。** 计划在多大程度上是可能的？必须要中央集权吗？必须是强制的吗？大多数知识分子对于哲学无政府主义（philosophical anarchism）一无所知或知之甚少。［我推荐看《玛那》（MaNas）杂志。］玛那哲学的一个基本方面就是哲学无政府主义。它强调去中心化而非集中，强调地方自治和个人责任，不相信任何类型的大型组织或权力的积累。它不信任作为社会手段的武力。在与自然和现实的关系方面，它是生态的和道家的。一个社区内必须要有多少层级，例如，在一个以色列的集体农庄（kibbutz）或者弗洛姆式的工厂中，或一个合伙所有的农场或者工厂中，等等？指挥是必要的吗？凌驾于他人的权力？执行多数人意志的权力？惩罚的权力？科学共同体可以被看作无领导的健全心理"亚文化"的例子，它是去中心化的、自愿的，但又是合作的、富有成效的，并且有一套强大而有效的伦理法则。与此相比，锡南浓亚文化（高度组织化，层级结构）可作为一个相反的例子。

**6. 恶行的问题**。在许多乌托邦理论中，对这一问题的讨论是缺失的。它或者凭空消失，或者被忽略。没有监狱，也没有人受惩罚。没有人伤害他人，也没有犯罪，等等。我的一个基本假设是：不好的行为、心理病态行为、恶行、暴力、嫉妒、贪婪、剥削、懒惰、卑鄙、恶意等，都必须有意识地去对待和处理。["相信某处存在一个方案能够消灭冲突、斗争、愚蠢、贪婪和个人的嫉妒，这是通向失望和放弃的一条捷径"——大卫·利连塔尔（David Lilienthal）。] 关于邪恶的问题，既要从内在心理的角度，也要从社会安排的角度加以讨论，即心理学和社会学（这也意味着历史学）的讨论。

**7. 不切实际的完美主义的危险**。我认为完美主义，即认为必须要有理想化的或完美解决方案，是一种危险。乌托邦的思想史已经展现了许多这样不切实际、无法实现、非人的幻想（例如，让我们都彼此相爱。让我们都平等地分享。所有的人在所有的方面都必须受到平等对待。任何人都没有凌驾他人的权力。使用武力就一定是恶的。"没有坏人，只有未得到爱的人"）。一个共同的演进过程是：完美主义或不切实际的期望**导致**必然的失败，再导致幻想的破灭，再导致麻木、沮丧，或仇视一切理想，仇视一切规范性的希望和努力。这也就是说，完美主义经常（总是？）最终导致对规范性希望的仇视。当完美被证明不可能的时候，人们就会觉得改善也是不可能的。

**8. 如何处理攻击性、敌意、争斗和冲突。**这些能被废止吗？攻击性和敌意是否在某种意义上来自本能？哪些社会机制助长了冲突？哪些社会机制尽可能减少了冲突？既然在人类分割为主权国家的情况下战争是不可避免的，是否可以设想在一个统一的世界中武力是不需要的？这样一个世界政府会需要警察或军队吗？（作为讨论的基础，建议阅读我的《动机与人格》的第9章"毁灭性是似本能的吗"。）我的基本结论是：攻击性、敌意、争斗、冲突、残忍、虐待或许在精神分析师的沙发上（即在幻想中和梦中等）普遍存在。我认为，在每一个人身上都可以找到攻击行为（实际的攻击或是一种可能性）。如果完全找不到攻击性，我会怀疑有压抑、抑制或者自我控制的影响。我认为，当一个人的不成熟心理或神经症向着成熟心理或自我实现过渡时，其攻击性的**性质**会发生显著的变化。因为虐待、残忍和刻薄作为攻击性的表现形式，往往出现在神经质、不成熟的人身上。当一个人变得成熟而自由时，这种攻击性会转化为回应性的义愤，变为自我确认、对剥削和控制的抵抗、拥护正义的激情等。我认为，成功的心理治疗会让攻击性的性质沿着第二条路径变化，即从残忍变为健康的自我确认。我假设，用言语表达攻击会减少实际的攻击行为。我设想通过建立某种社会机制，可以增加或减少各种形式的攻击性。我还假设，相较于年轻女性，年轻男性更需要某种排遣暴力的途径。是否有某种技术，能够教导年轻人明智地处理和表达他们的攻击欲，使得年轻人得到满足的同时，又不伤害其他人？

**9. 生活要简单到什么程度？**生活复杂程度的理想限度在哪里？

**10. 社会要给个人、儿童和家庭保留多少私生活？**要有多少的集会、社区活动、联谊会、社交和公共生活？多少的私生活、"放任"和不干扰？

**11. 社会能宽容到什么地步？所有的事都可以被原谅吗？什么是不可容忍的？什么是必须惩处的？**社会对于愚蠢、虚伪、残酷、心理病态、犯罪能够容忍到什么地步？社会安排中对于智力缺陷者、老人、无知者和残疾人要提供多少保护？这个问题同样重要，因为它涉及过度保护的问题，以及会不会给那些不需要保护的人造成妨碍，阻碍其思想、讨论、实验和爱好的自由。它也带出无菌环境的危险问题，乌托邦作家们倾向于把一切的危险和恶都排除掉。

**12. 要在多大程度上接纳大众的趣味？在多大程度上容忍你不赞同的东西？在多大程度上容忍下流的、有损公序良俗的"低级趣味"？对于毒品成瘾、酒精、迷幻剂、烟草又如何？对于电视、电影、报纸的趣味又如何？** 据称这是大众想要的东西，大概统计数据也会支持这一宣称。你是否打算给予精英、天才、人才、创造者和能人与智力缺陷者平等的投票权？你将如何处理像英国广播公司这样的机构？要让它不停地说教吗？它应该在多大程度上反映尼尔森收视率（Nielsen ratings）？它是否应该有三个频道来满足不同的群体，或者五个平台？电影和电视节目的制作者是否有责任教育和提升大众趣味？这是谁的工作？或者它不关任何人的事？对于同性恋者、鸡奸者、暴露癖、性施虐癖、性受虐癖应该做什么？[①]应该容许同性恋者引诱儿童吗？假如一对同性恋者在一个完全隐蔽的场所过性生活——社会应该干预吗？如果一个性施虐癖与一个性受虐癖私下里彼此得到满足，这是公共事务吗？能否允许他们登广告寻找彼此？易装癖是否可以出现在公共场合？暴露癖是否应该被惩罚、限制或监禁？

**13. 领导者（与追随者）、能人、精英、强者、首领、企业家的问题。** 是否有可能全心全意地崇敬和爱戴（事实上）高于我们的人？是否有可能是又爱又恨的？如何保护优越者免遭嫉妒、仇视和"眼红"诅咒？如果所有的新生儿都有完全平等的机会，那么个体差异性（能力、才干、智力、健壮等方面）就会在生命历程中显现出来，那要怎么办？是否要给那些更有才、更有用、更多产出的人更多的奖赏、报酬和特权？"幕后掌权者"的办法在哪些地方可以适用，即给掌权者比别人更少的报酬（指金钱），而以非金钱的方式报偿他们，即对高级需求和超越性需求的满足，如被允许自由、自主和自我实现？领袖和首领

---

① 本书出版于20世纪70年代，同性恋在当时的美国被当作一种精神疾病。当代主流的心理学已经不再持此观点，请读者注意。——译者注

们是否有可能甘守贫穷（或至少过简单的生活）？我们应该给企业家、渴望功成名就的人、组织者、发起人、喜欢管理事情的人、做领导使用权力的人多大程度的自由？如何让人自愿服从？谁来收垃圾？强者和弱者之间会有怎样的关系？能干的人和不能干的人之间呢？如何让人对于权威角色（警察、法官、议员、父亲、船长等）产生爱戴、尊重和感激？

**14. 恒久的满足是否是可能的？即刻的满足是否是可能的？** 作为讨论的基础，建议阅读"低级抱怨、高级抱怨和超越性抱怨"（本书第18章）。此外还有柯林·威尔森关于他称为"圣尼奥特边缘"①的著述。还有《人的工作和本性》。可以认为，无论社会条件如何，满足对于所有人都是一种转瞬即逝的状态，因此追寻恒久的满足是徒劳的。将天堂和涅槃的概念，与从财富、闲暇和退休等中获得预期收益相比较，类似的发现是解决"低级"问题带来的满足感远不及解决"高级"问题和"高级"抱怨带来的满足感。

**15. 男性与女性怎样彼此适应、彼此喜爱、彼此尊重？** 大多数乌托邦作品都是由男性写成的。女性是否会对理想社会有不同的看法呢？大多数乌托邦构想要么是明确的父权制，要么是隐含的父权制。在历史上，女性往往被认为在智力、执行力和创造力等方面劣于男性。现在，女性至少在发达国家已经得到了解放，自我实现对于她们也是可能的，这会如何改变两性关系？男性要如何改变才能适应新女性？是否能够超越简单的支配—从属关系？一个健全心理的婚姻，即一位自我实现的男性和一位自我实现的女性，是什么样的？女性在健全心理组织中要发挥什么样的作用，承担什么样的责任，从事什么样的工作？性生活会有怎样的变化？如何界定男性气质和女性气质？

**16. 组织化信仰团体、个人信仰、"灵性生活"、价值生活、超越性动机的生活等问题。** 所有已知的文化都有某种类型的信仰，并且很可能向来如此。现

---

① 圣尼奥特边缘（St. Neot Margin）：指人在危机中会暂时地脱离对于感官愉悦的追求，享受到自由和意义。——译者注

在非信仰的、人文主义的或非组织化的个人信仰第一次成为可能。在一个健全心理社会或者小规模的健全心理社区中，会存在什么样的信仰、灵性或是价值生活呢？如果群体信仰、信仰团体、传统信仰继续存在，它们会变成什么样子呢？它们会和过去的状态有怎样的不同？应该怎样培养和教育儿童，使他们向着自我实现的目标迈进，并追求价值生活（灵性、信仰等）？如何使他们成为健全心理社会的一员？我们是否能从其他文化，从民族志文献和高协同文化那里学习？

**17. 亲密团体、家庭、公会、兄弟会、团契的问题。**我们似乎有一种本能的需求，需要归属感，需要根基，需要在面对面的团体中自由表达喜爱和亲密。很显然，这必须是一个较小的团体，不超过50人或100人。无论如何，喜爱和亲密在百万规模的群体之间是不太可能的，因此任何社会都必须从某种亲密组织起步，自下而上地建立起来。在我们的社会中，这种组织是血缘、家庭，至少在城市中是这样。有信仰的团契、姐妹会、兄弟会。团体心理治疗中，训练团体和会心团体的成员彼此以真诚和坦率相待，以发展友情、亲密感和表达能力。是否有可能把这种或类似的模式制度化？工业社会往往具有很高的流动性，经常发生人员移动。这是否必然割断人与人之间的联系？还有，要建立的乌托邦社区是否必须是由几代人构成的群体？有没有可能是同龄人组成的群体？一般来看，儿童和青少年是不太能够完全自律的（除非特意把他们往这个方向培养）。有没有可能让一些没有成人的同辈团体依据他们自己的价值生活，即不要父母、长辈的指导？

问题：没有性的亲密关系是否可能？

**18. 有效的助人者；有害的助人者。有效的不助（道家的不干预）。菩萨。**假设在任何社会中强者都愿意帮助弱者，或者无论如何不得不这样做，那么什么是最好的助人方式（帮助那些比较弱小、比较贫穷、不太能干、不太聪明的人）？什么是帮助他们变强的最好办法？如果你更年长更强壮，如何明智地平衡你的帮助和他们自己的责任和自主性？如果你富有而他们贫穷，你如何去帮助他们？一个富国如何帮助穷国？为了便于讨论，我把菩萨定义为一个人，这个人（1）会帮助别人；（2）认为随着自己变得更成熟、更健康、更完满，他会成为一个更好的助人者；（3）知道什么时候采取道家不干预的态度，即不帮助；（4）**提供**他的帮助，但允许对方按照自己的意愿选择接受或者不接受；（5）认为帮助他人是促进自我成长的良好途径。这就是说，想要帮助别人，最好的途径是自己成为一个更好的人。问题：一个社会能够容纳多少不助人的人，即寻求自我救赎的人、隐士、敬虔的乞丐、山洞中的孤独冥想者、回避社会独善其身的人等？

**19. 性与爱的制度化。**我猜想先进社会的一个趋向是，人们在青春期的时候，在没有结婚或其他束缚的情况下开始性生活。有一些"原始"社会也有这一类的情况，即婚前性开放，婚后一夫一妻制或准一夫一妻制。在这些社会中，因为性非常易得，选择结婚对象几乎不会出于性的理由，而是作为一种个人品味，也作为社会生活中的伴侣，例如为了养育孩子，为了经济生活上的分工等。这一猜测是否合理？在性驱力和性需要方面，尤其是在女性中间（在我们的文化里），已经呈现出极大的多样性。设想所有人都有同样强烈的性欲是不明智的。在一个良好的社会中，如何接纳性欲望的多样性呢？

在世界的很多地方，性、爱情和家庭方面的习俗正在经历快速的变迁，在许多乌托邦社区中也是如此。许多种安排正在被提出来并在现实中试验。这些"实验"的资料现在还难以获得，但是终有一天人们要认真研究这些实验。

**20. 最佳领导人的选择问题。**在我们的社会中，许多群体往往会选择不好的领导而不是好的领导，比如青少年群体就是如此。也就是说，他们选择的人会将他们带向毁灭与失败——选择的是失败者而不是成功者——偏执的特质、病态的性格、喜欢自吹自擂。任何希望持续发展的良好社会都必须选择符合需要、有真才实学的人作为领导。如何能够做出更好的决定？什么样的政治构架更有可能把偏执狂推上权力的宝座？什么样的政治构架能够让这样的事少发生或不发生？

**21. 什么样的社会条件最有利于人性的充分发展？** 这是对性格—文化研究的一种规范表述。与此相关的有社会精神病学的新文献、心理卫生和社会卫生运动的新文献，以及目前正在试验的各种形式团体治疗，还有像伊萨兰学院这样的健全心理教育机构。这里带出来另一个问题，就是如何让教育——学院、大学和一般意义上的教育——更符合健全心理的原则，然后再去影响其他的社会机构。健全心理管理（或Y理论管理）是这类规范性社会心理学的例子。根据这一理论，社会和社会中的所有机构，如果有助于人实现更完满的人性，就是"好"的，如果损害人性，就是不好的或病态的。关于这一点，毫无疑问我们必须从社会病态和个人病态两方面去讨论，对于其他问题也是如此。

**22. 促进健康的团体本身是否能够成为走向自我实现的途径？**〔参见健全心理工厂、锡南浓、共识社会（intentional community）等的相关资料。〕一些人相信，个人利益**必然**与集体利益、机构利益、组织利益、社会利益乃至文明本身对立。在思想史中常常出现一种分裂，神秘主义者个人得到的启示把他们放到与教会对立的位置上。教会能够促进个人发展吗？学校呢？工厂呢？

**23. "唯心主义"如何与实用主义、"唯物主义"和现实主义联系？** 我假设低级的基本需求比高级需求更有优势，高级需求又比超越性需求（内在价值）占优势。这意味着唯物主义会比"唯心主义"更有优势，但这也表示这两者共同存在，并且都是健全心理社会或乌托邦思想中必须考虑的心理现实。

**24. 许多乌托邦描绘了一个仅仅由理智、健康、高效的公民组成的世界。即便一个社会起初只选择这样的人，其中的一些人也会生病，变得衰老、虚弱，失去工作能力。谁来照顾他们？**

**25. 我假设废除社会的不公平将容许"生物学的不公平"准确无误地展现，**包括基因上、产前和出生时的不平等，例如一个孩子有一颗健康的心脏而另一个孩子有一颗不健康的心脏——这当然是不公平的。其中一个比另一个更有才、更聪明、更强壮或更漂亮，这也是不公平的。生物学的不公平或许比社会的不公平更让人难以承受，因为后者更加有自圆其说的可能性。一个良好的社会对此能做些什么？

**26. 无知、谣言、掩盖真相、新闻审查和盲目性在社会或社会的一部分人中是必需的吗？** 某些真相是否只能由统治集团知晓？独裁统治，无论是否施行仁政，似乎都需要掩盖一些真相。什么样的真相被认为是危险的，例如对于年轻人等？杰斐逊式的民主需要充分地了解真相。

**27. 许多实际或幻想中的乌托邦依赖于一位明智、仁慈、机敏、坚强、高效的领导，一位哲学王。但这是可靠的吗？** ［参见斯金纳（Skinner）的《瓦尔登湖第二》的弗雷泽（Frazier），是一个现代的版本。］谁来挑选这个理想的领导？谁能保证领导权不会落到暴君的手里？这种保证是可能的吗？无领袖状态、权力的去中心化，以及将权力保留在个人和各个无领导小团体手中是可能的的吗？

**28. 无论过去还是现在，至少在某些成功的乌托邦社区中，比如兄弟家园（Bruderhof），把私下或公开的忏悔、彼此的讨论和真诚相待，构建到文化的坦诚机制中。** 见我的《健全心理管理》第154–187页、《吃柠檬的人》、《应用行为科学学刊》和《人本主义心理学学刊》的最后几页。

**29. 如何让激情与将信将疑的现实主义相结合？** 如何使神秘主义与实践智慧和有效的现实测验结合？理想完美的，因而也是不可实现的目标（作为指南针是需要的）与不可避免的不完美手段的善意接受相结合？

# 第 **16** 章
## 锡南浓与健全心理①

　　首先，为了不引起误解，我必须承认一直以来我过着一种受到保护的生活。我对于在这里发生的事情一无所知，我来这里的原因是换一个视角，看一看没有像我一样得到保护的人的生活。我想看一看我能学到什么。我对于你们的用处，或许在于我是一个在你们看来有些天真的人。我看着你们熟悉的事物，或许能注意到一些你们因太过熟悉而忽略的东西。我可以告诉你们我来了之后的反应，以及我心中产生的疑惑，或许能够对你们有所助益。

　　我是从事心理学理论和研究工作的。我曾经做过临床心理学工作，但是在非常不同的情境下，使用不同的方法，面对不同的人群——一般是大学生和享有特权的人。我这辈子都在学着用一种敏感而温柔的方式谨慎待人，好像他们是易碎的瓷器一样。这里让我感兴趣的第一件事情就是，这里发生的事情证明，我过去的态度或许完全是错误的。我所知关于锡南浓的情况，以及昨天晚上和今天下午亲眼所见，都表明把人看作易碎的瓷器，不能对人高声说话以免伤害他，或认为如果你对人大叫就会让他大哭大闹或自杀或发疯——所有这些想法或许都过时了。

　　与一般的认知相反，你们的团体假设人是坚韧而非脆弱的。他们的承受性极高。因此，最好直截了当地对待他们，而不是蹑手蹑脚、小心翼翼地对待

---

① 本文是基于一次即兴谈话整理而成的。1965年8月14日，马斯洛在纽约州斯塔腾岛的戴托普村做了这次谈话。戴托普村是锡南浓的一个分支。锡南浓是由原吸毒者管理的戒毒机构。锡南浓在谈话当时是心理治疗的新锐尝试，但在20世纪70年代之后逐渐蜕变为邪教。——译者注

他们，或者试图从背后包抄他们。应该直击问题的核心。我建议称这种方式为"无废话疗法"。这种方式能够清除心理防御、合理化、文饰、逃避和世俗的客套。你们或许会说世人是半盲的，而我在这里看到的是视觉的恢复。在这些团体中，人们拒绝通常的遮掩。他们把遮掩一把扯下，拒绝接受任何废话、任何借口或任何遁词。

当然，我曾经提出一些问题，之后被告知上述的假设是行得通的。有什么人自杀或者崩溃吗？没有。有什么人因为这样粗暴的对待而发疯吗？没有。我昨晚亲眼看到了这一点。昨晚的对话极其直接，并且效果很好。这一发现与我这一生的训练发生了矛盾，这对于我这样一个理论心理学家而言太重要了，它有助于我弄清人性在总体上是怎样的。它提出了一个真实的、关于整个人类本性的问题。人有多坚韧？他们能承受多少？一个大问题是人们能够接受多大程度的坦诚？坦诚对人有怎样的好处，有怎样的坏处？我想到艾略特（T. S. Eliot）的一句诗，"人类无法承担太多的真实"。他是说人无法直截了当地承受坦诚。另外，你们在这里的经验却表明，人类不仅能够承受坦诚，而且坦诚可以是非常有益、非常疗愈的，它能让事情更快地运转。即使坦诚触及了人的痛处，也是如此。我有一个朋友对锡南浓非常感兴趣，我曾听他说起一个瘾君子在经历了这样的治疗后，在他的生活中第一次体验到了真正的亲密感、真正的友谊与真正的尊重。他第一次体验到坦诚和直接，他生平也第一次感受到可以做自己而别人不会因此杀了他。这是非常愉快的：他越成为他自己，他们就越喜欢他。这位朋友说了一句让我非常动容的话。他想到他喜欢的一个朋友或许能从这种生活中受益。他甚至说："真可惜他不是个瘾君子，如果是的话他就可以来这个奇妙的地方了。"这听起来简直近于疯狂了。从某种意义上来说，这是一个小小乌托邦，一个世外桃源，在这里你可以得到真正的直率、真正的坦诚、坦诚中包含的尊重，以及真正的团队工作体验。

在此我又有另外一个想法：上面说的坦诚是否包含了良好社会的某种要

素，错乱的是外面的世界？很多年前，我曾与北方黑脚印第安人一起工作。他们是极好的人。我对他们很感兴趣，和他们生活了一段时间并对他们有了一些了解。我有一些好玩的体验。我到印第安保留地的时候觉得印第安人就像放在架子上的蝴蝶标本一样。后来我慢慢地改变了我的印象。保留地上的印第安人是一群有教养的人；而我越了解村子里住的那些白人，越发现这帮人是我这辈子见过的最差劲的怪胎和混蛋。于是出现了一个吊诡的问题：（保留地和外面的世界）哪个是避难所？谁是看管人，谁是被收容者？一切都被搞乱了，就好像这个小小的良好社区。（你们所做的）不是创造拐杖，而是在沙漠中建立一个绿洲。

　　在一次午餐谈话的时候，我又有了一个念头。你们这里发生的一切提出了一个问题：人普遍需要的东西是什么？在我看来，许多证据表明人们最基本的需要只有寥寥几种。一点都不复杂。第一，人们需要一种安全感和保障感，在幼小的时候得到照顾，感受到安全。第二，人们需要一种归属感，某种家庭、部族、群体，或是某种他们感到自己有权参与的组织。第三，人们需要体验到他人的爱，感觉到自己值得被爱。第四，人们需要体验到自尊与被尊重。就这么多。你也可以谈谈心理健康，谈谈成熟与坚强，成长与创造，认为这些都是某种心理营养素的结果——就像维生素一样。如果真是如此，大多数美国人就有这些维生素缺乏症。有很多游戏被炮制出来掩盖这一真相，但实际上一般的美国公民在这个世界上都没有真正的朋友。只有极少数人拥有心理学家所说的真正的友谊。与理想状态相比，婚姻大多也不那么美好。你可以说我们所有的问题——无力抵抗酒精、毒品和犯罪，无法抵抗任何诱惑——都是由于这些基本的心理需求未得到满足造成的。问题在于，戴托普村能否提供这些心理维生素？今天早上我在此地散步的时候，我感到它能。记得吗？这些维生素包括：首先是安全，没有焦虑，没有恐惧；其次是归属感，你必须归属于一个团体；再次是感情，你身边要有喜欢你的人；最后是尊重，你必须要得到一定程度的尊重。戴托普村的有效性是不是就在于它提供了一个环境，使得这些感受成为可能呢？

我有许多感受和想法涌上心头，我提出了千百个问题，尝试过千百个想法。但这好像都是一个大问题的一部分。这样说吧：你们觉得这种直接的坦诚，这种有时近乎残忍的直言不讳，能否为安全、情感和尊重提供一个基础？这种方式会带来痛苦，它必然是痛苦的。你们每个人都曾经历过。你们认为这是一个好主意吗？之前有一场对入村申请者的面试，我参加了旁听。真是剑拔弩张，不留情面。非常直接，毫不客气。你们觉得这对你们有好处吗？我很想听听你们对这个问题的回答。另一个问题是，所有人一拍即合，所有的事情都由团体关照，这样的团体运转方式能否提供归属感？这种感觉之前是缺失的吗？看上去这种粗暴的坦诚，不但不构成一种侮辱，反而包含了一种尊重。你能接受你所见的，相信事实就是如此。这可以成为尊重和友谊的基础。

我记得在很久以前，在团体治疗出现之前，听过一位精神分析师的谈话。他也说到过这种坦诚。当时他所说的东西听起来有点不可理喻，好像他这人挺残酷的。他说的是"我给我的病人施加他们所能承受的最大限度的焦虑"。你知道这意味着什么吗？只要病人可以承受，他会尽可能多地施加焦虑，因为他施加的越多，整个疗程的进展就会越快。从这里的经验来看，他的话似乎并没有那么不可理喻。

这就带出了教育的问题，可以把戴托普村看作一个教育机构。它是一个绿洲，一个小小的良好社会，它提供了所有社会应该提供而没有提供的东西。从长远来看，戴托普提出了整个教育的问题和社会如何用好教育的问题。教育不仅仅意味着书本和文字。戴托普的课程是一种广义的教育，教人学会如何变成一个优秀的成年人。

（注：到这里，马斯洛博士与戴托普的居住者之间开始了热烈的讨论。遗憾的是，许多住民的有趣评论没有在磁带上录下来，下面录下的只有马斯洛

的评论。不过他的回应本身是足够深入而自足的，没有交流的上下文也可以理解。）

**关于戴托普与自我实现理论。**原则上，所有人都可以达成自我实现。如果所有人都没能自我实现，那是因为某些事正好破坏了这个过程。在这里发现的新材料是超出我之前认知的，对成熟、责任、美好生活的求索是如此地强有力，以至于它能够承受你们抛出的困难的东西。至少对于一些人来说是这样。这些人不得不在这里与痛苦和难堪战斗，开辟前行的道路。当然，在这里的人是**能够**承受这些的人。**不能**承受的是什么样的人呢？有多少人因为这种坦诚太痛苦而回避它呢？

**关于责任感的发展。**似乎教养成年人的一种方法是让他们承担责任，假设他们能够承担责任，并让他们为尽责而挣扎、流汗。让他们自己找到解决办法，而不是过度保护他们，宠溺他们，或包办代替。当然在另一方面，完全不管也不行，不过这是另一码事。我猜想，在这里出现的情况正是这种责任感的发展。你在别人那里得不到任何的宽恕，如果你需要做某事，你就必须去做，没有任何借口。

我可以讲一个黑脚印第安人的例子来说明我的意思。他们是坚韧的人，自尊自爱的人，而且是最勇敢的战士。他们都是些硬汉子，很能承担责任。如果你去观察他们如何培养这些品质，我想是通过对他们孩子的尊重实现的。我记得有个小男孩，一个蹒跚学步的幼儿，试图打开一扇小木屋的门。那扇门又大又重，他打不开。他推了又推，如果是美国人，就会站起来替他把门打开。而黑脚印第安人就在那里坐了半个钟头看着那个小孩儿使劲推门，直到他自己把门推开为止。那小孩气喘吁吁、满头大汗，然后所有人都来赞扬他，因为他能够自己完成任务。我要说，黑脚印第安人要比我这个美国观察者更尊重那个孩子。

另一个例子是我很喜欢的一个小男孩。他当时七八岁。我通过仔细观察发现他是黑脚印第安人中一个挺富有的孩子。他的名下有几匹马，几头牛，还有一包贵重的药材。有个成年人要来买走那包药材，那是他最值钱的财产。小男孩的父亲告诉我，当这个孩子面临这笔交易时——记住他只有7岁——他独自走到野外去冥想。他离开了两三天，在野外露营，独自思考。他没有向他的父母寻求建议，他们也没对他说什么。他回来后宣布了他的决定。要是我们，我敢说我们会指示一个7岁的孩子该怎么办。

**关于新的社会治疗**。这个想法可能会引发你们专业上的兴趣。有一种新的社会活动者的工作，它要求有实际经验而非书本训练。它是旧式牧师和老师的一种结合。你必须对人有兴趣。你必须要与人直接打交道，而非隔着一段距离；你必须尽可能多地了解人性。我建议称之为"社会治疗"。这似乎是在过去的一两年中非常缓慢地发展起来的。在这方面做得最好的不是有博士头衔的那类人，而是混迹街头自学成才的人们。他们知道自己在说什么。他们知道什么时候需要努力推动一件事情，什么时候可以退一步悠着点。

近来突然兴起的扫盲教育，又要运用精神病学知识促进人的成熟和责任感，等等，现在从事这些工作的人员十分短缺。我的印象是，一般的学术训练或许对缓解这一短缺有帮助，但那是不够的。当下这些工作的相当一部分被推到了社会工作者的手中；而一般的社工，据我所知，对于这些工作并不了解，也就是缺乏实际的经验。因此，这些新的机构最好至少包含一部分通过经验学习的人，而不是只有听过讲座的人。戴托普的一个有趣之处就在于它是由经历了实践考验的人管理的。你们知道如何与同病相怜的人交谈。这是一种工作，它可能是一种新的专业。

**关于当下的社会革命**。关于这一革命在不同领域发生的情况，我可以说上半个小时。信仰组织都在变化，信仰也在变化。一场革命正在发生。有一些领域的进展比其他领域更快些；但它们都在朝着健全心理的方向发展，也就是朝着更加完满的人性的方向发展。这个方向的目标是要让人最大限度地变得健壮、富有创造性，并且快乐。人们身心健康，充分享受生活。你可以说这是健全心理的信仰，它正在发生着。我写过一本书《健全心理管理》①，是讨论工作环境、工作任务和工厂等问题的。在那里也发生着一场革命。在一些地方，人们以一种人性化的方式，而不是损害人性的方式，设置工作环境。人性在这个过程中得到发展，而不是受到损害。

有些书、文章和调查也以同样的方式在讨论婚姻、爱情和性的问题。它们都指向某种理想，指出我们正在前进的方向，让一个人成长得尽可能高大，尽可能完满，使他得到充分的发展。

当然，总体来说社会大众依然像一潭沉寂的死水。但是有许多生长点，有那么多的点，甚至可以称为是未来的浪潮。除了你们这里之外，世界上还有许多地方也在进行着类似的讨论。有数十处之多。我们很少听说它们，因为它们各自独立发展。如果你有个好主意，如果我有个新发现，从过去的经验中我明白，如果我能酝酿出一个创见，在同一时间其他人也能做出类似的发现。这些想法往往是对现状的一种反应，敏感的人会很快做出回应。

这一革命在教育领域中也发生着。我想，如果我们共同努力，把所有的经验（无论好坏）都放到一起，我们就有可能剥下整个教育制度的画皮。但是我们也能重建教育。我们可以提出好的建议——我们还是应该有一个教育制度。这是一个爆炸性的问题，因为它要求一种人的现实、人的需求，以及人的发展，而不是某种传承千年、早已过时的传统遗产。

谈论健全心理教育不是一件容易的事。我想你们能够对此有所贡献，如果你们愿意相信我之前提出的想法，并将其作为一种开拓性的实验。干起来吧，就当作全世界都在你们身后注意观察，看你们努力的结果——什么有用，什么没用，什么是好的，什么是不好的，什么取得了成功，什么遭遇了失败。

---

① 目前该书以《马斯洛论管理》为书名出版。——译者注

**关于会心团体**。让我告诉你们一件事。我只参加过一个会心团体——就是昨晚——我不知道如果我长期参加这样的团体会有怎样的反应。在我一生中从来没有人对我如此地粗鲁。这当然与我所熟悉的大学教授的世界完全不同。教职工会议肯定不会这样交流。这些会议屁都不是——全都是客套话，没有人会喝倒彩——因此我尽可能地避免参加这些会议。请允许我这样说，我记得有一位教授，我想就算粪便埋到他的脖子，他也不会说"粪便"这个词。昨晚的情形完全不同，它让我有些震惊。在我习惯的世界里，所有人都彬彬有礼以避免面对面的冲突。那是一群谨小慎微的老处女——我说的是男性"老处女"。我想如果你们有可能参加我们的教职工会议并有真正的碰撞，那会是一件大好事。它会把会议折腾个底朝天。要我猜，那样才是最好的情形。

**一个重要的研究问题**。有一个我在这里一直问的问题。这个问题很重要，而我猜你们对此还没有答案。这个问题是，为什么一些人留了下来而另一些人离开了？这个问题包含的意思是，如果你把这里当成一种教育机构，有多少人在多大程度上能从这里受益？你们也知道，从未来过的人是不能算作失败个案的。

你们这些人克服了障碍，超越了恐惧。那你们的理论对于未能超越恐惧的人是怎么理解的？他们与你们的区别是什么？这是一个实际问题，因为将来你们毕业后，会在别的地方兴办与这里一样的机构。那时你们就必须面对如何让更大比例的人留下来的问题。

**关于心理治疗**。你们知道，个体心理治疗的问题与精神分析是一样的。他们从经验中发展出的理论认为，这种直率会让人们远离心理治疗。他们所做的是非常温柔地对来访者进行治疗，就这样花上好几个月，然后才真正开始触及问题。他们试图先确立一种关系，然后再稍微施加一点压力。这与你们的做法大相径庭，在这里没有人会等你6个月，一上来就是高强度的治疗。问题在于哪种方式更好？对谁更好？对于多少人适用？与一般的精神分析程序相比，这里的进程要快得多。

这让我想起另一件事。我学习的理论和我在治疗中实际运用的理论，都强调把真相直接给予来访者是不好的。要做的是帮助他们发现关于自己的真实情况。可以预想，这会需要很长一段时间，因为真相有时候并不那么美好。你需要逐渐地面对它。我说这些是要做一个对比——你们这里的做法是直接把真相端出来，拍在你的脸上。没有人会坐在那等你8个月，直到你自己找到真相。至少留下来的人是能够接受这种做法的，它似乎对他们有好处。这与整个精神病学理论是矛盾的。

**关于自我认知与团体**。因为某种谁也不知道的原因，团体能够帮助人。他们所知道的就是团体治疗管用。我有一大堆感想还没有来得及整理。不知道从这些感想中能得出什么结论，因为我还没有花时间仔细思考。从我们昨晚的对话中，我明确地感觉到，团体反馈给你的一些东西，是你跟一个人做100年精神分析也得不到的。谈论对某人的印象以及你给别人留下的印象，然后有6个人一致地给出对你的印象，这样的经历是很有启发的。或许你根本就不可能建立自我身份认同或者了解真实的自己，除非你知道世界是怎样看你的。这是一个新设想。在精神分析中没有这样的设想。在精神分析看来，你在他人眼中是什么样子是无关紧要的。你只能从你的感觉、你的内在、你的梦和幻想中去发现你自己。

我有一种感觉，如果我待在你们的团体中，我会听到许多从未听到过的东西。它就好像一台电影摄像机，把他人眼中的我展示给我看。然后我就可以一边掂量一边思考，看看他们的看法是对的还是错的，其中有多少真相？我觉得这能够让我更了解自己。这种自我认识对于寻找身份认同是很有用的。

在你熬过了苦痛之后，自知终究是一件很好的事情。知道一件事情总比怀疑它、猜测它，感觉要好一些。"也许他不跟我说话是因为我不好，或许他们那样对我是因为我不好。"对于普通人而言，生活只是一连串的"也许"。他不知道为什么人们对他微笑或不对他微笑。不用再去猜测是一种很舒适的感受。知道是一件好事。

# 第**17**章

## 关于健全心理管理

一个基本的问题是，什么样的工作条件、什么样的工作、什么样的管理、什么样的奖赏或报酬能够帮助人性健康成长，发展到更完满乃至最完满的状态。也就是说，什么样的工作条件对于个人满足是最有利的？我们也可以反过来问，假设一个相当繁荣的社会和相当健康或正常的人民，这些人绝大多数的基本需求——衣、食、住等——都已经得到满足。那么如何能最有效地利用这些人，以实现组织的目标和价值观呢？如何最好地对待他们？在什么样的条件下他们会工作得最好？什么样的奖赏，金钱的或非金钱的，能让他们工作得最好？

健全心理（Eupsychian，读作yew-sigh-key-an）的工作条件不仅对个人满足有利，对于组织的健康和繁荣，以及这个组织生产的产品或服务的量与质也有好处。

管理的问题（在任何组织或社会中）可以有一种新的解决方法：如何在任何的组织中设立一种社会条件，使得个人的目标与组织的目标相融合。这在什么时候是可能的？在什么时候是不可能的？或者有害的？什么样的力量能够促进社会与个人的协同？另外，什么样的力量会扩大个人与社会的对立？

很显然，这样的问题触及了个人与社会生活中最深层次的问题，触及了社会、政治和经济甚至哲学中最深刻的争论。例如我的《科学心理学》指出，人本主义的科学有可能也有必要超越那种不受价值观影响、机械的科学，超越那种科学强加于人的限制。

也可以设想，经典的经济学理论，是一种建立在有缺陷的人类动机论之上的理论。一旦人们承认人的高级需要，包括自我实现的冲动和对最高价值的爱，经典经济理论就会被彻底改变。我坚信类似的情况也会发生在政治科学、社会学，以及其他人文社会科学的学科和行业中。

我说这些是为了强调，这里谈的不是什么管理的新花招儿，也不是"诀窍"或是肤浅的技术手段，它不是用来更有效地操纵人们以实现与他们自身无关的目标。这不是一份剥削的指导手册。

不，倒不如说这是新的价值系统对一套基本的正统价值的明确宣战，新体系声称自己不仅更高效而且更接近事实。新体系基于一系列的新发现。人们发现，人性被低估了，人的高级本性与其低级本性一样也是"本能性"的，这种高级本能包括需要有意义的工作，需要承担责任，需要创造性，需要公平和正义，需要做一些有价值的工作，并且愿意把这些工作做好。新体系从这些发现中得出了某些真正具有革命性的结论。

在这样的理论框架下，把金钱看作唯一的"报酬"形式显然已经过时了。诚然，钱可以满足一些低级的需要——但当这些需要被满足，人就只受高级"报酬"的激励了，例如归属感、感情、尊严、尊重、赞赏、荣誉，还有自我实现的机会和至高价值的培养——真理、美、高效、卓越、正义、完美、秩序、法律等。

这里很显然有许多要考虑的问题，不仅是马克思主义者或者弗洛伊德的信徒需要考虑，而且政治或军事强权、"专横"的老板或自由主义者也需要考虑。

# 第18章
## 低级抱怨、高级抱怨和超越性抱怨

人发展的一般原理大致是这样的：人可以生活在不同的动机层面，也就是说他们既可以过一种高级的生活，也可以过一种低级的生活，他们可以在丛林里过一种聊以糊口的生活，也可以幸运地生活在健全心理社会中，由于所有的基本需求都得到了满足，他们可以活在较高的层次，思考诗歌、数学或类似的问题。

判断生活的动机层次可以有许多不同的办法。比如，你可以通过观察人们觉得什么样的幽默好笑来判断。例如，生活在最低动机层次的人，倾向于觉得带有敌意和残忍的幽默很可笑，比如老太太被狗咬，或者镇上的傻子被其他孩子欺负，等等。林肯式的幽默——富有哲理的、有教育意义的幽默——引起嘴角的微笑而非捧腹大笑；这与敌意和征服他人毫无关系。这种高级的幽默很难被生活在低级需求水平的人所理解。

投射测试也可以作为鉴别动机层次的一种方法，这种测试能够让我们的动机层次通过各种征兆和表现行为显露出来。罗夏墨迹测验可以用来指明一个人正在积极追求什么，他的希望、需求和渴望是什么。所有得到了完全满足的需求往往会被人遗忘并从意识层面消失。被满足的基本需求在某种意义上不再存在，至少在意识层面是这样。因此，人们渴望、需求和期望的，往往是动机层次中更高一层的东西。对这一需求的关注，意味着所有比这更低的需求已经得到了满足，这也意味着那些更高级的、超过他渴求的东西，在当下还没有实现的可能性，因此他还没有想到它们。这可以从罗夏墨迹测验中看出来。此外，这也可以从梦与梦的解析中判断出来。

同样地，我认为抱怨的层次——也就是说人的需求、渴望和期望的层次——也能成为判别动机层次的指标；如果在工业组织中研究人们抱怨的层次，它也可以作为测量整个组织健康程度的指标，在足够大样本的情况下尤其如此。

例如，让我们看看那些生活在专制、混乱的工业环境中的工人的情况，他们面临着贫困的威胁乃至饿死的可能。这将决定他们对工作的选择，老板行为的方式和工人们对虐待的顺从态度，等等。这样的工人，他们的抱怨往往会是低层次的，关于基本需求的短缺。这种低层次意味着，他们会抱怨寒冷、潮湿、生命危险、疲劳、糟糕的住房条件等诸如此类基础的生物性需求。

当然，在现代工业环境下，如果你听到类似的抱怨，这就意味着极差的管理和组织中极低的生活水平。这样的低级抱怨，甚至在一般的工业环境中也很少出现。从积极的意义看，这些抱怨表达了对一些可能实现的东西的希望或渴求——这些东西也在差不多的较低层次上。也就是说，墨西哥工人可能在安全和保障层面发出积极的抱怨，比如被任意解雇，因为不知道他的职位能保持多久，而无法做家庭预算。他可能会抱怨职位完全没有保障，抱怨领班肆意妄为，抱怨他为了继续工作而不得不忍受侮辱，等等。我想，我们可以称以下这几种为低级抱怨：生物学需求层面和安全层面的抱怨，或许有群体层面和从属于一个非正式社交团体的抱怨。

高级需求大多是尊重和自尊层面的，涉及尊严、自主性、自我尊重、来自他人的尊重、价值感，因自己的成就得到称赞、奖励和认可，等等。这一层次的抱怨可能大多涉及损伤尊严、对自尊和名望的威胁等。关于超越性抱怨，我想到的是在自我实现的生活中具有的超越性动机。更明确地说，可以总结为存在价值（B-values）。这些超越性需求包括完美、正义、美、真理以及其他类似的，它们在工业情境中也有体现，比如可能体现为对低效率的抱怨（即便这不影响抱怨者的收入）。实际上，抱怨者是在做一个关于他的世界不完美性的陈述（这不是一个自私的抱怨，而几乎可以说是一种无私的、利他的、哲学家的抱怨）。或者他可能抱怨没有被告知全部真相、全部的事实，或者抱怨其他阻碍自由交流的障碍。

这种对真理、诚实和全部事实的追求，是超越性需求的一部分而不是"基本"需求的一部分，只有那些在非常高层次生活的人，才会有这类奢侈的抱怨。在一个由小偷、暴君和卑鄙之人控制的冷酷社会中，你是听不到这类抱怨的——只会有较低层次的抱怨。关于公正的抱怨也是超越性的，我在良好管理条件下的工人座谈记录中看到过很多这样的抱怨。即便不公正的情况对他们个人的收入有利，他们也会倾向于抱怨不公。另一种超越性抱怨是关于德行没有好报，而恶行得到了奖赏，即正义的失败。

换句话说，上述的一切都有力地表明，人总是要抱怨的。除了一些转瞬即逝的时刻之外，既没有伊甸园，也没有天堂。无论给人怎样的满足，他们都不可能完全满意。完全满足本身意味着人性可以发展到顶点，在那一点之后不会再有什么改善了，这当然是荒谬的。就算人再发展100万年，我们也无法想象会实现这样一种完美。人们总是能够汲取更多的满足、祝福和幸运。他们在得到这些幸福后会有片刻的完全快乐。然后，在习惯了之后，他们就会忘记这些幸福，并朝着未来伸出手去试图寻求更高的幸福，因为他们觉得未来总能比当下更加完美。在我看来，这是一个永恒的过程，延伸到无尽的未来。

因此，我要非常着重地强调这一点，因为我在管理学文献中看到了大量的失望和幻灭，有时甚至放弃开明管理的哲学而退回专制管理，因为管理者对于员工不知感恩，在有了改善之后继续抱怨的行为深感失望。然而，根据动机理论，我们永远都不应该期待抱怨的中止；我们只能期待抱怨变得越来越高级，也就是说从低级抱怨变为高级抱怨，再变为超越性抱怨。这与我之前说的，人类动机的基本原则是一致的，动机是永无止境的，只会随着条件的改善不断向更高层次迈进。这与我的挫折层次的概念也是一致的。我不认为挫折必然总是坏事；我认为挫折也有一个层级，从低级挫折向高级挫折转变标志着幸福、好运、良好社会条件和人格成熟，等等。如果你抱怨城市的绿化问题，引发妇女委员会的激烈讨论，并抱怨公园中的玫瑰园管理不善，这本身就是一件美好的事情，因为这意味着抱怨者正生活在一个较高的水平上。抱怨玫瑰园意味着你的肚子是饱足的，你有一个不错的住处，你的炉子是热的，你不用害怕黑死病，也不必害怕被暗杀，警察和消防部门运作良好，政府有效率，教育系统也不错，本地政治昌明，其他的许多先决条件也已经被满足了。**关键是：高级抱怨不应与其他抱怨混同；它标志着所有的先决条件都已经被满足了，才使得这一高度的抱怨在理论上成为可能。**

如果一位开明、睿智的管理者深入理解了上述这一切，那么他将会期待通过条件的改善提升抱怨层次和挫折层次，**而不是期待通过条件改善让所有的抱怨统统消失**。这样，他们就不会因为花钱费力改善了工作条件，员工却依旧抱怨，而感到幻灭和愤怒。我们必须学会去寻求的是，抱怨是否在动机层次上得到了提升。这是真正的检验，也是我们能够期待的一切了。此外，我认为这也意味着我们必须学会对抱怨层级的上升感到由衷的高兴，而不只是感到满足。

这里出现了几个特殊的问题。其中之一是什么是公正和不公正。肯定会有一些人际间琐碎的比较和抱怨——也许某个人的光照好、椅子比较舒适或有较高的报酬，诸如此类的。可以是极其琐碎的事情，甚至有人会计较办公桌的大小，或者他们的花瓶里插着一枝花还是两枝花这样的事情。很多时候，我们必须对特定情况做一个**临场**判断，决定这是一个在公正层面的超越性需求，还是一个支配层级（dominance hierarchy）的表现，人们试图通过这样的抱怨在这个层级中往前挤一挤，获得更高的特权。这种抱怨在一定情境中甚至也有可能是涉及安全的需求。达尔顿（Dalton）的书中举过一些例子，我记得一个例子是老板的秘书对某人的态度友好而对另一个人比较冷淡，这意味着后者马上要被解雇了。换言之，在猜测动机层次的时候，必须要结合特定的情境。

另一个或许比较困难的例子是从动机的角度分析金钱的意义。金钱可以是动机层次中的几乎任何东西。它可以意味着低级、中级或高级的价值，也可以是超越性价值。有时候我试图判定某个个案的需求层级却遭遇失败——遇到这样的情况我就把它们放过去，认为这些事例无法被评估，把它们放到一边，不再试图评估他们的动机层级。

当然，还会有其他难以评估的例子。或许最审慎的办法是压根不去评估它们，把它们作为无法使用的数据放到一边。当然，如果你正在进行一项庞大、仔细的个体研究，那么你可以回访有关的个人以确切地了解他们的某个抱怨，比如关于金钱的抱怨，意味着怎样的动机层级。但就本文的研究而言，这是不可行的、不可能的，甚至不必要的。因为我们要对两个机构——一个管理良好的工厂和一个管理不善的工厂——进行实验研究，并采用同一套标准加以评估。

**极恶劣工作条件的意义**。让我们记住极端恶劣的工作条件究竟是怎样的。在管理学文献中，我们看不到任何关于极恶劣工作条件的例子，而这种条件却是临时工或兼职人员经常会遇到的，这种工作条件甚至已经糟糕到几乎要引发内战的程度。或许我们可以用战俘营、监狱或集中营来作为极恶劣工作条件的例子。或者用美国国内的例子，可以是那种身处高度竞争、你死我活的行业中的一两人的小企业，对他们来说，一角一分都事关生死；老板必须要榨干员工的最后一滴血才能生存，他尽可能地榨取最大的利润，靠着他们续命，直到员工被迫离职。让我们不要陷入那种幻觉，以为一家相对管理不善的大企业有"恶劣的工作条件"——那里的条件一点都不恶劣。让我们记住，世界上99%的人都愿意少活几年，来换美国管理最差的大公司里的一份工作。我们必须扩大做对比的视野。我认为，做这样的研究一个理想起点是，开始收集我们自己经验中极恶劣工作条件的例子。

**另一个复杂问题。**良好条件的一个特征是近来首次浮现出来的，当我第一次发现它时是感到很惊讶的，那就是良好的条件虽然对绝大多数人有一种促进成长的效果，但是对特定的一小部分人会有负面的，甚至是灾难性的影响。比如说，如果把自由和信任给予独裁者，就会助长他们的恶劣行为。自由、宽容和责任会让有依赖性和被动性的人陷入焦虑和恐惧。对此我了解的不多，因为我最近几年才注意到这一点。但是知道这一类事是有益的。我们首先需要积累更多这一类事例，而后提出理论并做实验。这样说吧：在有心理疾病的人群中有相当一部分人，举例说，是很容易被引诱去偷窃的，但是他们或许从未意识到这一点，因为他们一直在一种被他人注视的环境中工作，因而偷窃的诱惑几乎没有机会进入他们的意识。设想，比方说银行突然"自由化"了，解除所有的控制，解雇所有的暗探，等等，完全信任雇员们，那么，在10个或是20个雇员中肯定会有一个人——我确实不知道会是怎样的比例——会在他的意识层面有生以来第一次感受到偷窃的诱惑。有些人就会屈从于这种诱惑，如果他们认为自己不会被发觉的话。

关键在于，不要认为良好条件必然会让所有的人成为成长的、自我实现的人。一些神经症者不会做出这样的反应。有些体质或气质的人倾向于不做出这样的反应。最后，当人受到完全的信任，凭他自己的良心等行事的时候，身上那些几乎所有人都会有的一点偷窃欲、虐待癖和其他的罪行就会由这些"良好条件"引发出来。我记得1926年至1927年，我在康奈尔大学读本科的时候，当时大学实行了诚信制度（honor system）。我估计95%（或者更多）的学生对于这一制度感到很满意，引以为荣，制度对于他们来说是很有效的。但是也总有百分之一、百分之二、百分之三的人，制度不仅对他们没有作用，还让他们得以利用这一条件去抄袭、说谎，在考试中作弊等。诚信制度还不能被广泛运用于诱惑太大、利害攸关的情境中。

所有以上的想法和技术大体上也可以应用于其他社会心理情境。例如，在大学里，我们可以通过教职工和学生的抱怨层次，来判断整个大学社区的开明水平。在这样的情境中，可以有各种抱怨、各种追求，构成一系列不同的层次。同样的原理也适用于婚姻，甚至可以说从婚姻中抱怨和牢骚的层级，可以判断婚姻的美满程度和健康程度。一个妻子抱怨她丈夫有一次忘了给她带花，或者在咖啡里加了太多糖，诸如此类的牢骚，当然与另一个妻子抱怨她的丈夫打破了她的鼻子、打掉了她的牙或给她留了一道伤疤等属于不同层次的抱怨。一般而言，同样的原则也可以用于孩子对父母的抱怨，以及孩子对他们学校和老师的抱怨。

我想我可以对此下一个概括性的结论：理论上，我们可以用判断抱怨和牢骚的动机层级的办法，去判断任何包含人际关系的组织的发展水平与健康状况。要记住的是，不管婚姻、大学、学校或父母多么好，人们总会觉得还有提升的空间，也就是说，还会有抱怨和牢骚。当然，有必要把抱怨分为消极的和积极的，也就是说，当最基本的需求被剥夺或受到威胁时，人们会有非常快速而强烈的抱怨，尽管在这些需求易得时，人们也往往不会注意到它们或认为是理所当然的。如果你问一个人他所在的地方怎么样，他不会想到告诉你，他的脚不会弄湿，因为地板没有被水淹没，或他的办公室里没有虱子和蟑螂。他会把这些都当成理所应当的，而不会把它们当作优点。然而，如果任何一项这种理所应当的条件消失了，你就会听到怨声载道。换句话说，这些满足不会带来赞美或感激，虽然当它们被剥夺的时候会招致强烈的抱怨。相比之下，我们必须要说说积极的关于改良的抱怨、牢骚或建议。它们总体来说是在评论动机层级中稍微高一级的需求，那些刚刚在眼前浮现的，下一步可以期待的东西。

原则上，我认为要扩大对抱怨的研究，首先要收集极其糟糕的老板和极其恶劣条件的案例。例如我认识一个家具工人——他恨死了他的老板，但在那个行业中又找不到一个更好的工作——他总是很生气，因为他的老板从不叫他的名字，而是吹口哨儿叫他。这种长期、刻意的侮辱，让他几个月来越来越恼怒。

另一个例子来自我读大学时在宾馆餐厅和饭店工作的经历。我签订了一份夏季工作合同，在一家度假酒店做侍者（大约在1925年），我花了路费到达酒店，却被派去当侍者助手，拿着低得多的工资，而且没有小费可赚。我就是被骗到这个情境中了——我没有足够的回程路费，而且再找一份暑期工作为时已晚；老板答应我他很快就会让我当侍者，我相信了他。作为一个没有小费的侍者助手，我每个月只能赚到十几美元或二十美元。这是每周7天的工作，每天要工作14个小时，没有休息日。此外，老板还要求员工额外加班做沙拉，说是沙拉厨师要迟到一两天。我们加班做了几天，问他沙拉厨师在哪里，他推说第二天就会来。这样的事持续了两周，很显然这个人骗了我们所有人，他只是想从骗局中榨取额外的利润。

最后，在7月4日国庆日假期，酒店里有三四百位顾客，我们被要求大半夜留下来准备一种甜点，这种甜点非常好看但做起来很费时间。员工们都毫无怨言地同意了；但是在4日这天摆上正餐的第一道菜之后，我们全体走出餐厅辞职了。这对我们而言当然是很大的经济损失，因为要找好的工作已经太晚，甚至可能什么工作都找不到了。但仇恨和复仇的欲望如此强烈，以至于复仇的满足感直到35年后的今天我依然能够感受到。这就是我说的极恶劣工作条件和内战的意思。无论如何，收集这类遭遇的例子，可能成为提出一个清单的基础。这个清单会让良好管理下的工人更加意识到他们的幸福（他们通常不会注意到这些幸福，而会把它们当作理所当然的正常情况）。也就是说，与其让他们自愿提出抱怨，不如拿着一份极恶劣条件的清单去问其中是否有哪一项发生在他们身上；比如，是否有臭虫，或者是否太冷、太热、噪声太大、太危险，或者是否有腐蚀性化学品溅在他们身上，或是否在危险机械上没有安全预警措施等。任何人，当他看到这份200项条目的清单时都能认识到，这200项恶劣条件都不存在本身就是一件积极的大好事。

PART

——

# 6

第六部分

# 存在认知

# 第 **19** 章
## 论纯真认知

"Suchness"是日语词sono-mama的同义词。［详细说明可参见铃木大拙（Suzuki）的著作《神秘论：基督教和佛教》，尤其是第99页和第102页。］字面意思是，事物的"本真状态"。它也可以用英语的词尾"–ish"来表示，比如"tigerish"意为如同老虎一般，或者，像nine-year-oldish（像九岁一样）、Beethovenish（像贝多芬一样），或德语中的amerikanish（像美国人一样）中的–ish。这些说法都涉及对物体整体性质或完型的特征性说明，给予它与众不同的性质，将其与世界上一切其他事物区分开来。

古老的心理学词语"感质"（quale）能表达"suchness"的涉及感官意义上的含义。感质是指那种无法描述或定义的性质，比如让红色与蓝色不同的那种东西。是红色一样的（reddishness）或红色的"suchness"不同于蓝色的"suchness"。

在英语中，当我们谈到某个人的时候说"他会的！"（He would）时，也隐含了这样一层意思。意味着某件事是可预期的，它符合这个人的本性，它顺应他的本性，他的特质就是如此，等等。

铃木在第99页第一次将sono-mama定义为suchness，他进一步解释说，这与统一的意识（unitive consciousness）是同样的意思，与"生活在永恒之光"中是一样的意思。他援引威廉·布莱克（William Blake）的句子，解释说当他在谈论sono-mama的时候，就是在说"把无限置于你的掌中，一刹那便是永恒"。在这里，铃木很明显表示了，这种suchness或sono-mama与存在认知（Beingcognition）是同样的意思，然而，他也表示了"看事物的sono-mama"，从它们的suchness中看，和具体的感知（concrete perception）是一样的。

　　戈德斯坦在对脑损伤病人的描述中提到，这些人已经退减到了具体的层面（比如说，他谈到病人的颜色视觉退减到了具体层面，而丢失了抽象能力），这种情况很像铃木所说的"suchness"。也就是说，脑损伤病人并不会看到一般类别的绿或蓝，而是看到每一个在其suchness中特定的颜色，而与其他别的东西无关，并不在任何一种序列中，也不是任何程度上的任何别的东西，不比别的东西更好或更坏，更绿或更不绿，似乎它是世界上唯一的颜色，没有任何东西可以与之比较。这就是我所理解的suchness的一个元素（不可比性）。如果我的这种解读是对的，那么我们就必须很小心，避免把戈德斯坦的那种退减到具体的现象，与健康人感知新鲜和具体的能力混淆。此外，我们还要把这些跟存在认知区分开来，因为存在认知不仅可以是具体的suchness，也可以是各种意义上的抽象，更不用说它可以是对整个宇宙的认知。

　　最好还要把上述这些跟高峰体验区分开来，也要和铃木所说的悟道（satori）体验区分开。例如，存在认知经常在一个人有高峰体验的时候到来，但它也可能在没有高峰体验的时候到来，甚至可能在悲剧体验中得到。接下来，我们还要区分两种高峰体验和两种存在认知。首先是巴克的宇宙意识，或各种神秘论，在这些理论中，整个宇宙都被感知到，包括感知者本身的每一件事物都被看作彼此联系的。我的研究被试曾这样描述这种体验："我能够看到我属于宇宙，我可以看到我在宇宙中的位置；我可以看到我多么的重要，又能看到我是多么的轻微和渺小，因而它使我感到既谦卑又重要。""我肯定是世界必需的一部分，可以说我在大家庭里面而不是从外往里看，不是与世界分开的，不是在悬崖的边缘看着另一边，而是在万物的核心处，我归属于这个庞大的家庭中，而不是一个孤儿、一个被领养的孩子，或是从窗外往里看的什么人。"这是一种高峰体验，一种存在认知，我们必须把它与另一种体验和认知严格地区分开来。

在第二种体验和认知中，会出现着迷，意识急剧收窄，聚焦到一种特定的感知上，例如人脸、绘画、孩子或树等。在这种状态下，世界的其余部分被完全忘却，自我本身也被忘记。在这样的时刻，对于感知对象有如此多的专注和着迷，对世界上其他的一切又忘得那么干净，以至于出现了一种超越的感觉，或者至少是自我意识丢失了、自我离去了，或世界走开了。也就是说，感知对象成为整个宇宙。在那一刻，这个对象就是唯一的存在。所以，适用于观察整个世界的感知法则现在都用于观察这个压缩到一点的对象，我们为之着迷，它成为整个世界。这是两种不同的高峰体验，也是两种不同的存在认知。铃木继续谈到这两种体验，却未加以区分。有时候他在一朵小小野花中看到整个世界。另一刻他又以一种信仰与神秘的方式谈及悟道，将其作为一种与信仰和整个宇宙的合一。

这种压缩、聚焦的着迷状态很像日本人说的无我（muga）状态。在这种状态下，你全心全意地做每一件事情，没有丝毫的分心、犹豫、非难、怀疑或抑制。那是一种纯粹、完美、全然自发无挂碍的行动。只有在超越或遗忘了自我之后才有可能实现。

这种无我状态常被认为是与悟道状态一样的。许多禅宗文献都将无我当作一种做任何事情的全神贯注，比如全心全意地劈木柴。然而，禅宗修习者又说无我似乎像是与宇宙的神秘合一。这两种说法在某些方面显然是很不相同的。

因此，我们也应该对禅宗对抽象思维的攻击有所批判，禅宗似乎认为只有具体的本真状态（suchness）才是有价值的，而抽象只能是一种危险。对此，我们当然不能苟同。这会是主动自我退减到具体层面，戈德斯坦已经清楚地说明了由此而来的恶果。

出于这样的考虑，很显然我们心理学家决不能将具体感知作为唯一真理或唯一的善，我们也不能把抽象仅仅作为一种危险。我们要记住，自我实现的人根据情境需要，既能够具体又能够抽象。我们也要记得这样的人既能享受具体，也能享受抽象。

在铃木的书中从第100页开始，有一个极好的例子可以说明这一点。他看到一朵小花的本真状态，仿佛看到了神，笼罩在充盈的天堂光彩中，站立在永恒之光中，等等。在这里，这朵花显然不仅作为纯粹具体的本真状态被观察，而且也被看作整个世界的唯一存在，或是以一种存在认知的方式作为整个世界的象征被观察，即一朵存在之花（B-flower）而不是一朵缺失之花（Deficiency flower）。当一朵花被看作存在之花时，显然，所有这些关于存在和天堂光辉的永恒和神秘都变成了真实，一切都在存在领域（B-realm）中被观察；即看一朵花就像是透过这朵花瞥见了整个存在领域。

铃木又继续批判了丁尼生（Tennyson），因为丁尼生在他的诗中采摘了那朵花并对其进行了抽象和思考，甚至可能剖析了它。铃木认为这是一件坏事。他将这种做法与日本诗人对相同体验的处理进行了对比。日本诗人不采花，不肢解它。他就让花留在原地。铃木在第102页讲道："他不会让花脱离其所在的整体环境，他在花的本真状态（sono-mama）中思考它，不仅考虑花本身，而是联系它所处的环境进行思考——在最宽泛、最深刻的意义上的环境。"

在第104页，铃木引用了汤姆斯·特拉赫恩（Thomas Traherne）的句子。第一段引用很好地说明了统一意识，即存在领域与缺失领域（D-realm）的融合，同页第二段引用也不错。但到第105页，麻烦出现了。当铃木谈到纯真状态时，好像统一意识、刹那与永恒的融合在某种程度上近似于儿童的状态，在同页脚注中特拉赫恩提到儿童具有原初的纯真。铃木说这是重访伊甸园、复归天堂，在那里，智慧之树尚未结出果实。"我们吃了智慧禁果，导致了理智化（intellectualization）的习惯。但理论上说，我们从未忘记曾有过纯真的住所。"铃木将这种圣经中的纯真，这种基督教的纯真概念与"存在于本真状态"（being sono-mama）和观察本真状态联系起来。我认为这是个很大的错误。正如在伊甸园的寓言中亚当与夏娃因知识而堕落，基督教对于知识的恐惧一以贯之，存留至今，表现为反智主义、惧怕智者和科学家等，还有一种感觉认为亚西西的方济各（St. Francis of Assisi）的那种纯真的虔诚、信念比理智的知识要好。在基督教传统的某些方面，甚至认为两者是互斥的，即如果你知道得太多，就不能保有一种简单、纯真的信仰，而信仰当然要比知识更好，因此最好不要研究太多、学习太多，不要做科学家一类的事情。当然，这一点适用于所有我所知道的"原始的"教派中，它们无一例外地崇尚反智主义，不信任学习和知识，仿佛知识是一种"仅属于神而不属于人"的东西。①

但是无知的纯真与深思熟虑的纯真是不一样的。并且，儿童的具体感知和他感知事物本来面目的能力显然也和自我实现的成年人不同。这两者至少在这个意义上是很不一样的：儿童还没有退减到具体；他还未曾成长到抽象。他的纯真只是因为他的无知。这与智慧的、自我实现的、年长的成年人那种"第二次纯真"或"第二次天真"是非常非常不同的。这样的成年人了解整个缺失领域，了解整个世界，知道一切它的罪恶、冲突、贫穷、争吵和眼泪，却依然能够上升到这一切之上，他具有统一意识并能在其中看到存在领域，看到整个宇宙的美。通过缺陷或在缺陷中，他能够看到完美。这与特拉赫恩所描述的无知孩童幼稚的纯真是完全不同的两回事。儿童的纯真与圣徒、贤人所取得的境界截然不同，后者穿越了缺失领域，在其中挣扎过，斗争过，吃过它的苦头，却又能完全地超越它。

这种成年人的纯真或者"自我实现的纯真"，或许与统一意识有所重叠，甚至可能是同义词。在统一意识中"存在"（存在领域）和"缺失"（缺失领域）相互融合和整合起来。以这种方式，我们可以区分出健康、现实、合人性的完美境界，这是坚韧、强大、自我实现的人确实能在一定程度上达到的境界。这

---

① 我曾设想过在这个传说中的"知识"也可以是过时的性欲理论意义上的"知识"，即吃苹果可能意味着发现被禁止的性欲，而后因为这一行为失去了纯真，而不是传统解释所说的意思。因此，这一寓言或许也与传统的基督信仰反对性欲有关。

种境界的基础是对"缺失"领域的充分认识。这与不谙世事的儿童的存在认知截然不同，那只是无知的纯真。这也与一些思想界人士（包括特拉赫恩）的幻想世界不同，他们以某种方式拒绝了缺失领域（就弗洛伊德的意义来说）。他们对之视而不见，不愿承认它的存在。这种不健康的幻想仿佛是仅仅感知到"存在"而没有任何的"缺失"。这是不健康的，因为它只是一种幻想，或者它是建立在否认或幼稚无知的基础上，建立在缺乏知识和经验的基础上。

这就等于把高级涅槃和低级涅槃、向上的统一和向下的统一区分开来，把高级退行和低级退行、健康的退行和不健康的退行区分开来。对于某些思想界人士来说，有诱惑力的是把对天堂或存在领域的感知等同于向童年或无知纯真的退行，或者在尝到智慧果之前回到伊甸园，无论怎么说都是一回事。这就好像是在说，只有知识会让你痛苦不堪。它的隐喻是——"那就愚蠢和无知一点，这样你就永远不会痛苦了。""那样你就会身处天堂，你就会身处伊甸园中，你就永远不会知道世上的眼泪和争吵。"

然而，一个基本的原则是"你不能再回去了"，你无法真的退行，严格地说成年人不能变成孩子。你不能"撤销"知识，你无法真正回到那种纯真；一旦你看到了一件东西，你就不能撤销看见这一行为。知识是不可逆的，感知是不可逆的，认识是不可逆的；在这个意义上，你不可能再回去了。你无法真的退行，哪怕你彻底放弃你的心智和力量。你不能渴望什么神话中的伊甸园，如果你是个成年人，你也不能渴望童年，因为你无法再得到它。对于人类唯一可能的选择就是理解前进的可能性，年龄增长，前进到第二次天真，到达一种深思熟虑后的纯真，到达统一意识，到达对存在认知的理解，如此在缺陷世界中的存在认知才成为可能。只有这样才能超越缺陷世界，只有依赖真知，依赖成长，依赖最完满的成年期。

因此，有必要强调几种本真状态（suchness）的不同：（1）退减到具体层面的人，包括脑损伤的人；（2）未成长到具有抽象能力的儿童的具体感知；

（3）健康成人的具体感知，这种感知可以与抽象能力相容。

这种说法也适用于华兹华斯式（Wordsworth）的自然神秘主义。儿童实在不能算是一种自我实现的好模式，既不是存在认知或具体感知的好模式，也不是sono-mama或感知本真状态的好模式。这是因为他没有超越抽象；他甚至还没有到达抽象。

我们可以说，埃克哈特大师①、铃木还有其他许多思想界人士对统一意识的定义，即永恒与瞬间的融合，完全否认了瞬间。[例如，参考铃木在第111页上部引用的，埃克哈特关于当下（now-moment）的论述。]这些人几乎要否认世界的真实性，而只将那些神圣的、永恒的、神一般的存在作为唯一的现实。然后我们必须在瞬间中看见永恒；必须在世俗中并通过世俗看见神圣；必须通过缺失领域来看存在领域。我要补充一句，再没有其他的观察途径，因为就地理意义上来说，没有什么存在领域存在于彼岸某处，或与现世截然不同，或是现世以外的东西，或是亚里士多德意义上非属世（not-world）的东西。只有现在这个世界，只有一个世界，融合存在与缺失实际上就是在对待世界时既保留缺失的态度，又保留存在的态度。如果我们有其他的说法，我们就会掉入彼岸性（otherworldliness）的陷阱，到最后就会变成关于云上天堂的神话，仿佛是另一幢房子，另一间屋子，我们可以看到、摸到，在那里信仰变成彼岸的、超自然的，而非此世的、人道主义的和自然主义的。

鉴于讨论存在领域和缺失领域可能被误解为实际物理时空中的两个彼此隔离的独立领域，我最好强调一下存在领域和缺失领域实际上是在说对于同一个世界的两种感知、两种认知、两种态度。说统一态度而不说统一意识或许更为恰当些。我们可以把存在认知和缺失认知当作是两种感知态度或模式，这样能够消除一种混淆。在铃木著作的下文中可以看到这种混淆的例子。他认为有必

---

① 埃克哈特（Meister Eckhart）：德国哲学家和神秘主义者。——译者注

要谈轮回、化身、重生、灵魂等。这是由于将这些态度低估为真实、客观的东西所致。假如我把这两种认知视为态度，那么这些轮回之类的概念对于感知的影响，就会类似于学过了贝多芬作品的音乐结构后去听实际的贝多芬交响音乐会。这也含有这样的意思，即贝多芬交响乐的意义或结构在音乐结构课之前就存在了；只是因为人开拓了眼界，才能够感知到这一层。他现在能够感受到了，他有了正确的态度，知道要寻找什么和如何寻找，他能够看到音乐的结构，明白贝多芬想在音乐中传达的意思等。

# 第**20**章
## 再论认知

## 存在认知与缺失认知的特征比较①

| 存在认知 | 缺失认知 |
|---|---|
| 1）视世界为整体、完全、自足、统一。或者宇宙意识（巴克），即将整个宇宙感知为单一的整体，自己也是其中的一部分；或者人、物、世界的一部分被看作仿佛是整个世界，即世界的其余部分被忘却。以整合的方式感受统一。感受世界或事物的统一性。 | 1）视世界为部分、不完整、不自足、依赖于其他事物。 |
| 2）排他地、全然地专注；全神贯注，着迷，集中注意力；全然注意；倾向于对形状和背景不加区分。细节丰富；多角度观察。带着"关切"去看，全然地、强烈地，完全投入。完全聚精会神。相对重要变得完全不重要；各方面都同等重要。 | 2）同时注意所有有关的诱因。明确的形状—背景区分。放在与世上其他部分的关系中去看，看作世界的一部分。红字着重；只从某些方面去看；选择性地注意或不注意某些事情；随意地去看，仅从某些视角去看。 |
| 3）不做比较［就多萝西·李（Dorothy Lee）的意思而言］。看其本身。不与其他的任何他物竞争。其类别的唯一成员［就哈特曼（Hartman）的意思而言］。 | 3）置于一个渐变连续体内或在一个系列内；比较，判断，评估。作为一类的一个成员，一个例子，一个样本。 |

---

① 从马斯洛的《存在心理学探索》第6章修改而来，可参见该书第7章中关于高峰体验中对于存在认知者（对自我的）特征的说明。

| 存在认知 | 缺失认知 |
|---|---|
| 4）与人无关。 | 4）与人的事务有关：比如有什么利益，如何利用它，它对人有益处还是有危险等。 |
| 5）通过反复的体验变得更丰富。感受到越来越多。"对象之内的丰富。" | 5）反复的体验变得枯竭，不那么丰富，使得它不那么有趣和吸引人，使它丧失了为人所需的品质。熟悉带来厌倦。 |
| 6）看作不需要的、无目标的、不被欲求的、无动机的感知。似乎与感知者的需求是无关的。因此可被视作依靠自身独立存在的。 | 6）有动机的感知。对象被视为需求满足的工具，有用或者没用。 |
| 7）以对象为中心。忘我，超越自我，无私，不计利害。因此是以"它"为中心的。感知者与被感知物相互认同、融合。全神贯注到体验中去，以至于自我消失了，整个体验围绕着对象本身，使对象变成一个中心点或组织点。对象不受自我的沾染，也不与自我混淆。感知者的自我克制。 | 7）以自我为中心进行组织，将自我投射到感知印象中去。感知的不仅仅是对象，而是对象与感知者自我的混合。 |
| 8）允许对象做它自己。谦卑、接纳、被动、无选择、无要求。道家的，对于对象或印象不加干预。放任的接受。 | 8）感知者积极地塑造、组织、选择。他改变它、重新安排它。这必然比存在认知更加累人，后者或许有消除疲劳的功效。尝试，追求，努力，意愿，控制。 |
| 9）看作目的本身，自我印证。自我肯定。因其自身让人感兴趣。有内在价值。 | 9）一种手段，一种工具，自身没有价值而只有交换价值，或者代表其他事物，或者是到达他处的入场券。 |
| 10）在时空之外。被看作永恒的、普遍的。"一分钟就是一天，一天就是一分钟。"感知者在时空中丢失了方向感知，对于周边环境没有意识。感知与环境无关。非历史的。 | 10）在时空之中。暂时的。局部的。在历史中和物质世界中。 |

| 存在认知 | 缺失认知 |
|---|---|
| 11）存在的性质被认为是存在的价值。 | 11）缺失性价值是工具价值，即有用性，合意不合意，对某一目的是否适用。评价，比较，责备，同意或不同意，判断。 |
| 12）绝对（因为没有时间和空间，因为与地面脱离，因为只看待其本身，因为其余的世界和历史统统被忘记了）。这与对过程的知觉兼容，与感知**内部**变化的、活生生的组织也兼容，但这些组织必须是在感知**之内**。 | 12）与历史、文化、人物、本地价值、人的利益和需求相关。感觉是**消逝的**。其现实性依赖于人；如果人消失了，**它**也会消失。作为一个整体，从一个症候群变为另一个症候群，即它既与这个症候群有关系，又与**那个**症候群有点关系。 |
| 13）解决了二元论、两极分化和冲突。不一致被看作同时存在的、合理的和必要的，即被看作一种高级的同意和整合，或同属一个上位整体之下。 | 13）亚里士多德式的逻辑，即分开的事物被看作割裂的，彼此大为不同，互不相容，往往有相反的利益。 |
| 14）具体地（和抽象地）被感知。所有方面同时。因此无法言说（对于日常语言）；能够用诗歌、艺术进行描述，但只有在对方已经有了相同经验之后才能被理解。本质上是美学体验（在诺斯洛普的意义上）。非抉择的偏爱或选择。所见的是本真状态（与儿童、未开化的成年人和脑损伤病人的具体感知不同，因为这种体验与抽象能力并存）。 | 14）只有抽象、分类、图式、规范、系统化的。分门别类。"还原到抽象。" |
| 15）有独特性的对象；具体的、独一无二的例子。无法分类（除了抽象的方面），因为它是其种类的唯一成员。 | 15）法则的，普遍的，符合统计学规律。 |
| 16）增加内部世界和外部世界的动态同态性。正如世界的本质存在为人所感知，人也在同时更接近他自身的存在；反之亦然。 | 16）减少的同态性。 |

| 存在认知 | 缺失认知 |
|---|---|
| 17）对象往往被感知为是神圣的，"非常特殊"。它"要求"或"唤起"敬畏、崇敬、虔诚、惊愕。 | 17）对象"正常"，日常、普通、熟悉、没什么特别的，"太熟悉了视而不见"。 |
| 18）世界与自我经常（不总是这样）被看作有趣、好玩、荒谬、滑稽、可笑的；同时也是辛辣的。大笑（接近流泪）。哲学性的幽默。世界、人物、儿童等被看作可爱、荒谬、迷人的。有可能产生又笑又哭的混合。喜剧——悲剧的二元融合。 | 18）幽默的形式比较少，甚至完全看不到。严肃的事情与有趣的事情截然不同。带有敌意的幽默，没有幽默感，闷闷不乐。 |
| 19）不可互换。无法取代。任何别的都不行。 | 19）可以互换。可以代替。 |

## 纯真认知（作为存在认知的一个方面）

在纯真中：即对于纯真的人来说，每一件事都会变得同样有可能发生；每一件事都同等重要；每一件事都同等有趣。要理解这一点的最好办法就是从儿童的眼睛来观察。比如，对于儿童来说，"重要"这个词起初没有任何意义。任何捕获他们视线的东西，偶然闪现在眼前的东西都像任何其他事物一样重要。对他们来说，对环境似乎只有最基本的结构化和区分（突出的就是"形状"，退到后面的就是"背景"）。

如果一个人没有任何期待，如果他没有任何预期或忧虑，如果在某种意义上没有未来（因为儿童是完全在"此时此地"中活动的），那么也就不可能有惊讶和失望。每一件事都有同等的可能性会发生。这是"完美的等待"，没有任何需求的旁观，既不期待某事发生，也不期待某事不发生。没有预测。没有预测意味着没有担心、焦虑、忧愁或预感。比如说，儿童对于疼痛的回应，是完全的，既没有压抑，也不加任何的控制。整个有机体在疼痛和愤怒中喊叫。

在一定程度上这可以被认为是对此时此地具体事件的具体反应。这之所以可能，是因为对未来没有任何预期，因而也就没有对未来的准备，没有排演或预测。也不会对未知的未来有任何的热切期望（"我等不及"）。当然也不会有不耐烦。

儿童对于任何发生的事情，都有一种完全的、毫无怀疑的接受。他们只有很少的一点记忆，也很少依赖过去，因而他们不太会把过去的倾向带到当下或未来。结果就是，儿童是完全此时此地的，或者可以说是完全纯真的，或完全没有过去和未来的。上述这几条陈述，定义了深度具体感知，（儿童的）存在认知，以及偶见于老练的成年人中的存在认知，这些成年人已经实现了"第二次天真"。

这一切都与我创造性人格（creative personality）的概念有关。创造性人格就是完全此时此地的人，他的生活没有过去或未来。另一种说法是："创造性的人是纯真的人。"纯真的人可以被定义为一个成熟，却依然能够像儿童那样感知、思考或反应的人。"第二次天真"中恢复的就是这种纯真，或者我可以称之为智慧老年人的"第二次纯真"，这老人恢复了孩童般的能力。

纯真也可以被视为对存在价值的直接感知，如同安徒生童话中揭穿国王的新衣的那个孩子，反倒是那些成年人受到了愚弄，以为国王穿着衣服①。

行为方面的纯真，是一种专注或着迷时不自知的自发性；即没有自我觉察，也就是失去或超越自我。人对身外的有趣世界着迷，这种着迷完全支配了他的行为，这就意味着他"不再试图影响旁观者的观感"，没有欺瞒设计，甚至没有意识到他自己是被观察的对象。行为纯粹成为一种体验，而非达到某种人际目标的手段。

---

① 正如阿希（Asch）实验那样，这里指的是所罗门·阿希所做的关于从众现象的实验。——译者注

PART

7

# 超越与存在心理学

# 第21章
## 超越的种种意义

1. 在丧失自我意识和自我觉察意义上的超越。类似于人格解体者（deper-sonalization）的自我观察。这与全神贯注、着迷、注意力集中产生的那种忘我是相同的。在这个意义上，冥想或专注于某个心外之物能够产生忘我，并因此丧失自我意识，在这一特定意义上能够超越自我（ego）或自我意识。

2. 在超越生理学（metaphyschological）意义上的超越。超越个人自己的皮肤、躯体和血管，仿佛与存在价值相同，这样存在价值就成为自我本身的内在价值了。

3. 时间的超越。例如我在一次学院游行[①]中感到十分无聊，并且觉得戴着四方帽、穿着学位袍有点滑稽，然后我突然滑入一种心境，仿佛自己是永恒境界的一个象征，而不是当时特定地点的一个不耐烦的个体。我的幻觉或想象是，这个学术游行朝着未来远远地延伸开去，远到我看不见的地方，苏格拉底在这个游行的最前列。我猜这里的意思是，在过去的世代中，有无数的人已经站在了游行队伍中，我是所有这些伟大学者、教授、智者的一位继承者和追随者。接着，我的幻觉又看到游行在我的身后延展开去，深入模糊、迷蒙的无限中，还有尚未出生的人将会加入这个学术游行，这个学者、智者、科学家和哲学家的游行。我突然对于身处这样一个游行中感到激动，我感受到了它的伟大威严，感到了我的学位服的荣耀，甚至觉得我自己作为这一游行的一员也变得崇高了。

---

① 学院游行（academic procession）：西方大学毕业典礼中的一项仪式，参与的师生穿着传统学位服游行。——译者注

也就是说，我变成了一个象征；我代表着我自己皮囊之外的某种东西。我不再仅仅是一个个体，我也是永恒导师的一个"角色"。我是那导师的柏拉图式的本质。

这种时间的超越在其他意义上也是真实的，即我能够以一种亲密而深情的方式，感受到与斯宾诺莎、林肯、杰斐逊、詹姆士、怀特海等的友情，仿佛他们依然活着。也就是说，他们**确实**以某种特殊的方式依然活着。

在另一种意义上，一个人也能超越实际，即为了尚未出世的子孙和其他后继者而努力工作。艾伦·惠利斯（Allen Wheelis）在他的小说《探索者》（*The Seeker*）中描述过，主人公在临死的时候想，他能做的最好的事情莫过于为后人植树了。

4. 文化的超越。就一种非常特殊的意义来说，自我实现的人或者超越型自我实现的人，是世界公民。他是人类的一员。他出身于某一特定文化，但又超越那一文化，而且可以说是以种种方式独立于它之外，并从一定的高度俯视这个文化。或许就像一棵大树，它的根系扎在土中，它的枝权已经在极高的地方伸展开去，但依然不能轻视它所扎根的土地。我曾经写过自我实现的人对教化（enculturation）的抗拒。一个人能够以某种超脱、客观的方式，去检视他自己扎根的文化。这就类似于在心理治疗中，一方面体验，另一方面又以一种批判、审视、超脱、旁观的方式观察着自己的体验，从而评论、赞同或否定它，将其置于自己的控制之下，并有可能改变这种体验。一个人对他有意识地接受的那部分文化的态度，与他不加分辨地、没有思考地、盲目地、无觉察无意识地完全接受的那部分文化的态度，是大不相同的。

5. 对一个人过去的超越。对于人的过去有两种可能的态度。一种可以称之为超越的态度。人可以对他自己的过去有一种存在认知，也就是说，他现在的自我可以拥抱和接受他的过去。这意味着完全的接受，意味着因为理解自己而原谅自己。它意味着超越愧疚、悔恨、羞耻、尴尬等。

这一超越的态度，不同于将过去视为无能为力的、不由自主的、完全由外力决定而只能被动接受的观点。在某种意义上。这就像是对自己的过去承担责任。这意味着"（过去的自己）已经变成了一个主体，正如当下作为主体而存在一样"。

6. 当我们对外部任务、事业、义务、对他人的责任、对现实世界的责任等的要求做出反应时，对自我（ego；self）、自私、自我为中心等的超越。当一个人在尽自己的职责时，可以被看作存在于永恒的一个维度上，因而代表了对自我及其低级需求的一种超越。当然，归根结底这是超越性动机的一种形式，是对"召唤"要做的事的一种认同。这是对外在要求（extrapsychic requiredness）的一种敏感。这又意味着一种道家的态度。"与自然和谐一致"这种说法意味着对外在现实（extrapsychic reality）的顺服、接受、回应和共处，仿佛一个人从属于它或者与它和谐一致。

7. 作为一种神秘体验的超越。与他人、与整个宇宙或两者之间某物的神秘融合。我这里说的神秘体验，是各种思想文献中描述的神秘信仰。

8. 当一个人在一个足够高的层次，能够与死亡和痛苦等的必然性和解时，对死亡、痛苦、疾病、邪恶等的超越。从奥林匹斯诸神或如神一般的角度来看，所有这些（死亡、痛苦等）都是必然的，并且也能被理解为是必然的。如果能够像在存在认知中那样，达到这样的心态，那么苦痛、反叛、愤怒、怨恨等就可能全部消失或至少大大减轻。

9.（与上文有重叠。）超越就是接受自然的世界，以道家的方式**顺其自然**，是对自我的低级需求的超越。这种低级需求包括一个人身体内的自私需求，以及从自身出发对外在事物的判断：是否有危险，是否可食用，是否有用等。这种超越是"客观地感知世界"这句话的终极定义。这是存在认知的一个必要方面。存在认知意味着对一个人的自我、低级需求、自私等的超越。

10. 对我们—他们二元对立的超越。对人与人之间零和博弈的超越。这意味着要上升到协同的层次（人际协同，社会组织或文化的协同）。

11. **超越基本需求**（可以满足它们，让其自然地从意识中消失，如果有足够能力也可以通过放弃满足来克服这些需求）。换句话说就是"变成主要受超越性动机支配"。它意味着对存在价值的认同。

12. 认同——爱是一种超越。例如对自己孩子的爱，或对亲密朋友的爱。这意味着"无私"。这意味着超越自私的自我。这也意味着更大范围的认同，即认同越来越多的人，直至认同全人类。这也可以称作越来越包容的自我。这里的极限是对全人类的认同。这也可以用一种心理内部和现象学的方式表达，如体验自己是兄弟团队中的一员，是人类的一员。

13. 安贾尔型和谐[①]的所有例子，包括高级和低级的。

14. 从旋转木马中脱身。穿过屠宰场而不沾血腥。身处污泥之中而保持洁净。超越广告宣传意味着在它之上，不受其影响，不受沾染。在这种意义上，一个人能够超越各种约束、奴役等，正是以这种方式，弗兰克尔、贝特海姆等人甚至能够超越集中营的处境。让我用1933年《纽约时报》头版的一张照片为例子来说明，画面上一个大胡子犹太老人坐在垃圾车上，在柏林街头嘲笑的人群面前游街。我的印象是他对人群满怀同情，他的眼神带着怜悯，或许还有宽恕，他觉得这些人是不幸的、病态的、非人的。虽然很难，但超脱于他人的恶意、无知、愚蠢或幼稚是可能的，即使这些恶意指向的是自己。然而在这样的情境下，一个人**可以**观察整个情境——包括在情境中的自己——仿佛是从高高在上的，非个人或超越个人的高度，客观、超脱地俯瞰一切。

15. 对他人意见的超越，即超越他人的回应和评价。这意味着一个自决的自我。这意味着一个人能够去做正确的事，哪怕会因此不受欢迎；能够成为一个自主的、自我决断的自我；能够书写自己的台词，做自己要成为的人，不受人

---

① 安贾尔认为人具有与所有身外事物（如社会规范、神明、自然等）保持和谐的基本倾向。——译者注

操纵或诱惑。这些人是阿希实验①中的抵抗者（而非服从者）。拒绝被规训，能够脱离角色，即超越一个人的角色，成为一个人而不是一个角色。这包括抵抗暗示、宣传、社会压力，成为少数派等。

16. 超越弗洛伊德的超我（superego），上升到内在良知和内在罪恶感的水平，有应得的适当悔恨、懊恼和羞耻。

17. 对自身软弱和依赖性的超越。超越孩童的阶段，成为自己的母亲和父亲，成为父母而不仅仅是子女，能变得坚强和负责任而不仅仅是依赖他人，超越自己的软弱，变得坚强。我们身上同时具有软弱和坚强两种品质，因此这种超越基本上是一个程度问题。但无论如何还是可以说，有的人主要是软弱的，他们与他人的关系主要是弱者与强者的关系，他们所有的适应机制、应对机制、防御机制，都是弱对强的防御。对于依赖和独立、不负责和负责也是同理。也可以说，一方是船长和司机，而另一方只是乘客。

18. 在科特·戈德斯坦的意义上，超越当下情境，"在可能性的层面和实际的层面与存在发生联系"。也就是说，超越刺激界限，此时此地的情境界限和现实界限。戈德斯坦那种还原到具体是可以被超越的。或许这里最好的说法是，同时上升到可能领域和现实领域。

19. 对二分法的超越（两极化、黑白对立、非此即彼等）。从二分法上升到超越性的整体。超越原子论而欣赏分层的整合。把分散聚合为整体。这里的极限是整体地把宇宙作为一个统一体来感知。这是终极的超越，但是在这条路上朝着这一极限走的每一步都是一种超越。任何二分法都可以作为例证。例如，自私与无私、阳刚与阴柔、父母与子女、教师与学生等。这些都可以被超越，使得互斥、对立，以及零和博弈可以被超越。我们就上升到一个更高的视角，看到这些互斥、对立的分歧可以协同整合为一个统一体，这样的统一体更现实、

---

① 指社会心理学家阿希设计的从众实验。——译者注

更真实，也更符合实际。

20. 在存在领域中超越缺失领域。（当然，这与其他的各种超越都有重叠。实际上，所有的超越都相互重叠。）

21. 对个人意志的超越（认同"不要按我的意愿，而是按你的意愿去做"的精神）。向自己的命运或宿命妥协，并与之融合，像斯宾诺莎或道家说的那样去爱它。满怀爱意地去拥抱自己的命运。这超越了自己的个人意志和对控制的**渴求**。

22. "超越"一词还有"超过"的意思，意味着比自以为可以做到的做得更多，做的比过去能做到的更多，比如比往常跑得更快，成为更好的舞者或钢琴师，成为更好的木匠或是其他的什么。

23. 超越也有神圣或像神一般的意思，超越凡人的水平。但在此必须小心，不要把这类说法理解为超人或超自然的东西。我想用"超常人"（metahuman）或"存在人"（B-human）之类的词语，以强调这种极其高超或神圣的状态是人性的一部分，尽管在现实生活中难得一见。它依然是人性的一种潜能。

要超越二元论的民族主义、爱国主义或民族优越感，超越"他们"对"我们"，或阿尔德雷（Ardrey）的敌意—和睦情结。例如，皮亚杰（Piaget）所说的日内瓦小男孩无法设想自己既是日内瓦人又是瑞士人。他只能认为自己要么是日内瓦人，要么是瑞士人。① 儿童的思维需要进一步的发展才能变得更具包容性、更加高级、更加整合。我对于民族主义、爱国主义和自身文化的认同并不会有损于我对人类或联合国层次上更高级的包容、热爱和认同。事实上，这种高级的爱国热忱不仅更包容，还更健康、更充满人性，胜过狭隘、敌对、排他的地方主义。也就是说，我可以当好一个美国人，当然我**必须**是一个美国人（我在这个文化中长大成人，这是我无法摆脱也不想摆脱的，并不是非要摆脱这

---

① 皮亚杰用这个例子来说明，儿童在发展早期只能从单一维度、非此即彼地看待事物。——译者注

种文化才能成为一个世界公民）。强调自己没有根基、不属于任何地方的世界公民，那种是且只是世界主义者的人，并不比那些有根基的世界公民来得好。因为后者在一个家庭中，在一个地方成长，在故乡说着一种语言，受到一种文化的灌溉，因此有一种归属感。基于这种归属感才能建立更高级需求和超越性需求。要成为人类整体的一员并不意味着排斥较低的层次，而要在层级整合中包容低层次，比如文化多元论。享受差异性，享用不同餐馆提供的不同食物，享受出国旅行，享受对其他文化的民族志研究等。

24. 超越可以意味着生活在存在领域，说着存在语言，有存在认知，过高原生活。它既可以是宁静的存在认知，也可以是极致的高峰体验式的存在认知。在大彻大悟或伟大转变以后，或者伟大的神秘体验、伟大的启蒙、伟大的觉醒之后，人们会在最初的新鲜感消散后平静下来，对好事甚至伟大的事习以为常，随意地生活在天堂之中，与永恒和无限安然相处。克服讶异和震惊，在柏拉图式的本质或存在价值中平静地生活。为了与巅峰的或情感强烈的彻悟或存在认知形成对比，在这里用的词是高原认知（plateau-cognition）。高峰体验必然是短暂的，据我所知事实上也确实是转瞬即逝的。然而一种启蒙或领悟却会驻留在人心中。他无法再次变得像过去一样天真、单纯或无知。他不能退回到"没有看见"。他无法回归盲目的状态。但必须要有一种语言去描述习惯于这种转变、启蒙，或生活在伊甸园之中。这样一个觉醒的人在日常生活中往往是以一种统一的方式或存在认知的方式来行事的——当然，是在他想这样做的时候。这一宁静的存在认知或高原认知可以置于人自己的控制下。他可以自如地开启或关闭这种认知。

（短暂地）达到完满的人性，达到终结，或成为终结本身就是一种超越。

25. 在超越不介入的、中立的、不关心的、旁观式的客观时实现道家的（存在层面的）客观（旁观式的客观本身就超越了纯自我中心和幼稚的主观）。

26. 超越事实与价值之间的割裂。融合事实与价值，使之合二为一（参见本书第8章）。

27. 在高峰体验的报告中，可以见到对消极事物（包括邪恶、痛苦、死亡等，也包括其他的消极事物）的超越。世界作为善被接受，人能够与感知到的恶和解。这也是对压抑、阻碍、否认、拒绝的超越。

28. 对空间的超越。从最简单的意义上说，就是全神贯注于某事物而忘却了自己身在何处。但这也可以提升到最高的水平，在那种境界下人对整个人类产生认同，因而他在地球另一边的同胞也是他的一部分，从某种意义上说，他既身处地球另一边，又在空间上身处此地。这也适用于存在价值的内投射①，因为存在价值无处不在，也因为存在价值具有定义自我的特性，而一个人的自我也是无处不在的。

29. 与上述几条有重叠的是对努力与挣扎的超越，对希望和愿景的超越，对任何方向性特质与意向性特质的超越。从最简单的意义上说，就是单纯享受满足的状态，享受夙愿得偿，享受这种满足状态而不是挣扎的过程，享受到达目的地而不是正在旅途中。这也有一种"身处幸运之中"的意味，或者按加雷特夫人（Mrs. Garrett）的说法，"高级的无忧无虑"。这是道家那种任凭事情发生而不是促使事情发生的感觉，是完全满足和接受这种不挣扎、不期待、不干预、不控制、无欲无求的状态。这是对野心和效率的超越。这是拥有的状态而非不拥有。于是，自然这个人就什么也不缺了。这意味着有可能过渡到一种快乐、满意、能够知足的状态。纯粹的欣赏。纯粹的感恩。幸运的状态和感觉。受恩典的感觉，值得感激的恩典。

身处终极状态（end-state）意味着超越各种意义上的手段。但是"终极状态"要非常仔细地阐释清楚。

30. 对于研究和心理治疗目的而言，有一类超越特别值得一提，就是对恐惧

---

① 内投射（introjection）：即将外界的价值、想法内化到自己心中。——译者注

的超越，进入没有恐惧或勇敢的状态（两者不完全相同）。

31. 巴克的宇宙意识概念也很有用。这是一种特殊的现象学状态，在这种状态下，人以某种方式感知到整个宇宙，或至少感知到宇宙的统一整合体及其一切内涵，包括他的自我（self）。他于是感到似乎自己有归属于宇宙的权利。他是大家庭的一员而不是一个孤儿。他在宇宙内部，而不是从外向内张望。他一方面因为宇宙的广袤无际而感到自己渺小，另一方面又因为自己有置身宇宙的绝对权利而感到自己重要。他是宇宙的一部分，而不是其中的陌生人或入侵者。这种归属感可以非常强烈，而与放逐感、隔离感、孤独感、被拒绝感、无根感、无家可归感等形成了鲜明对比。在这样的感知之后，人能够明显感觉到永远有这种归属感，觉得有了自己的一席之地，有权利住在这里，等等。[ 我曾经利用高峰体验中的这种宇宙意识型存在认知，与另一类型的存在认知进行对比，也就是夹自意识聚焦、高度集中、完全贯注和着迷于某事物的那种存在认知，这一事物在那一刻代表了整个世界、整个宇宙。我称这种感受为聚焦型（narrowing–down）高峰体验和存在认知。]

32. 或许还应该对存在价值的认同及其内化的特殊意义上的超越，做一个特殊的、单独的说明，这一状态主要受到这些存在价值的激励。

33. 人甚至能够在一种非常特殊的意义上超越个体差异。对待个体差异最高的态度是觉察并接受这些差异，还要享受它们，把它们当作宇宙创造力的美好范例而心怀感激——承认它们的价值，惊叹个体差异的多姿。这显然是一种较好的态度，因而我认为是一种超越。与上面这种对个体差异的终极感激不同，还有一种态度是超越到个体差异之上，承认人类本质的共同性和相互依存，在终极的人类种族层面对所有的人产生认同，所有人都是兄弟姐妹，于是个体差异，甚至是性别差异都在一种特殊的方式中被超越了。也就是说，有时人能够很清楚地意识到个体之间的差异；而在另一些时候，人又能把个体差异撒到一边，认为相较于普遍的人性与人与人之间的相似性，个体的差异相对并不那么重要。

34. 对于一些理论研究来说，有一种很有用的超越是对人类局限、不完美、缺陷和有限性的超越。这种超越或者来源于高强度的、对完美的终极体验，或者来自对完美的高原体验，在这种体验中人可以是一种目的，一位神，一种完美，一种本质，一种存在［而不是一种过程（becoming）］，庄严而神圣。它可以是一种实际的现象学状态；它也可以是一种认知；它也可以是设想中哲学或理想（例如柏拉图哲学的精要或理想）的极限。在这种高强度的时刻，或到达某种程度的高原认知时，人就变得完美了，或者可以将其自身视为完美，例如，在那一时刻我热爱所有，接受所有，宽恕所有，即便是伤害了我的恶，我也能与之和解。我可以理解并享受事物的存在方式。我甚至能够感觉到一些仅仅属于神的主观感受，如全知、全能、无所不在（即在某种意义上，这一刻人能够**成为**神、圣贤、神秘家）。强调人性的一部分，即使是最好的一部分，所用最好表达或许是超越的人性（metahumanness）。

35. 对个人自己的信条、价值系统或信仰系统的超越。这一条值得单独讨论，因为心理学有一种特殊的处境，在这之中第一力量、第二力量和第三力量①被许多人认为是相互排斥的。这当然是错误的。人本主义心理学是包容而不排他的。后弗洛伊德和后实证主义的科学，这两种观点与其说是错误的或不正确的，倒不如说它们是偏狭而局限的。它们的思想精髓可以很好地安放在一个更大、更包容的结构之中。当然，把它们整合进这个更大、更包容的结构必然会在某些方面改变它们、矫正它们，指出它们的某些错误，然而依然会囊括它们最精华的特质，即使这些特质有所偏颇。在知识分子之间会有一种敌对—和睦情结，使得对弗洛伊德或赫尔（Clark Hull）的忠诚，或是对伽利略、爱因斯坦、达尔文的忠诚，变成一种小范围的、排外的热忱，人们会结成社团或兄

---

① 指心理学发展过程中的三波思潮：行为主义、精神分析和人本主义。——译者注

弟会,吸纳一些人又排斥另一些人。虽然人本主义心理学是一个包容、多层级整合或整体论的特例,但向心理学家、哲学家、科学家和其他学术领域专门指出上述情结是有意义的,因为知识界仍然有一种分割为所谓"学派"的倾向。这也就是说,一个人对于一个学派,要么采取二分法的态度,要么采取整合的态度。

**一个浓缩的说明**。超越指的是人类意识最高、最包容或最全面的层次,它作为目的而非手段发挥作用,并与自己、与重要的他人、与人类整体、与其他物种、与自然、与宇宙相联系。[这里是多层次整合意义上的整体论;认知和价值的同构(isomorphism)也是如此。]

# 第 **22** 章
## Z理论

最近我发现越来越有必要在两类（或者更恰当地说，两种程度）自我实现的人之间做出区分，一种人，明显健康，但很少或没有超越的体验，而另一种人，超越体验在他们那里非常重要，甚至占据核心地位。前者的例子我可以举出罗斯福夫人，或许还有杜鲁门和艾森豪威尔。后者的例子，有赫胥黎、施韦泽、布伯和爱因斯坦。

不幸的是，我不再能在这一层次上做到理论的明晰。我发现不仅是自我实现的人能够超越，而且一些不健康的人、非自我实现者也有重要的超越体验。当定义这个概念的时候，我在自我实现者以外的许多人中也发现了某种程度的超越。或许随着更好的方法和更好的概念框架被开发出来，我们可以在更大的范围内发现超越。说到底，我在这里谈的只是我从最初的探索中得到的印象。我的初步印象是：我不仅能在自我实现者身上发现对超越的认知，还能在那些有很高创造力或才华的人身上，在很聪明的人身上，在非常坚强的人身上，在强有力而负责的领导者和管理者身上，在特别善良（有道德）的人和"英雄式的"人——那些曾克服困境并由此变得更坚强而不是更衰弱的人身上，找到这种对超越的认知。

在某种还未知的程度上，超越型自我实现者就是我所说的"巅峰人物"（peaker）而非"非巅峰人物"，是说"是"的人而非说"否"的人，是积极对待生活的人而非消极对待生活的人［在赖希（Reich）的意义上］，是渴望生活的人而非厌倦生活的人。

健康型自我实现者则是更加实际、现实、入世、能干、世俗的人，更多生活在"此时此地"（here-and-now）的世界；即我称为缺失领域的，充满缺失性需求（deficiency-need）和缺失性认知（deficiency-cognition）的世界。在这种世界观中，人以一种实际、具体、此时此地、实用的方式对待人或物，把它们看作缺失性需求的满足者或阻碍者；也就是区分为有用或无用，有帮助或有危险，对个人重要或不重要。

"有用"在这个语境中既意味着"对生存有用"，也意味着"有助于摆脱缺失性需求的束缚，朝着自我实现成长"。具体来说，这意味着一种生活方式和一种世界观，不仅由基本需求的层级（为了单纯的躯体生存，为了安全和保障，为了归属感、友谊和爱，为了尊重和尊严，为了自尊和价值感）所引发，而且也来自实现个人独特潜能（即身份认同、真实的自我、个体性、独特性、自我实现）的需要。也就是说，不仅仅是满足人类共有的基本需求，还要实现个人的独特潜能。这样的人生活在世界上，并在世界上实现自我。他们掌握世界、引领世界、利用世界达到有益的目的，正如（健康的）政治家和实干家所做的那样。这些人往往是"实践者"而不是冥想者或沉思者，注重高效务实而不是审美价值，重视现实检验和认知，而不是情感和体验。

另一类人（超越者？）可以说对存在领域（存在领域与存在认知）有更经常的觉察，生活在存在水平；也就是目的水平、内在价值水平；更明显地受到超越性动机影响；或多或少能经常有统一意识和"高原体验"［阿斯拉尼（Asrani）语］；有或曾有过高峰体验（神秘、神圣、极乐），并从体验中获得了一些幻象、启示或认知，改变了他们对世界和自身的看法，这种情况或许偶尔发生，也可能经常发生。

平心而论，那些"仅仅健康的"自我实现者总体上能够实现麦格雷戈Y理论的预期。但是对于那些超越型自我实现的人来说，他们不仅实现了Y理论，还超越或超过了它。关于他们生活的层次，为了方便我在这里称之为Z理论。

这一理论与X理论和Y理论处在同一个连续序列中，三者形成了一个层级系统。

显然，我们在这里处理的是非常错综复杂的问题，而且实际上是在一般意义上讨论生活哲学。若以延伸和发散的方式去处理，会衍生出汗牛充栋的文章著作。

然而我想到的是，我们可以通过表一来做一个比较精简的开始。以基斯·戴维斯（Keith Davis）很方便的概要表格为基础，我对之做了一些扩展（用斜体字标明）。虽然这表格算不上容易理解，但我相信对这一主题怀有真正兴趣的人能够理解我要传达的意思。更深入的讨论可以在参考文献中所列的书目中找到。

最后提醒：要注意这个层级安排留下了一个困难且尚未解决的问题，即下列层级或渐进过程之间有多大程度的重叠或相关性。

1. 需要的层级系统（可以理解为埃里克森发展理论中按年龄纵向分布的危机，也可以保持年龄不变加以横向划分）。

2. 基本需求满足的渐进过程，从婴儿期、幼儿期、青少年、成年到老年，但是任何时代都一样。

3. 生物学的、种族的演化。

4. 从病态（萎缩，发育不全）到健康和完满的人性。

5. 从生活在不良环境条件下到生活在良好环境条件下。

6. 从作为体质或整体上的"劣等样本"（用生物学家的话说）到作为一个"优等样本"（用动物管理员的话说）。

当然，所有这些复杂性使"心理健康"这一概念甚至比其通常的定义更加充满争议，这使得我们更有必要用"完满的人性"这一概念作为替代，后者能轻而易举地、恰当地运用于上述这些复杂情况。反过来说，我们又能用"萎缩的或发育不全的人性"来代替幼稚、不幸、病态、先天畸形、弱势等概念。"发育不全的人性"能够包含所有这些概念。

表一　组织管理水平与其他层次因素的关系

| | 专制的 | 监管的（维持性的） | 支持的（动机性的） | 共治的（家人般的同事） | Z理论组织 超越型组织 |
|---|---|---|---|---|---|
| 依赖于 | 权力 | 经济资源 | 领导力 | 相互帮助 | 对存在本身和存在价值的热衷 |
| 管理取向 | 权威 | 物质奖励 | 支持 | 整合 | 假设每个人都热衷于此。发信号者。共事的伙伴 |
| 雇员取向 | 服从 | 安全 | 表现 | 责任 | 倾慕；爱；接受事实上的更高层级 |
| 雇员的心理结果 | 依靠个人 | 依靠组织 | 参与 | 自律 | 奉献；自我牺牲 |
| 雇员的需求满足 | 生存 | 维持 | 高级 | 自我实现 | 超越性需求；存在价值 |
| 士气衡量指标 | 服从 | 满足 | 动机 | 对任务与团队的投入 | 对存在价值的投入 |
| 与其他理论的关系 | | | | | |
| 麦格雷戈的理论 | X理论 | | Y理论 | | Z理论 |
| 马斯洛的优先需要模型 | 生理 | 安全保障 | 中级 | 高级 | 超越性需求：存在价值 |
| 赫兹伯格的因素 | 维持 | 维持 | 动机 | 动机 | |
| 怀特克的主题 | | 组织人 | | | |
| 布莱克与莫顿的管理方格 | 9.1 | 3.5 | 6.6 | 8.8 | |
| 动机环境 | 外部 | 外部 | 内部 | 内部 | 融合 |

续表

| | 专制的（消极） | 监管的（维持性的） | 支持的（动机性的） | 共治的（家人般的同事） | Z理论组织 超越型组织 |
|---|---|---|---|---|---|
| 动机风格 | 消极 | 工作上多为中立 | 积极 | 积极 | 第一位；卓越；非个人的，自愿放权 |
| 管理风格 | 专制 | | 参与 | | 超越；超越个人的存在水平；超越个人 |
| 个人发展的模式水平 | 拥有者 | 老板、父亲、家长 | 不成熟的平等 | 成熟、健康 | |
| 人的形象 | 被利用的物体；可替换的；非个体的；所有者 | 宠物，孩童，玩物，或仁慈的独裁者 | 满足共同利益和共同需要的合作者。缺失性的爱 | 每个人都一样，强烈的认同感；独立个体之间的联合，真正的自我；自我实现 | 圣贤、政治家、实用主义者，存在人，神秘主义者、菩萨，祭司般的献身和非人性化的，赫拉克利特式的 |
| 客观性 | 不兼容的，拥有的，不认同的，客观的占有，客观的旁观者 | | | 存在—爱—融合—客观性 | 道家的客观性，超越的客观性，不干预的客观性 |
| 政治 | 奴隶，物 | 家长 | 为了共同利益而联合 | 议员制；人人相同；充分的自主 | 存在性政治；无政府主义；存在性的谦卑；分权，非人性，超越人性 |
| 信仰 | 恐惧与愤怒之神 | 神 | 爱与仁慈 | 人道主义 | 超越人道主义（以宇宙为中心，而非以人类为中心） |

续表

| | 专制的 | 监督的<br>（维持性的） | 支持的<br>（动机性的） | 共治的<br>（家人般的同事） | Z理论组织<br>超越型组织 |
|---|---|---|---|---|---|
| 男性—女性 | 占有者，剥削 | 负责而深情的占有 | 爱与仁慈；满足彼此需求 | 相互尊重；平等；存在的爱（？）；充分的自主 | 存在的爱；融合；自如的状态 |
| 经济 | 维持生存；物质主义；最低需求的经济活动 | 仁慈的占有者；贵族式的恩惠 | 民主的；伙伴式的；高级需求的经济活动 | 伦理—经济学；道德—经济学；评估系统中包含社会指标 | 无政府主义；分权制，存在价值是最高价值；灵性经济学；超越性需求的经济活动；超越个人经济活动 |
| 科学水平 | 物—科学 | 低于人类的科学 | 人本主义科学 ⟶ | | 超人类的科学，以宇宙为中心的科学和超越个人的科学家 |
| 价值水平 | 脱离价值 | 低于人类的价值 | 人本主义价值 ⟶ | | 超人类的价值。存在价值，宇宙价值 |
| 方法 | 原子论—二分法—还原论 ⟶ | | 分析分层次的整合；协同；整合的 ⟶ | | |
| 恐惧—勇气 | 恐惧 ⟶ | | 勇气 ⟶ | | 超越恐惧和勇气；在恐惧与勇气之外 |
| 人性的程度 | 发育不全的人性；萎缩 ⟶ | | | 完满的人性 | 超越个人的 |
| 方向 | 倒退 ⟶ | | 形成—进步—成长—存在 ⟶ | | |
| 优越性 | ⟶ | | 优越程度增加 | | |
| 心理健康 | 完满的人性 ⟶ | | 健康与人性程度增长 ⟶ | | |

续表

| | 专制的 | 监管的（维持性的） | 支持的（动机性的） | 共治的（家人般的同事） | Z理论组织 超越型组织 |
|---|---|---|---|---|---|
| 教育 | 训练 | 主导式教育 | 相互教育 | 内在教育；为了即兴的训练；充满信心地应对没有准备的情况 | 超越人类教育，个性化教育；赫拉克利特式的人。道家，"不是我的愿望而是你的意志"，奉献，拥抱你的命运，义务，责任 |
| | ←——— 外在教育 | | | | |
| 治疗师与治疗水平：帮助的水平 | 机械师；外科医生 | 兽医；家长式权威（畏惧与信任）；发号施令 | 仁爱而强有力的父亲（可以是受人爱戴并且充满仁爱，关爱他人，却深不可测）；像镜子 | 存在主义的，"我与你"；同事；兄长；身份认同——发现命运——发现价值 | 道家式的引导，顾问，导师，圣人，分享存在价值，正义，悲——爱——同情 |
| 性 | 脏；邪恶；单方面；短暂剥削（对别人） | "自然的"世俗化的 | 爱——性；狂喜；欢乐 | 神圣；通向天堂；密宗 | 天堂——存在的状态；超越性欲 |
| 沟通风格或水平 | 命令 | 命令 | | 相互 | 存在的语言 |
| 抱怨的水平 | 低 | 中 | | 高 | 超越性怨言 |
| 报酬 | 物质财货 | 当下和未来的保障 | 友谊，感情，归属团体 | 尊严，地位，称赞，光荣，自由，自我实现 | 存在价值，正义，美，善；卓越；真理等。高峰体验；高原体验 |

## 超越者与仅仅健康者的区别（程度上的）

非超越型和超越型自我实现者（或者Y理论与Z理论的人）都具有自我实现的全部特征，唯一的区别是高峰体验、存在认知和阿斯拉尼所说的高原体验（宁静、沉思的存在认知而不是激情高潮下的存在认知）是否存在、存在多少，以及有多重要。

但我的强烈印象是，非超越型的自我实现者相比于超越者，没有或较少具有下列特征：

1. 对于超越者而言，高峰体验和高原体验成为他们生活中最重要的事情，是最高点，是生命的确证，是生活最宝贵的部分。

2. 他们（超越者）轻松地、自如地、自然地、无意识地说着存在的语言（B-language），这是诗人和神秘主义者的语言，是先知和笃信者的语言，也是生活在柏拉图理想层面或斯宾诺莎层面的人的语言，呈现出永恒的样貌。因此，他们应该能够较好地理解语言、修辞、悖论、音乐、艺术、非语言交流等（这是一个容易检验的命题）。

3. 他们以统一的或神圣的（即在世俗中的神圣）方式进行感知，或者说他们既看到万事万物实用、日常、缺失层次的一面，同时也看到万事万物的神圣的一面。如果他们愿意，他们可以将任何事物神圣化，即从永恒的视角感知事物。这一能力增加在缺失领域内良好的现实测验之上，而不是与之相互排斥（禅宗的"无特例"概念很好地说明了这一点）。

4. 他们更自觉地和有意识地受超越性动机的支配。也就是说，存在价值或存在本身被视作事实和价值，例如，完美、真理、美、善、统一、超越二分法、存在娱乐（B-amusement）等是他们主要或最重要的动机。

5. 他们似乎能以某种方式辨认出彼此，并且第一次相遇就能立刻达到亲密相交和互相了解。他们不仅能够以语言沟通，也能进行非语言沟通。

6. 他们对于美**更加**敏感。这可能被证明是美化一切的倾向，包括美化所有的存在价值，或比他人更能发现美，或比他人容易有审美反应，认为美是最重要的，或者在常规和习俗上不认为美的人或物中能发现美（这可能有点让人困惑，但这是我目前能做出的最好说明）。

7. 他们对于世界的看法比那些"健康型"或实际型自我实现者更加全面（后者在同样意义上也有整合的倾向）。人类是一个整体，宇宙是一个整体。"国家利益""我父辈的信仰"或者"人或智商的不同等级"这样的概念，在这些人身上或者不再存在，或者被轻易地超越。把所有人看作兄弟姊妹，把国家政权（发动战争的权力）看作一种愚蠢或幼稚，如果我们将这些看法作为终极的政治需要（在当下也是最紧要的需要），那么超越者会更**容易**、不假思索、自然地有这样的想法。以我们"通常的"愚蠢或幼稚的方式去思考，对于他们来说是一件**费力**的事，虽然他们有能力这样做。

8. 与上述整体观有重叠的是自我实现者协同倾向的增强——心理内部的协同，人际的协同，文化内部的协同，以及国际的协同。因为篇幅有限，在这里无法详尽讨论这个问题。一个简短的——或许不是很有意义的——说明是：协同超越了自私与无私的二分法，并在一个高级的概念中包含了两者。它是一种对竞争的超越，对零和输赢博弈的超越。对此有兴趣的读者可以去参看已有的相关著述。

9. 当然，这些人也能更容易、更大程度地超越自我和身份。

10. 这样的人不仅是可爱的，如同所有最大限度地实现自我的人那样，而且他们更加令人肃然起敬，更加"超凡脱俗"，更加神圣，更加"像个圣徒"（就中世纪的意义而言），更受尊重，也更"令人畏惧"。他们经常让我想到，"这是个伟大的人"。

11. 所有上述特征的一个后果就是，超越者比起健康型自我实现者更容易成为创新者和新事物的发现者，后者倾向于在"属世"的工作中做得非常出色。

超越性的经验和启示能够让人对于存在价值、理念、完美、什么是应有的样子、什么是实际可能的样子、什么是潜在的、什么是可能实现的看得更清晰。

12. 我有一个模糊的印象，觉得超越者不如健康者那样"快乐"。比起那些快乐而健康的人，超越者可能更狂喜、销魂、体验到更极致的"愉悦"（这个词太弱）。但我有时候会有这样一个印象，觉得这些人也同样容易，或者更容易滑入一种宇宙悲哀或存在悲哀，这种悲哀是因为人类的愚蠢、自我挫败、盲目、对彼此的残忍，以及他们的短视。或许这种悲哀来自现实与理想之间的强烈对比，超越者可以容易而生动地看到理想世界，并且知道理论上是很容易实现的。或许这是超越者们必须偿付的代价，因为他们直视世界的美，看到了人性中超凡的可能性，看到了那许多人间邪恶的不必要性，看到了良好世界显而易见的必要性；例如，一个世界政府，协同的社会机构，为了人类的良善而教育，而不是为了更高的智力或在某些原子化工作中更熟练而教育。任何一位超越者，都能坐下来在5分钟内写一个和平、友善和快乐的处方，一个绝对实际，绝对有可能办到的处方。然而他看到所有的这些都**没有**做起来；或者有些地方正在这样做，却做得太慢，使得大屠杀可能抢先一步到来。无怪乎这些人一方面感到悲伤、愤怒或不耐烦，另一方面对长远预期感到"乐观"。

13. 超越者比起仅仅健康的自我实现者要更容易解决——或至少是控制——关于"精英主义"的深刻冲突，这一冲突是自我实现学说中所固有的，因为自我实现者比起一般人来说，终究是更优越的人。这种解决之所以成为可能，是因为超越者同时生活在缺失领域和存在领域中，他们可以如此轻而易举地将所有人神圣化。这意味着他们能够更容易地调和两个方面，一方面是在缺失世界中对某种形式的现实检验、比较和精英的绝对需求（你**必须**挑一个好木匠而不是一个坏木匠来做活；你**必须**区分罪犯和警察，病人和医生，骗子和老实人，笨蛋和聪明人）。另一方面是人人都有的无限性和平等的、无法比较的神圣性。在一种非常实证和必要的意义上，卡尔·罗杰斯谈到"无条件的积极关怀"对于有效的心理治疗是一种**先决的**必要条件。我们的法律禁止"残酷而异常"的惩罚；即无论一个人犯了**什么**罪，必须把他当作一个有尊严的人来对待，不能无限贬低。严肃的有神论者会说"每个人都是神的孩子"。

这种神圣性存在于每一个人，乃至每一个生物身上，甚至存在于美丽的无生命之物等。每一位超越者都能很容易、直接地在其现实中感知到这种神圣性，他片刻未曾忘记这种体验。这种感受，结合他高度优越的对缺失领域的现实检验，使得他能够成为神一般的惩戒者，对软弱、愚蠢、无能进行比较，但他并不对此抱有轻蔑的感情，也不会利用这些弱点进行剥削，虽然他在缺失世界中现实地认识到这些可评判的品质。对于这一悖论，我有一个对我自己很有用的说法：事实上更优越的超越性自我实现者，总是把事实上更低下的人当成一个兄弟，不管他做了什么事情，都把他当成家庭的一员爱护他、照顾他，因为无论如何他毕竟是家庭的一员。但他依然可以做一位严厉的父亲或兄长，而不仅仅是宽恕一切的母亲或慈母般的父亲。这种惩罚与神一般无限的爱并不矛盾。从超越的视角来看，很显然即便为了越轨者自身的利益，惩罚、阻挠、喝止他也好过满足他、讨好他。

14. 我的强烈印象是，超越者倾向于表现出知识与敬畏的正相关性：知识越多，神秘感、敬畏感也越多——而不是一般的负相关。当然，在大多数人看来，科学知识能够**减少**神秘感，从而**减少**畏惧（因为对大多数人而言神秘孕育着畏惧）。于是人就会把求知作为一种减轻焦虑的手段。

但是对于高峰体验者特别是超越者，以及一般意义上的自我实现者，神秘与其说令人生畏，不如说是吸引人的，是一种挑战。自我实现者出于某种原因容易对已知的东西感到厌烦，哪怕这些知识很管用。高峰体验者尤其如此，对于他们来说，神秘感和敬畏是一种奖赏而不是惩罚。

无论如何，我在我访谈过的最有创造性的科学家中发现，他们知道得越多，**越容易**进入一种陶醉状态（ecstasy），在这种状态中，谦卑、无知感、渺小感、面对磅礴宇宙的敬畏、看到蜂鸟时的震惊、婴儿的神秘，所有这些都混在一起结合成为一种正向的主观感受，一种奖赏。

因此，伟大的超越者——科学家既保持谦卑，承认自己的"无知"，又从其中感受到快乐。我想有可能我们都有过这样的经历，尤其是在孩提时代，然而超越者更频繁地有这种经验，感受更深，也最珍视这类经验，认为它是生活中的高峰。这种说法既适用于科学家，也适用于神秘主义者、诗人、艺术家、工厂主、政客、母亲和许许多多其他类型的人。无论如何，我认为这是一种认知理论和科学理论（可测试的），即在人性最高的发展水平上，知识与神秘感、敬畏感、谦卑、终极意义上的无知、尊崇、奉献是正相关而非负相关的关系。

15. 我认为相比其他自我实现者，超越者应该不那么害怕"疯子"和"狂人"，因此能够更好地挑选出创造者（这些人有时候看上去疯疯癫癫的）。我猜想自我实现者总体来说更加看重创造力，因此能够更高效地选拔创造人才（因此也应该能成为最优秀的人事经理、猎头或顾问）。但要了解威廉·布莱克这类人物的价值，原则上需要对超越有更深的体验和更大的重视。类似的鉴别力在对立的另一头也适用：超越者也应该更善于鉴别出那些不具有创造力的"疯子"和"狂人"——我想他们中的绝大多数都没有创造力。

我没有能够在此汇报的实际经历。这是理论推理的结果，作为一个容易测试的假设呈现在这里。

16. 从理论上说，超越者应该更能"与邪恶和解"，这是因为他们理解恶有时候是不可避免的，并且在更广的整体论意义（即"从上面"，在神一般或奥林匹亚诸神的意义）上说是必需的。这意味着对恶更深刻的理解，它应该既能够引起更大的同情，又能够带来更果断、更坚决的对恶的斗争。这听起来像个悖论，但是仔细想想就能看出它一点都不自相矛盾。了解得越深，就意味着在这一水平上有更强大（而不是更弱小）的武器，更有决心，更少挣扎、犹豫和后悔，因此能更迅速、更坚定、更有效地展开行动。如有必要，一个人可以**心**

**怀同情**地打倒邪恶之人。

17. 我预计在超越者中还能发现另一个悖论：就是他们更倾向于把自己当作才华的**承载者**，是某个超个人存在的**工具**，是伟大智慧或技能或领导力或效能的临时监护者。这意味着他们对待自己有一种特别的客观性或超脱性，这在非超越者看来或许有点傲慢、自大，甚至妄想。我发现最能说明这个问题的例子是怀孕的母亲对于她自己和她未出生孩子的态度。什么是自我？什么不是自我？难道她无权这样要求，这样自我欣赏，这样骄傲吗？

我想我们会对这样的判断大吃一惊："我是完成这个任务的最佳人选，因此我要求做这个任务。"我们也会对同样可能的另一种说法感到吃惊："你是完成这一任务的最佳人选，因此你有义务代替我完成它。"超越伴随着"超个人的"忘我（loss of ego）。

18. 总体来说（我没有数据），超越者更倾向于具有深度的"灵性"（神秘或非神秘意义上的）特质。高峰体验和其他超越性的体验事实上也可以看作"精神性或灵性的"体验，如果我们重新定义这些概念，排除那些历史、传统、迷信、组织性的附加含义。仅从传统的角度看，这样的体验实际上可以被认为是"反信仰"，或信仰替代物，或信仰代用品，或一种"过去被称作信仰或灵性的东西的新版本"。一些无神论者远比某些牧师虔诚这样的悖论也很容易得到验证，因而获得操作性定义。

19. 在两类自我实现者之间，可能显露的另一种定量的区别——我还不能完全肯定——是超越者更容易做到超越自我、超越身份、超越自我实现。更明确地说，我们或许可以说，关于健康型自我实现者，我们已经描述得很全面了，主要是说他们有坚强的个性，他们知道自己是谁，要去哪里，想要什么，擅长什么，总而言之，这些人有坚强的自我，能够依照自己的真正本性，真诚而有效地使用自己的力量。这些话用来描述超越者当然是不够的。超越者当然也有这些特质，但他们又不止于此。

20. 我设想——依然只是一个印象，没有具体数据——超越者因其更容易感知到存在领域，会比更实际的自我实现者有更多的终端体验（本真状态的体验）。超越者也会有更多的着迷体验，那是我们常在儿童中可以看到的，他们着迷于池塘中的色彩，或沿着玻璃窗向下流动的雨珠，或皮肤的平滑，或毛毛虫的蠕动。

21. 从理论上说，超越者应该是更道家的，而仅仅健康的自我实现者则较为实用主义。存在认知让所有事物看起来都像是奇迹般的完美，恰如它应该是的样子。超越者也因此不太有改造事物的冲动，因为事物本身就很好，不需要改进或打扰。因此，他们更多的冲动是仅仅注视它、观察它，而不是对它或用它做什么事。

22. 有一个概念"后矛盾双重性"（postambivalent），它虽然没有添加任何新的东西，但却把前述一切和内容丰富的弗洛伊德理论结构紧紧联系在一起。我认为这个概念适用于一切的自我实现者，并且可能在一些超越者中尤为适用。这个概念表示全心全意和无冲突的爱、接受、表达，而不是更常见的爱恨交织，这种爱恨的混合物常常被错误地当作是"爱"、友谊、性欲、权威或权力等。

23. 最后，我想请大家注意"报酬层次"和"报酬种类"的问题，虽然我不太确定我的两类自我实现者在这方面会有多大的不同，甚至是否会有不同。最重要的是，除了金钱报酬之外还有许多报酬的形式，随着物质财富的增加和人格的成熟，金钱报酬的重要性会不断减退，而高级的报酬形式会**越来越重要**。并且，即便在金钱报酬依然**显得**很重要的地方，那也往往不是因为金钱本身性质的缘故，而是作为地位、成功、自尊的一种象征，以此来赢得爱戴、钦慕和尊重。

这是一个很容易研究的课题。我收集广告已经有一段时间了，这些广告希望吸引专业的、有行政能力或执行力的雇员，还有和平队①和志愿服务类工

---

① 和平队（Peace Corps）：美国政府成立的一家志愿服务组织。——译者注

作的招募广告，有时甚至是招募那些不太需要技术的、蓝领雇员的广告。设置在这些广告中，吸引申请者的诱饵不仅是金钱，还有高级需要和超越性需要的满足，例如友善的同事、良好的环境、安稳的未来、挑战、成长、理想的满足、责任、自由、一种重要的产品、对他人的同情心、有益于人类、有益于国家、实践自己想法的机会、让人感到自豪的公司、良好的学校系统，甚至是优质的钓鱼场所、美丽的山峰可供攀登，等等。和平队走得更远，以至于把低收入、困难的工作和自我牺牲等作为吸引点加以**强调**，声称所有这些都是为了帮助他人。

我设想更高的心理健康会让上述这些种类的报酬更有价值，尤其是在钱够用且收入稳定的情况下。当然，相当大比例的自我实现者恐怕已经以某种方式把工作与娱乐融合为一了，即他们热爱他们的工作。你可以说，他们已经从可以作为消遣的活动中得到了报酬，从能使他们得到内在满足的工作中得到了报酬。

我能想到的唯一一个，可能在进一步的调查中发现的两类自我实现者的不同是，超越者会主动寻求那些更有可能带来高峰体验和存在认知的活动。

本文谈到这一点的一个理由是，我相信当我们计划一个健全心理组织、一个良好社会时，一个理论上的必要条件是，领导权必须和特权、剥削、财富、奢侈、地位、高于人民的权力等分隔开来。我能想到的唯一一种办法，可使得能人、领导和管理者免遭弱者、无特权者、能力较弱者、需要帮助者的**仇视**、嫉妒和眼红，免遭失势者的颠覆，就是**不要**发给他们更多的金钱，付较少的钱并且支付"高级报酬"和"超越性报酬"。从本文以及其他著作中提出的原理来推论，这种安排能够同时满足自我实现者和心理发展落后者，并能抑制相互排斥、敌对的阶级或阶层制度的发展，我们在人类历史中看到了太多阶级对立的例子。要让这一后马克思（post-Marxian）、后历史（post-historical）的可能性成为实际，我们需要做的唯一事情就是学会不要支付太多金钱，即重视高级的而非低级的报酬。此外，也有必要消除金钱的象征价值；即金钱不应该作为衡量成功、值得尊重程度、值得爱的程度的象征性指标。

这些变化在理论上应该是很容易施行的，因为它们已然符合自我实现者的前意识（preconcious）或未完全意识到的价值生活。这个世界观是否是超越者的一项特质还有待研究。我猜可能是的，因为历史上的神秘主义者和超越者似乎都自发地选择简朴而避免奢侈、特权、荣耀和财产。我的印象是"一般人"因此大多爱戴并尊崇他们，而非惧怕和厌恶他们。因此，这或许能够为设计美好世界提供帮助，使得最有能力、最觉醒、最理想的人能够被选择、被拥戴为领导者、导师、显然仁慈而不自私的当权者。

24. 我忍不住还要表达一个模糊的预感，即有可能我所说的超越者更倾向于成为谢尔登学说中的外胚型体型①，而那些不经常超越的自我实现者似乎常常是中胚型（我提及此事仅仅是因为从理论上说这一点很容易被验证）。

## 结　语

由于很多人对此感到难以置信，我必须明确地说，我在企业家、工厂主、经理、教育者、政界人物中发现的超越者，与我在全职的"思想"人士、诗人、知识分子、音乐家和其他**被认为**具有超越性、贴着超越者标签的职业中发现的超越者一样多。我必须说，这些"专业"的每一种都具有不同的风俗、不同的术语、不同的角色，以及不同的服饰。所有的教士都会谈论超越，哪怕他自己对超越的感觉一无所知。而大多数工厂主会仔细地掩藏他们的理想主义、他们的超越性动机和他们的超越性经验，他们必须装出"坚韧不拔""现实主义""自私自利"的样子，用这种面具来表现他们不过是肤浅而充满防御性的

---

① 根据美国心理学家威廉·谢尔登体型与心理特质学说，外胚型的人外形瘦高，特质包括聪明、冷静、内向、容易紧张等。下文提到的中胚型的人外形健美、肌肉发达，特质包括热衷竞争、外向、坚韧等。现代主流心理学界一般认为该学说太过简单化，缺乏科学依据。——译者注

人①。他们更真实的超越性动机往往并没有被彻底压制，而只是被抑制住了，我有时候发现通过直接的面质和提问可以轻而易举地突破表面的保护层。

我必须谨慎，以免给人一种我有众多研究对象的错觉（我比较仔细访谈和观察过的只有三四十人，还有一两百人只是经过一般的交谈，读过一些材料，进行过不那么仔细和深入的观察），或者认为我的资料很可靠（这都是探索、调研或勘探性的，而非审慎的最终研究，是初步的推测而不是经过普遍性验证的科学，这会在以后到来），或者觉得我的样本具有代表性（我会使用我能得到的**任何样本**，但主要集中于智力、创造力、品格、力量、成功等维度中**最好的**样本）。

同时，我必须坚持说，这是一个实证性的探索，我报告的是我**感知**到的，而不是我梦见的。我发现，如果我愿意称这些报告为前科学的（prescientific）而不是非科学的（在许多人看来，科学意味着实证而不是发现），就有助于消除对于我的自由探索、论断、假说的科学焦虑。无论怎样，本文中所有的论断在理论上都是可验证的，证实或证伪。

---

① 这里指心理上的防御机制。——译者注

# PART

## 8

第八部分

**超越性动机**

# 第23章
## 超越性动机理论：价值生活的生物学根源

一

**追求自我实现的个体（更成熟、更完满的人），根据定义，在基本需求上已经获得了适当满足，现在以其他更高级的方式获得激励，称之为"超越性动机"。**[①]

根据定义，追求自我实现的人所有的基本需求（包括归属感、感情、尊重、自尊）都已经得到了满足。这也就是说，他们有一种归属感和扎根感，他们的情感需求得到了满足，有朋友，感到被人所爱，感到自己值得被爱，他们在生活中有一定的地位和岗位，受到他人的尊重，他们有适当的价值感和自尊。如果我们把它反过来说——从这些基本需求受挫的角度，从病理学的角度——那么就可以说这些追求自我实现的人没有（长时间地）感到焦虑缠身，没有感觉不安全、无保障，不觉得孤单、受排斥、无根基、受孤立，不觉得被隔离、被拒绝、不被需要，不觉得被鄙视或看不起，没有深深的无价值感，没有令人崩溃的严重自卑或无价值感（第12章）。

当然，这也可以有其他的说法，我也曾经说过。比如，因为基本需求曾被认为是人类唯一的动机，因此可以，并且在某些语境下也有必要说追求自我实现的人是"无动机的"（第15章）。因此这些人与东方哲学的健康观是一致的，也认为健康是对渴望、欲求或需要的超越。[古罗马的斯多葛（Stoic）学派也有

---

① 本章提出了28条加黑的论点，作为可验证的命题。

类似的观点。］

也可以说追求自我实现的人是表达性的而不是回应性的，他们是自发、自然的，他们比一般人更能做自己。这种说法还有一个用处，符合一种对神经症的理解，这种观点认为神经症是一种可理解的应对机制，是一种合理的（虽然充满了愚蠢和恐惧）努力，以求满足更深层、更内在、更生物性自我的需要。

这些说法的每一种都在特定的研究语境下有自己的操作性效用。但是根据特定的目的，最好也要问一下："自我实现者的动机是什么？自我实现中的精神动力（psychodynamic）是什么？是什么让这个人移动、行动和挣扎？是什么驱策（或牵引）着这个人？什么吸引他？他盼望什么？什么让他愤怒、使他献身、使他自我牺牲？他对什么忠诚？致力于什么？他珍视什么，追求什么，渴望什么？他愿为什么而死（或生）？"

显然，我们必须在两种动机之间做一个区分：一种是低于自我实现层的普通动机——也就是基于基本需求的动机；另一种是基本需求已经得到充分满足的人的动机，他们主要的动机不再基于基本需求，而是"更高级"的动机。因此我们最好称自我实现者的这些高级动机和需求为"超越性需求"，并在动机范畴与"超越性动机"范畴之间进行区分。

［我现在更加清楚地知道，基本需求的满足并不是超越性动机的充分条件，虽然它可能是必要条件。我有几个研究对象，在他们那里很显然基本需求的满足与"存在性神经症"（existential neurosis）、无意义感、无价值感等是并存的。现在看来，超越性动机似乎并不会在基本需求满足了之后自动到来。我们还要谈谈另一个因素："对超越性动机的防御"。这意味着，为了便于讨论和理论建构，或许有必要把以下几条加入自我实现者的定义：（1）他基本上免受疾病困扰；（2）他的基本需求得到充分的满足；（3）他能积极地使用他的能力；（4）他的动机来自他求索的、忠于的价值。］

# 二

**所有这样的人都致力于"他们身外的"某种使命、感召、事业、深爱的工作。**

在直接检视自我实现者的时候，我发现至少在我们的文化中所有这样的人都献身于某种"他们身外的"使命、事业、责任或深爱的工作。这种投身和献身非常显著，以至于我们可以恰当地使用诸如事业、感召、使命等老派词汇去描述他们对工作的热忱、无私和骄傲之情。我们还可以使用命运或宿命这样的词语。我有时候甚至会在精神意义上谈奉献，把自己献祭或奉献到祭坛上，这祭坛为某个特别的使命而设，某个发源于自身以外又大于自身的目标，某个不局限于自私因素，还有非个人动机的目标。

我觉得对于命运或宿命还可以多说几句。在这里我要试着使用相当局限的语言来表达一种感觉，当你倾听自我实现的人（和某些其他人）谈论他们的工作或使命的时候，你会感到那是一件被深爱着的工作，而且似乎他"天然"就是要做这个工作的，这是一件适合他的事，是一件对他来说对的事，甚至他就是为了这件事而生的。你很容易觉得这是一种先天的和谐或者匹配，如同一对爱侣或密友，他们属于彼此，是为对方量身定制的。在最完美的情况下，人和他的工作如此吻合匹配，就像钥匙和锁，或者像一个音符和钢琴的某一特定琴弦产生共鸣。

应该说上述所言，在一个不同意义上也适用于我的女性研究对象。我至少有一位女性受访者完全投身于做母亲、妻子、家庭主妇和家族女族长的使命中。她的天职，你可以非常合理地说是养大她的孩子，取悦她的丈夫，在庞大的人际关系网中把一大群亲戚维系在一起。她做得非常出色，并且据我所知，她也以此为乐。她全心全意地爱着她的命运，并且据我观察从不渴求其他的什么东西，尽心竭力地完成她的使命。其他的女性受访者也对家庭生活和家庭外的职业工作有各种各样的安排，也能产生同样的投身于某事的感觉，她们也把自己的使命看作可爱的、重要的、值得去做的。有些女性也曾让我想到，"有一个孩子"本身就是一种最完满的自我实现，至少在一段时间内我是这样认为的。然而应该说，我谈论妇女的自我实现时自感信心不足。

## 三

**在理想的情况下，内在要求与外在要求吻合，"我想要"与"我必须"一致。**

在这种情况下，我往往有一种感觉，就是我能梳理出这一交互关系（或铸合、融合、化学反应）的两种要素，它们合二为一，形成一个统一体。这两种要素能够独立地变化，这种变化实际也时有发生。第一种要素可称为个人内在的反应，比如，"我爱孩子（或者绘画、研究、政治权力）胜过世上的一切。我对此着迷……我沉迷其中不可自拔……我需要……"我们或可称之为"内在要求"，它感觉上是一种自己的嗜好而不是责任。它与"外在要求"不同并且可以区分开来，后者更像是环境、情境、问题、外部世界对于个人要求的一种回应，仿佛一场火灾"要求"扑灭，或一个无助的婴儿要求有人照顾，或某种明显的不公要求纠正一样。在这里人感到的主要是责任、义务和职责，无可奈何地被迫反应，无论他自己的计划和希望是什么。这主要是"我必须，我不得不，我被迫"而不是"我想要"。

在理想的情境下，"我想要"与"我必须"刚好一致，幸运的是我曾有过很多这样的经历。内在要求与外在要求有良好匹配。这种时候，外部的观察者会诧异于他感受到的高强度强迫性、不可抗拒性、前定命运、必然性、和谐。观察者（正如被观察的本人那样）会觉得不仅是"它不得不如此"，而且"它应该如此，那是对的、合适的、恰当的"。我时常感到这种相互依存的"合二为一"有一种类似格式塔的性质。

我有点犹豫是否要称之为"目的性"（purposefulness），因为这意味着上面说的这种一致性的产生仅仅是出于意志、目的、决定或计算，而没有充分考虑主观感受在其中的作用，这里说的主观感受包括顺应潮流、愿意并希望顺从，或向命运投降并愉快地拥抱命运。在理想条件下，一个人也**发现**自己的命运；命运不只是做出的、建构的或决定的。它是被认识到的，仿佛人一直在不知不觉中等着它。或许更好的说法是"斯宾诺莎式的"或者"道家的"选择、决定或目的——甚至是意志。

要把这些感觉传达给一个无法本能地直接理解它们的人，最好的办法是使用"坠入情网"的例子。这显然不同于尽某人的职责，或做合理或合逻辑的事情。至于"意志"，如果非要说的话，也只能在非常特定的意义上说。当两个人全心全意地相爱，双方就会明白作为磁铁是什么感觉，作为铁屑是什么感觉，同时成为两者又是什么感觉。

## 四

**这一理想情境引起幸运的感觉，也会引发矛盾和无价值感。**

这一模式也有助于传递那种难以言说的感受，即他们的幸运感、感恩之情和敬畏感，庆幸这样的奇迹居然发生了，惊喜他们居然被选中了，感到一种骄傲与谦卑的奇妙混合，傲慢夹杂着对不幸者的同情，如同在爱侣之间发生的那样。

当然，走运和成功的可能性也可能导致各种神经症性的恐惧、无价值感、反价值观、约拿情结①等。必须克服这些对我们最高可能性的防御才能全心全意地拥抱最高的价值。

---

① 约拿情结可简单理解为逃避成长、退后畏缩的心理。——译者注

# 五

**在这个层次上，工作与娱乐的二分法已经被超越了：工资、爱好、职业等必须从一个更高的层次去定义。**

那么，自然，我们可以很有意义地说这样的一个人是他自己那样的人，或他就是他自己，或实现了他真实的自我。用一种抽象的说法，从这种观察推导到终极、完美理念的过程大概是这样的：这个人是全世界最适合这一特定工作的人，而这一工作是全世界最适合特定的这个人的工作，最适合他的才华、能力和品味。他就是为这个工作准备的，而这个工作也是为他准备的。

当然，一旦我们接受这一点并感受到它，我们就进入了话题的另一个领域，即存在领域、超越领域。现在我们仅用存在的语言（在神秘的层次进行交流）就可以进行有意义的对话了。比如说，对于这样的人，很显然一般的工作—娱乐二分法已经被完全超越了。也就是说，在这样的情况下对于这样的人来说，工作与娱乐已经没有区别了。他的工作就是他的娱乐，而他的娱乐就是他的工作。如果一个人热爱并享受他的工作，超过世上任何其他活动，他急切地想要开始工作，并在被打断之后热切地希望回到工作中，那么，我们怎么能说这个人被迫去做他不愿做的事，并称之为"苦差"呢？

这个时候"休假"一词还能有什么意义呢？在这样的人那里，经常能看到，在他们休假期间，在他们豁免于对他人的义务，有完全的自由选择自己想做的事情的时候，恰恰是这种时候，他们愉快地、全身心地投入到他们的"工作"中。或者"找点乐子"、寻求消遣又意味着什么呢？这时候"娱乐"一词的意义又是什么呢？这样的人怎么"休息"？他的"职责"、责任、义务是什么？他的"爱好"是什么？

在这种情况下，金钱、薪水或报酬意味着什么？显然，最美好的命运、人所能遇到的最大幸运，莫过于能够从事他热爱的事情而得到报酬。这正是或几乎是我的许多（大多数？）研究对象所在的处境。自然，金钱是受到欢迎的，一定数量的金钱也是必需的。但钱显然不是终点、不是结束、不是终极的目标（对于富裕社会中的幸运者而言）。对于这样一个人而言，薪水支票只是他"报酬"的一小部分。自我实现的工作或存在性的工作（在存在层面的工作）本身就是其内在的奖赏，使得金钱或支票成为一种副产品。这当然和绝大多数人的情况大相径庭，大多数人做着一份不想做的工作以换取金钱，然后再拿钱去换他们真正想要的东西。存在领域中金钱的角色，与缺失领域或基本需求领域中金钱的角色当然是不一样的。

这些是科学的问题，并且能够以科学的方式进行研究，为了说明这一点，我要指出在猴子和类人猿身上对于这些问题已经有了一定程度的研究。最明显的例子，就是关于猴子好奇心的大量研究文献，和关于人类渴望真理、在真理中获得满足的其他先驱研究。从理论上说，研究猿猴和其他动物的审美选择也是同样容易做到的，比如在害怕或不害怕的条件下选，由健康样本和不健康样本来选，在正面选项或者负面选项中选，等等。其他的存在价值，例如秩序、统一、正义、守法、完全等也是一样；在动物和儿童等身上探索这些价值是可能的。

当然，"最高"也意味着最弱、最可牺牲、最不急需、最少自觉、最容易压抑（第8章）。最占优势的基本需求，因为对于生命本身更为必需，对于肉体的健康和生存至关重要，所以有最高的优先级。然而，超越性动机也**确实**存在于自然界和普通人中。在这一理论下，超自然的干预是不必要的，不需要随意地发明存在价值，不需要一个**先验存在**，也不是单纯逻辑的产物，或意志行为所批准的。存在价值能够被任何人揭示或发现，只要他愿意并能够反复去这样做。也就是说，这些命题是可以被证实或证伪的。它们可以被操作性定义。许多这类价值可以进入公共讨论或展示，即同时被两个或更多研究者感知到。

那么，如果高级的价值生活能够被科学地调查，并且能清楚地置身于（人本主义定义的）科学的边界内，我们就可以合理地推断，这一领域内的进步是可能的。随着人对高级的价值生活有越来越多的知识，人不仅能对这个主题有更深的理解，而且能开启改善自我、改善人类、改善整个社会制度的新的可能性。当然，不用说，我们不需要一想到"共情的策略"或"灵性的技术"就不寒而栗：显然它们会与我们现在知道的那种"低级"策略和技术非常不同。

## 六

**这些热爱事业的人倾向于认同（向内投射，结合）他们的"工作"，并且将工作作为定义他们自我的一个重要特性。工作成为自我的一部分。**

如果你问这样一个人，即自我实现的、热爱工作的人，"你是谁"或"你是什么人"。他往往会依据他的"职业"来回答，比如"我是个律师"，"我是个母亲"，"我是个精神科医生"，"我是个艺术家"，等等。也就是说，他告诉你，他把对自己的职业认同与他的身份和自我等同起来。职业成为他整个人的一个标签，即成为定义他的一个特质。

或者，如果你问他："假设你不是科学家（或教师、飞行员），那么你会是什么人？"或者，"假设你不是心理学家，那会怎样"？我的印象是，他的反应很可能是困惑、沉思或是不知所措，也就是说没有一个现成的答案。或者反应是一种逗趣，即幽默的应答。实际上这里的回答是："假如我不是一个母亲（或人类学家、工厂主），我就不是**我**了。我就成了另一个人。我无法想象自己成为另一个人。"

这类反应有点类似于你问"假如你是个女人而不是个男人"时得到的那种困惑的反应。

一个初步的结论是，在自我实现的人那里，他们深爱的职业会被当成是自我的一个定义性特质，被认同，被结合，被向内投射。职业成为他的存在中不可分割的一部分。

［我没有刻意地向未得到充分满足的人问这样的问题。我的印象是上述结论对于某些人（职业对他们而言是一个外部的工作）是不太适用的，而在另一些人那里，工作或职业能成为功能自主的[①]，即这个人只是一个律师，而不是一个与律师职业分离的什么人。］

# 七

**他们为之献身的工作，似乎可以被解释为内在价值的体现或化身（而不是作为达到工作以外某个目的的一种手段，也不是功能自主）。这些工作受到热爱（内投射），因为它们体现了这些价值。也就是说，最终所爱的是这些价值，而不是工作本身。**

假如你问这些人他们为什么热爱他们的工作（或者更具体地说，他们工作中感受到较高满足的时刻是怎样的，有哪些奖赏时刻让所有必需的劳作都变得值得和可承受，有哪些巅峰时刻或高峰体验），你将会得到许多具体的回答，在表一中整理、罗列了一部分答案。

此外，当然你也会得到许多"终点答案"——如"我不过是爱我的孩子，仅此而已。我为什么爱他？就是爱嘛"；或"我能通过提升我车间的工作效率获得很大的快乐。为什么？我就是从中能感到快感"。高峰体验、内在快感、有价值的成就，无论他们令人满足的程度如何，都不需要进一步的证明或证实。它们是内在的强化物。

对这些奖赏时刻进行分类，将其归并为少数几个类别是可能的。当我试着这样做的时候，我很快就发现最好、最"自然"的分类大都是或完全是属于一种终极、不可化约的抽象"价值"，比如真理、美、新颖、独特、公正、紧密、

---

① 功能自主（functionally autonomous）：功能自主意为一开始满足某个动机的工具性行为，逐渐成为一个独立支配个体行为的功能。如小孩子刚开始学钢琴是为了得到家长的赞美，逐渐弹钢琴成为一种自主的行为，不再需要外部动机的支撑。——译者注

简洁、善、整洁、效率、爱、诚实、纯真、改善、秩序、优雅、成长、清洁、真实、宁静、和平，诸如此类。

## 表一　自我实现者的动机和满足，通过他们的工作和其他途径得到的（基本需求满足以外的）

对实现公正感到高兴。

对停止残酷和剥削感到高兴。

与谎言和虚伪进行斗争。

他们希望善有善报。

他们似乎喜欢大团圆结局，圆满的完成。

他们对邪恶得善报感到厌恶，也对恶人逃脱惩罚感到厌恶。

他们是善于惩恶的人。

他们试图纠正事态，清理糟糕的情况。

他们乐于行善。

他们愿意奖赏并赞美诺言、才智、美德等。

他们避免招摇、名声、荣耀、受欢迎、成为名人，或至少不追求这些。他们似乎觉得有没有这些东西并不重要。

他们**不需要**被所有人爱戴。

他们总是选择自己有限数量的目标，而不是对广告、宣传或他人的劝告做出反应。

他们更喜欢和平、平静、安静、惬意等，他们不喜欢动荡、斗争、战争等（他们在各个方面都不是将军—战士），他们能够在"战争"中怡然自得。

他们似乎很实际、精明和现实。他们喜欢有效率，不喜欢没效率。

他们的战斗不是因为敌意、偏执、自大、权威、反叛等，而是为了寻求正义。是以问题为中心的。

他们以某种方式既热爱现实世界，又试图去改善它。

在任何情况下，人、自然和社会都有改善的希望。

在任何情况下，他们似乎都能现实地既看到善又看到恶。

他们在工作中迎接挑战。

有机会改善环境或改善操作是一个巨大奖赏，他们很享受改善事物。

观察表明他们非常喜欢他们的孩子，并且能在帮助孩子成长成才中获得很大的愉悦。

他们不需要、不寻求甚至不太喜欢奉承、称赞、出名、地位、特权、金钱、荣誉等。

他们时常为自己的好运表达感激，或至少意识到这一点。

他们有一种**贵族义务**的自觉。就像与孩子在一起时那样，对人耐心、宽容，这是身居高位者的责任，是见多识广者的责任。

他们会被神秘的、未解决的、未知的、有挑战的问题所吸引，而不是畏缩不前。

他们乐于在混乱的情况中、在杂乱无章的情况中、在污秽不堪的情况中实现法律和秩序。

他们厌恶（并与之斗争）腐败、残酷、恶意、诡诈、浮夸、虚假和假装。

他们力求将自己从幻觉中解脱出来，勇敢地直视事实，去除障眼法。

他们对于才华被浪费感到可惜。

他们不做刻薄的事情，当别人做刻薄的事时，他们会发怒。

他们倾向于觉得每个人都应该有机会去发展他最高的潜力，有一个公平的机会，同等的机遇。

他们乐于把事情做好，"工作出色"，"把要做的事做好"。许多类似这些说法总结而言就是"在工作中展现匠人精神"。

当老板的一个好处是有权使用公司钱财，去服务于美好的目标。他们喜欢把钱用在他们觉得重要、美好、有价值的事业上。以慈善为乐。

他们乐于看到并帮助他们自我实现，尤其是年轻人。

他们乐于看到幸福，并愿意促进幸福。

他们因为结识可敬的人（勇敢的、诚实的、有效的、直爽的、伟大的、有创造力的、圣人般的，等等）而得到极大愉悦。"我的工作使我得以结识许多极好的人。"

他们乐于承担责任（那些他们有能力做好的），并且当然不会畏惧或逃避他们的责任。他们响应责任的呼唤。

他们无一例外地认为他们的工作是有价值的、重要的，甚至是必要的。

他们喜欢更高的效率，使一项操作更加简洁、紧凑、容易、快捷、便宜，能做出更好的产品，需要更少的部件、更少的操作，不那么笨拙、不那么费力，更容易上手，更安全，更"优雅"，不那么麻烦。

对于这些人，工作似乎也不是功能自主的，毋宁说是终极价值的一种载体、一种工具，或者一种化身。比如说，对于他们来说法律专业是达成公正目标的一种手段，其本身并不是目标。或许我能用以下方式表达我对这细微差别的感觉：对一个人来说法律**是**值得喜爱的，因为它**就是**正义。而对于另一个人，一个纯粹脱离价值的专家，可能只是把法律当作一种自身值得喜爱的规则、判例、程序，而与法律的目的和法律带来的产物无关。可以说他爱的是载体，而无关其目的，正如人热爱一种游戏（比如国际象棋）仅仅是因为对游戏本身的热爱，而不是游戏之外的目标。

我曾经不得不学会区分几种不同的对职业、事业或天职的身份认同。一种职业既可以是一种达到隐藏、压抑的目标的手段，也可以是目标本身。或者，一种更好的说法是，它既可以受到超越性需求支配，也可以受到缺失性需求甚至神经症性需求的支配。它能够以任何模式，受到一种或多种需求和超越性需求的支配。从一个简单的陈述"我是个律师，我爱我的工作"中并不能得出结论。

我的强烈印象是，人越接近自我实现、接近完满的人性等，我就越可能发现他的"工作"是受超越性动机而不是基本动机支配的。对于发展水平更高的人，"法律"更倾向于是一种追求公正、真理、善的手段，而不是为了经济保障、赞誉、地位、特权、支配、男子汉气概等。当我问：你最喜欢你工作中的哪一个方面？什么给你最大的快乐？什么时候你能在你的工作中获得快感？这样的人更倾向于从内在价值、超个人、超越自私、利他的满足等方面回答，比如见证公正的实现，做了一件漂亮的工作，扩展了对真理的认识，惩恶扬善等。

## 八

**这些内在价值在很大程度上与存在价值有重叠，或许与存在价值是等同的。**

虽然我的"数据"（如果我可以这样称呼它们）肯定不够坚实，不容我在此做出任何精确的论断，但我到现在的论述一直是基于这样的设想，即我已经发表的存在价值分类与上面列出的已发现的终极价值或内在价值表十分接近，因而在此是有用的。很显然，在这两个清单之间有很大的重叠，甚至可能达到相等的程度。我认为使用我对存在价值的描述是比较理想的，不仅因为这样做会在理论上很好看，而且因为它们能够用那么多的方式进行操作性定义。也就是说，它们在许多不同的研究路径的终点被发现，因而可以猜想在这些路径如教育、艺术、心理治疗、高峰体验、科学、数学等之间有某种共同的东西。如果真的如此，我们或许可以再加一条通往终极价值的路径，即"事业"、任务、天职，也就是自我实现者的"工作"。（在此谈到存在价值在理论上也是有利的，因为我的强烈印象是自我实现者或更完满的人，在他们的职业内外，都显示出一种对存在价值的热爱和从中得到的满足。）

或者，换句话说，那些所有基本需求都得到合理满足的人现在开始受到存在价值的"超越性激励"，或者至少或多或少地受到"最后的"终极目标影响，无论这些终极价值以怎样的方式组合。

另一种说法是：自我实现者主要不是由基本需求的动机支配的；他们主要由超越性需求（即存在价值）的动机支配。

## 九

**这一内投射意味着自我已经扩展到包容世界的方方面面，从而超越了自我与非我（外界，他者）之间的区别。**

这些存在价值或超越性动机因此不再只属于内心或机体内部。它们既是内部的，也是外部的。内在的超越性需求与外在的各种要求相互刺激、相互回应。它们逐渐趋近，模糊了相互之间的边界，直至融合在一起。

这意味着自我与非我之间的区分已经被破除（或者被超越）。现在这个人与世界之间的区别减少了，因为他已经将世界的一部分融入自身，并且以此定义他自己。我们可以说，他变成了一个扩大的自我。如果正义、真理或合法性现在对他那么重要，以至于他把自我与这些价值等同起来，那么这些价值处在什么地方呢？在他的皮囊内还是皮囊外？此时这种区分几乎已经毫无意义了，因为他的皮囊已经不再是他自我的边界。他内部的光与外界的光仿佛已经没有区别。

当然，简单的自私在这里已经被超越，我们必须在更高的层次上重新定义它。比如说，我们知道当一个人选择把食物给他的孩子吃时，他获得的快乐可能比自己吃更多（自私？无私？）。他的自我已经扩大到足够包容他的孩子。伤害这个孩子就是在伤害他。显然，这个自我不再等同于那个依赖心脏供血得以存续的生物性实体。他的心理自我显然可以大过他的躯体。

正如亲爱的人可以被整合进自我，成为定义自我的一个因素，深爱的事业和价值也同样能被整合进一个人的自我中。例如许多人充满激情地投身于反对战争、种族歧视、贫民窟或贫穷的活动中，他们愿意为此做出巨大牺牲，甚至甘冒生命危险。很显然，他们对正义的追求并不仅仅是为了他们生物性躯体的好处。个人的某些东西现在变得大于他的躯体了。他们把正义当成一种普世价值，属于所有人的正义，作为一种原则的正义。因而，对存在价值的攻击就变成了对认同这些价值的人的攻击。这种攻击变成了**对个人**的侮辱。

将一个人最高的自我等同于世界最高的价值，在一定程度上意味着自我与非我的一种融合。但这不仅适用于自然界，也适用于其他的人。这也就是说，这样的人自我中最宝贵的部分，与其他自我实现者自我中最宝贵的部分是等同的。他们的自我相互重叠。

这种价值与自我的整合还有其他的重要影响。例如，你可以爱存在于外部世界或他人身上的正义和真理。当你的朋友趋近正义和真理时感到快乐，当他们远离正义和真理时感到悲伤。这不难理解。那么假如你看到自己成功地趋近真理、正义、美和德行的时候又如何呢？在一种特殊的对自我的超然和客观中（这一态度在我们的文化中没有存在的空间），你可能发现你会热爱自己、钦慕自己，如同弗洛姆所描述的健康的自恋。你能够尊重自己，仰慕自己，温柔地照顾自己，奖励自己，感到自己有道德，值得被爱，值得被尊重。而且一个有才华的人可能会保护他的价值和他自己，仿佛他是某种东西的载体，那种东西是他又不是他。我们姑且可以说，他可以成为他自己的守护者。

十

**发展水平较低的人似乎更经常地利用他们的工作来实现较低级的基础需求或神经症性需求的满足，他们出于习惯倾向于把工作当成达到目的的手段，或者作为对文化期待的一种回应等。然而，或许上述这些只是程度的差异。或许所有的人在某种程度上都是由超越性动机支配的。**

这些人虽然一天天地为法律，为家庭，为科学，为精神病学，为教学，为艺术在工作着，在某一类普通行业中从事工作，受其激励，忠实于它，但似乎也受到内在价值或终极价值（或现实的终极真相、终极维度）的激励，在这些价值面前，职业只是一个载体。这是我通过观察和采访他们得出的印象，例如，问他们为什么喜欢行医，或在操持家务、主持委员会、养育孩子、写作这些活动中有哪些最美好的时刻。他们会饱含深意地说他们是为了真、善、美而工作，为法律和秩序而工作，为正义和完美而工作。这十来种内在价值（或者存在价值）来自上百份具体的报告，这些报告陈述了他们渴望的东西、让他们满足的东西、他们看重的东西、他们日复一日为之工作的东西，以及他们工作的原因。（当然，是指低级价值以外的价值。）

我还没有特意地与一个专门的控制组（也就是非自我实现者）工作过。**我可以说人类的大多数都是控制组，这当然是确凿无疑的。**关于一般人、不成熟者、神经症和边缘性人格障碍者、心理变态者对工作的态度，**我确实有相当丰富的经验，**毫无疑问他们的态度总是围绕着金钱和基本需求的满足（而不是存在价值），是单纯习惯、与刺激绑定、神经症性的需求，是习俗和惰性（未经审查和未曾质疑过的生活），是做他人期待和要求的事情。然而，这种直观的常识或自然主义的结论是很容易受到影响的，更审慎、有计划和设计的检验可以对其证实或证伪。

我的强烈印象是，在我选为研究对象的自我实现者和其他人之间并没有一条明确的界限。我相信，我所研究的每一位自我实现者都多多少少符合我上文的描述；但是，有一部分不那么健康的人，在某种程度上也受到存在价值的激励，尤其是那些有特殊才能的人和处境特别幸运的人。或许所有人都在某种程度上受到存在价值的激励。①

传统类型的职业、专业或工作或许可以作为许多其他动机活动的渠道，纯习惯、习俗和功能自主的功能更是如此。它们可以满足或徒劳地寻求各种基本需求和神经症性的需求。它们既可能是"发泄"的渠道、"防御性"的活动，也可能是真实的满足。

根据我的"经验性"印象和一般的心理动力学理论，我猜想我们会发现最正确、最有用的说法是：所有这些习惯、要因、动机和超越性动机同时地以一种非常复杂的模式发挥作用，这种模式倾向于以一种而不是多种动机或决心为中心。这也就是说，我们所知的发展程度最高的人，都是在更大程度上受超越性动机支配的，比起一般的或衰退的人，他们更少受到基本需求动机的支配。

另一个猜想是，"混乱"（confusion）的维度也与此相关。我已经谈到过我的印象（第12章），我的自我实现者研究对象似乎能够很容易并坚决地"明辨是非"。这与当下随处可见的价值混乱形成了鲜明对比。不仅有混乱，还有奇怪的颠倒黑白和对良善（或追求良善）者的仇视，或对优秀、杰出、美、才华等的仇视。

这种仇视我称之为"反价值"（counter-valuing）。我也可以便利地称之为尼

① 对此我很有信心，我建议成立专门的机构来从事超越性动机的研究。这些研究与那些所谓的动机研究应该是同样值得进行的。

采式的**怨恨**（resentment）。

## 十一

**对于人或人性的完整定义必须包括内在价值，作为人性的一部分。**

如果我们要给真实自我、身份认同和真实的人的最深、最真、最基础的方面下定义，就会发现要做到全面，我们不仅要包括人的体质和气质，涉及解剖学、生理学、神经学和内分泌学，考虑他的能力、生物学类型，考虑他的基本的本能需求，还有存在价值，那也是**他的**存在价值。（这应该被理解为是对萨特式武断存在主义的直截了当的否决，萨特认为自我是由命令创造的。）这些存在价值都同等的是他"本性"、定义或本质的一部分，与他的"低级"需求并存，至少在我的自我实现者被试中是如此。存在价值必须被包括在任何对"人类"、完满人性或"一个人"的终极定义中。诚然，存在价值在大多数人身上并不明显或未能实现（未能成为真实的、发挥作用的存在），但是，就我现在所观察到的，存在价值作为一种潜能存在于世上所有的人身上。（当然，可以想象我们或许会在未来发现与这一假设矛盾的新数据。最终还会涉及一些严谨的语义和理论构建的考虑，比如在一个智力低下者身上，如何定义"自我实现"的概念？）无论如何，我坚信这一假设至少适用于一部分人。

一个关于充分发展的自我或个人的全面定义应该包括这一价值系统，人在这种价值下受到超越性动机支配。

## 十二

**这些内在价值在性质上是类似本能的，它们的作用包括：（1）避免疾病；（2）实现最完满的人性或成长。这里的"疾病"是由于内在价值（超越性需求）被剥夺引起的，我们或许可以称之为超越性病态。因此，"最高"价值、灵性生活、人类最高的抱负，也是科学研究的正当课题。它们也属于自然界。**

　　我现在要提出另一个论题，它也来自我对我的研究对象和一般人群之间差异的观察（不系统的，无计划的）。这个论题是：我有许多理由将基本满足称作本能性的或生物学上必要的（第7章），但是主要是因为人**需要**获得基本的满足以避免疾病，避免人性的萎缩，从积极的角度说，是为了向前向上行进，以达到自我实现或人性的完满。我的强烈印象是：类似的逻辑也适用于自我实现者的超越性动机。在我看来，这些超越性动机也像生物学的必需物那样，能够（1）避免"疾病"，（2）达到完满的人性。由于这些超越性动机是内在的存在价值（单一价值或是作为整体），这也就是说存在价值本质上是类似本能的。

　　这些"疾病"（来自存在价值、超越性需求或存在事实的剥夺）是崭新的，还没有被这样说明过，没有被当成是病态。最多是无意地提到或放在隐喻中，或者像弗兰克尔那样非常笼统和泛泛提及，尚未拆分为可供研究的形式。总体来说，它们已经作为灵性或精神性缺陷被历史学家和哲学家讨论了许多个世纪，但没有作为精神病学、心理学、生物学"疾病"被医生、科学家和心理学家讨论。在某种程度上，它们也和社会学和政治学意义上的失调、"社会病态"等有所重叠（见表二）。

　　我愿称这些"疾病"（或更好的说法是，人性的萎缩）为"超越性病态"，并将其定义为是存在价值受到剥夺（被全部剥夺或剥夺某项价值）的结果（见表二和表三）。利用我过去在不同工作中编制的对各种存在价值的描述和分类，就有可能形成一种周期表（见表三），尚未发现的疾病也会在表中列出，以便在未来寻找。我的印象和假设在多大程度上被印证，取决于这些疾病能在多大程度上被发现和讨论。［我曾经使用电视节目，尤其是电视广告作为研究各类超越性疾病（即粗俗化或摧毁所有的内在价值）的丰富源泉，当然还有许多易得的数据源。］

　　表三的第三栏是一个非常初步的尝试，只能作为对未来研究的提示，不应太认真地看待。这些特殊的超越性病态似乎是在一般超越性病态的"背

景"（ground）之上的"图形"（figure）。我唯一细致讨论过的超越性病态是第一个（第5章），或许这一著述可以抛砖引玉，鼓励其他描述超越性病态的尝试，我认为这是完全可以做到的。我想，阅读思想病理学的文献，尤其是关于神秘主义传统的文献，会很有启发。我猜想，在"时髦"艺术、社会病理学和同性恋亚文化的领域中，在热衷于否定的存在主义文献中，也能找到一些线索。存在主义心理治疗的个案历史、灵性疾病、存在性的空虚、神秘主义者的"干涸"和"贫瘠"，语言学者分析的二分法、咬文嚼字和过分抽象，艺术家拼命想要摆脱的庸俗习气，社会精神病学家谈论的机械化、机器人化和去人化（depersonalizing），异化、失去身份认同、过于严苛的惩罚、牢骚、抱怨和无助感，自杀倾向，荣格所说的宗教性病态，弗兰克尔的心灵性失调（noogenic disorders），精神分析学家的性格障碍——这些以及其他形式的价值混乱无疑也是有用的资料来源。

　　总结一下，如果我们同意，这一类的混乱、疾病、病态或萎缩（因为超越性需要不能得到满足）确实是对完满人性或人类潜能的减损；如果我们同意，存在价值的满足或实现能够提升或实现人的潜能，那么显然这些内在的或终极的价值可以被看作本能性需求，与基本需求属于同一议题、同一层级系统。这些超越性需求，尽管具有区分于基本需求的独特属性，在研究和讨论时与对维生素C和钙的需求是类似的。它们也在广义的科学范围内，因此**不是**神学家、哲学家或艺术家的独有财产。灵性或价值生活于是也落在了自然的领域中，而不是异质的、对立的领域。心理学家和社会科学家可以很容易地研究这个问题，理论上它也可以是神经学、内分泌学、遗传学和生物化学的问题，只要这些学科开发出合适的研究方法。

## 表二　一般的超越性病态

异化。

失范（anomie）。

失去快乐。

丧失对生活的热情。

无意义。

无法享受。冷漠。

无聊；倦怠。

生活本身不再有价值，不再成为自身的确证。

存在性的空虚。

心灵性神经症（noogenic neurosis）。

哲学性危机。

冷漠、退缩、命定论。

无价值。

生活失去神圣性。

灵性疾病和危机。"干枯"，"贫瘠"，陈腐。

价值性的抑郁。

死亡的愿望；放任生活。生死无所谓。

感到自己无用，不被需要，不重要。无效。

无望，麻木，挫败，停止应对，屈服。

感到完全的被动。无助感。没有感觉到自由意志。

终极疑问。有什么是有意义的呢？有什么是重要的？

绝望。痛苦。

没有快乐。

徒劳。

愤世嫉俗；不相信高级价值，对高级价值失去信心，或用还原论来解释高级价值。

牢骚满腹。

无目的的破坏。愤恨，毁坏。

疏远长者、父母和权威，远离任何社会组织。

## 表三　存在价值与对应的超越性病态

| | 存在价值 | 致病性剥夺 | 对应的超越性病态 |
|---|---|---|---|
| 1 | 真 | 假 | 无信念；不信任；愤世嫉俗；怀疑论；猜忌 |
| 2 | 善 | 恶 | 极端自私；仇恨；排斥；恶心。只靠自己，只为自己。虚无主义。犬儒主义 |
| 3 | 美 | 丑 | 粗俗。特定的不愉快，焦躁不安，失去品味，紧张，疲惫，庸俗，黯淡 |
| 4 | 统一；完整 | 混沌，原子主义，失去联系 | 解体；"世界正在崩溃"。恣意妄为 |
| 4a | 超越二分法 | 非黑即白。失去梯度或程度。强制极化。强制选择 | 非黑即白、非此即彼的思维，将所有事物都看成是决斗、战争或冲突。低协同。简单化的生活观 |
| 5 | 生机勃勃；发展 | 死气沉沉。生活的机械化 | 死气沉沉。机器人化。感到自己被完全决定。失去感情。无聊（？）。失去对生活的激情。空虚的体验 |
| 6 | 独特性 | 千篇一律；可替代的 | 失去自我感和个体感。将自己体验为可替代的。籍籍无名。不被需要 |
| 7 | 完美 | 不完美；草率；糟糕的手艺；滥竽充数 | 沮丧（？）；失去希望；没有目标 |
| 7a | 必然 | 偶然；不稳定 | 混乱；不可预测。缺乏安全感。时时警惕 |
| 8 | 完成；终局 | 未完成 | 永远的未完成感。有所保留。没有希望。停止努力和应对。尝试也没有用 |

续表

|  | 存在价值 | 致病性剥夺 | 对应的超越性病态 |
|---|---|---|---|
| 9 | 公正 | 不公 | 不安全；愤怒；愤世嫉俗；不信任；无法无天；丛林法则的世界观；完全自私 |
| 9a | 秩序 | 无法无天。混乱。权威的崩解 | 不安全。担忧。失去安全，失去可预言性。有必要警惕，警觉、紧张。戒备森严 |
| 10 | 简洁 | 令人混乱的复杂。不连贯。瓦解 | 过分复杂；困惑；迷乱。冲突，失去方向 |
| 11 | 丰富；完满；全面 | 贫乏。狭窄 | 抑郁；不自在；对世界失去兴趣 |
| 12 | 轻松自如 | 吃力 | 疲惫，紧张，努力，笨拙，格格不入，僵硬 |
| 13 | 有趣爱玩 | 没有幽默感 | 严酷。压抑。偏执地无幽默；失去生活的热情。无乐趣。失去享受的能力 |
| 14 | 自足 | 机遇；偶然；偶因论 | 依赖观察者（？）。这种依赖成为他的责任 |
| 15 | 有意义 | 无意义 | 无意义。失望。生活乏味 |

## 十三

**富裕而放纵的年轻人身上的超越性病态一部分来自内在价值被剥夺，另一部分来自受挫的"理想"，他们（错误地）认为社会仅仅被低级的、动物性的或无知的需要所支配。**

这一超越性病态理论提出了下列几个可以测试的命题：我相信富人（低级需求已经得到满足）的社会病态大都是内在价值未得到满足的结果。换句话说，许多有钱、有特权、基本需要得到充分满足的高中生或大学生的恶行都是由于

"理想"受挫造成的，这在年轻人中经常可见。我的假设是，对信仰的持续寻求和对失望的愤怒融合成了这种行为。（我有时候在一些年轻人身上看到完全的失落或绝望，甚至怀疑这类价值的**存在**。）

当然，这种受挫的理想和偶然的绝望一部分是由于受到了世间流行的愚蠢又狭隘的动机理论的影响。撇开行为主义和实证主义的理论——或者干脆无理论（直接拒绝看到问题，即精神分析意义上的否定），还有什么可供青年男女追求的理想呢？

19世纪全部的官方科学和正统学术心理学没有提供给青年任何东西，而且大多数人赖以生存的主流动机理论只能引导青年走向失望或愤世嫉俗。弗洛伊德主义者，至少在他们的正式著作中（虽然在良好的治疗实践中未必如此）对于所有的高级人类价值采用了还原论的态度。最深层、最真实的动机被看作危险而肮脏的，而最好的人类价值和美德本质上是骗人的，实际上并不是它们表现出的样子，而是"深层、黑暗、肮脏"的东西的伪装。总的来说，我们的社会科学家在这一方面也同样令人失望，绝大多数社会学家和人类学家依然把绝对的文化决定论作为正统的教条。这一教条不但否认了内在的高级动机，还带有否定"人性"本身的危险。东西方的经济学家也基本上是物质主义的。我们必须严厉地说，经济"科学"基本上是基于完全错误的人类需求与价值理论的技术化精巧应用，这种理论只承认低级需求或物质需求的存在。

青年人如何能够不失望和幻灭呢？**得到**了一切物质和动物性的满足，然而又**得不到**预期的**快乐**（这个预期不仅仅来自理论家，也来自家长老师的生活常识和广告反复灌输的灰色谎言），他们除了失望还能有什么结果呢？

那么"永恒的真理"、终极真理又如何呢？社会的大部分都同意将这些领域交给信仰团体，交给教条的、制度化的、习俗化的信仰组织。但是这同样也是对高级人性的一种否认！它实际上是在说寻求真理的年轻人绝对**无法**在人性本身中发现真理。他必须在一个非人、非自然的源头中去寻找终极。这种源头在今天已经被许多聪明的年轻人所怀疑和彻底拒绝。

这种过量情况的最终产物是物质价值越来越有力地占据舞台。到最后，人对灵性价值的渴求一直得不到满足。于是文明到达了一个濒临灾难的阶段。（E. F. 舒马赫）

我在此聚焦于年轻人的"受挫的理想"，是因为我认为它是当下热门的研究主题。当然，我认为任何人身上的任何超越性病态都来源于"受挫的理想"。

## 十四

**这种价值荒芜和价值饥饿既有外部的剥夺，也有内在的矛盾心理和反价值。**

我们不仅由于环境的价值剥夺而被动地发展出超越性病态；也畏惧着我们内部和外部的至高价值。我们不仅被其吸引，而且也深感敬畏、震撼、战栗、恐惧。也就是说，我们往往在心中有内部矛盾和冲突。我们防备着存在价值。压抑、否认、反向作用（reaction-formation），或许所有弗洛伊德的心理防御机制都被拿来抵御我们内部最高的价值，正如它们被动员起来抵御内在的最低价值一样。谦卑和一种不值得的感觉可以导致对最高价值的逃避。担心被这些伟大的价值所淹没也能导致回避。

做出以下的基本假设是合理的：超越性病态能由自我剥夺引起，也能由外界强加的剥夺引发。

## 十五

**在需求层级中，基本需求优先于超越性需求。**

基本需求与超越性需求处于同一个需求层级中，即在同一渐变连续体中，同一论题的领域中。它们有同样的"被需要"（必要，对人有益处）的基本特质，剥夺它们会导致"疾病"和萎缩，"消化吸收"能够促进完满人性的成长，带来更大的愉悦和欢乐，带来心理上的"成功"，带来更多的高峰体验，并且总的来说能够让人更经常地生活在存在的层次上。也就是说，它们**都**是在生物学上合乎需求的，并且**都**能促进生物性的成功。然而。它们也有明确的区别。生物上的价值或成功往往只能从消极的角度才能看见，即生命的忍耐力和活力，疾病的避免，个体及其后裔的生存。基本需求和超越性需求的满足有助于产生"更优越的样本"、生物学上的优胜者、权力层级中的上位者。更强壮、更占支配地位、更成功的动物不仅有更多的满足、更好的领地，更多的后代等（相比之下，权力层级中较低的弱小动物更容易被牺牲、更容易被吃掉、更少有繁殖后代的机会，更容易挨饿等），这些更优越的样本还能过一种更完满的生活，享有更多的满足和更少的沮丧、痛苦和恐惧。我不想过多地去试图描述动物的快乐——虽然我想是可以做到的——我可以合理地提问："一位印第安农民和一位美国农场主在生物生活和心理生活方面是否毫无差别，尽管他们都繁殖后代？"

一方面，很清楚的是在整个需求层级中，基本需求优先于超越性需求，或者换一个说法，超越性需求次于（不那么紧迫，较微弱）基本需求。这是一个概括的统计陈述，因为我也发现例外，有些具有特殊才能或独特敏感性的人，对他们来说真、善、美比一些基本需求更加重要和紧迫。

另一方面，基本需求可以称为缺失性需求，即有各种已说明过的缺失性需求的特质，而超越性需求似乎具有"成长动机"的特质（第3章）。

## 十六

**一般而言，超越性需求之间具有同等的重要性，即我无法在其中找出一个普遍性的优势层级。但是在任何特定的个人身上，他们可能并且经常会有一个超越性需求的层级，这一层级是根据个体特定才能和体质不同排列而成的。**

按照我的理解，超越性需求（或存在价值，或存在事实）并不是依照优势层级排列的，一般而言它们似乎都具有同等的重要性。换句话说，一种对其他目的很有用的说法是，每一个个体似乎都有其自身的优先顺序、高低层级或重要性排序，这是与他自己的才能、气质、技能、能力等相对应的。对于某个人来说"美"可能比"真"更加重要，但是对他的兄弟而言也同样有可能是不一样的排序。

## 十七

**看起来，好像任何的内在价值或存在价值都能够由大多数或所有其他的存在价值来充分定义。或许它们形成了某种统一，每一个特定的存在价值从某一角度来看简直就是存在价值的整体。**

我（不太确定）的一个印象是，任一存在价值都可以由所有其他的存在价值来充分定义。即要想充分而完整地定义"真"，就必须是美、善、完美、正义、简洁、秩序、合法性、生动、全面、单一、超越二分法、不费力和有趣的。（"真理，全部的真理，除了真理之外一无他物"的配方当然是不充分的。）要完整地定义美，就必须是真、善、完美、生动、简洁等。仿佛所有的存在价值都有一种统一性，每一种单一的价值都是这个整体的一个面向。

## 十八

**价值生活（灵性的、哲学的、价值论的等）是人类生物学的一个方面，与"低级的"动物生活处在同一个渐变连续体上（而不是处于隔离的、二分法的或互斥的领域中）。因而它有可能是遍及全人类的，超越文化的，尽管它必须由文化促进才能存在。**

这一切意味着，所谓的灵性或价值生活，或者"高级"生活，与肉体或躯体的生活，即动物的生活、物质的生活、"低级"生活处于同一渐变连续体中。也就是说，灵性生活是我们生物生活的一部分。它是"最高级"的部分，然而依然是后者的一部分。

灵性生活于是也就成为人类本质的一部分。它是定义人性的一个特质，没有它人性就不是完满的人性。它是真实自我的一部分，一个人身份认同的一部分，内在核心的一部分，种族特性的一部分，是完满人性的一部分。纯粹的自我表达或纯粹的自发能达到怎样的程度，超越性需求也就能被表达到怎样的程度。"揭示"、道家的、存在治疗或意义疗法或"个体发生"技术应该能揭示和增强超越性需求和基本需求。

深度的诊断和治疗技术最终也要揭示这些超越性需求，因为我们"最高的本性"也是我们"最深的本性"。价值生活和动物生活并不如大多数哲学和古典的、非人的科学所假设的那样，分属两个割裂开来的领域。灵性生活（沉思的、哲学的或价值的生活）处于人类思想的范畴之内，原则上能够由人自己的努力得到。尽管它已经被古典的、脱离价值、以物理学为模型的科学逐出了现实的领域，它依然能够通过人文科学重新成为研究和技术的对象。也就是说，这样一种扩展的科学必须研究永恒的真理、终极的真实、最终的价值等，它必须是"真实"而自然的，基于事实的而不是基于希望的，人性的而不是超人的，是合理的、科学的课题，呼唤人们去研究。

当然，在实践中这类问题更难研究。低级生活比高级生活更为优先，这意味着高级生活发生的概率更小。由超越性动机支配的生活需要更多的先决条件，不仅先要有一系列基本需求的满足，还需要有大量的"良好条件"，这些条件使得高级生活成为可能，即更好的环境，经济的贫困必须被克服，要有各种可供选择的选项，还要有条件使得真实和有效的选择得以可能，协同的社会机制几乎是必需的，等等。一句话，我们必须非常审慎地说明，高级生活仅仅是在理论上**可能**，但不是非常可能，或容易实现。

让我很明确地说，超越性动机是遍及全人类的，因此是超越文化、人类共有的，不是由文化随意创造出来的。由于这是一个注定要引起误解的观点，让我做如下说明：在我看来超越性需求是本能性的，也就是说有一种清晰可辨的遗传性，遍及全人类的决定因素。但它们是一种潜能，而不是现实。它们的实现绝对需要文化的促进；但是文化也可能不足以实现它们，实际上在历史和现实世界中大多数已知的文化就是如此。因此，这意味着有一种超文化的因素，可以从文化的尾部和上方对其加以批判，批判该文化在多大程度上促进或压抑了自我实现、完满人性和超越性动机。一种文化既可以与人的生物性协同，也可以与之对抗，即文化和生物学在原则上并不是彼此对立的。

因此，我们是否可以说所有人都渴望高级生活，渴求灵性，渴求存在价值等呢？这里我们一下子陷入了我们语言的局限之中。我们当然可以说，理论上所有的新生儿都应该被默认潜在地有这样的渴望，除非在孩子成长过程中出现相反的证据。这也就是说，我们最好的猜测是，如果在人身上找不到这种潜能，就一定是在出生后丢失了。就今天的社会现实而言，大多数新生儿由于贫困、剥削、偏见等大概率地将无法实现这一潜能，不会上升到最高的动机层次。当前世界事实上存在机会的不平等。明智的说法是，成年人未来的发展是各有不同的，取决于他们的生活状况和生活地点，他们的社会、经济、政治环境，他们心理病态的程度和总量等。但完全放弃超越性的生活的可能性，在理论上否认活着的人能够实现这种生活也是不明智的（作为一种社会策略）。不管怎么说，"不可救药"的已经在精神病学和自我实现的意义上被"治愈"了，例如锡南浓就有这样的例子。可以肯定的是，否认未来世代的这种可能性是愚蠢的。

我们所说的灵性（或超越性，或价值性）生活很显然扎根于人的生物性本性。它是一种"高级"的动物性，其先决条件是健康的"低级"动物性，即两者在层级系统中是相关联的（而不是互斥的）。但是这种高级的、灵性的"动物性"是如此的胆怯、微弱，非常容易丢失，容易被更强大的文化势力粉碎，因此只有在一种支持人性、积极促进人性充分发展的文化中，这种高级的动物性才能够广泛实现。

这一想法为许多不必要的冲突或二分法提供了解决之道。比如，如果黑格尔的"精神"和马克思的"自然"（这也是常见的"唯心主义"和"唯物主义"表现形式）实际上能够有层次地被整合在同一渐变连续体当中，那么这一分层连续体的性质就能为唯心、唯物之争提供许多解决方案。例如，低级需求（动物的、自然的、物质的）在具体的、实证的、操作性的、有限度的意义上要优先于我们所说的高级基本需求，后者又优先于超越性需求（灵性的、理念的、价值的）。这也就是说，生活的"物质"条件有充分的理由，在明确的有限度的意义上，优先于（更高，更强）高级理念，甚至也优先于意识形态、哲学、文化等。但是这些高级理念和价值绝不只是低级价值的副产品。倒不如说它们也同样是生物学和心理学的实在，虽然在强度、紧迫性、优先性上有所不同。在任何优先级的层次系统中，比如在神经系统或啄食顺序（Pecking order）中，高级和低级都是同等"真实"而同等人性的。如果你愿意，你肯定能在历史中看到人们向着完满人性而斗争。你也可以把历史看作一种固有特性的发展，用一种德国教授式的自上而下的方式去看。或者你也可能在物质环境中发现最初的、基本的或终极的起因，即自下而上地看历史。（于是你就能在优先性的意义上，接受这样的观点是正确的："自私是一切人性的基础。"但是如果把自私作为一切人类动机的充分说明，就不正确了。）两种理论都是有用的，服务于不同的理解目的，都有心理学的意义。我们无须争辩"精神比物质更优越"或者反过来论证。如果俄国人今天担心唯心主义或灵性哲学的崛起，他们是在杞人忧天。根据我们对个人内部和社会内部的发展所知道的情况，一定量的灵性是充分满足的物质主义的非常可能的结果。（我觉得很迷惑，为什么富裕能够促进一部分人去成长，而让另一部分人固着在"物质主义"的水平上。）同样可能的是，思想家要培养灵性价值，最好从衣食住行着手，那些比布道更为基本。

　　把我们较低的动物性遗传特性，与"最高"、最具灵性、价值性的部分放在同一序列中（从而说明灵性**也是**动物性的，即较高的动物性）能够帮助我们克服许多其他的二分法。例如我们把恶魔的呼唤、堕落、肉欲、邪恶、自私、自我为中心、寻求自我等与理想、善良、永恒真理、我们最高的抱负等进行了二分法的分隔和对立。有时候最好的品质被认为在人性的内部。但在人类历史的绝大多数时候，善良被认为是处于人性之外、人性之上、超自然的。

我模糊的印象是，大多数哲学或意识形态多多少少都倾向于认为邪恶或最坏的品质是人性所固有的。但即便是我们"最坏"的冲动有时候也会被外化为恶魔等一类的东西。

我们"最低级的"动物本性也经常自动地被污蔑为是"坏的"，虽然原则上它也同样可以被认为是"好的"——在一些文化中过去和现在都认为动物本性是好的。或许这种对我们低级动物本性的污蔑在某种程度上是二分法的一部分（二分法导致病态，然后病态又进一步增强二分法的倾向，这种情况在一个完整的世界中通常是错误的）。如果是这样，那么超越性动机的概念应该能提供一个理论基础，以便解决所有这些（基本上是）错误的二分法。

## 十九

**愉悦与满足能够在一个层级系统中由低到高进行安排。享乐主义（hedonistic）理论因此也可以在一个层级系统中由低到高朝着超越性享乐进行排列。**

存在价值被视为超越性需求的满足，因而也是我们所知的最高的愉悦或快乐。

我在别处曾经提到过，有必要意识到一种愉悦的层级系统，例如痛苦的缓解，热水澡的满足，与好友相处的愉悦，享受伟大音乐作品的快乐，有孩子的幸福，最高爱情体验的狂喜，直到与存在价值的融合。

这样的层级系统对于享乐主义、自私、责任等问题提供了一个解决方案。假如你把最高的愉悦包括在一般意义上的愉悦之中，那么确实，完满的人也仅仅是在追求愉悦，超越性的愉悦。或许我们可以称之为"超越性享乐主义"并且指出，在这一层次上愉悦与责任是不冲突的，因为人类最高的责任是对真理、正义、美等的责任，而这些也正是人类能体验的最高的愉悦。自然而然地，在这个层次上，自私与无私的相互排斥也消失了。对我们好的，对别人也是好的，让人满意的也就是值得称赞的，我们的嗜好是值得信赖的、合理的、明智的，我们享受的是对我们有益的，追求我们自己的（最高的）善也就是追求一般的善，等等。

如果我们说起低级需求的享乐主义、高级需求的享乐主义和超越性需求的享乐主义，这就是一种从低级到高级的序列，含有各种操作性的、可检验的含义。例如，我们在这一层级中上升得越高，位于该层次的人就越少，所需的先决的条件就越多，社会环境就必须越好，教育质量就必须越高，等等。

# 二十

**由于灵性生活是类似本能的，一切"主观生物学"（subjective biology）的技术都适用于灵性生活的教育。**

由于灵性生活（存在价值、存在事实、超越性需求等）是真实自我的一部分，是本能性的，因而理论上是可以通过内省观察的。它有"冲动的声音"或"内部的信号"，这些虽然比基本需求要微弱，却可以被"听到"，因而能够被汇入"主观生物学"的规程中。

因此，在原则上一切有助于发展（或教导）我们感官觉知、我们躯体觉知、我们对内部信号（由我们的需求、能力、体质、气质、躯体等发出）的敏感性的原则与锻炼，也适用于（虽然不那么强有力）我们内在的超越性需求，即培育我们对美、法治、真理、完美等的渴望。或许我们还可以发明一些类似"体验上的富有"（experientially rich）之类的术语，来描述那些对自我的内在声音敏感的人，这些人甚至可以有意识地内省和享受超越性需求。

这种体验上的富有，理论上应该在一定程度上是"可教导的"或可恢复的，或许要适当利用迷幻药物，利用伊萨兰式的非语言方法①，沉思和冥想技术，以及对高峰体验或存在认知的进一步研究。

我不希望被理解为是在神化内在信号（内部发出的声音，"恒定、微弱的良心的声音"等）。在我看来，经验性的知识肯定是所有知识的开始，但绝不是所有知识的终点。它是必要的，但不充分。即便是最有智慧的人，内部发出的声音也偶尔可能会犯错。无论如何，这样的智者会尽可能地用外部现实来测试内部的命令。因此对于经验性知识的测试和印证总是有条不紊的，因为内部的确信，即便出自一位名副其实的神秘家，有时候也可能被证明是恶魔的声音。让一个人的良心超越一切其他来源的知识和智慧，是不明智的，无论我们多么重视内部体验也不能如此。

# 二十一

**但是存在价值似乎与存在事实是一样的。因此，现实（reality）说到底就是事实价值（fact-values）或价值事实（value-facts）。**

在最高的明晰（启示、觉醒、洞察、存在认知、神秘感知，等等）水平上，存在价值也可以被称为存在事实（或终极现实；第6章）。当最高层次的人格发展、文化发展、明晰性、情绪解放（没有恐惧、抑制、防御），和无干预都相互契合时，便有理由确定，独立于人（human-independent）的现实能极清晰地被看到它自身（独立于人）的本性，极少受到观察者的干扰。这时，现实被**描述**为真、善、美、完美、整合、生动、合法则，等等。换言之，传统上被称为"价值词"（value-words）的词，在这里成为描述所见现实最准确、最恰当的词语。传统的"是"和"应当"的二分法被证明是低层次生活的特征，已经被高

---

① 位于加利福尼亚州大瑟尔的伊萨兰学院擅长此类方法，这种新式教育中隐含的假设是身体和"灵性"都可以被爱，它们是协同的，能够被整合在同一个层次系统中，而非相互排斥。也就是说，一个人可以同时拥有两者。

层次生活所超越，在高层次生活中事实与价值融合在一起。出于显而易见的理由，那些既具有描述性又具有规范性的词可以被称为"熔接词"。

在这个融合的层次中，"对内在价值的爱"与"对终极现实的爱"是同一的。对事实的忠诚在这里也就意味着对事实的爱。最严格地力图达到客观或感知，尽可能减少观察者以及他的恐惧、愿望、自私算计的污染影响，能产生一种情感的、美学的、价值论的结果，一种我们最伟大、最明晰的哲学家、科学家、艺术家、灵性发明家和领袖所致力追求的结果。

对终极价值的沉思与对世界本质的沉思等同起来。寻求真理（充分定义的）可以与寻求美、秩序、统一、完美、正确（充分定义的）完全一样，真理可以**经由**任何其他的存在价值来寻求。那么科学不就变得与艺术、哲学无法区分了吗？关于现实本质的基础性科学发现不就也成为灵性或价值论的肯定了吗？

如果这一切是这样的，那么我们对现实的态度，或者至少最好的我们遇到最好的现实时，对现实的感知就不再仅仅是"冷冰冰的"、纯认知的、理性的、逻辑的、超脱的、不卷入的赞同。这种现实也会唤起一种温暖的情感反应，一种爱、忠诚、献身的反应，甚至是高峰体验。在最好的情况下，现实不仅是真实、合法则、有秩序、整合的等，而且也是善良、美丽、可爱的。

从另一个角度来看，我们也可以说是在为一些伟大的精神和哲学问题提供含蓄的解答，例如哲学的求索、精神的求索、生活的意义等。

在这里提出的理论框架是作为一系列初步的假设提出的，有待检验、证实或证伪。它是一个"事实"（具有不同的科学可靠性）的网络，既有临床和人格学的报告，也有纯粹的直觉和猜测。换句话说，我相信它有可能并一定会被证实。但是**你们**（读者）不应该像我一样。即使它感觉起来是对的，即使它感觉很合适，你们也应该更审慎一些。它终究是一系列的猜测，有**可能**是真的，但最好加以核实。

如果存在价值被认同，并成为定义一个人自我的特质，这是否意味着现实、世界、宇宙也由此被认同，并成为定义自我的特质呢？这样一种说法意味着什么？当然，这听起来像是经典的神秘者与世界或他的信仰融合为一。它也让我们想起东方对这一意义的种种解释，例如个体的自我融入整个世界中，了无痕迹。

我们能否说这是将绝对价值的可能性提升到更有意义的程度，就好像现实本身被认为是绝对的？如果这一类的事情被证明是有意义的，那么它仅仅是人文的呢，还是超越人类的？

至此，我们已经达到了这些词语传意能力的极限。我提及这一点，仅仅是为了想让大门开着，让问题悬着。显然，这并不是一个封闭的系统。

# 二十二

**不仅人是自然的一部分，自然是人的一部分，而且人必须至少和自然保持最低限度的同构（与自然相似）以便能在其中生活。自然推动了人的演化。人与超越人的存在的沟通因此无须被定义为非自然或超自然。它可以被视为一种"生物的"体验。**

赫谢尔（Heschel）宣称"人真正的实现取决于与超越他的存在的沟通"。当然，这在某种意义上显然是正确的，但这种意义需要被阐明。

我们已经看到，在人与超越他的实在之间并没有绝对的割裂。人可以认同这种实在，将其整合进他对自己的定义中，像对待自己那样忠诚于这种实在。于是人成为它的一部分，它也变成人的一部分。他与它相互重叠。

这说法构建起通向另一话题的桥梁，即人类生物进化的理论。不仅人是自然的一部分，而且人必须至少和自然保持一定程度的同构。即他不能与非人的自然全然矛盾。他不能彻底地与自然不同，否则他就无法存在。

他的生存这一事实证明了，他至少与自然是相容的，并且能为自然所接受。他适应了自然的要求，并且作为一个物种一直以来都在一定程度上顺从于自然，以便维持生存。自然没有处决他。从生物学的角度来讲，他足够精明，能接受自然法则，他若是违背这些法则就意味着死亡。他能跟自然和平共处。

这也就是说，在某种意义上他必须与自然类似。当我们谈到他与自然融合的时候，或许一部分就是这个意思。或许他面对自然时（将其感知为真、善、美等）感到的激动，会在有一天被理解为一种自我认识或自我经验，一种既能做自己又在世上充分地发挥功能的方式，一种安住家中的方式，一种生物学意义上的真实，"生物的神秘性"等。或许我们可以将神秘的或巅峰的融合，不仅视为与最值得爱的存在的沟通，而且这种融合是因为他属于那里，是其真正的一部分，并且可以说，他是那个家庭的一员。

……我们发现我们越来越有信心的一个方向是，我们基本上与宇宙是一致的，而不是陌生的。[墨菲（Gardner Murphy）]

这种**生物学**或进化论版本的神秘体验或高峰体验——在这里和灵性或精神的体验或许并无不同——再次提醒我们必须超越把"最高"和"最低"（或"最深"）对立起来的过时看法。在这里史上"最高"的体验，与人能想象的最终极存在的快乐融合，可以被看作对我们终极的个体动物性和种族性的"最深体验"，同时也是对我们与大自然同构的深刻的生物学本性的接纳。

这种实证主义或至少是自然主义的说法，在我看来也使得赫谢尔那种把"超越人的"视为非人的和非自然的（或超自然的）观点，显得不太必要或不太吸引人。人与超越人的存在的沟通可以被视为一种生物性的体验。并且，虽然宇宙说不上是爱人类，它却至少能以一种不带敌意的方式，允许人存续、成长，并且偶尔容许他享受极大的愉悦。

# 二十三

**存在价值本身与我们个人对这些价值的态度、对这些价值的感情是不同的。存在价值在我们心中引发一种"必需感"以及一种配不上（unworthiness）的感觉。**

存在价值最好与人对这些价值的态度区分开来，或尽可能这样做（考虑到这是一件如此困难的事）。这些对待终极价值（或终极现实）的态度包括：爱、敬畏、钦慕、谦卑、尊崇、惭愧、惊叹、讶异、赞叹、欢庆、感激、恐惧、喜悦等。当一个人目睹某种异于自身，语言上可以区分的事物时，在他的内部显然会有某种情感—认知反应。当然，一个人在高峰体验或神秘体验中与世界融合的程度越高，这种内在反应也就会越少，自我就会越来越少地被体验为一个可分离的实体。

我认为，保持这种分离性的主要原因——除了理论和研究方面明显的好处之外——是因为强烈的高峰体验、启示、寂静、狂喜、神秘融合并不会经常出现。即使是反应性最强的人，一天中也只有很少的时间能有这种非凡的体验。更多得多的时间是在进行相对平静的冥想，以及在享受伟大启示带来的终极价值（而不是在和它们的高度融合）中度过的。因此，我们可以说这是一种罗伊斯式的对终极价值的"忠诚"，也可以说是对终极价值的责任、职责和献身。

除此之外，按照我们在这里提出的理论框架，这些对存在价值的反应绝不是随意或偶然的。根据上文所述，比较自然的想法是，这些反应在某种程度上是被要求、被命令、被召唤而做出的，是相宜的、合适的、恰当的，也就是说，在某种意义上，我们觉得存在价值配得上，甚至有权要求或命令我们去爱它、敬畏它、为它献身。完满的人可能会情不自禁地做出这样的反应。

我们不应该忘记，看到这些终极事实（或价值）往往使人尖锐地意识到他自己无价值、不合格和有缺陷，意识到他作为一个人和人类一员，在终极的存在意义上的渺小、有限和无力。

# 二十四

**描述动机的词汇必须分层次，特别是因为超越性动机（成长性动机）必须有不同于基本需要（缺失性需要）的特征。**

这个在内在价值与我们对这些价值的态度之间的不同，也造就了一套描述动机（指"动机"一词最具普遍性和广义的含义）的层级化词汇。我曾经在另一篇文章中强调，满足、愉悦和快乐对应于需求到超越性需求的各个层级。除此之外，我们也要记住"满足"这一概念本身在超越性动机或成长性动机这一层次上是被超越的，这一层次上的满足是无止境的。快乐这一概念也是如此，在最高层次上也被完全超越了。在最高层次上，快乐可能轻而易举地转变为一种广阔无边的忧伤、清醒或非感情的沉思。在最低的基本需求层次，我们当然可以说被驱动、嫉妒、渴求、力争或急需，例如在氧气断绝或感受到剧痛时就是如此。当我们从基本需求逐级向上时，欲望、希望或偏好、选择、想要等一类的词就会更加贴切。但是在最高层级，即超越性动机的层级，所有的这些词都不足以描述主观的体验了，而渴望、献身、渴求、热爱、敬仰、崇拜、被吸引或着迷于这一类的词才能更准确地描绘由超越性动机支配的感觉。

除了这些感情之外，我们当然还应该正视一项困难的任务，就是找到一些恰当的词汇以表达**感觉合适**、职责、适宜、纯粹的正义，表达爱那些天然就值得爱的，配得上被爱的，需要甚至命令被爱的，呼唤爱的，应该去爱的等的含义。

但这些词依然假设需求者和所需之物是分开的。当这种分隔被超越，在需求者和所需之物之间出现了在一定程度的融合和认同时，我们要如何描述这种情况？或者两者之间相互需求时要如何描述？

这也可以被称为是一种斯宾诺莎式的对自由意志—决定论二分法的超越。

在超越性动机的层次，人自由地、快乐地、全心全意地拥抱决定自己的因素。一个人选择并向往自己的命运，不是勉强的，不是"自我排斥的"，而是带着热爱和激情。洞见越深，自由意志与决定论的融合也就愈加"自我融洽"。

# 二十五

**存在价值既需要行为表达或"庆祝"，也需要引发主观状态。**

我们必须同意赫谢尔对"庆祝"的强调，他说那是"人对他所需要或尊崇的事物表达敬意的行为……它本质上是要人注意生活的崇高或庄严的方面……庆祝就是分享更大的喜悦，参与到永恒的演出中去"。

应该注意到，最高的价值不仅是被动地被人欣赏而沉思，它们也往往会引发言语和行为的反应，后者当然比主观状态更容易研究。

在这里我们又发现"应该的感觉"的另一种现象学意义。我们感到庆祝存在价值是适当的、合适的、正当的，是令人愉快的责任，似乎这些价值值得我们去保护，仿佛我们亏欠了它们，我们应该去保护、促进、提升、分享并庆祝这些价值，仿佛只有这样才是公平、正当而自然的。

# 二十六

**将存在领域（或层次）与缺失领域（或层次）区分开来，并承认这两种层次之间的语言差别，能带来一定的教育和治疗上的好处。**

我发现区分存在领域和缺失领域，即区分永恒的和"实用的"，对我自己非常有用。仅仅作为一个战略和策略问题也是有帮助的，它能让生活更美好、更完整，让我们能够为自己选择生活而不是让生活为我们做决定。在匆匆忙忙的日常生活中，很容易忘记终极价值，青年人尤其如此。很多时候，我们仅仅是反应者，可以说仅仅是对刺激做出回应，对奖赏和惩罚、对紧急状况、对痛苦和恐惧、对他人的要求、对肤浅的东西做出回应。要想将一个人的注意力转向内在的事物和价值，需要有意识地做出特别的、巨大的努力，至少在起初必须如此，例如寻求实际的孤独，或者接受伟大音乐的熏陶，与好人接触，置身于自然美景中等。只有经过练习，这些策略才会变得容易并且能自动进行，使人无须专门去希望或尝试就可以生活在存在领域之中，也就是"统一的生活""超越的生活""存在的生活"等。

我发现这种词汇能够教导人更清晰地意识到存在价值、存在的语言，存在的终极事实、存在的生活，以及统一的意识。这些词汇当然有些笨拙，并且有些难以理解，但确实是有用的。无论如何，它已经证明在研究计划中具有操作上的用处。

根据我偶尔的观察，在这里还可以提出一项亚假设：高度发展或成熟的人们（"超越的人"？），即便是第一次见面，也能够用我所谓的存在语言，在生活的最高层次上极其迅速地彼此结交。对此我要说的只有：存在价值是真实而确凿地存在的，它能被一些人轻而易举地感知到，而另一些人却感知不到。与后者的交流也可以是真实而确凿的，但必须在较低和较不成熟的意义水平上。

当下我还不知道如何去测试这一假设，因为我发现一些人虽然没有真正理解这些词语却能够使用它们，就好像有的人虽然从未真正体验过音乐和爱，却能够流利地谈论它们。

还有些更加模糊的印象：伴随着这种用存在语言的自如交流，还有一种深刻的亲密感，一种分享共同忠诚、从事同样任务的感觉，一种意气相投、休戚相关的感觉，共同在侍奉某种更高的价值。

# 二十七

**"内在的良心"和"内在的罪疚感"说到底是有生物学根源的。**

受到弗洛姆"人本主义良心"（humanistic conscience）的讨论和霍妮对弗洛伊德超我的重新审视的激发，其他人本主义作者一直认为在超我之外还存在"内在的良心"和"内在的罪疚感"，后者是由于背叛内在自我而应得的自我惩罚。

我相信，超越性动机理论的生物学根源可以进一步阐明并充实这些概念。

霍妮和弗洛姆，出于对弗洛伊德的本能论特定内容的反感，或许也是因为太轻易地接受了社会决定论，拒绝了所有的生物学理论和"本能理论"。在本章内容的背景下可以很容易地发现，这是一个严重的错误。

人的个人生物构造毫无疑问是"真实自我"必不可少的一部分。做自己，保持自然或自发性，保持真实，表达自己的身份认同，所有这些也是一种生物学的叙述，因为它们意味着接受一个人的体质的、气质的、解剖结构的、神经的、内分泌的、类似本能的动机的本性。这样的说法既符合弗洛伊德派的思路，又符合新弗洛伊德派的想法（更不要说罗杰斯的、荣格的、谢尔登的、戈德斯坦的，等等）。这是对弗洛伊德探索方向的澄清和矫正，他对于这种探索的必要性也只有模糊的认识。因此我认为这是符合"后弗洛伊德"传统的。我想弗洛伊德曾经试图用他各式各样的本能理论来表达类似的意思。我也相信这个说法接纳并且提升了霍妮的"真实自我"想要表达的意思。

如果我对于内在自我的更生物学的阐释能得到印证，它也就能证实对神经症罪疚感和内在罪疚感的区分，后者源于悖逆人的本性，试图成为自己以外的什么东西。

但是根据上面所述的观点，我们应该把内在价值或存在价值包括在这个内在自我之中。理论上可以预见，背叛真理、正义、美或者其他存在价值会带来内在罪疚感（超越性罪疚？），这种罪疚感是理所当然的，并且有生物学上的合理性。这里的逻辑类似于疼痛最终是一种祝福，因为它告诉我们，我们正在做一些对我们不好的事情。当我们背叛存在价值时，我们感到痛苦，从某种意义上说，我们应该痛苦。此外，这也隐含了"对惩罚的需要"的一种重新解释，从积极的角度来说，这也可以说是通过赎罪得到"洗清"的希望。

# 二十八

**许多终极的精神性的功能可以由这一理论结构来实现。**

人类一直在孜孜以求永恒和绝对，从这一视角来看，或许存在价值也可以在一定程度上服务于这一目的。存在价值是凭借自身独立存在的，不依赖于人对其存在的想象。它们是被感知到的，而不是被发明的。它们超越人类，超越个体。它们存在于个人的生活之外，它们可以被看作完美的一种。可以想见，它们可以满足人类对确定性的渴望。

然而在特定的意义上，存在价值也是属人的。它们不仅是他的，而且是他本身。它们要求受到崇拜、敬畏、欢庆，要求人为之做出牺牲。它们值得人为之生为之死。思考它们或者与它们融合为一能够带给人最大限度的愉悦。

不朽在这一语境下也有十分确切而实证性的含义，因为这些定义人的自我的价值能在他死后继续存在，这就是说，在某种真正意义上，他的自我超越了死亡。

对于其他组织化信仰团体力图完成的功能也是如此。显然，所有或几乎所有的在各类传统信仰中描述的典型的精神体验（神学的或非神学的，东方的或西方的）都能被整合进这一理论框架，并且以一种可以实证的方式表达出来，即一种可以测试的表述方式。

# Toward a Psychology of Being

马斯洛需求层次理论

# 存在心理学探索

[美]亚伯拉罕·马斯洛　著

Abraham H.Maslow

中国青年出版社

CHINA YOUTH PRESS

## 图书在版编目（CIP）数据

马斯洛需求层次理论.存在心理学探索 /（美）亚伯拉罕·马斯洛著；张博涵译.
—北京：中国青年出版社，2022.8
ISBN 978-7-5153-6664-7

Ⅰ.①马… Ⅱ.①亚…②张… Ⅲ.①马斯洛（Maslow, Abraham Harold 1908-1970）—人本心理学—研究 Ⅳ.①B84-067

中国版本图书馆CIP数据核字（2022）第104301号

## 马斯洛需求层次理论.存在心理学探索

作　　者：[美]亚伯拉罕·马斯洛
译　　者：张博涵
策划编辑：刘　吉
责任编辑：肖　佳
文字编辑：张祎琳
美术编辑：杜雨萃
出　　版：中国青年出版社
发　　行：北京中青文文化传媒有限公司
电　　话：010-65511272 / 65516873
公司网址：www.cyb.com.cn
购书网址：zqwts.tmall.com
印　　刷：大厂回族自治县益利印刷有限公司
版　　次：2022年8月第1版
印　　次：2024年8月第4次印刷
开　　本：787mm×1092mm　1/16
字　　数：150千字
印　　张：12
书　　号：ISBN 978-7-5153-6664-7
定　　价：169.00元（全三册）

# 目　录
# CONTENTS

# PREFACE

序　言

　　我在选定这本书的书名时，遇到了很大的困难。"心理健康"这个概念虽然仍有其必要性，但是对科学的目的而言存在很多固有缺陷，这些缺陷在书中有相关讨论。"心理疾病"概念也是如此，正如萨斯（Szasz）和存在主义心理学家近来所强调的那样。我们仍然可以使用这些标准术语，而且实际上现在**必须**这么做——出于启发思考的原因；不过我确信，这些术语不出10年就会过时。

　　我所使用的"自我实现"则是一种更好的表述。这个概念更强调"完满人性"，即人的生物性本性的发展，因此（从实证角度而言）是适用于整个人类物种的标准，不局限于特定的时间和地点，也就是说，其文化相对性较低。这个概念遵循生物性的发展规律，而不像"健康"和"疾病"概念那样，遵循历史性的、人为性的、文化性的、地方性的价值模式；同时，它也具有实证内容和操作意义。

　　然而，事实证明，"自我实现"这个词除了在文字表达上稍显粗糙，似乎还有一些未曾预料的缺点：（a）隐含利己而不是利他主义；（b）忽视负责任和为使命献身的方面；（c）忽略与他人和社会的联系，以及个人实现对"良好社会"的依赖；（d）忽略非人类现实的需求特征及其内在魅力、趣味；（e）忽略无自我和自我超越的状态；（f）含蓄地强调主动性，而不是被动性或接受性。尽管我对经验**事实**进行了仔细描述，即自我实现者是利他的、有奉献精神的、自我超越的、社会性的，等等（第14章），情况依然如此。

"自我"这个词似乎有些令人反感，我对其做出的重新定义和实证性描述，在强大的语言习惯，也就是将"自我"和"自私"、纯粹自主联系在一起的习惯面前，往往势单力薄、作用有限。我还失望地发现，一些聪明且有能力的心理学家固执地认为，我对自我实现者特征的实证性描述，是我的任意捏造而不是探索发现的结果。

在我看来，"完满人性"一词能避免一部分误解。"人类的弱化或发育不良"也比"疾病"，可能甚至比神经症、精神病、精神变态的说法更合适。这些术语就算对心理治疗实践帮助有限，也至少会对普遍的心理学理论和社会学理论有所帮助。

我在本书中使用的"存在"（Being）和"成为"（Becoming）二词更胜一筹，尽管尚未被作为通用术语而广泛应用。这很遗憾，因为我们会看到，存在心理学（Being-psychology）和成为心理学（Becoming-psychology）、匮乏心理学（deficiency-psychology）之间必然存在很大差异。我坚信，心理学家必须朝着调和存在心理学与匮乏心理学，即调和完美与不完美、理想与现实、优心态与现存、永恒与暂时、目的心理学（end-psychology）与手段心理学（means-psychology）的方向发展。

本书是我1954年出版的《动机与人格》一书的续篇，并以大致相同的方式构建，即用循序渐进的方式处理更大的理论结构。这是一项先导工作，以便后续构建全面的、系统的、以实证为基础的、包含人类深度与高度的一般心理学和哲学。本书最后一章在某种程度上是这项未来工作的计划大纲，也是通往这项任务的桥梁。这是首次将"健康与成长心理学"和精神病理学及精神分析动力学相结合，将动态与整体、成为与存在、善与恶、积极与消极相结合的尝试。换句话说，这么做是为了在实验心理学的精神分析和科学实证的基础上，建立这两个系统所缺乏的优心态的、存在心理的、元动机的上层建筑，而使其超越自身极限。

我发现，我很难将自己对这两种心理学综合理论既尊敬又不耐烦的态度传达给他人。很多人坚持一种**要么**支持**要么**反对的态度，对弗洛伊德学派心理学和科学心理学都是如此。这种忠诚立场在我看来有些愚蠢。我们的工作，就是将这些各种各样的真理整合成**完整**的真理，我们只应该对这个整体忠诚。

我很清楚，（广义上的）科学方法是我们确保自己掌握真理的唯一最终途径。但是，这又很容易造成误解，陷入要么支持科学要么反对科学的二分境地。我已经论述过这个主题（第1—3章）。这些是对19世纪正统科学主义的批评，我也打算继续这么做，扩展科学的方法和应用范围，使其更有能力承担全新的、个人的、实验性的心理学任务。

这些工作，传统观念中的科学难以胜任。但我确信，科学不必故步自封，不必置身于爱、创造性、价值、美、想象力、道德、喜悦的问题之外，将这些完全留给"非科学家"，比如诗人、先知、牧师、剧作家、艺术家、外交家。他们也许都有很好的洞察力，提出需要提出的问题，作出有挑战性的假设，甚至很多时候是恰当的、正确的。不过，无论他们自己有多么肯定，也永远无法使全人类信服。他们只能说服那些已经认同他们的人和少数其他人。科学是我们让不情愿的人接受真相的唯一方式；只有科学能克服不同人在看见和相信时的性格差异；只有科学能取得进步。

然而，事实是，科学已经走进一个死胡同，它（在某些形式上）可能会将人类，至少是人类最高级、最高尚的品质和志向，置于威胁和危险之中。许多敏感的人，尤其是艺术家，担心科学的亵渎和压抑作用，担心它会分裂而不是整合事物、扼杀而不是创造事物。

我认为，这些担心都没有必要。要使科学有助于人类的实现，我们只需扩展及深化对其本质、目标、方法的设想。

我希望读者不会觉得这一信条与我近两本书颇为文学和哲学的基调不一致。无论如何，我不这么认为。为了概述一般理论，这么做势在必行，至少目前是如此。还有部分原因是本书的大部分章节最初是作为演讲稿而准备。

本书与我上本书一样，充满基于实验性研究、少量证据、个人观察、理论推导、纯粹直觉的主张。这些主张通常都以可证真伪的方式叙述；换言之，它们是假设，即以有待检验而不是最终观点的状态存在；同时，它们相关且切题，即其正确与否都对心理学其他分支很重要。因为有这种重要性，所以它们应该会像我预期的那样，引发一些研究。出于上述原因，我认为本书属于科学或前科学的领域，而不是劝诫、个人哲学、文学表达的范畴。

对当代心理学思潮稍作讨论，有助于明确本书的定位。直到前不久，对心理学影响最大的两种关于人性的综合理论还是弗洛伊德学派理论和实验—实证—行为主义理论。其他理论都不那么全面，而其拥护者则形成很多分散的小群体。然而，最近几年这些小群体迅速合并成第三种日益全面的人性理论，我们也许可以称之为"第三势力"。这一群体包括阿德勒（Adler）学派、兰克（Rank）学派、荣格（Jung）学派，也包括新弗洛伊德主义者（或新阿德勒主义者）和后弗洛伊德主义者［精神分析式自我心理学家及作家，比如马尔库塞（Marcuse）、惠利斯（Wheelis）、萨斯（Szasz）、N. 布朗（N. Brown）、H. 林德（H. Lynd）和沙赫特尔（Schachtel），他们是犹太法典精神分析学家（Talmudic psychoanalysts）的接班人］。此外，科特·戈德斯坦（Kurt Goldstein）以及他的机体心理学的影响力正在稳步增长。格式塔治疗、格式塔心理学家、勒温学派心理学家、普通语义学家，以及 G. 奥尔波特（G. Allport）、G. 墨菲（G. Murphy）、J. 莫雷诺（J. Moreno）、H. A. 默里（H. A. Murray）等人格心理学家的影响力也在提高。存在主义心理学和存在主义精神病学，也是一方新生的、强大的势力。除此以外还有很多主要贡献者，他们可以被分为自我心理学家、现象学心理学家、成长心理学家、罗杰斯学派心理学家、人本主义心理学家，等等，种类不胜枚举。一种更简单的分类方法，是以这一群体最常发表文章的5份期刊为根据。这些期刊都相对较新，包括《个体心理学期刊》（*Journal of*

*Individual Psychology*, University of Vermont, Burlington, Vt.）、《美国精神分析期刊 》（*American Journal of Psychoanalysis*, 220 W. 98th St., New York 25, N. Y.）、《存在主义精神病学期刊》（*Journal of Existential Psychiatry*, 679 N. Michigan Ave., Chicago 11, Ill.）、《存在主义心理学和精神病学评论》（*Review of Existential Psychology and Psychiatry*, Duquesne University, Pittsburgh, Pa.）以及最新的《人本主义心理学期刊》（*Journal of Humanistic Psychology*, 2637 Marshall Drive, Palo Alto, Calif.）。此外，《思维》期刊（*Manas*, P. O. Box 32, 112, El Sereno Station, Los Angeles 32, Calif.）还汇集了非心理学人士的个人哲学及社会哲学观点。本书后部的参考书目虽不完整，但仍相对充分地选录了这个"第三势力"群体的作品。本书也应归入这一思潮。

# ACKNOWLEDGMENTS

致 谢

我不再重复《动机与人格》一书前言中的致谢，只想做出以下补充。

我很幸运有系里的同事尤金妮亚·汉夫曼（Eugenia Hanfmann）、理查德·赫尔德（Richard Hold）、理查德·琼斯（Richard Jones）、詹姆斯·克利（James Klee）、里卡多·莫兰特（Ricardo Morant）、乌尔里克·奈瑟尔（Ulric Neisser）、哈利·兰德（Harry Rand）、沃尔特·托曼（Walter Toman）。在这里，我想向他们表达我的爱与敬意，并感谢他们的帮助。

我有幸在10年的时间里，与一位博学、才华横溢、时刻秉持怀疑态度的同事——布兰迪斯大学历史系的弗兰克·曼纽尔博士（Dr. Frank Manuel）进行持续的讨论。我不仅很享受这份友谊，还学到了很多东西。

我与另一位朋友兼同事哈利·兰德博士（Dr. Harry Rand），也有类似的关系，他是一名执业精神分析学家。10年来，我们一直共同探索弗洛伊德学派理论的更深层含义，我们的合作成果之一业已得到出版。曼纽尔博士和兰德博士都不大赞成我的观点，沃尔特·托曼（他也是一名精神分析学家）也一样，我和他也进行过多次讨论和辩论。或许正因如此，他们让我做出了更完善的结论。

我和里卡多·莫兰特博士（Dr. Ricardo Morant）在研讨会、实验和多部作品中都有合作。这让我进一步靠近实验心理学的主流。第3章和第6章的内容，尤其得益于詹姆斯·克利博士（Dr. James Klee）的帮助。

我在心理学系的学术讨论会上，与同事和研究生进行了激烈而友好的辩论，这些辩论对我有持续的启发作用。我在与布兰迪斯大学教职工日常的正式和非正式接触中也获益良多，他们都是博学多闻、能言善辩的知识分子，与任何其他同仁相比都毫不逊色。

我在麻省理工学院举办的价值专题研讨会上从我的同事身上学到很多，特别是弗兰克·鲍迪奇（Frank Bowditch）、罗伯特·哈特曼（Robert Hartman）、戈尔杰·凯普斯（Gyorgy Kepes）、多萝西·李（Dorothy Lee）和沃尔特·韦斯科夫（Walter Weisskopf）。阿德里安·范卡姆（Adrian van Kaam）、罗洛·梅（Rollo May）和詹姆斯·克利（James Klee）让我对存在主义文学有所认识。弗朗西斯·威尔逊·施瓦茨（Frances Wilson Schwartz）让我首次了解到创造性艺术教育及其对成长心理学的诸多意义。阿道司·赫胥黎（Aldous Huxley）是最先说服我应该认真对待信仰心理学和神秘主义的人之一。菲利克斯·多伊奇（Felix Deutsch）帮助我以亲身体验的方式由内而外地了解精神分析。我在思想方面极大地受益于科特·戈德斯坦，因此我要将此书献给他。

本书的大部分内容写于休假年，这要归功于我们大学开明的管理方针。我还想表达对艾拉·莱曼·卡伯特信托的感谢，他们的一笔资助让我在这一年的写作中无须担心资金问题。在普通学年里，持续做好理论工作是非常困难的。

本书的大部分打字工作由弗娜·柯莱特（Verna Collette）小姐完成。我由衷感谢她难能可贵的帮助、耐心和勤恳。我还要感谢格温·惠特利（Gwen Whately）、洛琳·考夫曼（Lorraine Kaufman）和桑迪·梅泽（Sandy Mazer）所做的秘书工作。

第1章是1954年10月18日我在纽约库伯联盟学院的演讲中部分内容的修订稿。全文发表在克拉克·穆斯塔卡斯（Clark Moustakas）主编、哈珀兄弟（Harper & Bros.）出版社在1956年出版的《自我》（*Self*）一书中，并经出版社许可在此使用。此文还在J. 科尔曼（J. Coleman）、F. 利布奥（F. Libaw）、W. 马丁森（W. Martinson）所著，斯考特·福斯曼（Scott Foresman）出版社在1961年出版的《学院的成就》（*Success in College*）一书中重印。

　　**第2章**是1959年我在美国心理学会大会存在心理学研讨会上所读论文的修订稿。此文最初在《存在主义探询》（*Existentialist Inquiries*，1960，1，1–5）期刊上发表，并经编辑许可在此使用；之后又在罗洛·梅（Rollo May）主编、兰登书屋（Random House）出版社在1961年出版的《存在主义心理学》（*Existential Psychology*）一书中，以及《信仰探询》（*Religious Inquiry*，1960，No. 28，4–7）期刊上重印。

　　**第3章**是1955年1月13日我在内布拉斯加大学动机研讨会上演讲的浓缩版，并在M. R. 琼斯（M. R. Jones）主编、内布拉斯加大学出版社在1955年出版的《内布拉斯加动机研讨会》一书中发表，并经出版社许可在此使用。此文还在《普通语义学公报》（*General Semantics Bulletin*，1956，Nos. 18 and 19，32–42）上，以及J. 科尔曼（J. Coleman）所著、斯考特·福斯曼出版社在1960年出版的《人格动力与有效行为》（*Personality Dynamics and Effective Behavior*）一书中重印。

　　**第4章**是1956年5月10日我在美林—帕尔默学院的成长讨论会上所做的演讲，最初发表在《美林—帕尔默季刊》（*Merrill–Palmer Quarterly*，1956，3，36–47）上，并经编辑许可在此使用。

　　**第5章**是我在塔夫茨大学所做演讲中第二部分的修订稿，全文于1963年在《普通心理学期刊》（*The Journal of General Psychology*）上发表，并经编辑许可在此使用。演讲的第一部分总结了可以证明类本能认知需求的存在的所有证据。

　　**第6章**是1956年9月1日我在就任美国心理学会人格与社会心理学分会主席时就职演讲的修订稿。文章在《遗传心理学期刊》（*Journal of Genetic Psychology*，1959，94，43–66）上发表，并经编辑许可在此使用。此文在《国际超心理学期刊》（*International Journal of Parapsychology*，1960，2，23–54）上重印。

　　**第7章**是1960年10月5日我在精神分析促进协会于纽约召开的主题为身份

认同与异化的卡伦·霍妮（Karen Horney）纪念会上所做演讲的修订稿。文章在《美国精神分析期刊》（*American Journal of Psychoanalysis*，1961，21，254）上发表，并经编辑许可在此使用。

**第8章**是我最初在《个体心理学期刊》上关于科特·戈德斯坦的一期（*Journal of Individual Psychology*，1959，15，24-32）中发表，并经编辑许可在此重印。

**第9章**是我最初发表在B.卡普兰（B. Kaplan）和S.瓦普纳（S. Wapner）主编、国际大学出版社（International Universities Press）在1960年出版的海因茨·沃纳（Heinz Werner）纪念文集《心理学理论观点》（*Perspectives in Psychological Theory*）中一篇论文的修订稿，并经编辑和出版社许可在此使用。

**第10章**是1959年2月28日我在密歇根州东兰辛市的密歇根州立大学所做演讲的修订稿，也是关于创造性的一系列演讲之一。这个演讲系列在H. H.安德森（H. H. Anderson）主编、哈珀兄弟出版社在1959年出版的《创造力及其培养》（*Creativity and Its Cultivation*）一书中发表。这篇演讲稿经编辑和出版社许可在此使用。此文在《机电设计》（*Electro-Mechanical Design*，1959，Jan. and Aug. numbers）和《普通语义学公报》（*General Semantics Bulletin*，1959-60，Nos. 23 and 24，45-50）上重印。

**第11章**是1957年10月4日我在马萨诸塞州剑桥市的麻省理工学院所召开的人类价值新知会议上我所做演讲的修订及扩充版。文章在A. H.马斯洛（A. H. Maslow）主编、哈珀兄弟出版社在1958年出版的《人类价值新知》（*New Knowledge in Human Values*）一书中发表，并经出版社许可在此使用。

**第12章**是1960年12月10日我在纽约心理分析学院的价值专题研讨会上所做演讲的修订及扩展版。

**第13章**是1960年4月15日我在东部心理学会举办的关于积极心理健康的研究意义的研讨会上所做的演讲，发表于《人本主义心理学期刊》（*Journal of Humanistic Psychology*，1961，1，1-7），并经编辑许可在此使用。

第14章是1958年我为督导与课程开发协会（Association for Supervision and Curriculum Development，ASCD）撰写的一篇名为《认知、表现、成为：教育新焦点》（*Perceiving, Behaving, Becoming: A New Focus for Education*）的论文的修订及扩充版。原论文收录于A. 库姆斯（A. Combs）主编的督导与课程开发协会1962年年鉴（1962 Yearbook of the Association for Supervision and Curriculum Development，Washington，D.C.，1962）。在某种程度上，这些论点是本书和我上本书的整体概要，也是对未来发展的系统性推断。

A. H. 马斯洛

布兰迪斯大学

马萨诸塞州沃尔瑟姆

PART

———

# 1

## 心理学的更大应用范围

———

# 第 1 章

# 引言：健康心理学探索

在心理学上，对人类疾病与健康的一种新的认识正在浮现。我等不及这观念被检查确认、被称为可靠的科学知识，便将其公之于众，是因为它充满奇妙的可能性，着实令人兴奋。

这一观点的基本假设是：

1. 我们每个人都有一种以生物学为基础的本性，这种本性在某种程度上是"自然"的、固有的、既定的，在某种有限的意义上，它无法改变，或至少不会改变。

2. 每个人的内在本性，都是部分个体特异、部分物种共有的。

3. 可以科学地研究这种内在本性，并发现（不是**创造**，而是**发现**）其真面目。

4. 就我们目前所知，这种内在本性似乎在本质上不是邪恶的，而是中立的或"积极良好"的。我们所说的邪恶行为，往往是由于这种内在本性受挫而产生的次级反应（secondary reaction）。

5. 既然这种内在本性是好的、中立的，而不是坏的，那将其展现并加以鼓励，而不是将其压抑，则最好不过了。如果让这种本性引领生活，我们就能活出健康、丰硕、快乐的人生。

6. 如果人的这一基本核心被否定或压抑，病症就会出现——有时明显，有时隐约；有时即发，有时迟发。

7. 这种内在本性不像动物本能那样明显及具有压倒性，而是脆弱、纤细、微妙的，容易被习惯、文化压力和对这种本性的错误看法占了上风。

8. 虽然脆弱，这种本性却很少会消失；对于正常人，甚至病人，都是如此。即使被否认，这种本性也会永远在暗中坚持，以要求被实现。

9. 阐明以上这些结论时，必须以某种方式谈及纪律、剥夺、挫折、痛苦、悲剧的必要性。这些经历在某种程度上揭示、培育、实现了我们的内在本性，就此而言是可取的经验。

请注意，如果这些假设被证明正确，则有望成为一种科学伦理、一套自然价值体系、一处最终仲裁事物好坏对错之地。我们对人的天性了解越多，教他们如何良善、快乐、多产、自我尊重、爱、发挥自己最大潜能，就越容易。这相当于自动解决了许多未来可能会出现的人格问题。我们要做的，似乎是去发现人的深层内在**究竟**是什么样子，无论是作为物种的成员，还是作为特定的个体。

研究这样的健康人，可以教我们认识到自己的错误和缺点，找到正确的成长方向。以往每个时代都有其榜样和典范，但现在我们没有。圣人、英雄、绅士、骑士、神秘主义者，这些都被我们的文化抛弃了，只剩下一个苍白且可疑的替代品——适应良好、没有缺点的人。或许不久之后，我们能将正在充分成长与自我实现的人，作为向导和模范。这些人的全部潜能被充分发展，他们的内在本性被自由表现而不是扭曲、压抑、否定。

为了自己，每个人都要清晰深刻地认识到这个严肃的事实：所有背离人类美德的做法、所有违背自我本性的罪行、所有邪恶的作为，**全都毫无例外地将自身记载**在我们的无意识当中，使我们对自己鄙夷。卡伦·霍妮在描述这种无意识的感知与记忆时，称之为"记录"——这个词用得好。如果做了令自己羞愧的事，我们的信誉就"记录"减分；如果做了正直良善的事，我们的信誉就"记录"加分。最终结果非此即彼：我们要么尊重并接受自己，要么鄙视自己，觉得自己卑劣、无价值、不讨喜。神学家曾用**"倦漠"**（accidie）这个词来描述人在生活中未能尽其所能之罪。

这个观点并非否定弗洛伊德的看法，但确实在其基础上进行了增补。简而言之，就好似弗洛伊德给我们提供了心理学中病态的那一半，而我们现在必须用健康的另一半将其填满。这种健康心理学也许会带来更多可能性，使我们能够更好地控制及改善生活，让自己成为更好的人。说不定这样会比询问"如何**祛病**"更富有成效。

我们怎样才能鼓励自由发展？自由发展所需的最佳教育、性、经济、政治条件是什么？自由发展的人需要在什么样的世界里成长，他们又会创造出什么样的世界？病态的人由病态的文化造就，健康的人于健康的文化诞生。不过，病态个体使其文化更病态，健康个体让其文化更健康，这同样是事实。创造更美好世界的一条途径，便是改善个人健康。换句话说，鼓励个人成长有现实可能性，而在没有外界帮助的情况下治愈神经症的可能性则小得多。刻意让自己更加诚实虽相对容易，消除自身强迫性的行为与思维却相当困难。

处理人格问题的传统方法，将其看作不受欢迎的麻烦。挣扎、冲突、内疚、羞愧、焦虑、抑郁、沮丧、紧张、耻辱、自我惩罚、卑微与无价值感，都会造成精神痛苦，影响行动效率，且不受控制。因此，这些问题被想当然地认为是病态及不可取的，然后尽快"治愈"。

但所有这些症状，在健康的人或趋向健康成长的人身上也能发现。假如你**应该**感到内疚却并没有？假如你**已经**良好适应并达到稳定？或许，适应和稳定虽然有好处（因为可以减轻痛苦），但同时也是不好的（因为向更高理想的发展停止了）？

埃里希·弗洛姆（Erich Fromm）曾在他的一部重要著作中抨击了弗洛伊德学说中经典的超我（superego）概念，因为这个概念完全是权力主义和相对论的。也就是说，你的超我或良知（conscience），在弗洛伊德看来，主要是你父母（无论他们是谁）的愿望、要求、理想在你身上的内在化表现。但假如他们是罪犯呢？那你的良知会是什么样的？又假如你有一个死板教条、极度无趣的父亲呢？再假如他是个精神变态的人呢？这种良知的确存在——弗洛伊德没说错。我们的理念，大部分是从这些早期形象身上，而不是后来主日学校的书本中习得的。但良知还有另一个成分，或者说还有另一种良知。那就是在我们所有人身上都或强或弱地存在的"内在良知"。这种良知，基于我们对自身天性、命运、能力、使命的无意识或前意识的感知，坚决要求我们忠于自己的内在本性而不能因为软弱、利益或任何别的原因将其否认。辜负自己天资的人——身为绘画天才却在卖袜子的人、天资聪颖却过着乏味生活的人、洞见真相却选择缄口不言的人、充满男子气概却甘为懦夫的人——所有这些人，都会深刻地感知到他们对自己的委屈，并因此而自我鄙夷。这种自我惩罚，可能只会引起神经症，但若能改过自新，也可能会带来全新的勇气、正当的义愤、更强的自我尊重。简言之，成长和进步可以在痛苦和冲突中得以实现。

本质上说，我有意抵制当前对疾病和健康的简单区分，至少就表面症状而言。疾病意味着有症状吗？我坚持认为，疾病也可以包括本应有症状而**并没有**的情况。健康意味着没有症状吗？我否认这点。在奥斯维辛集中营和达豪集中营的纳粹分子，有哪个是健康的？是那些良心不安的吗？是那些问心无愧、心安理得的吗？有深刻人性的个体，不感受到冲突、痛苦、抑郁、愤怒……这可能吗？

总之，如果你跟我说你有人格问题，在更了解你之前，我不知该说"很好"还是"抱歉"。我的回答取决于原因，而这些原因似乎有好有坏。

举例来说，对于受欢迎程度、适应行为甚至青少年犯罪问题，心理学家的态度正在发生改变。受谁欢迎？年轻人在势利的邻里街坊或当地乡村俱乐部中**不受欢迎**，或许不是坏事。适应什么？不良的文化吗？专横的父母吗？适应良好的奴隶或囚犯，我们怎么看？即便是有行为问题的孩子，现在也被更宽容地对待了。他**为什么**会犯事？通常来说原因是病态的，但有时却是正当良好的——他也许只是在抵抗剥削、控制、忽略、轻视、摧残。

显然,什么被称为人格问题,取决于说这话的是谁。奴隶主?独裁者?父权制度中的男性?想让妻子永远长不大的丈夫?显而易见,人格问题有时可能是抗议的高呼,来抵制对我们心理骨架与真实内在本性的压迫。这样说来,在压迫行径发生时**不**反抗,才是病态。很遗憾地告诉大家,在我的印象中,大多数人遭受压迫时都不反抗。他们容忍这种行径,接着在若干年后,以患神经症与身心性疾病的方式付出代价;又或许,他们有时从未意识到自己病了,从未察觉自己错过了真正的幸福快乐、实在的愿望满足、丰富的情感生活、平静充实的晚年,从未发现创造力的神奇、审美反应的精彩、生活激动人心的美妙。

悲伤和痛苦的可取之处或其必要性,也是必须要正视的问题。如果没有苦痛、哀伤、悔恨、动荡,成长和自我实现可能发生吗?如果这些苦难在某种程度上是必要且不可避免的,那是在多大程度上呢?如果悲伤和痛苦对个人成长不可或缺,我们就必须学会不要自以为然地保护人不受其伤害,仿佛它总是个坏东西。考虑到我们最终从中获得的好处,有时悲伤和痛苦可能是有益且合宜的。这么说来,不让人经历苦难而使之免受痛楚,可能是一种过度保护,反过来意味着缺乏对个体的完整性、内在本质、未来发展的尊重。

# 第 **2** 章
# 心理学能从存在主义者那里学到什么

如果站在"心理学家能得什么好处"的立场来研究存在主义，我们会发现有许多内容从科学角度来看太过模糊且难以理解（无法证实或证伪）。虽然如此，我们同样发现了很多颇有益处的东西。这么看来，与其说存在主义带来了某种全新的启示，不如说它强调、确认、加深、重新发现了"第三势力心理学"中已经存在的某些趋势。

对我而言，存在主义心理学本质上包含两个要点。第一，存在主义心理学尤其强调身份认同（identity）概念，着重指出人的身份认同体验是人性及任何关于人性的哲学或科学的**必要条件**。我选择身份认同概念作为基础，是因为对其理解比其他概念［本质（essence）、存在（existence）、本体论（ontology）等］更多，并觉得现在或不久以后它能被实证研究。

但悖论随之而来：美国心理学家**同样**致力于对身份认同概念的探索。这些心理学家包括奥尔波特、罗杰斯（Rogers）、戈德斯坦、弗洛姆（Fromm）、惠利斯、埃里克森（Erikson）、默里、墨菲、霍妮、梅（May）等。我着实认为这些作者的表达更清晰、更贴近原初事实；也就是说，比海德格尔（Heidegger）、雅斯贝尔斯（Jaspers）等德国作者更依据实证。

第二，存在主义心理学非常重视从经验知识出发，而不是概念体系、抽象范畴、先验推理。存在主义以现象学为依托，即用个人主观体验作为抽象知识的基础。

但很多心理学家也是从这个重点出发的，更别说各种不同体系的精神分析学家了。

1. 第一个结论：欧洲哲学家和美国心理学家的差异并不像乍一看起来那么大。我们美国人其实一直在歪打正着。当然，存在主义心理学在不同国家的同步发展，也在一定程度上表明那些相互独立却得出相同结论的人，都在对自身之外的某种真实做出反应。

2. 我认为，这种真实是个体之外所有价值来源的彻底崩塌。许多欧洲存在主义者在很大程度上对尼采"上帝已死"的结论作出反应。美国人则已经认识到，探求价值所在，除了向自身内心寻找，别无他法。矛盾的是，就连有些有信仰的存在主义者，也部分认同这个结论。

3. 存在主义者能为心理学提供当前所缺乏的哲学基础，这点对心理学家而言极为重要。逻辑实证主义已经失败，特别是对临床心理学家和人格心理学家而言。无论如何，基本哲学问题肯定会再次被展开讨论，到时心理学家兴许能不再依赖伪解或幼时习得的无意识、未经检验的哲学。

4. 欧洲存在主义的核心思想（之于我们美国人）也可以说是从根本上论述了人类的愿望和局限（人类**是**什么、**想**成为什么、**能**成为什么）之间的差距所造成的人类困境。这个主题和身份认同问题的距离并不像初听起来那么远。人同时是现实体**和**潜力体。

存在主义对这种差距的高度关注，可能会给心理学带来革命性的变化，我对此深信不疑。许多文献都已经支持这个结论，例如有关投射实验、自我实现、各种高峰体验（差距在此被弥合）、荣格心理学的文献，以及一些思想家的作品。

不仅如此，这些文献还提出了人的双重本性——我们的低级和高级、生物性和思想性——（以及两者的整合方法）问题。总体而言，无论是东方还是西方的哲学与思想，大多将人的本性二分对立，并教导说要实现"高级本性"就要摒弃和克制"低级本性"。然而，存在主义者则主张这两面**都是**人性的本质特征。两者都不能否定，只能结合为整体。

我们已经对这些整合方法——觉察、广泛意义上的才智、爱、创造性、幽默与悲剧、游戏、艺术——有所了解。我猜想，未来我们会把更多研究重点放在这些整合方法上。

我在思考存在主义对双重本性的关注时，还意识到：有些问题必定是永远无法解决的。

5. 由此自然浮现的，是对理想、真实、完美、似神的人的关切，是将人类潜能视为**此时此刻**及**当前**可知现实的研究。听起来可能像纸上谈兵，其实不然。提醒大家，这只是在换着花样提出那个尚未回答的老问题："心理治疗、教育、对孩子进行培养，目的是什么？"

这里还有个事实和问题亟须关注：现存的几乎每种对"真实的人"的描述都意味着，这样的人由于变得真实，因而与其所在社会以及整个大社会建立了一种新的关系。他不仅在各方面超越了自己，还超越了他的文化。他抵制文化适应，越发从他的文化和社会中抽离。他变得更像人类的一部分，而不是地方群体中的一员。我感觉大多数社会学家和人类学家会不太喜欢这个观点，因此我也确信在这方面会发生争议。

6. 我们能够也应该看到，欧洲作家对他们所说的"哲学人类学"更加重视，这意味着尝试对人进行定义，解释人和其他物种、人和物体、人和机器人的区别。人类所独具的定义性特征是什么？为人类所必需、缺之则不能称其为人的，又是什么？

总体而言，这是个美国心理学已经放弃的课题。各种行为主义并没有提出此类定义，起码可以说没有提议值得认真考虑（S-R 的人会是什么样子？谁想要成为这样的人？）。弗洛伊德对人的描述显然不合适，因为他忽略了人的志向、可实现的希望、神圣的品质。虽然弗洛伊德为我们提供了最全面的精神病理学和心理治疗体系，但这两件事并不相关，当代自我心理学家（egopsychologists）也逐渐意识到这一点。

7. 欧洲人强调自我的创造，美国人则不然。在美国，无论弗洛伊德主义者还是自我实现与成长理论家，都更多谈及自我的**发现**（好像它就在那里等着被找到）和用心理治疗将其**显露**（铲去表层，就会发现一直隐藏着的东西）。但如果说自我是一项工程，**完全**由个人的不断选择来创造，则太过夸张了（鉴于我们已知的，如人格的体质要素和基因要素）。这种意见冲突是可以通过实证来解决的问题。

8. 我们心理学家一直避而不谈的问题和概念，是人的责任及与之必然相关的人格中的勇气和意志。这或许近似于精神分析学家现在所说的"自我力量"（ego strength）。

9. 美国心理学家听到了奥尔波特关于研究特质心理学（idiographic psychology）的呼吁，但对此并没有太多作为，就连临床心理学家也没有。现象学家和存在主义者目前也在把我们朝这个方向推动。我认为这股力量**很难**抗拒，甚至可以说理论上**无法**抗拒。如果对个体独特性的研究不符合已知的科学，那么科学概念本身也会受到不利影响，而不得不进行再创造。

10. 现象学在美国心理学思想进程中有自己的位置，但就总体而言，我认为它已经失去了往日的活力。欧洲现象学家极其细致缜密的论证，能够重新教会我们理解他人的最好方式（或至少是出于某些原因所必需的方式）——进入**他的**世界观（Weltanschauung），并透过**他的**眼睛来看**他的**世界。当然，实证主义科学哲学家对这个结论会有些难以接受。

11. 存在主义对个体终极孤独（ultimate aloneness）的强调，是对我们很好的提醒：只是进一步阐释决定、责任、选择、自我创造、自主、身份认同这些概念是不够的。不同个体的孤独之间的交流（如通过直觉和同理心、爱和利他主义、对他人的认同、普遍的同律性）之奥秘，也因此变得更加令人疑惑和着迷。我们认为这些理所当然，但若将其看作有待解释的奇观，则更好些。

12. 存在主义作家的另一个关注点，我认为可以简单归纳为：生活的严肃与深刻（或"生活的悲剧感"）。这个方面与肤浅的生活——即一种打折扣的生活、一种对生命终极问题的防御——形成鲜明对比。上述内容并不只是书面概念，还有实际的操作意义，比如将其应用到心理治疗中。悲剧有时可能对治疗有益，心理治疗似乎通常在人们被痛苦**驱使**而来时效果最好。包括我在内的很多人，都深切地看到了这个现象。当肤浅的生活行不通时，就会被质疑，从而出现对生活之根本的呼唤。存在主义者也非常明确地表示，肤浅在心理学中同样站不住脚。

13. 存在主义者和许多其他流派的学者，正共同帮助我们认识到言语推理、分析推理、概念推理的局限性。他们在号召大家回归先于抽象概念存在的原始体验。我认为，这相当于对20世纪西方世界的整个思维方式进行了合理的批判。这种思维方式包括传统实证主义的科学和哲学——两者都亟须重新审视。

14. 现象学家和存在主义者即将引发的所有变化中，最重要的可能是一场早应发生的科学理论革命。我不该用"引发"而得用"促成"这个词，因为还有很多其他群体在为打破官方定义的科学哲学（或称"科学主义"）贡献力量。我们不仅需要解决笛卡儿式的主客体二元对立问题，还必须面对将心灵（psyche）和原始体验纳入现实而造成的其他根本性改变。这种变革，不仅会影响心理学的科学，也会影响其他所有的科学。例如，节俭、简明、精确、有序、逻辑、优雅、定义等这些，都属于抽象范畴而不是原始体验。

15. 最后，我要谈谈存在主义文献中对我影响最大的概念，即心理学中的未来时间问题。与前文提及的其他问题不同，这个问题对我来说并非完全陌生，我想，对**任何**认真研究人格理论的学者来说都是如此。夏洛特·布勒（Charlotte Buhler）、高尔顿·奥尔波特、科特·戈德斯坦的作品也应该让我们敏锐地意识到，我们必须研究未来对当前人格的动态作用，并将其概念系统化。例如：人的成长、发展、可能性，都必然指向未来；潜力、希望、期盼、想象，也是这样；退回到具象，就丧失了未来；威胁和忧虑也指向未来（没有未来，就没有神经症）；自我实现，如果和作用于当前的未来不相关，便没了意义；人生在时间层面可以是个完形（gestalt）；等等。

对存在主义者来说，这是个极为重要的**基本核心**问题。我们也可以从中受到启发，就像欧文·施特劳斯（Erwin Strauss）在罗洛·梅等主编的文集中的论文中所写的那样。我认为这么说也不为过：人的内部，时刻都有个动态并活跃的未来；任何心理学理论，如果不能在其中心体现这个概念，都不完整。从这个意义上看，照库尔特·勒温（Kurt Lewin）所说，未来可被视为是非历史的（ahistorical）。我们还必须认识到，**只有**未来**在原则上**是未知和不可知的。这意味着所有习惯、防御、应对机制的效用都不明确，因为它们是基于过去的经验。**只有**灵活创造的人，**只有**自信并无畏地面对新奇事物的人，才能真正驾驭未来。我确信，现在所谓的心理学，在很大程度上研究我们使用的伎俩：假装未来和过去相同，从而避免新奇带来的焦虑。

## 结 论

上述考量印证了我的希望，即我们所见证的是心理学的扩张，而不是一种可能转变为反心理学或反科学的新"主义"。

存在主义不仅能丰富心理学，还能推动心理学建立一个新的**分支**——关于完全发展、真实自我和其存在方式的心理学。苏蒂奇（Sutich）建议称之为本体心理学（ontopsychology）。

越发清晰的是，我们在心理学中所说的"正常"，实际上是普罗大众的精神病态。这种状态平淡无奇、广泛传播，平常甚至不会引起我们的注意。存在主义者研究真实的人和真实的人生，清楚地显现这种普遍的虚伪、这种生活在幻觉和恐惧中的情形，明确地揭示这种状态尽管广泛存在但实际上是疾病的事实。

我认为，我们不需要太在意欧洲存在主义者对恐惧、痛苦、绝望等状态的喋喋不休，因为他们的办法似乎只有咬紧牙关面对。这种高智商的抱怨，每当外部价值来源失效时都会大批出现。存在主义者应该从心理治疗师那里学到：失去错觉、寻得身份认同，最初虽然是痛苦的，最终却可能是令人振奋和予人力量的。

# PART

2

第二部分

## 成长和动机

# 第**3**章
## 匮乏动机和成长动机

"基本需求"的概念，可以根据它所解答的问题和将它揭示的活动来进行定义。我最初提出的问题，关乎精神病理根源："是什么让人患上神经症？"我的答案（我认为修正和改进了分析性的解释）简单说来就是：从神经症的核心和起源来看，它似乎是一种匮乏性的疾病，产生于某些需求未被满足的状态。我称之为"需求"的东西，就像我们需要的水、氨基酸、钙元素一样，只要缺乏就会引发疾病。大多数神经症都与未被满足的愿望（以及其他复杂因素）有关，这些愿望包括对安全、归属感、认同、亲密关系、尊重、影响力的希冀。我的"数据"是从12年的心理治疗实践与研究以及20年的人格研究当中收集而来的。通过一组研究替代疗法效果的对照实验（同一时间、同样操作），我发现虽然实验结果有相当的复杂性，但当匮乏问题被解决时，疾病往往也会消失不见。在另一组长期对照实验中，我对神经症患者和健康人的家庭背景进行了研究（许多其他人也做过这样的研究），发现那些后来健康而未患病的人的基本需求得到了必要的满足（预防性即为控制条件）（第5章）。

实际上，现在大多数临床工作者、心理治疗师、儿童心理学家都认可这些结论（虽然很多人的表述方法与我不同）。这样一来，我们就越来越能以自然、简单、自发的方式，用概括实际实验数据的方法来定义需求［而不是仅仅为了更高的客观性，就在知识的积累**之前**（而不是之后），过早地、武断地下定论］。

长期匮乏的特征如下。如果一种需求符合这些特征，则是基本或类本能需求：

1. 它的缺乏能引发疾病；

2. 它的存在能预防疾病；

3. 它的恢复能治疗疾病；

4. 在某些（非常复杂的）自由选择情境中，需求被剥夺的人会倾向于优先满足它；

5. 在健康人身上，它处于不活跃、低谷或在功能上不显现的状态。

基本需求的另外两个主观特征是：有意识或无意识的渴求和欲望、缺失感或匮乏感（好像一方面觉得丢失了什么东西，另一方面又感到这东西很合意）。

关于基本需求的定义问题，我再说最后一句。这个领域的学者对动机进行定义和界定时所遇到的困扰，源于他们对外显行为标准的过分追求。动机的最初标准、当前除了行为心理学家以外所有人都在使用的标准，都具有主观性。当人感觉到欲望、需要、渴求、企盼、缺失的时候，就会产生动机。目前我们尚未发现与这些主观反馈有良好关联性的客观可见状态，也就是说，我们还没有为动机找到合适的行为学定义。

我们当然应该继续寻找主观状态的客观相关性或指标。当我们发现快乐、焦虑、欲望的一种公开、外显的指标时，心理学的发展会向前飞跃一个世纪。但在**真正**发现这种指标之前，我们不能假装已经有所发现，也不该忽略目前已有的主观数据。很遗憾，我们无法要求小白鼠给出主观反馈；但幸运的是，我们**能够**这样要求人类。在找到更好的数据来源以前，我们没有任何理由不这么做。

这些本质上是生物体某种欠缺或空洞的需求，为了个人健康起见必须将其满足，而且必须由主体**以外**的其他人从外部对这种欠缺或空洞进行填补。出于说明的目的，也为了与另一种非常不同的动机相对比，我将这些需求称为缺失性或匮乏性的需求。

任何人都不会质疑我们对碘或维生素C的"需要"。我想提醒大家的是，我们对爱的"需要"在类型上与之并无区别。

近年来，越来越多的心理学家发现，他们不得不假设人类有某种成长或自我完善的倾向，来对一些概念进行补充，比如内平衡（equilibrium）、内稳态（homeostasis）、紧张感降低（tension-reduction）、防御、其他维稳性的动机。这么做有多方面的原因，分别为：

**1. 心理治疗**。正是因为人的内部有将自身推向健康的动力，治疗才有可能发挥其效用。这种动力是一个**绝对必要条件**。如果没有这样的趋向，治疗在超出防御痛苦和焦虑的范围时便无从解释。

**2. 脑损伤的士兵**。戈德斯坦的作品为众人所熟知。他发现，为了解释脑损伤后个人能力的重组，有必要提出自我实现的概念。

**3. 精神分析**。以弗洛姆和霍妮为代表的一些精神分析师发现，如果不将神经症假设为一种扭曲的成长、完善发展、实现可能性的冲动，就无法理解其症状。

**4. 创造性**。通过研究正在健康成长和已经健康成长起来的人，特别是将他们与患病的人进行对比，我们更好地理解了创造性这个主题。艺术理论和艺术教育理论，尤其需要用到成长和自发性的概念。

**5. 儿童心理学**。我们通过对儿童的观察越来越清楚地看到，健康的儿童很享受成长和进步，喜欢获得新的技巧、本领、能力。这直截了当地反驳了弗洛伊德学派的相关理论，即每个孩子都紧抓着每次适应、每个静息或平衡的状态不肯放手。根据这种理论，对于勉强的、保守的孩子，必须不断把他们赶出自身偏爱的舒适（静息）状态，**进入**一个新的可怕环境。

虽然临床工作者不断证实，弗洛伊德学派的这种观念适用于感到不安和害怕的孩子，而且部分适用于所有人，但是在很大程度上对于健康、快乐、感到安全的孩子**并不适用**。在这些孩子身上，我们明显能看到想要长大、成熟、蜕变的渴望，想要像扔掉一双旧鞋子一样丢弃陈旧适应行为的迫切。在他们身上尤其清晰可见的，不仅有对新技能的渴望，还有在不断使用技能时所获得的极强愉悦感，而这就是卡尔·布勒所说的**功能乐趣**（Funktionslust）。

对于以弗洛姆、霍妮、荣格、C. 布勒、安吉亚尔（Angyal）、罗杰斯、G. 奥尔波特、沙赫特尔、林德为代表的不同派别的作者以及最近一些天主教心理学家而言，成长、个体化、自主、自我实现、自我发展、生产力、自我完成，这些词的意思大致相同，都指向一个模糊的认知领域，而不是一个严格的定义概念。在我看来，这个领域目前还**无法**被严格定义，而且这么做也不可取。如果一个定义不能从众所周知的事实中毫不费力地、自然地显现出来，就很可能会阻碍和扭曲（而不是帮助）我们对事物的认知，因为基于先验、出于意愿而下的定义，多半是错误的。我们对成长的了解尚浅，还不能给出合适的定义。

成长的意义，虽然不能被定义，但是可以**被显示**，而方法是部分通过正面指向、部分通过反面对照（即"它**不是**什么"）。例如，成长不等于内平衡、内稳态、紧张感降低，等等。

成长概念的倡导者认为有必要提出这个概念，部分因为他们对目前的状况有所不满（某些新近观察到的现象根本没有被现有理论所涵盖），部分因为现今确实存在对新的理论和概念的需求（以更好地支持在旧的价值体系瓦解后所产生的人本主义价值体系）。然而，当前对成长的阐述，主要基于对心理健康个体的直接研究。做这个研究，不仅是出于个人内在兴趣，也是为了给治疗理论和病理学理论（因此还有价值理论）提供更坚实的基础。在我看来，只有通过这种直接的研究方式，才能发现教育、家庭培训、心理治疗、自我发展的真正目标。成长的最终产物，能让我们更好地理解成长的过程。我在最近的一本书中谈到了这项研究的发现，并非常自由地在理论上推导了这种对好人而不是坏人、健康人而不是病人、积极和消极两方面所进行的直接研究可能会对一般心理学造成的影响。（我必须提醒大家，除非其他人能重复这项研究，否则这些数据并不能算可靠。在这样的研究中，很有可能存在投射的现象；当然，研究者自己不太可能对此有所察觉。）据我观察，健康人和其他人（即以成长需求为动机的人和以基本需求为动机的人）的动机生活存在差异，现在我想对此进行讨论。

就动机的状态而言，健康人已经充分满足了自身对安全、归属感、爱、尊重、自尊的基本需求，因此他们的动机主要源于自我实现的趋向［即持续地实现自己的潜能、才华、天赋，履行自己的使命（或召唤、命运、天意、职责），更全面地认知和接受自己的内在本性，不断趋向内心的统一、整合、协同］。

比起这个宽泛的定义，我之前发表的一个描述性、可操作性的定义则更加可取。我通过描述在临床观察中看到的这些健康人的特征，来对他们进行定义。这些特征是：

1. 对现实有非凡的感知能力；

2. 对自我、他人、自然的接受度更高；

3. 更强的自发性；

4. 以问题为中心的意识更强；

5. 更超然的状态，对私人空间更加渴望；

6. 更强的自主性，对文化适应有所抵抗；

7. 饱满的鉴赏能力，丰富的情绪反应；

8. 高峰体验的发生频率更高；

9. 对人类物种的认同感更强；

10. 人际关系发生变化（临床工作者会称之为"改善"）；

11. 更具民主性的性格结构；

12. 大幅增强的创造性；

13. 价值体系中出现某些变化。

另外，由于抽样和数据可用性方面存在不可避免的缺陷，上述定义必然受到影响而具有局限性，本书对此也会有所描述。

这种定义方式（就上文中已表述部分而言）的一个主要问题是其略显静态的特性。我只在较年长的人身上看到过自我实现的情况，因此自我实现往往被视为一个终极的状态、遥远的目标，而不是贯穿人生的动态过程，即被视为一种存在（Being）而不是成为（Becoming）。

如果我们将成长定义为促成终极自我实现的各种过程，那么这个概念就更符合我们已经观察到的事实，即成长在人生历程中**始终**都在发生。这同时也否认了"趋向自我实现的动机是阶梯式的、**全有**或全无的、跳跃式的"这种认知，即人们必须按照先后顺序逐步满足基本需求（先满足低级需求，高级需求才在意识中显现）。因此，成长不仅是对基本需求的渐进式满足（直到需求"消失"），也是超越这些基本需求的独特成长动机（比如发挥天赋、才能、创造性、体质潜力）。我们由此也认识到，基本需求和自我实现，就像童年时期和成年时期一样，其实并不互相矛盾；前者逐渐演变为后者，也是实现后者的必要前提。

我们将要探讨的，是成长需求和基本需求的区别。这些区别，是我们从对自我实现者和其他人的动机生活的临床观察中，看到的一些质性差异。下述的这些差异，用"匮乏需求"和"成长需求"来描述虽不完善，但也算准确。比如说，并非所有生理需求都是匮乏性的（例如性、排泄、睡眠、休息）。

在更高的层面上，人对安全、归属感、爱、尊重的需求，明显都有匮乏的特征。但是，人对自尊的需求可能是一个例外。人的认知需求（比如需要满足好奇、需要一个解释系统）和（假定存在的）美感需求，很容易被认为是尚未被满足的某种匮乏，但人的创造需求和表达需求则是另一回事。显然，并不是所有的基本需求都具有匮乏性，只有那些在未被满足时会致病的才是。（墨菲所强调的感官满足，显然也不能视为匮乏，可能甚至都不是需求。）

总之，人在以满足匮乏需求为导向时，和在以成长、"元动机"、自我实现为导向时，其心理生活在很多方面都是截然不同的。下述差异清楚地说明了这一点。

## 1. 对于冲动的态度：排斥冲动与接受冲动

几乎所有历史上和当代的动机理论，都一致地将需求、驱力、动机状态认为是讨厌的、恼人的、令人不快的、不受欢迎的、需要摆脱的东西。动机行为、目标寻求、完成反应（consummatory responses），都是减轻这种不适感的方法。这种态度，非常明显地体现在对动机的普遍描述中，比如将其描述为需求、紧张感、驱力、焦虑的减少。

这种描述方法，在动物心理学和行为主义（在很大程度上基于动物研究）中是可以理解的。或许动物只有匮乏性的需求，但无论是否真的如此，我们为了客观起见，已经将其认定为事实。目标对象必须在动物体之外，我们才能衡量该动物为实现目标所付出的努力。

弗洛伊德学派心理学，也以对动机的同样态度为基础，即冲动是危险的、需要抵抗的。这也可以理解，毕竟弗洛伊德学派心理学的整个体系都建立在对病人——在需求的满足和受挫方面有过不愉快经历的人——的认识和研究之上。对于病人来说，冲动制造了很多麻烦，也没有被很好地应对，难怪他们会害怕甚至厌恶自己的冲动，经常用将其抑制的方式进行处理。

当然，纵观哲学、神学、心理学的发展历史，这种对欲望和需求的贬损实属屡见不鲜。禁欲主义者、多数享乐主义者、几乎所有神学家、不少政治哲学家、大部分经济理论家都一致认为，美好、幸福、快乐的本质，是匮乏、欲望、需求这些令人不快的状态得到改善的结果。

简单来说，这些人都觉得欲望或冲动是对他们的滋扰甚至威胁。因此，他们通常会设法摆脱它、否认它、回避它。

这种论点有时倒也准确地反映了真实情况。实际上，生理需求、安全需求、爱的需求、尊重需求、信息需求，经常在人的精神世界里兴风作浪、惹是生非，让人烦扰不堪；为其所累的，尤其是在满足需求时遇到挫折的人，以及没法指望需求现在就被满足的人。

然而，就算考虑到这些缺失，这样描述需求也过于夸张：如果人（1）过去在需求满足方面的体验是良好的，（2）对现在和未来的需求满足有良好预期，就能接纳和享受自己的需求，并对这些需求在意识中的出现表示欢迎。例如，如果一个人的食物需求通常得到了满足，而且当前也有易于获取的美食，那么食欲在其意识中的出现，就会被欣然接受而不是惧怕。（"进食的问题在于它会扼杀我的食欲。"）这种情况也适用于喝水、睡觉、性、依赖、爱的需求。但是，新近出现的对成长（自我实现）动机的觉察和关注，更强有力地反驳了"需求是麻烦事"的理论。

由于每个人的天赋、才能、潜力各不相同，具有个体独特性的自我实现动机数量众多，因此难以列举。不过这些动机也有一些普遍特征，其一便是：这些冲动被渴望且受欢迎；有乐趣且让人感到喜悦；人想要更多而不是更少；就算造成紧张感，也是**令人愉快**的紧张感。创造者通常对其创作冲动表示欢迎，有才华的人喜欢运用及拓展其天赋。

把这些动机归因为降低紧张感、摆脱讨厌的状态，显然是不正确的，因为这种状态并不讨厌。

## 2. 满足的差异效应

这种观念几乎总与对需求的负面态度相关：生物体的首要目标是摆脱讨厌的需求，从而不再紧张，实现内平衡和内稳态，达到安定、静息、无痛苦的状态。

动力或需求，趋向于将自身消除，其唯一目标是中止、摆脱、消除有所需要的状态。如果将这一点推到逻辑极端，我们就会触及弗洛伊德的"死亡本能"概念。

安吉亚尔、戈德斯坦、G. 奥尔波特、C. 布勒、沙赫特尔等人，都有力地批判了这种实际上是循环论证的错误立场。如果动机生活本质上只是为了防御性地消除令人不悦的紧张感，如果紧张感降低的结果只是再次被动地等待更多烦恼出现（和将其消除）的状态，那么变化、发展、进步、目标是如何产生的呢？人为什么会完善自我、变得更智慧？人对生活的热情又意味着什么？

夏洛特·布勒指出，内稳态理论不同于静息状态理论。后者只论及了消除紧张感，意指无紧张感是最理想的状态。内稳态理论则认为紧张感的理想状态并不是完全不紧张，而是使其达到某个最佳水平。这意味着紧张感有时需要增加、有时需要减少，就好像血压可能会过低或过高而需要调节一样。

这两种理论，都明显缺乏一个贯穿人生始终的恒定方向，也没有（且无法）解释人格成长、智慧提高、自我实现、性格增强、人生规划等问题，因此我们必须借助一些长期趋势或倾向的概念，才能对整个人生历程的发展有所理解。

上述理论，甚至在描述匮乏动机方面也有不足，因为它们对串联所有独立动机事件的动态原则缺乏认识。不同的基本需求，按照层级顺序相互联系，也就是说当某个需求被满足（以及相应地失去其支配地位）时，随之而来的并不是静息状态或无欲心境（Stoic apathy），而是"更高级"需求在意识中的出现；这时，需要和欲望继续存在，只不过是处于"更高"的层面上。因此，即便是说明匮乏动机，"趋向静态"的理论也不够充分。

然而，当我们研究主要以成长为动机的人时，这种"趋向静态"的理论变得毫无意义。对于这类人来说，需求的满足会使动力增加而非减少、会使兴奋感增强而非减弱，他们对成长的渴望也变得越发强烈。他们越来越喜欢自己，想要的越来越多（而非越来越少），比如希望能受到更多教育。这类人不会趋向静态，而是会更加活跃；他们的成长欲望，并没有被需求的满足所弱化，而是被其进一步刺激和强化。成长**本身**，就是一个收获颇丰、激动人心的过程，例如：实现渴望与追求（比如做个好医生）；获得令人钦佩的技艺（比如演奏小提琴或成为木工行家）；稳步加深对人类、宇宙、自身的理解；发展自己的创造性（无论在什么领域）；还有说起来很简单但却是最重要的——立志做一个好人。

很久以前，韦特海默（Wertheimer）强调过上述差别的另一个方面，虽然看上去有些自相矛盾，但他声称自己真正追寻目标的时间，只占了他全部时间的不到10%。人类的活动要么因其本身而产生乐趣，要么因其有助于实现某种愿望而具备价值。在后一种情况中，当活动不再成功或高效时，它便失去了价值，也不再令人愉快。更常见的情况是，人**根本不享受**活动本身，而只享受目标结果。这与一种生活态度很相似：最终能不能进入天堂，比人生本身的价值还重要。得出这个结论的观察依据是：自我实现者享受人生的全部及每个方面，而大多数人只享受零星的胜利或成功时刻、偶发的顶点或高峰体验。

在一定程度上，生活的内在效力源于成长（growing）和长成（being grown）的天然乐趣，但也取决于健康人将行动（手段）转化为体验（目的）的能力——这样一来，即使是促成结果的活动，也能像结果本身一样被享受。成长动机可能是长期性的：比如，想要成为优秀的心理学家或艺术家，可能得投入大半生的时间才能做到。所有内平衡理论、内稳态理论、静息状态理论，都只涉及短期事件，而这些事件之间没有任何相互关系。奥尔波特曾经特别强调了这一点；他指出，制订计划、展望未来，是健康人性的核心内容；他承认，"匮乏动机确实会要求人降低紧张感、恢复内平衡，但成长动机则会保持紧张感，以利于成就遥远的、通常难以实现的目标。正因如此，成长动机区分了人类的成为（becoming）与动物的成为、成人的成为与婴儿的成为"。

## 3. 满足的临床效应

匮乏需求的满足和成长需求的满足，对人格有不同的主客观影响。目前我正在探索的东西，概括来说就是：满足匮乏需求能避免疾病，满足成长需求能促进健康。我必须承认，当前通过研究来证明这个观点会相当困难。但是，抵挡威胁或攻击和取得胜利与成就之间，自我保卫、防御、维护和追求实现、刺激、扩展之间，的确存在**临床**差异。我曾将这种对比，描述为正在充分生活和**准备**充分生活之间、正在成长和已经成熟之间的区别。

## 4. 不同类型的快乐

如同许多前辈所为，埃里希·弗洛姆在区分高级快乐和低级快乐方面做出了有趣而重要的努力。这对突破主观伦理相对性至关重要，也是科学价值理论的先决条件。

弗洛姆区分了缺乏性的快乐和富足性的快乐，区分了"低级"快乐（需求的满足）和"高级"快乐（生产、创造、发展洞察力）。匮乏需求得到满足之后出现的充裕、放松、舒缓，相比人在毫不费力地发挥机能、处于力量顶峰时——可谓在超速状态时（第6章）——所感受到的**功能乐趣**、狂喜、平静，充其量只能称为"慰藉"。

"慰藉"非常依赖会消失的事物，所以本身也更可能消失不见。这种快乐，必然比成长带来的快乐——能永远持续下去的快乐——更不稳定、更不持久、更不恒常。

## 5. 可达成的（暂时的）和不可达成的目标状态

匮乏需求的满足，通常具有暂时性和顶点性。这种满足的最常见模式是：整个过程起始于一种具有激励性的状态，这种状态引发了旨在实现目标状态的动机行为，并伴随着稳步上升的欲望和兴奋感，最终在成功和圆满的瞬间到达顶峰；而后，兴奋和快乐的程度迅速下降到一种安静、紧张感放松、缺乏动机的平稳状态。

这种模式虽然并不普遍适用，但却与成长动机的情况形成鲜明对比，因为成长动机满足过程的特征是：没有顶点或圆满，没有高峰时刻，没有最终状态，甚至没有目标（如果将其定义为某种顶点）。成长是一种持续的、颇为稳定的、向上或向前的发展过程；人得到的越多，想要的就越多；因此这种需要无休无止，永远不可能达成或满足。

正因如此，我们平常对动力、目标追寻行为、目标对象、附带效应的区分在这里完全不适用。行为本身就是目标，成长的目标和动力也无法区分，因为它们也是相同的。

## 6. 物种共有目标和个体独特目标

匮乏需求为人类全体成员所共有，在某种程度上也为其他物种所有。自我实现具有个体独特性，因为每个人都是不同的。通常来说，这些匮乏（即物种需求）必须得到相当程度的满足，真正的个体性才能得以充分发展。

正如所有树都需要从它们的环境中获得阳光、水、养料一样，所有人都需要从**他们**的环境中获得安全、爱、地位。然而，无论是对于树还是对于人，满足这些基础的、物种共有的需求，只是发展真正个体性的开端；因为每棵树、每个人，都会用这些必需品实现自身目的，以独特的方式发展自己。从某种深刻意义上说，个体的发展，变得更加取决于内在而不是外在。

## 7. 对环境的依赖性和独立性

安全、归属感、爱、尊重的需求，只能由他人来满足，即只能从个体外部获得。这意味着人对环境有相当的依赖性。处于这种依赖状态的人，并不在真正地自治、掌握自身命运。他**必然**受惠于满足其需求的供应来源（即他人），为了不危及这种来源，必须对他们的愿望、奇想、规章、法则做出让步。在某种程度上，他**必然**受他人主导，**必然**对他人的认可、喜爱、善意相当敏感。换言之，他必须进行适应和调整，必须灵活变通、迅速反应，必须改变自己以顺应外部环境。**他**是因变量，而环境是自变量。

因此，以匮乏需求为动机的人，必然对环境感到更害怕，因为环境总有让他失败或失望的可能。如今我们知道，这种令人焦虑的依赖状态也会滋生敌意。所有这一切都在一定程度上造成自由的不足，程度大小则取决于个人的运气是好是坏。

相比之下，自我实现者的基本需求已经得到满足，他们更不依赖环境、更不受制于人、更加自治、更加自我主导。以成长需求为动机的人，非但不需要他人，实际上还可能被他人妨碍。我已经提到过他们对私人空间、超然状态、沉思冥想的喜爱（第13章）。

这样的人，会变得更加自给自足、自信自立。支配他们的主要是内在因素，而不是社会因素或环境因素。他们是如下自身内在因素的自然表现：内在本性、潜力与才能、天赋、潜在资源、创造冲动、自我认知需求（从而变得越来越整合及统一、越来越了解真实自我及真正愿望、越来越认识到自身的使命或命运）。

因为他们不那么依赖他人，所以对他人的态度也不那么矛盾；他们不那么焦虑，不那么有敌意，不那么需要他人的赞扬和喜爱，也不那么渴求荣誉、威望、奖赏。

自主或相对独立于环境，也意味着较少被厄运、挫折、悲剧、重压、贫困等逆境所影响。正如奥尔波特所强调的"人类本质上是反应性（可称之为'刺激—反应'模式）的，因受到外部刺激而做出行动"这种观念，在自我实现者面前变得荒谬至极、根本站不住脚。**他们**（自我实现者）的行动，更多是发自内心，而不是出于反应。当然，相对独立于外部世界（及其对人的要求和压力），并不意味着与外部世界缺少互动或对其需要视若无睹，而只意味着在自我实现者与环境的接触当中，首要决定因素是他们的愿望和计划而不是来自环境的压力。这就是我所说的心理自由（与地理自由相对应）。

奥尔波特对"机会主义"（opportunistic）和"统我"（propriate）这两种行为决定因素所进行的表现性对比，与我们所谈论的外在决定因素和内在决定因素的对立相当类似。这也让我们想到生物理论家一致同意的一个结论：逐渐提高的自主性及对环境中刺激物的独立性，可能是完全个体性、真正自由、整个进化过程的**典型**特征。

## 8. 有私欲和无私欲的人际关系

从本质上来说，相比主要以成长需求为动机的人，以匮乏需求为动机的人对他人的依赖要强得多。他们对他人更"感兴趣"、更需要、更依恋、更渴望。

这种依赖，给人际关系蒙上阴影、套上枷锁。将他人主要视为用来满足需求的工具或供应来源，是一种摘要性的行为。在这种情况下，他人不被看作复杂、独特、完整的个体，而是被从实用性的角度加以衡量；他们身上与观察者的需求无关的部分，要么被观察者完全忽略，要么让观察者厌烦、恼怒、感到威胁。这种关系，类似于我们与牛、马、羊的关系，与服务员、出租车司机、搬运工、警察的关系，或与其他为我们**所用**的人的关系。

只有我们不从他人处索取什么的时候，只有我们不需要**他人**的时候，才能完全无私欲地、无所求地、客观地、整体地认识他人。自我实现者（或处于自我实现时刻的其他人）更有可能看到完整的个人，发现其独有的特质和美感；此外，他们对他人的赞赏、钦佩、爱，更多是基于对方的客观特性、内在品质，而不是念及对方能为自己所用。如此，他人受到敬佩，是因为有可敬的品质，不是因为会阿谀奉承；他人受到爱戴，是因为值得被爱，不是因为付出了爱。这就是下面即将讨论的无所求之爱（比如亚伯拉罕·林肯所体现的那种）。

"有私欲"、为了满足需求的人际关系有一个特点：被用来满足需求的人在很大程度上可以替换。例如，因为青春期女孩需要倾慕本身，所以倾慕者是谁并无太大差别，倾慕的不同提供者，能产生几乎相同的效果。这一点也适用于爱的提供者和安全的提供者。

人越渴望满足匮乏需求，就越难做到无私欲地、不求回报地、不带利用地、无所求地认识他人，将他人视为独特的、独立的个体——也就是说，视他人为人而非工具。"高上限的"人际心理学，即对人类关系发展的最高水平的理解，不能立足于匮乏性的动机理论。

## 9. 自我中心和自我超越

我们在试图描述以成长为导向、已经自我实现的人对自身或自我的复杂态度时，面临着一个难解的悖论。正是这个自我力量达到高峰的人，最容易忽略自我或超越自我、最能够以问题为中心、最忘我、最自发地活动、最同律（homonomous，安吉亚尔的术语）。这种人能非常彻底、非常整合、非常纯粹地投入感知、行动、享受、创造当中。

匮乏需求越多的人，要做到以世界为中心，而不是过度自我关注、以自我为中心、以满足需求为导向，就越困难。人越以成长为动机，则越以问题为中心，应对客观世界时越能不受自我意识的影响。

## 10. 人际心理治疗和个人内在心理学

寻求心理治疗的人有一个主要特征，即过去或现在的基本需求没有得到满足。神经症可以被看作一种匮乏性的疾病；因此，治疗的一个必要部分，是为病人提供他们所缺乏的东西，或让他们能够自行获取这些东西。一般来说，由于这种供给来自他人，所以治疗**必定**是人际的。

但是，这一事实却被严重过度泛化。诚然，匮乏需求已经得到满足、主要以成长需求为动机的人，也不能免于冲突、苦恼、焦虑、困惑。在这种时刻，他们也会寻求帮助，也很可能求助于人际心理治疗。但不容忽视的是，以成长需求为动机的人，在解决他们所遇到的难题和矛盾时，经常用沉思的方式转向内心（即自我探索），而不是寻求他人的帮助。即使在原则上，自我实现的许多方面也主要发生在个体内部，比如制订计划、发现自我、选择性地发展潜力、建构人生观等。

在人格完善理论中，必须为自我完善、自我探索、沉思、冥想留出空间。人在成长后期，实质上在独自前行，只能依靠自己。这种在已经良好发展的人身上发生的继续完善，奥斯瓦尔德·施瓦茨（Oswald Schwarz）称为"心理引领"（psychogogy）。如果说心理治疗的作用是消除症状、把病人变成无病之人，那么心理引领则始于心理治疗停止之处，而其作用是把无病之人变成健康人。我在罗杰斯的书中注意到，成功的心理治疗将患者的威洛比情绪成熟量表（The Willoughby Maturity Scale）平均分数从25%百分位提高到了50%百分位，对此我很感兴趣。怎样才能把这个分数提高到75%百分位？怎样才能把它提高到100%百分位？如果想要这样做，难道我们不需要新的原则和方法吗？

## 11. 工具性学习和人格改变

美国的所谓学习理论，几乎全部建立在匮乏动机之上，而目标对象通常在生物体外部，也就是说，学习满足需求的最佳方法。因此，我们的学习心理学，作为知识体系来说很有限，只在小范围的生活中有用处，也只有其他"学习理论家"真正对其有兴趣。

这对解决成长和自我实现的问题帮助甚微。在解决这两个问题时，更不需要用再三从外部世界获取的方法来满足匮乏动机。这时，联想学习（associative learning）和穿通作用（canalization）更多让位于知觉学习（perceptual learning）、洞察和理解的增加、自我认知、人格的稳步发展，即让位于更强的协同作用、整合度、内在一致性。改变不再是逐个养成习惯、建立关联，而是整个人的彻底改变；也就是说，变成一个全新的人，而不是像增添身外之物一样，只是有了些新习惯。

这种改变性格的学习，意味着改变一个非常复杂、高度整合、整全的生物体，反过来这又意味着，很多影响根本不会引起任何变化，因为随着人变得更稳定、更自主，越来越多的这种影响会被个体排斥。

我的研究对象向我报告的最重要的学习经历，往往是单个的生活经历，比如悲剧、死亡、创伤、改变信仰、顿悟等，这些经历迫使个人的人生观发生改变，从而使其所做的一切都发生改变。（当然，"应对"悲剧或洞察要花更长时间，但这也并不是一个联想学习的问题。）

如果成长有这些要素：去除抑制和约束、让人能够"做自己"、释放而不是重复行为（行为本身便有"放射性"）、使人的内在本性得到表达，那么在这种程度上，自我实现者的行为是不学自知的、创造的、释放的，而不是习得的；是表达性的，而不是应对性的。

## 12. 以匮乏为动机和以成长为动机的感知

匮乏需求得到满足的人，比其他人更接近存在（Being）领域——这可能是最重要的区别。心理学家至今都没能在这块界定模糊的哲学家地盘上，这个虽然只是依稀可见但其现实基础毋庸置疑的领域中宣称主权。但是，现在我们可能做得到了；因为通过研究自我实现者，我们洞见种种基本真相，对哲学家来说是老生常谈，对心理学家来说却是全新事物。

例如，我认为，如果仔细研究私欲需求和非私欲需求（或无所求）的感知的区别，我们对感知本身和我们所感知到的世界的理解，都会有很大的改变和扩展。因为后者（即无所求的感知）要具体得多，不那么有摘要性、选择性；如此感知的人更容易看到感知对象的内在本质。另外，这样的人还能同时感知对立、二分、两极、矛盾、不相容的东西。未充分发展的人，似乎生活在亚里士多德式的世界里，类别和概念都有严格的界限，它们互斥、互不相容，例如：男性—女性、自私—无私、成人—儿童、善良—残忍、好—坏。在亚里士多德的逻辑中，A就是A，所有其他事物都是非A，而这两者永远不可能有交集。但自我实现者所见则是：A和非A相互渗透、融为一体，任何人都同时是好人**和**坏人，男性**和**女性，成人**和**儿童。我们不能把完整的人置入一个连续统，只看到其被分离出来的一个方面。

当**我们**用以需求为决定因素的方式去感知他人时，可能意识不到什么问题，但当**我们**自己被他人用这种方式感知时，则必然会对此有所察觉。例如，我们只被看作提供金钱、食物、安全、依靠的人，或一个无名的侍者、仆人、用具。我们一点也不喜欢被这样对待。我们希望被认作我们自己，被视为完整且整全的个体。我们不喜欢被当作有用的东西或工具。我们不喜欢"被利用"。

因为自我实现者通常无须从他人身上提取满足需求的品质，也不将他人看作工具，所以他们更能对他人持有不评价、不判断、不干涉、不指责的态度，达到一种无所求的状态，获得一种"非选择性觉察"。这样能让我们对事物有更清晰、更深刻的感知和理解。外科医生和心理治疗师都应该努力获得这种不缠结、不牵涉、超然客观的感知，而自我实现者**无须**费力便能如此。

尤其是当被感知的人或物的结构复杂、微妙、模糊的时候，这种感知方式的差异最为重要。这时，感知者必须格外尊重被感知者的本质，感知必须温和、细腻、不侵扰、不苛求，能够像流水轻柔地渗入缝隙一般，顺应事物本来的样子；切**不可**像以需求为动机的感知那样，像屠夫剖解动物那样，用粗暴、践踏、剥削、意图明确的方式给事物定型。

感知世界内在本质的最有效方法，是更加善于接纳而不是一味主观判断，并尽可能多地根据被感知事物的内在结构，尽可能少地根据感知者的本质来进行感知。对具体事物同时并存的各个方面来说，这种超然的、道家的、被动的、非干涉性的觉察，与某些对审美体验和神秘体验的描述有许多共同之处。两者强调的重点相同：我们所看到的，是真实、具体的世界，还是我们自己的规则、动机、期待、抽象概念在真实世界上的投影？或者，说得更直白些：我们是真正看到了事物，还是对其视而不见？

## 需求之爱和非需求之爱

爱的需求，通常被认为是一种匮乏需求，例如鲍尔比（Bowlby）、斯皮茨（Spitz）、利维（Levy）的研究所示。它是一个必须得填充的空洞，一个要用爱倾注的空虚之处。如果无法获得这种治疗必需品（爱），就会产生严重的病态；如果适时适量地**获得**了适当形式的爱，就能避免病态的产生。阻遏和满足的情况，导致疾病和健康的状态。如果病态不太严重，且被及时发现，则可用替代疗法来进行治疗。也就是说，在某些情况下，这种疾病、这种"爱的饥渴"，能通过补偿病理性的匮乏来治愈。爱的饥渴是一种匮乏性的疾病，就像身体因为缺乏盐或维生素而患的病一样。

健康人没有这种匮乏，只需要稳定、少量、维持性的爱——甚至在一段时间里连这些都没有也可以——而不需要额外的爱。但是，如果动机完全是因为要满足匮乏、摆脱需求而产生，那么矛盾便出现了。满足需求，应该会导致其消失不见，也就是说，那些在爱情关系中获得满足的人，恰恰会是那些**不太可能**给予和接受爱的人！然而，对较健康的人（爱的需求已经得到满足的人）的临床研究表明，虽然他们不太需要接受爱，但是他们更有能力给予爱。从这个意义上讲，他们是**更加**有爱的人。

这个研究结果，揭露了常见的（以匮乏需要为中心的）动机理论的局限性，并指出了"元动机理论"（或可称为成长动机理论、自我实现理论）的必要性。

我已经初步描述了存在之爱（B-love，对他人之存在的爱、非需求之爱、无私的爱）和匮乏之爱（D-love，匮乏性的爱、需求之爱、自私的爱）截然不同的动态。在这里，我只是想用形成对比的这两组人，来阐明上文中所归纳的一些结论。

1. 存在之爱进入意识层面时，受到人的欢迎和格外喜爱。因为这种爱是非占有性的、欣赏性的、非需求性的，所以不会造成麻烦，而且几乎总是给人带来愉悦。

2. 存在之爱永远不能被饱享，而是可以无休止地被享受。通常来说，这种爱不会逐渐消亡，而会越来越强。它在本质上令人愉快，它是目的而不是手段。

3. 存在之爱的体验，常被描述为与审美体验或神秘体验相同，且具有同等效果。（请见关于"高峰体验"的第6章和第7章。）

4. 体验存在之爱，有深刻且广泛的治疗作用和精神促进作用。这种作用对性格的影响，类似于健康的母亲对自己孩子相对纯粹的爱，或某些神秘主义者所描述的信仰的完美之爱。

5. 毫无疑问，相比匮乏之爱（所有存在之爱者，也体验过这种爱），存在之爱是一种更丰富、更"高级"、更有价值的主观体验。我的其他更加年长、较为典型的研究对象——他们中的许多人都体验了同时存在但以不同形式组合的这两种爱——也表示过对于存在之爱的偏爱。

6. 匮乏之爱是**能**被满足的。"满足"这个概念，几乎完全不适用于对他人的可赞、可爱之处的欣赏之爱。

7. 在存在之爱中，焦虑和敌意是最低限度的，实际上甚至可以认为其不存在。当然，人还是**可能**会为他人而忧虑。在匮乏之爱中，总是会存在一定程度的焦虑和敌意。

8. 存在之爱者，更相互独立、更自主、更不感到嫉妒、更不觉得受到威胁、更无所求、更个人、更无私，但同时又更热衷于助人实现自我、更为其成功感到自豪、更利他、更慷慨、更善于培养。

9. 存在之爱，让人能最真实、最深刻地感知他人。正如我所强调的，这种爱既是一种认知反应，也是一种情绪意动（emotional-conative）反应。这一点令人印象深刻，且多次被其他人后来的体验所证实；因此，我非但不认同"爱使人盲目"这种常见的陈词滥调，反而越发觉得其**对立面**才是事实——即"**无**

**爱**使人盲目"。

10. 最后我要说，在一种深奥但可验的意义上，存在之爱创造了伴侣。这种爱给予人自我形象、自我接纳、值得被爱和被尊重的感觉，而这一切都让人得以成长。没有存在之爱，人是否能全面发展，还是个未知数。

# 第**4**章
## 防御和成长

　　本章旨在使成长理论更加系统化，因为一旦我们接受了成长的概念，许多细节性的问题就会随之产生。例如：成长究竟是怎样发生的？为什么孩子会成长或不成长？他们如何知道成长的方向？他们又是如何走向病态的？

　　毕竟，自我实现、成长、自我，都是高度抽象的概念。我们需要更加贴近实际过程、原始数据、具体生活事件。

　　成长和自我实现，都是远大的目标。健康成长的婴幼儿，并不是为了远大目标或遥远未来而活；他们忙着享受生活，自发地活在当下。他们**正在生活**，而不是**准备生活**。他们是如何做到只是自然地存在，追求对当前活动的享受，**不试图**成长，却一步步不断前进（即健康地成长、发现真实自我）的呢？我们要如何协调存在（Being）和成为（Becoming）的双重事实？成长不纯粹是"前方目标"，自我实现和自我发现也不是。对孩子来说，成长不是刻意为之，而是自然发生。与其说他们在寻找，不如说他们在发现。匮乏动机和目的性应对方式的规律，不适用于成长、自发性、创造性。

　　纯粹的存在心理学（Being-psychology）的危险，在于其可能倾向于静止，而不把变动、方向、成长这些事实考虑在内。我们倾向于将存在和自我实现描述成涅槃般的完美状态——人一旦到达便在那里停驻，而能做的似乎只是心满意足地待在完美之中。

　　我所满意的答案其实很简单，那就是：当向前行进的每一步都在主观上更令人愉悦、更令人快乐、更令人有内在满足感的时候，当这种主观感受是我们了解什么东西对自己最好的唯一方式的时候，成长就发生了。新的体验，可以**自我**验证而无须外界标准，它会自我解释、自我证实。

我们这样做，并不是因为对自己有好处，或有心理学家的认可，或有人要求，或能让我们更长寿，或对人类物种有益，或能带来外部奖励，或合乎逻辑。我们这样做的原因，与我们选择一道而不是另一道甜点的原因相同。我曾将这种做法描述为恋爱或交友的基本机制，即亲吻一个人比亲吻另一个人更令人愉悦，与A做朋友比与B做朋友在主观上更让人满足。

通过这种方式，我们认识到自己擅长的是什么，真正喜欢或不喜欢的是什么，以及有怎样的品味、判断、能力。简言之，这就是我们发现自我的方式，我们对"我是谁""我是什么"这些终极问题作答的方式。

迈步向前、做出选择，都是纯粹自发的、由内而外的行为。健康的婴幼儿，只是存在（Being），而其自身存在的**一部分**，是一种随意的、自发的好奇、探索、求知、兴趣。即使在没有目的、无须应对、不被常规意义上的匮乏所驱动、自然地表达自我的时候，婴幼儿也倾向于尝试自己的能力，向外部探索，全神贯注、感到着迷、感到兴趣，玩耍，求知，操纵世界。**探索**、**操纵**、**体验**、感到兴趣、选择、感到愉悦、**享受**，都可以被视为纯粹存在（Being）的特性，但也以一种偶然的、意外的、未计划的、非预期的方式，将个体导向成为（Becoming）。自发的、创造性的体验，在没有期望、计划、预见、意图、目标的时候，也能（并确实会）发生。① 只有当孩子充分满足自己，感到无聊的时候，才准备好转向其他或许"更高级"的乐趣。

如此一来，就产生了一系列不可避免的问题。什么让他退缩？什么阻碍成长？冲突的根源在哪里？除了向前成长还能如何？为何对有些人而言向前成长

---

① "但矛盾的是，艺术体验无法有效地**用于**这个（或任何其他）情况。就我们对'意图'的理解而言，这种体验必须是无意图的活动。它只能在**存在**中获得——作为人类而存在，做人类必须做的、有幸做的事，敏锐地、全面地体验生命，以自己的方式付出努力、创造美，而这个过程的副产物，就是有所提高的敏感性、完整感、实效性、幸福感。"

如此艰难痛苦？我们必须更充分地认识到未满足的匮乏需求所携的固着力和倒退力，认识到安全和保障的吸引力，认识到应对痛苦、恐惧、丧失、威胁的防御和保护机制，认识到向前成长所需的勇气。

每个人内部都有这**两组**力量。一组出于恐惧而紧握着安全和防御不放，倾向于退行，执着于过去，**害怕**脱离与母亲的子宫和乳房的原始联系，**害怕**尝试和冒险，害怕危及自己已经拥有的东西，**害怕**独立、自由、分离。另一组驱使个体走向完整的、独特的自我，推动其所有能力的充分发挥，使其在接纳自身最深层的、真实的、无意识的自我的同时，自信地面对外在世界。

我可以将上述内容置入一个图式，这个图式虽然非常简单，但有很强的启发和理论作用。这种防御力量和成长趋势的基本困境或冲突，我认为是存在主义性质的问题；这种矛盾植根于人类最深层的本性，无论现在或未来都会永远存在。如下图所示：

安全-------------------------^人^-------------------------成长

然后我们可以轻而易举地将各种成长机制简单地归类为：

a. 增强成长方向的矢量，比如使成长更具吸引力、更有乐趣；

b. 将对成长的恐惧降低到最小限度；

c. 减弱安全方向的矢量，即降低安全的吸引力；

d. 将对安全、防御、病态、退行的恐惧提高到最大限度。

然后，我们可以添加这四组效价到基本图式当中：

危险性增强　　　　　　　　　　　　吸引力增强

安全<-------------------------^人^-------------->成长

吸引力最小化　　　　　　　　　　　危险性最小化

因此，我们可以将健康成长过程看作一个永无止境的自由选择过程，每个人都会接连不断地面对自由选择情境，然后必须在安全与成长、依赖与独立、退行与进步、幼稚与成熟之间做出自己的选择。安全喜忧参半，成长亦是如此。当成长之喜与安全之忧大于成长之忧与安全之喜时，我们就会向前成长。

到目前为止，这听起来像是自明之理。但是，对于想尽量做到客观、公开、行为主义的心理学家而言却不是这样。心理学家进行了多次动物实验和大量理论推演，才最终说服动物动机的研究者接受一个观点：除了考虑"需求减少"（need-reduction）这个指标，还要引入P. T. 杨（P. T. Young）所说的"享乐因素"（hedonic factor），才能解释目前得到的自由选择实验的结果。例如，虽然糖精无法以任何方式减少需求，但是小白鼠会选择喝糖精水而不是清水。这种现象**一定**与糖精（无用的）味道有关。

此外，需要注意的是，**任何**生物体都能在体验中获得主观愉悦（subjective delight）——无论是婴儿还是成人，无论是动物还是人类。

这里新出现的可能性，对理论家很有吸引力。自我、成长、自我实现、心理健康，所有这些高级概念，或许都能与以下实验研究归入同一解释系统：动物进食偏好实验、婴儿进食和职业选择的自由选择观察、对内稳态的丰富研究。

当然，这种"通过享乐成长"的阐述，也意味着我们得接受一个必要假设：从成长的意义上讲，更令我们愉悦的东西，对我们就"更有益"。我们相信，如果自由选择**真的**是自由的，如果选择者不因为病态或恐惧而无法选择，他通常会明智地做出健康导向、成长导向的选择。

这个假设已经为许多实验结果所支持，但这些实验大多在动物层面完成；对于人类的自由选择，有必要进行更加详尽的研究。我们必须在体质和心理动力层面，更加深入地了解人类做出不良选择、不明智选择的原因。

我倾向于把事物系统化的一面，也偏爱这种"通过愉悦成长"的概念，因为它能与一些理论很好地结合，包括弗洛伊德、阿德勒、荣格、沙赫特尔、霍妮、弗洛姆、兰克等人的动态理论（dynamic theories），罗杰斯、布勒、库姆斯（Combs）、安吉亚尔、奥尔波特、戈德斯坦等人的自我理论（Self theories），还包括自我理论中杜威（Dewey）、拉齐（Rasey）、凯利（Kelley）、穆斯塔卡斯（Moustakas）、威尔逊（Wilson）、珀尔斯（Perls）、李（Lee）、默恩斯（Mearns）等人的成长存在学派（Growth-and-Being school）的理论。

我批评传统弗洛伊德主义者，因为他们倾向于（在极端情况下）将一切都病态化，透过棕褐色的眼镜看待所有事物，而没有清楚地看到人类朝健康方向发展的可能性。但成长学派（在极端情况下）同样存在问题，因为他们倾向于透过玫瑰色的眼镜看待事物，通常会回避病态、软弱、成长**失败**的状况。前者像是只涉及邪恶和罪行的神学，后者像是丝毫不涉及罪恶的神学，因此两者都是错误的、不切实际的。

我在这里必须特别提到安全与成长之间的另一层关系。人通常是一小步一小步向前成长的，迈出的每一步都依赖于一种安全的感觉、背靠安全港湾向未知之海进发的感觉、因为有撤退空间而更勇于前行的感觉。我们可以用学步小孩冒险离开母亲走向陌生环境为例：孩子的典型表现是先紧紧抓住母亲，用眼睛打量房间，然后鼓起勇气走出去进行一些探察，同时不断确认母亲还在那里（安全依然存在）；然后，这些探察的范围变得越来越大。孩子用这种方式探索一个危险的、未知的世界。如果母亲忽然不见了，孩子会陷入焦虑，不再对探索世界感到兴趣，只希望重新回到安全之中，甚至可能会丧失一些能力，比如变得只会爬行而不敢走路。

我认为我们可以将这个示例普遍应用。安全得到保障，更高级的需求和冲动就会出现，能力也随之成长而趋向完备。危及安全，就会导致个体退行到更基本的层面。这意味着，在安全和成长只能二选一时，安全通常会胜出——安全需求比成长需求更占主导地位。这扩展了我们的基本准则。一般来说，只有感到安全的孩子才敢于健康地成长——他的安全需求必须得到满足。我们不能强行推动孩子向前——这样会使未满足的安全需求长埋地下，总是在要求被满足。安全需求越得到满足，对孩子的效价就越低，越不会招引孩子、减弱孩子的勇气。

我们怎样能知道孩子何时感到足够安全而敢于选择向前迈出新的一步？归根结底，唯一的办法就是看**他的**选择，也就是说，只有他才真正知道，前方召唤力量何时胜过了后方召唤力量，勇气何时胜过了恐惧。

总而言之，人必须为自己做选择，就算是孩子也不例外。没人能一直帮他选择，因为这会让他软弱、失去自信，不能清晰地察觉在体验中**自己的**内心愉悦、冲动、判断、感受，也无法将这些自身标准与内化了的他人标准区分开来。①

如果的确如此，即孩子最终必须自己做出成长的选择——因为只有他知道自己有怎样的主观愉悦体验——那么我们如何才能协调"信任个体内在"和"获得环境帮助"这两种必然需要？孩子的确是需要帮助的，否则他会因害怕

---

① "从拿到包裹的那一刻起，他就觉得可以随心所欲地使用它。他拆开包装，思考它是什么，认出它是什么，表达欢喜或失望，注意物件的排列，找到一本说明书，感受金属的触感，留心零件的不同重量和数量，等等。他先完成上述步骤，才试着用这套物件做些什么。接着，用它做些什么的兴奋感随之而来。他可能只是将一个零件与另一个拼在一起；就算如此，他也因而感到自己做了一些事情，可以有所作为，而不是对这些物件无能为力。不管他后来拼出什么样的形状，无论他的兴趣是否延伸到想要使用整套零件（进而获得越来越高的成就感），抑或他决定将其完全丢弃，他与这组拼装玩具的初步接触都是有意义的。

"主动体验的结果可以大致概括为以下内容：生理层面、感受层面、思想层面上的自我参与；对自身能力的认可及进一步探索；活动与创造力的起始；发现自己特有的步伐和节奏，以及在当时可以承担任务的限度（包括避免承担过多）；获得（同样可用于其他事情的）技能；每次主动参与（无论角色多小）的行为，都有机会更明确自身兴趣所在。

"上述情况可能会与下列情况形成鲜明对比：有人把这组物件带回家，对孩子说：'这是套拼装玩具，我帮你打开吧。'这个人打开包装，指了指盒子里的所有东西——说明书、各种零件，等等，甚至开始着手组装一个复杂的部分，比如一台起重机。孩子可能会对眼前所见（这个人的行为）很感兴趣，但让我们来看一下究竟发生了什么。这个孩子没有机会用他的身体、思维、感受，参与到玩具的组装当中；他没有机会将自己与新鲜事物匹配起来，发现自己的能力范围，或者进一步明确他的兴趣方向。替孩子组装好起重机的行为，或许造成了一种影响，即对孩子传达出一种隐含的要求：在尚未有机会为这项复杂任务做准备的情况下，也要完成得一样好。在实现目标的过程中，关注对象变成了结果而不是体验。此外，无论孩子后来自己做到什么，与别人已经替他做好的相比，都会显得微不足道、平淡无奇。孩子没有为再次应对新事物积累经验，换句话说，他没有从内部成长，而是在外部叠加了一些东西……每一次主动体验的经历，都是一次机会，让孩子发现自己的爱憎好恶，越发懂得自己想成为什么样的人。这是孩子迈向成熟和自我导向的重要环节。"

而不敢行动。我们如何能帮助孩子成长？同样重要的是，我们会怎样危及他的成长？

　　就孩子而言，主观愉悦体验（信任自己）的对立面是他人的意见（他人给予的爱、尊重、认可、赞赏、奖励，信任他人而不是自己）。对无力自立的婴幼儿来说，他人至关重要，而害怕失去他人（即安全、食物、爱、尊重的提供者）这种恐惧，是对成长的一种原初的、可怕的威胁。因此，孩子在面对需要从"自身感到愉悦"和"受到他人认可"这两种体验中进行艰难选择的情况时，必然普遍会选择后者，然后对自身的愉悦采取压抑、扼杀、忽略、用意志力控制等处理方法。这么做通常还会造成对愉悦体验的否定，或为之感到羞愧、难堪、有所顾忌，最后甚至会丧失感受这种体验的能力。①

　　因此，孩子做出"原初决定"时面对的岔路，一条名为"他人眼中的我"，一条名为"自己心中的我"。如果坚持自我的唯一方法是失去他人，孩子一般

---

① "自我怎么可能丧失？这种不明所以、无法想象的背版，始于我们童年时期悄无声息的精神死亡——如果没有被爱，还被剥夺了自发的希望，这种死亡就会发生。（请思考：还剩下什么？）不过，等一下——这不是简单的精神谋杀。精神谋杀可以一笔勾销，幼小的受害者甚至可能随成长而痊愈；但这是一桩完美的双重犯罪——他自己逐渐也不知不觉地参与其中。他的真实自己，他的**本来样貌**，并没有被接受。他们'爱'他，却希望他、强迫他、期待他有所不同，这可真有趣！他**必定**会因此觉得自己**不可接受**，并学着相信这一点，最后甚至认为这理所当然。他实打实地放弃了自己。现在，无论他对他们是否服从，选择依附、反抗还是退缩，到头来，他的行为和表现才是重点。他的重心放在'他们'而不是自己身上——不过就算他注意到了这一点，也会认为这很自然。整件事都很合理，一切都在不显眼、不经意、不具名的情况下发生！

"这是一个完美的悖论。一切看起来都很正常；没有故意犯罪；没有尸体，没有内疚。我们只看到不变的日升日落，但到底发生了什么？他被否认了，不仅被他人拒绝，也被他自己抛弃。（他其实没有自我。）他失去了什么？他失去了他的一个真实的、至关重要的部分：他自己的肯定感受（yes-feeling），这是他成长的能力，他的根基。然而！他并没有死亡。'生活'还在继续，他也不能停下脚步。从他开始放弃自己的那一刻，直到现在，他都在不知不觉中创造并维持一个伪自我。但是，这只是一种权宜之计——一个没有任何自发愿望的'自我'。这种'自我'会在他受到鄙夷时得到爱（或敬畏），会在他软弱时强大，会为了生存（而不是乐趣和喜悦）去走个过场——并不是因为他想行动，而是由于他必须服从。这不是生活（至少不是他的生活），而是一种对死亡的防御机制。这也体现了死亡对人的深刻影响。从现在起，他会因强迫性的（无意识的）需求而痛苦不堪，因（无意识的）冲突而动弹不得；他的一举一动、每时每刻，都在侵蚀他的存在、他的完整性；与此同时，他还得伪装成一个正常人，并被要求表现得像正常人一样！

"总而言之，我发现我们在寻求和保护一个伪自我、一个自我系统（self-system）时，**变得**越发神经质，甚至到了没有自我的程度。"

会放弃自我。这么做的原因上文已经提及：因为安全是孩子最基本、最具支配性的需求，在必要性上远高于独立、自我实现。如果成人逼迫孩子在失去一个（较低级的）必需品或另一个（较高级的）必需品之间做出选择，孩子一定会选择保留安全，哪怕以舍弃自我、牺牲成长为代价。

（原则上没有必要逼迫孩子做出这样的选择，但人们却因为自身的病态与无知而经常这样做。我们之所以知道这样做没有必要，是因为有很多孩子可以作为例证——他们得到了所有上述必需品，不必付出重大代价，也能同时拥有安全、爱和尊重。）

我们可以从治疗、创造性教育、创造性艺术教育、创造性舞蹈教育这些情境中，学到重要的一课。当一个情境的氛围是宽容的、欣赏的、赞扬的、接纳的、安全的、令人愉快的、让人安心的、支持的、不带威胁的、不评判的、不比较的，也就是说，当一个人能感到绝对安全、不受威胁时，他就有可能发现并表达出各种次要愉悦，比如敌意和神经质的依赖。一旦这些情绪得到充分宣泄，他就会自发地转向外人认为是"更高级"的、成长方向的其他愉悦，比如爱和创造；当他对这两种愉悦都有过体验时，就会对后者更加偏爱（治疗师、教师、帮助者等，由于认同的外显理论有所区别，所以持有的观点也存在差异。但这通常不会造成很大影响——真正优秀的治疗师，就算认同悲观的弗洛伊德学派理论，也能**表现**出对成长可能性的相信；真正优秀的教师，就算在言语上表达出对人性的完全乐观态度，也会在实际教学中**隐含**着对退行力量和防御力量的充分理解和尊重。同时，也存在手握一套非常现实全面的哲学，却不在实践、治疗、教学、养育中加以应用的情况。只有尊重恐惧和防御的人，才能进行教学；只有尊重健康的人，才能进行治疗）。

这种情境中存在的悖论，部分出于一个真实状况——即使是"坏"选择也"有益于"神经质的选择者，或者说，就其自身内部动态而言，这种选择至少是可以理解的，甚至是必要的。我们知道，硬行去除功能性的神经症状，无论是通过强制手段，还是通过过于直接的对抗或解释、压力情境（它足以粉碎个人对痛苦觉察的防御），都可能会彻底摧毁一个人。这就涉及了成长**步伐**的问题。优秀的家长、治疗师、教育者的**做法**，彰显了他们对这个问题的理解：如果想让成长看起来是良辰美景而不是激流险滩，就必须要温柔、亲切、尊重恐惧、认识到防御和退行力量的自然性。这也意味着他们明白一个道理：只有当安全得到保证时，成长才会发生。他们**认为**，如果一个人的防御极其坚固，那么一定不是无缘无故；而是就算知道孩子"应该"走哪条路，他们也愿意保持耐心和体谅。

从动力视角来看，只要我们承认两种智慧——防御智慧（defensive-wisdom）和成长智慧（growth-wisdom），实际上**所有**选择终究都是明智的。（对第三种"智慧"，即健康退行的讨论，请见第12章）防御和冒险都可以是明智的选择；到底明智与否，取决于做出选择的具体个人，以及此人的特殊状态和所处情境。如果选择安全能避免超出承受范围的痛苦，那这个选择就是明智的。如果我们希望帮助他成长（因为我们知道，从长远来看，持续选择安全会给他带来灾难，也会剥夺他通过尝试获得乐趣的机会），那么我们所能做的，就是在他因痛苦而寻求帮助时伸出援手，或者在让他感到安全的同时示意他继续**尝试**新的体验，如同母亲张开双臂鼓励婴儿走路一样。我们不能**强迫**他成长，只能加以**劝诱**，让他觉得成长更为可能，同时相信只要他经历了新的体验，就一定会对其偏爱。只有他能做出这种偏爱，没有任何其他人能代劳。如果要将成长身体力行，**他**就必须喜欢成长；如果他不喜欢，我们就必须做出适度让步，承认目前还不是最佳时机。

这意味着，就成长过程而言，患病的孩子应当与健康的孩子得到同等的尊重。只有当孩子的恐惧被接纳和尊重时，他们才敢大胆冒险。我们必须明白，黑暗力量与成长力量同样"正常"。

这是一项棘手的任务，因为这既意味着我们知道什么对孩子最好（我们**的**

**确**在引导他走向我们选择的方向），又意味着只有孩子知道从长远来说什么对自己最好。因此，我们必须只**提议**，少强迫。我们也必须做好充分准备：不仅引导孩子前进，同时尊重孩子后退的行为——舔舐伤口、恢复体力、从安全有利的位置审视形势，甚至为了重拾成长的勇气而退行到先前的能力程度和"低级"愉悦当中。

这里便有了帮助者的用武之地。他的作用不只是使健康的孩子能向前成长（在孩子需要时"为其所用"）并在其他时候让出前路，还体现在更迫切的情形中，即帮助那些"陷入"固着、坚硬的防御、阻断成长的安全措施当中的人。神经症会自我延续，性格结构也是如此。我们可以做的，要么是等待生活向这些身陷困境的人证明他们的体系行不通，即让他们最终堕入神经质的痛苦；要么是通过尊重、理解他的匮乏需求、成长需求，来理解他并帮助他成长。

这相当于道家"顺其自然"态度的一种修订形式；由于成长中的孩子需要帮助，纯粹的"顺其自然"往往不起作用。我们可以称这种态度为"乐于帮助的顺其自然"，视其为一种带有**爱**和**尊重**的道家思想。这种态度不仅关注成长和使其朝着正确方向前进的特定机制，也关注并尊重成长的恐惧、成长的缓慢步伐、阻碍、病态，以及不成长的原因；它关注外部环境在成长中的位置、必要性、有益性，但不将控制权拱手相让；它通过了解内在成长的机制并为**其**助力来实现内部成长，而不只是对其抱有希望或被动地保持乐观。

上述所有内容，都可以与我在《动机与人格》一书中提出的一般动机理论（特别是需求满足理论）关联；在我看来，需求满足是人类健康发展的最重要原则。低级需求得到满足时，高级需求就趋于出现——这就是将多种人类动机结合起来的唯一整体原则。有幸正常良好地成长的孩子，会对已经充分体验的愉悦感到饱足和**乏味**；这时，如果更复杂的高级愉悦不带有危险或威胁，他就会**热切**（但不强求）地转而追求这些愉悦。

这一原则，不仅可见于孩子较深层的动机动态中，也缩影式地体现在其较浅层的活动发展中，比如在学习认字、滑冰、绘画、跳舞的时候。掌握了简单词汇的孩子，会对之爱不释手，但不会止步于此。在适当的氛围中，他会自发表现出对学习更多新词语、更长的词语、更复杂句子的渴望；如果被迫停留在简单的水平上，他会对以前令他愉悦的东西感到乏味、焦躁不安；他**想要**继续向前移动、迸发、成长。只有在迈出下一步时遇到挫折、失败、反对、嘲笑的情况下，他才会固着或退行，而我们则会面对错综复杂的病态动态、神经质的病变；这时，冲动仍然存在但无法实现，甚至会出现冲动和能力丧失的情况。①

我们最后总结出的，是一种附加在需求层级原则上的、引导并指示个体朝着"健康"成长方向发展的主观机制。需求层级原则适用于任何年龄段。若想要重新发现丧失的自我，最好的方式就是恢复感知自身愉悦的能力，就算已经步入成年也是如此。治疗过程帮助成人发现：幼年时（被压抑的）得到他人认可的需要，不再以幼年时的形式和程度存在；害怕失去他人，担心自己软弱、无助、被抛弃，这些感觉也不再像对那个孩子（幼年的自己）一样真实、合理。相比孩子而言，对于成人，他人的重要性可以（也应该）更低。

我们的最终准则有以下内容：

_____

① 我认为，可以将这一普遍原则应用于弗洛伊德的性心理发展阶段理论。口腔期的婴儿，大部分的愉悦都是通过嘴来获得的。这些愉悦中有一种经常被忽视的特殊类型——熟练掌握的愉悦。我们应该知道，婴儿能很好地、高效地完成的**唯一**动作，就是吸吮；在其他方面，他的能力和效率都不足。若如我所设想，即这是自尊（熟练掌控感）的早期形式，那这也是婴儿体验熟练掌握（效率、控制、自我表达、自我意志）的愉悦的**唯一**方式。

但是，婴儿很快发展出了其他的掌握和控制的能力。我指的并不只是肛门控制能力——在我看来，这种能力对婴儿虽然重要，但是其作用被过分夸大了。在所谓的"肛门"期，运动能力和感知能力也得到长足发展，进而带来了愉悦感、掌控感。对于我们来说，这里的重点是：口腔期的婴儿，倾向于尽情发挥掌控口腔的能力，之后对其感到乏味——就像婴儿如果只喝母乳便会觉得单调一样。在自由选择的情境中，婴儿更可能会放弃乳房和乳汁，转而尝试别的、更复杂的活动和食物，或通过其他方式对其"高级"发展所产生的能力进行使用。充分满足、自由选择、较少威胁——有了这几个条件，婴儿就会在成长中自然地超越口腔期，将其抛诸身后。他不需要被驱赶着前行、被强迫着走向成熟（但我们经常听到暗含这种意味的观点）。他**选择**追求更高级的愉悦、厌倦旧的愉悦。只有在受到危险、威胁、失败、挫折、压力的冲击时，他才倾向于退行或固着，他才会偏爱安全而不是成长。当然，人若想变得坚韧、自我克制、延迟满足、承受挫折的能力不可或缺；同时，我们也知道肆无忌惮的满足非常危险。然而，不可否认，基本需求得到充分满足仍然是**必要条件**，而上述因素是这一原则的**辅助条件**。

1. 健康自然的孩子，自发地、发自内心地、响应自身内在存在地、带着好奇与兴趣地探索外部环境，无论自己有什么能力都表现出来。

2. 他在多大程度上没有因恐惧而寸步难行，就在多大程度上感到足够安全而能大胆冒险。

3. 在这个过程中，让他获得愉悦体验的东西，是他偶然遇到的，或是由帮助者提供的。

4. 他必须在一定程度上感到安全、接纳自己，才能偏爱、选择（而不是畏惧）这些愉悦。

5. 如果他**能够**选择去经历那些已被愉悦所证实的体验，就可以回到体验中不断地重复享受，直至感到充盈、饱足、乏味。

6. 这时，他表现出一种步向同一领域中更复杂的、更丰富的体验和成就的**趋势**（如果他有足够安全感而敢于这么做）。

7. 这种体验，不仅意味着继续前进，也是对自我的一种反馈——以确定感（"我喜欢这个，不喜欢那个，十分**肯定**"）、能力感、掌控感、自信、自尊的方式。

8. 生活中永无止境的选择，通常可以图式化地分为安全性（或更广泛意义上的防御性）和成长性两类；因为只有已经拥有安全的孩子才不再需求安全，所以安全需求已经得到满足的孩子会做出成长性的选择。只有这样的孩子才敢于冒险。

9. 为了让孩子能做出与自身本性一致且能发展本性的选择，我们必须允许他保留愉悦和乏味的主观体验，以此作为其正确选择的**唯一**标准。另一种标准是按照他人的愿望进行选择；当这种情况发生时，自我就会迷失，而安全也变成了唯一选项，因为孩子会出于恐惧（比如害怕失去保护、害怕不再被爱）而放弃对自身愉悦标准的信任。

10. 如果选择真的是自由的，孩子也未因受创而举步维艰，那么他通常会选择向前行进。[①]

11. 证据表明，从旁观者的长远视角来看，令健康的孩子愉悦和快乐的东西，通常也是这个孩子"最好"的选择。

12. 尽管最终必须由孩子自己作出选择，但这个过程中环境（家长、治疗师、教师）也很重要。

a. 环境能够满足孩子对安全、归属、爱、尊重的基本需求，让他感觉不受威胁、自主、兴致盎然、自发，从而敢于选择未知；

b. 环境能够使成长更具吸引力、危险性更低，并使退行性的选择更无吸引力、代价更高，从而促进成长。

13. 如此一来，存在心理（the psychology of Being）和成为心理（the psychology of Becoming）就可以相互协调，而孩子只是做自己也能前进和成长。

---

① 当人试图（通过压抑、否认、反向形成等）说服自己一个未满足的基本需求实际上已得到满足或根本不存在时，经常会出现一种伪成长（pseudo-growth）的现象。这时，他允许自己向更高级需求层次成长；但是，从此以后，他的成长永远建立在不稳固的基础上。我称这种情况为"绕过未满足需求的虚假成长"。这种被绕过的需求，会一直以无意识力量（重复强迫）的形式持续。

# 第 **5** 章
## 对认知的需求和恐惧

### 害怕知识，逃避知识：认知的痛苦和危险

在我们看来，弗洛伊德最伟大的发现是：很多心理疾病产生的重要原因是害怕了解自己——自己的情绪、冲动、记忆、才能、潜力、命运。我们发现，对了解自己的恐惧与对外部世界的恐惧，通常形式相同且平行存在。也就是说，内在问题与外在问题，往往极其类似且相互关联。因此，我们只谈论普遍意义上的认知恐惧，而不严格区分其为内在或外在。

这种恐惧，可以说是对我们的自尊、自爱、自敬的一种保护，因此通常是防御性的。我们所畏惧的往往是会使我们自鄙或感到自卑、软弱、无价值、邪恶、羞耻的那些认知。为了保护自己、维持理想的自我形象，我们采取压抑及类似的防御手段，而这些本质上都是我们试图防止意识到令人不悦或危险的真相而使用的技巧。在心理治疗中，这种用策略持续避免认识到痛苦事实、因治疗师帮助澄清这事实而与其对抗的行为，我们称为"抵抗"。心理治疗师的所有治疗技术，都是在用某种方式揭示真相，或是让患者更有力量而能够承受真相（"人能做出的最好努力，便是对自己完全诚实。"——西格蒙德·弗洛伊德）。

然而，我们还常常回避另一个真相。我们不仅紧抓着心理病症不放，同时倾向于逃避个人成长，因为成长会带来另一种恐惧、敬畏、自己不够好的感觉。于是，我们看到了另一种抵抗，一种对自己最好的优点、才能、直觉、潜力、创造性的否认。简言之，这是我们对自身伟大的抗拒、对**自大**的畏惧。

这里我们会想到自己文化中的神话，关于亚当和夏娃，以及不得触碰的那

棵危险的知识之树；其他文化中的神话也包含类似的意向：终极知识只能为神灵所有。大多数宗教都有反智主义倾向（当然还有别的倾向），偏爱信仰、教义、虔诚而非认知，或觉得**某些**形式的知识过于危险而不能乱碰，因此最好将其禁止或保留给少数特殊人物。大多数文化中的革命者，那些为寻得神的秘密而公然违抗他们的人，都受到了严厉惩罚，比如亚当和夏娃，普罗米修斯和俄狄浦斯；这些事例是对其他人的警告：不要企图变得像神一样。

非常简要地说，其实正是内心的神性让我们矛盾不已，对其迷恋又惧怕、追求又防御。这是人类基本困境的一个方面：我们既是蠕虫又是神灵。每个伟大的创造者、每个似神一般的人都已证实，在创造和肯定新事物（与旧事物对立）的孤独时刻，勇气不可或缺。这是一种无畏、一种身先士卒、一种反抗和挑战。一时的惊恐可以理解，但如果不能克服，创造就没法发生。因此，发现自身的杰出才能固然会令人振奋，但也会带来对作为领导者、独行者所承担的危险、责任、义务的恐惧。责任可能会被视为沉重负担而尽量长久回避。想想那些总统当选人描述的情绪，那种混合着敬畏、谦卑甚至惊恐的感受，就不难理解。

有几个典型临床案例很能说明问题。首先是女性心理治疗中相当普遍的现象：很多才华横溢的女性都会陷入对聪明才智和男性气质的无意识辨别。她可能会感到探究、寻求、好奇、证实、发现这些行为，让她失去了女性气质；在她的丈夫对自身男性气质存疑而因此受到威胁时，尤其如此。许多文化都阻碍女性学习知识，我认为采取这种措施的一个动力根源，就是希望保持她们的"女性气质"（在施虐受虐的意义上）；例如，女性不能成为牧师或教士。

怯懦的男人也可能会将好奇性探究看作某种对别人的挑战，似乎在显示才智和寻找真相时，他也在肯定自己、胆大敢为、表现男子气概，却又心里没底，担心这样会招致其他（更年长、更强壮的）男人的愤怒。因此，孩子也可能会认为好奇性探究是在侵犯他们的神（"全能的"成年人）的特权。当然，持这种态度的成年人就更多了。成年人经常对孩子无休止的好奇心感到厌烦，有时甚至会感到威胁或危险，特别在涉及性的问题时。认可并欣赏孩子好奇心的家长，仍然只是不寻常的少数。类似情形也能在被剥削者、受压迫者、弱势族群、奴隶这些群体中看到。他们会不敢自由探索、害怕知道太多，因为这样可能会惹怒他们的"主人"。在这些群体中，常见一种防御性的伪愚（pseudo-stupidity）态度。剥削者和暴君出于形势的考虑，无论如何都不太可能鼓励他眼中的下等人去好奇、学习、获取知识。知道太多的人很可能会造反。被剥削者和剥削者都被驱使着认为，拥有知识与成为适应良好的优秀奴隶，两者是不相容的。在这种情况下，知识**是危险的，相当**危险。弱小、从属、低自尊的状态，抑制了认知的需要。猴王确立统治地位的主要方式是毫不客气的直接凝视，而处于从属地位的猴子会移开视线以躲避猴王的目光。

遗憾的是，这种动态甚至会在教室里出现。聪明非凡、积极提问、探究真相的学生——特别是当他比老师还聪明的时候——往往被视为"自作聪明的人"、纪律的威胁者、老师权威的挑战者。

"认知"在无意识中可能意味着支配、征服、掌控甚至蔑视。这种现象在窥淫癖中也能看到：窥淫癖患者感觉自己对所窥视的裸体女性有某种控制权，好像他的眼睛是可以用来实施强奸的支配工具。在这个意义上，大部分男性都是窥淫者，他们明目张胆地盯着女人看，用双眼脱去她们的衣服。圣经中"认知"这个词的性含义，也使用了这种比喻。

在无意识层面上，认知是一种侵入和穿透、一种男性的性等价物，这可以帮助我们理解围绕着以下情形出现、自古有之的矛盾情结：孩子对秘密和未知的窥探，女人在女性气质和大胆认知之间的矛盾，受压迫者感觉认知是主人的特权，信教者担心认知是侵犯神的权利且会招致危险和愤恨。认知，和"交合"一样，可以是一种自我肯定的行为。

## 减轻焦虑和促进成长的知识

到目前为止，我一直在谈论认知需求**本身**，谈论知识和理解所带来的纯粹愉悦感和原始满足感。认知使人变得更宏达、更智慧、更丰富、更坚强、更苗壮、更成熟，代表着人类潜力的实现、人类可能性所预示的人类命运得到应验。如此说来，这个现象与花朵无碍地绽放、鸟儿自在地歌唱，可谓异曲同工。苹果树结出苹果，无须努力奋斗，只是其固有本性的自然表达。

不过，我们也知道好奇和探索是比安全"更高"的需要，也就是说，对安全、无忧虑、不害怕的需要，比好奇心更占主导地位。无论从猴子还是人类的幼儿身上，都能直接观察到这种表现。处于陌生环境中的小孩子的典型举动，是先紧紧抓住自己的母亲，然后才慢慢放开手，一点点向外界进发、探索。如果母亲不见了，孩子会感到害怕，他的好奇心也随即消失，直到安全感恢复才重新浮现。可以说，孩子的探索只会从一个安全的港湾发起。哈洛（Harlow）研究的小猴子也是这样：无论受到何种惊吓，它都会逃回代母猴身边紧贴着它，先进行观察，**然后**再出去冒险。如果代母猴不在那儿，小猴子可能只会缩成一团、低声呜咽。哈洛拍摄的录像非常清楚地展现了这些行为。

成年人对待自己的焦虑和恐惧的方式，则微妙和隐蔽得多。如果这些情绪没有完全把他压垮，他就倾向于压抑它们，甚至否认它们的存在。他常常都"不知道"自己在害怕。

应对焦虑的方法很多，其中有些是认知性的。对于焦虑的人，陌生、含混不清、神秘、隐藏、出乎意料的事物，都容易产生危险感。让这些事物变得熟悉、可预测、易处理、能控制（也就是不可怕、无害）的一种方法，就是认识并理解它们。因此，知识可能不仅有推动成长的作用，还有减轻焦虑、保护性地维持内稳态（homeostasis）的功能。外显行为或许非常相似，但内部动机可能完全不同，主观结果也因此有显著差异。一方面，我们有种松了口气、不那么紧张了的感觉，就像提心吊胆的房主半夜拿着枪下楼查看神秘可怕的声音，却发现什么都没有的时候一样。这种感觉，与透过显微镜第一次看见肾脏微观结构的年轻学生所体会到的，与忽然领悟一曲交响乐的结构、一首精妙诗歌的内涵、一个复杂政治理论的意义的人所感受到的那种启迪、欢欣甚至狂喜，是截然不同的。另一方面，个人觉得自己更豁达、更聪明、更强大、更充实、更有才能、更成功、更具感知力。假如我们的感觉器官变得更敏锐、眼睛看到和耳朵听到的都突然更清楚，这就是我们会有的感受。在教育和心理治疗中，这种情况能够且**的确**时常出现。

这种动机性辩证关系，在广阔的人类画卷、伟大哲学思想、信仰结构、政治和法律体系、各类科学甚至整个文化上都有所体现。极为简单地说，对立统一的这两方面，能以不同比例同时表现理解需求和安全需求所造成的结果。有时，安全需求几乎可以完全将认知需求为己所用，达到减轻焦虑的目的。不焦虑的人能够更大胆、更勇敢，能够为了知识本身去探索和推理。我们完全有理由相信，后者会更接近真理和事物的真实本质。基于安全的哲学、科学，相比基于成长的哲学、科学，更容易盲目。

## 回避知识与逃避责任

焦虑和胆怯，将好奇、认知、理解为己所用，也可以说是把它们当作缓解焦虑的**工具来利用**；同时，好奇心的缺乏，可能是焦虑和恐惧的主动或被动的**表达**。（这与好奇心因被荒废而导致衰退的情况不同。）换言之，我们可以为了减少焦虑而寻求知识，也可以为了减少焦虑而回避认知。用弗洛伊德学派的话来说，无好奇心、学习困难、伪愚，都可能是一种防御。知识和行动是紧密相关的，这一点毋庸置疑。我的想法还要再进一大步：我确信知识和行动常常是同义的，甚至在苏格拉底法中是完全等同的。只要我们对事物有充分、全面的认知，适当的行动就会自然地、本能地随之而来。我们因此可以没有矛盾、完全自发地做出选择。

这种状态在健康人身上有高水平的体现。健康人似乎知道什么是好坏对错，并将这种理解在其轻松且全面的机能活动中表现出来。然而，这种状态在孩童（或藏在成年人内心的孩童）身上又有完全不同水平的体现。对他们而言，思考行动可以与采取行动相等同，精神分析师称之为"思想全能"。也就是说，如果他有过想要他父亲死去的愿望，就可能会无意识地做出一些反应——好像他真的杀了他父亲一样。事实上，成年人心理治疗的作用之一就是解除这种幼稚特性的警报，让人无须再为幼稚的想法感到内疚，好像思考就是付诸行动一样。

无论如何，认知和行动之间的密切关系，都有助于我们解析认知恐惧的部分原因，说明其实际上是对行动的恐惧、对认知导致的后果的恐惧、对认知带来的危险责任的恐惧。通常，最好不要有所认知，因为你**只要**知道了，**就必须**采取行动及承担风险。这个概念有点绕，有点像一个人说："我不喜欢牡蛎，真是太好了。因为如果我喜欢，就会去吃，而我**讨厌**那些该死的东西。"

对于住在达豪附近的德国人而言，不去了解集中营里的事情、装聋充瞎、装傻充愣，当然是更安全的。因为如果知道了真相，他们要么就不得不做点什么，要么就得为自己的懦弱感到愧疚。

孩童也可以玩同样的把戏：否认、拒绝看到他人有目共睹的事情，比如他的父亲是个可鄙的懦夫，或者他的母亲并不是真的爱他。这种事情，知道了就要有所行动；行动不可能，还是不知道为好。

总之，我们现在对焦虑和认知有了足够的了解，可以驳斥许多哲学家和心理学理论家几个世纪以来所持有的极端立场，即**所有认知需求都由焦虑激发且只为**减少焦虑而存在。多年来，这种主张貌似合理，然而如今的动物和儿童实验在根本上与其对立，因为所有实验结果都表明，焦虑通常会扼杀好奇和探索、与之互不相容，尤其在极度焦虑的时候。认知需求，在安全和非焦虑的情境中最清晰地得以表现。

最近有本书很好地概括了这一点。

"信仰体系的美好之处在于其同时服务两个目的：在可能的范围内理解世界、在必要的程度上防御世界。有些人认为，人为了只见其所愿见、念其所愿念、思其所愿思，而选择性扭曲自己的认知，我们不同意这种观点。反之，我们坚信人只在迫不得已时才会那样做，仅此而已。因为，我们都被一种时强时弱的愿望驱使，想要看到真正的现实，就算受伤也在所不惜。"

## 总 结

显然，我们如果想更好地理解认知需求，就得在思考时将其与认知恐惧、焦虑、安全需求结合起来。最终，我们看到一种辩证关系、一种恐惧和勇气之间的较量。所有增加恐惧的心理和社会因素，都会削弱我们的认知动力；同样，所有支持勇气、自由、胆量的因素，都会解放我们的认知需求。

PART

3

# 成长和认知

# 第 6 章
## 高峰体验中对存在的认知

本章与下一章中的结论是一种印象化的、理想化的"合成照片",基于对大约80个人的个人访谈以及190名大学生按照以下指示做出的书面回答:

"我想请你回忆一下你人生中最美好的体验,最快乐、入迷、狂喜的时刻,也许是因为恋爱、听音乐,或突然被一本书、一幅画'震撼',或某个极具创造性的瞬间。先列出这些体验,然后试着告诉我,在这些'激烈'的时刻,你的感受和其他时候**有何不同**,在哪些方面你像换了个人一样。"(对于其他研究对象,问题所询问的是世界看起来有何不同。)

没有一个人的回答涵盖以上所有现象。我把这些部分性的答案汇总,拼合成"完整"的综合现象。此外,大约有50个人在读了我之前发表的文章以后,主动写信向我叙述他们的高峰体验。最后,我还参考了大量有关神秘主义、艺术、创造性、爱等方面的文献。

自我实现者——那些已经高度成熟、健康、自我完成的人,对我们有很大的启示作用,甚至像是完全不同的人类物种。但是,探索人性的最高境界、最大可能、最远志向是一项全新的任务,所以在这个过程中会经历困难和曲折。对我而言,这种探索涉及以下方面:持续打破我们所珍视的公理;不断应对悖论、矛盾、模糊;偶尔看着貌似无懈可击的、存在已久的、我们深信不疑的心理学定律在眼前崩塌。结果经常证明这些根本不是定律,而是生活在轻度的、慢性的精神病态和恐惧中,生活在发育不良、功能不全、成熟不足的状态下的一些规则；我们并未注意到这个情况，因为大多数其他人也患有这种疾病。

这种对未知的探索，最初常常表现为某种因缺失而产生的不满足、不自在的感觉，而在那之后很久才会出现可行的科学解决方案。这种情况在建立科学理论的历史中很典型。例如，我在研究自我实现者时最先发现的问题之一，就是模糊地察觉到他们的动机生活在某些重要方面与我过去所了解的一切情况都有所不同。我最初表示这种不同在于自我实现者的动机的性质，称他们的动机是表达性（expressive）的而不是应对性（coping）的，但这种总体表述并不够准确。之后我又指出，他们是无动机驱动（unmotivated）或元动机驱动［metamotivated，即超越力争的（beyond striving）］的而不是动机驱动（motivated）的，但这种表述在很大程度上依赖于个人认同的动机理论，所以这种区分既有帮助，又带来了新的麻烦。我在第3章中对比了成长动机和匮乏需求动机，但这也还不够明确，因为这种对比并未能彻底区分成为（Becoming）和存在（Being）。充分发展的人和大多数其他人在动机生活和认知生活方面存在差异；在本章中，我会提出一个新的行动方针（踏足一种关于存在的心理学），这个方针包含并概括了为了用文字描述这种差异所做出的三种尝试。

这种对存在状态（暂时的、元动机驱动的、非力争的、非自我中心的、无意图的、自我证实的）的分析，最早基于一项对自我实现者的爱的关系的研究，然后是对其他人的爱的关系的研究，最后是对神学、美学、哲学文献的研究。我们首先必须区分两种类型的爱（匮乏之爱和存在之爱），第3章中对此已有叙述。

我在存在之爱（对其他人或事物之存在的爱）的状态中发现了一种特殊的认知，虽然在当时超出了我的心理学知识储备，但我后来看到一些美学、哲学方面的作家对其进行了很好的描述。我称这种认知为对存在的认知，简称存在认知。与其形成对比的是由个体的匮乏需求组织起来的认知，我称之为匮乏认知。存在之爱者，能够在所爱对象身上发觉其他人视而不见的事实，也就是说，他们有更敏锐、更深刻的感知力。

本章试图概括描述一些发生在以下情境中的基本认知事件：存在之爱的体验、为人父母的体验、神秘体验、浩瀚体验、自然体验、审美感知、创造性的时刻、治疗性或智力性的觉察、高潮体验、某些运动性的成就，等等。我将这些（以及其他）幸福感和完成感最强的时刻，称为高峰体验。

所以，本章是有关未来的"积极心理学"（positive psychology）或"正向心理学"（orthopsychology）的一个章节，其研究对象包括充分发挥功能的、健康的人，而不只局限于通常处于病态的人。因此，本章内容与"普通人的精神病理学"并不矛盾，而是对后者的超越，理论上可以将后者的所有研究结果纳入一个更包容的、更全面的结构当中——既包含病人，又包含健康人；既包含匮乏和成为（Becoming），又包含存在（Being）。我称之为存在心理学（Being-psychology），是因为它关注目的而非手段，即其重点在于目的性的体验、价值、认知，以及作为目的存在的人。当代的心理学，主要研究缺乏而不是拥有、奋斗而不是成就、挫折而不是满足、正在寻找快乐而不是已经获得快乐、去向某处而不是身在某处。这个问题，在大众普遍接受"所有行为皆由动机驱使"这一先验公理的态度上也有所反映。

## 高峰体验中的存在认知

我将从"认知"最广泛的意义上，简明扼要地逐一介绍我在广义的高峰体验中发现的认知特征。

**1. 在存在认知中，被认知的经验或客体往往被视为一个整体，一个完整单位，无关乎关系、可能的用途、利益、目的。**它看起来犹如宇宙的全部内容，犹如等同于宇宙的全部存在。

这与匮乏认知形成对比，后者包含人类的大部分认知体验。这些体验是片面的、不完整的，原因在后文中有所叙述。

这里我们会想到19世纪的绝对唯心主义，它将整个宇宙看作一个单位。这种统一体，永远无法被有限的人类所理解、感知、认识；因此，人类的所有实际认知都必然只是存在（Being）的**一部分**，而永远不可能是其全部。

**2. 当存在认知发生时，认知对象得到独占的、完全的关注。**我们或可称之为"全然关注"——参见沙赫特尔的表述。我想要描述的状态，非常类似于迷恋或全神贯注。在这种关注中，认知对象成为被关注的**全部**，其背景实际已经消失，或至少不是关注的重点。这时，世界仿佛被遗忘，而认知对象孤立于其余一切之外，暂时成为整个存在。

由于整个存在都被感知，感知包含整个宇宙时所成立的法则在这时也成立。

这种感知与普通感知形成鲜明对比。在存在感知中，不仅感知对象受到关注，与其相关的一切也同时受到关注；感知对象被视为存在于它与世界上其他一切的关系中，也是世界的**一部分**。常规的"对象—背景"关系仍然成立，也就是说，背景和对象都受到关注，尽管方式有所不同。此外，在普通感知中，感知对象与其说被视为其**本身**，不如说被看作某个类别的成员、某个更大范畴的实例。我称这种感知为"标签化"（rubricizing）（第14章），而且要再次指出，这并不是对被感知者（人或事物）所有方面的全面感知，而是一种分类化、范畴化的行为，好像要给感知对象贴上标签归入不同的文件柜一样。

关于认知还有一个现象（其实际普遍程度比我们通常意识到的要高得多）：认知也涉及一种把认知对象置于连续统之上的行为，一种无意识地进行比较、判断、评价的行为。这意味着一种度量——孰高孰低、孰强孰弱、孰多孰少、孰好孰坏，等等。

我们也可以将存在认知称为非比较认知、非评价认知、非判断认知。我在这里指的是多萝西·李（Dorothy Lee）所描述的某些原始部落的人不同于我们的感知方式。

人可以被看作其**本身**，被单独地看待而无关他人。人可以被认为是独一无二的、与众不同的，就好像他是他所在类别的唯一成员。我们所说的"感知独特的个体"就是这个意思，当然，这也是所有临床工作者的努力方向。这项任务十分艰巨，其困难程度远远超出我们的想象。不过，这种感知是**可以实现的**（即便很短暂），而且的确会在高峰体验中发生。健康的母亲对她的孩子充满爱意的感知，就接近于这种对个体独特性的感知。她的孩子和世界上任何其他人都不太一样，她的孩子是非凡的、完美的、迷人的［至少在某种程度上，她能在感知自己的孩子时，不去对比格赛尔（Gesell）的常模或邻居家的孩子］。

对事物的整体进行具体感知，还意味着在感知时带有一种"在意"。反过来说，这种"在意"又会引起感知者的持续关注、反复观察；这对全面感知（对事物所有方面的感知）来说十分必要。母亲对她的孩子、爱者对他的爱人、鉴赏家对画作一遍又一遍地凝视，这其中细致入微的观察，相比普遍存在的随意标签化行为（经常被误以为是感知而滥竽充数），肯定会产生更完整的感知。通过这种专心致志的、入迷的、全神贯注的认知，我们就有可能看到事物的丰富细节，实现对其多方面的认识。相比之下，漫不经心的观察，只能提供体验的基本框架，认知者只从"重要性"和"不重要性"的角度，选择性地看到事物的某些方面。（试问：画作、孩子、爱人，有"不重要"的部分吗？）

3. 人类的所有感知都自人类产生，而且在一定程度上由人类创造；尽管如此，我们仍然可以发现人类感知其**关切和不关切的外部对象**时的区别。自我实现者能更好地感知世界，好像世界不仅独立于他们，也独立于整个人类而存在。普通人在处于最高状态（即高峰体验）中的时候也能做到这一点。这时，人更容易将自然看作其本身，而不只是为了实现人类目的而存在的场所，也更能够避免将人类目的投射于自然之上。简言之，这时人能看到自然本身的存在［"终极性"（endness）］，而不是视之为可以使用的东西、令人恐惧的东西，或需要以其他人类方式对之做出反应的东西。

我们不妨以显微镜为例。通过观察组织切片，显微镜所展现的既可以是一个**本身**美丽的世界，又可以是一个充满威胁、危险、病理的世界。如果我们能忘记眼前所见是显微镜下的癌细胞，就能看到它美丽的、复杂的、令人惊叹的结构。如果只看蚊子本身，它就是一个奇妙的生物。电子显微镜下的病毒非常美（或者至少可以说，如果我们能忘记它与人类的相关性，它就**可以**非常美）。

存在认知能提高这种"人类无关性"，因此能让我们更清楚地看到事物本身的性质。

4. 我在研究中逐渐发现但尚不确定的一个存在认知和普通认知的区别是：**重复进行存在认知似乎能使感知更加丰富**。重复地欣赏我们喜爱的面容或画作并为之着迷，会让我们对其更加喜爱，并在多种意义上让我们能够看到更多。我们可以将这种现象部分归因于认知对象的内在丰富性。

但以我目前所见，重复存在认知和普通重复体验的影响差异很大（后者包括厌倦、熟悉效应、注意力丧失等）。我发现（尽管还无法证明），对于我预选出的感知力较强、敏锐度较高的研究对象来说，重复观察一幅我认为不错的画作，会让它看起来**更加**好看；而重复观察一幅我认为不好的画作，会让它看起来**更不**好看。不只画作，女人也是一样。

在更为常见的普通感知中，最初的感知往往只是一种分类——有无用处、危险与否，而重复观察使之变得越来越空洞。普通感知的目的通常出于焦虑或匮乏动机，而这种感知的任务一开始就得以完成。感知**需求**随之消失。然后，感知对象（人或物）既然已被分类，便不再被感知。在重复体验中，贫乏性和丰富性都得以体现。而且，显现出的不仅有感知对象的贫乏，还有感知者的贫乏。

相比无爱，爱能产生对所爱对象内在性质更加深刻的感知，而造成这种差别的主要机制是爱者对其所爱对象的迷恋；因为迷恋，所以带着"关心"，重复地、专注地、透彻地进行观察。恋人能够在彼此身上看到不为其他人所见的潜力。我们通常说"爱是盲目的"，但现在我们必须意识到，在某些情况下，爱可能比无爱更具有洞察力。当然，这意味着在某种意义上，感知者有可能感知到尚未实现的潜力。这个问题研究起来并没有那么难。专家手中的罗夏墨迹测验（Rorschach test）也是一种对尚未实现的潜力的感知。原则上，这是一个可检验的假设。

5. 美国的心理学，或更广泛地说，西方的心理学，认为感知的决定因素必然是人类的需求、恐惧、兴趣——我认为这是种族中心主义的表现。看待感知的"新视角"基于这样一个假设：认知必定为动机所驱使。这也是传统弗洛伊德学派的观点。由此又可以做出进一步假设：认知是一种应对性的、工具性的机制，在一定程度上必然是自我中心的。这种假设认为，看待世界**只能**从感知者的利益角度出发，建立经验也必须围绕自我来进行——以自我为中心、由自我所决定。

我之所以认为这种观点具有种族中心主义的性质，不仅因为它明显是西方世界观的一种无意识表达，还因为它持续并刻意地忽略东方世界（特别是中国、日本、印度）的哲学家、神学家、心理学家的著作。同样没有受到重视的，还有包括戈德斯坦、墨菲、C. 布勒、赫胥黎、索罗金（Sorokin）、安吉亚尔在内的其他很多作者。

我的发现表明，在自我实现者的普通感知以及普通人偶尔出现的高峰体验中，**感知可以是相对超越自我的、忘我的、无我的**。感知可以是无动机驱动的、非个人的、无私欲的、非利己的、**无所求的**、超然的，可以是以对象为中心而不是以自我为中心的。也就是说，感知经验可以围绕对象而不是基于自我来建立。这就好像是说，被感知的对象拥有其独立现实而不是依赖于感知者而存在。在审美体验或爱的体验中，人可能会变得专心致志、全神贯注，以至于自我在一种非常真实的意义上消失无踪。有些作者（比如索罗金）在谈及美学、神秘主义、母性、爱的时候，甚至表示我们可以讨论在高峰体验时感知者和被感知者的同一化——两者融合成一个新的、更大的整体，一个高级的单位。这可能会让我们想起同理心和认同感的一些定义，当然，也为这方面的研究创造了可能性。

**6. 高峰体验在人的感受中是一种自我证实的、自我解释的、带有自身内在价值的时刻**。也就是说，高峰体验的目的就是其本身；我们可以称之为目的体验（end-experience），而不是手段体验（means-experience）。这种体验的经历之宝贵、启示之重大，其正当性根本无须证明，如果执意要这么做，反倒会贬损其尊严和价值。这一点，在我的研究对象对他们的爱的体验、神秘体验、审美体验、创造体验、顿悟体验的描述中得到普遍证实，在心理治疗中觉察发生的时刻体现得尤为明显。由于人会出于自我保护而拒绝觉察，接受觉察到的事实必定会带来痛苦。觉察闯入意识时，有时会让人崩溃。尽管如此，人们仍然普遍认为这种体验是值得的、合宜的、需要的。即便看见会造成伤痛，看见也比看不见更好。这时，高峰体验的自我解释的、自我证实的价值，让痛苦物有所值。在谈到审美体验、创造体验、爱的体验时，许多作者都表示，这些体验不仅具有内在价值，而且因为本身价值之高，其偶然出现也让生活变得有价值。神秘主义者一直以来都十分肯定非凡神秘体验的重大价值，这种体验可能一生只会出现两三次。

高峰体验与普通生活体验产生鲜明对比。这一点在西方尤其明显，对于美国心理学家来说更是如此。行为几乎等同于为达到目的而使用的手段，许多作者也把"行为"和"工具性的行为"视为同义词。做每件事都是由于有某个更远的目标，都是为了实现另一件事。这种态度，在约翰·杜威的价值理论中被发扬到极致，在他的理论中，目的是不存在的，存在的只有达到目的的手段。这种表达甚至都不够准确，因为它仍然暗示了目的的存在。说得更准确一点，他的意思是，手段是达到其他手段的手段，而其他手段也还是手段，以此类推，无限循环。

对于我的研究对象而言，纯粹快乐的高峰体验是人生的一种终极目标，也是人生意义的一种终极证实、终极解释。有的心理学家，竟然绕过高峰体验，甚至对其存在浑然不觉、一无所知；更为糟糕的是，客观主义心理学先验地否定了高峰体验作为科学研究对象而存在的可能性；这样的态度和做法着实令人费解。

**7. 我研究过的所有常见高峰体验中，都有一种很典型的时空迷失现象**。准确地说，这时人在主观上处于时空之外。创作狂热状态中的诗人或艺术家，忘记了周围的环境，忘记了时间的推移。当他从这种状态醒来时，根本无法判断时间已经过了多久；他常常不得不摇摇头，好像恍惚后刚刚恢复神智，想要弄清楚自己身在何处。不仅如此，时间概念甚至会完全消失——我的研究对象经常反映这个现象，尤其是那些恋人；时间在狂喜中以惊人的速度流逝，一天感觉像是一分钟，但也会因强烈的感受而放慢，一分钟感觉像是一天或一年。在某种程度上，他们好像身处另一个世界；在那里，时间一边静止，一边飞逝。这在普通认知范畴里无疑是一种悖论、矛盾。然而，确实有人反映这种情况，所以我们必须将其纳入考虑范围。我认为，这种对时间的体验，没有理由不能被实验研究所检验。在高峰体验中，人对时间推移的判断必然很不准确。同样，这时人对周围环境的意识肯定也远没有平时那么准确。

8. 我的研究结果对价值心理学的意义，令人费解但又很有一致性，所以有必要在叙述的同时设法理解。先从结论说起：**高峰体验从来都是好的、善的、合宜的，而不是坏的、恶的、不合宜的**。这种体验有内在有效性；它是完美的、完整的，无需其他任何东西；它本身便已足够。人能感受到它在本质上的必要性和必然性。它该有多好就有多好。人对它的反应是敬畏、惊奇、讶异、谦卑，甚至是崇敬、欣喜、虔诚。"神圣"这个词有时也被用来描述人的这种反应。从存在的意义上说，高峰体验令人愉快且"有趣"。

这有很深的哲学意义。如果我们为了论证而接受"人在高峰体验中可以更清晰地看到现实的性质，更深刻地洞察现实的本质"这个论断，那么就几乎等于在重复很多哲学家和神学家的主张，即整体存在是中立的或善良的，而邪恶、痛苦、威胁都只是片面的现象，原因在于没有看到整体的、统一的世界，在于从自我中心的角度看待世界。

另一种说法将高峰体验与许多信仰概念的一个方面进行比较。神灵能观照并涵容整体存在，并因而能理解整体存在；他们一定将其视为善良的、公正的、必然的，而将邪恶看作狭隘的、自私的视角或理解的产物。如果我们在这个意义上可以像神灵一样，那么由于能够理解一切，我们永远不会怪罪、谴责、失望、震惊。我们对他者不足之处所怀有的情绪，只可能是怜悯、宽容、仁慈、忧伤，或一种存在性的幽默。不过，这正是自我实现者有时对世界做出的反应，也是我们**所有**人在高峰时刻对世界做出的反应。这是所有心理治疗师**试图**对他们的病人做出的反应。当然，我们必须承认，这种似神的、普遍宽容的、带有存在性的幽默及接纳的态度是极难达到的，这种态度的纯粹形式甚至可能无法实现；话虽如此，我们也知道这是一个相对的问题。我们能够或多或少地趋近这种状态，而只因其难得、暂时、不纯粹而否定这种现象，则是愚蠢的行为。尽管我们在这个意义上永远无法成为神灵，但我们似神的程度和频率可以更高或更低。

无论如何，高峰体验中的认知和平常的认知之间，存在非常明显的差异。我们的认知，通常受到手段价值（有用性、合宜性、好与坏、是否利于达到目的）的影响。我们评估、控制、判断、谴责或者认同。我们的笑是出于自身的价值判断，而不是世界的价值内涵。我们以个人的方式对经验做出反应，以自身及目的作为根据来感知世界，而世界则只是实现我们目的的手段。这与超脱世外的状态相反，因为超脱世外意味着我们并没有真正感知世界，而是在感知世界中的自身或自身中的世界。这时，我们的感知由匮乏所驱动，因此只能感知到匮乏价值。这不同于对整体世界的感知，或者对我们在高峰体验中视之为整体世界的部分世界的感知。只有在这种整体感知发生时，我们才能感知到世界的价值，而不是我们自己的价值。我称这些价值为存在价值，和罗伯特·哈特曼（Robert Hartman）所说的"内在价值"含义相同。

到目前为止，我发现的存在价值包括：

（1）完整性（统一性，整合性，趋同性，互联性，简单性，组织性，结构性，超越二分状态，秩序性）；

（2）完美性（必要性，恰当性，贴切性，必然性，适宜性，正当性，完成性，"应然"性）；

（3）完成性（结束，终点，正当性，"已完毕"，实现，到达与终结，命运，天命）；

（4）正当性（公平性，秩序性，合法性，"应然"性）；

（5）活力（进行性，非死亡性，自发性，自我调节，充分发挥功能）；

（6）丰富性（差异性，复杂性，精细性）；

（7）简单性（诚实，坦率，本质性，抽象的、本质的基础结构）；

（8）美（正确性，良好状态，活力，简单性，丰富性，完整性，完美性，完成性，独特性，诚实）；

（9）善（正确性，合宜性，应然性，正当性，仁慈，诚实）；

（10）独特性（与众不同，个体性，无可比性，新颖性）；

（11）自如性（轻松，不存在紧张、力争、困难，优雅，完美地发挥功能）；

（12）幽默性（欢乐，喜悦，趣味，愉快，诙谐，热情洋溢，自如）；

（13）真实，诚实，现实（坦率，简单，丰富，应然，美，纯一不杂，完成性，本质性）；

（14）自给自足（自主，独立，无需他者也能自立，自我决定，超越环境，分离，按照自身法则生活）。

显然，这些存在价值**并不**互相排斥。它们不是彼此分离或截然不同的，而是相互重叠或相互融合的。归根结底，它们都是存在的**不同方面**而不是**组成部**

**分**。这些方面会在相应的揭示行为的作用下进入认知的前景，比如感知美丽的人或画作，体验完美的性、爱、觉察、创造性、分娩，等等。

这是传统的三位一体——真、善、美的融合和统一，但同时又远不止于此。我在别的地方已经报告过我的一项研究发现：在我们的文化中，真、善、美在普通人身上只形成了较高水平的相互关联，而在神经症患者身上的程度相对更低。只有在充分发展、成熟、自我实现、完全发挥功能的人身上，这三者才高度相互关联——实际上可以说是融合成了一个统一体。我还要补充一点：在其他人处于高峰体验中时，这种状态也会出现。

如果这个发现被证明是正确无误的，那么就会与一个指导所有科学思想的基本公理产生直接矛盾。这个公理是：感知越客观，越不带个人色彩，就越脱离价值。事实和价值几乎总是被（知识分子）认为是反义词、是相互排斥的。但是，实际情况或许恰恰相反。因为，我们在审视最超然于自我、最客观、最无动机、最被动的认知时会发现：这些认知要求直接感知价值，价值不能从现实中割除，而对"事实"最深刻的感知让"是然"和"应然"相互融合。在这些时刻，现实被赋予了惊奇、赞赏、敬畏、认可，也就是说，被赋予了价值。①

9. 普通体验植根于历史和文化，也植根于不断变化的、相对的人类需求。普通体验在时空中被组织起来；它是某些更大的整体的一部分，因此有一种之于这些更大的整体、更大的参照系的相对性。由于它的现实（无论这现实是什么）被认为是依赖于人类而存在，所以如果人类消失，**它**也会消失。这时，用来组织这种体验的参照系，从人的利益转移到环境的要求，从此时此刻转移到过去和未来，从此地转移到他处。就这些意义而言，体验和行为是相对的。

**从这个观点来看，高峰体验的绝对性更高，相对性更低。**高峰体验不受

---

① 对于所谓的"低谷体验"（nadir experiences），我没有进行探索，我的研究对象也没有主动提及。这种体验包括（对一些人来说）痛苦的、毁灭性的顿悟，比如对衰老和死亡的必然性、个体的终极孤独和责任、自然的非人格性、无意识的本性的觉察。

时空影响，脱离背景而以其本身被感知，相对来说无动机驱动、无关乎人类利益；同时，从感知者对其感知和反应的方式来看，高峰体验仿佛是"在那里"的，仿佛是一种独立于人类、超越人类生命而存在的现实。在科学上谈论相对性和绝对性，无疑是困难和危险的，而我也知道这是一个语义困境。然而，由于我的研究对象在他们的内省报告中多次提及这种区别，所以我必须将其纳入研究发现，而我们心理学家最终也不得不予以承认。这是我的研究对象在尝试描述本质上不可言喻的体验时的用词——谈到"绝对"和"相对"的正是**他们**。

我们也常常想要使用这些词语，比如在描述艺术品的时候。一只中国的花瓶，可以因其本身而完美，可以在有两千年历史的同时崭新于此刻，可以是世界的而不只是中国的。至少在这些意义上，这只花瓶是绝对的，虽然之于时间、文化本源、观赏者的审美标准，它同时也是相对的。人对神秘体验的描述，在每个时代、文化中几乎毫无二致，这个现象不是没有意义。阿道司·赫胥黎（Aldous Huxley）称其为"长青哲学"也不足为奇。伟大的创造者，比如布鲁斯特·吉斯林（Brewster Ghiselin）编入选集的那些，用几乎相同的方式描述他们的创造时刻，尽管他们中有诗人、化学家、雕刻家、哲学家、数学家。

绝对的概念之所以对理解造成困难，部分原因是它几乎总是带有一种静态的意味。从我的研究对象的体验中可以清楚地看出，这种静态既不是必要的，也不是必然的。人对审美对象、喜爱的面容、出色的理论的感知，是一个起伏的、转移的过程，但这种波动只发生在感知范围**之内**。这种感知可以无限丰富；对感知对象的持续注视，也可以从完美的一个方面转移到另一个方面，在不同的时刻关注不同的方面。优秀的画作有多种（而不只是一种）结构，所以审美体验可以是一种连续但起伏的愉悦，随着对画作本身的欣赏视角变化而波动。同样，它有时可以被看作是相对的，有时也可以被看作是绝对的。我们不必纠结于相对性和绝对性的非此即彼问题——两者可以兼而有之。

10. 普通的认知是一个非常活跃的过程，一个认知者进行塑造和挑选的过程。认知者选择感知什么、不感知什么，将感知对象与自身需求、恐惧、利益联系起来，并对其进行组织、整理、重新安排。简言之，认知者致力于此。认知是一个耗能的过程，人处于警觉、戒备、紧张的状态，因此会感到疲惫。

**存在认知的被动性和接受性，比其主动性要高得多；**当然，（其被动性和接受性）永远无法达到绝对。我发现，东方哲学家对这种"被动"认知的描述最为贴切，特别是老子等道家哲学家。克里希那穆提（Krishnamurti）有一个精辟的表述——他称之为"无选择的觉察"。我们也可以称之为"无欲望的觉察"。道家"顺其自然"的概念也道出了我想要表达的意思——感知可能是无要求的而不是有要求的，沉思性的而不是施加性的。在体验面前，感知可以谦逊、不干涉、接受（receiving）而不是拿取（taking），可以让感知对象作为其自身而存在。我在这里还想到了弗洛伊德所说的"自由流动的注意力"。这种注意力也是被动的而不是主动的，无我的而不是自我中心的，松弛的而不是警戒的，耐心的而不是急躁的。这是一种凝视而不是瞥见，一种对体验的听任和顺应。

我还发现，约翰·施莱恩（John Shlien）在最近的一份报告中对被动倾听（passive listening）和主动用力倾听（active forceful listening）的区别的论述非常实用。优秀的治疗师，必须能以接受而不是拿取的态度进行倾听，以便听到对方实际在表达的意思，而不是他自己期望或要求听到的意思。他决不能将自己强加于对方，而是要让话语自然向他流淌。只有这样，话语本身的形态和模式才能被充分理解。否则，他只能听到自己的理论和期待。

事实上，我们可以说，这种接受和被动的能力是区分（任何流派的）优秀的治疗师和糟糕的治疗师的标准。优秀的治疗师，能够纯净地感知每一个人，而不会急于分类和贴标签。糟糕的治疗师，就算进行100年的临床实践，也只会发现他在职业生涯初期学到的理论反复得到证实。正因如此，有人指出，治疗师可以在40年间重复同样的错误，还称之为"丰富的临床经验"。

我们还可以用另一种完全不同（虽然也同样不时髦）的方式来表达存在认知的感受，即像D. H. 劳伦斯（D. H. Lawrence）和其他浪漫主义者那样，称之为非自愿的（non-voluntary）而不是凭意志的（volitional）。普通认知有很强的意志性，因此是有要求的、预先安排的、先入为主的。在高峰体验的认知中，意志不会造成干扰，而是处于暂缓状态，只接受而不要求。我们无法掌控高峰体验，高峰体验在我们身上发生。

**11. 高峰体验时的情绪反应，带有一种惊奇、敬畏、崇敬、谦逊、顺应的意味，仿佛在面对某种伟大的事物。**有时这会让人感到一种害怕自己会不知所措的恐惧（尽管是令人愉快的恐惧）。我的研究对象用"吃不消""超出承受范围""太过美妙"来描述这种感觉。高峰体验可能会具有某种深刻的、动人的特性，可能带来眼泪，可能带来欢笑，可能两者兼而有之；这种体验与痛苦也有某种看似矛盾的相似性，不过这是一种合宜的痛苦，经常被用"甜蜜"来形容。这甚至会以一种奇特的方式牵涉到对死亡的思考。不仅是我的研究对象，还有很多论及各种高峰体验的作者，都将高峰体验和死亡体验（准确来说，是一种带有渴望的死亡）相提并论。一种典型的措辞是："这太美妙了，我不知该如何承受，我现在就死去也没问题。"或许，在某种程度上，这是一种对高峰体验的不舍、不愿从高峰落入平凡存在之谷底的感觉，也是在恢弘的体验面前产生的谦卑、渺小、与之不相称的深刻感受的一个方面。

**12.** 另一个我们必须处理（尽管很难处理）的矛盾，发现于对世界的感知不一致的现象。**在一些描述中，特别是对神秘体验、哲学体验的描述中，整个世界被视为一个统一体，一个单独、丰富、鲜活的存在。在其他高峰体验中，特别是在爱的体验和审美体验中，只有一小部分世界被感知，仿佛在那一刻它就是世界的全部。**在这两种情况下，感知对象都是一个统一体。对一幅画、一个人、一种理论的存在认知保留了其整体存在的所有特征（即存在价值），这或许是在当下视其为全部存在而感知的结果。

13. 进行抽象和归类的认知，与对具体、原始、独特的纯净认知之间存在巨大差异。我所使用的就是抽象和具体的这一层意思，与戈德斯坦所用的术语没有多大不同。我们的大多数认知（注意、感知、记忆、思考、学习），都是抽象的，而不是具体的。也就是说，我们在认知生活中基本都在进行归类、图式化、分类、抽象。我们不太会去认知世界的实质，而更多时候是在组织我们自身内部的世界观。大部分体验被我们的范畴、结构、准则系统过滤，沙赫特尔也在他谈及"童年失忆和记忆问题"的一篇经典论文中指出过这一点。通过对自我实现者的研究，我作出了这种区分——在他们身上我**发现了能够同时做到抽象而不舍弃具体性、具体而不舍弃抽象性的能力**。这对戈德斯坦的描述有些许补充，因为我不仅发现了归于具体的情况，还发现了可以说是归于抽象的情况（即丧失对具体的认知能力）。自那以后，我在优秀的艺术家和治疗师身上也发现了这种感知具体的非凡能力，尽管他们并不是自我实现者。最近，我在处于高峰时刻中的普通人身上也发现了同样的能力。在拥有这种能力时，他们就能够更好地理解认知对象本身具体的、与众不同的本质。

由于这种个别感知通常被描述为审美感知的核心［请见诺斯罗普（Northrop）］，这两者几乎成了同义词。对大多数哲学家和艺术家来说，具体地感知一个人及其内在独特性，就是对其进行审美感知。我更喜欢这个广泛的用法，而且自觉已经证明过一点：这种对事物独特本质的感知是**所有**高峰体验（而不只是审美体验）的特征。

将发生在存在认知中的具体感知，理解为同时或快速连续地感知事物所有方面和特征，这一点十分有用。抽象在本质上是对事物某些方面的选择——对我们有用的方面、对我们有威胁的方面、我们熟悉的方面、符合我们语言范畴的方面。怀特海德（Whitehead）和柏格森（Bergson），包括他们之后的很多哲学家，比如维万蒂（Vivanti），都充分阐明了这一点。与抽象的有用性形影相随的是抽象的谬误性。简言之，抽象地感知事物，意味着不去感知它的某些方面，也意味着在感知时选择某些特点、丢弃其他特点、创造新的特点、扭曲现有特点。我们根据自己的意愿对其为所欲为。我们创造、加工、制作。此外，还有一点极其重要：抽象中有一种将事物各个方面与我们的语言系统相联系的强烈倾向。这种倾向会造成特别的麻烦，因为在弗洛伊德学说的意义上，语言是次级过程而不是初级过程，因为语言处理的是外部现实而不是精神现实，是意识而不是无意识。诚然，诗意的、狂想的语言，可以在一定程度上弥补这种缺失，但归根结底，许多体验是不可言喻的，根本无法用语言来表达。

我们以对一幅画或一个人的感知为例。为了能够充分感知，我们必须对分类、比较、评价、需求、使用的倾向有所克制。比如，当我们说一个人是"外国人"的时候，就对他分了类，对他进行了一次抽象；在某种程度上，我们失去了将他看作独特的、完整的、与众不同的人的可能性。当我们走近挂在墙上的一幅画，读出艺术家的名字的时候，我们失去了以完全纯净的眼光看到它本身独特性的可能性。因此，在某种程度上，我们所谓的**了解**——将体验置入概念、语言、关系的体系中的行为，让我们失去了完全认知的可能性。赫伯特·里德（Herbert Read）曾经指出，孩子有"纯真的眼睛"，有视事物如初见的能力（通常确为初见）。孩子可以惊奇地看着它，检查它的各个方面，理解它的所有特点；因为，对处于这种情况下的孩子而言，这个陌生事物的任何特点都不比其他特点重要。他不去组织它，只是凝视着它。他以坎特里尔（Cantril）和墨菲所描述的方式享受体验的品质。对处于类似情况下的成年人而言，我们能在多大程度上避免抽象、命名、放置、比较、联系，就能在多大程度上看到具有多面性的人或画的更多方面。我要特别强调感知不可名状之事物的能力。如果强行诉诸语言，则会对其造成改变，使其变成某种不同的事物，某种**相仿**的事物，虽然类似却与其**本身**有别。

感知整体、超越局部的能力，是高峰体验中认知的特征。只有具备这种能力，感知者才能最充分地了解一个人，所以自我实现者对人有更敏锐的感知、对人的核心或本质有更深刻的洞察，也不足为奇。因此我也相信，杰出的治疗师，应该能够（因其职业也必须做到）不带预设地理解他人独特且完整的本身，而治疗师自身也应该至少是相对健康的人。我坚持这一点，尽管也愿意承认这种感知性存在原因不明的个体差异，而且治疗体验本身也可以作为一种对他人的存在进行感知的训练。这也解释了我为何觉得审美感知和审美创造的训练，可以成为十分有益于临床训练的一个方面。

**14. 在人类成熟的较高水平上，许多二分状态、两极分化、冲突，都被融合、超越、解决**。自我实现者同时是自私和无私的、阿波罗式（Apollonian）和狄俄尼索斯式（Dionysian）的、个体性和社会性的、理性和非理性的、与他人融合和与他人分离的，等等。我对这种状态的最初设想是两极相距无限远的直线连续体，但最后却发现它更像是圆圈或螺旋，两端交汇而形成一个融合的统一体。我还发现，这种倾向会强烈地出现在对事物进行全面认知的时候。我们越了解整体存在，就越能容忍不一致、对立、矛盾情况的存在，也越能容忍对这种情况的感知。这些情况似乎是片面认知的产物，在认知整体时便会逐渐消失。从神的视角来看，神经症患者可以被视为一个奇妙的、复杂的，甚至美丽的统一过程。我们平常看到的冲突、矛盾、解离，也可以被感知为必然的、必要的，甚至命中注定的。换句话说，如果神经症患者能够完全被理解，那么一切都会变得清晰，而他也能被审美地感知和欣赏。他的所有冲突和分裂的情况，其实都有一种意义、一种智慧。当我们将症状视为一股推动个体走向健康的力量，或者将神经症视为当下解决个体问题的最健康的方法，那么疾病和健康的概念，甚至都有可能融合、变得模糊。

**15. 处于高峰体验中的人，不仅在我已经论及的意义上是似神的，在某些其他方面也是如此，特别是在完全地、亲切地、宽容地、慈悲地，甚至幽默地接纳世界和自身这一点上**，无论他在相对普通的时刻看起来有多么糟糕。神学家长期以来都在苦于完成一个不可能的任务：让这个世界上的罪、恶、痛苦，与全能、全爱、全知的精神并存不悖。这个任务所附带的一个困境，是如何让对于善恶的奖惩，与全爱、全恕的精神不相矛盾。信仰必须以某种方式既惩罚又不惩罚，既宽恕又谴责。

我认为，通过研究自我实现者，通过比较我们到目前为止讨论过的两种截然不同的感知（即存在感知和匮乏感知），我们可以对这一困境的自然主义解决方法有所了解。存在感知一般都是短暂的，是一个顶峰、高点，一种偶尔实现的成就。如此看来，人类大多数时间都在以一种匮乏的方式进行感知；也就是说，他们比较、判断、认可、关联、使用。这意味着我们可以交替用两种方式感知另一个人，有时感知他的存在（Being），好像他暂时就是整个宇宙；但是更多时候，在我们的感知中，他是宇宙的一部分，以许多复杂的方式与其余部分相联系。当我们存在感知他的时候，我们**就**可以全爱、全恕、全部接受、全部欣赏、全部理解，感受存在乐趣、爱的乐趣。这些恰恰是大多数神的概念所具有的特质（除了乐趣——很奇怪，大多数的神都缺乏这一特质）。在这样的时刻，我们在这些特质方面变得像神一样。例如，在治疗情境中，我们可以通过爱、理解、接纳、宽恕来与各种各样的人建立联系，包括我们通常害怕、谴责甚至憎恨的人——比如杀人犯、鸡奸者、强奸犯、懦夫。

所有人都会时而表现出被存在认知的愿望（第9章），我认为这一点非常有趣。他们讨厌被分类、被标签化。给人贴上"侍者""警察""贵妇"的标签，而不视其为独立个体，往往会冒犯他们。我们都希望自己的充实性、丰富性、复杂性得到认可和接受。如果在人类中找不到这样一个接受者，就会出现一种去投射出、创造出一个似神形象的强烈倾向，这个形象有时是人类的，有时是超自然的。解决"邪恶问题"的另一种办法，受到我的研究对象的启发；他们接受一个事实：现实是一种独立的自我存在。现实既不**支持**人类，也不**反对**人类。现实就是现实，无关乎人类。一场造成伤亡的地震，只会对一些人造成调和的问题——那些需要一个全爱、严肃、无所不能、身为创世者的人格神。那些接受地震的发生并将其视为自然现象、客观存在、非有意创造的事件的人，不会遇到道德或价值论问题，因为地震并不是谁为了惹恼他而"刻意"为之的。他可以耸耸肩，不以为然；如果邪恶是以人类为中心来定义的，他也会接受罪恶的存在，就像接受季节和风暴的存在一样。原则上，我们可以在洪水或老虎造成伤亡前，欣赏它们的美丽，甚至觉得它们很有趣。当然，如果施害者是人类，怀有这种态度则要困难得多，但偶尔也是可能的；人越成熟，这种可能性就越高。

**16. 高峰时刻的感知，具有强烈的个别性和非类别性。** 这时，感知对象（比如人、世界、树、艺术品）往往被视为一个独一无二的特例、其所属类别的唯一成员。与这种感知形成对比的是我们平常看待世界的方式：本质上基于概括和亚里士多德式的类别划分，而感知对象只是类别的一个例子或样本。分类概念完全建立在普遍类别的基础之上；如果没有类别，那么相像、等同、类似、差异这些概念，就会变得毫无用处。我们无法比较两个没有任何共同点的东西。此外，如果两个东西有共同点，那这些共同点必然是抽象的，比如它们有多红、有多圆、有多重，等等。但是，如果我们不带抽象地感知一个人，如果我们坚持同时感知他的所有特质，并且认为这些特质相互依存，那么我们就无法再对他进行分类。从这个角度来看，每一个完整的人、每一幅画、每一只鸟、每一朵花，都是某个类别的唯一成员，因此必须以个别的方式来感知。有意愿看到事物的各个方面，意味着感知的效度更高。

**17. 高峰体验的一个方面是恐惧、焦虑、压抑、防御、控制的完全消失（虽然是暂时的）以及克己、延迟、约束的停止。** 害怕分裂和解体、害怕被"本能"压倒、害怕死亡和疯狂、害怕陷入无约束的快乐和情感——这些恐惧，往往都会暂时消失或中止。这也意味着感知会变得更加开放（因为扭曲感知的恐惧暂时不再作用）。

我们可以认为高峰体验是一种纯粹的满足、纯粹的表达、纯粹的欢欣或愉悦。不过，因为高峰体验"在世界中"，所以也是弗洛伊德学派"快乐原则"（pleasure principle）和"现实原则"（reality principle）的一种融合。这么看来，高峰体验是在较高心理功能水平上解决普通二分概念的又一例证。

因此，在时常经历高峰体验的人身上，我们可以发现一种"渗透性"，一种对无意识的亲近、开放、相对无畏。

18. 我们已经知道，人在各种高峰体验中往往会变得更整合、更个体化、更自发、更有表现力、更从容自如、更勇敢、更强大，等等。

但是，这些特点类似于或几乎等同于前文中列出的存在价值。人的**内在和外在之间似乎有一种动态的平行性或同构性。也就是说，当人感知到世界的本质存在时，也同时更接近自己的存在**（自身的完美、完美的自身）。这种交互作用似乎是双向的——无论出于什么原因，当人越发接近自己的存在或完美状态时，也更容易看到世界中的存在价值。当人变得更统一，就能看到世界上更多的统一性。当人变得更具有存在幽默，就更能发现世界上的存在乐趣。当他变得更强大，就更能看到世界上的力量。两者相互影响，正如抑郁让世界看起来不那么美好，而不那么美好的世界也会令人抑郁。人和世界在都趋向完美（或其反面）时，变得越发相似。

这或许部分解释了以下状态：在爱中人与人的融合、在宇宙体验（cosmic experience）中人与世界的合二为一、在经历哲学顿悟时自觉身为统一体的一**部分**。同时，一些（不充分的）资料表明，一些描述"优秀"画作结构的品质也可以用来形容优秀的人，比如完整性、独特性、活力等存在价值。当然，这是可以检验的。

19. 如果现在我暂时将所有这些置入很多人更为熟悉的一个参照系，即精神分析体系当中，对一些读者可能有所帮助。次级过程所处理的是无意识和前意识之外的现实世界。逻辑、科学、常识、良好调整、文化适应、责任、规划、理性主义，都是次级过程的方法。初级过程最早在神经症患者和精神病患者身上发现，然后在孩子身上发现，直到最近才在健康人身上发现。无意识活动所遵循的规则，在梦中最为清晰可见。愿望和恐惧是弗洛伊德式机制的主要推动力。适应良好、负责、有常识、在现实世界中游刃有余的人，为了做到上述这些，通常必须在一定程度上背弃、否认、压抑自己的无意识。

我多年前曾最强烈地意识到这一点，当时我必须面对一个事实：我的自我实现研究对象非常成熟（他们也因此被选择），但同时又很孩子气。我称之为"健康童心"或"二次天真"。克里斯（Kris）和自我心理学家认为这是"服务于自我的退行"——这种现象不仅在健康人身上发现，也最终被认为是心理健康的**必要条件**。爱也被认为是一种退行（也就是说，无法退行的人就无法爱）。最终，精神分析学家一致认为，灵感或伟大的（主要的）创造力，部分源于无意识，也就是说，这是一种健康退行，一种从现实世界的暂时脱离。

这里我所描述的内容，可以被视为**一种自我（ego）、本我（id）、超我（super-ego）和理想自我（ego-ideal）的融合，意识和无意识的融合，初级过程和次级过程的融合，快乐原则和现实原则的综合，服务于最高成熟状态的无畏退行，人在所有层面上的真正整合。**

## 重新定义自我实现

换句话说，任何人在任何高峰体验时，都会暂时具有很多我在自我实现者身上发现的特征。也就是说，他们在这时成为自我实现者。我们可以将这种现象视为短暂的性格变化，而不只是一种情绪、认知、表达的状态。这些不仅是一个人最快乐、最兴奋的时刻，也是他最成熟、最个体化、最完满的时刻——简言之，是他最健康的时刻。

这让我们能够重新定义自我实现，去除其静态和类型方面的缺点，并使之不那么非此即彼，像是一座只有极少数人才能在60岁时进入的"万神殿"。我们可以将其定义为一段经历或一次迸发，此时人的力量以一种格外有效的、极度令人愉快的方式聚集，人的整合程度更高、分裂程度更低，对经验更开放，更与众不同，有更完美的表达性和自发性，充分发挥功能，更有创造性，更幽默，更超越自我，更独立于低级需求，等等。这时，人成为更真实的自己，更完美地实现自身潜力，更接近其存在的核心。

从理论上来说，这样的状态或经历，可能会在任何人生命中的任何时间发生。自我实现者的一个不凡之处，就是其高峰体验似乎比普通人更频繁、更强烈、更完美。这让自我实现成为一个程度和频率的问题，而不是一件全有或全无的事情，因此也更能被现有的研究程序所检验。我们不必再局限于寻找那些被认为大部分时间在实现自我的稀有研究对象。至少在理论上，我们还可以在**任何**人的生活历程中寻找自我实现的经历，尤其是艺术家、知识分子、其他富有创造力的人、虔诚的人士、在心理治疗或其他重要成长经历中体验过深刻洞察的人。

## 外部效度问题

到目前为止，我在用现象学的方式描述主观体验。这种体验与外部世界的关系则完全是另一回事。仅凭感知者**相信**自己的感知更真实、更完整，无法证明他确实做到了这一点。判断这种相信的效度的标准，通常存在于被感知的人或物，或感知的结果当中。因此，原则上这是简单的相关研究问题。

但是，艺术可以在何种意义上称为知识？审美感知，当然有内在的自我证实——这是一种珍贵的、美妙的体验。然而，一些错觉和幻觉也是如此。另外，我可能会对一幅唤起你审美体验的画作无动于衷。如果我们想要超越个体界限，就仍需面对效度的外部标准问题，对其他感知来说也一样。

这同样适用于爱的感知、神秘体验、创造性的时刻、洞察的瞬间。

人在其所爱对象身上，发觉别人无法感知到的东西；毫无疑问，无论是他的内心体验，还是之于他自己、他所爱对象、整个世界的良好结果，都有各自的内在价值。如果我们以母亲对孩子的爱为例，情况就更加明显。爱不仅能感知潜力，还能将其实现；爱的缺失，则必定会抑制潜力，甚至将其扼杀。人的成长，需要勇气、自信、胆量；缺乏来自父母或伴侣的爱，就会产生相反的结果，即自我怀疑、焦虑、无价值感、觉得自己会被嘲笑，这些都会阻碍成长和自我实现。

所有人格学和心理治疗的体验，都证明了爱的实现作用和无爱的阻滞作用，无论这种爱或无爱是否应得。

于是，一个复杂的、循环的问题便出现了。如果用默顿（Merton）的说法，这个问题就是："这种现象在多大程度上是自我实现的预言（self-fulfilling prophecy）？"丈夫坚信妻子很美丽，妻子坚信丈夫很勇敢——这种坚信在某种程度上**创造**了美貌或勇气。与其说这是对已经存在的事物的感知，不如说这是凭信念使事物存在的情况。我们是不是可以视之为一种对潜力的感知（因为**每个人**都有可能是美丽或勇敢的）？若真如此，这种感知，就与对某人成为伟大小提琴家的真实可能性的感知有所不同，因为后者**并非**普遍存在。

然而，对于那些最终希望把这些问题拖入公共科学领域的人来说，除了这种复杂性以外，还有一种疑虑在暗中作祟。对他者的爱，经常会造成幻觉，即感知到实际上并不存在的品质和潜力；因此，这些品质和潜力并不是真正被感知到的，而是在感知者脑海中被创造出来的，其存在依赖于一个由需求、压抑、否认、投射、合理化构成的系统。爱相比于无爱，可能感知力更强，却也可能更盲目。"什么时候是哪种情况？我们如何才能选出那些更敏锐地感知真实世界的情况？"这个研究问题仍然困扰着我们。我已经在人格学的层面上阐述了我的观察结果：这个问题的答案之一与感知者的心理健康有关，无论他在爱的关系之内还是之外。在其他条件相同的情况下，人的健康程度越高，对世界的感知就越敏锐、越深刻。这个结论不是对照观察的产物，所以只能表述为一个尚待对照研究的假设。

一般来说，在审美性、智力性的创造力迸发以及洞察体验中，我们都面临着类似的问题。在这两种情况下，体验的外部验证与其现象性的自我证实并不完全相关。再好的觉察都有可能出错，再好的爱情都有可能消失。从高峰体验中涌现出的诗句，之后可能会因为不尽如人意而被丢弃。创造一个站得住脚的作品，与创造一个最终经不起严格、客观、批判性的检验的作品，在主观感觉上并无二致。长期保持创造性的人很清楚这一点，他们知道自己的顿悟时刻中有一半不会收到成效。所有高峰体验感觉起来都像是存在认知，但实际上并非如此。然而，我们不能忽视明确的线索——至少有时，在更健康的人身上，在人更健康的时刻，更清晰的、更有效的认知是存在的，也就是说，有些高峰体验**的确**存在认知。我曾经提出一个原则：如果自我实现者能够且确实比其他人更有效地、更充分地、更少受到动机影响地感知现实，那么我们就可以用他们来进行生物测定。比起通过我们自己的眼睛观察，运用**他们**更高的敏感度、更强的感知力，我们能更好地了解现实的样貌，就像金丝雀比其他敏感度较低的生物更适合探测矿井中的瓦斯一样。同样，我们也可以在自己感知力最强的时刻、处于高峰体验中的时刻、**自我**实现的时刻，比平常更真实地看到现实的本质。

有一点终于变得清晰：我所描述的认知体验，不能代替怀疑的、谨慎的常规科学程序。无论这些认知多么富有成效、多么深刻，即便这些认知可能是发现某些真理的最佳或唯一方式，也不能否认一个事实：在洞察的瞬间之后，我们仍然需要面对检查、选择、拒绝、确认、（外部）验证的问题。不过，将这两者置入一种对立的排他关系中似乎并不明智。很明显，存在认知和科学程序相互需要、相得益彰，就像拓荒者和定居者的关系一样。

## 高峰体验的后效

高峰体验对人的后效（aftereffects），完全不同于高峰体验中认知的外部效度问题。从另一种意义上说，这种后效可以说是对高峰体验本身的一种证实。我没有对照研究数据可供展示，但我的研究对象一致认为这种后效**确实**存在，我也对此深信不疑，所有谈及创造性、爱、觉察、神秘体验、审美体验的作者也都表示认同。据此，我认为做出如下论断或主张是合理的，而且它们都可以被检验。

1. 高峰体验在严格的消除症状的治疗意义上，可能也确实有一定的效果。我这里至少有两份报告，一份来自一名心理学家，另一份来自一名人类学家；这两份报告都有关神秘体验或浩瀚体验——这些体验如此深刻，以至于永远消除了神经症的某些症状。当然，这样的转换体验在人类历史中有大量记载，但据我所知却从未被心理学家或精神病学家所关注。

2. 高峰体验能够朝着健康的方向改变人对自己的看法。

3. 高峰体验能够以多种方式改变人对他人的看法以及对自己与他人关系的看法。

4. 高峰体验或多或少能够永久改变人对世界的看法，或是对世界的某些部分、某些方面的看法。

5. 高峰体验能够让人得到解放，拥有更强的创造力、自发性、表达力、个体独特性。

6. 经历过高峰体验的人，感到它是非常重要的、令人向往的，并且会争取再次体验。

7. 经历过高峰体验的人，更会觉得人生有价值，就算生活通常单调、乏味、令人不快或不满，依然如此；因为对他来说，美好、欣喜、诚实、善良、真理、意义的存在，已经得到证实。

高峰体验对人的其他影响很多是专有的、独特的，即取决于特定个体及其特定问题；经历高峰体验解决或用新的眼光看待这些问题。

我认为，如果把高峰体验比作一次去往个人天堂的观光（而后回到人间），我们就能概括这些后效并交流对其的感受。然后，这种体验的合宜后效（一些具有普遍性，一些具有个体性），则几乎可以被视为必然结果。[①]

我还想强调一点：有些人在前意识中，将审美体验、创造体验、爱的体验、神秘体验、洞察体验以及其他高峰体验的后效，视为理所当然、意料之中，这些人包括艺术家、艺术教育者、具有创造力的教师和哲学理论家，以及有爱的丈夫、母亲、治疗师和其他很多人。

总的来说，这些良好后效相对容易理解。比较难以解释的是出现在很多人身上的**缺乏**可见后效的情况。

---

① 请对比柯勒律治（Coleridge）的表述："如果一个人能在梦境中穿越天堂，得到一枝花作为去过那里的确证，如果醒来时发现那枝花在他手中——唉！然后又如何呢？"选自《塞缪尔·泰勒·柯勒律治：诗歌与散文精选集》（*Samuel Taylor Coleridge: Selected Poetry & Prose*）。

# 第 **7** 章
## 高峰体验是强烈的身份认同体验

我们在寻找身份认同（identity）的定义时，必须牢记一点：这些定义和概念，并不存在于某个隐蔽之处，耐心地等着我们发现。我们只能发现其一部分，同时去创造其另一部分。在一定程度上，我们说身份认同是什么，它就是什么。当然，首先我们对"身份认同"这个词已有的各种含义，应该具备一定的敏感度和接受度。然后我们会发现，不同作者用这个词表示种类各异的数据和活动。我们必须在这些活动中找到一些信息，帮助我们理解作者在用这个词时所表达的意思。身份认同，对不同的心理治疗师、社会学家、自我心理学家、儿童心理学家来说意指不同，尽管也存在含义上相似或重叠的情况。（而这个相似之处，可能就是如今身份认同的"含义"。）

我还要提到另一个对高峰体验的研究。在这个研究中，"身份认同"有各种不同的含义——真实、合理、有用的含义。我不是说身份认同的**真正**含义就是这些，只是说这里存在另一个视角。我认为，处于高峰体验中的人有最高的身份认同程度，最接近真实自我，最独特地存在着；因此，高峰体验似乎是准确的、纯净的数据的一个尤其重要的来源——这时，发明（invention）下降到最低限度，发现（discovery）上升到最高限度。

读者将清楚地看到，下述的所有"独立"特征，根本不是相互分隔的，而是共享某些性质的；例如，意思有重叠、表述方式有不同但所指一致、在比喻意义上有相同含义等情况。对"整体分析"（holistic analysis）理论（与原子论或还原论分析方法对立）感兴趣的读者，请见第3章。我将以整体论的方法进行叙述：不是将身份分割成相互排斥的、完全独立的组成部分，而是将其置于手中反复翻转，凝视其不同侧面，或像鉴赏家一样注视一幅画作，从不同视角对其构成（作为整体）进行观察。这里所谈及的每一个"方面"，都可以被视为每一个其他"方面"的部分解释。

1. 处于高峰体验中的人，感觉自己比其他时候都更加整合（统一、完整、一致）。同时，从各个方面看，他（在旁人眼中）也显得更加整合（如下所述），例如：分裂或解离的程度更低、与自身的对抗更少、与自己的相处更和谐、体验自我（experiencing-self）和观察自我（observing-self）之间的分歧更小、更加专心致志、更加井井有条、各个部分更加有序且高效、协同作用更强、内部消耗更少，等等。① 关于整合的其他方面以及所需条件的讨论，请见下文。

2. 处于这种状态中的人，更能做纯粹的、唯一的自己，也更能与世界、与以前的"非我"（not-self）融为一体。例如，相爱的两个人，更趋向于结合成为整体而不是各自分立，更容易实现"我与你"（I-Thou）式的一元状态；创作者和其作品融为一体，母亲感觉她与孩子融为一体，欣赏（艺术）者**化作**其欣赏的音乐、绘画、舞蹈（而艺术也化作其**欣赏者**），天文学家"身处"繁星之中

---

① 治疗师对此特别感兴趣，不仅因为整合是所有治疗的一个主要目标，还因为"治疗性解离"（therapeutic dissociation）中涉及的一些有趣的问题。如果想让治疗随洞察开始，就必须同时进行体验和观察。例如，完全身处体验之中却没有足够超然程度以观察其体验的精神病患者，即使正好处于对神经症患者来说难以发现的潜意识当中，也不会因其有所体验而得到改善。但是，出于相同原因，治疗师也必须进行这种自相矛盾的分裂，因为他必须既接受又不接受患者；换句话说，一方面，他必须给予患者"无条件正向关注"（unconditional positive regard），他必须认同患者以理解患者，他必须抛开所有的批判和评价，他必须体验患者的世界观（Weltanschauung），他必须与病人在"我与你"（I-Thou）方式的相遇中融为一体，他必须给予患者一种广义上的大爱，等等；然而，另一方面，他也含蓄地表达对患者的不赞成、不接受、不认同，等等，因为他正试着改善患者的状态，让患者变得更好（换言之，变得和现在不同）。对多伊奇（Deutsch）和墨菲来说，这些"治疗性分裂"（therapeutic splits）明显是治疗的一个基础。

但是，与多重人格问题一样，无论对于治疗师还是患者，治疗的目标都是将这两方面融合成一个不分裂的和谐统一体。这也可以说是人成为越发体验性自我的过程，自我观察在这个过程中始终都是可能的（或许在前意识层面）。在高峰体验中，我们变成更纯粹地进行体验的自我。

（而不是透过望远镜观察，与其所见各为单独个体，似有一条深渊横亘其间）。①

也就是说，身份认同、自主、自我所能达到的最高成就，就是一种对其自身的超越，一种对我人格（selfhood）的超越。然后，人便能变得相对无我。②

3. 处于高峰体验中的人，通常感觉自身力量达到了最高点，充分使用了自己的所有能力。罗杰斯描述得好，用他的话来说，这时的人感到自己"完全发挥了功能"。人这时觉得自己比其他时候更聪明、更敏锐、更机智、更强壮、更优雅。这时人处于最佳状态、高效状态、巅峰状态。这种感觉不仅是主观的，也是他人能够观察到的。人不再浪费精力去对抗和限制自己，不再自我斗争。通常来说，我们的一部分能力用于行动，另一部分浪费于限制这些能力自身。在高峰体验时，没有这种浪费，人的全部能力都可以用于行动，好像没有堤坝的河流一样奔涌向前。

4. 功能完全发挥的状态，还有一种略微不同的体现：当人处于最佳状态时，可以毫不费力地、轻而易举地发挥功能。平时要费力劳心、历经辛苦才能做到的事，这时却无须拼搏奋斗、竭力争取，而是会自然地"水到渠成"。随之而来的往往是一种优雅的感觉和风采，因为人可以轻松地发挥全部功能，因为一切都状态极佳，正在顺利进展、超速运转。

于是，人表现出一种源于确信感和稳固感的平静，似乎确切地知道自己在做什么，并且在行动时全心全意、全力以赴，不带任何怀疑、含糊、犹豫、保留。因此，他不会侧击或轻触目标，而是直中要害。伟大的运动员、艺术家、

---

① 我意识到我使用了"指向"体验的语言，也就是说，这种语言只向不压抑、不约束、不否定、不拒绝、不畏惧自身高峰体验的人传达意义。我相信，与"非高峰体验者"（non-peakers）进行有意义的交流也是可能的，但这个过程会非常艰苦和漫长。

② 我认为，称之为自我意识、自我觉察、自我观察的完全丧失，就很容易表达其含义。自我意识、自我觉察、自我观察，通常伴随着我们，但有时程度较低，比如我们全神贯注、兴致盎然、心无旁骛、心烦意乱，愁思"烟消云散"的时候。这种现象既可能发生在较高层面（即高峰体验），又可能发生在较低层面，比如对一部电影、一本小说、一场球赛极感兴趣，以至于忘记了自己，也将自己的痛苦、外表、烦恼抛诸脑后。这几乎从来都是一种让人感到愉快的状态。

创造者、领导者、管理者，在以最佳状态发挥功能时都会展现出这种行为特质。

［相比前文所述内容，这一点与身份认同概念的相关性没有那么高，不过因为具有较强的外在性和公开性，所以我们能够对其进行研究，因此我认为应该将其列为"做真实自我"的附带现象。另外，我认为这一点对于理解超凡愉悦（幽默、乐趣、愚蠢、荒唐、嬉戏、欢笑）不可或缺，而这种愉悦是身份认同的最高存在价值之一。］

5. 处于高峰体验中的人，比平时更觉得自己是自身活动和感知的中心，具有主导性、活跃性、创造性。他感觉自己更具原动力、更有自主性（而不是被导引、被决定、无助、依赖、消极、软弱、任人摆布）。他认为自己就是自己的主人，完全自我负责、自我决定；他比平时有更强的"自由意志"，将命运紧握在自己手中。

在他人眼中也一样：他变得更果断、更强大、更专注、更容易忽略或克服反对意见，更毫不动摇地相信自己，更容易给人一种无法阻挡的感觉。现在的他，似乎毫不怀疑自己的价值、自己做任何事的能力。在他人看来，他显得更可信、更可靠、更能被托付重任、更能被寄予厚望。在治疗、成长、教育、婚姻中，经常能见到这种伟大的时刻——人开始负起责任的时刻。

6. 他从阻碍、压抑、戒备、恐惧、怀疑、控制、保留、自我批判、约束中解脱。这或许是价值感、自我接纳、自尊自爱的消极方面。这个现象既客观又主观；我们在这两个方向上都能对其进行更深入的探讨。当然，这只是列举在上下文中的各种特征的一个不同"方面"。

客观来看，这些现象相互冲突而非协同，因此原则上也许能够被检验。

7. 因此，他的行为更自发、更具表达性、更单纯（诚恳、天真、实在、率直、坦率、有童趣、质朴、不戒备、不防御）、更自然（简单、放松、不犹豫、朴实、真诚、不做作、某种意义上的原始、直接），更不受抑制、更自由地向外流露（无意识、冲动、条件反射、"本能"、无约束、自然、无思考、无觉察）。①

8. 因此，在某种特定意义上，他更具有"创造性"（第10章）。由于自信更强、怀疑更少，他的认知和行为能够以一种道家的顺其自然的方式、格式塔（Gestalt）心理学家所描述的灵活方式来进行，能够以当前情况（无论是否存在问题）的内在的、显而易见的条件或要求为根据（而不是以自我中心或自我意识为条件），以任务、职责（弗兰克尔言）、比赛的**本身**性质所规定的条件为根据，进行（这些认知和行为的）自我塑造。于是，他的认知和行为更加具有以下特点：即兴、未做预备、临场发挥、从无到有、出乎意料、新奇、不老套、不陈旧、不刻板、不教条、非习惯性；另外，在某种程度上，涉及更少的准备、计划、构思、预谋、排演、刻意——这些词或多或少都有一些预先筹划的意味。因为这些认知和行为是新出现的、新创造的（而不是源于过去的经验），所以相对来说有一定的非寻求、非欲求、非需求、非目的、非力争、"无动机"、无驱使的性质。

9. 以上这些内容，还可以换一种方式表述，称之为极致的独特性、个体性、与众不同。如果说在原则上所有人都是不同的，那么可以说在高峰体验中这种不同**更加**纯粹。如果人在许多方面（角色层面）可以相互代替，那么在高峰体验中，角色逐渐消失，人变得不能相互代替。无论人的真实状态是什么样子，无论"独特自我"是什么意思，这些都在高峰体验中体现得更加明显。

10. 个体在高峰体验时，处于活在此时此刻（here-now）的状态，免于过去和未来的影响，完全投入当下的体验之中。例如，他会比平时更善于倾听；因为不受习惯和预期的干扰，他能充分去倾听，不被因过往情况（与当前情况不尽相同）而产生的预期、因未来规划而产生的期望和忧虑（意味着只将现在视

---

① 真正身份认同的这个方面非常重要，有非常多的含义，也非常难以言传，因此我附加了以下部分同义的词语（它们的含义略有重叠）：非刻意、自愿、自由、非受迫、非逻辑、非蓄意、匆促、不隐瞒、不掩饰、自我暴露、直率、不假装、开放、不貌是情非、不造作、不装腔作势、直截了当、不世故、不虚伪、镇定自若、乐于相信。这里暂且不谈"单纯认知"（innocent cognition）、直觉、存在认知等问题。

为实现未来的手段，而非目的本身）所妨碍。而且，由于他这时超越了欲望，他无须使用恐惧、憎恨、希望这些标签。同时，他也不必为了对当下进行评估，而比较当下有什么和没有什么。

11. 人这时变得更纯粹于精神，而不是世俗地生活在这个世界的规律之中（第13章）。也就是说，对他起决定作用的，更多是其内心的法则，而不是非内心的现实法则（在两者存在差异时）。这种说法听起来像是一个矛盾或悖论，但其实不然；而且，就算真的存在矛盾，我们也必须承认它具有某种意义。当人对自我和他人同时抱有"任之发展"的态度时，则最有可能达到对他人的存在性认知；自尊自爱、尊他爱他，两者相辅相成。理解非我（non-self）的最佳方式就是不去控制，即顺其自然、予其以自由，允许它按照自己的（而不是我的）原则生活；同样，当我挣脱非我的束缚，不受其支配，拒绝遵从其规则，坚持只依照自己内心的规律和法则生活时，便活出了最纯粹的自己。这个事实证明，心内（intra-psychic，即自我）、心外（extra-psychic，即他人），二者并非天差地别，当然亦非水火不容；两套原则都很有趣，甚至可以整合起来、融为一体。

两个人之间存在之爱的关系是一个最简单的例子，能够帮助读者理解这些令人困惑的语句（也可以用其他高峰体验为例）。显然，在这个理想的讨论层面（我称之为存在领域），自由、独立、掌控、放手、信任、意志、依赖、现实、他人、分离等这些词，都有着非常复杂、非常丰富的含义，而这些含义不存在于匮乏领域（日常生活、缺乏、欲望、需求、自我保护、二分、极端对立、分裂）之中。

12. 强调不力争、不需求，并将其作为我们研究的重点（或组织研究的中心），对发展理论有一定的好处。根据上文中的各种描述以及某些限定的意义，特别是从匮乏需求的角度来看，处于高峰体验中的人变得没有动机（或不被驱使）。在同一讨论范畴内，可以用相似的方式将最高级的、最真实的身份认同状态，描述为不力争、不需求、不期望，即已经超越平常意义上的需求和驱力的状态。人这时只是存在着。愉悦已经实现，这意味着对愉悦的**追求**也暂时告一段落。

我在形容自我实现者时，已经使用过类似的叙述。所有的一切都自发而来、倾泻而出、不刻意、不费力、不带目的；这时，人完全地投入行动当中，不是由于有所匮乏，不是为了获得内稳态或减少需求，不是为了逃避痛苦、烦恼、死亡，不是为了达到一个遥远的未来目标，也不是为了行动本身以外的任何其他目的。这时，人的行为和体验，真正成为其**本身**；这些行为和体验是自我证实的，是作为目的而不是手段存在的。

在这个层面上，我曾用"似神"来形容这样的人，因为我们认为大多数神是无欲无求的、十全十美的、丝毫不存在缺陷或匮乏的。于是，有人便推断，"至高无上"之神的特征，尤其是这些神的行为，源于其无所欲求的状态。我发现，这种推论也能促进我们理解人类在无所欲求状态时的行为。例如，我认为这种推论可以作为一个良好基础，对我们发展出一套超凡幽默及乐趣理论、厌倦理论、创造性理论等，起到启发的作用。人类胚胎也是无所欲求的——这是在第11章中所探讨的高级涅槃和低级涅槃之间容易产生混淆的重要原因。

13. 高峰体验中的表达和交流，往往带有诗意、神话、狂想的特点，好像这种存在状态，天生就要用这种语言来表达。我最近才在我的实验对象和自己身上发现这个现象，所以不应谈论过多。第15章也与此有所相关。这个发现对身份认同理论的含义在于，一个人越真实，就会因此变得越像诗人、艺术家、音乐家、先知。[①]

14. 所有的高峰体验，都可以被有效地理解为大卫·M. 列维（David M. Levy）意义上的行为完成（completions-of-the-act），或格式塔心理学家所说的

---

① 诗歌记载了最快乐心灵的最幸福时刻。——雪莱

闭合（closure），或赖希式（Reichian）理论中的完全高潮，或彻底的释放、宣泄、顶点、极致、圆满、清空、完结。与之形成鲜明对比的是未竟事务持续存在的状态：乳房或前列腺部分放空，排泄没有彻底完成，哭泣没能释放悲伤，节食时半饥半饱，厨房永远没法完全整洁，保留性交（coitus reservatus），不能表达的愤怒，没有训练的运动员，无法摆正墙上歪斜的装饰画，必须忍耐愚蠢、低效、不公正的行为等。读者不难通过这些事例，在现象层面理解完成状态（completion）有多么重要，以及为什么这一点有助于丰富我们对不力争、整合、放松等概念的理解。完成状态在外部世界中表现为完美、公正、美丽，它是目的而不是手段。外在世界和内在世界在某种程度上有同构性和辩证相关性（"互为因果"），因此我们便触及了良好的人和良好的世界如何造就彼此的问题。

这与身份认同有什么关系？真实的人，自身在某种意义上或许就是完成的、最终的；他必定会在主观上体验到时而出现的终结、完成、完美，也必定会在外部世界中感知到这些。事实**可能**证明，**只有**高峰体验者才能实现完全的身份认同，而非高峰体验者（non-peakers），则始终处于未完成、匮乏、力争、缺失、生活在手段而非目的中的状态。我认为，这种真实性和高峰体验之间的正向相关，就算不严丝合缝，也必然存在。

当我们思考未完成状态对人的生理和心理所造成的张力和拉扯时，会发现这种状态似乎不仅与安宁、平静、心理健康不相容，也无法与生理健康共存。这或许也是某种线索，能帮助我们理解一个令人费解的描述：很多人表示高峰体验在某种程度上和（美丽的）死亡相类似，似乎在生命最深刻之处存在一种矛盾——人同时也渴望或愿意在其中死去。正如兰克所指出的那样，任何完美的完成或终结，在比喻的、神话的、古老的寓意中，或许都有死亡的含义。

15. 存在价值中包含了一种幽默的成分。我坚信这一点，也已经提到之所以会这么认为的一些原因。其中最重要的理由之一，就是这种幽默常出现在对高峰体验的描述当中（既包含个体自身的感觉，又包含别人对他的感觉），研究者也可以从描述高峰体验的人的外部感知到。

这种存在幽默（B-playfulness）很难形容，因为英语在这方面的能力还相当不够（**通常**无法描述"高级"的主观体验）。存在幽默有一种脱俗、神圣、诙谐的性质，无疑超然于各种形式的敌意之上。我们可以简单地称其为幸福喜悦、兴高采烈、愉快。它还有一种因丰富或盈余（不是出于匮乏动机）而溢出的性质。它是一种既因人类之小（弱）又因人类之大（强）而生的喜乐和愉悦，超越了支配—从属这种两极化的关系，因此在这层意义上它具有存在主义的性质。在它当中蕴含着一种胜利感，有时或许也有一种解脱感。存在幽默既是成熟的，又是幼稚的。

在马尔库塞和布朗所描述的意义上，存在幽默具有终极、乌托邦式（Utopian）、优心态式（Eupsychian）、超然的特点。也可以说它具有尼采哲学的意味。

存在幽默的内在特征（也是其部分定义）包括：自在、自如、优雅、好运，摆脱压抑、约束、疑惑，体验存在认知的乐趣，超越自我中心和手段中心的方式，超越时间、空间、历史、地域。

再者，存在幽默本身就有整合作用，就像美、爱、创造智慧一样。在某种意义上，它能解决二分问题，解决很多难以解决的问题。它是人类处境的良好解决方案，让我们知道有一种解决问题的方法是以其为乐。存在幽默使我们能同时生活在匮乏领域和存在领域，既是堂吉诃德，又是桑丘·潘沙。

16. 高峰体验之时或之后的人，通常会感到走运、幸运、得到恩惠。一个常见的反应是"我不配"。高峰不是预先计划的、有意为之的，而是自然发生的。我们"因突如其来的愉悦而惊讶"。吃惊、意想不到、"认知冲击"（shock of recognition）的反应相当普遍。

高峰体验常会让人产生一种感恩的感觉。有信仰的人感恩精神实体，其他人则感恩命运、自然、他人、过往、父母、世界，以及所有帮助他实现这一奇迹的人和事物。这种感恩，还可以转化为崇拜、致谢、敬慕、赞美、供奉，以及其他非常符合信仰框架的反应。显然，任何信仰心理学（无论是自然的还是超自然的）都必须将这些情况考虑在内，关于信仰起源的自然主义理论也是如此。

这种感恩之情，常常表现为或引发一种对所有人和事物的包容之爱，一种对世界之美善的认定，一种为世界做贡献的冲动，一种想要回报的渴望，甚至一种肩负责任的感觉。

最后，这种感恩也许能在理论上解释自我实现的、真实的人身上的谦逊和骄傲（这些品质前文中已有叙述）。幸运的、心怀敬畏的、感恩的人，很难将其幸运完全归功于自身。他势必会问自己："这是我应得的吗？"这样的人，通过将骄傲和谦逊融合成一个复杂的、高级的统一体——即同时保持（一定程度上的）骄傲和（一定程度上的）谦逊——解决了这两者的二分问题。骄傲（夹杂着谦逊）不是**狂妄**或偏执，谦逊（夹杂着骄傲）不是受虐倾向。只有将这两者二分，才会造成病态。存在感恩（B-gratitude）能够将英雄和谦卑的仆人这两个角色整合为一体。

## 结　语

我想强调上文中讨论过的一个主要矛盾（第2点）——即使我们无法理解也必须面对这种矛盾。身份认同（identity）的目标（自我实现、自主、个体化、霍妮所说的真我、真实性等），似乎既是一个终极目标，又是一个过渡目标——一种成长仪式，通往超越身份认同之路上的一步。这好像是说，其目标便是消除自身。换句话说，如果我们有东方文化式的目标，即自我超越、自我消融，抛去自我意识、自我观察，认同世界并与之融合［巴克（Bucke）言］，达到同律状态（安吉亚尔言），那么对大多数人来说，实现这个目标的最佳途径，似乎就是通过获得身份认同、获得强大真实的自我，通过满足基本需求而不是遵循禁欲主义。

　　还有一点可能与这个理论相关：我的实验对象中的年轻人，倾向于描述**两种**高峰体验时的生理反应。一种是兴奋、高度紧张的感觉（"我感到亢奋，想要上蹿下跳、大喊大叫"）；另一种是放松、平和、安宁、沉静的感觉。例如，在一段美好的性爱体验、审美体验、创作狂热之后，两种反应**皆有**可能；要么是持续高度兴奋、无法或不愿入眠，甚至食欲不振、便秘，要么是彻底放松、怠惰、酣睡。这意味着什么，我不得而知。

# 第 **8** 章
## 存在认知的一些危险

本章旨在纠正一个普遍存在的误解，即认为自我实现是一种静态的、虚幻的、"完美"的状态，这时一切人类问题都被超越，人在一种"超人"的平静或狂喜状态"幸福地生活下去"。正如我之前所指出，实际并非如此。

为了更清楚地进行说明，我可以将自我实现描述为一种人格发展，这种发展使人摆脱青年时期的匮乏问题、人生当中的神经质（或幼稚、幻想、非必要、"非真正"）问题，从而能够面对、忍耐、克服"真正"的生命问题（人类的固有问题、终极问题，无法避免的问题，没有完美解决方案的"存在性"问题）。也就是说，问题并非不再存在，而是从暂时性的、非真正的问题，转变成了真正的问题。为了引起读者注意，我甚至可以将自我实现者，称作自我接受、富有洞察的神经症患者，因为这种描述带有一种意味，几乎等同于"理解和接受人类的固有处境"——即勇敢地面对和接受现状，甚至享受当前的处境，对人性的弱点持自嘲而不是否认的态度。

我想在将来讨论的问题是即使（尤其）高度成熟的人也（才）会遇到的真正问题，比如真正的内疚、真正的悲伤、真正的孤独、合理的自私、勇气、责任心、对他人的责任感，等等。

当然，除了通过看到真相（而不是自欺欺人）所获得的内在满足，人格的高级发展还会带来一种量性（和质性）的提高。从统计学上来说，大多数的内疚，实际上是神经质，而不是真正的内疚。如果人能够摆脱神经质的内疚，虽然真正的内疚可能依然存在，但是其总体内疚感必定会降低。

不仅如此，高度发展的人格还会有更多的高峰体验，而且这些体验似乎更加深刻 [ 尽管这可能不适用于"强迫性"或阿波罗式（Appolonian）的自我实现 ]。也就是说，成为更完满的人以后，仍然会有问题和痛苦（尽管是"更高级"的类型）；不过，问题和痛苦在数量上降低了，而快乐在数量和质量上都提高了，这是不争的事实。简而言之，当达到更高的个人发展水平时，人在主观上就会变得更好。

相比普通大众，自我实现者在一种我称之为"存在认知"的方面能力更强。我在第6章中，将这种认知描述为对万事万物的本质、"是然"（is-ness）、内在结构与动态、现有潜力的认知。存在认知（B-cognition），与匮乏认知（D-cognition）、人类中心认知、自我中心认知，形成鲜明对比。正如自我实现并不意味着没有问题，存在认知也有危险的一面。

## 存在认知的危险

**1. 存在认知的主要危险是会让人无法行动，至少会让行动变得优柔寡断。**存在认知是不会进行判断、比较、斥责、评价的。同时，它也不会做出决定，因为决定意味着付诸行动，而存在认知是一种被动的端详、欣赏、不干预，也就是"顺其自然"。如果人只是凝视着肿瘤或细菌，心存敬畏、惊异、好奇，陶醉在丰富认知的喜悦之中，那么他会无所作为。愤怒、恐惧、改善现状的愿望、消灭或扼杀、痛斥、人类中心的结论（"这对我不利"或"这是我的敌人，会伤害我"），全都被暂时搁置。错与对、善与恶、过去与未来，这些都与存在认知无关，也同时不起作用。在存在主义意义上，存在认知不是世俗的，甚至不是人类的，而是似神的、慈悲的、非主动的、非干涉的、无为的。存在认知与人类中心意义上的敌友概念毫无关系。只有当人的认知方式向匮乏认知转变时，才可能去行动、决定、判断、惩罚、斥责、规划未来。

　　那么，这其中最主要的危险，就是存在认知当下与行动相互矛盾①。不过，由于我们大多数时间生活在俗世之中，所以**行动是必要的**（具有防御性或攻击性的行动，或基于观察者而非被观察者角度做出的自我中心的行动）。老虎（苍蝇、蚊子、细菌）都有权出于自身"存在"立场而生存，但人类也是如此。这样便**出现**了一个不可避免的冲突：自我实现的要求，可能会迫使人类杀死老虎，但对老虎的存在认知却反对这样做。也就是说，即使在存在主义意义上，自我实现概念也有一个内在的、必要的元素——自私、自我保护、保留使用暴力甚至凶残手段的权利。因此，对于自我实现来说，存在认知和匮乏认知都是其不可或缺的方面。这又意味着，自我实现的概念也必然包含冲突、果决、选择的成分。所以，拼搏、挣扎、奋斗、不确定、内疚、后悔，也是自我实现的"必要"附带现象。换言之，自我实现**必定**是**既**包含静观**又**包含行动的。

　　社会中可能会有某种劳动分工。如果有人能够代劳，静观者就可以免于行动。比如，我们不用为了得到牛排而亲自宰牛。戈德斯坦以一种广泛概括的形式，指出了这一点。他的大脑受损病人能够在不应用抽象思维、不感受灾难性焦虑的情况下顺利生活，是因为有他人在保护他们，帮他们做他们力所不能及的事；在某种程度上，自我实现也是一样，因为有了他人的支持和帮助而可能达成。（我的同事沃尔特·托曼在谈话中也强调，在专业分工越发明确的社会中，全面自我实现的可能性越来越低。）爱因斯坦在晚年是一个专业化程度非常高的人，这种状态之所以能实现，是因为有他的妻子、普林斯顿大学、他的朋友等多方面的支持。爱因斯坦可以放弃追求多才多艺，仍然自我实现，因为很多事已经有别人帮他做了。如果爱因斯坦独自一人在荒岛上，他**或许**能获得戈德斯坦意义上的自我实现（"在环境允许范围内尽其所能"），但这无论如何都

---

① 我们也许能在著名的奥尔兹实验中发现类似情况。当小白鼠大脑中的"满足中枢"被刺激时，它顿时停下来静止不动，似乎在"尽情享受"这种体验。人类在毒品作用下获得快乐体验的状态，有趋向于安静和非活动的特点。想记住渐逝的美梦，就最好一动不动。

不是他所达成的专业化的自我实现。还有一种可能就是他根本无法自我实现，比如他有可能葬身荒岛，或因无能为力而感到焦虑和自卑，或已退回到匮乏需求的生活层次。

**2. 存在认知和静观式理解（contemplative understanding）的另一个危险，是它可能会降低我们的责任感，特别是在给予帮助时对他人的责任方面。** 我们对婴儿的责任是一个极端的例子。"顺其自然"会对婴儿造成阻碍，甚至产生致命后果。同时，我们也对孩童、成人、动物、土壤、树木、花朵负有责任。外科医生为非凡的肿瘤惊叹不已时，可能会将病人的生命置于危险之中。我们若只是欣赏洪水，就不会修建堤坝。这不只影响到因这种不作为而遭受痛苦的人，也影响到静观者自身，因为他必定会为自己的静观和不作为对他人造成的不良影响感到内疚。（他无论如何都在以某种方式"爱"着他们，与他们有一种"兄弟般"的情谊，而这意味着他关心**他们的**自我实现，但他们的死亡或苦难会中断自我实现的过程，因此他**必然**会感到内疚。）

教师对学生的态度、家长对孩子的态度、治疗师对患者的态度，这些都是极好的例子。不难看出，这些关系都有自成一格之处，但我们也必须正视教师（家长、治疗师）在促进成长方面必须要负的责任，比如设立界限、维持纪律、施以惩戒、**不予满足**、刻意让其受挫、激起并忍受敌意，等等。

**3. 行动的抑制、责任的丧失，会导致宿命论的盛行，比如"该发生的总会发生**。世界就是这样。这是已经注定的。对此我无能为力"。这是唯意志论的陷落，自由意志的沉沦，糟糕的决定论大行其道，而这无疑对每个人的成长和自我实现都有所损害。

**4. 非主动的静观，几乎必然会被深受其害的人所误解。** 他们会认为这是缺乏爱、缺乏关切、缺乏同情心的表现。这不仅会阻碍他们向着自我实现成长，还可能会让他们在成长之路上倒退——因为这种静观，可能"教导"了他们世态炎凉、人情冷漠。结果，他们对人的爱、尊重、信任都有所减退。这意味着世界会变得更糟，对儿童、青少年、不够强大的成人来说尤其如此。他们将"顺其自然"理解成一种忽略、缺乏爱心，甚至蔑视。

**5. 纯粹的静观包括不写作、不帮助、不教导，即一种特殊形式的非主动静观。** 佛教徒认为辟支佛（Pratyekabuddha）和菩萨（Bodhisattva）有所不同；辟支佛只为自己而开悟，与别人无关；菩萨虽然已经开悟，但认为只要有人尚未开悟，自己的超度就不完美。可以说，对于菩萨而言，为了自我实现，他必须脱离存在认知的极乐，去帮助和教导他人。

佛陀（Buddha）的开悟只属于他自己吗？还是必然也属于他人，属于世界？为了写作和教学，确实通常（但并非总是）需要暂时放下极乐或狂喜。这意味着放弃自己的天堂，来帮助他人到达天堂。但是，禅宗佛教徒和道教徒会说："开悟被言说之时，便不复存在，也不再真实"（也就是说，体验开悟的**唯一办法就是去经历开悟**，任何话语都无法描述不可言喻的开悟体验）。这种说法正确吗？

当然，两者都有正确之处（于是，我们看到了这个永恒的、无解的存在困境）。如果我在沙漠里发现一片可以共享的绿洲，我是将其独享，还是把他人也带去以挽救他们的生命呢？如果我发现一个美丽（在一定程度上是因其安静、人烟稀少、幽僻）的优胜美地，我是将其独占，还是把它变成一个供千百万人（因为人数众多，所以会降低其美丽程度，甚至将其毁坏）游赏的国家公园呢？我应该把我的私人海滩与他人分享，使之成为公共海滩吗？印度人尊重生命，不愿杀生，但若养肥了牛却饿死了婴儿，那这么做真的对吗？在一个贫穷的国家，当饥肠辘辘的孩子们眼巴巴地望着我时，我可以允许自己在多大程度上享受食物呢？我也应该和他们一起挨饿吗？这些问题没有一个良好的、单纯的、理论的、先验的答案。无论怎样去解答，总会有一些遗憾。自我实现必然是自私的，也必然是无私的。因此，选择和冲突不可避免，懊悔也时有出现。

劳动分工原则（结合个体体质差异原则）或许能帮助我们找到一个更好的

答案（但是永远找不到完美的答案）。正如在各种信仰中，有些人受到"利己式自我实现"的感召，有些人受到"利他式自我实现"的感召。或许社会可以要求一些人成为"利己型自我实现者"、纯粹的静观者，就当是帮我们一个忙（可以减轻内疚感）；社会可以认为支持这些人是值得的，因为他们会为别人树立良好的榜样、对别人产生激励的作用，并且证明纯粹的、超凡脱俗的静观确实是存在的。我们的社会如此支持过一些伟大的科学家、艺术家、作家、哲学家，将他们从教学、写作、社会责任中解脱出来；这不仅是为了"纯粹"的原因，也是打赌这么做同样能给我们带来回报。

这种两难境地，也复杂化了"真正的内疚"（弗洛姆称"人道主义内疚"）问题。我称之为真正的内疚，以区别于神经质的内疚。真正的内疚，源于对自己的不忠、对自身命运的不忠、对自身本性的不忠。请参见莫瑞尔（Mowrer）和林德的著作。

我们可以进一步提出问题："对自己真实但不对他人真实，会引起什么样的内疚？"正如我们所见，这两者有时因其本质而不可避免地发生冲突。选择既是可能的，也是必要的，但这样的选择很少能完全令人满意。要是真如戈德斯坦所言——你必须对他人真实，才能对自己真实，要是真如阿德勒所言——社会兴趣（social interest）是心理健康的一个内在的、决定性的方面，那么这个世界一定会感到遗憾，因为正在自我实现的人，为了拯救另一个人而牺牲了自己的一部分。另外，如果你必须首先对自己真实，那么这个世界一定也会为未写完的手稿、被丢弃的画作而感到遗憾，为我们本可以从纯粹的（自私的）静观者（他们并无意帮助我们）那里学到的东西而感到遗憾。

**6. 存在认知可能导致在接受事物时不加辨别、生活价值观模糊、审美能力丧失、容忍过度。** 这是因为每个人，如果只从自身存在的角度来看，都处于其独特的完美状态。所以，评价、指责、裁断、否认、批判、比较，全都变得不适用且无关紧要。虽然可以说，作为治疗师、爱人、教师、家长、朋友，对个体无条件的接纳是一个**前提**，但作为法官、警察、管理者，只是给予无条件的接纳显然不够。

我们已经能看出，上文中暗含的两种人际态度之间存在某种矛盾。大多数心理治疗师会拒绝承担训导和惩戒患者的职能，而许多高管、官员、将军也会拒绝为他们不得不免职或处罚的手下，在治疗或个人层面承担任何责任。

几乎所有人都在面对有时既要当"治疗师"又要当"警察"的两难境地。也许，与通常甚至丝毫没有意识到这个困境的普通人相比，更完满的人会更认真地对待上述两种角色，因而更深受其困扰。

可能是由于这个（或其他）原因，目前研究的自我实现者一般都能很好地将这两种功能结合起来；他们通常富于同情与理解，而且有比普通人更强的正当义愤（righteous indignation）能力。数据表明，与普通人相比，自我实现者、更健康的人，在表达他们合理的愤慨和反对意见时，更加直言不讳、深信不疑。

如果不用愤怒、反对、愤慨的能力对理解同情的能力进行补足，就可能会造成情感淡薄、对人冷漠、失去义愤能力，也无法鉴别和欣赏真正的才能、本领、优秀、卓越。这可能会成为专业存在认知者的职业病；对于这个推测，想到这点便不难理解：大众普遍认为心理治疗师在社交关系中过于中立、淡漠，缺乏活力、激情。

**7. 存在认知另一个人，在某种意义上相当于视其为"完美"的，而这一点很容易造成误解。**众所周知，被无条件地接受、被完全地爱着、被彻底地认可，能极大地增强人的信心、促进人的成长，也非常有益于治疗和改善精神状态。然而，我们也必须意识到，这种态度可能会被误以为是一种难以承受的过高要求——即必须达到这种不切实际的、完美主义的期望目标。人越是感到自己无价值、不完美，就越会误解"完美"和"接纳"的意思，也越会觉得这种态度是一种负担。

事实上，"完美"一词有两种含义，一种适用于存在领域，另一种适用于匮乏（力争、成为）领域。存在认知当中，"完美"的意思是完全如实地认知**和接纳这个人的一切**；匮乏认知当中，"完美"必然意味着错误的认知和观念。在前者意义上，每个人都是完美的；在后者意义上，没有人是完美的，也永远不会有完美的人。也就是说，我们可以认为一个人是存在完美（B-perfect）的，但是他可能会觉得我们认为他是匮乏完美（D-perfect）的，于是自然会因此而感到不舒服、无价值、内疚，就好像他在欺骗我们一样。

我们可以合理地推断，人的存在认知能力越强，就越能接纳和享受别人对他的存在认知。我们还可以预料，对于能完全理解和接纳他人的存在认知者来说，上述误解可能经常会引起一个微妙的策略问题。

**8. 我想在这里谈论的最后一个存在认知的危险，是其认知策略中可能会出现的过度唯美主义问题。**人对生活的审美反应，通常与对生活的务实反应、道德反应存在内在矛盾（形式与内容间素来存在的冲突）。这个矛盾的一种表现，是将丑描绘为美；另一种则是呈现真、善，甚至美时显得无力、无美感。（我们暂且不谈以真善美的方式呈现真、善、美是否存在问题。）历史上对这种困境争论不休，所以在这里我只想指出其中涉及的较成熟者对较不成熟者的社会责任问题，因为后者可能会混淆存在接纳（B-acceptance）和匮乏认可（D-approval）。出于深刻理解而对同性恋、犯罪、不负责任等行为进行动人的、优美的呈现，可能会被误解为在煽动他人效仿这种行为。对于存在认知者来说，这是一个需要额外负担的责任，因为他们生活的世界中充斥着恐慌的、易被误导的人。

# 结　论

在我的研究对象中的自我实现者身上，存在认知和匮乏认知有什么样的关系？他们是如何将静观与行动联系起来的？虽然我当时并没有以这种形式想到这些问题，但是现在回想起来，我有以下一些印象。首先，正如前文所述，这些研究对象的存在认知能力和纯粹静观能力远高于普通大众。这些能力似乎是一个程度问题，因为每个人似乎都有能力经历偶尔的存在认知、纯粹静观、高峰体验。其次，他们的有效行动能力和匮乏认知能力也更强。必须要说的是，这可能是在美国选择研究对象所造成的附带现象，甚至可能是因选择者是美国人而造成的附带现象。无论如何，我必须坦承，我在研究对象中没有找到佛教僧侣式的人。最后，现在看来，我的记忆中最完满的人大多数时间过着可以说是"平凡生活"的日子——购物、吃饭、礼让、看牙医、精打细算、在选择鞋子颜色时深思熟虑、看轻松可笑的电影、读昙花一现的流行文学作品。通常情况下，他们可能因无聊而烦闷、被恶行所震惊——尽管这种反应可能不那么强烈，或者带有更多同情。高峰体验、存在认知、纯粹静观，无论发生频率高低，单看绝对次数，也是一种就算对自我实现者而言也堪称非凡的特殊经历。这一点确是事实，尽管成熟的人全部或大部分时间都生活在更高层次上——例如，更清晰地区分手段与目的、深刻与肤浅，一般来说更透彻、更自然、更具表现力，与所爱之人更深切地相联，等等。

所以，这里提出的，与其说是一个当前问题，不如说是一个终极问题；与其说是一个实践问题，不如说是一个理论问题。然而，这种困境之所以重要，不仅由于它表现了我们为了在理论上对人性的可能性和限度进行定义所做出的努力，还由于它引发了真正的内疚、冲突、"存在性精神病态"（existential psychopathology）；因此，它同时也是我们必须继续努力解决的个人层面问题。

# 第9章
## 对标签化的抵抗

在弗洛伊德概念体系中，抵抗（或称阻抗，resistance）指的是对压抑的维持。但沙赫特尔已经表示，思想进入意识的困难，除了压抑以外可能还有别的来源。孩提时代的有些觉察，在成长过程中"被遗忘"。我们对无意识的初级过程认知有相对较弱的抵抗，而对被禁止的冲动、驱力、愿望的抵抗则要强得多，我也曾试着将这两者区分开来。这些对于抵抗的研究进展表明，扩展其概念范围而将其定义为"在获得洞察的过程中**无论因为什么**而遇到的困难"，也许是个好主意。（当然，这些原因不包括体质无能力的情况，比如智力缺陷、向具体思维的退行、性别差异，甚至谢尔登式的体质决定因素。）

我在这里的论点是，心理治疗中"抵抗"的另一个来源，是患者对标签化或随意分类的反感，因为这意味着他的个体性、独特性、异于别人之处、专有身份都被剥夺了。这种反感是正常且健康的。

我曾（第4章）将标签化形容成一种拙劣的认知，而实际上它是一种非认知，一种快速、简便的编目方法，其作用是让人不必费力进行更仔细、更具体的感知或思考。将个人置于体系中来看待，比了解其本身所花的精力要少，因为前者只要求我们感知作为分类（如婴儿、侍者、瑞典人、精神分裂患者、女性、将军、护士等）标准的某个抽象特征。标签化所强调的是个人所属的类别，而对类别来说，个人只是样本而不是其自身——被关注的是共性而不是差异。

我在那本书中还指出一个重要的事实：被标签化的人普遍反感这种状态，因为标签化行为否认了他的个体性，忽视了他的人格、与众不同、独特身份。

威廉·詹姆斯（William James）1902年的著名表述，清楚地说明了这点：

我们的智力对事物所做出的最先反应，就是将其与别的事物归为同类。但任何对我们意义非凡、令我们全情投入的事物，在我们看来似乎也得是**自成一格**、独一无二的。如果螃蟹听到我们把它归为甲壳类动物，还就这么不带迟疑或愧意地草草了事，那它很可能会愤愤地说："我不是这种东西。我是**我自己**，只是**我自己**。"

我在墨西哥及美国对男性气质和女性气质的概念所进行的研究，能作为例证来说明因被标签化而产生的不满。大多数美国女性在初步适应墨西哥的环境以后，都发现作为女性被高度重视是非常令人愉快的；无论她们走到哪里，都会制造一片骚动，口哨和赞叹不绝于耳；她们受到各年龄段男性的热切追求，被认为是美丽的、宝贵的。许多美国女性对自己的女性气质有些困惑，而这种被高度重视的体验，可以令人感到满足、具有治疗效果，能够使她们觉得自己更有女人味，更愿意享受自身的女性气质，这通常又会让她们**看起来**更有女性气质。

但是，随着时间的推移，她们（至少其中一部分）感觉不那么愉快了。她们发现，**任何**女性对墨西哥男人来说都是宝贵的，似乎女性是年老还是年轻、漂亮还是不漂亮、聪明还是不聪明，对他们来说没有区别。此外，她们还发现，相比年轻的美国男人（一个女孩这样描述："你拒绝跟他约会时，他会很受伤，甚至得去看精神科医生"），墨西哥男人在被拒绝时非常平静，**太**平静了。他好像对此并不在意，很快就转而追求另一个女人。不过，对一个女人来说这意味着，**她**自己作为一个独特的人，对他并没有什么特殊价值；他的所有努力都是为了一个**女人**，不是**她**，也就是说女人其实都差不多，而她也能被别的女人所取代。她发现，有价值的并不是**她**，而是**"女人"**这个类别。最后，她感觉受到了冒犯而不是恭维，因为她所希望的是作为一个人、作为**她自己**而被重视，而不是由于她的性别。当然，在这种情况下，女格（femalehood）需求先于人格（personhood）需求，也就是说它要求被优先满足，而这种满足接着又把人格需求推到动机系统的前端。尊重和关注女性个人，而不是"女人"这个类别，才有可能实现经久不衰的爱情、一夫一妻制、女性的自我实现。

对标签化的愤懑，有另一个常见的例子：青少年被告知"这只是你必须经历的阶段，等你长大了就会过去"的时候，往往会感到愤怒。孩子的不幸、真实、独特，我们绝不能轻视和嘲笑，就算千百万其他人都有相似的境遇，也不能这么做。

最后再举个例子：有位精神病学家终止了简短且仓促的首次访谈，对这位潜在患者说："你的困难大体上就是你这个年龄的典型问题。"这位患者听了非常生气，事后说觉得被"草草打发"，受到了冒犯。她感觉自己被当作小孩子对待，心生不快："我**不是**一个样本。我就是**我**，不是任何别的谁。"

考虑这些事例，还有助于我们对经典精神分析中的抵抗概念进行扩展。抵抗通常只被视为一种神经症的防御、一种对恢复健康或得知令人不悦的真相的抗拒，所以往往也被看作不受欢迎的、需要被克服的、通过分析来消除的东西。不过，正如上文中的例子所表明，我们所认为的疾病，有时**可能**是健康，或至少不是疾病。心理治疗师与患者工作时的困难——患者拒绝接受某种解释，患者的愤怒、反击、固执——**有时**源于他们对于被标签化的抵制，这几乎无可置疑。因此，这种抵抗可被看作是人在受到攻击或忽视时，对个体独特性、身份认同、自我的认定和保护。这种反应，不仅维护了个体的尊严，还能在患者遭遇糟糕的心理治疗、生搬硬套的症状诠释、没有依据的胡乱分析、过于理智化或时机不成熟的解释说明、毫无意义的抽象化或概念化（这些行为都意味着缺乏对患者的尊重）时，保护他们免受其害。请参见欧康纳（O'Connell）的类似论述。

急于治愈患者的心理治疗新手、照本宣科且理所当然地以为治疗就是传播概念的人、没有任何临床经验的理论家、刚记住费尼切尔（Fenichel）的理论就跟宿舍里每个人说自己属于哪个心理学流派的本科生或研究生——这些都是患者必须防备的"贴标签者"。这些人妄口巴舌，甚至初见别人就说出例如"你是肛门性格"或"你在试图控制所有人"或"你想和我上床"或"你希望跟你父亲生孩子"等①这样的胡言。称这种因被标签化而产生的正当自我保护反应为传统意义上的"抵抗"，是对概念的又一次误用。

幸运的是，我们在治疗者群体里能看到反对标签化的迹象。我们可以从开明的治疗师对分类学的普遍背离，与"克雷普林式"（Kraepelinian）或"州立病院式"精神病学的分道扬镳中看到这一点。以前的心理治疗中，主要（有时是**唯一**）的努力目标，是对患者进行诊断，也就是把个体分类。但是经验告诉我们，进行诊断更多是出于法律上和管理上的需要，而不是出于治疗上的需要。现在，即使在精神病院，人们也越来越意识到，没有人是"教科书式"的患者；内部会议上的诊断书更长了，内容也更丰富、更复杂，而不再只是简单地贴标签。

现在大家都意识到，如果以心理治疗为主要目标，则必须将患者作为独一无二的人，而不是某个类别中的一员来对待。理解一个人，不等于将其分类或标签化；而对人真正的理解，是治疗的**必要条件**。

## 结　论

人普遍反感被贴标签，认为这是对其个体性（自我、身份）的否认。在被这样对待时，他们可能会用可行的方式去重申其身份。在心理治疗中，这些反

---

① 心理治疗中的这种标签化（而不是使用具体、特质化、以患者为中心的经验语言）的倾向，几乎必然会变得更强；即便是最好的治疗师，在生病、疲劳、有心事、焦虑、没兴趣、不尊重患者、匆忙等时候，也会如此。所以，关注到这一点，也有助于精神分析师对反移情进行持续的自我分析。

应必须被带有同情心正确地理解为人对其个人尊严的坚持，而在**任何**时候，个人尊严都在某些形式的治疗中受到严重侵害。要么这种自我保护反应不应该被称为"抵抗"（在维持病症的意义上），要么就必须扩展"抵抗"概念而使之能将获得觉察的困难考虑在内。此外，我已经指出，这种抵抗是人在面对不良心理治疗时极具价值的保护措施。①

---

① 这篇论文也可以被视为会造成更多心理治疗师和患者之间的沟通问题。优秀的治疗师，面临着将理论知识用于具体事务的问题。治疗师所使用的概念框架，对其自身来说可能是经验丰富、具有意义的，但对患者来说，这种概念性的形式毫无用处。洞察疗法（insight therapy）不仅包括揭露、体验、将无意识内容分类，在很大程度上也是将各种完全处于意识层面但尚未命名（所以尚未相互联结）的主观体验整合于一个概念之下，有时甚至是一种更简单的工作——为一个未命名的体验命名。患者可能会在获得真正洞察时有顿悟的感觉，比如："天呐！我一直以为我很爱我母亲，但实际上我是恨她的！"不过，患者也可能无须借助任何无意识的内容就获得这种体验，比如"原来这就是你说的焦虑啊！"（指的是在胃部、喉咙、双腿、心脏等地方体验到的这样或那样的感受；虽然患者完全察觉到了这些感受，但是从未将其命名）。思考这些现象，也有助于心理治疗师的培养。

PART

4

第四部分

**创造性**

# 第 **10** 章
## 自我实现者的创造力

我在刚开始研究积极健康、发展成熟、自我实现的人时，就发现我必须改变对创造力的看法。首先，我必须摒弃一个刻板概念，即健康、天赋、才能、生产力的含义相同。我的研究对象中有相当一部分人，虽然在我将要描述的特殊意义上是健康的、有创造力的，但是在普通意义上却**并不多产**；他们既没有伟大的才能或天赋，也不是诗人、作曲家、发明家、艺术家、有创造力的知识分子。而且，显而易见的是，一些最伟大的人类天才在心理上并不健康，比如瓦格纳（Wagner）、梵高（Van Gogh）、拜伦（Byron）。很明显，有些人心理健康，有些则不然。我很快便得出结论：伟大的天赋，或多或少独立于善良或健康的品质之外，而我们对此不甚了解。例如，有证据表明，伟大的音乐和数学才能，更多来自先天遗传，而不是后天获得。健康和特殊才能是两个独立变量，之间可能只存在些微关联，也可能毫无关联。我们不妨从开始就承认：心理学对天才般的特殊才能知之甚少。对此我不再多言，而只谈论另一种更广泛的创造性；这种创造性与生俱来，而且与心理健康息息相关。

此外，我很快发现，我像大多数人一样，一直用产物来衡量创造性；其次，我无意识地将创造性局限于人类事业的一些传统领域，不自觉地认为**任何**画家、诗人、作曲家都过着创造性的生活，认为理论家、艺术家、科学家、发明家、作家可以有创造力，而其他人都不可以。在不知不觉中，我把创造力假定成了一些专业人士的特权。

我的研究对象，打破了我的这种认知。例如，有一位女性，她是家庭妇女、全职妈妈，没有受过教育，过着贫困的生活，从未做过传统意义上有创造性的事情，但却是出色的厨师、母亲、妻子、主妇。虽然生活拮据，但是她总能把家里打理得十分漂亮。她是一位完美的女主人，她做的餐食像宴会一样精致，她对于家用织品、银器、玻璃制品、陶器、家具的品位无可挑剔。在所有这些领域里，她都独具匠心、别出心裁、新颖别致、出乎意料、极富创意。我**必须**承认她很有创造力。从她和像她一样的人身上，我学到一点：一流的汤羹，比二流的油画更具创造性；而且一般来说，烹饪食物、养育孩子、经营家庭，都可以富有创造性，而诗歌也可能会缺乏创造性。

我的另一个研究对象，致力于可以说是最广义的社会服务——比如包扎伤口、帮助受压迫者。她不仅以个人的身份，也以组织的形式进行这项工作；她的"创造"之一，就是这个组织，比起单凭一己之力，通过组织她能帮助到更多人。

还有一个研究对象是一位精神科医生，他是"纯粹"的临床工作者，从未撰写文章、创建理论、设计研究，但乐于在日常工作中帮助别人创造自我。他认真对待每一位病人，仿佛他只有这一位病人；他不说难懂的行业术语，不带预先的期待和判断；他还有些道家风范——纯真、质朴，却有大智慧。每一位病人都是独特的个体，因此他们的问题需要用全新的方式去理解和解决。即使情况非常棘手，他也能很好地处理，而这证明了他"创造性"的（而不是刻板的、传统的）行事方式的成功。另一个研究对象，让我意识到创办商业机构也可以是创造性的活动。一名年轻的运动员，让我意识到一次完美阻截的美感完全不亚于十四行诗，可能蕴含着同样的创造性精神。换句话说，我学到了一点：我们不仅可以用"创造性的"（还有"审美性的"）来形容产物，也可以用这些词对人的性格，对活动、过程、态度进行描述。另外，我开始用"创造性的"这个词来形容许多产物，而不仅限于规范和传统所接受的诗歌、理论、小说、实验、画作。

于是，我发现有必要区分"特殊才能创造性"和"自我实现创造性"，后者更直接源于人格，也更广泛表现在日常生活中，比如在幽默感中就可见一斑。这种创造性，具有"创造性地做**任何**事情"（比如家务、教学）的倾向。自我实现创造性的一个重要部分，通常表现为一种特殊的洞察力；寓言故事中那个看到国王没穿衣服的孩子，就体现了这种洞察力（这也与"创造性表现为产物"的概念相矛盾）。具有这种洞察力的人，既能看到事物的新颖性、原初性、具体性、表意性，又能看到事物的普遍性、抽象性，以及标签化、类别化的特性。因此，他们更多地生活在真实自然世界，而不是充满概念、抽象、预期、信条、刻板印象的言语描述世界当中——大多数人把这个世界与真实世界混为一谈（第14章）。罗杰斯所说的"对经验的开放态度"很好地表达了这一点。

相对来说，我的所有实验对象都比普通人更自发、更愿意表达。他们的行为更"自然"，更不受抑制、约束，似乎在以更轻松、更自由的方式流露，没有遇到那么多阻碍，没有出现那么多自我批判。这种不打折扣、不惧嘲讽地表达想法和冲动的能力，是自我实现创造性的一个重要部分。罗杰斯曾用"功能完全发挥的人"这种说法，很好地形容了健康的这一方面。

我的另一个观察是：自我实现创造性，与可见于**所有**感到快乐、安全的孩子身上的创造性，在许多方面都很类似。这种创造性是自发的、轻松的、单纯的、从容的，不受刻板印象和陈词滥调的影响；在很大程度上，这种创造性由"单纯"的感知自由以及"天真"的、不受约束的自发性和表现力组成。如果不对事物"应该如何""必须如何""从来都是如何"有先验的预期，几乎所有孩子都能进行更自由的感知。而且，几乎所有孩子都可以在没有计划、没有事先意图的情况下，即兴创作一首歌、一首诗、一支舞、一幅画、一部戏剧、一场游戏。

我的研究对象所具有的，就是这种童真般的创造性。不过，因为我的研究对象毕竟不是孩子（他们都是五六十岁的人），为了避免误解，我们或许可以说他们至少保留了或重获了童真的两个主要方面：他们不给事物贴标签，对体验保持开放态度；他们能轻松地自发行动、自我表达。如果我们用"天真"来形容孩子，那我的研究对象则是获得了桑塔亚纳（Santayana）所说的"二次天真"。他们单纯的感知和表达，与复杂的思想相互结合。

无论如何，我们似乎正在讨论人性中一个固有的基本特征，一种所有人（或大多数人）在出生时就被赋予了的潜力；这种潜力往往会随着人对文化的适应而被丢失、埋没、抑制。

在另一个性格特征方面，我的研究对象也与普通人有所不同，他们也因此更能发挥创造力。自我实现者对未知的、神秘的、令人困惑的事物，非但不会过于恐惧，反而经常被其吸引；例如，他们会选择性地挑出一个难题进行深入思索。我曾对此做出描述："他们对未知不忽视、不否认、不逃避，不把它幻想成已知，也不过早地归类、区分、贴标签。他们不执着于熟悉的事物，不因极度渴求（这种灾难性的需求，以一种夸张形式在戈德斯坦的脑损伤患者和强迫性神经症患者身上体现）确定性、安全性、明确性、秩序性而追寻真理。在整体客观情况需要时，他们可以舒适地处于无序、杂乱、纷乱、混乱、模糊、疑惑、不确定、不明确、不精确、不准确、不正确的状态中（这些状态，有时对科学、艺术、普遍生活有好处）。"

"因此，便出现了顾虑、迟疑、不确定，而后必然导致决定被搁置。这种情况对大多数人来说是一种折磨，但对有些人来说可能是一种愉快且刺激的挑战，是人生的高点而不是低点。"

现在我开始逐渐理解一个让我困惑多年的观察：自我实现者解决二分问题的方法。简而言之，我发现自己必须重新看待一些对立和两极关系，而不是像所有心理学家那样理所当然地视其为直线连续体。例如，最早困扰我的一个二分问题，就是无法确定我的研究对象自私与否。（请注意我们是如何自发地陷入非此即彼状态的。我提出的问题的形式，暗含了"一个越多，另一个就越少"

的意向）。但是，在确凿事实面前，我不得不放弃这种亚里士多德式逻辑。我的研究对象，在某种意义上非常无私，在另一种意义上又非常自私。这两者融合在一起，并没有不相容，而是形成一个合理的、动态的统一体或综合体，很像弗洛姆在他谈及健康自私（healthy selfishness）的经典论文中所描述的那样。这种结合对立面的方式让我意识到，将自私和无私视为矛盾的、互斥的，本身就是一种人格发展水平较低的表现。我的研究对象还将许多其他二分状态转化成为统一体，比如将认知与意动（心与脑、愿望与事实）的对比，转化为认知与意动的"合并结构"；本能与理性的关系也能发生这样的转化。责任变成了乐趣，乐趣与责任融为一体；工作和娱乐之间的区别变得模糊起来。既然利他主义产生了利己的快乐，那么利己的享乐主义如何能与利他主义对立呢？最成熟的那些人，同时也极富童真；他们有最强大的自我，最与众不同，但同时也能最无我、最自我超越、最以问题为中心。

这正是伟大的艺术家所做的事情。他能将不搭配的颜色、不协调的形式、各种不和谐的部分结合起来，形成一个统一体。同样，伟大的理论家能将令人困惑的、前后矛盾的事实放在一起，让我们看到其一致性。伟大的政治家、治疗师、哲学家、家长、发明家，也是如此。他们都是整合者，能将分离的甚至对立的东西整合成统一体。

我们在这里说的是在个人内部进行整合及对整合结果进行反复调整的能力，以及将所有外部事物整合起来的能力。创造性在多大程度上具有建设性、综合性、统一性、整体性，就在多大程度上依赖于人的内在整合。

我在思考这一切的原因时，发现能追溯到我的研究对象相对无所畏惧的状态。他们显然较少受到文化适应的影响；也就是说，他们对别人的言语、要求、嘲笑并不那么害怕。他们较不需要他人，因此对他人的依赖、畏惧、敌意也都较少。然而，有一点也许更重要：他们不害怕自己的内心，不害怕自己的冲动、情绪、想法；他们比普通人更加接受自我。这种对更深层次自我的认可和接纳，让他们更可能会去勇敢地感知真实自然世界，也让他们的行动更加自发（更少的控制、约束、计划、意图、设计）。他们不那么担心自身所思所想，包括那些古怪、愚蠢、疯狂的想法；他们不那么害怕被嘲笑、被否定；他们能让自己在情绪中沉浸。相比之下，普通人和神经症患者会因恐惧（大多存在于他们内心中）而将这些部分隔绝。他们使用控制、约束、压抑、压制的方法；他们否定深层自我，并认为别人也会这么做。

实际上，我想说的是：我的研究对象的创造力，似乎是他们强于普通人的整体性和整合性的附带现象，自我接纳的意义也体现于此。普通人的内心中有一场内战，交战双方中，一方是深层自我的力量，另一方是防御和控制的力量；这种情况，似乎在我的研究对象那里得到了解决，他们的分裂程度也因而较低。这样一来，自我的可用范围就变大了，他们因此能更充分地投身于享受和创造，也不把那么多时间和精力耗费在自我对抗上。

正如我们在前几章中所看到的那样，我们对高峰体验的了解，支持并充实了这些结论。这本身也是一种整合的体验，在某种程度上与感知世界中的整合具有同构性。我们还在这些体验中发现了对体验更加开放的态度，以及更强的自发性和表达性。此外，由于内在整合的一个方面是接纳深层自我（其可用范围也因此扩大），这些创造性的深层根系也有更大的部分可为我们所用。

## 初级、次级、整合的创造性

传统弗洛伊德理论对我们的目的来说用处不大，甚至与我们的部分数据相矛盾。从本质上说，这种理论是（或曾是）一种本我心理学（id psychology），是对本能冲动及其变动的研究；弗洛伊德的基本辩证关系，根本上存在于冲动和对冲动的防御之间。但是，若想得知创造力（以及娱乐、爱、热情、幽默、想象、幻想）的来源，比起对被压抑的冲动有所认识，理解所谓的初级过程（本质上是认知的而不是意动的）则重要得多。只要将注意力转向人类深层心理学方面，我们就会发现，精神分析性自我心理学（克里斯、米尔纳、艾伦茨威格、荣格心理学）和美国的自我成长心理学之间，有很多一致之处。

有常识的、适应良好的普通人为了适应环境所做出的常规调整，都隐含着一种对人性深度（包括意动层面和认知层面）的持续排斥。要良好地适应现实世界，就意味着人的分裂——觉得自身有些部分会造成危险而将其背弃。但是很明显，这样做也会让人失去很多东西；这些深层部分，也是所有快乐的源泉，娱乐、爱、欢笑的能力的源泉，而创造力也从这里涌现——这一点对我们最为重要。在保护自己不受内心的地狱伤害时，人也将自己与内心的天堂隔绝开来。情况极端时，人会变得强迫、淡漠、紧绷、僵硬、冷若冰霜、谨小慎微，无法欢笑、嬉戏、爱，无法玩闹、信任、孩子气。人的想象力、直觉、柔和、情感性，都会被扼杀或被扭曲。

作为一种治疗方法，精神分析的最终目标是进行整合：通过觉察来治疗这种分裂状态，以便让被压抑的东西进入意识或前意识。不过，我们已经对创造性的深层来源有了更多认识，因此可以对治疗方法做出一些调整。我们与自身初级过程的关系，我们与无法接受的愿望的关系，这两者并不是在所有方面都相同。我能看到的最大区别是：初级过程不像禁忌冲动那么危险。在很大程度上，初级过程并未受到压抑或限制，而是被"遗忘"、被规避、被压制（而不是被压抑）——因为我们必须适应残酷现实，而这要求我们在为之努力时目标明确、脚踏实地，而不是幻想、寄情于诗、玩世不恭。或者换句话说，在一个富裕的社会里，对初级思维过程的抵抗肯定少得多。众所周知，教育过程在解除人对"本能"的压抑方面作用不大，但我认为，这个过程能在助人接受初级过程并将其整合进意识和前意识方面发挥很大作用。从原则上来说，艺术、诗歌、舞蹈方面的教育，在这个方向上大有可为。动力心理学的教育同样如此，比如多伊奇和墨菲用初级过程语言进行的"临床访谈"，就可以被视为一种诗歌。马里恩·米尔纳（Marion Milner）的佳作《论不会作画》，完美地表达了我的观点。

我一直设法描述的这种创造性，在即兴创作中能找到最佳例证，比如爵士乐、有孩童般笔触的绘画，而不是被认定为"伟大"的艺术作品。

首先，伟大的作品需要伟大的才能，而我们已经看到，才能与我们的关注点无关。其次，伟大的作品不仅需要顿悟、灵感、高峰体验，也需要刻苦努力、长期磨炼、不留情面地批评、力求完美的标准。换言之，自发过后就要明确意图，完全接受过后就要加以指摘，直觉过后就要缜密思考，果敢过后就要谨慎行事，幻想过后就要在现实中检验。这时便出现了一系列问题："这是真的吗？""它能被其他人理解吗？""它的结构合理吗？""它能经得住逻辑的考验吗？""它会在世界中有怎样的表现？""我能证明它吗？"随之而来的是比较、判断、评估、深思熟虑、利弊权衡，以及选择和拒绝的决定。

也许可以说，现在次级过程取代了初级过程，阿波罗式有序取代了狄奥尼索斯式无序，"男性气质"取代了"女性气质"。自主退行已经终止，灵感或高峰体验的必要被动性和接受性，必须让位于行动、控制、努力工作。高峰体验发生在人身上，但人**创造**出伟大的作品。

严格来说，我只对这个最初阶段做过研究；这个阶段来得容易、不费力气，它是一个整合的人的自发表达、内部短暂的统一。只有当一个人能触及其深层部分、不畏惧初级思维过程时，才会迎来这个阶段。

我应该把从初级过程出发、利用初级过程远多于次级过程的创造力，称为"初级创造力"，把主要基于次级思维过程的创造力，称为"次级创造力"。后者涵盖了世界上大部分创造产物，比如桥梁、房屋、新型汽车，甚至包括许多科学实验和文学作品。所有这些，本质上都是对他人思想的巩固和发展。这两种创造力之间的差异，类似于前线突击队与后方宪兵队、拓荒者与移居者的区别。我应该把能从容且妥善地将两种过程共同或交替使用的创造力，称为"整合创造力"。正是在这种创造力中，诞生了伟大的艺术作品、哲学作品、科学作品。

## 结　论

我认为，所有这些发展结果都越发强调了整合（或自我一致、统一、整体）在创造性理论中的作用。将二分状态转化为一个更高级的、更包容的统一体，相当于治愈了人的分裂，提高了他的统一性。我所说的分裂，发生在人的内部，所以可以等同于一种内战，一种人的一部分与另一部分的对立。无论如何，自我实现创造性似乎更直接地来自初级过程和次级过程的融合，而不是通过压抑禁忌的冲动和愿望来实现。当然，因畏惧这些禁忌冲动而产生的防御，有可能对**整个**深层自我发起一种全面的、不加分别的、惊慌失措的抵抗，并在这种抵抗中压抑初级过程。不过，这种不加分别的做法似乎在原则上并不必要。

总而言之，自我实现创造性的重点，首先在于人格而非成就；成就被视为人格发展的附带产物，所以相比人格来说是次要的。自我实现创造性所强调的性格特质包括大胆、勇敢、自由、自发、表达明晰、整合、自我接纳；这些特质让广义的自我实现创造性得以达成，体现在有创造力的人身上，以及创造性的生活和态度当中。我还强调了自我实现创造性的特质中表达性和存在性的部分，而不是解决问题和制造产物的部分。自我实现创造性是"放射"出来的，会影响生活的各个方面而无关乎具体问题，就像快乐的人不带目的、计划，甚至是无意识地"放射"出快乐一样。这种创造性，如同阳光普照一般，促使一些东西生长（如果它可以生长），在岩石或其他不可生长的东西上白白浪费。

最后，我很清楚地意识到，我一直在试图打破一些得到广泛承认的创造力概念，却没能很好地提出一个定义明确、含义清晰的新概念。自我实现创造性很难定义，因为有时它似乎像穆斯塔卡斯所说的那样，与健康有相同的含义。自我实现或健康，最终都必须定义为完满人性的实现或个人的"存在"；这么说来，自我实现创造力几乎等同于基本人性，或是其**必要**因素或本质特征。

PART

5

第五部分

# 价 值

# 第 11 章
## 心理学数据与人类价值

几千年来，人本主义者一直试图构建一种自然主义的心理价值体系；这种价值体系源于人的本性，不必依赖人类自身之外的权威。历史上出现过很多这样的理论，但在大规模实用层面都没能成功，与其他失败的理论如出一辙。当今世界上，恶棍比以往任何时候都多，神经症患者数量更是**与日俱增**。

这些不充分的理论，大多数都建立在某种心理学假设之上。如今，根据我们新近获取的知识，几乎所有这些假设都能被证明是错误的、有缺陷的、不完整的或在某些其他方面存在不足的。但我相信，在过去的几十年里，心理学的科学部分和艺术部分的某些发展，让我们第一次心生希望且志在必得：只要我们足够努力，这个古老的愿望就能实现。我们知道如何批评旧理论，能隐约看到新理论的形态，最重要的是，我们知道如何填补知识的空白，去哪儿找、做什么，让我们能够回答这些古老的问题："什么是美好人生？什么是好人？如何教大家期望和选择美好人生？如何把孩子培养成健全的成人？等等。"也就是说，我们认为构建科学伦理观是可以并可行的。

下面这部分将简要探讨几个有前景的证据和研究路线，这些路线与过去及未来价值理论的相关性，以及近期我们在理论与现实层面必须要取得的进展。将所有这些视为可能而不是必然实现，相对比较稳妥。

### 自由选择实验：内稳态

数以百计的实验证明，如果食物种类充足、可供自由选择，所有动物都有一种与生俱来的能力——选择对自己有益的饮食。身体的这种智慧，在不那么平常的情况下也得以保留。例如，肾上腺切除的动物能通过重新调整自主选择的饮食来维持生命，怀孕的动物也会很好地调整饮食来满足成长中胚胎的需要。

如今我们知道这种智慧并不完美。举个例子，这种自发食欲在反映身体对维生素的需求时，就不那么灵敏。低等动物比高等动物和人类更能有效地避开有毒物质，保护自己免受伤害。先前养成的饮食习惯可能会盖过当前的新陈代谢需求。最重要的是，对于人类，尤其是神经症患者来说，很多因素都可以侵蚀这种身体智慧，尽管它似乎永远不会完全丧失。

这个普遍原则不仅适用于饮食选择，也适用于所有其他的身体需求，正如著名的内稳态实验所表明的一样。

显而易见，相比我们25年前所想，所有生物实际上都更具自主性、更会自我管理和自我调节。生物体应该得到更多信任，而我们也逐渐学着信赖婴儿的内在智慧，包括饮食选择、断奶时间、睡眠长短、如厕训练时间、活动需要，以及许多其他事情。

然而，最近我们已经逐渐认识到（特别是在对身体与精神疾病患者的研究中看出），人们会做出或好或坏的选择。同时，我们也更多了解到这些选择行为背后的隐藏原因（尤其是从精神分析师那里得知），并学会尊重这些原因。

在这方面有个令人惊讶的实验，蕴含着对价值理论发展的指引。鸡如果被允许自主选择饮食，会在选择有益食物的能力上表现出很大差别。好选择者（good choosers）比起差选择者（bad choosers），长得更强壮、更高大、更有统治力，这也意味着它们会得到所有最好的东西。如果把好选择者所选择的饮食强加给差选择者，我们会发现**后者**变得更强壮、更高大、更健康、更有统治力了，但永远达不到好选择者所达到的水平。也就是说，好选择者比差选择者更会选择有益于后者的食物。如果我们在人类身上也能得到类似的实验结果——我认为会得到（已有大量支持性临床数据），则必须对大量理论进行重建。就人类价值理论而言，如果只基于对非选定人群的选择所做的统计性描述，那这种理论肯定是不充分的。将好选择者和差选择者的选择、健康人和病人的选择进行平均是没用的。只有健康人的选择、偏好、判断，能让我们知道什么对人类的长远发展有好处。神经症患者的选择，主要能让我们知道什么对维持神经症的稳定有帮助。这类例子还有：脑损伤患者的选择有助于防止重大精神崩溃；肾上腺切除动物的选择能保全**自身**性命，但同样的选择会使一只健康动物死亡。

我认为这就是大多数享乐主义价值理论和道德理论触礁的地方。病态驱动的快乐与健康驱动的快乐，不能相提并论。

此外，正如谢尔顿和莫里斯所表明的，任何伦理准则都必须面对体质差异的事实，不仅在鸡和鼠的种群中有这种差异，人类种群中也同样如此。有一些价值观为全体（健康的）人类所共有，而另一些则**不然**——这些价值观只见于某类人或某些特定个体。我所说的基本需求很可能是全人类所共有的，因此是共同的价值观。特质性的需求，则会产生特质性的价值观。

个体的体质差异，会在个体与自我、文化、世界的关联方式中造成偏好，也就是说，会产生价值观。这些研究结果，与临床工作者对个体差异的普遍经验互为佐证。社会人类学的研究数据也支持这个结论；这些数据所假定的，是每种文化都会选择性利用和抑制、认可和反对人类多种体质中的小部分，文化多样性便由此产生。所有这些，都符合生物学数据与理论以及自我实现理论的观点；这些观点表明，器官系统迫切地要进行自我表达，简言之，要发挥功能。肌肉发达的人喜欢使用肌肉，甚至可以说**必须**使用肌肉；因为他想要完成自我实现，并在主观上感到身体功能得到了和谐、未受束缚、令人满意的发挥，而这是心理健康很重要的一个方面。有智慧的人必须使用智慧，有眼睛的人必须使用眼睛，有能力去爱的人必然有爱的**冲动**和**需求**，只有这样才会感觉自己是健康的。能力吵嚷着要求被使用，只有被充分利用时才停止喧哗。也就是说，能力就是需求，因此内在价值也是需求。能力有多不同，价值观就有多不同。

## 基本需求及其序列层级

作为人内在构造的组成部分，人不仅有生理需求，也有真切的心理需求，这一点已被充分证实。这些需求可以被看作某种匮乏，必须由环境来合宜地满足，才能避免疾病和主观不适感。它们可以被称为基本或生物性需求，并与人对盐类、钙质、维生素D的需求相类比，因为——

a.需求未被满足的人，会持续渴望需求被满足。

b.需求未被满足的状态，会使人患病或衰弱。

c.满足需求是有疗效的，能治愈匮乏性的疾病。

d.稳定的需求满足，能预防这些疾病。

e.健康（需求被满足）的人，不会表现出这些匮乏。

但是，这些需求或价值，是根据强度与优先程度，以分层和发展的方式相互联系的。举例来说，安全需求比爱的需求更主导、更强烈、更迫切、更必要，而对食物的需求通常比这前两者都更强烈。此外，**所有**上述基本需求，都可以被视为通向自我实现的道路上需要完成的步骤；这么说来，所有基本需求，也都可以被纳入其中。

如果将这些事实考虑在内，我们就可以解决哲学家数百年来一直努力求索却徒劳无功的许多价值问题。首先，人类**似乎**只有一个终极价值、一个所有人都为之奋斗的遥远目标。不同的作者赋予它不同的名字，比如自我实现、自我完成、整合、心理健康、个体化、自主、创造力、生产力，但他们都认为这相当于实现了个人的潜力，也就是说，成为完满的人，成为其所**能**成为的一切。

然而，实际上个人自己并不知道这一点。作为心理学家的我们在进行观察和研究时，为整合和解释各种不同数据而构建了这个概念。就个体自身而言，**他**只知道自己极度渴望爱，认为只要得到爱，就会永远感到快乐和满足。他事先所不知的是，体会到这种满足感以后，他还会有别的追求，而一种基本需求的满足，会使我们的意识被另一种"更高级"的需求所支配。对他来说，等同于生命本身的**绝对**价值和**终极**价值，其实就是在特定时期内占主导地位的需求层级中的某种需求。因此，这些基本需求和基本价值，**既**可以被看作目标，**又**可以被看作迈向最终目标的步伐。我们的生命确实有一个终极价值或目标，但同样**也**有一个分层、发展、复杂地相互关联的价值体系。

这种理解也有助于解决**存在**（Being）和**成为**（Becoming）之间明显的悖论。人类的确在不断努力追求终极人性，这本身可能就是另一种成为和成长。这就好像我们注定在一直努力达到一种永远达不到的状态。令人庆幸的是，我们现在知道这不是事实，或至少不是唯一事实。与之结合成为整体的，还有另一个真相：好的**成为**，让我们以短暂绝对**存在**状态的形式、高峰体验的形式，一次次得到回报。基本需求的满足，给我们带来许多高峰体验，而每次这种体验都是绝对的愉悦、完美的感受，无需自身以外的任何东西去对人生进行确证。这等于否认了"人生道路尽头之外，有天堂的存在"这种观念。可以说，天堂就在人生中等待，有时我们跨入并享受它，然后回到平凡生活继续奋斗。一旦我们有过这种经历，就会永远铭记于心，并用这段记忆滋养自己，在承受压力时支撑自己。

不仅如此，在绝对意义上说，每时每刻都在发生的成长，其过程本身就令人有所收获、感到愉快。这些时刻，就算不是"高峰"体验，也至少是"山腰"体验，是完全自我确认的刹那，是让人心生喜悦的**存在**瞬间。**存在**和**成为**并不矛盾或互斥。接近（approaching）和到达（arriving）两者都有各自的价值。

这里得讲清楚：我要对前方（成长与超越）的天堂（Heaven ahead）和后方（退行）的虚假天堂（"Heaven" behind）进行区分。"高等涅槃"（high Nirvana）与"低等涅槃"（low Nirvana）有很大差异，但大部分临床工作者会把两者混淆。

## 自我实现：成长

我在其他地方发表过一篇汇集了所有相关证据的调查报告，旨在推动我们对健康成长或自我实现倾向的概念进行发展。这些证据在一定程度上是演绎性的，因为它们指出，如果不去假设这样一个概念，人类的很多行为都无法解释。正是基于同样的科学原理，我们发现了一颗尚未观测到的行星；虽未眼见为实，但它**必定**存在，否则其他已知数据便令人不明所以。

我们也有一些直接证据，但更准确地说只是初步证据，还需要更多研究才能最终确定。目前唯一对自我实现者的直接研究由我完成，但考虑到抽样误差和预测误差等已知容易出现的错误时，只依赖一个人所做的一项研究，是相当不可靠的。然而，这项研究的结论，与罗杰斯、弗洛姆、戈德斯坦、安吉亚尔、默里、穆斯塔卡斯、C. 布勒、霍妮、荣格、纳丁以及许多其他人的临床和哲学结论非常相似，我便暂且认为更细致的研究也不会完全推翻我的结论，并带着这个假设继续说下去。我们现在确实可以宣称，至少有一个合理的、理论的、实证的案例表明，人的内部存在一种朝着一个方向成长的倾向或需求，这个方向可以概括为自我实现或心理健康，特别是向着自我实现中每个方面的成长。也就是说，人的内部有一种动力，将人推向人格统一、自发表达、完满的个性和身份认同、求真而不是盲目、创造性、良善，等等。换言之，人的构造本身便有将自身推向越来越完满的存在的动力，而这个完满存在，就是大多数人所说的良好价值观、平静、善良、勇气、诚实、爱、无私、美德。

虽然高度发展、最为成熟、心理最健康的人数量很少，但我们可以从对他们的直接研究中，也可以从对普通人的高峰时刻（即短暂的自我实现瞬间）的研究中，学到很多关于价值观的知识。因为如果以很实证、很理论的方式来看，他们拥有最完满的人性。例如，他们保留和发展了人类的能力，尤其是那些人类特有（因此不同于其他物种，比如猴子）的能力［这与哈特曼（Hartman）的价值论方法一致，也就是把好人定义为更符合"人类"定义的人］。从发展的角度来看，这些人是发展更完善的，因为他们没有停留在不成熟或未完成的发展水平上。我们这样做，比起分类学家选择蝴蝶的原始标本、医生选择身体最健康的年轻人，并没有更诉诸神秘、先验、问题。他们都在寻找"完美、成熟、杰出的样本"作为典范，我也是如此。这类方法在原则上都有可重复性。

完满人性（full humanness）不仅可以根据"人类"概念（即物种标准）被满足的程度来定义，也可以有一个描述性、类别化、可测量的心理学定义。目前，我们从一些研究的早期进展和无数的临床经验中，对发展充分和成长良好的人的特征有了一些概念。这些特征不仅能被中立地描述，也是在主观上对人有益、令人愉快、使人得到加强的。

在健康人的样本中，可被客观地描述及测量的特征有——

1. 更清晰、更有效地感知现实；

2. 对经验持更开放的态度；

3. 更高的个人整合度、完整性、统一性；

4. 更强的自发性、表现力，功能被完全发挥，充满活力；

5. 真实的自我，坚定的身份认同，自主性、独特性；

6. 更加客观、超然、自我超越；

7. 创造力的恢复；

8. 融合具体与抽象的能力；

9. 民主的性格结构；

10. 爱的能力；等等。

尽管所有这些特征都需要通过研究来探索与证实，但这样的研究显然切实可行。

另外，自我实现或朝这个方向进行的良好成长，在个人层面也有主观上的确认或强化。这些包括对生活的热情，对快乐、幸福、宁静、喜悦、平和、责任的感受，对自己处理压力、焦虑、问题的能力的信心。反之，自我背叛、固着、退行、出于恐惧而不是成长来生活，在主观感受上则表现为焦虑、绝望、厌倦、无享受能力、内在愧疚与羞耻、无目标感、空虚感、身份认同不足等。

这些主观反应也能被有效地研究探索，对此我们有可供使用的临床研究方法。

这种自我实现者所做出的自由选择（在人能从多种可能性中做出真实选择时），正是我声称可以被作为一个自然主义的价值体系进行描述性研究的东西；在这个体系中，观察者的希望是完全不相关的，也就是说，它是**"科学"**的。我不会说"他应该这样或那样选择"，而只会说"我**观察**到有自由选择权利的健康人会这样或那样选择"。这等于在问"最佳人类的价值观**是什么样子**"而不是"他们的价值观**应该是什么样子**"或"他们**应该是**什么样的人"。（请将这种看法与亚里士多德所相信的"对好人来说有价值、令人愉快的东西，才是真正有价值、令人愉快的东西"进行比较。）

此外，我认为这些发现可以适用于大多数人，因为在我（及其他人）看来，似乎大多数人（也许所有人）都倾向于自我实现（这一点在心理治疗，尤其是揭示性的治疗中，表现最为明显），而且似乎至少在原则上，大多数人都**有能力**自我实现。

如果现存的各种信仰都可被看作是人类志向（即人只要**能**成为就会**想**成为的样子）的表达，那我们在这里同样也能看到上述主张（即所有人都向往或趋于自我实现）的确证。这是因为，我们对自我实现者实际特征的描述，在许多方面与很多信仰所倡导的理想相似，例如：超越自我，融合真善美，为他人奉献，智慧，诚实与自然，超越自私与个人动机，抛弃"低级"欲望以追求"高级"愿望，能轻易区分目的（宁静、平静、平和）与手段（金钱、权力、地位），减少敌意、残忍、破坏性，增长友好和善良，等等。

1. 从所有这些自由选择实验中，从动态动机理论的发展中，从对心理治疗的研究中，我们得到了空前的、革命性的一个结论：我们最深层次的需求，本身并不是危险的、邪恶的、有害的。这为解决人类的内在分歧注入希望——人同时具有阿波罗式和狄俄尼索斯式、古典和浪漫、科学和诗意、理性和冲动、工作和娱乐、语言和前语言、成熟和幼稚、男性化和女性化、成长和退行等这些相对的部分，内在分歧因此出现。

2. 与这种人性哲学中的变化相对应的主要社会趋势，是正在迅速增长的这种倾向：将文化视为满足、阻碍、控制需求的工具。现在，我们可以摒弃这些近乎普遍性的错误，即认为个人与社会的利益**必然**是互斥和对立的，或认为文明主要是控制和监管人的类本能冲动（instinctoid impulses）的机制。所有这些由来已久的观念，都被这种新的可能性一扫而空，被这种将健康文化的主要功能定义为促进普遍自我实现的思想取而代之。

3. 只有在健康人身上，体验时的主观愉悦感、对体验的愿望或冲动、对体验的"基本需求"这三者之间才有良好的相关性（即对个人有长远的好处）。只有这类人一致向往对自己及他人都有益的东西，然后才能全身心地享受它并认可它。对于这些人来说，美德本身就是回报，因为其本身就是令人愉快的。他们往往自发地做正确的事情，因为这是他们**想要**做的、**需要**做的、乐于做的、赞成做的，并一直会因为这样做而感到愉悦。

在人患了心理疾病时分崩离析、陷入冲突的，正是这个统一体、这个正向相关的网络。于是，他想做的事可能对自己不利，就算做了可能也不觉得愉快，即使愉快可能也会同时心生否定，其结果是快乐本身受到腐蚀、转瞬即逝。他最初喜爱的东西，往后可能不再喜欢。他的冲动、欲望、享乐，则变成了一种不合格的生活指南。相应地，他必然会对将他引向歧途的冲动和乐趣感到怀疑和恐惧，并因此受困于冲突、分裂、优柔寡断；简而言之，他身陷内战状态。

这个发现，解决了许多哲学理论发展史中的困境与矛盾。享乐主义理论**的确**适用于健康人，但**并不**适用于病人。真、善、美之间**确实**有一些关联，但只有在健康人身上，这种关联才是紧密的。

4. 自我实现，是在少数人身上相对达成的一种"事态"。然而，对大多数人来说，这更多是一种希望、向往、动力、渴求但尚未获得的"东西"，在临床上表现为驱动人朝着健康、整合、成长等方向行进的力量。投射测验也能以潜力而非外显行为的形式检测出这些倾向，就像X射线能在疾病的表面症状出现前探测到其初期病理一样。

这意味着，**人现在**和**可能成为**的样子，对心理学家来说同时存在，从而解决了存在（Being）与成为（Becoming）之间的二分问题。潜力不仅**将**实现、**能**实现，也**是**现实。自我实现的价值，作为目标而存在，就算尚未实现也真实存在。人既是当前的自己，又是向往成为的自己。

## 成长和环境

人在**自己的本性中**表现出一种推力，推动自身成为越来越完满的存在、实现越来越完美的人性。这与一些自然主义和科学中的意向完全相同，比如橡子"推动"自身向橡树成长，或者老虎"推动"自身长成虎类的样子，或者小马"推动"自身长成马类的样子。归根结底，人**不是被塑造成人、被教导为人的**；环境的作用是支持或帮助人实现**自身**的潜能，而不是环境的潜能。人的潜力和能力不是环境所赋予的，而是人在早期胚胎形态时就**具有**的，正如胚胎期的胳膊和腿的存在一样。人的创造性、自发性、自我性、真实性、对他人的关心、爱的能力、对真理的渴望，都是物种所属的胚胎潜能，就像人的胳膊、腿、脑、眼睛一样。

这一点与已收集的数据并不冲突。这些数据清楚地表明，生活在家庭和文化中，对人类特有心理潜能的实现是绝对必要的条件。但我们需要避免混淆概念。一个老师、一个文化，并不能创造一个人。老师或文化并没有将爱、好奇、理性思考、使用象征、创造的能力植入人的内心，而是支持、促进、鼓励、帮助那些已经存在于胚胎中的潜能成为真正的现实。同样的母亲或文化，以完全相同的方式对待一只小猫或小狗，也不可能把它变成人。文化是阳光、雨露、养料，但不是种子。

## "本能"理论

研究自我实现、自我、真实人性等概念的思想家，已经相当坚定地确立了他们的观点，即人有实现自己的倾向。这是一种暗示性的劝诫，告诉人们要忠于本性、相信自己、真实、自然、诚实地表达，要在自身内在本性深处寻找动机的来源。

当然，这只是一个理想的建议。这些思想家没有充分地警示人们：大多数成年人不知道怎么活得真实，如果他们"表达"自己，那么不仅可能使自己不幸，也可能会给别人带来灾难。强奸犯和虐待狂问："为什么我就不应该信任和表达我自己呢？"我们要如何作答？

总体来讲，这些思想家在几个方面有所疏忽。他们有所**暗示**却未明确表达的观点是：如果人能真实地表现，就会表现良好，如果人的行为发自内心，就会是好的、对的行为。这种观点明显暗含着一个主张：真实的自我是善良的、可靠的、道德的。这种主张明显可以和"人要实现自我"的主张分别开来，并需要分别论证（我认为会的）。此外，这些作者都很明显地回避了对这个内核的关键性陈述，即其在某种程度上**必定**是遗传而来的，否则他们所说的其他一切都是胡拼乱凑的。

换句话说，我们必须努力研究"本能"理论——我更愿意称之为基本需求理论，也就是说，努力研究人类原始的、内在的、部分由遗传决定的需要、冲动、愿望、价值观。我们不能同时奉持生物学和社会学的原则，我们不能**既**主张文化决定一切，**又**主张人有内在本性。这两者互不相容。

在本能领域的所有问题中，我们了解最少但应该了解最多的，就是关于攻击性、敌意、仇恨、破坏性的问题。弗洛伊德学派声称这些是本能性问题，大多数其他动力学心理学家声称这些问题不直接关乎本能，而是由于类本能或基本需求受挫而始终存在的反应。事实是，我们不知道答案。临床经验并没有解决这个问题，因为同样优秀的临床工作者也得出了这些不同的结论。我们需要努力并充分地对这个问题进行研究。

## 控制和限制的问题

主张"内在道德"的理论家所面临的另一个问题是对自律进行说明。从容的自律，通常在自我实现、真实、坦率的人身上，而**不是**普通人身上发现。

在这些健康人身上，我们发现责任和乐趣、工作和娱乐、利己和利他、个人主义和无私忘我，是同一回事。我们知道他们**是**那样的，却不知道他们是怎么做到的。这些真实、完满的人，体现了许多人都能够实现的状态，我对此有强烈的直觉。然而，我们面临着一个可悲的事实：只有很少的人达到了这个目标，可能100个或200个人里才有一个。我们可以对人类抱有希望，因为原则上任何人都**能**成为一个良好的、健康的人。但我们也必然会感到悲哀，因为**真正**成为这样的人寥寥无几。如果我们想弄清楚为什么有些人能做到而其他人不能，那么研究课题便是：对自我实现者的生活史进行探察，发现他们是如何达到这种状态的。

我们已经知道，健康成长的主要前提是基本需求的满足。（神经症通常是一种匮乏性的疾病，就像维生素缺乏症一样。）但我们也了解到，无节制的放纵和满足，自有其危险后果，例如：精神病态人格、"口腔性格"、没有责任感、无法承受压力、溺爱、不成熟、某些性格障碍。研究结果虽然很少，但我们能基于现有的大量临床和教育经验，做出一个合理猜测：婴幼儿不仅需要基本需求的满足，也需要认识到物质世界对其满足感的限制，还必须认识到他人同样也在寻求满足，即便他的父母也是这样——也就是说，他们不只是他达到自身目的的手段。这意味着控制、延迟、限度、克制、挫折耐受、纪律。只有对自律和负责的人，我们才能说："就照你意愿去做吧，结果应该会还不错。"

## 退行力量：精神病理

我们还必须正视成长受阻，也就是成长停滞、逃避成长、固着、退行、防御的问题。简言之，就是精神病理对人的"引力"，或许多人所说的"邪恶"问题。

为什么这么多人没有真实的自我身份，为自己做决定和做选择的能力这么弱？

1. 这些自我实现的冲动和倾向虽然出于本能，但却非常微弱，所以，相比其他本能很强的动物，我们的这些冲动，很容易被习惯、文化对这些冲动的错误态度、创伤事件、不正确的教育所淹没。因此，人类的选择和责任问题，表现得比任何其他物种都要尖锐得多。

2. 在西方文化中有一种历史决定的特殊倾向，即认为人类的这些类本能需求，也就是所谓的动物性，是坏的或邪恶的。因此，许多文化机构的设立都有明确的目的，即控制、阻碍、约束、压抑人的这一原始本性。

3. 拉扯个体的力量有两股（而不只是一股）。除了将人推向健康的力量，还有使人恐惧和退行、将人拖向疾病和虚弱的力量。我们既可以朝着"高等涅槃"方向前进，又可以朝着"低等涅槃"方向后退。

我认为，过去和现在的价值理论和道德理论的主要实际缺陷，是对精神病理学和心理治疗的认识不足。纵观历史，有识之士向人类展示了美德之益、善良之美、人对心理健康和自我实现的固有渴望，但大多数人却顽固地拒绝接受已经摆在他们面前的幸福和自尊。留给那些为师之人的，也只有恼怒、烦躁、幻灭，以及在斥责、规劝、绝望中徘徊。很多人已然完全放弃，开始谈论人类的原罪或固有邪恶，并总结说只有超越人类的力量才能够拯救人类。

与此同时，在丰富、充裕、具有启发性的动力心理学和精神病理学的文献中，蕴含着大量关于人类的弱点和恐惧的信息。我们很清楚人**为什么**做错事，**为什么**给自己带来不幸和毁灭，**为什么**陷入病态和疾患。由此我们可以洞察到，人类的邪恶在很大程度上是（尽管不全都是）人类的弱点或无知，是可以原谅和理解的，也是可以治愈的。

我有时觉得很有趣，有时又觉得很悲哀，因为这么多学者和科学家，这么多哲学家和神学家，在谈论人类价值、善与恶的时候，完全无视一个明显的事实：专业的心理治疗师，每天都在理所当然地转变和改善人的本性，帮助人变得更坚强、更高尚、更有创造力、更善良、更有爱心、更无私、更平静。这些也只是提高自我认知和自我接纳的部分成果，还有很多别的益处会或多或少地出现。

这个主题太过复杂，在这里没办法进行简单讨论。我所能做的，是对于价值理论提出几个总结。

1. 自我认知是自我完善的主要途径，但不是唯一途径。

2. 对大多数人来说，自我认知和自我完善是非常困难的，通常需要巨大的勇气和长期的挣扎。

3. 如果有专业技术娴熟的心理治疗师提供帮助，自我认知和自我完善的过程会变得容易的多，但这绝不是唯一的方法。我们从心理治疗中学到的很多东西，都可以应用到教育、家庭生活、自我人生指导当中。

4. 只有通过这种对精神病理学和心理治疗的研究，我们才能学会正确地尊重和看待恐惧、退行、防御、安全的力量。如果我们尊重和理解这些因素的力量，就更有可能帮助自己和他人走向健康。虚假的乐观，迟早会导致幻灭、愤怒、绝望。

5. 综上所述，如果不了解人类弱点的健康趋向，我们就永远无法真正理解人类的弱点。不然，我们就会犯将一切都病理化的错误。同样，如果不了解人类的弱点，我们也永远无法完全理解人类的力量、帮助这些力量得到发挥。不然，我们就会犯单纯依赖理性而过于乐观的错误。

如果我们希望帮助人类成为更完满的人，就必须意识到，人类在试着实现自己的同时，也不情愿、害怕或没能力这么做。只有充分领会到疾病和健康之间的辩证关系，我们才能使天平向有利于健康的方向倾斜。

# 第 **12** 章
# 价值、成长、健康

我的论点是：关于人类价值观，我们原则上可以有一门描述性的自然主义科学；"现在是什么"与"应该是什么"之间由来已久的互斥对比，在一定程度上是错误的；我们能像研究蚂蚁、马、橡树甚至火星人的价值观一样，研究人类的最高价值或目标。我们能发现（而不是创造或发明）人在完善自我时所趋向、渴望、追求的价值，以及人在生病时所失去的价值。

但我们已经看到，只有将健康人与其他人区分开来，研究才能富有成果（至少在目前阶段、我们掌握的技术有限的情况下是如此）。我们无法将神经质的渴求和健康的渴求加以平均，然后算出有用的结果。（这一点可以用一句精辟的格言阐明，一位生物学家近来宣布："我终于发现了类人猿和文明人之间缺失的环节，那就是我们！"）

在我看来，这些价值既是被揭示出来的，又是被创造或者构建出来的，它们内含于人类本性自身的结构当中，有生物和基因基础，也有文化发展基础。我在描述而不是发明、预测、期盼这些价值（"本人对发现的一切不承担任何责任"）。

我还可以用一种更单纯的方式来描述：我正在研究各类人的自由选择或偏好，无论他们是病人还是健康人、老人还是年轻人、生活在何种境遇之中。作为研究者，我们当然有权这么做，就像我们有权研究小白鼠、猴子、神经症患者的自由选择一样。这种措辞，不仅可以避免许多无关紧要的、令人分心的关于价值观的争论，还有另一个优点，那就是强调我们所做研究的科学性，使其完全脱离先验领域。（总之，我相信"价值"这个概念很快就会过时。价值概念包含太多内容、表达太多意义、历史太过悠久。另外，我们通常并不是有意识地在使用它的不同含义，因此会产生混淆，而我经常想干脆完全不用这个词。我们一般都能找到意思更明确的、更不易造成困惑的同义词来使用。）

这种更自然主义的、更描述性的（更"科学"的）研究方法还有一个优势，就是能将研究问题的形式，从既定观点问题——充斥着"必须"和"应该"、预设了隐含的、未经检验的价值观的问题，转换为平常的经验形式问题——关于时间、地点、主体、数量、程度、条件的问题，即能够用实证来检验的问题。[①]

我还有一个假设：所谓更高的价值、永恒的美德，等等，差不多就是那些我们称其相对健康（已经成熟、发展、自我实现、个体化）的人在好的情况下、在自身感觉处于最佳状态时所做出的自由选择。

或用一种更描述性的方式来表达：当这些人感到自身强大时，如果自由选择真的可行，他们在寻求存在价值时会倾向于自发选择真而不是假、善而不是恶、美而不是丑、整合而不是分裂、喜悦而不是悲伤、生机勃勃而不是死气沉沉、独特而不是刻板，等等。

有一个补充性的假设：选择这些存在价值的倾向，在所有（或大多数）人身上都隐约可见；也就是说，这些存在价值可能为物种所共有，而在健康人身上得到最明显、最真切、最强烈的体现；在这些健康人身上，这些高级价值最少受到防御性（由焦虑引发的）价值或健康退行（或"滑行"[②]，下文同）价值的影响。

另一个很可能被证实的假设：健康人所选择的东西，在生物学意义上当然

---

① 这种研究方法，还能避免在理论和语义上讨论价值观时出现循环论证；例如一部卡通中的经典台词："善胜过恶，因为善更好。"

同时，这种方法的措辞，也有助于对以下说法进行检验，例如：尼采所说的"做你自己"，克尔凯郭尔所说的"做真实的自我"，罗杰斯所说的"人类可以自由选择时所努力达到的状态"。

② 这个词由理查德·法森博士（Dr. Richard Farson）提出。

大体是"对他们有益"的，但在别的意义上可能也是如此（"对他们有益"这里意为"有助于他们自身及他人的自我实现"）。此外，我猜想，对健康人有益的（健康人选择的）东西，从长远来看，很可能对不那么健康的人也有益；如果病人能变得更善于选择，他们同样也会选择这些东西。另一种说法是，与不健康的人相比，健康人是更好的选择者。或者，我们可以转变一下角度，让这个论断产生另一种含义；我建议去观察我们人类中最优秀成员的选择，研究这个观察结果，然后假定这些选择反映了全人类的最高价值。也就是说，让我们看看这样做会发生什么：我们可以诙谐地把他们当成一种生物化验工具——虽然和我们一样，但是更灵敏、比我们自己更快意识到什么对我们有益。这里的设想是，如果时间允许，我们最终会选择他们迅速选择的东西；或者说，我们迟早会看到他们所做选择的智慧，然后做出同样的选择；又或者说，他们敏锐地、清晰地感知到的东西，我们也隐隐约约有所察觉。

我还假设，人在高峰体验中感知到的价值，与上文中所述的选择价值大致相同。做出这样的假设，是因为我想表明选择价值只是价值中的一种。

最后，我假设，以偏好或动机的形式在最优秀人类身上体现的存在价值，与我们描述"优秀"的艺术作品、美丽的大自然、良好的外部世界时所说的价值，在某种程度上是一致的。也就是说，我认为人的内在存在价值，在一定程度上与其在外在世界中感知到的相同价值是同构（isomorphic）的，而且这些内在价值和外在价值之间，有一种相互促进和强化的动态关系。

我要特别阐明上述讨论的一个隐含意义：这些议题都证实，人类的最高价值，存在于人类自身本性之中，等待着我们去发现。这与陈旧的、传统的观念，即这些价值只能来自超自然的神或其他人性本身以外的来源，形成鲜明对比。

## 定义人性

人性命题中真实存在的理论和逻辑难点，我们必须坦率接受、努力解决。

人性定义中的每个部分本身也需要定义；我们对此进行研究时，却发现自己徘徊在循环论证的边缘。有些循环论证，目前我们不得不接受。

"好人"只能通过对照某种人性标准来定义。而且，几乎可以肯定，这种标准是一个程度问题；也就是说，有些人比其他人更有人性，而"好"人、"优良的人"，则是**非常**有人性的。事实必定如此，是因为人性有很多定义性的特征；这些特征，每个都是人性的**必要条件**，但独自并不足以决定人性。此外，这些定义性的特征，很多本身也是程度问题，并未完全地、清晰地将动物和人区分开来。

我们也发现，罗伯特·哈特曼的阐述方式非常有用。一个好人（或一只好老虎、一棵好苹果树）有多好，在于他多大程度上符合"人"（或老虎、苹果树）的概念。

从一个角度来看，这是一种非常简易的理解方法，我们也一直在不知不觉地这么做。初为人母的妈妈问医生："我的宝宝正常吗？"医生不必深究便知道她的意思。动物饲养员在购买老虎时会寻找"优良品种"，即真正具有"虎性"的、虎的特征清晰且充分发展的老虎。我在为实验室购买卷尾猴时，也会寻找优良品种，即具有良好"猴性"的猴子、良好的**卷尾猴**，而不是奇特或怪异的猴子。如果我看到一只不卷尾的猴子，就知道它不是一只好的卷尾猴，尽管这种特征放在老虎身上并无问题。好的苹果树、好的蝴蝶，也是如此。分类学家会尽最大可能，选取最优良的、最成熟的、最健全的、最具典型物种特征的个体，将其陈列在博物馆中，作为一个新物种的"原始标本"，即整个物种的典范。这种原则，在选择"好的雷诺阿（Renoir）作品""最佳的鲁本斯（Rubens）作品"时，也同样适用。

在相同的意义上，我们可以挑选人类物种的最佳样本：他们具有人类物种一切应有部分，他们的所有人类能力都得到了全面发展、充分发挥，同时没有任何明显的疾病——特别是会对核心的、定义性的、**必不可少的**人类特征造成危害的疾病。这类人可以称得上是"最完满的人"。

到目前为止，选出这种样本还不算太难。但是可以试想一下，当我们做选美比赛的评委，或者购买一群羊，或者购买一只宠物狗的时候，会遇到多少额外的困难。第一，我们要面对文化标准的专断问题；专断的文化标准，会压倒和抹杀人的生物心理学决定因素。第二，我们要面对驯养问题，也就是以一种人为而非自然的、受保护的方式生活的问题。我们必须意识到，在某种意义上，人类也是被驯养的，尤其是最受保护的那些人，比如脑损伤患者和婴幼儿。第三，我们面对辨别价值主体的问题，例如，我们需要把奶农的价值和奶牛的价值区分开来。

人类的类本能倾向（instinctoid tendencies）远不及文化力量强大，因此梳理出人类的心理生物学（psychobiological）价值观，会是一项相当艰巨的任务。无论困难与否，原则上我们能够做到。而且，这项任务非常必要，甚至可以说有决定性的意义（第7章）。

那么，我们的研究重点则是如何"选择健康的选择者"。从**实用**方面来看，我们已经做得很好，比如医生能够挑选出身体健康的个体。最大的困难在于**理论**方面，也就是给健康下定义、将健康概念化的问题。

## 成长价值、防御性的价值（不健康的退行）、健康退行的价值（"滑行"价值）

在真正自由选择的情况下，我们发现成熟的、更健康的人，不仅看重真、善、美，也看重退行性的、生存性的、内稳态性的价值——平和与安静、睡眠与休息、顺从、依赖与安全、防御现实、免受现实之苦、从读莎士比亚退回到看侦探小说、沉浸于幻想，甚至渴望死亡（安宁），等等。我们可以粗略地将这些价值分别称为成长价值和健康退行（即"滑行"）价值，并进一步指出，人越成熟、越强大、越健康，就越会寻求成长价值，越不会寻求（也越少需要）

"滑行"价值。不过，这两种价值仍然都为人所需要，而且始终保持着辩证关系，形成可见的动态平衡——外显行为。

我们必须记住，基本动机提供了现成的价值层级，这些价值之间存在相互关系，比如高级需求与低级需求、强需求与弱需求、必要需求与非必要需求。

这些需求，排列成一个整合层级而不是二分结构，也就是说，它们是相互依存的。比如说，实现"发挥特殊才能"这个高级需求，依赖于安全需求的持续满足——这种基本需求即使处于非活跃状态也不会消失。（我所说的"非活跃"，类似于饱餐后的饥饿状态。）

这意味着，人向低级需求退行的可能性始终都存在，而这种退行**不能**只被视为是病态的，也应该被看作是维持生物体完整性所必需的，是"高级需求"的存在和运作的先决条件。安全是爱的**必要条件**，爱是自我实现的前提。

因此，这些健康退行的价值选择，应当被认为是"正常"的、自然的、健康的、类本能的，就像所谓的"高级价值"一样。这两种价值之间明显存在一种辩证的或动态的关系（或用我更喜欢的表达方式：这两者是层级整合的，而不是二分的）。最后，我们必须面对清晰的、描述性的事实，即在大部分时间，对大多数人而言，相比高级的需求和价值，低级的需求和价值更占主要地位。也就是说，这些低级的需求和价值，对人施加了强大的退行拉力。只有最健康、最成熟、发展最好的个体，才更有可能始终如一地偏爱和选择高级价值（同时要有很好的或较好的生活环境作为必需条件）。这个结论大概率是正确的，因为低级需求在被满足后，处于休眠和不活动的状态，所以不会产生退行的拉力，从而为选择高级价值奠定了坚实的基础。（显然，如果假设人的基本需求能被满足，还要假设这个世界是相对美好的。）

用一种老派的方式来总结：人的高级本性（higher nature）依赖于人的低级本性（lower nature），高级本性需要低级本性作为基础，一旦没有这个基础便会分崩离析。也就是说，如果低级本性没有得到满足，人的高级本性根本无从想象。发展高级本性最好的方式，就是先满足低级本性。另外，实现人的高级本性，也需要很好或较好的环境条件（现在和过去都需要）。

这意味着，人的高级本性、理想、抱负、能力，不是依赖于本能的克制，而是依赖于本能的满足。（当然，我所说的"基本需求"不同于古典弗洛伊德学派的"本能"。）尽管如此，我的措辞方式也已经表明，重新审视弗洛伊德的本能理论是很有必要的——我们早就该这么做了。另外，这种措辞方式，与弗洛伊德对生之本能和死之本能的比喻性二分法，有某种同构性。或许我们可以使用他的基本比喻，但是需要修改一下他的具体表达。如今，存在主义者正在用另一种方式，描述这种前进与退行、高级与低级之间的辩证关系。我措辞时力求更贴近实证和临床资料，使其更易被证实或证伪；除此之外，在这些不同的表达方式之间，我并没有看出很大区别。

## 存在主义人类困境

即使最优秀的人，也无法免受人类基本困境之苦。我们作为人类，既有生物性，又有神性；既是强大的，又是弱小的；既是有限的，又是无限的；既是动物，又超越动物；既是成年人，又是孩童；既是胆怯的，又是勇敢的；既是前行的，又是退行的；既渴望完美，又害怕完美；既是小人物，又是英雄。存在主义者坚持要告诉我们这个事实。我觉得，对于他们的这个观点，我们必须赞同。现有证据表明，这种困境及其辩证关系，是所有心理动力学和心理治疗的基本系统的首要问题。此外，我认为它也是所有自然主义价值理论的基本问题。

然而，有一点极为重要，甚至具有决定性意义：我们要抛弃沿用了三千年的二分、切割、区别的方法，也就是说，不再使用亚里士多德式的逻辑（"A与非A完全不同、互相排斥。做出你的选择——选**A或者**非A，但不能两者兼得。"）。我们必须学会以整体论的方式，而不是原子论的方式进行思考，尽管这可能很困难。事实上,所有这些"对立面"都是层级整合(hierarchically-integrated)的,在健康人身上尤为如此;心理治疗的正确目标之一,就是摆脱二分和切割,将看似不可调和的对立面整合起来。我们神性的特征,依赖且需要我们动物性的特征。我们的成年不应该只是对童年的抛弃,而应该将其良好价值包含在内、建立在其基础之上。高级价值与低级价值层级整合。归根结底,二分将事物病态化,病态将事物二分化。(请与戈德斯坦影响深远的孤立概念进行比较。)

## 作为可能性存在的内在价值

我已经谈到过,价值的一部分是我们在自身内部发现的;但是,也有一部分价值是人自己创造或选择的。要获得我们所遵循的价值,探索发现并不是唯一途径。我们很少能通过自我探索,发现完全明确的意义、完全清晰的指向、只能以一种方式满足的需求。几乎所有的需求、能力、才华,都能通过多种方式得到满足;虽然方式种类有限,但仍然**有**多种方式。运动天赋高的人,有很多运动项目可以供其选择。爱的需求,能够被许多人中的任何一个,以不同方式满足。天才的音乐家,在吹奏长笛和单簧管时几乎同样愉快。伟大的知识分子,既可以是生物学家,也可以是化学家或心理学家。任何心怀善意的人,都可以选择投身于多种多样的事业和职责,并在其中获得同等的满足感。我们或许可以说,人类本性的内在结构,是软骨般柔软而不是硬骨般坚硬的;或者说,这种结构可以被训练和引导,就像树木可以被树篱和树棚塑形一样。

优秀的施测者或治疗师,应该很快就能大致看到一个人的才华、能力、需求,也能给出相当不错的职业指导;尽管如此,对这个人来说,选择和放弃的问题仍然存在。

此外,当成长中的人隐约看到自己可以做出选择的命运范围(根据条件,比如自身有什么机遇,文化会赞许还是指责这种选择,等等),当他逐步致力于（选择？被选择？）成为一个医生，自我制造和自我创造的问题很快就会出现。自我约束、勤勉工作、推迟享乐、逼迫自己、塑造自己、锻炼自己，这些都成为必要，就算对"天才医生"而言也不例外。无论他多么热爱这份事业，也有为了整体而必须完成的烦琐工作。

或者换一种说法：人通过成为医生来实现自我，意味着成为一名优秀的而不是糟糕的医生。他的这个理想，部分由个人创造，部分为文化赋予，部分于自身内部发现。他所认为的好医生的样子，和他自己的才华、能力、需求同样具有决定性的作用。

## 揭示疗法是否有助于发现价值

哈特曼否认道德规范能从精神分析的结果中合理地衍生出来。[1]这里的"衍生"所谓何意？我想表达的是，精神分析和其他揭示疗法，只在**显现**或揭露一个内在的、更生物性的、更类本能的人性核心。这个核心的一部分，无疑是某些偏好和渴望，我们可以视它们为内在的、具有生物基础的价值（尽管这种价值很微弱）。人的所有基本需求都归于这个范畴，所有与生俱来的能力和才华也同样如此。我不把这些称为"义务"或"道德规范"，至少不是这两个词陈旧的、外在的意义。我只是说，它为人性所固有，而且在受到否定或阻碍时会导致精神病态、产生邪恶；虽然病态和邪恶不是同义词，但是肯定有重叠的部分。

雷德利希也有类似观点，他说："如果对治疗的探索变成了对意识形态的追求，那么就像惠利斯所明确指出的那样，结果必然会令人失望，因为精神分析

---

[1] 我不确定这些观点之间究竟存在多少真正的意见分歧。例如，在我看来，哈特曼的文章中有一段话和我的上述论点是一致的，尤其是他对"真正价值"的强调。

请与福伊尔（Feuer）的简明论述进行比较："**真正**价值和**非真正**价值之间的区别，是**表现**生物体原始驱动力的价值和**焦虑引发**的价值之间的差异，是表现自由人格的价值和通过恐惧与禁忌来压抑自由人格的价值之间的对比。这种区别，是伦理理论的基本要素，也是致力于理解和实现人类幸福的应用社会科学的发展基础。"

无法提供意识形态。"这种说法当然是正确的——如果我们从字面上理解"意识形态"这个词。

然而，我们在这里又忽略了非常重要的一点：虽然这些揭示疗法没有提供意识形态，但至少肯定有助于**揭示**内在价值的**原始基础**或萌芽。

也就是说，使用揭示疗法和深层疗法的治疗师，能帮助病人发现其（自身）正在追求的（目标尚未分明）、渴望的、需求的，最深层的、最内在的价值。因此，我坚持认为，正确的疗法和寻求价值**有关**，而不是像惠利斯所认为的那样（即两者并无关系）。事实上，我认为，我们甚至可能很快就会将治疗**定义为**对价值的追求，因为归根结底，对身份认同的探寻，本质上就是寻找一个人内在的、真正的价值。这一点在考虑到以下事实时尤其清晰：提高自我认识（以及明确自身价值），与提高对他人及一般现实的认识（以及明确**他们的**价值）是同时发生的。

最后，我认为，我们目前对自我认知和道德行为（以及价值承诺）之间（可能存在的）鸿沟的过度强调，本身可能是思想和行动之间**强迫性**的分歧所造成的，而这种分歧在其他类型的性格中并不那么普遍。这个假设，可能也适用于哲学家由来已久的，对"是然"和"应然"、事实和规范进行二分的行为。我在观察健康人、处于高峰体验中的人、整合了自身良好的强迫品质和歇斯底里品质的人时发现，这种**不可逾越**的鸿沟或裂隙，一般来说并不存在；在他们身上，清晰的知识通常直接转化为自发的行为或道德承诺。也就是说，当他们**知道**什么是正确的事情时，就会做那样的事情。那么，在健康人身上，知识和行动之间的差别还剩下什么呢？只剩下现实和存在中固有的差别，只剩下真问题而不是伪问题。

这个假设在多大程度上是正确的，深层疗法、揭示疗法，就能在多大程度上发挥其清除疾病、揭示价值的效果。

第 **13** 章
## 健康是对环境的超越

　　我的目的，是在当前讨论心理健康的浪潮中，保住可能会丢失的一点。我看到一个危险的现象：认为健康心理在于调整适应（适应现实、适应社会、适应他人）的这种陈旧观念，在以一些新的、更复杂的形式死灰复燃。也就是说，在定义真实、健康的人时，我们可能并未考虑他们的自身、自主、内心规律、非环境法则、**不同于**（独立于或对立于）环境之处，而是使用一种以环境为中心的语言，例如：驾驭**环境**的能力——在**环境**中表现才华、本领、效能、胜任力的能力，做好工作的能力，正确认识**环境**的能力，与**环境**保持良好关系的能力，以**环境**所规定的方式取得成功的能力。换句话说，职务分析和任务要求，不应该成为个人价值或个人健康的主要评价标准。人不仅有外在导向，也有内在导向；我们不能用一个心外的（extra-psychic）理论基点来定义心理健康。我们决不能落入这样的陷阱：根据个体"有什么用"来判断其是否良好，好像人不是其自身，而是一个工具，一种实现某种外在目标的手段。（以我的理解，马克思主义心理学也直白明确地表达了"心灵是反射现实的镜子"这一观点。）

　　说到这里，首先跃入我脑海的是罗伯特·怀特（Robert White）近期发表在《心理学评论》（*Psychological Review*）上的论文《再议动机》（*Motivation Reconsidered*）和罗伯特·伍德沃斯（Robert Woodworth）的《行为的动力》（*Dynamics of Behavior*）这本书。我之所以提到这两篇著作，是因为它们属于精细复杂、质量上乘的作品，都极大地推动了动机理论的发展。在其论述所涉及的范围内，我表示认同；但我觉得这个范围还不够大。我所提到的那个危

163

险——即没有认识到，尽管驾驭、生效、胜任，作为适应现实的方式可能是主动而不是被动的，但**仍然**是适应理论的变体——也以一种隐蔽的方式存在于这两篇著作中。我认为，尽管这些论述都很出色，我们还是必须跨越它们，以便清楚地看到人是超越<sup>①</sup>环境、独立于环境的，也看到人与环境对立、同环境斗争、忽略环境、背离环境、拒绝环境、适应环境的能力。（我脑中闪过一个讨论这些术语男性化、西方化、美国化特征的念头。女人、印度人，甚至法国男人，他们会不会主要从"驾驭"或"胜任"的角度来思考心理健康？）对心理健康理论而言，仅仅谈及心外健康是不够的，还必须把心内（intra-psychic）健康考虑进来。

另一个例子，若不是很多人认真对待，我其实并不重视——那就是哈利·斯塔克·沙利文（Harry Stack Sullivan）式的、试图简单地根据他人对其看法来定义自我的做法；这是一种极端的文化相对论，会使健康的个体性完全丧失。我并不是说这种定义方法不适用于人格不成熟的情况，因为它确实适用。但是，我们在此讨论的是健康的、完全成熟的人；而**这种人**的特点，无疑是对他人看法的超越。

为了证实我的观点，即我们必须保留对自我和非我的区分，才能理解完全成熟的（真实的、自我实现的、个体化的、多产的、健康的）人，下面我将简述想要提请大家注意的几点：

1. 首先，我需要提及一些我曾在1951年发表的名为《抵制文化适应》（*Resistance to Acculturation*）的论文中展示过的数据。文中谈到，我的健康的研究对象，虽然表面上接受惯例习俗，但是私下里对之有一种随便、敷衍、超脱

① 使用"超越"（transcendence）这个词，是因为没有更好的表达方式。"独立于"（independence of）意味着对自我和环境进行二分，这种表达过于简单化了，因此是错误的。遗憾的是，"超越"有时会被理解成一个藐视和否定"较低状态"的"较高状态"，亦即另一种错误的二分行为。在其他情况下，为了与"二分化思维方式"形成对比，我使用过"层级整合思维方式"的说法，这意味着"较高状态"是基于且包含"较低状态"的。例如，中枢神经系统、基本需求层级、军队，都属于层级整合模式。我在这里使用"超越"，是取其层级整合之义，不是取其二分化之义。

的态度。也就是说，这些惯例习俗，他们既可以接受，也可以拒绝。我发现，他们基本上都在用一种相当平静的、幽默的方式抵制文化中的愚蠢和瑕疵，并且或多或少地在努力改善文化。当他们认为有必要时，会表现出与文化进行激烈斗争的能力。引用这篇论文中的话说就是："人对其文化的喜爱、赞同、敌对、批判，程度各不相同；这表明他们依照自身想法，在美国文化中取其精华、去其糟粕。简言之，他们进行权衡和判断（根据自己内心的标准），然后做出自己的决定。"

他们还表现出了程度惊人的超然（脱离他人），相当喜爱私人空间，甚至可以说对之有强烈需求。

"出于这些（以及其他）原因，我们可以称他们为自主的人，也就是说，支配他们的是自身性格规律而不是社会准则（如果这两者存在差异）。在这个意义上，他们不仅仅是美国人，也是人类物种的成员。"接着我做出假设，表示"这些人身上没有那么强的'国民性'，不同文化背景下的他们，跨越了文化界限，而他们彼此之间的类似程度，高于他们与自身文化中发展水平较低的成员的类似程度"。[1]

我想在这里强调的是这些人超然、独立、自我管理的特性，以及他们从内心寻找价值导向和生活准则的倾向。

2. 此外，只有通过这种区分，我们才能为包括冥想和沉思在内的所有走进自我、脱离外在世界以倾听内心声音的方法，保留理论上的空间。这些方法也

---

[1] 跨越文化界限的典型人物包括沃尔特·惠特曼（Walt Whitman）和威廉·詹姆斯，他们是典型的、**纯粹**的美国人，但作为人类成员也是纯粹的超文化（supra-cultural）国际主义者（internationalist）。成为优秀的美国人，并未**妨碍**他们成为世界人（universal men），反而**正因如此**让他们成为世界人。犹太哲学家马丁·布伯（Martin Buber）**也是**这样，他不只是犹太人，也是世界人。葛饰北斋（Katsushika Hokusai）是典型的日本人，同时也是世界的艺术家。或许任何世界性的艺术都不能没有根基。**限定**于地域的艺术与扎根于地域的艺术不同，因为后者成为了更广泛的人类艺术。说到这里，皮亚杰的研究浮现在我们眼前：他发现，儿童在成长到一定程度、发展出将某物和其包含的另一物以一种层级整合方式同时纳入认知的能力之前，无法想象自己同时是日内瓦人和瑞士人。这个（以及其他）事例，由奥尔波特提出。

包括洞察疗法的全部过程；在这类治疗中，脱离世界是**必要条件**，健康状态则是通过进入幻想和初级过程（即内心世界的复苏）来达到的。文化中能实现这一点的地方，就不需要精神分析的介入。（在更全面的讨论中，我肯定会提出理由来证明，这样做还能使人享受意识本身、获得经验价值。）

3. 我认为，人们近来对健康、创造性、艺术、娱乐、爱的兴趣，让我们对**普通**心理学有了更深的理解。我从这些探索过程的不同结果中，选择一个来强调我们当前的目标，那就是：我们对人性中的深奥、无意识、初级过程、原始、神话、诗意等部分的态度发生了改变。因为病态的根源首先是在无意识中发现的，所以我们倾向于认为无意识是坏的、邪恶的、疯狂的、肮脏的、危险的，倾向于认为初级过程是**歪曲**事实的。但是，现在我们发现这些深奥的部分，也是创造性、艺术、爱、幽默、乐趣的源泉，甚至是某些真理和知识的出处；基于这种发现，我们可以开始谈论一种健康的无意识、健康的退行，也可以开始重视初级过程认知、原始或神话思维，而不再认为它们是病态的。现在，我们可以进入初级过程认知去寻求关于自我和世界的某种知识，而这种知识是次级过程无法识别和显示的。这些初级过程，是正常或健康人性的一部分，任何健康人性的综合理论都必须将其包含在内。

如果你认同这个观点，就必须应对一个事实：这些过程是心内的，有自己的源生性规律和法则，而其**主要状态**，并不是已经适应了外部现实，或已经被外部现实塑造，或已经具备了应对外部现实的能力。人格的更多表层分化出来，承担了这项对外工作。如果我们将整个心灵等同于应对环境的工具，就会失去一些我们不能再失去的东西，这个后果我们负担不起。适合、适应、顺应、胜任、驾驭、应对，这些都是环境导向的词，所以不足以描述**完整的**心灵，因为有一部分的心灵与环境没有任何关系。

4. 行为同时具有应对性和表达性，这两方面的区别也很重要。我对"一切行为都受到动机驱使"这一所谓公理，基于多方面理由提出了质疑。这里我要强调一个事实：表达行为要么不受动机驱使，要么比应对行为更少受动机驱使（取决于"受动机驱使"的含义）。表达行为，在以较为纯粹的形态存在时，与环境的关系甚小，也不怀有改变环境或适应环境的目的。顺应、适合、胜任、驾驭，这些词不适用于形容表达行为，而仅适用于形容应对行为。以现实为中心的完满人性理论，只有克服巨大困难，才能对人的表达进行处理或体现。而理解表达行为，可以从一个自然、简单的基点开始，那就是人的内心（第11章）。

5. 专注于一项任务，会在生物体内和环境中产生效率性的结构。无关的事物被推到一边，不加注意。各种相关的能力和信息，在目标和意图的引领下进行排列，意即根据其是否有助于解决问题——也就是其有用性——来定义其重要性。无助于解决问题的东西，变得不再重要。选择则变得很有必要；而同样必要的还有进行摘要（abstraction），这也意味着对某些事物视而不见、不予理会，将其排除在外。

但我们已经了解到，动机驱使、任务导向、以有用性为根据，这些认知方式都与效能（effectance）和胜任力（competence）有关（怀特将胜任力定义为"生物体与环境进行有效互动的能力"），在认知时有所遗漏，因此存在认知盲区。我已经表明，为了实现完整的认知，其本身必须是超然的、无私欲的、无所求的、无动机的。只有这样，我们才能认识到事物的本质及其客观的、内在的特征，而不是将其摘要为"有用的东西""危险的东西"，等等。

我们越是试着驾驭环境或有效利用环境，就越不可能达到完全的、客观的、超然的、不加干涉的认知。只有顺其自然，才能实现全面认知。再次引用心理治疗经验来举个例子：我们越是急于做出诊断、制订治疗计划，就越是**帮不上忙**；我们越是急于治愈病症，治疗过程就越长。每个精神病学研究者，都必须学会不去**力图**治愈、**不要**失去耐心。在这种（以及许多其他）情况下，让步就是胜利，谦逊就是成功。道教徒和禅宗佛教徒都是这么做的；他们1000年前就已经领会了这个道理，而我们心理学家才刚开始对之有所意识。

但最为重要的是：我的初步研究结果显示，这种对世界的存在性认知（B-cognition）在健康人中更常见，甚至可能会是健康的定义性特征之一。我在高峰体验（短暂的自我实现）中也发现了这种认知。这意味着，即使在用来描述人与环境的健康关系时，驾驭、胜任、效力这些词也表示了更强的主动目的性，远远超出了健康概念的合理范围。

这种认知方式的改变，也会影响我们对无意识过程（unconscious processes）的看法。举个例子，现在我们可以这么假设：对于健康人来说，感觉剥夺（sensory deprivation）除了令人恐惧以外，应该也是令人愉悦的。换言之，既然屏蔽外在世界能让内在世界进入意识中，健康人也更接纳、更喜爱内在世界，那么他们应该会更享受感觉剥夺的体验。

## 结　论

关于健康理论，上述思考能让我们明白如下几点：

1. 我们决不能遗忘自主的自我或纯粹的心灵，切不可只将其视为一种适应性的工具。

2. 我们在处理自身与环境的关系时，必须考虑到我们对环境的接纳关系和控制关系。

3. 心理学中虽然有些部分隶属于生物学和社会学，但不**仅限**于此。心理学也有其独特的应用范围，比如体现在心灵中**并非**对外在世界进行反射或塑造的那部分。我们或许可以将这种心理学称为"心灵心理学"。

PART

——

# 6

第六部分

## 未来的任务

# 第14章
## 成长与自我实现心理学的一些基本命题

当人类哲学（人的本性、目标、潜能、成就感）发生改变时，一切都会改变，不仅包括政治哲学、经济哲学、道德哲学、价值哲学、人际关系哲学、历史哲学，还包括教育哲学（关于如何助人成为其能够成为且强烈需要成为的自己的理论）。

如今，我们正处于人的能力、潜能、目标的概念发生巨大转变的阶段。关于人类及人类命运的可能性，出现了一种新的设想，而这不仅会影响我们对教育的观念，也会影响我们对科学、政治、文学、经济，甚至非人类世界的观念。

我认为，现在我们可以开始将这种人性观详细地描述成一个完整的、单一的、全面的心理学体系，尽管它在很大程度上是为**对抗**目前最全面的两大心理学体系——行为主义（或称联想主义）和传统弗洛伊德精神分析的局限性（从人类哲学角度而言）而产生的。确定这种心理学的名称颇为不易，或许也还为时过早。过去我曾称之为"整体—动力"心理学，以表达我对其主要根基的看法。有些人沿用戈德斯坦的命名，称之为"机体"心理学。苏蒂奇和其他一些人，称之为自我心理学或人本主义心理学。最终使用什么名称，我们以后便会知道。我猜测，如果几十年后它还保持着适当的折中性和综合性，我们会简单地称其为"心理学"。

我觉得，我对此做出贡献的最好方式，就是主要谈论自己的观点、自己的研究，而不是作为一群思想家的"官方"代表——虽然我相信我们之间有很多共识。这个心理学"第三势力"中的著作选读书目，可见于参考文献部分。由于篇幅所限，我在这里只介绍这种心理学的一些主要命题，特别是对教育者来说很重要的那些。我得事先提醒大家，我的很多观点都远超前于现有数据，其中一些主张更多基于我个人的确信，而不是已经公开证明过的事实。不过，这些主张在原则上都可以被证实或被证伪。

1. 我们每个人都有一种基本的内在本性，这种内在本性是类本能的、固有的、既定的、"自然"的（即带有明显的遗传决定因素），而且明显倾向于持续存在（第7章）。

虽然生物性只是自我的决定因素之一，而且因为过于复杂而无法简单叙述，但是在这里讨论**个体**自我的遗传、构成、早期获得的根基，仍然具有意义。无论如何，这些部分都是"原料"而不是成品，还需要个体自身、重要他人、外部环境对其做出反应。

我在基本内在本性中包括以下内容：类本能的基本需求、能力、天赋、身体结构、生理或性格平衡、产前及分娩伤害、新生儿创伤。这种内核，表现为自然倾向、秉性、内心偏好。防御和应对机制、"生活方式"、其他性格特征，也都在人生最初几年中形成，但是否将它们纳入内在本性的范畴，仍需进行讨论。所有这些原料（即生物决定因素），在与外界接触时迅速成长为自我，并开始与外界进行交互。

2. 这些生物决定因素都是潜能，而不是最终的实现。因此，它们有各自的生命周期，必须用发展的眼光看待。它们主要（但不是全部）由心外决定因素（文化、家庭、环境、学习等）所实现、塑造、扼杀。在人生早期阶段，这些无目标的冲动和倾向，就通过定型化作用以及后天偶然习得的联想，依附在客体（"情感"）之上。

3. 这个内核，虽然有生物性和"类本能"的基础，但是在某种意义上又很软弱无力，容易被压倒、压抑、压制，甚至被永久消灭。人类不再拥有动物般的本能——内心有强烈的、清晰的声音，明确指引行为（做什么、何时做、在何处做、如何做、与谁做）。我们保有的只是本能的残留物。此外，这个部分脆弱、纤细、单薄，很容易在学习、文化期待、恐惧、否认的作用下被压倒，所以对其有所认识颇为**不易**。真实自我的定义，包含听到自身内部的这些冲动声音（impulse-voice）的能力，即知道自己真正想要什么、不想要什么，真正适合什么、**不**适合什么，等等。这些冲动声音的强度，似乎存在很大的个体差异。

4. 每个人的内在本性，都有一些其他所有人也具有的特征（物种共有），也有一些自身独有的特征（个体特异）。需求爱是每个人与生俱来的特征（不过这种需求后来在某些情况下可能会消失），然而，音乐天赋只出现在极少数人身上，而他们在音乐风格上也大有不同，比如莫扎特和德彪西。

5. 我们可以科学地、客观地（即运用适当的"科学"）研究这种内在本质，并发现（而不是创造或构建）其样貌。这一点也可以通过主观的手段，即内在探索和心理治疗来实现。这两种方法相辅相成。

6. 这种内在的、更深层次的本质，有许多方面要么是（a）像弗洛伊德所描述的那样，因被畏惧、被否认、自我矛盾（ego-alien）而被主动压抑，要么是（b）像沙赫特尔描述的那样，被"遗忘"（被忽略、未被使用、被忽视、未被言语表达、被压制）。因此，这种内在的、深层的本质，很大一部分是无意识的。这个无意识的部分，不仅包括弗洛伊德所强调的冲动（驱力、本能、需求），也包括能力、情绪、判断、态度、定义、感知，等等。主动压抑需要花费精力、消耗能量；主动保持无意识有很多具体方法，比如否认、投射、反应形成，等等。然而，压抑并不能扼杀那些被压抑的东西——它们仍然是思想和行为的有效决定因素。

主动和被动的压抑似乎都始于人生早期，主要因为不被父母和文化所认可而出现。

然而，有临床证据表明，压抑也可能源自儿童或青少年的心内、文化外（extra-cultural）因素，比如在青春期害怕对自身冲动不知所措，害怕自我分崩离析、土崩瓦解，害怕情绪爆发，等等。从理论上讲，孩子可能会自发地形成对自身冲动的恐惧、不认同的态度，然后以各种方式进行防御，以免受到影响。如果真是如此，压抑的力量就不一定只来自社会，而也可能来自精神内部。我们可以称这种心内的压抑和控制的力量为"内在的反向倾注"（intrinsic counter-cathexes）。

我们最好将无意识的驱力和需求与无意识的认知方式区分开来，因为后者通常更容易进入意识，所以也更容易进行修正。初级过程认知（弗洛伊德）或者原始思维（荣格），通过如创造性艺术教育、舞蹈教育、其他非语言教育等方法，更容易得到恢复。

7. 尽管这种内在本性是"脆弱"的，但在普通的美国人身上，它却很少会消失或消亡（不过在人生早期有可能发生）。就算受到否认或压抑，它也会无意识地在暗中持续存在。这种本性如同智力（即其一部分），虽然轻声细语，即使声音失真，也仍会被我们听到。换言之，它有一股自身的动态力量，总在推进开放的、不受抑制的表达。人必须费力才能压制或压抑这种本性，而这么做会导致疲劳。这股力量是"健康意志"、成长欲望、推动自我实现、追求身份认同的一个主要方面。正是它，让心理治疗、教育、自我完善，在原则上成为可能。

8. 然而，这个内在核心或自我的成长和成熟，只在一定程度上通过（客观或主观地）发现、揭示、接受已经存在的事物而实现；在一定程度上，这也是一种个人的自我创造。对个体来说，生活是一个连续不断的选择过程，而选择的主要决定因素是个体当时的状态（包括自身目标、勇气或恐惧、责任感、自我力量或"意志力"，等等）。我们不能再把人视为"完全被决定"的，因为这种表达暗含"只被外在力量决定"之意。对真实的人而言，人生主要由自己决定。每个人在某种程度上都是一项"自我工程"、一种自我成就。

9. 如果人的这个本质核心（内在本性）遭遇挫折、否定、压抑，病症就会出现——有时显而易见，有时微妙隐约；有时即发，有时迟发。这些心理疾病的种类，远远超过美国精神医学学会所列出的那些。举例来说，性格障碍及失调对世界命运的影响，现在看来比传统神经症甚至精神病要大得多。从这个新观点来看，新近出现的疾病危险性最大，比如"人的弱化及发展不良"，即失去人的本质特征或人格、无法实现人的潜能和价值，等等。

这意味着，我们可以认为普通的人格疾病是成长、自我实现、完满人性的缺失，而疾病的主要（但非唯一）根源是某种受挫（比如基本需求、存在价值、独特潜能、自我表达、个人以自身方式及步伐成长的倾向受到挫折），尤其是发生在人生早期的那些。也就是说，基本需求未得到满足，并不是疾病或人类弱化的唯一原因。

10. 就我们目前所知，这种内在本性绝对不是"恶"的，而是我们的文化中成年人所说的"善"的，或者是中立的。对它最准确的表达是"先于善恶"。如果我们谈论婴幼儿的内在本性，这么说没什么问题；但是如果我们谈论仍存在于成年人内部的"婴儿"，表述就要复杂得多。如果从存在心理学（B-psychology）而不是匮乏心理学（D-psychology）的角度来看待个体，情况的复杂程度还会进一步提高。

这一结论，得到与人性有关的所有揭示真相的方法的支持：心理治疗、客观科学、主观科学、教育、艺术。例如，从长远来看，揭示性心理治疗会减少敌意、恐惧、贪婪，增加爱、勇气、创造性、善意、利他主义，让我们得出一个结论：后者比前者更"深刻"、更自然、更基本，也就是说，通过这种揭示，我们所说的"坏"行为被减少、被消除，而我们所说的"好"行为则被加强、被促进。

11. 我们必须将弗洛伊德式的超我，与内在的良知和内疚区分开来。在原则上，前者将个体之外的他人（比如父亲、母亲、老师）对他的否认和认可带入自我。这么说来，内疚则是意识到他人的否认而产生的反应。

内在内疚是背叛自身内在本性或背叛自我所造成的结果，是一种偏离自我实现之路的情况，其本质上是一种事出有因的自我否认。因此，它的文化相对性不及弗洛伊德式内疚；内在内疚是"真实的""应当的""合理的""正确的"，因为它与个体内部某种十分真切的东西相矛盾，而不是与偶然的、任意的、纯粹相对的地方观念相矛盾。从这个角度看，人在应该感到内在内疚时有这种内疚感，就其发展而言是好的，甚至是必要的。这种内疚不是一种需要千方百计避免的症状，而是实现真实自我及其潜力的内在指引。

12."恶"行，大多指无端的敌意、残忍、破坏性、"卑鄙的"攻击性。我们对其尚不够了解。这种敌意若是类本能的，人类的未来会是一种模样；这种敌意若是反应性的（对不良待遇所做出的反应），人类的未来则会大不相同。我认为，现有的证据表明，无差别的**破坏性**敌意是反应性的，因为揭示性心理治疗能减少它，并把它的性质转变成"健康的"自我肯定、坚强、选择性敌意、自卫、正当义愤，等等。无论如何，所有自我实现者，都有攻击和愤怒的**能力**，当外部环境"需要"时，他们就能让这种态度自由流露出来。

孩子的情况则要复杂得多。起码我们知道，健康的孩子也能正当地愤怒、自我保护、自我肯定，即做出反应性攻击。因此，想必孩子不只学会如何控制愤怒，还学会如何及何时表达愤怒。

在我们的文化中被称为"恶"的行为，也可能源自无知、幼稚的误解和信仰（无论出现在孩子身上，还是被压抑或"遗忘"的成年人内在小孩身上）。例如，同胞争宠（sibling rivalry）起于孩子独占父母之爱的愿望。原则上，孩子只有在逐渐成熟时才能认识到，母亲对他的兄弟姊妹的爱，与对他持续的爱并不冲突。因此，孩子式对爱的理解，虽然本身不应受到谴责，但是可能会产生不够有爱的行为。

真、善、美、健康、智慧，常常会遭到憎恨、厌恶、嫉妒，而这种"反价值观"的情况在很大程度上（尽管不是全部）由丧失自尊的威胁所造成，就像说谎者受到诚实者的威胁，相貌平平的女孩受到漂亮女孩的威胁，懦夫受到英雄的威胁一样。每个比我们优秀的人，都使我们必须面对自身的不足之处。

然而，更为深刻的是一个终极存在问题：命运的公平与公正。患病的人可能会嫉妒健康的人，因为后者并非更值得拥有健康。

在大多数心理学家看来，恶行正如这些事例所示，具有反应性而非本能性。这意味着，尽管"不良"行为在人性中根深蒂固，永远无法完全消除，但是随着人格的成熟、社会的进步，这些行为有望变得越来越少。

13. 许多人仍然认为"无意识"、退行、初级过程认知，必然是不健康的、危险的、不良的。心理治疗的经验，让我们逐渐明白情况并非如此。我们的深层内在，也可以是好的、美的、可取的。我们在对爱、创造性、娱乐、幽默、艺术的根源进行调查研究时所获得的普遍发现，也让这一点变得越发清晰；它们深深地扎根于内在的、深层的自我，即无意识当中。为了重获、享有、运用它们，我们必须能够"退行"。

14. 如果人的这一基本核心不能在根本上得到他人和自身的接纳、喜爱、尊重，心理健康就无法实现（就算这些条件得到满足，心理健康也不是必然结果，因为还必须满足其他先决条件）。

孩子（从时间上看尚未成熟）的心理健康可以称为健康成长；成年人的心理健康可以称为自我完成、情绪成熟、个体化、生产力、自我实现、真实性、完满人性，等等。

健康成长在概念上处于从属地位，因为现在它通常被定义为"走向自我实现的成长"，等等。一些心理学家在表述观点时只用一个包罗万象的目标或人类发展趋势作为依据，认为所有尚未成熟的成长现象都只是在通往自我实现的道路上迈出的一步（戈德斯坦、罗杰斯）。

自我实现有各种各样的定义，但我们能察觉到一个稳固的共同核心。所有定义都包括或暗含：（a）对人的内核或内在自我的接纳及表达，即实现潜力、"充分发挥功能"、人类本质和个体本质变得可见及可用；（b）极少出现以下情况：健康不佳、神经症、精神病、人类基本能力和个体基本能力的丧失或弱化。

15. 基于所有这些原因，我们目前最好的做法是激发、鼓励这种内在本性，至少认识到它的存在，而不是压制、压抑它。纯粹的自发性，包括自由的、不受束缚的、不被控制的、有信心的、非预谋的自我表达，即精神力量在极少受到意识干扰时的表达。控制、意志、谨慎、自我批判、权衡、深思熟虑，都是这种表达的制动装置，其必要性首先出于精神世界之外的社会世界和自然世界的法则，其次出于人对精神（或称心灵）本身的恐惧（内在的反向倾注）。从广义上来说，因**对心灵的恐惧**而产生的对心灵的控制，大多有神经症或**精神病**的性质，或者是在本质上或理论上并不必要。［健康的心灵并不可怕，所以没有必要对其感到恐惧，数千年来一直如此。当然，**不健康的**心灵另当别论。］这种控制，通常会被心理健康、深度心理治疗、**更深层次的**自我认知和自我接纳所减弱。然而，还有一种对心灵的控制不是出于恐惧，而是为了保持它的整合、有序、统一（内在的反向倾注）。同时，还有一些（或许在另一种意义上的）"控制"，是在能力得到实现时、对更高级的表达形式有所追求时所必需的。比如艺术家、知识分子、运动员通过勤勉努力获得技能。但是，当他们成为自我时，这些控制会被超越，并成为自发性的一部分。

因此，心理健康和环境健康的状态改变时，自发性和控制之间的平衡也会发生变化。纯粹的自发性无法长久，因为我们所生活的世界有它自己的、非精神的运行法则；但是，在梦境、幻想、爱情、想象、性爱中，在创造力的起始阶段、艺术工作、智力游戏、自由联想中，这种自发性有可能实现。纯粹的控制也只是权宜之计，因为如果持续下去心灵就会死亡。所以，教育必须既以培养控制能力，又以培养自发性和表达能力为目标。在我们的文化中，在当今的时代里，有必要向自发性的方向矫正平衡，使其更有利于表达、被动、不刻意、相信意志和控制以外的过程、无预谋、创造等一系列能力。但是，我们也必须认识到一点：在世界上的其他地区或文化里，这种平衡可能会朝反方向发展，过去、现在、将来，都是如此。

16. 我们现在知道，健全的孩子在其正常发展过程中，如果有可能进行自由选择，**大部分**情况下都会选择利于其成长的东西。孩子这么做，是因为他选择的东西味道好、感觉好、令人**愉悦**。这意味着他比任何人都"知道"什么对他有益。对孩子的宽容管教，并不代表成年人直接满足孩子的需要，而是使孩子能**自己**满足需要、自己做出选择，即让他**自立自主**。为了让孩子健康成长，成年人必须充分信任孩子的自然成长过程，也就是说，不过多干预、不揠苗助长、不强迫孩子接受成年人为其预先设计的人生，而是任由他们成长，并用一种道家的而不是专制的方式帮助他们成长。

17. 与这种对自我、命运、召唤的"接纳"相一致的一个结论是：公众达到健康和自我实现的主要途径是通过满足基本需求（而不是使其受挫）。这与因相信人性本恶而出现的压制性社会制度、不信任、控制、监管，形成鲜明对比。婴儿在母体内生活时，所有需求都得到满足，不受到任何挫折；一个被普遍接受的观点是：出生后的第一年，最好也尽量保持这种满足而非受挫状态。禁欲、克己、刻意拒绝机体需求，通常会使人弱化、发展不良、功能不全，至少在西方是这样；即便在东方，在这种情况下达到自我实现的，也只有极少数异常强大的个体。

18. 不过我们也知道，完全缺乏挫折也有其危险性。人必须具备挫折耐受力，能够看清物质现实在本质上与人类愿望无关，能够爱他人、为他人的（而不只是自己的）需求满足感到欣喜（而不是只把他人当作手段）。安全、爱、尊重的需求得到良好满足的孩子，能够从适度的挫折中获益，从而变得更强大。如果挫折的程度超出承受范围而将他压垮，我们就称之为创伤性挫折，认为它弊大于利、得不偿失。

正是通过面对物质现实、动物、他人，我们了解到**它们的**本性，从而学会区分愿望和事实（哪些事物有望成真，哪些事物丝毫无关愿望），使我们能在这个世界上生活，并在必要时适应它。

通过克服困难、全力以赴、迎接挑战、面对困境，甚至通过失败，我们也能了解到自己的强项、极限，并将它们增进、提高。艰苦卓绝的奋斗，也可能乐趣无穷，而这种感受可以取代恐惧。

过度保护，意味着孩子的需求是由父母来**替**他满足的，而他自己无须付出任何努力。这么做容易将孩子婴儿化，让他无法发展出自己的力量、意志、自我主张。一方面，这可能会让孩子学会利用他人，而不是尊重他人；另一方面，这意味着对孩子自身的能力和选择缺乏信任和尊重，也就是说，这种做法在本质上是居高临下的、侮辱性的，会让孩子觉得自己毫无价值。

19. 为了达到成长和自我实现，我们必须理解：能力、器官、器官系统，迫切地想要发挥作用、表达自己、得到使用和锻炼，在被使用时感到满足，不被使用时感到不悦。肌肉发达的人喜欢使用肌肉，甚至可以说**必须**使用肌肉，来获得"良好的感觉"，并在主观上感到身体功能得到了和谐、成功、未受束缚的发挥（自发性），而这是成长和心理健康很重要的一个方面。不只是肌肉，对于智力、子宫、眼睛、爱的能力来说，也是如此。能力吵嚷着要求被使用，只有被妥善利用时才停止喧哗。也就是说，能力同时也是需求。运用自身能力，不仅充满乐趣，对成长也很有必要。未被使用的能力或器官，可能会成为疾病的根源，或者萎缩、消失不见，从而弱化这个人。

20. 心理学家继续假设，对这个人来说有两种世界、两种现实，即自然世界和精神世界，一个充满毫不动摇的现实，一个充满愿望、希冀、恐惧、情绪，一个按照非精神法则运行，一个按照精神法则运行。两者之间的区别不甚明显，除非在极端情况下——这时，妄想、梦想、自由联想，无疑是合乎法则的，但又与逻辑的法则不同，与就算人类灭绝也仍然在世界中存在的法则不同。这个假设，并不否认两个世界之间的关联甚至融合。

我可以这么说：**很多**或**大部分**心理学家都采纳这个假设，尽管他们完全愿意承认这是一个难以解决的哲学问题。任何一位心理治疗师都必须接受这种假定，否则就会在工作中无从着手。这是心理学家绕开哲学难题而工作的典型方式：尽管一些假设无法证实，但是将它们作为事实来看待，比如"责任""意志力"等这些普遍假设。健康的一个方面，就是具备在这两个世界中生活的能力。

21. 不成熟可以从动机角度与成熟进行对比，因为它们按照各自的顺序满足匮乏需求。这么看来，成熟或自我实现，意味着对匮乏需求的超越。这种状态，可以描述为元动机驱动或无动机驱动（如果匮乏被视为唯一动机）的情况，也可以描述为正在自我实现、存在、表达，而不是应对。这种存在（Being）而不是奋斗（striving）的状态，可能与自我、"真实"、作为人而活着、拥有完满人性，具有相同的意义。成长的过程，就是人的**成为**过程；人的**存在**，则是一种不同的状态。

22. 不成熟也可以在认知能力（以及情感能力）方面与成熟进行区分。沃纳和皮亚杰很好地描述了不成熟和成熟的认知。我们还可以提到另一种区别——匮乏认知和存在认知的区别。匮乏认知可以定义为从基本需求或匮乏需求的满足和受挫的角度组织起来的认知。也就是说，匮乏认知也可以称为利己认知，世间万物在这种认知中被按照"能否满足个体需求"的标准分类（"对满足需求有益"和"对满足需求无益"），事物的其他特征则被无视或忽略。我们对客体的认知，若出于其本身存在而不是其能否满足需求的性质，即不以其对观察者的价值或影响为主要参考标准，便可以称为存在认知（或自我超越的、非利己的、客观的认知）。存在认知与成熟并非完全平行对应（孩子也能以非利己的方式进行认知），但总的来说，随着自我感或身份认同感（或对自身内在本性的接纳度）的增强，存在认知变得更容易、更频繁。（尽管匮乏认知对于包括成熟的人在内的所有人来说，仍然是在世界中生活所需的一种主要工具，情况也确实如此。）

对事物的认知在多大程度上是无欲的、无畏的，就在多大程度上是真实的；这种真实，意味着认识到客体真正的、本质的、固有的整体性质（而不是用抽象概念将其切分）。因此，心理健康会推动我们对现实做出客观的、真实的描述。从这个角度来看，神经症、精神病、成长不良，也都是认知疾病，影响人的知觉、学习、记忆、专注、思考。

23. 这方面认知的一个附带产物，就是对高级的爱和低级的爱有更好的理解。匮乏之爱和存在之爱的区别，大致与匮乏认知和存在认知、匮乏动机和存在动机之间的区别相同。没有存在之爱，就无法与另一个人（特别是孩子）建立理想的良好关系。这对教育而言是不可或缺的，它所蕴含的道家的、信任的态度也一样。在我们与自然世界的关系方面，这一点也成立；也就是说，我们或看到自然世界的本来样貌，或只将其看作我们所用的存在，并因此以不同方式来对待它。

24. 虽然原则上自我实现并不难，但是实际上却很少发生（按照我的标准，发生率在成年人中肯定不到1%）。究竟为何，在多个层面论述会发现多种原因，包括我们目前已知的所有精神病态决定因素。我们已经提及一个主要的文化原因，即认为人的内在本性是邪恶的、危险的，也提到过一种使人类难以获得成熟自我的生物学决定因素，即缺乏明确指引行为（做什么、何时做、在何处做、如何做）的强烈本能。

对精神病态有两种看法，一种将其视为对（朝向自我实现的）成长的阻碍、逃避、恐惧，另一种以医学方式来看待，认为它类似于肿瘤、毒物、细菌对人体的侵害，而与人格无关；这两种看法之间存在微妙但极其重要的区别。在理论意义上，人的"弱化"（人类潜力和能力的丧失）是比"疾病"更有用的概念。

25. 成长不仅带来回报和快乐，也产生许多内在痛苦，总是如此。向前的每一步，都迈入陌生的、可能危险的地方，也意味着放弃一些熟悉的、美好的、令人满足的东西。成长往往意味着离别与分隔，甚至是一种重生前的死亡，随之而来的则是感怀、恐惧、孤独、哀伤；它也常常意味着放弃更简单、更容易、更省力的生活，而过一种要求更高、责任更多、更加困难的生活。人的向前成长是一种**"虽难吾往"**，所以需要自身的勇气、意志、选择、力量，也需要来自环境的保护、支持、鼓励，对孩子来说尤其如此。

26. 因此，我们可以将成长（或缺乏成长）视为促进成长的力量和阻碍成长的力量（退行、恐惧、成长之痛、无知，等等）之间辩证关系所导致的结果。成长有利有弊，不成长也有弊有利。未来正在牵引，过去也有一种拉力。勇气存在，恐惧也未缺席。健康成长的理想方式，原则上是加强所有成长的优势、不成长的劣势，减弱所有成长的劣势、不成长的优势。

内平衡倾向、"需求减少"倾向、弗洛伊德式的防御机制，这些都不是成长倾向，而往往是生物体防御的、旨在减少痛苦的姿态。不过，它们也相当必要，而且并不总是病态的；通常来说，它们比成长倾向更占主导地位。

27. 这一切都指向一个自然主义的价值体系，一种实证性地描述人类物种和特定个体最深层倾向的附带产物。通过科学或自省来研究人类，可以发现一个人正在去向何处，他的人生意义是什么，对他来说什么有益、什么有害，什么让他感到高尚、感到内疚，为什么他通常难以从善，恶对他又有怎样的吸引力。（请注意，我们无须用"应该"这个词。而且，这种对人的认识只适用于人，而不具有"绝对"意义。）

28. 神经症并不是人类内核的一部分，而是对它的一种防御、逃避、（在恐惧的影响下）扭曲的表达。神经症通常是一种在两方面压力下出现的折中选择，其中一方面是为了用隐秘的、伪装的、自我挫败的方式努力满足基本需求，另一方面是对这些需求、满足、动机行为的恐惧。表达神经质的需求、情绪、态度、定义、行为，意味着**不充分表达人的内核或真实自我**。如果施虐者、剥削者问"为什么我不应该表达我自己呢"（比如通过杀人）或"为什么我不应该实现我自己呢"，我们的答案是：因为这种表达，是对类本能的倾向（或内核）的否认，而并不是表达。

每一个神经质化的需求、情绪、行为，对个体来说都是一种**能力的丧失**，是某种他做不到或**不敢做**（除非用偷偷摸摸、令人不快的方式）的事。此外，他通常会失去主观幸福感、意志、自我控制感、快乐的能力、自尊，等等。作为人类，他已经被弱化。

29. 我们逐渐认识到，缺乏价值体系的状态，会导致精神病态。人类为了生活和达到理解，需要一种价值框架，一种人生哲学，一种信仰或信仰替代物；这和人类需要阳光、钙质、爱，具有大致相同的意义。我称之为"试图理解的认知需求"。因价值贫乏而产生的价值疾病有多种名称，比如快感缺乏、失范、淡漠、道德缺失、绝望、玩世不恭，等等；这些价值疾病也可能演变为躯体疾病。我们在历史上正处于一个价值转型期，事实证明，所有外在赋予的价值体系都已经失败（在政治、经济、信仰等方面）——没有什么值得为之付出生命。人所需求但尚未得到的东西，令其不断寻求，并做好无所顾忌、不择手段（对善恶好坏置若罔闻）的准备——这是相当危险的。这种疾病的治疗方法显而易见。我们需要一个有效的、可用的人类价值体系，而且需要能够相信它、为它献身（愿意为之付出生命）——因为它是真实的，不是因为我们被劝告要"有信仰"。这种基于实证的世界观，似乎真的有可能存在，至少理论上如此。

我们可以把儿童和青少年的许多困扰，理解为成年人对自身价值不确定所造成的后果。因此，美国的许多年轻人按照青少年的（而不是成年人的）价值观生活，而这些价值观当然是不成熟的、无知的，并且在很大程度上被充满困惑的青少年需求所决定。牛仔、"西部"电影、犯罪团伙，都是这些青少年价值观很好的投影。

30. 在自我实现的层面上，许多二分问题被解决；对立面被看作统一体，二分思维方式被认为是不成熟的。在自我实现者身上，有一种强烈的倾向——自私与无私趋于融合成一个更高级的统一体；工作趋同于娱乐，职业趋同于爱好。当责任令人愉悦，而愉悦来自责任的履行时，它们之间的区分和对立便消失不见。最高级的成熟，表现出一种孩子般的特质；同样，我们发现健康的孩子具有一些成熟的自我实现的特质。自我与其他一切的这种内外分离变得模糊，两者间的界限不再那么明显，并且在人格发展的最高层面被认为是相互渗透的。如今，使用二分法似乎是人格发展和心理功能处于较低水平的特征；这种做法，既导致精神病态，又因精神病态而产生。

31. 在自我实现者身上，我们发现了特别重要的一点：他们倾向于整合弗洛伊德式的二分和三分状态，也就是意识、前意识、无意识（以及本我、自我、超我）。在他们身上，弗洛伊德式的"本能"和防御，不再对立得那么分明。冲动更多地被表现，而不是被控制；而控制也更加灵活，更不死板，更不为焦虑所决定。超我不再那么苛刻、严厉，不再那么与自我相抵触。初级和次级认知过程，在效用和价值方面都变得更加平等（而不是给初级过程贴上病态的标签）。在"高峰体验"中，所有这些对立面之间的壁垒都会倒塌。

这与弗洛伊德早期观点形成鲜明对比，当时他将这些力量严格二分，认为它们：（1）互相排斥；（2）存在利益冲突，即为敌对力量而非互补或合作的力量；（3）有一方比另一方"更好"。

我们在这里所指出的，是一种健康的无意识、一种合宜的退行，也是一种理性与非理性的整合；这意味着，在适当的情况下，非理性也可以被看作是健康的、可取的，甚至是必不可少的。

32. 健康人更高的整合度，也以另一种方式体现。他们的各种功能——意动、认知、情感、运动，有更强的协作性（相同目的、协同工作、无冲突），而不是各自为战。他们通过理性的、细致的思考所得出的结论，与在盲目欲望影响下得出的结论趋于一致。这种人想要的、喜爱的，往往就是对其有益的东西。他的自发反应既正确又高效，就像经过预先思考一样。他的感觉反应和运动反应更加密切相关。他的感觉形态（sensory modalities）更加紧密相连（相貌知觉）。此外，我们也了解到古老的理性主义体系中存在的困难和危险，这些体系认为能力是二分的、分级的，理性位于顶端，而不处于一种整合之中。

33. 我们对健康的无意识、健康的非理性这些概念的发展，加深了我们对纯粹抽象思维、言语思维、分析思维的局限性的认识。如果我们希望能完整地描述世界，就必须为前语言的（pre-verbal）、难以形容的、比喻的、初级过程的、具体经验的、直觉的、审美的认知留出空间，因为现实的某些方面无法通过其他方式来认知。这一点在科学上也是正确的，我们已经知道：（1）创造力源于非理性；（2）语言永远不足以描述全部现实；（3）任何抽象概念都会遗漏大部分现实；（4）我们称为"知识"的东西（通常高度抽象、通过语言描述、定义严格）往往会使我们对未被这种抽象概念涵盖的现实部分视而不见，也就是说，它使我们更容易看到某些东西，却更不容易看到其他东西。运用抽象知识有利有弊。

科学和教育因为太过抽象、言语化、书面化，所以没有足够空间来容纳原始的、具体的、审美的体验，尤其是对发生在个人内部的主观事件的体验。机体心理学家肯定会一致认为：更具创造性的教育，对艺术的感知与创造、舞蹈、（希腊式的）体育运动、现象学观察，都会有所裨益。

抽象分析思维的终极状态是最大可能的简化，即公式、图表、地图、蓝图、图式、草图、某些抽象画。我们对世界的掌控力因此增强，但却是以丧失其丰富性为代价，**除非**我们学会重视存在认知、带有爱和关怀的感知、自由流动的注意力——这些都会丰富我们的体验，而不会使其更加贫乏。我们没有理由不对"科学"进行扩展，将两种认知方式都包含在内。

34. 创造力的主要条件，包括健康人的一些能力，例如：运用无意识和前意识；对初级过程予以重视、加以利用，而不是感到恐惧；接纳自身的冲动，而不是一直进行控制；能够毫无畏惧地进行自发退行。明白了这一点，我们就可以理解为什么心理健康和某些普遍形式的创造性（除了特殊天赋以外）有如此紧密的联系，以至于在一些作者的描述中这两者近乎同义。

健康、理性与非理性力量（意识与无意识、初级过程与次级过程）的整合，这两者之间也有同样的联系，而这也让我们能够理解为什么心理健康的人更能享受生活、爱、笑、玩乐、幽默、犯傻、异想天开、狂热，更加接受、重视、享受情绪体验（无论是普通体验还是高峰体验），并且更频繁地经历这些体验。这让我们强烈怀疑**功利性**的学习是否能助孩子健康成长。

35. 审美感知、审美创造、审美高峰体验，被看作是人类生活、心理学、教育的核心而不是边缘部分。这确是事实，原因有几点：（1）所有高峰体验都是对个人内部、人与人之间、世界内部、人与世界之间的分裂的一种整合（这是高峰体验的特征之一）。因为整合是健康的一个方面，所以高峰体验就是向健康的前进，其本身也是一种片刻的健康。（2）这些体验是人生的确证，也就是说，让人生变得有价值；它们无疑是回答"我们为什么不自杀"这个问题的重要依据。（3）这些体验本身就是有价值的，等等。

36. 自我实现并非意味着超越所有人类问题。冲突、焦虑、挫折、悲伤、苦痛、内疚，这些我们在健康人身上都能看到。一般来说，问题的类型会随着人的日益成熟，从神经质的伪问题，转变为真实的、不可避免的、存在性的问题——这些问题是在一个特定世界中生活的人（即使处于最佳状态）其本性所固有的。尽管他并不神经质，但也可能会被真实的、合宜的、必要的（而不是神经质的，即不合宜的、不必要的）内疚所困扰，可能会因内在良知（而不是弗洛伊德式的超我）而感到不安。虽然他已经超越了成为（Becoming）问题，但是存在（Being）问题依然存在。**在应该困扰的时候毫无感觉，可能是疾病的征兆。**有时，自以为是的人必须受到惊吓才会"**恢复**理智"。

37. 自我实现并不具有完全普遍性，而是通过**女子本性或男子本性**（它们比普遍人性更主导）达成。也就是说，一个人必须首先是健康的、满足女子本性条件的女人，或健康的、满足男子本性条件的男人，才有可能达成普遍人类意义上的自我实现。

还有证据表明，不同体质类型的人，实现自我的方式不尽相同（因为他们要实现的内在自我有所不同）。

38. 自我和完满人性的健康成长有另一个关键方面：逐渐减少使用孩童时代的适应方法——即处于弱小状态时为了适应强大的、全知全能的、似神般的成年人所用的技巧。他必须用新的方法取而代之，比如自身的强大、独立、为人父母。与此密切相关的，是在学习爱别人时，摒弃那种孩子对来自父母的专有之爱、全然之爱的极度渴望。他必须学会满足自己的（而不是他父母的）需求和愿望，也必须学会自己满足这些需求和愿望（而不是由父母包办代替）。他决不能继续出于畏惧或为了保住父母给予的爱而做好人，而必须因其为**自身**心之所向而这样做。他必须发现自己的良知，而不是以内化的父母为唯一道德指引。这些弱小者适应强大者的方法，对孩子来说是必要的，但对成年人来说却是不成熟的、阻碍成长的。他必须用勇气取代恐惧。

39. 从这个观点来看，社会或文化既可能促进成长，又可能抑制成长。成长和人性在本质上源于个人自身，而不是由社会创造或发明；社会之于人类，就像园丁之于玫瑰，只可能对其成长有所助益或妨害，但无法使玫瑰长成橡树。诚然，文化是实现人性本身（例如语言、抽象思维、爱的能力）的**必要条件**，但在文化出现以前，这些能力也以潜力形式存在于人类的遗传物质当中。

如此，在理论上就有可能出现一种超越且包容文化相对性的比较社会学。"好"文化满足人类所有基本需求并支持自我实现，"坏"文化则不然。教育也是如此——它有多么推动成长、促进自我实现，就有多么"好"。

当我们谈到"好"或"坏"文化，把它们视为手段而不是目的时，"适应"

的概念便立刻进入讨论范畴。我们不禁要问："'适应良好的人'所适应的文化或亚文化是什么呢？"的确，适应、心理健康，**不**一定是同义词。

40. 自我实现（在自主意义上）的完成，看似矛盾地使人**更可能**超越自我、自我意识、自私，**更容易**达到同律（homonous）的状态——将自身作为更大整体的一部分而融于其中。完全的同律状态，就是完全的自主，而从某种程度上可以说反之亦然——一个人只有通过成功的同律体验（童年依赖、存在之爱、关心他人，等等）才能够获得自主。我们在这里有必要谈到同律的水平（越来越成熟），并且区分"低级同律"（恐惧、软弱、退行）和"高级同律"（勇气、完全自信的自主），区分"低级涅槃"和"高级涅槃"，区分向下统一和向上统一。

41. 自我实现者（以及**所有**处于高峰体验中的人），虽然通常**必须**生活在外部世界中，但都偶尔会生活在其所在时代或世界之外（即有一种非时间性、非空间性）。这就构成了一个重要的存在问题：生活在内部精神世界（由精神法则而不是外部现实法则所主导），即体验、情绪、希冀、恐惧、愿望、爱、诗歌、艺术、幻想的世界，不同于在非精神的现实（由现实法则主导，这些法则虽然必须遵守，但不是个人主观制定的，对个人本性也并不必要）中生活和适应。（毕竟，人也可以在其他类型的世界中生活——科幻迷一定明白我的意思。）一个人如果不害怕这个内部精神世界，就能够在其中尽情享受；与艰苦的、令人劳累的、需要承担外部责任的"现实"世界（它充斥着追求、妥协、对错真假）相比，这种世界简直可以称为天堂。这一点的确属实，尽管健康人同样能更容易地、更愉快地适应"真实"世界，能更好地进行"现实检验"（即不会混淆现实和内部精神世界）。

显然，混淆内部和外部现实，或将任意一种现实隔绝于体验之外，都是高度病态的表现。健康人能够将它们都融入自己的生活，因此不必有所放弃，并且能在两者间自发地来回往复。这就如同可以选择**参观**贫民窟和被迫永远住在贫民窟的区别（如果人没有别处可去，**任何**世界都是贫民窟）。看似矛盾的情况出现了：人性中那些病态的、"最低级的"部分，变成了健康的、"最高级的"部分。因陷入"狂热"而感到恐惧的，只有那些对自身理智不够自信的人。教育必须对人提供帮助，使其在这两个世界中都能够生活。

42. 前述命题表达了一种对行为在心理学中的作用的不同理解。目标导向的、动机驱使的、应对性的、追求性的、有企图的行为，是精神世界与非精神世界之间必要交互的一个方面或一种附带产物。

（a）匮乏需求的满足，来自人的外部世界而不是内部世界。因此，人有必要适应其外部世界，比如通过现实检验，了解这个世界的本质，学会将其与内部世界区分，了解人与社会的本质，学会延迟满足感，学会隐藏危险的东西，了解这个世界中令人愉悦的部分、存在危险（或对满足需求无益）的部分，了解文化所认可和允许的满足需求的途径和方法。

（b）世界本身便有趣、美丽、迷人。对世界进行探索、操纵、把玩、思索、享受，都是动机驱使的行为（由于有认知、运动、审美的需求）。

但是，有的行为与这个世界几乎或完全没有关系，至少一开始是这样。生物体纯粹地表现其本质、状态、能力（功能乐趣），是一种对存在（Being）而不是奋斗（striving）状态的表达。对内心生活的思索和享受，不仅本身是一种"行动"，也与在世界中的行动对立（因为会导致肌肉活动的静止和停息）。等待的能力是能够暂缓行动的一个特例。

43. 弗洛伊德告诉我们，过去存在于人的**现在**。如今，我们必须从成长理论、自我实现理论中学到，未来同样存在于人的**现在**——以理想、希望、责任、任务、计划、目标、未实现的潜能、使命、宿命、命运等形式。没有未来的人，就会变得具象、绝望、空虚。对他来说，时间必须被不断地"填充"。奋斗将大部分人类活动组织起来，如果丧失了它，人就会陷入无组织、未整合的混乱状态。

当然，处于存在（Being）状态无需未来，因为未来已然**存在**。然后，成为（Becoming）暂停片刻，以兑现其终极回报——高峰体验；在这种体验中，时间消失，希望得以实现。